Springer Collected Works in Mathematics

Georg Cantor.

Georg Cantor

Gesammelte Abhandlungen mathematischen und philosophischen Inhalts

Mit erläuternden Anmerkungen sowie mit Ergänzungen aus dem Briefwechsel Cantor-Dedekind

Herausgeber
Ernst Zermelo

Mit einem Lebenslauf Cantors von Adolf Fraenkel

Nachdruck der Ausgabe von 1980

Springer

Georg Cantor (1845-1918)
Universität Halle, Deutschland

Herausgeber
Ernst Zermelo (1871-1953)
Universität Freiburg, Deutschland

Lebenslauf Cantor
Adolf Fraenkel (1891-1965)
Universität Jerusalem, Israel

Zuletzt erschienen als:

Cantor, Georg:
Sammlung
Gesammelte Abhandlungen mathematischen und philosophischen Inhalts/
Georg Cantor. – Reprint [d. Ausg.] Berlin, Springer, 1932, erg. um e. Bibliogr. weiterer
Arbeiten d Autors. – Berlin, Heidelberg, New York: Springer 1980.
ISBN: 3-540-09849-6 Berlin, Heidelberg, New York
ISBN: 0-387-09849-6 New York, Heidelberg, Berlin
(Hardcover)

ISSN: 2194-9875
ISBN: 978-3-642-30416-3

Einbandentwurf: deblik, Berlin
Gedruckt auf säurefreiem Papier

Springer ist Teil der Fachverlagsgruppe Springer Science+Business Media (www.springer.com)

GEORG CANTOR
GESAMMELTE ABHANDLUNGEN

MATHEMATISCHEN UND PHILOSOPHISCHEN INHALTS

MIT ERLÄUTERNDEN ANMERKUNGEN SOWIE MIT
ERGÄNZUNGEN AUS DEM BRIEFWECHSEL
CANTOR-DEDEKIND

HERAUSGEGEBEN VON

ERNST ZERMELO

NEBST EINEM LEBENSLAUF CANTORS

VON

ADOLF FRAENKEL

MIT EINEM BILDNIS

BERLIN
VERLAG VON JULIUS SPRINGER
1932

Vorwort.

In der Geschichte der Wissenschaften ist es gewiß ein seltener Fall, wenn eine ganze wissenschaftliche Disziplin von grundlegender Bedeutung der schöpferischen Tat eines einzelnen zu verdanken ist. Dieser Fall ist verwirklicht in der Schöpfung Georg Cantors, der Mengenlehre, einer neuen mathematischen Disziplin, die während eines Zeitraumes von etwa 25 Jahren in einer Reihe von Abhandlungen ein und desselben Forschers in ihren Grundzügen entwickelt, seitdem zum bleibenden Besitze der Wissenschaft geworden ist, so daß alle späteren Forschungen auf diesem Gebiete nur noch als ergänzende Ausführungen seiner grundlegenden Gedanken aufzufassen sind. Aber auch abgesehen von dieser ihrer historischen Bedeutung sind die Cantorschen Originalabhandlungen noch für den heutigen Leser von unmittelbarem Interesse, in ihrer klassischen Einfachheit und Präzision ebenso zur ersten Einführung geeignet und darin noch von keinem neueren Lehrbuch übertroffen, wie auch für den Fortgeschrittenen durch die Fülle der zugrunde liegenden Gedanken eine genußreich anregende Lektüre. Der immer noch wachsende Einfluß der Mengenlehre auf alle Zweige der modernen Mathematik und vor allem ihre überragende Bedeutung für die heutige Grundlagenforschung haben bei Mathematikern wie bei Philosophen den Wunsch entstehen lassen, die in verschiedenen Zeitschriften zerstreuten und teilweise schwer zugänglichen Abhandlungen in ihrem natürlichen Zusammenhange lesen und studieren zu können. Diesem Bedürfnisse zu entsprechen ist die hier vorliegende Gesamtausgabe bestimmt, welche aber außer den rein mengentheoretischen auch alle übrigen wissenschaftlichen Abhandlungen Cantors mathematischen und philosophischen Inhalts umfaßt, einschließlich der (lateinisch geschriebenen) Dissertation und Habilitationsschrift sowie insbesondere auch der zuerst in der „Zeitschrift für Philosophie und philosophische Kritik" erschienenen Aufsätze, in denen Cantor im Briefwechsel mit verschiedenen Mathematikern und Philosophen seinen Unendlichkeitsbegriff entwickelt und gegen philosophische und theologische Einwände verteidigt. Während nun die Aufnahme dieser mit der Mengenlehre im engsten Zusammenhange stehenden philosophischen Abhandlungen keiner besonderen Begründung bedarf, ist die Aufnahme der nicht sehr umfangreichen zahlentheoretischen Arbeiten hauptsächlich in biographischem Interesse erfolgt, um dem Leser auch die ersten Anfänge dieses Forscherlebens vor Augen zu führen. Endlich sind die funktionentheoretischen Untersuchungen Cantors, welche hauptsächlich die

Theorie der trigonometrischen Reihen betreffen und noch heute von gegenständlichem Interesse sind, schon deshalb unentbehrlich, weil sich an diesen Problemen zuerst die grundlegenden neuen Ideen, die dann zur Mengenlehre führten, Schritt für Schritt entwickelt haben.

Die Abhandlungen sind in der vorliegenden Ausgabe nach ihren Stoffgebieten in vier Hauptabschnitte eingeteilt, je nachdem sie die Zahlentheorie und Algebra, die Funktionentheorie, die Mengenlehre oder die Geschichte der Mathematik und die Philosophie betreffen, und in den einzelnen Abteilungen nach der Zeit ihres Erscheinens geordnet. Der Abdruck erfolgte originalgetreu, unter sorgfältiger Verbesserung aller nachweisbaren Versehen und Druckfehler des Originals und unter Einführung der heutigen Rechtschreibung; kürzere Zusätze des Herausgebers im Texte sind durch [eckige] Klammern kenntlich gemacht. Die „Anmerkungen" hinter den einzelnen Abhandlungen sind teils erläuternder, teils kritischer Natur und enthalten u. a. auch Hinweise auf die Bedeutung der betreffenden Arbeiten und auf die sich anschließende spätere Literatur. Doch sind diese Anmerkungen durchaus für den *mathematisch*, insbesondere mengentheoretisch interessierten Leser bestimmt; von einer spezifisch *philosophischen* Würdigung der einschlägigen Aufsätze wurde hier abgesehen. — Ein terminologischer Index der mengentheoretischen Grundbegriffe soll dazu dienen, das Studium der vielfach aufeinander bezugnehmenden Arbeiten nach Möglichkeit zu erleichtern.

Zur Ergänzung der Abhandlungen wurden als „Anhang" aus dem bisher unveröffentlichen Briefwechsel zwischen Cantor und Dedekind unter Ausscheidung alles rein Persönlichen einige längere und kürzere Stücke aufgenommen, die mir für den Leser des Cantorschen Lebenswerkes von besonderem Interesse zu sein schienen. Diese Ausführungen beziehen sich größtenteils auf die „inkonsistenten" Gesamtheiten *aller* Ordnungszahlen und *aller* Alefs und damit auf die später so sattsam diskutierten „Antinomien der Mengenlehre", die also, wie aus den Briefstellen deutlich hervorgeht, Cantor längst bekannt waren und von ihm bereits zutreffend aufgefaßt und gewertet wurden. In diesen Briefen findet sich aber auch Dedekinds bisher unbekannter Beweis des „Äquivalenzsatzes", der, mit Hilfe der „Ketten"-Theorie geführt, den Beweis des Herausgebers von 1908 antizipiert und bei dieser Gelegenheit zum ersten Male im Druck erscheint. Die Abschriften nach den Originalbriefen hat Herr Cavaillès (Paris) während seines Studienaufenthaltes in Göttingen herstellen lassen und mir für diese Ausgabe freundlichst zur Verfügung gestellt. Ich möchte nicht verfehlen, ihm hierfür auch an dieser Stelle meinen verbindlichsten Dank auszusprechen.

Ganz besonderen Dank schulde ich vor allem Herrn Dr. Reinhold Baer, Privatdozent in Halle, der alle Korrekturen des Umbruches mitgelesen und mich durch vielfache Ratschläge und Literaturnachweise bei meiner Arbeit wesentlich unterstützt hat, sowie auch meinen hiesigen Freunden und Kollegen, den Herren Dr. Arnold Scholz und Dr. Robert Breusch, die mir häufig bei Korrektur und Kommentar halfen, endlich auch Herrn Prof. Dr. Oskar Becker (Bonn) für seine freundlichen Auskünfte bezüglich der philosophischen Literatur. Aber auch der Verlagsbuchhandlung, die meinen Wünschen in bezug auf Anlage und Ausstattung des Werkes immer bereitwillig entgegenkam, sowie der Druckerei, die alle nicht immer leichten Korrekturen mit der größten Sorgfalt ausführte, bin ich zu größtem Danke verpflichtet.

Möge das Werk in der Form, wie sie hier vorliegt, recht viele Leser finden und in weiten Kreisen der Kenntnis und dem Verständnis des Cantorschen Lebenswerkes dienen im Sinne seines Urhebers und im Geiste echter Wissenschaft, unabhängig von Zeit- und Modeströmungen und unbeirrt durch die Angriffe derer, die in ängstlicher Schwäche eine Wissenschaft, die sie nicht mehr meistern können, zur Umkehr nötigen möchten. Diesen aber, sagt Cantor, „kann es leicht begegnen, daß genau an jener Stelle, wo sie der Wissenschaft die tödliche Wunde zu geben suchen, ein neuer Zweig derselben, schöner, wenn möglich, und zukunftsreicher als alle früheren, rasch vor ihren Augen aufblüht — wie die Wahrscheinlichkeitsrechnung vor den Augen des Chevalier de Meré“.

Freiburg i. Br., 22. März 1932. **E. Zermelo.**

Inhaltsverzeichnis.

IV. Abhandlungen zur Geschichte der Mathematik und zur Philosophie des Unendlichen.

I. Abhandlungen zur Zahlentheorie und Algebra.

1. De aequationibus secundi gradus indeterminatis.

[Dissertation Berlin 1867.]

Problema de quo in sequentibus agimus hoc est: aequationis homogeneae secundi gradus $F(X, Y, Z) = 0$ solutiones omnes in numeris integris invenire. — Convenit problema cum illo: aequationis $F(\xi, \eta, 1) = 0$ omnes solutiones in numeris rationalibus invenire; — quod a Diophanti temporibus tum sagacitatem multorum mathematicorum ad disquisitionem elicuit, quum denique[1] ab ill. Lagrange primum ita investigatum est, ut nihil dubitationis relinqueretur.

Quodsi nihilominus denuo hanc quaestionem tractavi, causa mihi afferenda est, quae conatum probet. Quam ob rem solutione Lagrangii breviter exposita, ad ea adjumenta paucis verbis redeamus, quibus ill. Legendre et ill. Gauss rem perlucidiorem perfectioremque reddiderunt. —

Lagrange postquam substitutione rationali aequationem generalem ad formam $X^2 = AY^2 + BZ^2$ reduxit, ostendit, si haec aequatio solutionem admittat, semper alteram ejusdem formae aequationem exhiberi $X_1^2 = A_1 Y_1^2 + B_1 Z_1^2$, in qua $A_1 B_1 < AB$, quae et ipsa in numeris integris solvi possit; ex cujus solutione vice versa primae aequationis solutio proficiscitur. Quae transformatio si ad secundam aequationem rursus adhibetur et iterum iterumque repetitur, donec effici possit, perspicuum est, aut aequationem prodire, ad quam ratio processus nullo modo applicari possit, quae igitur irresolubilis sit et hanc indolem in omnes aequationes anteeuntes transferat, aut aequationem nasci, in qua productum $AB = \pm 1$; ergo aequationem ultimam hujus formae esse: $X^2 = Y^2 \pm Z^2$, qua omnes aequationes usque ad datam primam resolubiles fieri apparet. —

Patet hanc rationem problematis investigandi tam quaestionem de possibilitate solutionis in omni casu decernere, quam in casu resolubili solutiones patefacere.

Quae via etiam ex essentia problematis ita est hausta, ut Legendre[2] superstruere ei potuerit demonstrationem pulcherrimi illius theorematis, quod

---

[1] Histoire de l'Académie de Berlin **1767**, 167.

[2] Hist. de l'Académie de Paris **1784**, 507; nec minus: Legendre: Théorie des nombres **1**, 32 (1830).

conditiones necessarias et sufficientes resolubilitatis exhibet. — Si aequatio generalis substitutionibus rationalibus effectis ad hanc formam reducta est: $aXX + a'YY + a''ZZ = 0$, ubi a, a', a'' numeri integri sunt, qui alius ad alium primi inter se sunt neque ullos divisores quadricos implicant, ex theoremate ill. Legendre necessariae et sufficientes resolubilitatis conditiones hae sunt:

1) a, a', a'' eodem signo $\pm$ non affecti;

2) $-a'a''Ra$, $-a''aRa'$, $-aa'Ra''$, ubi littera R duabus quantitatibus interposita indicat, priorem sequentis esse residuum quadraticum. —

Gauss profert in disq. arithmeticis[1] duas novas theorematis demonstrationes, quae in eo praecipue nituntur, quod illis conditionibus locum habentibus forma $aXX + a'YY + a''ZZ$ per substitutionem quandam rationalem et linearem in formam indefinitam determinantis 1 transit, quae ex § 277 ejusdem operis formae $YY - 2XZ$ aequivalet; quum aequatio $YY - 2XZ = 0$ in integris resolubilis sit, solutionem datae trahit. —

Ope unius solutionis aequationis $F(X, Y, Z) = 0$ formulae deducuntur, quae omnes solutiones complectuntur, et quae hanc ob causam problema absolvere omnibus visae sunt. Quae formulae tales sunt:

$$X : Y : Z = \varphi\left(\frac{p}{q}, 1\right) : \psi\left(\frac{p}{q}, 1\right) : \chi\left(\frac{p}{q}, 1\right),$$

ubi φ, ψ, χ sunt functiones secundi gradus integrae ipsius $\frac{p}{q}$, coefficientibus integris affectae.

Ad quemvis ipsius $\frac{p}{q}$ valorem rationalem solum duae solutiones X_0, Y_0, Z_0, $-X_0$, $-Y_0$, $-Z_0$, ejus indolis referuntur, ut nullus divisor communis numeros illos metiatur; repraesentantur hae solutiones, quas *irreducibiles* appellemus et ex quibus propter homogeneitatem aequationis omnia pendent, hisce formulis:

$$X_0 = \pm\frac{\varphi(p, q)}{t}; \qquad Y_0 = \pm\frac{\psi(p, q)}{t}; \qquad Z_0 = \pm\frac{\chi(p, q)}{t},$$

ubi ipsis p, q omnes valores numerici attribuendi, qui inter se primi sunt, et ubi t divisorem maximum communem ipsorum φ, ψ, χ denotat. —

Sed quum ex hac numeri t definitione non eluceat, quomodo t generaliter e numeris p, q pendeat, quumque igitur pro unoquoque binorum numerorum p, q complexu peculiari operatione ad t computandum opus sit, mihi quidem in illis formulis solutio problema absolvens inesse non videtur.

Quum quae in hac solutione imperfecta sunt applicatione quadam problematis luce clariora mihi reddita sint, ad subtilem disquisitionem aggressus cognovi, omnes aequationis resolubilis $F(X, Y, Z) = 0$ solutiones irreducibiles

---

[1] C. F. Gauss Werke 1, 349. Göttingen 1863.

in multitudinem finitam systematum dicedere, quorum unumquodque sub forma

$$X_0 = \varphi_\lambda(p, q); \qquad Y_0 = \psi_\lambda(p, q); \qquad Z_0 = \chi_\lambda(p, q)$$

repraesentari potest, ubi φ_λ, ψ_λ, χ_λ formae sunt binariae, coefficientibus integris affectae; ubi q, p eosdem numeros quos supra significant, ea conditione, ut campus horum numerorum in quovis systemate congruentiis linearibus circumscriptus sit. — Hinc fit ut in aspectu omnium systematum

$$\begin{matrix} \varphi_1\,\psi_1\,\chi_1 \\ \varphi_2\,\psi_2\,\chi_2 \\ \cdots \\ \varphi_\varrho\,\psi_\varrho\,\chi_\varrho, \end{matrix}$$

si ad peculiarem ipsorum p, q variabilitatis modum intra fines uniuscujusque systematis attendis, modus perfectus et monogenes expositionis infinite multarum solutionum irreducibilium oriatur, ubi omnes operationes in omni generalitate sunt cogitatae. —

Quod problema quum subtiliter perscrutatus elucubrarem, iis formis $F(X, Y, Z)$ disquisitionem definivi, in quibus coefficientes ipsorum XZ, YZ, XY evanescunt; ex quo sequitur, in hac commentatione tantum solutionem expletam hujus aequationis:

$$aXX + a'YY + a''ZZ = 0 \text{ contineri. —}$$

§ 1.

Sit: $F(X, Y, Z) = aXX + a'YY + a''ZZ + 2bYZ + 2b'ZX + 2b''XY$

forma indefinita ternaria, ubi a, a', a'', b, b', b'' integros sine divisore communi designant; formam indefinitam eam esse inter omnes constat, quae tam positivos quam negativos valores admittat, ita ut pro ea de repraesentatione cifrae agi possit. —

Porro determinantem

$$D = abb + a'b'b' + a''b''b'' - aa'a'' - 2bb'b''$$

cifram non aequare suppono; atque per formam adjunctam hanc intellectam volo:

$$G(U, V, W) = dUU + d'VV + d''WW + 2eVW + 2e'WU + 2e''UV$$

ubi

$$d = bb - a'a''; \qquad d' = b'b' - aa''; \qquad d'' = b''b'' - aa';$$
$$e = ab - b'b''; \qquad e' = a'b' - bb''; \qquad e'' = a''b'' - bb'. \text{ —}$$

Connectam variabiles X, Y, Z, U, V, W his aequationibus:

$$U = \frac{1}{2}\frac{\partial F}{\partial X}; \qquad V = \frac{1}{2}\frac{\partial F}{\partial Y}; \qquad W = \frac{1}{2}\frac{\partial F}{\partial Z};$$

quibus rebus constitutis aequatio sequitur:

$$G(U, V, W) = D \cdot F(X, Y, Z). \quad - \tag{1}$$

Si tres formae binariae quadraticae, coefficientibus integris affectae:

$$\varphi = \alpha xx + 2\alpha' xy + \alpha'' yy; \quad \psi = \beta xx + 2\beta' xy + \beta'' yy; \quad \chi = \gamma xx + 2\gamma' xy + \gamma'' yy$$

(in quibus coefficientem medium parem suppositum esse apparet) loco ipsorum X, Y, Z resp. in formam F substitutae, aequationi

$$F(\varphi, \psi, \chi) = 0 \tag{2}$$

identice respectu ipsorum x, y satisfaciunt, appello (φ, ψ, χ) *solutionem formalem* aeq. $F = 0$. — Statim breviter eas res algebraicas in medio ponam, quae ex identitate (2) manant, et a quibus initium considerationum arithmeticarum repetendum est. — Quod facillime efficitur.

Nam positis:

$$\left.\begin{aligned} X &= \alpha\,\xi + 2\,\alpha'\,\eta + \alpha''\,\zeta \\ Y &= \beta\,\xi + 2\,\beta'\,\eta + \beta''\,\zeta \\ Z &= \gamma\,\xi + 2\,\gamma'\,\eta + \gamma''\,\zeta \end{aligned}\right\} \tag{3}$$

habemus aequationem

$$F(X, Y, Z) = 2\,K(\eta\eta - \xi\zeta), \tag{4}$$

ubi

$$K = -\sum \frac{1}{2}\frac{\partial F}{\partial \alpha}\,\alpha'' = 2\,F(\alpha', \beta', \gamma'). \tag{5}$$

Determinante $\sum \pm \alpha\beta'\gamma''$ littera δ designato, e theoremate illo, determinantem formae datae multiplicatum per quadratum determinantis substitutionis aequalem esse determinanti formae transmutatae, si applicatur hoc theorema ad transformationem (4), prodit:

$$K^3 = 2\,D\delta^2; \quad \text{unde posito} \quad -\frac{K}{\delta} = H,$$

fit

$$K = \frac{2\,D}{H^2}; \qquad \delta = -\frac{2\,D}{H^3}; \tag{5}$$

ubi H ex definitione numerus rationalis. —

Ex aequationibus $\sum \frac{1}{2}\frac{\partial F}{\partial \alpha}\,\alpha = 0$; $\qquad \sum \frac{1}{2}\frac{\partial F}{\partial \alpha}\,\alpha' = 0$ manant:

$$\frac{1}{2}\frac{\partial F}{\partial \alpha} = c(\beta\gamma' - \gamma\beta'); \quad \frac{1}{2}\frac{\partial F}{\partial \beta} = c(\gamma\alpha' - \alpha\gamma'); \quad \frac{1}{2}\frac{\partial F}{\partial \gamma} = c(\alpha\beta' - \beta\alpha');$$

pari modo inveniuntur:

$$\frac{\partial F}{\partial \alpha'} = c'(\beta\gamma'' - \gamma\beta''); \quad \frac{\partial F}{\partial \beta'} = c'(\gamma\alpha'' - \alpha\gamma''); \quad \frac{\partial F}{\partial \gamma'} = c'(\alpha\beta'' - \beta\alpha''),$$

$$\frac{1}{2}\frac{\partial F}{\partial \alpha''} = c''(\beta'\gamma'' - \gamma'\beta''); \quad \frac{1}{2}\frac{\partial F}{\partial \beta''} = c''(\gamma'\alpha'' - \alpha'\gamma''); \quad \frac{1}{2}\frac{\partial F}{\partial \gamma''} = c''(\alpha'\beta'' - \beta'\alpha''). \ -$$

Numerum c invenias, si tres priores aeq. per α'', β'', γ'' resp. multiplicatas addis; fit $c = H$. Eodem modo valores ipsorum c', c'' evadunt, nempe:

$c' = c'' = c = H$; ita ut denique assequaris:

$$\left.\begin{array}{lll}\frac{1}{2}\frac{\partial F}{\partial \alpha} = H(\beta\gamma' - \gamma\beta'); & \frac{1}{2}\frac{\partial F}{\partial \beta} = H(\gamma\alpha' - \alpha\gamma'); & \frac{1}{2}\frac{\partial F}{\partial \gamma} = H(\alpha\beta' - \beta\alpha') \\ \frac{\partial F}{\partial \alpha'} = H(\beta\gamma'' - \gamma\beta''); & \frac{\partial F}{\partial \beta'} = H(\gamma\alpha'' - \alpha\gamma''); & \frac{\partial F}{\partial \gamma'} = H(\alpha\beta'' - \beta\alpha'') \\ \frac{1}{2}\frac{\partial F}{\partial \alpha''} = H(\beta'\gamma'' - \gamma'\beta''); & \frac{1}{2}\frac{\partial F}{\partial \beta''} = H(\gamma'\alpha'' - \alpha'\gamma''); & \frac{1}{2}\frac{\partial F}{\partial \gamma''} = H(\alpha'\beta'' - \beta'\alpha'')\end{array}\right\}(6)$$

Qua in re annotandum est, quod, ut ex aequatione (4) aequationes (6) fluunt, ita ex his illa proficiscitur; quod facile persuasum tibi habeas. — Solvendo aeq. (3) pro ξ, η, ζ et rationem habendo aeq. (5), (6), prodit:

$$\frac{2D}{H^2}\xi = -\sum \frac{1}{2}\frac{\partial F}{\partial \alpha''}x = -\Sigma U\alpha''$$

$$\frac{2D}{H^2}\eta = +\sum \frac{1}{2}\frac{\partial F}{\partial \alpha'}x = +\Sigma U\alpha'$$

$$\frac{2D}{H^2}\zeta = -\sum \frac{1}{2}\frac{\partial F}{\partial \alpha}x = -\Sigma U\alpha.$$

Qui valores in aeq.: $G(U, V, W) = DF(X, Y, Z) = \frac{4D^2}{H^2}(\eta\eta - \xi\zeta)$ substituti, suppeditant:

$$G(U, V, W) = H^2\{(\alpha' U + \beta' V + \gamma' W)^2 - (\alpha U + \beta V + \gamma W)(\alpha'' U + \beta'' V + \gamma'' W)\}.$$

Extemplo relationes hae deducuntur:

$$d = H^2(\alpha'\alpha' - \alpha\alpha''); \quad d' = H^2(\beta'\beta' - \beta\beta''); \quad d'' = H^2(\gamma'\gamma' - \gamma\gamma''); \qquad (7)$$

$$2e = H^2(2\beta'\gamma' - \beta\gamma'' - \gamma\beta''); \qquad 2e' = H^2(2\gamma'\alpha' - \alpha\gamma'' - \gamma\alpha'');$$

$$2e'' = H^2(2\alpha'\beta' - \alpha\beta'' - \beta\alpha''),$$

unde cognoscitur, determinantes formarum binariarum φ, ψ, χ ad numeros d, d', d'' rationem quadraticam habere; numerus H in eo characteristicum est solutioni (φ, ψ, χ), quod determinantes formarum φ, ψ, χ definit; *quare afficiam solutionem* (φ, ψ, χ) *definitione* $(H = H_0)$, ut ex. g. solutio $(H = \pm 1)$ talis sit in qua $H = \pm 1$, ergo:

$$\alpha'\alpha' - \alpha\alpha'' = d, \ \ldots .$$

Quae demonstravimus ostendunt, numerum rationalem H_0, ut proprius sit alcs. solutionis formalis (φ, ψ, χ), ea natura necessario gaudere, ut numeri

$$\frac{d}{H_0^2}, \quad \frac{d'}{H_0^2}, \quad \frac{d''}{H_0^2}, \quad \frac{2e}{H_0^2}, \quad \frac{2e'}{H_0^2}, \quad \frac{2e''}{H_0^2}, \quad \frac{2D}{H_0^2}, \quad \frac{2D}{H_0^3}$$

integri fiant. Si H_0 valorem rationalem ejusmodi assecutus est, solutio unaquaeque $(H = \pm H_0)$ substitutionem (3) praebet, quae F in $\frac{4D}{H_0^2}(\eta\eta - \xi\zeta)$

transformat; vice versa substitutio quaelibet

$$x = \alpha\xi + \bar{\alpha}'\eta + \alpha''\zeta$$
$$y = \beta\xi + \bar{\beta}'\eta + \beta''\zeta$$
$$z = \gamma\xi + \bar{\gamma}'\eta + \gamma''\zeta$$

quae F in $\frac{4D}{H_0^2}(\eta\eta - \xi\zeta)$ traducat, suppeditat solutionem $(H = \pm H_0)$

$$\varphi = \alpha xx + 2\frac{\bar{\alpha}'}{2}xy + \alpha'' yy; \ldots .$$

Nam propter aequationes $\frac{d}{H_0^2} = \left(\frac{\bar{\alpha}'}{2}\right)^2 - \alpha\alpha'', \ldots,$

quae manifesto hic quoque locum habent, numeri $\frac{\bar{\alpha}'}{2}, \frac{\bar{\beta}'}{2}, \frac{\bar{\gamma}'}{2}$ erunt integri α', β', γ'; quae deliberatio nobis multis locis usui erit. —

§ 2.

Si (φ, ψ, χ) est solutio formalis aeq. $F = 0$, ex ea infinite multas alias solutiones f. deducas, mutando variabiles x, y substitutione integra $x = \lambda x' + \mu y'$; $y = \nu x' + \varrho y'$, ubi $\lambda\varrho - \mu\nu = \pm 1$; unde quum eluceat, duas solutiones (φ, ψ, χ), (φ', ψ', χ') ejusmodi idem solutionum in integris systema comprehendere, dicemus, solutiones (φ, ψ, χ), (φ', ψ', χ') *ad idem systema pertinere*, vel *aequivalentes esse*. —

Pro solutionibus formalibus ejusdem systematis, H eodem vel contrario valore gaudet, prout substitutio, qua altera solutio in alteram mutatur, valorem $+1$ vel -1 habet.

Si duae solutiones formales substitutione $\begin{bmatrix}\lambda, \mu \\ \nu, \varrho\end{bmatrix}$ altera in alteram transformantur, ubi λ, μ, ν, ϱ integros esse non oportet, praeter illam sola substitutio $\begin{bmatrix}-\lambda, -\mu \\ -\nu, -\varrho\end{bmatrix}$ datur, qua altera in alteram transeat. —

Itaque si duae solutiones (φ, ψ, χ), (φ', ψ', χ') proponuntur, quarum prima substitutione non integra, puta $\begin{Bmatrix}\sqrt{2}, 1 \\ 0 \ \frac{1}{\sqrt{2}}\end{Bmatrix}$ in alteram transit, pro certo habemus illas ad idem systema non pertinere. —

Proposita forma $F_1(X_1, Y_1, Z_1)$ aequivalente formae F, quae substitutione integra: $X_1 = \sigma X + \tau Y + \vartheta Z$; $Y_1 = \sigma' X + \tau' Y + \vartheta' Z$; $Z_1 = \sigma'' X + \tau'' Y + \vartheta'' Z$ in F transit, ubi $\sum \pm \sigma\tau'\vartheta'' = \pm 1$, ex unaquaque aequationis $F = 0$ solutione formali (φ, ψ, χ) prodit solutio $f(\varphi_1, \psi_1, \chi_1)$ aeq. $F_1 = 0$, harum formularum ope: $\varphi_1 = \sum \sigma\varphi$; $\psi_1 = \sum \sigma'\varphi$; $\chi_1 = \sum \sigma''\varphi$, et ex his formulis omnes solutiones formales $(H = \pm H_0)$ aeq. $F_1 = 0$ eruuntur, ponendo pro (φ, ψ, χ) omnes solutiones $(H = \pm H_0)$ ipsius $F = 0$. —

Si (φ, ψ, χ), (φ', ψ', χ') sunt duae solutiones ejusdem systematis ipsius $F = 0$, iis illarum formularum ope solutiones $(\varphi_1, \psi_1, \chi_1)$, $(\varphi_1', \psi_1', \chi_1')$ respondent aeq. $F_1 = 0$, quae ad idem systema pertinent. —

Quodsi in proximo § theorema nobis demonstrandum est, solam finitam solutionum formalium $(H = \pm H_0)$ multitudinem dari, quae ad aeq. $F = 0$ spectant, licet formam F in aequivalentem F_1 transformare et in hac transformata theorema probare. —

§ 3.

Theorema. *Multitudo systematum solutionum formalium aeq.* $F = 0$, *quae ad unum eundemque numerum characteristicum* $\pm H_0$ *referendae sunt, aut cifrae aequalis, aut finita est.* —

Demonstratio. — Sinit forma quaelibet F transformationem in formam aequivalentem F_1, in qua aliquis trium priorum coefficientium formae adjunctae G_1, ex. g. tertius d_1'' valore negativo a cifra discrepante gaudet; quod propter aeq.: $\frac{d_1''}{H_0^2} = b_1'' b_1'' - a_1 a_1'$ efficit, ut a_1 et a_1' a cifra discrepent et eodem signo affecti sint. — Etenim si inter X, Y, Z, X_1, Y_1, Z_1 aequationes praecedentis § intercedunt, inter variabiles U, V, W, U_1, V_1, W_1 formarum G, G_1 locum habebunt aeq.:

$$U = \sigma U_1 + \sigma' V_1 + \sigma'' W_1; \qquad V = \tau U_1 + \tau' V_1 + \tau'' W_1;$$
$$W = \vartheta U_1 + \vartheta' V_1 + \vartheta'' W_1,$$

unde

$$d_1'' = G(\sigma'', \tau'', \vartheta'').$$

Sed quandoquidem F et G sunt formae indefinitae, σ'', τ'', ϑ'' ita accipere licet, ut $F(\sigma'', \tau'', \vartheta'') < 0$ fiat et ut hi tres numeri nullum divisorem communem habeant; quo facto ceteri substitutionis coefficientes ita assumantur ut $\Sigma \pm \sigma \tau' \vartheta'' = \pm 1$; quae si ita se habent, substitutio cum postulato congruit. —

Secundum annotationem ultimi § formam F in demonstratione nostra ea indole supponere licet, ut $d'' < 0$, ergo $a \gtrless 0$, $a' \gtrless 0$, a, a' eodem signo $\pm$ affecti. —

Quo posito proveniunt hae aequationes identicae (Disq. 271):

$$\left.\begin{aligned} F &= \frac{D}{d''} ZZ - \frac{d''}{a}\left(Y - \frac{e}{d''} Z\right)^2 + a\left(X + \frac{b''}{a} Y + \frac{b'}{a} Z\right)^2 \\ F &= \frac{D}{d''} ZZ - \frac{d''}{a'}\left(X - \frac{e'}{d''} Z\right)^2 + a'\left(Y + \frac{b''}{a'} X + \frac{b}{a'} Z\right)^2. \end{aligned}\right\} \tag{1}$$

Sit $(\varphi_1, \psi_1, \chi_1)$ solutio formalis aliqua $(H = \pm H_0)$ ipsius $F = 0$, si exsistat; proin χ_1 est forma determinantis negativi $\frac{d''}{H_0^2}$; secundum ill. Lagrange semper forma ipsi χ_1 aequivalens exsistit:

$$\chi = \gamma xx + 2\gamma' xy + \gamma'' yy,$$

in qua inaequationes locum habent:

$$\gamma \leqq \sqrt{-\frac{4}{3}\frac{d''}{H_0^2}}; \qquad \gamma' \leqq \sqrt{-\frac{1}{3}\frac{d''}{H_0^2}}. \tag{2}$$

Applicemus transformationem, quae χ_1 in χ traducit, ad solutionem $(\varphi_1, \psi_1, \chi_1)$, qua re solutio transit in aequivalentem (φ, ψ, χ); ponimus

$$\varphi = \alpha xx + 2\alpha' xy + \alpha'' yy; \qquad \psi = \beta xy + 2\beta' xy + \beta'' yy.$$

Quibus rebus effectis habemus propter aeq. (4) § 1

$$F(\alpha, \beta, \gamma) = 0, \qquad F(\alpha', \beta', \gamma') = \frac{D}{H_0^2};$$

tum autem ex formulis (1) hjs. §:

$$\begin{aligned}
-\frac{D}{d''}a\gamma\gamma &= -d''\left(\beta - \frac{e}{d''}\gamma\right)^2 + a^2\left(\alpha + \frac{b''}{a}\beta + \frac{b'}{a}\gamma\right)^2 \\
-\frac{D}{d''}a'\gamma\gamma &= -d''\left(\alpha - \frac{e'}{d''}\gamma\right)^2 + a'^2\left(\beta + \frac{b''}{a'}\alpha + \frac{b}{a'}\gamma\right)^2 \\
\frac{Da}{H_0^2} - \frac{D}{d''}a\gamma'\gamma' &= -d''\left(\beta' - \frac{e}{d''}\gamma'\right)^2 + a^2\left(\alpha' + \frac{b''}{a}\beta' + \frac{b'}{a}\gamma'\right)^2 \\
\frac{Da'}{H_0^2} - \frac{D}{d''}a'\gamma'\gamma' &= -d''\left(\alpha' - \frac{e'}{d''}\gamma'\right)^2 + a'^2\left(\beta' + \frac{b''}{a'}\alpha' + \frac{b}{a'}\gamma'\right)^2.
\end{aligned}$$

Quum d'' sit < 0 et F forma indefinita, numeri Da, Da' sunt positivi; hinc ex aequationibus ultimis ope inaeq. (2) inaequationes

$$\frac{4}{3}\frac{Da}{H_0^2} \geqq -d''\left(\beta - \frac{e}{d''}\gamma\right)^2; \qquad \frac{4}{3}\frac{Da}{H_0^2} \geqq -d''\left(\alpha - \frac{e'}{d''}\gamma\right)^2 \tag{3}$$

$$\frac{4}{3}\frac{Da'}{H_0^2} \geqq -d''\left(\beta' - \frac{e}{d''}\gamma'\right)^2; \qquad \frac{4}{3}\frac{Da'}{H_0^2} \geqq -d''\left(\alpha' - \frac{e'}{d''}\gamma'\right)^2 \tag{4}$$

derivantur. —

Jamvero si cum his inaequationibus confers aeq.

$$\alpha'\alpha' - \alpha\alpha'' = \frac{d}{H_0^2}; \qquad \beta'\beta' - \beta\beta'' = \frac{d'}{H_0^2}; \qquad \gamma'\gamma' - \gamma\gamma'' = \frac{d''}{H_0^2},$$

nullo negotio cernas, numeros omnes $\alpha, \beta, \gamma, \alpha', \beta', \gamma', \alpha'', \beta'', \gamma''$ inter certas limites jacere. —

Sed quoniam in systemate solutionum $(H = \pm H_0)$ quolibet solutio formalis (φ, ψ, χ) ejus indolis invenitur, theorema probatum est. —

Qua postrema transformatione ad aequationem $aXX + a'YY + a''ZZ = 0$ adhibita, in qua numeri a, a', a'' inter se alius ad alium sunt primi atque eodem signo non affecti, neque ullum divisorem quadraticum habent, propositio nascitur:

In quovis solutionum formalium systemate ($H = \pm 1$) solutio (φ, ψ, χ) datur, in qua

$$\alpha \leqq \sqrt{\left(\frac{4}{3} a' a''\right)}; \quad \beta \leqq \sqrt{\left(\frac{4}{3} a'' a\right)}; \quad \gamma \leqq \sqrt{\left(\frac{4}{3} a a'\right)};$$

ubi uncis indicamus, semper valores absolutos sumendos esse. —

Jam in § 10 demonstrabimus, si aequationis illius solutio irreducibilis $\alpha_1, \beta_1, \gamma_1$ exsistat, etiam solutionem formalem $(\varphi_1, \psi_1, \chi_1)$ ($H = \pm 1$) exstare, ubi formae $\varphi_1, \psi_1, \chi_1$ numeros $\alpha_1, \beta_1, \gamma_1$ pro primis coefficientibus habent. —

Quum igitur ex iis quae demonstravimus sequatur, in eodem systemate ad quod solutio $(\varphi_1, \psi_1, \chi_1)$ pertineat, solutionem (φ, ψ, χ) quoque adesse, in qua α, β, γ intra limites jaceant, quumque porro

$$a\alpha\alpha + a'\beta\beta + a''\gamma\gamma = 0,$$

theorema obtinemus:

Si aequatio $aXX + a'YY + a''ZZ = 0$, ubi bini numerorum a, a', a'' inter se primi sunt, idemque nullo divisore quadratico neque eodem signo $\pm$ affecti sunt, in integris resolubilis est, eadem jam per numeros α, β, γ solvitur, qui intra limites inclusi sunt:

$$\alpha \leqq \sqrt{\left(\frac{4}{3} a' a''\right)}; \quad \beta \leqq \sqrt{\left(\frac{4}{3} a a''\right)}; \quad \gamma \leqq \sqrt{\left(\frac{4}{3} a a'\right)};$$

quod criterium manifesto in omni casu proposito quaestionem de resolubilitate ad discrimen adducit. —

§ 4.

Si data est aequatio $aXX + a'YY + a''ZZ = 0$ (quam brevitatis gratia posthac per $[a, a', a''] = 0$ designabimus), ubi a, a', a'' sine divisore communi, neque eodem signo affectos supponimus, solutiones in integris possibiles ad solutiones alius aeq. $[p, p', p''] = 0$ prorsus reduci possunt, in *qua bini numerorum* p, p', p'' *divisorem communem non habent; quales aequationes brevitatis gratia aequationes primarias nominabimus.*

Etenim designato divisore ipsis a' et a'' communi per hgg, ips. a'' et a per $h'g'g'$, ips. a' et a per $h''g''g''$, ubi h, h', h'' divisorum quadraticorum expertes sunt, apparet solutiones in integris possibiles formis esse:

$$X = hgX_1; \quad Y = h'g'Y_1; \quad Z = h''g''Z_1,$$

ubi X_1, Y_1, Z_1 sunt solutiones aeq.

$$[b, b', b''] = 0,$$

si

$$b = \frac{ah}{h'h''g'^2g''^2}; \quad b' = \frac{a'h'}{h''hg''^2g^2}; \quad b'' = \frac{a''h''}{hh'g^2g'^2},$$

cujus aeq. determinans est

$$-bb'b'' = -\frac{aa'a''}{hh'h''(gg'g'')^2},$$

ergo minor quam determinans $-aa'a''$ prioris. —

Si aequatio $[b, b', b''] = 0$ non est primaria, eodem connexu ad aequationem $[c, c', c''] = 0$ procedas, ubi $cc'c'' < bb'b''$; et sic porro. — Quo modo, quum determinantes magis magisque diminuantur, patet aequationem primam $[a, a', a''] = 0$ applicatione reductionis successiva ita connecti posse cum primaria quadam $[p, p', p''] = 0$, ut solutiones in integris aeq. primae hisce aequationibus: $X = mX_0$; $Y = m'Y_0$; $Z = m''Z_0$, solutionibus in integris X_0, Y_0, Z_0 ultimae uno modo respondeant; facileque persuadeas tibi, *omni solutioni irreducibili* X_0, Y_0, Z_0 *solutionem irreducibilem* X, Y, Z *respondere.*

Quamobrem abhinc solas primarias aequationes considerabimus, et statim pro iis aggredimur quaestionem de solutionibus formalibus, in quibus $H = \pm 1$; quas ob hanc causam inde ex hoc tempore simpliciter solutiones formales nominabimus, definitionem $(H = \pm 1)$ omittentes.

Quas solutiones formales quum in theoremate § 3, in multitudinem finitam systematum discedere demonstraverimus, problema quod ad eas referri potest plane constitutum est, id est, si omnino solutiones formales exsistant, solutione $(\varphi_\lambda, \psi_\lambda, \chi_\lambda)$ quodvis systema repraesentante allata, omnia systemata reperire. Quo problemate soluto, in §§ 10, 11 ostendemus, qui connexus inter hoc problema et primum sit, quod erat, totam solutionum irreducibilium multitudinem aeq. primariae invenire.

§ 5.

$$\text{Sit}\quad \varphi = \alpha xx + 2\alpha' xy + \alpha'' yy; \qquad \psi = \beta xx + 2\beta' xy + \beta'' yy;$$
$$\chi = \gamma xx + 2\gamma' xy + \gamma'' yy$$

solutio formalis aequationis primariae

$$[a, a', a''] = 0;$$

ex § 1 fluunt aequationes:

$$aXX + a'YY + a''ZZ = 4D(\eta\eta - \xi\zeta), \tag{1}$$

si inter $X, Y, Z, \xi, \eta, \zeta$ aequationes intercedunt:

$$X = \alpha\xi + 2\alpha'\eta + \alpha''\zeta;\quad Y = \beta\xi + 2\beta'\eta + \beta''\zeta;\quad Z = \gamma\xi + 2\gamma'\eta + \gamma''\zeta, \tag{2}$$

porro

$$\left.\begin{aligned} a\alpha &= \beta\gamma' - \gamma\beta'; & a'\beta &= \gamma\alpha' - \alpha\gamma'; & a''\gamma &= \alpha\beta' - \beta\alpha';\\ 2a\alpha' &= \beta\gamma'' - \gamma\beta''; & 2a'\beta' &= \gamma\alpha'' - \alpha\gamma''; & 2a''\gamma' &= \alpha\beta'' - \beta\alpha'';\\ a\alpha'' &= \beta'\gamma'' - \gamma'\beta''; & a'\beta'' &= \gamma'\alpha'' - \alpha'\gamma''; & a''\gamma'' &= \alpha'\beta'' - \beta'\alpha''; \end{aligned}\right\} \tag{3}$$

$$\alpha'\alpha' - \alpha\alpha'' = -a'a''; \qquad \beta'\beta' - \beta\beta'' = -a''a; \qquad \gamma'\gamma' - \gamma\gamma'' = -aa'; \tag{4}$$

ad quas formulas semper recurremus. —

Annotandum est, hic $H = +1$ suppositum esse, quod manifesto licet; nam si $H = -1$ esset, ex eodem systemate aliam solutionem promere liceret, in qua $H = -1$ esset. —

Praecipue vero memoria teneamus, determinantes formarum φ, ψ, χ resp. $-a'a''$, $-a''a$, $-aa'$ esse (4).

Designemus maximum communem divisorem ipsorum $\alpha, \alpha', \alpha''$ per l, ipsorum β, β', β'' per m, ipsorum $\gamma, \gamma', \gamma''$ per n, et ponamus

$$\varphi = l\varphi_0; \qquad \psi = m\psi_0; \qquad \chi = n\chi_0,$$

ubi igitur $\varphi_0, \psi_0, \chi_0$ sunt formae primitivae (in eodem sensu ac in Disq. p. 226; 1863); tunc habemus:

Theorema. *Numeri l, m, n formis sunt*

$$l = \mu\nu; \qquad m = \nu\lambda; \qquad n = \lambda\mu,$$

ubi λ, μ, ν alius ad alium inter se primi sunt, atque $(\varphi_0, \psi_0, \chi_0)$ est solutio formalis aequationis primariae

$$\left[\frac{a}{\lambda\lambda}, \frac{a'}{\mu\mu}, \frac{a''}{\nu\nu}\right] = 0.$$

Dem. Numeros tres l, m, n uno tantum modo sub hac forma:

$$l = \varrho\mu\nu\mathfrak{a}; \quad m = \varrho\nu\lambda\mathfrak{b}; \quad n = \varrho\lambda\mu\mathfrak{c}$$

semper repraesentari posse, perspicuum, ubi numeri λ, μ, ν alius ad alium inter se sunt primi; idem pro $\mathfrak{a}, \mathfrak{b}, \mathfrak{c}$ valet, nec minus $\mathfrak{a}$ est primus ad λ, $\mathfrak{b}$ ad μ, $\mathfrak{c}$ ad ν. Quare demonstrandum est, quod: $\varrho = \mathfrak{a} = \mathfrak{b} = \mathfrak{c} = 1$. —

Numeri l^2, m^2, n^2 metiuntur resp. numeros $a'a'', a''a, aa'$; quos tres numeros nullos communis divisor metitur, quia $[a, a', a'']$ forma primaria est; ergo

$$\varrho = 1. -$$

Ex eo quod numeri aa', aa'' per λ^2 divisibiles sunt et a', a'' inter se primi, sequitur a dividi per λ^2; ob eandem causam a' per μ^2, a'' per ν^2 dividitur. —

Sit σl maximus communis divisor ipsorum $\alpha, 2\alpha', \alpha''$, τm ips. β, $2\beta'$, β'', ϑn ips. $\gamma, 2\gamma', \gamma''$, ubi numeros σ, τ, ϑ praeter 1 et 2 alios valores non admittere patet. — Tum ex aeq. (3) hujus § nullo negotio congruentiae deducuntur:

$$\sigma\frac{a}{\lambda^2}\mathfrak{a} \equiv 0 \bmod \mathfrak{b}\mathfrak{c}; \qquad \tau\frac{a'}{\mu^2}\mathfrak{b} \equiv 0 \bmod \mathfrak{c}\mathfrak{a}; \qquad \vartheta\frac{a''}{\nu^2}\mathfrak{c} \equiv 0 \bmod \mathfrak{a}\mathfrak{b}.$$

Ex quibus congruentiis sequitur numeris quoque $\mathfrak{a}$, $\mathfrak{b}$, $\mathfrak{c}$ alios valores atque 1 et 2 non attribuendos esse, quum bini numerorum $\mathfrak{a}$, $\mathfrak{b}$, $\mathfrak{c}$ primi inter se sint et idem pro numeris $\frac{a}{\lambda^2}$, $\frac{a'}{\mu^2}$, $\frac{a''}{\nu^2}$ valeat. —

Itaque si 4 nullum numerorum $\frac{a}{\lambda^2}$, $\frac{a'}{\mu^2}$, $\frac{a''}{\nu^2}$ metitur, ex eo quod $\frac{aa'}{\lambda^2\mu^2\mathfrak{c}^2}$, $\frac{a'a''}{\mu^2\nu^2\mathfrak{a}^2}$, $\frac{a''a}{\nu^2\lambda^2\mathfrak{b}^2}$ integri sunt, sequitur:

$$\mathfrak{a} = \mathfrak{b} = \mathfrak{c} = 1.$$

At si quis numerorum illorum per 4 dividitur, ex g. $\frac{a}{\lambda^2}$, erunt $\frac{a'}{\mu^2}$, $\frac{a''}{\nu^2}$ impares, ergo

$$\mathfrak{a} = 1.$$

Quodsi $\mathfrak{b} = 1$, $\mathfrak{c} = 2$ esset; τ fieret $= 1$, quia determinans formae primitivae ψ_0 ex hypothesi par est, et aequationis

$$\frac{a'}{\mu^2}\psi_0^2 = -\frac{a}{\lambda^2}\varphi_0^2 - 4\frac{a''}{\nu^2}\chi_0^2$$

altera pars identice per 4 divisibilis esset, altera non divideretur. —

Perinde ac illud ostenditur, hypothesin $\mathfrak{c} = 1$, $\mathfrak{b} = 2$ rejiciendam esse; quare in hoc casu quoque, necessario restat: $\mathfrak{a} = \mathfrak{b} = \mathfrak{c} = 1$.

Itaque, quum quaevis aequationis primariae solutio formalis ope aequationum

$$\varphi = \mu\nu\varphi_0, \qquad \psi = \nu\lambda\psi_0, \qquad \chi = \lambda\mu\chi_0$$

ad solutionem $(\varphi_0, \psi_0, \chi_0)$ alterius primariae revocetur, in qua formae φ_0, ψ_0, χ_0 sunt primitivae, considerationes ad solutiones formales hujusmodi restringere licet; quales solutiones $(\varphi_0, \psi_0, \chi_0)$ *primitivas* nominabimus, systema ad quod solutio primitiva pertinet, *systema primitivum*. Iam ut discrimen faciamus, solutionem

$$\varphi = \mu\nu\varphi_0, \qquad \psi = \nu\lambda\psi_0, \qquad \chi = \lambda\mu\psi_0,$$

in qua haud omnes numeri $\lambda, \mu, \nu = 1$ sunt, solutionem ex primitiva φ_0, ψ_0, χ_0 derivatam nominamus, atque *eam ad ordinem O (λ, μ, ν) pertinere dicimus*; eandem notationem ad systema extendimus, ad quod (φ, ψ, χ) pertinet. —

Si (φ, ψ, χ) est solutio primitiva aeq. pr. $(a, a', a'') = 0$, ad summum una formarum φ, ψ, χ improprie primitiva esse potest, nam sint:

1) a, a', a'' impares. Si duae formarum φ, ψ, χ puta φ, ψ improprie primitivae essent, propter aeq. $a\varphi^2 + a'\psi^2 + a''\chi^2 = 0$ tertia eodem charactere afficeretur; sequeretur:

$$-a'a'' \equiv 1, \qquad -a''a \equiv 1, \qquad -aa' \equiv 1 \bmod 4,$$

quae congruentiae manifesto eodem tempore coexistere nequeunt. —

2) Sit unus aliquis numerorum a, a', a'' par, puta a; formae ψ, χ hac de causa primitivae erunt, quia eorum determinantes $-aa''$, $-aa'$ pares sunt. —

§ 6.

Theorema. *Si* (φ, ψ, χ) *solutio primitiva aeq. prim.* $[a, a', a''] = 0$ *est, tres numeri* w, w', w'', *si resp. ad modulos* a, a', a'' *respicis, plane definiti ejus indolis inveniuntur, ut hae congruentiae identice pro omnibus valoribus ipsorum* x, y *locum habeant:*

$$w\psi \equiv a''\chi; \qquad w\chi \equiv -a'\psi; \qquad \text{mod}\, a.$$
$$w'\chi \equiv a\varphi; \qquad w'\varphi \equiv -a''\chi; \qquad \text{mod}\, a'.$$
$$w''\varphi \equiv a'\psi; \qquad w''\psi \equiv -a\varphi; \qquad \text{mod}\, a''. \text{ —}$$

Dem. Hic solam existentiam numeri w cum primis duabus congruentiis probemus; disquisitionem enim pro ceteris eandem esse, perspicitur. —

Quum utique altera formarum ψ, χ proprie primitiva sit, formam ψ talem supponere licet. —

Tunc tres numeri $\mathfrak{P}, \mathfrak{Q}, \mathfrak{R}$ ita determinari possunt, ut

$$\mathfrak{P}\beta + 2\mathfrak{Q}\beta' + \mathfrak{R}\beta'' = 1.$$

Quo facto si ponitur

$$w = (\mathfrak{P}\gamma + 2\mathfrak{Q}\gamma' + \mathfrak{R}\gamma'')a'',$$

primis duabus congruentiis satisfactum esse, contendimus. —

Habes enim

$$w\psi = (\mathfrak{P}\gamma + 2\mathfrak{Q}\gamma' + \mathfrak{R}\gamma'')(\beta xx + 2\beta' xy + \beta'' yy)a''. \text{ —}$$

Ex relationibus autem fundamentalibus (3) § 5 fluunt:

$$\gamma\beta' \equiv \beta\gamma'; \quad \gamma\beta'' \equiv \beta\gamma''; \quad \gamma'\beta'' \equiv \beta'\gamma'' \ \text{mod}\, a. \text{ —}$$

Ergo:

$$\begin{aligned} w\psi &\equiv (\mathfrak{P}\beta + 2\mathfrak{Q}\beta' + \mathfrak{R}\beta'')(\gamma xx + 2\gamma' xy + \gamma'' yy)a'' \\ &\equiv a''\chi \ \text{mod}\, a. \end{aligned}$$

Quibus effectis congruentia prima probata est. —

Porro habemus

$$w\chi \equiv a''(\mathfrak{P}\gamma + 2\mathfrak{Q}\gamma' + \mathfrak{R}\gamma'')(\gamma xx + 2\gamma' xy + \gamma'' yy). \text{ —}$$

Contemplando singulas relationes in identitate (1) § 5 exhibitas ut congruentias mod a, obtinemus:

$$a''\gamma\gamma \equiv -a'\beta\beta; \quad a''\gamma\gamma' \equiv -a'\beta\beta'; \quad a''\gamma\gamma'' \equiv -a'\beta\beta'';$$
$$a''\gamma'\gamma' \equiv a'\beta'\beta'; \quad a''\gamma''\gamma'' \equiv -a'\beta''\beta'';$$

ad quod si attendis in aequatione supra allata, invenies

$$\begin{aligned} w\chi &\equiv -a'(\mathfrak{P}\beta + 2\mathfrak{Q}\beta' + \mathfrak{R}\beta'')(\beta xx + 2\beta' xy + \beta'' yy) \\ &\equiv -a'\psi \ \text{mod}\, a; \end{aligned}$$

quae altera congruentiarum est. Ubi igitur existentia numeri w demonstrata est, facile ex congruentia

$$w\psi \equiv a''\chi \bmod a$$

colligitur, eundem numerum mod a prorsus determinatum esse. —

Etenim si w_1 est alius numerus ejusdem indolis, erit:

$$(w - w_1)\psi \equiv 0 \bmod a,$$

id est

$$(w - w_1)\beta \equiv 0; \qquad (w - w_1)2\beta' \equiv 0; \qquad (w - w_1)\beta'' \equiv 0 \bmod a$$

adeoque

$$(w - w_1)(\mathfrak{P}\beta + 2\mathfrak{Q}\beta' + \mathfrak{R}\beta'') \equiv w - w_1 \equiv 0 \bmod a. \text{ —}$$

I. Multiplicando primas aequationes duas

$$w\psi \equiv a''\chi; \qquad w\chi \equiv -a'\psi \bmod a$$

alteram per alteram, contingit:

$$(w^2 + a'a'')\psi\chi \equiv \bmod a.$$

Unde si a impar, proficiscitur:

$$w^2 + a'a'' \equiv 0 \bmod a,$$

quia ψ, χ sunt formae primitivae.

Si a par est, utraque forma ψ et χ proprie primitiva evadit; quare tunc quoque oritur:

$$w^2 + a'a'' \equiv 0 \bmod a.$$

Perinde atque in casu tractato hae congruentiae derivantur:

$$w'^2 + aa'' \equiv 0 \bmod a'; \qquad w''^2 + aa' \equiv 0 \bmod a''; \text{ —}$$

ex quibus redundat, si aequatio primaria $[a, a', a'']$ solutionem primitivam admittat, semper $-a'a''$ residuum quadraticum ipsius a esse, $-aa''$ ips. a', $-aa'$ ips. a''. — Quae igitur relationes numerorum a, a', a'' conditiones necessarias existentiae solutionum primitivarum aequationis primariae $[a, a', a''] = 0$ comprehendunt. —

II. Quum ex quavis solutione primitiva (φ, ψ, χ) secundum theorema hujus § certa combinatio w, w', w'' radicum congruentiarum

$$w^2 + a'a'' \equiv 0 \bmod a; \qquad w'^2 + aa'' \equiv 0 \bmod a'; \qquad w''^2 + aa' \equiv 0 \bmod a''$$

nascatur, solutionem prim. (φ, ψ, χ) ita cum radicibus w, w', w'' conjungere possumus, ut dicamus, *solutionem* (φ, ψ, χ) *ad combinationem* (w, w', w'') *pertinere*; — atque quoniam omnes solutiones (φ', ψ', χ'), quae ad idem systema cum (φ, ψ, χ) pertinent, ad easdem quoque radices w, w', w'' manifesto nos adducunt, etiam expressione utemur: *systema* (φ, ψ, χ) *ad combinationem* (w, w', w'') *pertinere.*

III. Si systema quoddam primitivum (φ, ψ, χ) ad combinationem (w, w', w'') pertinet, systema pr. $(-\varphi, -\psi, -\chi)$ ad eandem combinationem pertinet. — Qualia solutionum systemata semper differunt[1], nam solutiones (φ, ψ, χ), $(-\varphi, -\psi, -\chi)$ substitutione $\begin{Bmatrix} \sqrt{-1} & 0 \\ 0 & \sqrt{-1} \end{Bmatrix}$ altera in alteram mutantur. Quaeritur, num praeter systemata concepta (φ, ψ, χ), $(-\varphi, -\psi, -\chi)$ alia cogitari possint, quae ad eandem combinationem pertineant. —

Si 4 nullum numerorum a, a', a'' metitur, semper ex illis praeterea duo systemata (φ', ψ', χ') $(-\varphi', -\psi', -\chi')$ deducere potes, quae ad eandem combinationem pertinent. —

Namque distinguuntur casus tres, si moduli 2 rationem habes:

1) α, β, γ pares

2) $\alpha'', \beta'', \gamma''$ pares.

3) $\alpha + \alpha''$, $\beta + \beta''$, $\gamma + \gamma''$ pares; quorum casuum unusquisque ceteros excludit; — quod facillime formulae docent:

$$2a\alpha' = \beta\gamma'' - \gamma\beta''; \quad 2a'\beta' = \gamma\alpha'' - \alpha\gamma''; \quad 2a''\gamma' = \alpha\beta'' - \beta\alpha'',$$

si pareterea ad id respicis, quod (φ, ψ, χ) solutio primitiva est. —

Quodsi 4 nullum numerorum a, a', a'' metitur, systema illud (φ', ψ', χ') pro singulis casibus 1), 2), 3) seorsim definitur; nam (φ', ψ', χ') ex (φ, ψ, χ) substitutionibus

$$\begin{Bmatrix} \frac{1}{\sqrt{2}} & 0 \\ 0 & \sqrt{2} \end{Bmatrix}, \quad \begin{Bmatrix} \sqrt{2} & 0 \\ 0 & \frac{1}{\sqrt{2}} \end{Bmatrix}, \quad \begin{Bmatrix} \sqrt{2} & \frac{1}{\sqrt{2}} \\ 0 & \frac{1}{\sqrt{2}} \end{Bmatrix} \quad \text{resp. nascitur.} —$$

Quamobrem habebis in casu

primo:

$$\varphi' = \left(\frac{\alpha}{2}, \alpha', 2\alpha''\right); \qquad \psi' = \left(\frac{\beta}{2}, \beta', 2\beta''\right); \qquad \chi' = \left(\frac{\gamma}{2}, \gamma', 2\gamma''\right).$$

secundo:

$$\varphi' = \left(2\alpha, \alpha', \frac{\alpha''}{2}\right); \qquad \psi' = \left(2\beta, \beta', \frac{\beta''}{2}\right); \qquad \chi' = \left(2\gamma, \gamma', \frac{\gamma''}{2}\right).$$

tertio:

$$\varphi' = \left(2\alpha, \alpha + \alpha', \alpha' + \frac{\alpha + \alpha''}{2}\right); \qquad \psi' = \left(2\beta, \beta + \beta', \beta' + \frac{\beta + \beta''}{2}\right);$$

$$\chi' = \left(2\gamma, \gamma + \gamma', \gamma' + \frac{\gamma + \gamma''}{2}\right).$$

Facile confirmatur solutionem (φ', ψ', χ'), tali modo definitam, primitivam adeoque systema (φ', ψ', χ') primitivam esse et ad eandem combinationem (w, w', w'') pertinere. —

Sed quandoquidem casuum 1, 2, 3 alius alium excludit, statim sentias,

[1] Vgl. § 2.

eas substitutiones solas quae singulis casibus respondeant, ad solutiones formales integras nos adducere. —

Si eodem modo a systemate (φ', ψ', χ') profectus novum quoddam quaeris, ad systema (φ, ψ, χ) reverteris, quod nullo negotio colligitur. —

Denique si 4 aliquem numerorum a, a', a'' metitur, puta a, id tantum annotemus, quod solutio supra definita (φ', ψ', χ') primitiva non est, ea conditione semper servata, ut (φ, ψ, χ) talis sit. —

Probamus dictum pro casu 1), in quo α, β, γ pares sunt. —

Propter

$$-aa'' = \beta'\beta' - \beta\beta''; \qquad -aa' = \gamma'\gamma' - \gamma\gamma''$$

etiam β', γ' pares evadunt, ergo β'' et γ'' impares, alioquin enim (φ, ψ, χ) solutio primitiva non esset. —

Quo admisso ex illis aeq. prodire liquet:

$$\beta \equiv 0, \qquad \gamma \equiv 0 \bmod 4,$$

unde formas ψ', χ' sub 1) definitas primitivas non esse perspicitur. Aequo modo in casibus 2) et 3) solutionem (φ', ψ', χ') primitivam non esse demonstratur. —

Itaque, casu $D \equiv 0 \bmod 4$ excepto, quum, si quod systema primitivum ad combinationem (w, w', w'') pertinens notum est, omnino 4 talia systemata cognoverimus (quorum bina contraria sunt), quae ad eandem combinationem pertinent, quatuor haec systemata *conjuncta* vocamus.

In casu $D \equiv 0 \bmod 4$ systemata contraria (φ, ψ, χ), $(-\varphi, -\psi, -\chi)$ et ipsa *conjuncta* vocamus. —

Designationum defensionem in sequente theoremate invenies. —

§ 7.

Theorema. *Si σ systemata primitiva conjuncta solutionem aequationis primariae $[a, a', a''] = 0$ proponuntur, (ubi ex § 6, plerumque $\sigma = 4$, in casu $D \equiv 0 \bmod 4$: $\sigma = 2$) quae ad combinationem (w, w', w'') pertinent, praeter haec nulla systemata reperiuntur, quae ad eandem combinationem (w, w', w'') pertineant.* —

Dem. Sit (φ, ψ, χ) solutio formalis ex aliquo systematum σ datorum promta; supponimus aliquam solutionem $(\varphi_1, \psi_1, \chi_1)$ primitivam, quae ad eandem combinationem (w, w', w'') pertineat, ac demonstramus eam in casu $D \equiv 0 \bmod 4$ cuidam solutionum (φ, ψ, χ), $(-\varphi, -\psi, -\chi)$ aequivalere, in ceteris casibus cuidam solutionum (φ, ψ, χ), $(-\varphi, -\psi, -\chi)$, (φ', ψ', χ'), $(-\varphi', -\psi', -\chi')$, ubi (φ', ψ', χ') ex definitionibus § 5 invenienda. —

Ex hypothesi locum habent congruentiae:

$$w\psi \equiv a''\chi \bmod a; \qquad w'\chi \equiv a\varphi \bmod a'; \qquad w''\varphi \equiv a'\psi \bmod a'';$$
$$w\varphi_1 \equiv a''\chi_1 \bmod a; \qquad w'\chi_1 \equiv a\varphi_1 \bmod a'; \qquad w''\varphi_1 \equiv a'\psi_1 \bmod a''.$$

Inducamus in calculum expressiones lineares

$$X = \alpha\xi + 2\alpha'\eta + \alpha''\zeta; \qquad Y = \beta\xi + 2\beta'\eta + \beta''\zeta;$$
$$X_1 = \alpha_1\xi_1 + 2\alpha_1'\eta_1 + \alpha_1''\zeta_1; \qquad Y_1 = \beta_1\xi_1 + 2\beta_1'\eta_1 + \beta_1''\zeta_1;$$
$$Z = \gamma\xi + 2\gamma'\eta + \gamma''\zeta;$$
$$Z_1 = \gamma_1\xi_1 + 2\gamma_1'\eta_1 + \gamma_1''\zeta_1.$$

Hinc similiter atque antea erit:

$$wY \equiv a''Z \bmod a; \qquad w'Z \equiv aX \bmod a'; \qquad w''X \equiv a'Y \bmod a'';$$
$$wY_1 \equiv a''Z_1 \bmod a; \qquad w'Z_1 \equiv aX_1 \bmod a'; \qquad w''X_1 \equiv a'Y_1 \bmod a'',$$

unde, quum a, a', a'' inter se sint primi:

$$YZ_1 - ZY_1 \equiv 0 \bmod a; \; ZX_1 - XZ_1 \equiv 0 \bmod a'; \; XY_1 - YX_1 \equiv 0 \bmod a'', \quad (1)$$

quae congruentiae identicae pro $\xi\eta\zeta$ $\xi_1\eta_1\zeta_1$ habendae sunt.

Ex § 1 sumatur:

$$F(X, Y, Z) = 4D(\eta\eta - \xi\zeta),$$
$$F(X_1, Y_1, Z_1) = 4D(\eta_1\eta_1 - \xi_1\zeta_1).$$

Itaque si quantitates $\xi, \eta, \zeta, \xi_1, \eta_1, \zeta_1$ aequationibus

$$X = X_1; \qquad Y = Y_1; \qquad Z = Z_1 \quad (2)$$

connectuntur, erit:

$$\eta\eta - \xi\zeta = \eta_1\eta_1 - \xi_1\zeta_1. \quad (3)$$

Solvendo aequationes (2) provenit ut in § 1:

$$\left.\begin{aligned} 2aa'a''\xi &= a\alpha''X_1 + a'\beta''Y_1 + a''\gamma''Z_1 \\ 2aa'a''\eta &= -a\alpha'X_1 - a'\beta'Y_1 - a''\gamma'Z_1 \\ 2aa'a''\zeta &= a\alpha X_1 + a'\beta Y_1 + a''\gamma Z_1. \end{aligned}\right\} \quad (4)$$

Substitutis pro X_1, Y_1, Z_1 valoribus in ξ_1, η_1, ζ_1 expressis eruuntur:

$$\left.\begin{aligned} \xi &= \lambda\xi_1 + \mu\eta_1 + \nu\zeta_1 \\ \eta &= \lambda'\xi_1 + \mu'\eta_1 + \nu'\zeta_1 \\ \zeta &= \eta''\zeta_1 + \mu''\eta_1 + \nu''\zeta_1 \end{aligned}\right\}, \quad (5)$$

in quibus $\lambda, \mu, \nu \ldots$ sunt numeri rationales; atque contendimus hosce numeros $\lambda, \mu, \nu \ldots$ ad summum denominatore 2 affectos esse. Primum demonstrationem numeros $\lambda, \mu, \nu, \lambda'', \mu'', \nu''$ respicientem efficimus; tunc propter (3) idem pro λ', μ', ν' valebit. —

Dextram partem primae aequationum (4), quam littera P designabimus, per $aa'a''$ divisibilem esse dicimus; nam patet esse:

$$P \equiv a'\beta''Y_1 + a''\gamma''Z_1 \bmod a,$$

quare:

$$P \equiv a'a''(\gamma''Y_1 - \beta''Z_1) \bmod a;$$

ergo propter (1): $Pw \equiv 0 \bmod a$, $P \equiv 0 \bmod a$. —

Similiter ostendas: $P \equiv 0 \mod a'$, $P \equiv 0 \mod a''$, unde:

$$P \equiv 0 \mod aa'a''. \text{ —}$$

Quae quum ita sint, numeri λ, μ, ν ad summum denominatore 2 affecti sunt; pariter eundem numerorum λ'', μ'', ν'' characterem patefacias. —

Jamjam haud difficile probetur, substitutionem $\left\{\begin{matrix} \lambda & \mu & \nu \\ \lambda' & \mu' & \nu' \\ \lambda'' & \mu'' & \nu'' \end{matrix}\right\}$, quae formam $\eta\eta - \xi\zeta$ in se ipsam transformat et cujus numeri $\lambda, \mu \ldots\ldots$ ad summum denominatore 2 affecti sunt, in sequente schemate comprehendi:

$$\left.\begin{aligned} \lambda &= \pm \frac{pp}{\tau}; & \mu &= \pm \frac{2pq}{\tau}; & \nu &= \pm \frac{qq}{\tau}; \\ \lambda' &= \pm \frac{pr}{\tau}; & \mu' &= \pm \frac{ps+qr}{\tau}; & \nu' &= \pm \frac{qs}{\tau}; \\ \lambda'' &= \pm \frac{rr}{\tau}; & \mu'' &= \pm \frac{2rs}{\tau}; & \nu'' &= \pm \frac{ss}{\tau}, \end{aligned}\right\} \tag{6}$$

ubi p, q, r, s integros denotant, qui aequationi

$$ps - qr = \pm \tau$$

satisfaciunt, ubi $\tau = 1$, vel $= 2$ atque signum postremum $\pm$ e signo $\pm$ formularum (6) non pendet. —

Aequationes (6) autem nihil docent, nisi quod solutio (φ, ψ, χ) in $(\varphi_1, \psi_1, \chi_1)$ transit aliqua harum quatuor substitutionum:

$$\begin{vmatrix} p & q \\ r & s \end{vmatrix} = \pm 1; \qquad \begin{vmatrix} \sqrt{-1}\,p & \sqrt{-1}\,q \\ \sqrt{-1}\,r & \sqrt{-1}\,s \end{vmatrix} = \pm 1;$$

$$\begin{vmatrix} \frac{p}{\sqrt{2}} & \frac{q}{\sqrt{2}} \\ \frac{r}{\sqrt{2}} & \frac{s}{\sqrt{2}} \end{vmatrix} = \pm 1; \qquad \begin{vmatrix} \frac{p}{\sqrt{-2}} & \frac{q}{\sqrt{-2}} \\ \frac{r}{\sqrt{-2}} & \frac{s}{\sqrt{-2}} \end{vmatrix} = \pm 1.$$

Si altera duarum substitutionum priorum valet, perspicuum est $(\varphi_1, \psi_1, \chi_1)$ aut in systemate (φ, ψ, χ) aut in systemate $(-\varphi, -\psi, -\chi)$ contentam esse. —

Tertiae substitutioni aliqua harum trium formarum tribuenda:

$$\begin{Bmatrix} \frac{1}{\sqrt{2}} & 0 \\ 0 & \sqrt{2} \end{Bmatrix} E, \qquad \begin{Bmatrix} \sqrt{2} & 0 \\ 0 & \frac{1}{\sqrt{2}} \end{Bmatrix} \cdot E, \qquad \begin{Bmatrix} \sqrt{2} & \frac{1}{\sqrt{2}} \\ 0 & \frac{1}{\sqrt{2}} \end{Bmatrix} \cdot E,$$

littera E substitutionem determinantis ± 1 designante.

Ex quo sequitur hanc substitutionem tertiam certo *non* valere, si $D \equiv 0 \bmod 4$; nam in § 5 demonstravimus quamvis substitutionum

$$\begin{Bmatrix} \frac{1}{\sqrt{2}} & 0 \\ 0 & \sqrt{2} \end{Bmatrix}, \quad \begin{Bmatrix} \sqrt{2} & 0 \\ 0 & \frac{1}{\sqrt{2}} \end{Bmatrix}, \quad \begin{Bmatrix} \sqrt{2} & \frac{1}{\sqrt{2}} \\ 0 & \frac{1}{\sqrt{2}} \end{Bmatrix},$$

simulatque ad solutionem primitivam applicantur, ad derivatam quandam adducere. —

Si D non est $\equiv 0 \bmod 4$, e definitionibus paragraphi 5, solutionem $(\varphi_1, \psi_1, \chi_1)$ in systemate (φ', ψ', χ') contineri, necessario sequitur.

Similiter colligas quartam substitutionem impossibilem esse, si $D = 0 \bmod 4$, in ceteris casibus ad systema $(-\varphi', -\psi', -\chi')$ adducere. —

Designemus per ω multitudinem numerorum primorum imparium, inter se differentium, qui determinanten $D = -aa'a''$ formae primariae $[a, a', a'']$ metiuntur. —

Si conditiones in § 6 inventae, ad existentiam solutionum formalium primitivarum necessariae

$$-a'a''Ra, \qquad -a''aRa', \qquad -aa'Ra''$$

admittuntur, ex notis theoriae congruentiarum quadraticarum theorematibus colliguntur $2^{\omega+\eta}$ combinationes (w, w', w'') cogitabiles radicum congruentiarum

$$-a''a' \equiv w^2 \bmod a, \qquad -aa'' \equiv w'^2 \bmod a', \qquad -aa' \equiv w''^2 \bmod a'',$$

ubi

$$\eta = 0, \quad \text{si} \quad D \text{ est impar, et si } D \equiv 2 \bmod 4;$$
$$\eta = 1, \quad \text{si} \quad D \equiv 4 \bmod 8;$$
$$\eta = 2, \quad \text{si} \quad D \equiv 0 \bmod 8. \text{ —}$$

Qua de causa hae quaestiones oriuntur:

1) an conditiones necessariae in § 6, I prolatae ad existentiam solutionum formalium primitivarum sufficiunt, nec ne?

2) si sufficiant, an pro quavis combinationum $2^{\omega+\eta}$, quae cogitari possunt, systemata solutionum primitivarum inveniuntur?

Ad utramque quaestionem theorema I sequentis § respondebit. —

§ 8.

Theorema I. *Si forma $[a, a', a'']$ indefinita primaria conditionibus satisfacit*

$$-a'a''Ra, \qquad -a''aRa', \qquad -aa'Ra'',$$

et si (w, w', w'') aliqua combinationum $2^{\omega+\eta}$ est, quae cogitari possunt, ad *hanc combinationem semper solutio primitiva* (φ, ψ, χ) *aequationis* $[a, a', a''] = 0$ *invenitur.* —

Dem. Demonstratio theorematis eadem ratione, qua ill. Gauss theorema ill. Legendre initio commentationis hujus commemoratum probavit, progreditur. —

Sed majore cura et cautione quam quae illic desiderabatur, opus est. —

Constituimus has distinctiones[1]:

1) a, a', a'' impares; quum $a \equiv a' \equiv a'' \bmod 4$ esse non possit, supponimus: $a \equiv -a' \equiv -a'' \bmod 4$. —

2) $a \equiv 2 \bmod 4, \quad a' \equiv -a'' \bmod 8$.

3) $a \equiv 2 \bmod 4, \quad a + a' + a'' \equiv 0 \bmod 8$. —

4) $a \equiv 0 \bmod 4$; sit $2^\varkappa$ summa potestas numeri 2 quae numerum a metiatur; $w^2 + a'a''$ aut per $2^{\varkappa+1}$ divisibilis, aut non esse potest, quare distinguimus:

4α) $w^2 + a'a'' \equiv 0 \bmod 2^{\varkappa+1}$; inde $w_0 \equiv w \bmod a$ ita definiri potest, ut

$$w_0^2 + a'a'' \equiv 0 \bmod 2^{\varkappa+2};$$

4β) $w^2 + a'a''$ *per* $2^{\varkappa+1}$ non dividitur; inde $w_0 \equiv w \bmod a$ ita definiri potest, ut in aequatione

$$w_0^2 + a'a'' = n \cdot 2^\varkappa$$

numerus n, prout placet, $\equiv 1$ aut $\equiv 3 \bmod 4$ evadat. —

Primum est ut numeros tres A, B, C reperiri demonstremus, qui nullum communem divisorem habeant, quorum primus A primus ad $a'a''$, secundus B primus ad $a''a$, tertius C primus ad aa' sit, qui congruentiis satisfaciant:

$$\left.\begin{array}{ll} Bw \equiv Ca''; & Cw \equiv -Ba' \bmod a \\ Cw' \equiv Aa; & Aw' \equiv -Ca'' \bmod a' \\ Aw'' \equiv Ba'; & Bw'' \equiv -Aa \bmod a'' \end{array}\right\} \qquad (1)$$

$$aAA + a'BB + a''CC \equiv 0 \bmod 4aa'a''. \; — \qquad (2)$$

Quod ut efficiatur, definiamus in casibus 1) 2) 3) numeros A, B, C congruentiis:

$$\begin{array}{ll} B \equiv \mathfrak{A}a''; & C \equiv w\mathfrak{A} \bmod a \\ C \equiv \mathfrak{B}a; & A \equiv w'\mathfrak{B} \bmod a' \\ A \equiv \mathfrak{C}a'; & B \equiv w''\mathfrak{C} \bmod a'', \end{array} \qquad (3)$$

ubi $\mathfrak{A}, \mathfrak{B}, \mathfrak{C}$ numeros quosdam significant, qui resp. ad a, a', a'' primi sint. Quo pacto congruentiis (1) ratio ducta est, et A ad $a'a''$ primus est etc. Sed ut etiam congruentiae (2) satisfaciamus, hae conditiones superadditae, quas cum congruentiis (3) conjungere licet, statuendae nobis sunt:

---

[1] Ope legis reciprocitatis in theoria residuorum quadraticorum facile ostenditur, distinctiones 1, 2, 3 ex conditionibus $-a'a''Ra$, $-a''aRa'$, $-aa'Ra''$ manare. —

In casu

1) Aut A impar, B impar, C par
aut A impar, B par, C impar.

In casu

2) A par; hic B et C jam ex (3) impares evadunt.

In casu

3) A impar; hic quoque B et C impares ex (3).

Quibus rebus constitutis, numeros ita definitos congruentiae (2) satisfacere, sine difficultatibus intelligitur. —

Si quis divisor communis numeros A, B, C metiatur, idem primus ad $2aa'a''$ est; id circo factorem illum communem rejicere poteris; ideoque numeri A, B, C tali modo collecti omnibus conditionibus tandem satisfacient. —

In casu 4α) A, B, C determinentur congruentiis:

$$\begin{aligned} B &\equiv \mathfrak{A}a''; & C &\equiv w_0\mathfrak{A} \bmod 4a. \\ C &\equiv \mathfrak{B}a; & A &\equiv w'\mathfrak{B} \bmod a' \\ A &\equiv \mathfrak{C}a'; & B &\equiv w''\mathfrak{C} \bmod a''; \end{aligned} \tag{4}$$

in quibus $\mathfrak{A}, \mathfrak{B}, \mathfrak{C}$ eadem definitione gaudeant, ac supra, et A praeterea par sit. — Illico congruentiarum (1), (2) rationem habitam esse patet; factorem communem ipsorum A, B, C, qui forte adsit, pariter deleas, atque antea; adeoque numeri omnes conditiones servant. —

In casu 4β) similiter A, B, C congruentiis (4) definiantur, ubi $w_0 = w \bmod a$ ita deligendum est, ut in aequatione: $w_0^2 + a'a'' = n\cdot 2^\varkappa$ numerus n congruentiam patiatur:

$$\frac{a}{2^\varkappa} + a''n \equiv 0 \bmod 4. —$$

Divisor numerorum A, B, C communis ut antea everti potest; dehinc numeri rati omnibus conditionibus satisfaciunt. —

A quibus numeris A, B, C tali modo computatis jam proficiscimur. —

Numeri Aa, Ba', Ca'' divisorem communem non habent; praeterea in omnibus casibus, ubi plurimum unus eorum par est. —

Tres numeri λ', μ', ν' ejusmodi computari possunt, ut

$$Aa\lambda' + Ba'\mu' + Ca''\nu' = 1. \tag{5}$$

Porro sex numeri $\lambda, \mu, \nu, \lambda'', \mu'', \nu''$ ita computentur, ut

$$2Aa' = \mu''\nu - \nu''\mu; \quad 2Ba' = \nu''\lambda - \lambda''\nu; \quad 2Ca'' = \lambda''\mu - \mu''\lambda \tag{6}$$

his conditionibus superadditis: esse debent in casu:

1) λ, λ'' impares; simulque aut μ, μ'' pares, ν, ν'' impares aut μ, μ'' impares, ν, ν'' pares, prout B par et C impar aut B impar et C par est. —

In casu

2) λ, λ'' pares; μ, μ'', ν, ν'' impares.

In casu

3) $\lambda, \lambda'', \mu, \mu'', \nu, \nu''$ impares.

In casu

4α) λ, λ'' pares, μ, μ'', ν, ν'' impares.

In casu

4β) $\lambda, \lambda'', \mu, \mu'', \nu, \nu''$ impares. —

Possibilitas aequationum (6) cum conditionibus additis ex lemmate, Disq. 279 patefit, si praeterea res quasdam simplices meditaris. —

Nunc ponatur

$$\left.\begin{array}{lll} A' = \mu'\nu'' - \nu'\mu''; & B' = \nu'\lambda'' - \lambda'\nu''; & C' = \lambda'\mu'' - \mu'\lambda'' \\ A'' = \mu\nu' - \nu\mu'; & B'' = \nu\lambda' - \lambda\nu'; & C'' = \lambda\mu' - \mu\lambda', \end{array}\right\} \quad (7)$$

quocirca propter: $\Sigma \pm \lambda\mu'\nu'' = 2$ contingit:

$$\begin{array}{lll} \lambda = Ba'C'' - Ca''B''; & \mu = Ca''A'' - AaC''; & \nu = AaB'' - Ba'A''. - \\ \lambda'' = Ca''B' - Ba'C'; & \mu'' = AaC' - Ca''A'; & \nu'' = Ba'A' - AaB'. \end{array} \quad (8)$$

Quodsi substituis et ad characteres mod 2 et mod 4 omnium numerorum, qui adsunt diligenter attendis, veritatem congruentiarum sequentium intelliges:

$$\left.\begin{array}{l} a\lambda\lambda + a'\mu\mu \;\; + a''\nu\nu \;\; \equiv 0 \bmod 4D \\ a\lambda\lambda'' + a'\mu\mu'' + a''\nu\nu'' \equiv 0 \bmod 2D \\ a\lambda''\lambda'' + a'\mu''\mu'' + a''\nu''\nu'' \equiv 0 \bmod 4D \end{array}\right\} \quad (9)$$

Porro ex (1) hujus paragraphi congruentiae manant:

$$\left.\begin{array}{llll} \mu w \equiv \nu a''; & \nu w \equiv -\mu a'; & \mu'' w \equiv \nu'' a''; & \nu'' w \equiv -\mu'' a' \bmod a \\ \nu w' \equiv \lambda a; & \lambda w' \equiv -\nu a''; & \nu'' w' \equiv \lambda'' a; & \lambda'' w' \equiv -\nu'' a'' \bmod a' \\ \lambda w'' \equiv \mu a'; & \mu w'' \equiv -\lambda a; & \lambda'' w'' \equiv \mu'' a'; & \mu'' w'' \equiv -\lambda'' a \bmod a'' \end{array}\right\} \quad (10)$$

quod substituendo expressiones (8) demonstres. —

Denique numeros $\lambda, 2\lambda' D, \lambda''$ nullo alio divisore communi, nisi potestate ipsius 2 affectos esse patet; numeri $\lambda, \lambda', \lambda''$ enim propter (7) ad summum divisore communi 2 afficiuntur; si numeris λ, λ'' cum $D = -aa'a''$ divisor impar esset communis, ex (6) liqueret, B non primum ad aa'', aut C non primum ad aa' futurum esse, contra hypothesin. —

Quotiescunque igitur λ, λ'' impares sunt, numeri $\lambda, 2\lambda' D, \lambda''$ divisorem communem non habent; idem pro numeris $\mu, 2\mu' D, \mu''$ quotiescunque μ, μ'' impares, et pro numeris $\nu, 2\nu' D, \nu''$, si ν, ν'' impares, evincas. —

Nunc forma $aXX + a'YY + a''ZZ$ substitutione

$$\left\{\begin{array}{lll} \lambda, & 2\lambda' D, & \lambda'' \\ \mu, & 2\mu' D, & \mu'' \\ \nu, & 2\nu' D, & \nu'' \end{array}\right\},$$

cujus valor $4D$ est, transformetur. —

Propter congruentias (9) forma transformata (notationibus Disq. servatis) hanc formam induit:

$$\begin{pmatrix} 4Dm, & 4Dm', & 4Dm'' \\ 2Dn, & 2Dn', & 2Dn'' \end{pmatrix} = 2D\begin{pmatrix} 2m, & 2m', & 2m'' \\ n, & n', & n'' \end{pmatrix}.$$

Forma $\begin{pmatrix} 2m, & 2m', & 2m'' \\ n, & n', & n'' \end{pmatrix}$ manifesto determinantem 2 habet, praeterea identice per 2 dividitur, ergo e Disq. 277. III formae $\begin{pmatrix} 0, & 2, & 0 \\ 0, & 1, & 0 \end{pmatrix}$ aequivalet. —

Quocirca substitutio $\begin{Bmatrix} \sigma'' & \tau'' & \vartheta'' \\ \sigma & \tau & \vartheta \\ \sigma' & \tau' & \vartheta' \end{Bmatrix}$ datur, quae cum substitutione $\begin{Bmatrix} \lambda, & 2\lambda' D, & \lambda'' \\ \mu, & 2\mu' D, & \mu'' \\ \nu, & 2\nu' D, & \nu'' \end{Bmatrix}$ composita formam $aXX + a'YY + a''ZZ$ transmutat in

$$4D(\eta\eta - \xi\zeta). \text{ --}$$

Substitutio composita ex annotatione finali § 1. formam exhibet:

$$\begin{Bmatrix} \alpha, & 2\alpha', & \alpha'' \\ \beta, & 2\beta', & \beta'' \\ \gamma, & 2\gamma', & \gamma'' \end{Bmatrix}$$

et praebet solutionem formalem:

$$\varphi = \alpha xx + 2\alpha' xy + \alpha'' yy; \qquad \psi = \beta xx + 2\beta' xy + \beta'' yy;$$
$$\chi = \gamma xx + 2\gamma' xy + \gamma'' yy$$

aequationis

$$[a, a', a''] = 0. \text{ --}$$

Haec solutio primitiva est, nam propter $\Sigma \pm \sigma\tau'\vartheta'' = \pm 1$ divisor communis maximus ipsorum $\alpha, 2\alpha', \alpha''$ idem est qui ipsorum $\lambda, 2\lambda' D, \lambda''$, qui quum sola potestas ipsius 2 esse possit, quumque determinans $-a'a''$ formae φ semper impar sit, forma φ primitiva est. Pariter divisor communis ips. $\beta, 2\beta', \beta''$ idem est, qui ipsorum $\mu, 2\mu' D, \mu''$; quare in eo tantum casu, ubi $a \equiv 0 \bmod 4$, formam ψ primitivam esse non oporteret; tunc autem μ, μ'' semper impares sunt, ut supra suppositum est, ergo etiam nunc ψ primitiva; similiter χ primitivam esse perspicuum. —

Restat, ut solutionem formalem primitivam (φ, ψ, χ) quam reperimus, ad combinationem datam (w, w', w'') pertinere demonstremus, congruentiis igitur satisfactum esse:

$$w\varphi \equiv a''\chi \qquad w\chi \equiv -a'\psi \bmod a.$$
$$w'\chi \equiv a\varphi \qquad w'\varphi \equiv -a''\chi \bmod a'$$
$$w''\psi \equiv a'\psi \qquad w''\psi \equiv -a\varphi \bmod a''.$$

Quod nullo negotio, ad congruentias (10) respicientes et pro $\alpha, 2\alpha' \ldots$ expressiones in $\lambda, \lambda', \ldots$ substituentes, eruimus. —

Quae quum ita sint, solutio formalis primitiva (φ, ψ, χ) evasit, quae ad combinationem datam (w, w', w'') pertinet, ut theoremate contendimus. —

Quum autem, conditionibus necessariis existentiae solutionum primitivarum admissis, multitudo combinationum (w, w', w'') $2^{\omega+\eta}$ sit, quum ad quamvis combinationem systema primitivum inveniatur, denique quum ad quamvis combinationem (w, w', w'') ex theoremate § 7. σ systemata primitiva pertineant, colligitur:

Theorema II. *Si quae forma primaria* $[a, a', a'']$ *ita est comparata, ut* $-a'a''Ra$, $-a''aRa'$, $-aa'Ra''$, *nec plus, nec minus quam* $\sigma \cdot 2^{\omega+\eta}$ *systemata solutionum primitivarum aequationis* $[a, a', a''] = 0$ *inveniuntur, ubi* ω *multitudinem numerorum primorum imparium in* $D = -aa'a''$ *designat, et ubi*

$$\begin{array}{ll} \sigma = 2, & \text{si } D \equiv 0 \bmod 4. \\ \sigma = 4, & \text{in ceteris casibus. —} \\ \eta = 0, & \text{si } D \text{ impar, et si } D \equiv 2 \bmod 4. \\ \eta = 1, & \text{si } D \equiv 4 \bmod 8. \\ \eta = 2, & \text{si } D \equiv 0 \bmod 8. \text{ —} \end{array}$$

Inter alia pro exemplo a Gauss disq. 298 selecto aequationis primariae $[23, -15, 7] = 0$, secundum methodum in demonstratione patefactam systemata primitiva computavimus.

Congruentia $15 \cdot 7 \equiv w^2 \bmod 23$ radicibus gaudet $w = \pm 6$, congruentia $-7 \cdot 23 \equiv w'^2 \bmod 15$ radicibus $w' = \pm 7, \pm 2$, congruentia: $15 \cdot 23 \equiv w''^2 \bmod 7$ radicibus $w'' = \pm 3$. —

Ad combinationem $w = 6, w' = 7, w'' = 3$ quatuor systemata solutionibus formalibus repraesentantur:

$$\begin{array}{lll} \varphi = (8, 9, -3); & \psi = (18, 1, 9); & \chi = (22, -9, -12); \\ \varphi' = (4, 9, -6); & \psi' = (9, 1, 18); & \chi' = (11, -9, -24), \end{array}$$

cum solutionibus oppositis.

Ad $w = -6$, $w' = 7$, $w'' = 3$ inveniuntur:

$$\begin{array}{lll} \varphi = (2, -9, -12); & \psi = (22, 13, 15); & \chi = (-32, -21, -3); \\ \varphi' = (1, -9, -24); & \psi' = (11, 13, 30); & \chi' = (-16, -21, -6), \end{array}$$

cum oppositis.

Ad $w = 6$, $w' = 2$, $w'' = 3$ inveniuntur:

$$\begin{array}{lll} \varphi = (-2, 9, 12); & \psi = (6, 1, 27); & \chi = (-8, -9, 33); \\ \varphi' = (-1, 9, 24); & \psi' = (3, 1, 54); & \chi' = (-4, -9, 66), \end{array}$$

cum oppositis. —

Ad $w = -6$, $w' = 2$, $w'' = 3$ inveniuntur:

$$\varphi = (-8, 1, 13); \quad \psi = (10, -3, 17); \quad \chi = (-2, 19, -8);$$
$$\varphi' = (-4, 1, 26); \quad \psi' = (5, -3, 34); \quad \chi' = (-1, 19, -16),$$

cum oppositis. —

Ad ceteras combinationes solutiones ascribere opus non est; nam simplici quadam regula ex illis deducuntur; namque si ad (w, w', w'') systema (φ, ψ, χ) pertinet, ad $(w, -w', -w'')$ systema $(\varphi, -\psi, -\chi)$ pertinebit; quocirca e datis octo systematis cetera per omnes signorum combinationes fluunt; quod revera multitudinem notam 64 systematum diversorum efficit. —

§ 9.

Relinquitur id quod nullam difficultatem objicit, ut quaestionem de aequatione data primaria propositam in discrimen vocemus, num omnino solutiones formales admittat, quibus in ordinibus illae quaerendae sint, quanta multitudo systematum diversorum solutionum sit. —

Id circo ponimus

$$a = bc^2; \quad a' = b'c'^2; \quad a'' = b''c''^2,$$

ubi b, b', b'' factores quadraticos excludunt. —

Solutio formalis quaevis sub hac forma (§ 5) repraesentatur:

$$\varphi = \mu\nu\varphi_0; \quad \psi = \nu\lambda\psi_0; \quad \chi = \lambda\mu\chi_0;$$

ubi $(\varphi_0, \psi_0, \chi_0)$ solutio primitiva aeq.: $\left[\frac{a}{\lambda^2}, \frac{a'}{\mu^2}, \frac{a''}{\nu^2}\right] = 0$; ex hoc conditiones necessariae existentiae solutionum formalium eruuntur, haec:

$$-b'b''Rb, \quad -b''bRb', \quad -bb'Rb''. \text{ —}$$

Sufficiunt conditiones, quia, illis locum habentibus, ordo $O(c, c', c'')$ systematum solutionum datur.

Quamobrem, conditionibus illis satisfactum esse, supponimus. —

Numerum a ita discerpamus: $a = bc_1^2c_2^2$, ut c_1 tales factores impares primos comprehendat, quorum $-b'b''$ residuum sit, c_2 tales factores impares, quorum $-b'b''$ sit non residuum; praeterea summa numeri 2 potestas, quae a metitur et cujus $-b'b''$ residuum est, ad factorem bc_1^2 adjiciatur. —

Secundum eandem legem numeros a', a'' repraesentamus his formulis: $a' = b'c_1'^2c_2'^2$; $a'' = b''c_1''^2c_2''^2$, denique ponimus: $bc_1^2 = a_0$; $b'c_1'^2 = a_0'$; $b''c_1''^2 = a_0''$.

Unde sponte elucet, quamvis solutionem formalem (φ, ψ, χ) ipsius $[a, a', a''] = 0$ necessario hanc formam induere:

$$\varphi = c_2'c_2''\varphi'; \quad \psi = c_2''c_2\psi'; \quad \chi = c_2c_2'\chi',$$

ubi (φ', ψ', χ') est solutio formalis aequationis $[a_0, a_0', a_0''] = 0$, quae aequatio manifesto conditionibus necessariis et sufficientibus solutionum primitivarum satisfacit. —

Praeterea aequationi $[a_0, a_0', a_0''] = 0$ plerumque systemata solutionum ordinum derivatorum sunt; si f^2 est quis divisor quadraticus determinantis $-a_0a_0'a_0''$, f^2 formam habet: $\lambda^2\mu^2\nu^2$, ubi $\frac{a_0}{\lambda^2}$, $\frac{a_0'}{\mu^2}$, $\frac{a_0''}{\nu^2}$ integri sunt. Respondet divisori f^2 ordo $O(\lambda, \mu, \nu)$; ergo multitudo ordinum systematum aeq. $[a_0, a_0', a_0''] = 0$, ideoque aeq. $[a, a', a''] = 0$ multitudinem divisorum diversorum numeri $c_1c_1'c_1''$ aequat. —

In quovis ordine multitudo systematum ex theoremate II § 8 computari potest; quibus multitudinibus additis, haud difficile invenias multitudinem totam ϱ systematum solutionum formalium aequationum $[a_0, a_0', a_0''] = 0$, $[a, a', a''] = 0$ hac ratione exprimendam esse:

$$\varrho = 4(\pi + 1)(\pi' + 1)\ldots, \quad \text{si} \quad -a_0a_0'a_0'' = \pm p^\pi p'^{\pi'} \ldots,$$

ubi $p, p', \ldots$ sunt numeri primi impares diversi;

$$\varrho = 4\varkappa(\pi + 1)(\pi' + 1)\ldots. \quad \text{si} \quad -a_0a_0'a_0'' = \pm 2^\varkappa p^\pi p'^{\pi'} \ldots, \quad \varkappa > 0.$$

§ 10.

Quum illud, quod in § 4 nuncupavimus, assecuti simus, quod erat, solutiones formales $(H = \pm 1)$ aequationis primariae, si exsistant, invenire, restat, ut qui connexus problematis soluti cum problemate dato sit, ostendamus, ut infinitam multitudinem solutionum irreducibilium in integris eo sensu explicemus, de quo in introductione diximus. —

In § 4 demonstratum est, solutiones *irreducibiles* aequationis cujuslibet $[a, a', a'']$ cum solutionibus *irreducibilibus* aequationis primariae $[p, p', p''] = 0$ his aequationibus:

$$X = mX_0; \qquad Y = m'Y_0; \qquad Z = m''Z_0$$

cohaerere.

Quam ob rem sit aequatio data $[a, a', a''] = 0$ primaria. —

Si (α, β, γ) solutio irreducibilis in integris est, dicimus (α, β, γ) ad ordinem $O(\lambda, \mu, \nu)$ pertinere, si maximus divisor communis ipsorum $\beta, \gamma = \lambda$, ipsorum $\gamma, \alpha = \mu$, ipsorum $\alpha, \beta = \nu$ est. —

Itaque numeri α, β, γ in formas transeunt:

$$\alpha = \mu\nu\alpha_0, \qquad \beta = \nu\lambda\beta_0, \qquad \gamma = \lambda\mu\gamma_0$$

et $(\alpha_0, \beta_0, \gamma_0)$ solutio in integris ordinis $O(1, 1, 1)$ aequationis primariae est: $\left[\frac{a}{\lambda^2}, \frac{a'}{\mu^2}, \frac{a''}{\nu^2}\right] = 0$. Porro theorema sequens habemus:

Theorema. *Si* (α, β, γ) *solutio in integris aequationis primariae* $[a, a', a''] = 0$ *ordinis* $O(\lambda, \mu, \nu)$ *est, semper unum neque plus quam unum systema solutionum formalium ejusdem ordinis* $O(\lambda, \mu, \nu)$ *datur, quod solutionem illam comprehendit.* —

(Si systema (φ, ψ, χ) solutionem (α, β, γ) comprehendere dicimus, nihil aliud volumus, nisi ut aequationibus

$$\varphi = \alpha, \qquad \psi = \beta, \qquad \chi = \gamma$$

valores integri pro x, y substituti satisfaciunt. Insuper annotamus, si:

$$\varphi(p, q) = \alpha, \qquad \psi(p, q) = \beta, \qquad \chi(p, q) = \gamma$$

aequationibus illis, praeterea hos solos valores: $x = -p$, $y = -q$ satisfacere; quod inde cognoscitur, quod determinans $\Sigma \pm \alpha\beta'\gamma'' = \pm 2aa'a''$ non evanescit.). —

Dem. Sit

$$\alpha = \mu\nu\alpha_0; \qquad \beta = \nu\lambda\beta_0; \qquad \gamma = \lambda\mu\gamma_0.$$

$$\frac{a}{\lambda^2} = a_0; \qquad \frac{a'}{\mu^2} = a_0'; \qquad \frac{a''}{\nu^2} = a_0''. \text{ —}$$

Nobis est demonstrandum, solutionem $(\alpha_0, \beta_0, \gamma_0)$ aeq. $[a_0, a_0', a_0''] = 0$ semper in uno et tantum in uno systemate solutionum primitivarum aeq. ultimae comprehendi. Quod dictum si verum supponimus, evidenter in quovis talium systematum solutiones formales inveniuntur, in quibus formae $\varphi_0, \psi_0, \chi_0$ coefficientibus primis resp. $\alpha_0, \beta_0, \gamma_0$ utuntur; itaque reliquum est, ut ostendamus, solutiones $(\varphi_0, \psi_0, \chi_0)$ ejusmodi dari et omnes aequivalere.

Ponamus:

$$\varphi_0 = (\alpha_0, \alpha', \alpha''); \qquad \psi_0 = (\beta_0, \beta', \beta'') \qquad \chi_0 = (\gamma_0, \gamma', \gamma'').$$

Demonstrandum est, numeros $\alpha', \beta', \gamma', \alpha'', \beta'', \gamma''$ ita definiri posse, ut aequationes fundamentales § 4, quae $(\varphi_0, \psi_0, \chi_0)$ solutionem formalem ipsius $[a_0, a_0', a_0'']$ definiunt, expleantur. —

Habemus aequationem

$$a_0\alpha_0\alpha_0 + a_0'\beta_0\beta_0 + a_0''\gamma_0\gamma_0 = 0. \tag{1}$$

Primum dico, aequationes tres

$$a_0\alpha_0 = \beta_0\gamma' - \gamma_0\beta'; \qquad a_0'\beta_0 = \gamma_0\alpha' - \alpha_0\gamma'; \qquad a_0''\gamma_0 = \alpha_0\beta' - \beta_0\alpha' \tag{2}$$

numeris integris α', β', γ' expleri. —

Congruentia enim: $\gamma_0\alpha' \equiv a_0'\beta_0 \bmod \alpha_0$, pro α' resolubilis est, quia γ_0 ad α_0 primus est; ideoque numeri α', γ' tales inveniuntur, ut

$$a_0'\beta_0 = \gamma_0\alpha' - \alpha_0\gamma'.$$

Ex (1) fit

$$a_0'\beta_0\beta_0 + a_0''\gamma_0\gamma_0 \equiv 0 \bmod \alpha_0,$$

aut, quia β_0, γ_0 primi ad α_0,

$$a'_0\beta_0 \equiv -a''_0 \frac{\gamma_0\gamma_0}{\beta_0} \bmod \alpha_0; \quad \text{ergo}$$

$$\gamma_0\alpha' \equiv -a''_0 \frac{\gamma_0\gamma_0}{\beta_0} \bmod \alpha_0, \quad \text{vel etiam}$$

$$\beta_0\alpha' + a''_0\gamma_0 \equiv 0 \bmod \alpha_0.$$

Quam ob rem numerus β' invenitur, qui aequationi

$$\alpha''_0\gamma_0 = \alpha_0\beta' - \beta_0\alpha'$$

satisfaciat. —

Itaque tribus numeris α', β', γ' inventis duae aequationes priores (2) explentur; sed extemplo propter (1) iidem numeri aequationi tertiae (2) satisfaciunt. —

Denique multiplicando posteriores aequationes duas (2) alteram per alteram, erit:

$$\beta_0\gamma_0(a'_0\,a''_0 + \alpha'\alpha') \equiv \bmod \alpha_0. \quad \text{Pariter fit:}$$

$$\gamma_0\alpha_0(a''_0\,a_0 + \beta'\beta') \equiv \bmod \beta_0.$$

$$\alpha_0\beta_0(a_0\,a'_0 + \gamma'\gamma') \equiv \bmod \gamma_0.$$

Inveniuntur igitur etiam tres numeri $\alpha'', \beta'', \gamma''$, qui efficiunt:

$$-a'_0a''_0 = \alpha'\alpha' - \alpha_0\alpha''; \quad -a''_0a_0 = \beta'\beta' - \beta_0\beta''; -a_0a'_0 = \gamma'\gamma' - \gamma_0\gamma''. \tag{3}$$

Nunc facillime confirmatur, aequationes sex (2) et (3) $(\varphi_0, \psi_0, \chi_0)$ ut solutionem formalem definire. —

Aequationibus (2) praeter numeros α', β', γ' inventos manifesto soli numeri:

$$\alpha' + t\alpha_0, \qquad \beta' + t\beta_0, \qquad \gamma' + t\gamma_0$$

satisfaciunt, ex quo omnes solutiones $(\varphi_0, \psi_0, \chi_0)$ aequivalere, evidens est.

Denique systema unicum inventum primitivum esse agnoscimus, quia solutio $\alpha_0, \beta_0, \gamma_0$ in eo comprehensa ordinis $O(1, 1, 1)$ est. —

§ 11.

Quum jam omnia systemata solutionum:

$$\begin{matrix} (\varphi_1 & \psi_1 & \chi_1) \\ (\varphi_2 & \psi_2 & \chi_2) \\ \cdot & \cdot \; \cdot \; \cdot & \cdot \\ (\varphi_\varrho & \psi_\varrho & \chi_\varrho) \end{matrix} \tag{1}$$

coerceamus, e theoremate § 10 liquet, omnes solutiones irreducibiles aequationis primariae $[a, a', a''] = 0$ a nobis teneri, nec minus, quamvis solutionem (α, β, γ) ejus indolis in uno tantum systemate *ordinis respondentis* comprehendi; denique eandem solutionem una tantum repraesentatione in systemate respondente contentam esse, nisi forte repraesentationes oppositas x, y; $-x$, $-y$ diversas ducimus. —

Unde hoc concludimus:

Si variabilitatem numerorum x, y intra fines cujus vis solutionum (φ, ψ, χ) schematis (1) eo limitamus, ut, si haec solutio formalis ad ordinem $O(\lambda, \mu, \nu)$ pertineat, solutiones in integris repraesentatae irreducibiles ejusdem ordinis $O(\lambda, \mu, \nu)$ fiant, in schemate (1) aspectus monogenes et perfectus solutionum irreducibilium exponitur. —

Quae variabilitatis numerorum x, y limitatio e sequentibus liquet.

Theorema. *Si (φ, ψ, χ) solutio primitiva aequationis primariae $[a, a', a'']$ $= 0$ est, et repraesentationes x, y solutionum in integris ordinis $O(1, 1, 1)$ quaeruntur, conditiones necessariae et sufficientes tales sunt, ut numeri x, y inter se primi sint et in campo binarum congruentiarum sequentium multitudinis $2D\varphi(2D)$ versantur:*

$$x \equiv I_\lambda, \quad y \equiv J_\lambda \bmod 2D; \text{ —}$$

ubi φ signum functionis designat, quae multitudinem numerorum exhibet qui minores dato quodam et primi ad eundem sunt. —

Dem. Ut demonstrationem tanquam uno impetu superemus, supponimus, si una formarum φ, ψ, χ improprie primitiva est, formam φ hoc charactere affectam esse, si omnes proprie primitivae sint (quod nisi unus numerorum a, a', a'' par est, esse nequit) numerum a parem esse. —

Prima theorematis pars, quae numeros x, y inter se primos opus esse dicit per se evidens est. —

Tum autem supponimus numeros x, y hac conditione restringi, ut numeri repraesentati φ, ψ, χ alius ad alium primi sint.

Solvendo aequationes

$$\begin{aligned}\varphi &= \alpha xx + 2\alpha' xy + \alpha'' yy.\\ \psi &= \beta xx + 2\beta' xy + \beta'' yy.\\ \chi &= \gamma xx + 2\gamma' xy + \gamma'' yy \text{ pro } xx,\ xy,\ yy,\end{aligned}$$

prodit

$$\left.\begin{aligned}2aa'a'' xx &= a\alpha''\varphi + a'\beta''\psi + a''\gamma''\chi\\ -2aa'a'' xy &= a\alpha'\varphi + a'\beta'\psi + a''\gamma'\chi\\ 2aa'a'' yy &= a\alpha\varphi + a'\beta\psi + a''\gamma\chi\end{aligned}\right\} \qquad (1)$$

Porro ex hypothesi est:

$$a\varphi\varphi + a'\psi\psi + a''\chi\chi = 0. \qquad (2)$$

Iam dicimus esse

I) ψ primum ad $2aa''$; alioquin enim propter (2) ψ, φ aut ψ, χ factores communes haberent. —

II) χ primum ad a' causarum similium gratia. —

Porro dicimus si vice versa variabilitas numerorum x, y primorum inter se eo limitetur, ut conditiones I et II serventur, solutionem repraesentatam φ, ψ, χ eam esse, quae quaerebatur. —

Etenim id quod primum est, numeri φ, ψ, χ divisorem communem non exhibent, nam si adesset, propter (1) etiam $2aa'a''$ metiretur. Quod fieri nequit, quia ψ primus ad $2aa''$, χ ad a' suppositi erant. —

Itaque divisor communis ipsorum ψ, χ propter (2) numerum a metiretur, contra I; divisor communis ipsorum χ, φ, a' metiretur, contra II; denique factor communis ipsorum φ, ψ, a'' metiretur, contra I. —

E lemmate haud ignoto, quod in disquisitionibus ill. Dirichlet persaepe occurrit, ad conditionem I talibus congruentiis multitudinis $2aa''\varphi(2aa'')$

$$x \equiv i_\mu \qquad y \equiv j_\mu \bmod 2\,aa''$$

pervenitur; quippe quorum modulus $2aa''$, duplum determinantis formae ψ est; similiter ad conditionem II binis congruentiis multitudine $\varphi(a')$ pervenitur:

$$x \equiv i'_\nu \qquad y \equiv j'_\nu \bmod a'.$$

Quum a' et $2aa''$ primi inter se sint, ambo binarum congruentiarum systemata manifesto in $2D\varphi(2D)$ congruentias colligere licet:

$$x \equiv I_\lambda \qquad y \equiv J_\lambda \bmod 2\,D; \text{ —}$$

quae limitationes variabilitatis ipsorum x, y de quibus in theoremate diximus, includunt.

Ut limitationes necessariae variabilium x, y in solutione ordinis $O(\lambda, \mu, \nu)$ inveniantur, animus ad hanc rem advertatur, quod, si vis, ut solutio formalis

$$\varphi = \mu\nu\varphi_0, \qquad \psi = \nu\lambda\psi_0, \qquad \chi = \lambda\mu\chi_0$$

solutionem in integris ordinis $O(\lambda, \mu, \nu)$ praebeat:

1) solutionem in integris $\varphi_0, \psi_0, \chi_0$ ordinis $O(1, 1, 1)$ fieri necesse est, quae res congruentiis, quas in theoremate attulimus, efficitur. —

2) φ_0 et λ, ψ_0 et μ, χ_0 et ν inter se primi esse debent; quae res et ipsa congruentiis linearibus efficitur, quas cum primis comparare opus est, sed quas hoc loco mittamus, liceat. —

Quamquam omnia quae initio commentationis polliciti sumus plane ad finem perduximus, tamen multa, quae ad explicationem methodi desiderentur omissa esse, sponte concedimus. — Hoc quidem loco annotetur veritatem theorematum in § 8 a nobis secunda demonstratione probatum esse, quae in integra inductione posita est, et methodos a nobis indagatas esse, quae via multo simpliciore ad omnes solutiones primitivas aequationum primariarum perducunt.

Vita.

Ego, Georgius Cantor, mense Martio anni MDCCCXLV patre Georgio, matre Maria, e gente Böhm, Petropoli natus sum, quo pater meus, negociator Copenhageniensis commigraverat. — Fidei addictus sum evangelicae. Primis litterarum elementis in schola S. Petri imbutus, puer undecim annorum Germaniam cum parentibus petivi.

Darmstadiae scholam realem, deinde scholam polytechnicam, quae rectore beato Pr. Dr. Külp florebant, quatuor per annos frequentavi, ubi anno MDCCCLXII testimonium maturitatis adeptus sum.

Sub hiemem ejusdem anni Turicum profectus sum, unde tamen morte patris mei, pia memoria per vitam colendi, jam ineunte vere anni MDCCCLXIII revocatus sum. Auctumno ejusdem anni, inter cives universitatis litterariae Friderico Guilelmae a rectore magnifico Beseler receptus, a decano spect. Müllenhoff philos. ordini adscriptus sum.

Per octo semestria studiis mathematicis me dedi fere continuo Berolini, nisi quod per semestre aestivum anni MDCCCLXVI in civitate Georgia Augusta Gottingensi versatus sum. Legentes audivi Berolini viros ill. Arndt, Dove, Kronecker, Kummer, Magnus, Trendelenburg, Weierstrass; Gottingiae viros ill. Lotze, Minnigerode, Schering, Weber.

Exercitationibus seminarii mathematici, quas moderantur viri ill. Kummer et ill. Weierstrass per quattuor semestria interfui.

Quibus viris omnibus maxime de me meritis, imprimis ill. Kronecker, ill. Kummer, ill. Weierstrass, qui benevolentissime tironem adjuverunt, summas, quas possum, gratias ago.

Anno proximo disquisitionibus arithmeticis cel. Gauss et theoriae numerorum cel. Legendre operam navavi, unde materiam dissertationis depromsi.

Theses.

I. In arithmetica methodi mere arithmeticae analyticis longe praestant.

II. Num spatii ac temporis realitas absoluta sit, propter ipsam controversiae naturam dijudicari non potest.

III. In re mathematica ars proponendi quaestionem pluris facienda est quam solvendi.

2. Zwei Sätze aus der Theorie der binären quadratischen Formen.

[Schlömilch, Zeitschrift f. Math. u. Physik (Teubner) Jahrg. 13, S. 259—261 (1868).]

In seiner Inauguraldissertation „*de aequationibus secundi gradus indeterminatis*“ leitet Göpel aus der Kettenbruch-Entwickelung der Quadratwurzeln aus ganzen Zahlen interessante Sätze über gewisse Darstellungen der Form $x^2 - Dy^2$ ab, wenn D eine Primzahl von den Formen $8n + 3$, $8n + 7$ oder das Doppelte einer solchen ist.

Jacobi teilt den Inhalt dieser Arbeit im 35. Bande des Crelleschen Journals in einer Notiz über Göpel mit, auf welche ich hier verweisen muß, da das obengenannte Schriftchen schwerlich im Buchhandel aufgefunden werden dürfte.

Es soll hier gezeigt werden, wie sich diese Sätze einfach und ohne Hilfe der Kettenbrüche nachweisen lassen und dabei gewisse Beschränkungen verlieren, welche ihnen bei jener Methode anhaften. Wir beweisen zu dem Ende die folgenden Sätze I. u. II., in denen, wie sich jeder überzeugen kann, die entsprechenden Sätze Göpels enthalten sind.

I. Ist $D = p$ oder $D = 2p$ und p eine Primzahl $8n + 3$ und bezeichnet man mit φ, ψ eine von denjenigen Darstellungen der Zahl D in der Form $D = \varphi^2 + 2\psi^2$, in welchen $\psi \equiv 1 \bmod 4$, wenn $D = p$, und $\psi \equiv 1$ oder $\equiv 3 \bmod 8$, wenn $D = 2p$, so ist die Form $(-2\psi, \varphi, \psi)$ äquivalent der Form $(1, 0, -D)$.

Beweis. Wir stützen uns auf einen Satz von Legendre, welcher unter anderm in seiner „*Théorie des nombres*, tome I, § VII“ gefunden werden kann, nach welchem die Zahl -2 stets darstellbar ist in der Form:

$$-2 = s^2 - Dt^2, \tag{1}$$

wenn D die in unserem Theorem verlangten Bedeutungen hat.

Die Form (Dt, s, t), welche aus jenen Zahlen s, t gewonnen wird, hat nach (1) die Determinante -2 und ist daher, nach einem bekannten Satze der Theorie der quadratischen Formen, der Form $(1, 0, 2)$ äquivalent.

Ist also $\begin{pmatrix} \alpha, & \gamma \\ \beta, & \delta \end{pmatrix}$ eine Substitution, durch welche letztere Form in die erste übergeht, so hat man:

$$Dt = \alpha^2 + 2\beta^2, \qquad s = \alpha\gamma + 2\beta\delta, \qquad t = \gamma^2 + 2\delta^2. \tag{2}$$

Wir behaupten nun, daß die Substitution $\begin{pmatrix}\alpha, & \beta\\ \gamma, & \delta\end{pmatrix}$, welche aus jener durch Vertauschung der Stellen von β und γ entsteht, die Form $(1, 0, -D)$ in eine von den beiden Formen $(-2\psi, \varphi, \psi)$, $(-2\psi, -\varphi, \psi)$ überführt.

Denn bezeichnet man die transformierte Form mit (a, b, c), so ist

$$a = \alpha^2 - D\gamma^2, \qquad b = \alpha\beta - D\gamma\delta, \qquad c = \beta^2 - D\delta^2, \tag{3}$$

und man findet, wegen (2), daß

$$a = -2c; \tag{4}$$

im Falle $D = p$ ist b ungerade, c ungerade und

$$c = \beta^2 - D\delta^2 \equiv \beta^2 + \delta^2 \equiv 1 \bmod 4\,;$$

im Falle $D = 2p$ ist b gerade, c ungerade und

$$c \equiv \beta^2 + 2\,\delta^2 \equiv 1 \quad \text{oder} \quad \equiv 3 \bmod 8.$$

Da nun $D = b^2 - ac$, so folgt aus (4):

$$D = b^2 + 2\,c^2.$$

Hieraus sieht man, daß b, c eine von den im Theoreme gemeinten Darstellungen φ, ψ ist, und daß, da außer der Darstellung φ, ψ nur noch die Darstellung $-\varphi, \psi$ existiert, $b = \pm\varphi$, $c = \psi$.

Es ist also die Form $(1, 0, -D)$ stets einer von den Formen

$$(-2\psi, \varphi, \psi), \qquad (-2\psi, -\varphi, \psi) \quad \text{äquivalent,}$$

woraus, wegen der Äquivalenz beider, die Richtigkeit des Satzes folgt.

II. Ist $D = p$ oder $= 2p$ und p eine Primzahl $8n + 7$, und bezeichnet man mit φ, ψ irgendeine von den unendlich vielen Darstellungen der Zahl D in der Form:

$$D = \varphi^2 - 2\,\psi^2, \quad \text{in welchen} \quad \psi \equiv 1 \bmod 4, \quad \text{wenn} \quad D = p,$$

$\psi \equiv 1$ oder $\equiv 3 \bmod 8$, wenn $D = 2p$, so ist die Form $(2\psi, \varphi, \psi)$ stets äquivalent der Form $(1, 0, -D)$.

B e w e i s. Hier ist nach derselben Quelle, welche wir im Beweise von I. angeführt, die Zahl $+2$ stets darstellbar in der Form:

$$+2 = s^2 - Dt^2.$$

Die Form (Dt, s, t) hat die Determinante 2 und ist, der Theorie der quadratischen Formen gemäß, äquivalent der Form $(1, 0, -2)$.

Bezeichnen wir nun eine Substitution, durch welche letztere Form in erstere übergeht, mit $\begin{pmatrix}\alpha & \gamma\\ \beta & \delta\end{pmatrix}$, so findet man, ähnlich wie in dem Beweise von I., daß die Form $(1, 0, -D)$ durch die Substitution $\begin{pmatrix}\alpha & \beta\\ \gamma & \delta\end{pmatrix}$ in eine Form (a, b, c)

übergeht, in welcher $a = 2c$, und wo außerdem c den Kongruenzbedingungen von ψ genügt.

Da nun $D = bb - 2cc$, so folgt hieraus zunächst, daß es eine Darstellung $b = \varphi_0$, $c = \psi_0$ der Zahl D in der Form: $D = \varphi\varphi - 2\psi\psi$ gibt, so daß die Formen $(1, 0, -D)$ und $(2\psi_0, \varphi_0, \psi_0)$ äquivalent sind.

Die übrigen Darstellungen φ, ψ gehen aber, wie man aus der Theorie der quadratischen Formen der Determinante 2 sieht, aus einer $\varphi_0\,\psi_0$ vermittelst der Formeln

$$\varphi = \pm\,\varphi_0 u + 2v\psi_0, \quad \psi = \psi_0 u \pm \varphi_0 v \tag{1}$$

hervor, in welchen u, v eine Lösung der Gleichung

$$u^2 - 2v^2 = 1$$

bedeutet, bei welcher u positiv ist.

Die Zahlen u, v sind ihrerseits in den Formen enthalten:

$$u = \omega^2 + 2\eta^2, \qquad v = 2\omega\eta,$$

wo unter ω, η eine Lösung einer der beiden Gleichungen

$$\omega^2 - 2\eta^2 = 1, \qquad \omega^2 - 2\eta^2 = -1$$

zu denken ist.

Man überzeugt sich nun leicht, daß die Form $(1, 0, -D)$ durch die Substitution $\begin{pmatrix} \pm\,\alpha\omega + 2\beta\eta, & \pm\,\alpha\eta + \beta\omega \\ \pm\,\gamma\omega + 2\delta\eta, & \pm\,\gamma\eta + \delta\omega \end{pmatrix}$ in $(2\psi, \varphi, \psi)$ übergeht, wenn das Zeichen $\pm$ in derselben mit dem Zeichen $\pm$ in den Formeln (1) übereinstimmend genommen wird.

[Anmerkung.]

Hier bedeutet das Symbol (a, b, c) wie bei Gauß die Form $ax^2 + 2bxy + cy^2$ und ihre „Determinante“ den Wert $D = b^2 - ac$.

3. Über die einfachen Zahlensysteme.

[Schlömilch, Zeitschrift f. Math. u. Physik Jahrg. 14, S. 121—128 (1869).]

§ 1. Das Problem, bei einem beliebig gegebenen Systeme

$$a, \; a', \; a'', \; \ldots$$

von positiven ganzen Zahlen zu bestimmen, wie oft sich eine Zahl n aus den Gliedern jenes Systemes durch Addition zusammensetzen läßt, ist durch Euler (*Introductio*, Abschnitt: *De partitione numerorum*) gleichsam des zahlentheoretischen Charakters entkleidet und als ein analytisches aufgefaßt worden, bei welchem es sich darum handelt, ein unendliches Produkt in eine Potenzreihe zu verwandeln.

Jenes Zahlensystem kann so beschaffen sein, daß alle Glieder desselben voneinander verschieden sind, es können aber auch darin mehrere Glieder, selbst in unendlicher Anzahl, einander gleich sein. Wir können uns daher das System so gegeben denken, daß die verschiedenen Glieder desselben, der Größe nach geordnet,

$$a, \; b, \; c, \; d, \; \ldots \tag{1}$$

sind, und daß sie entsprechend in den Anzahlen

$$\bar{a}, \; \bar{b}, \; \bar{c}, \; \bar{d}, \; \ldots \tag{2}$$

vorkommen, wo

$$\bar{a}, \; \bar{b}, \; \bar{c}, \; \bar{d}, \; \ldots$$

nicht bestimmte ganze Zahlen zu sein brauchen, sondern außerdem noch das unendliche Vorkommen der entsprechenden Zahlen in (1) angeben können.

Man sagt nun: *eine Zahl n wird in dem gegebenen Systeme dargestellt*, wenn man n auf die Weise

$$n = \alpha a + \beta b + \gamma c + \cdots$$

erhalten kann, wo α die Werte

$$0, \; 1, \; 2, \; \ldots, \; \bar{a}$$

und allgemein die Zahl λ, welche ein beliebiges Glied l der Reihe (1) multipliziert, die Werte

$$0, \; 1, \; 2, \; \ldots, \; \bar{l}$$

annehmen darf.

Um die Anzahl der verschiedenen Darstellungen einer Zahl n in dem gegebenen Systeme zu finden, hat man nun nach Euler das Produkt

$$(1 + x^a + x^{2a} + \cdots + x^{\bar{a}a})(1 + x^b + x^{2b} + \cdots + x^{\bar{b}b}) \cdots$$

in eine Potenzreihe

$$1 + C_1 x^1 + C_2 x^2 + C_3 x^3 + \cdots$$

umzuwandeln. Die Zahl C_n stellt alsdann die gesuchte Anzahl vor, wie oft die Zahl n in dem gegebenen Systeme dargestellt werden kann.

Wir wollen dieses Eulersche Partitionsproblem umkehren, indem wir fragen, welche Beschaffenheit das System haben muß, wenn die Zahlen $C_1, C_2, C_3, \ldots$ gegeben sind, und wollen hier zunächst den einfachsten Fall nehmen, wo $C_1, C_2, C_3, \ldots$ alle gleich 1 sind. Demnach würde die Frage, welche wir behandeln, diese sein: Welches ist die Beschaffenheit eines Zahlensystemes, in welchem sich jede Zahl und jede nur auf eine einzige Weise darstellen läßt?

Die Zahlensysteme, welche die letzte Eigenschaft haben, verdienen vor allen übrigen ausgezeichnet zu werden; wir wollen sie *einfache Zahlensysteme* nennen. Unsere Aufgabe ist also keine andere, als zu bestimmen, welches die sämtlichen einfachen Zahlensysteme sind; sie scheint mir deshalb nicht ohne Interesse, weil das verbreitetste aller Zahlensysteme, das dekadische, bei welchem die Reihen (1) und (2) diese sind:

$$1,\quad 10,\quad 100,\quad 1000,\quad 10000,\quad \ldots \tag{1'}$$

$$9,\quad 9,\quad 9,\quad 9,\quad 9,\quad \ldots \tag{2'}$$

nebst sämtlichen analogen, nämlich denjenigen, in welchen die Grundzahl nicht 10, sondern irgendeine andere Zahl ist, nur ganz spezielle Fälle der allgemeinen einfachen Zahlensysteme bilden.

§ 2. Die Reihe (1), § 1, besteht, um es zu wiederholen, aus den verschiedenen Zahlen des Systemes, ihrer Größe nach geordnet, die Reihe (2), § 1, aus den Anzahlen, wie oft die entsprechenden Zahlen in dem Systeme vorkommen. Soll das System ein einfaches sein, so muß man haben:

$$(1 + x^a + x^{2a} + \cdots + x^{\bar{a}a})(1 + x^b + x^{2b} + \cdots + x^{\bar{b}b}) \cdots$$
$$= 1 + x + x^2 + \cdots,$$

oder anders:

$$\frac{1 - x^{a(\bar{a}+1)}}{1 - x^a} \cdot \frac{1 - x^{b(\bar{b}+1)}}{1 - x^b} \cdots = \frac{1}{1 - x}. \tag{1}$$

Da alle Zahlen, also auch die Einheit, sich im Systeme darstellen lassen, so muß die kleinste Zahl der Reihe (1), § 1, die wir a genannt haben, die Einheit selbst sein.

Man hat alsdann:

$$(1-x^{\bar{a}+1})\,(1+x^b+\cdots)\,(1+x^c+\cdots)\cdots=1\,.$$

Bedenkt man, daß $b, c, \ldots$ größer als die Einheit sind, und daß $b < c < d\ldots$, so sieht man, daß sich diese Gleichung weder mit der Annahme $\bar{a}+1>b$, noch mit der Annahme $\bar{a}+1<b$ verträgt [damit sich die niedersten Potenzen von x wegheben können]; es muß also $\bar{a}+1=b$ sein. Wir sehen hieraus, *daß in einem einfachen Systeme die Einheit so oft vorkommt, als die um* 1 *verminderte nächstgrößere Zahl beträgt.*

Durch Einführung dieses Resultates in (1) erhält man:

$$(1-x^{b(\bar{b}+1)})\,(1+x^c+\cdots)\,(1+x^d+\cdots)\cdots=1\,.$$

Diese Gleichung ist wiederum nur mit der Annahme

$$b\,(\bar{b}+1)=c$$

verträglich, d. h.: *in einem einfachen Zahlensysteme ist die drittgrößte Zahl teilbar durch die zweitgrößte, und der Quotient aus der letzteren in die erstere um Eins vermindert gibt die Anzahl, wie oft die zweitgrößte Zahl im Systeme vorkommt.*

Setzen wir $\frac{c}{b}=b'$, so ist

$$c=b\,b', \qquad \bar{b}=b'-1\,,$$

und man hat nun die neue Gleichung

$$(1-x^{c(\bar{c}+1)})\,(1+x^d+\cdots)\,(1+x^e+\cdots)\cdots=1,$$

aus welcher man ähnlich wie oben die Gleichung

$$c(\bar{c}+1)=d$$

erschließt.

Indem man diese Schlüsse wiederholt, erkennt man ganz allgemein, daß bei einem einfachen Systeme jede Zahl k der Reihe (1), § 1, in der nächstgrößeren ohne Rest aufgeht und daß der entsprechende Quotient um 1 vermindert uns die Anzahl $\bar{k}$ gibt, wie oft die Zahl k im Systeme vorkommt.

Die Reihen (1) und (2) von § 1 haben also bei einem einfachen Systeme die Gestalten

$$1,\ b,\ b\,b',\ b\,b'\,b'',\ b\,b'\,b''\,b''',\ \ldots \tag{2}$$

$$b-1,\ b'-1,\ b''-1,\ b'''-1,\ b''''-1,\ \ldots \tag{3}$$

wo

$$b,\ b',\ b'',\ b''',\ \ldots \tag{4}$$

eine unendliche Reihe ganzer, von der Einheit verschiedener Zahlen ist. Es ist aber auch umgekehrt jedes Zahlensystem wie das durch die Reihen

(2), (3) definierte ein einfaches; denn man hat:

$$(1+x+\cdots+x^{b-1})(1+x^b+\cdots+x^{(b'-1)b})\cdots$$
$$=\frac{1-x^b}{1-x}\cdot\frac{1-x^{bb'}}{1-x^b}\cdot\frac{1-x^{bb'b''}}{1-x^{bb'}}\cdots=\frac{1}{1-x},$$

also

$$C_n = 1\,.$$

Wir erhalten demnach das Resultat: *die einfachen Zahlensysteme sind diejenigen, bei denen jede Zahl k in der nächstgrößeren l ohne Rest aufgeht und k so oft vorkommt, als $\frac{l}{k}-1$ beträgt,* [also immer nur in endlicher Anzahl].

§ 3. Die einfachen Zahlensysteme haben eine weitergehende Bedeutung. Führt man außer den ganzen Zahlen des Systemes noch die Brüche

$$\frac{1}{b},\quad \frac{1}{bb'},\quad \frac{1}{bb'b''},\quad \ldots \tag{1}$$

und zwar entsprechend in den Anzahlen

$$b-1,\quad b'-1,\quad b''-1,\quad \ldots \tag{2}$$

ein, so kann man in dem also erweiterten Zahlensysteme sämtliche Zahlengrößen [d. h. alle reellen Zahlen] und jede nur auf eine einzige Weise durch Addition unendlich vieler Glieder des Systemes erhalten; d. h. wenn A eine beliebig gegebene Zahlengröße ist, so hat man stets nur auf eine einzige Weise die Gleichung:

$$A=\alpha+\beta b+\gamma bb'+\delta bb'b''+\cdots+\frac{\lambda}{b}+\frac{\mu}{bb'}+\frac{\nu}{bb'b''}+\cdots,$$

in welcher die Reihe auf der rechten Seite unendlich ist und die Zahlen α, λ die Werte $0, 1, 2, \ldots b-1$, die Zahlen β, μ die Werte $0, 1, 2 \ldots b'-1$, die Zahlen γ, ν die Werte $0, 1, 2, \ldots b''-1$ annehmen dürfen. Der ganzzahlige Teil

$$A_0=\alpha+\beta b+\gamma bb'+\cdots$$

ist [nach § 2 eindeutig] bestimmt durch die Bedingungen

$$A > A_0,\qquad A \leqq A_0+1,$$

die Zahl λ durch die Bedingungen

$$(A-A_0)\,b>\lambda,\qquad (A-A_0)\,b\leqq\lambda+1,$$

die Zahl μ durch die Bedingungen

$$(A-A_0)\,bb'-\lambda b'>\mu,\qquad (A-A_0)\,bb'-\lambda b'\leqq\mu+1$$

usw. [1].

§ 4. Wenn ein einfaches Zahlensystem die Beschaffenheit hat, daß bei beliebig gedachter Zahl q in der Reihe

$$1,\quad b,\quad bb',\quad bb'b'',\quad \ldots$$

von einem gewissen Gliede an *alle* durch q teilbar sind, so läßt sich über die Darstellbarkeit eines rationalen Bruches $\frac{p}{q}$ das folgende Theorem aussagen:

Theorem: *Ist*

$$A = \frac{p}{q}$$

und

$$A = A_0 + \frac{\lambda}{b} + \frac{\mu}{b\,b'} + \cdots,$$

so hat die Zahlenreihe

$$\lambda,\ \mu\ \ldots$$

die Beschaffenheit, daß von einem gewissen Gliede an sämtliche Glieder die höchsten ihnen zustehenden Werte haben.

Beweis: Man bezeichne μ mit λ', ν mit λ'' usw. und setze

$$A_0 + \frac{\lambda}{b} + \frac{\lambda'}{b\,b'} + \cdots + \frac{\lambda^{(\varrho)}}{b\,b' \ldots b^{(\varrho)}} = \frac{m^{(\varrho)}}{n^{(\varrho)}},$$

wo

$$n^{(\varrho)} = b\,b' \ldots b^{(\varrho)}.$$

Dann ist einmal

$$\frac{p}{q} - \frac{m^{(\varrho)}}{n^{(\varrho)}} > 0,$$

andererseits

$$\frac{p}{q} - \frac{m^{(\varrho)}}{n^{(\varrho)}} \leqq \frac{b^{(\varrho+1)} - 1}{b\,b' \ldots b^{(\varrho+1)}} + \frac{b^{(\varrho+2)} - 1}{b\,b' \ldots b^{(\varrho+2)}} + \cdots$$

Das ist:

$$\frac{p}{q} - \frac{m^{(\varrho)}}{n^{(\varrho)}} \leqq \frac{1}{n^{(\varrho)}}.$$

Wir haben also

$$p\,n^{(\varrho)} - q\,m^{(\varrho)} > 0; \qquad p\,n^{(\varrho)} - q\,m^{(\varrho)} \leqq q.$$

Sei nun $n^{(\mathfrak{s})}$ das erste Glied der Reihe

$$1,\ b,\ b\,b',\ \ldots,$$

welches durch die Zahl q teilbar ist; dann ist

$$z = p\,n^{(\mathfrak{s})} - q\,m^{(\mathfrak{s})}$$

eine durch q teilbare ganze Zahl, die nach dem soeben Gezeigten in den Grenzen liegt

$$z > 0; \qquad z \leqq q;$$

es ist folglich

$$z = q,$$

mithin

$$\frac{p}{q} = \frac{m^{(\mathfrak{s})}}{n^{(\mathfrak{s})}} + \frac{1}{n^{(\mathfrak{s})}},$$

oder auch

$$A = A_0 + \frac{\lambda}{b} + \cdots + \frac{\lambda^{(s)}}{b\,b' \ldots b^{(s)}} + \frac{b^{(s+1)} - 1}{b\,b' \ldots b^{(s+1)}} + \frac{b^{(s+2)} - 1}{b\,b' \ldots b^{(s+2)}} + \cdots,$$

was zu beweisen war.

Korollar: *Hat bei einer Zahl*

$$A = A_0 + \frac{\lambda}{b} + \frac{\mu}{b\,b'} + \cdots$$

die Reihe $\lambda, \mu, \ldots$ *nicht die Beschaffenheit, welche in dem bewiesenen Theoreme für eine rationale Zahl* $\frac{p}{q}$ *gefordert ist, so ist die Zahl* A *eine Irrationalzahl.*

Hierher gehört die Grundzahl des natürlichen Logarithmensystemes:

$$e = 2 + \frac{1}{2} + \frac{1}{2 \cdot 3} + \frac{1}{2 \cdot 3 \cdot 4} + \cdots$$

§ 5. Von den einfachen Zahlensystemen wollen wir noch diejenigen berücksichtigen, bei denen die Reihe

$$b,\ b',\ b'' \ \ldots$$

von einem Glied $b^{(\varrho)}$ an *periodisch* ist.

Sei τ die Größe der Periode, deren Glieder wir mit

$$c,\ c',\ \ldots\ c^{(\tau-1)}$$

bezeichnen wollen, so daß

$$b^{(\varrho+\tau'+h\tau)} = c^{(\tau')}, \tag{1}$$

wo τ' die Zahlenwerte $0, 1, 2, \ldots \tau - 1$ annehmen kann und h eine beliebige positive ganze Zahl oder die Null ist.

Wird ferner

$$b\,b' \ldots b^{(k)} = n^{(k)}$$

gesetzt und unter den drei [Symbolen]

$$b^{(-1)},\ c^{(-1)},\ n^{(-1)}$$

die positive Einheit verstanden, so hat man, wenn gesetzt wird

$$n^{(\varrho-1)} = M, \qquad c\,c' \ldots c^{(\tau-1)} = N, \tag{2}$$

die Gleichung

$$n^{(\varrho-1+\tau'+h\tau)} = M\,N^h c\,c' \ldots c^{(\tau'-1)}. \tag{3}$$

Es besteht hier das folgende

Theorem: *Ist in dem einfachen Zahlensysteme dieses Paragraphen eine Zahl*

$$\frac{\beta}{b} + \frac{\beta'}{b\,b'} + \cdots$$

dargestellt, in welcher die Zahlenreihe $\beta, \beta', \ldots$ *von einem Gliede an periodisch ist, so ist diese Zahl eine rationale Zahl, und umgekehrt, wird ein echter rationaler*

Bruch $\frac{p}{q}$ *in dem Systeme dargestellt durch die Gleichung*

$$\frac{p}{q} = \frac{\beta}{b} + \frac{\beta'}{b\,b'} + \cdots,$$

so ist die Reihe $\beta, \beta', \ldots$ *von einem bestimmten Gliede an periodisch.*

Beweis: Den ersten Teil des Satzes zu beweisen, hat keine Schwierigkeit, weil sich die gegebene Reihe auf eine endliche Anzahl geometrischer Reihen zurückführen läßt und damit eine rationale Zahl stets zur Summe hat. Anders mit dem zweiten Teile, welcher die vollständige Umkehrung des ersten ist.

Wir denken uns den Bruch $\frac{p}{q}$ in der irreduktibeln Form gegeben, darin p und q ohne gemeinschaftlichen Teiler sind, und bezeichnen die ganze Zahl

$$\beta^{(k)} + \beta^{(k-1)} b^{(k)} + \cdots + \beta\, b' \ldots b^{(k)}$$

mit $m^{(k)}$, so daß

$$\frac{p}{q} = \frac{m^{(k)}}{n^{(k)}} + \frac{\beta^{(k+1)}}{n^{(k+1)}} + \cdots$$

Dann ist

$$\frac{p}{q} - \frac{m^{(k)}}{n^{(k)}} > 0, \qquad \frac{p}{q} - \frac{m^{(k)}}{n^{(k)}} \leqq \frac{1}{n^{(k)}}.$$

Führen wir daher eine Zahlenreihe

$$\delta,\ \delta',\ \delta'' \ldots$$

durch die Gleichung

$$\delta^{(k+1)} = p\, n^{(k)} - q\, m^{(k)} \tag{4}$$

ein, so besteht dieselbe aus lauter positiven ganzen Zahlen, die sämtlich kleiner sind als $q + 1$. Diese Reihe der δ steht mit der Reihe der β in einer solchen Verbindung, daß wenn die eine periodisch ist, es auch die andere ist, wegen der Periodizität der Reihe b.

Man hat nämlich

$$\frac{b^{(k+1)}\,\delta^{(k+1)}}{q} = \beta^{(k+1)} + \frac{\beta^{(k+2)}}{b^{(k+2)}} + \cdots \tag{5}$$

und daraus

$$\frac{b^{(k+1)}\,\delta^{(k+1)}}{q} > \beta^{(k+1)}, \qquad \frac{b^{(k+1)}\,\delta^{(k+1)}}{q} \leqq \beta^{(k+1)} + 1. \tag{6}$$

Durch die Gleichung (5) ist $\delta^{(k+1)}$ eindeutig aus den $\beta^{(k+1)}, \beta^{(k+2)}, \ldots$ bestimmt, durch die Ungleichheiten (6) hängt die ganze Zahl $\beta^{(k+1)}$ eindeutig von $\delta^{(k+1)}$ ab.

Wir haben also nur die Periodizität (von einem gewissen Gliede an) der Reihe

$$\delta,\ \delta',\ \delta'', \ldots$$

nachzuweisen. Man hat, wenn $k = \varrho - 1 + \tau' + h\tau$:

$$\delta^{(k+1)} = p\, M\, N^h\, c\, c' \ldots c^{(\tau'-1)} - q\, m^{(k)}.$$

Sei s der größte gemeinschaftliche Teiler von q und M, und es sei $q = sr$; sei $r = r'r''$, wo r'' alle Primfaktoren von r enthält, die auch in N vorkommen, so daß r' relativ prim zu N und zu r'' ist.

Man verstehe ferner unter ϑ die kleinste Zahl, für welche

$$N^{\vartheta} \equiv 1 \bmod r' \text{ ist,}$$

und unter π die kleinste Zahl, für welche

$$N^{\pi} \equiv 0, \quad \bmod r'';$$

dann ist in bezug auf beide Moduln r' und r''

$$N^{\pi+\vartheta'+g\vartheta} \equiv N^{\pi+\vartheta'},$$

wo ϑ' die Bedeutung einer der Zahlen $0, 1, 2, \ldots \vartheta - 1$ hat und g eine beliebige ganze positive Zahl ist. Da r' und r'' relativ prim zueinander sind, so hat die letzte Kongruenz auch für den Modul r Gültigkeit; es ist

$$N^{\pi+\vartheta'+g\vartheta} \equiv N^{\pi+\vartheta'}, \bmod r.$$

Hieraus geht zunächst die Kongruenz hervor:

$$\delta^{(\varrho+\pi\tau+\tau'+\vartheta'\tau+g\vartheta\tau)} \equiv \delta^{(\varrho+\pi\tau+\tau'+\vartheta'\tau)} \bmod q\,. \tag{7}$$

Die Zahlen δ sind, wie wir gesehen haben, alle > 0 und $< q + 1$; sie können daher untereinander nur in dem Falle kongruent in bezug auf q sein, wenn sie einander gleich sind. Man hat also, wenn

$$\varrho + \pi\tau = \Omega, \qquad \tau' + \vartheta'\tau = \Theta', \qquad \tau\vartheta = \Theta$$

gesetzt wird:

$$\delta^{(\Omega+\Theta'+g\Theta)} = \delta^{(\Omega+\Theta')}\,. \tag{8}$$

Berücksichtigt man die Wertreihe der τ' und die der ϑ', so findet man, daß die Wertreihe der Θ'

$$0,\ 1,\ 2,\ \ldots\ \Theta - 1$$

ist. Die Gleichung (8) zeigt uns also, daß die Reihe der δ vom Gliede $\delta^{(\Omega)}$ an periodisch mit der Periode $\Theta = \tau\vartheta$ ist. Einer früheren Bemerkung zufolge ist nun auch die Reihe der β vom Gliede $\beta^{(\Omega)}$ an periodisch, und zwar mit derselben Periode Θ, weil Θ teilbar ist durch τ.

Das dekadische Zahlensystem ist derjenige Fall der in diesem Paragraphen behandelten Systeme, in welchem

$$\varrho = 0, \qquad \tau = 1, \qquad c = 10.$$

[Anmerkung.]

[1] Zu § 3, Schluß, S. 38. In der Tat wird dann, unter $[x]$ die größte ganze Zahl $\leqq x$ verstanden,

$$\lambda = [(A - A_0)\, b] < b,$$
$$\mu = [(A - A_0)\, bb' - \lambda b'] < b' \quad \text{usw.}$$

und das Restglied der Entwicklung, das zum Gliede $\frac{K}{bb'\ldots b^{(\varrho)}}$ gehört, ist $< \frac{1}{bb'\ldots b^{(\varrho)}}$ konvergiert also gegen Null.

4. Zwei Sätze über eine gewisse Zerlegung der Zahlen in unendliche Produkte.

[Schlömilch, Zeitschrift f. Math. u. Physik Jahrg. 14, S. 152–158 (1869).]

In Eulers „*Introductio in analysin infinitorum*“, im Abschnitte „*De partitione numerorum*“ findet sich, § 328, das Produkt

$$(1+x)\,(1+x^2)\,\ldots\,(1+x^{2^\lambda})\,\ldots,$$

dessen Wert daselbst für $x < 1$ gleich $\frac{1}{1-x}$ gefunden wird [1].

Euler benutzt diese Gleichung nur dazu, die Zerlegung der ganzen Zahlen in die Summanden $1, 2, 4, 18, \ldots 2^\lambda, \ldots$ nachzuweisen.

Es ruht aber auf dieser Gleichung eine bemerkenswerte Darstellungsweise von Zahlengrößen [d. h. von reellen Zahlen] in der Form unendlicher Produkte, welche von zahlentheoretischem Interesse ist, in vieler Hinsicht der Darstellung der Zahlen als einfache Kettenbrüche

$$1 + \frac{1}{a+}\,\frac{1}{b+}\cdots$$

gegenübergestellt werden kann, mit ihr sogar einige Anknüpfungspunkte gemein hat und vor allen Dingen, *wie bei den Kettenbrüchen, auf alle Zahlengrößen sich bezieht und für jede bestimmte Zahlengröße eine einzige, bestimmte ist.*

Dies ist die Darstellung der Zahlengrößen $A > 1$ in der Form:

$$A = \left(1+\frac{1}{a}\right)\left(1+\frac{1}{b}\right)\left(1+\frac{1}{c}\right)\ldots,$$

wo $a, b, c, \ldots$ ganze Zahlen sind, die untereinander den Größenbedingungen unterworfen sind:

$$b \geqq aa, \qquad c \geqq bb, \qquad d \geqq cc. \quad \ldots$$

Es mag hier genügen, die wesentlichsten Gesetze dieser Darstellungen in den beiden folgenden Theoremen zu geben.

Theorem I. *Man kann eine jede Zahlengröße [jede reelle Zahl] $A > 1$, und zwar nur auf eine einzige Weise darstellen als Produkt*

$$A = \left(1+\frac{1}{a}\right)\left(1+\frac{1}{b}\right)\left(1+\frac{1}{c}\right)\ldots,$$

wo $a, b, c, \ldots$ ganze Zahlen sind, so beschaffen, daß

$$b \geqq aa, \qquad c \geqq bb, \qquad d \geqq cc. \quad \ldots$$

Beweis: Wir wollen zuerst zeigen, daß, wenn die gegebene Zahlengröße A in jener Form darstellbar ist, sie es nur auf eine Weise ist.

Aus

$$A = \left(1 + \frac{1}{a}\right)\left(1 + \frac{1}{b}\right) \cdots$$

ergibt sich zunächst

$$A > 1 + \frac{1}{a} = \frac{a+1}{a};$$

dann aber, da

$$b \geqq a^2, \qquad c \geqq a^4, \qquad d \geqq a^8 \;\ldots,$$

ist auch

$$A \leqq \left(1 + \frac{1}{a}\right)\left(1 + \frac{1}{a\,a}\right) \cdots \left(1 + \frac{1}{a^{2^\lambda}}\right) \cdots$$

d. i. (nach Euler):

$$A \leqq 1 + \frac{1}{a-1} = \frac{a}{a-1}.$$

Man hat also, weil

$$a > \frac{1}{A-1} \qquad \text{und} \qquad a - 1 \leqq \frac{1}{A-1}$$

ist,

$$a + 1 > \frac{A}{A-1}, \qquad a \leqq \frac{A}{A-1}.$$

Diesen beiden Bedingungen genügt aber nur *eine* ganze Zahl a; man hat, wenn unter $E(x)$ die größte in x enthaltene ganze Zahl verstanden wird:

$$a = E\left(\frac{A}{A-1}\right).$$

Wird nun

$$\frac{A\,a}{a+1} = B = \left(1 + \frac{1}{b}\right)\left(1 + \frac{1}{c}\right) \cdots$$

gesetzt, so ergibt sich aus B, welche Größe offenbar ebenfalls > 1 ist, ebenso b, nämlich:

$$b = E\left(\frac{B}{B-1}\right),$$

und führt man allgemein

$$N = \frac{M\,m}{m+1} \tag{1}$$

ein, so hat man die Gleichungen

$$a = E\left(\frac{A}{A-1}\right); \qquad b = E\left(\frac{B}{B-1}\right); \qquad c = E\left(\frac{C}{C-1}\right) \cdots \tag{2}$$

Aus (1) und (2) folgt, daß die $a, b, c, \ldots$ ganz bestimmte, ohne Zweideutigkeit aus A sich ergebende ganze Zahlen sind.

Nun ist zu zeigen, daß, wenn bei gegebener Zahl $A > 1$ die ganzen Zahlen $a, b, c, \ldots$ den Gleichungen (1) und (2) entsprechend bestimmt werden, sowohl

$$A = \left(1 + \frac{1}{a}\right)\left(1 + \frac{1}{b}\right)\left(1 + \frac{1}{c}\right)\cdots,$$

als auch

$$b \geqq a a, \qquad c \geqq b b, \qquad d \geqq c c. \quad \ldots$$

Wir wollen zunächst den letzten Punkt erledigen, weil der erste damit zusammenhängt.

Man hat

$$b = E\left(\frac{B}{B-1}\right) \quad \text{und} \quad B = \frac{A a}{a+1};$$

daher

$$b = E\left(\frac{A a}{a(A-1)-1}\right).$$

Ferner

$$a = E\left(\frac{A}{A-1}\right) = \frac{A}{A-1} - \alpha,$$

wo α eine positive Zahlengröße, die kleiner als 1 ist.

Man findet daraus:

$$A = \frac{a+\alpha}{a+\alpha-1}.$$

Setzt man diesen Wert in den letzten Ausdruck für b ein, so folgt:

$$b = E\left(\frac{a(a+\alpha)}{1-\alpha}\right).$$

Hieraus sieht man unmittelbar, wegen der Bedeutung von α, daß

$$b \geqq a a.$$

Ganz ebenso wird gezeigt, daß

$$c \geqq b b, \qquad d \geqq c c. \quad \ldots$$

Bemerkt man außerdem, daß die ersten Zahlen der Reihe $a, b, c, \ldots$ nur so oft $= 1$ sind, als die höchste in A enthaltene Potenz von 2 beträgt, so folgt aus dem soeben Bewiesenen, daß diese Zahlen von einer gewissen an sehr stark ins Unendliche zunehmen. — Man setze nun, wenn n eine beliebige von 1 verschiedene Zahl jener Reihe und m die ihr voraufgehende ist:

$$\left(1 + \frac{1}{a}\right)\left(1 + \frac{1}{b}\right)\cdots\left(1 + \frac{1}{m}\right) = X;$$

dann ist

$$A = X N.$$

Aus

$$n = E\left(\frac{N}{N-1}\right)$$

folgt aber

$$N > 1 + \frac{1}{n}, \qquad N \leqq 1 + \frac{1}{n-1};$$

daher

$$A > X, \qquad A < X + \frac{A}{n-1}.$$

Da nun n beliebig groß angenommen werden kann, so ist:

$$A = \lim X = \left(1 + \frac{1}{a}\right)\left(1 + \frac{1}{b}\right)\ldots$$

Hiermit ist der Satz in allen seinen Teilen bewiesen.

Ich will beispielsweise die Darstellungen einiger Quadratwurzeln in der Form unserer Produkte anführen, welche bei gehöriger Induktion ein einfaches Gesetz offenbaren, nach welchem die Zahlen $a, b, c, \ldots$ ins Unendliche wachsen. Man findet:

$$\text{I.} \quad \sqrt{2} = \left(1 + \frac{1}{3}\right)\left(1 + \frac{1}{17}\right)\left(1 + \frac{1}{577}\right)\left(1 + \frac{1}{667967}\right)\cdots$$

Man bemerkt, daß

$$17 = 2 \cdot 3^2 - 1, \qquad 577 = 2 \cdot 17^2 - 1, \qquad 667967 = 2 \cdot 577^2 - 1.$$

$$\text{II.} \quad \sqrt{3} = \left(1 + \frac{1}{2}\right)\left(1 + \frac{1}{7}\right)\left(1 + \frac{1}{97}\right)\left(1 + \frac{1}{17617}\right)\cdots$$

$$7 = 2 \cdot 2^2 - 1, \qquad 97 = 2 \cdot 7^2 - 1, \qquad 17617 = 2 \cdot 97^2 - 1;$$

$$\text{III.} \quad \sqrt{5} = 2\left(1 + \frac{1}{9}\right)\left(1 + \frac{1}{161}\right)\left(1 + \frac{1}{51841}\right)\left(1 + \frac{1}{5374978561}\right)\cdots$$

$$161 = 2 \cdot 9^2 - 1, \quad 51841 = 2 \cdot 161^2 - 1, \quad 5374978561 = 2 \cdot 51841^2 - 1;$$

$$\text{IV.} \quad \sqrt{15} = 2\left(1 + \frac{1}{2}\right)\left(1 + \frac{1}{4}\right)\left(1 + \frac{1}{31}\right)\left(1 + \frac{1}{1921}\right)\left(1 + \frac{1}{7380481}\right)\cdots$$

$$31 = 2 \cdot 4^2 - 1, \qquad 1921 = 2 \cdot 31^2 - 1, \qquad 7380481 = 2 \cdot 1921^2 - 1.$$

In diesen vier Beispielen tritt also bei der Zahlenreihe

$$a, \; b, \; c, \; d, \; \ldots$$

von einem bestimmten Gliede k an, das Gesetz hervor:

$$l = 2kk - 1, \qquad m = 2ll - 1, \qquad n = 2mm - 1, \quad \cdots$$

Theorem II. *Ist A eine rationale Zahl $\frac{p}{q}$, so hat die unter* I *nachgewiesene Entwickelung von A die spezielle Form*

$$A = \left(1+\frac{1}{a}\right)\left(1+\frac{1}{b}\right)\left(1+\frac{1}{c}\right)\cdots$$
$$\left(1+\frac{1}{i}\right)\left(1+\frac{1}{k}\right)\left(1+\frac{1}{kk}\right)\cdots\left(1+\frac{1}{k^{2^\lambda}}\right)\cdots$$

oder anders ausgedrückt: von einem bestimmten Gliede k an ist in der Reihe $a, b, c, d, \ldots$ einfach:

$$l = kk, \qquad m = ll, \qquad n = mm, \qquad \ldots$$

Beweis: Seien p, q relativ prim untereinander.

Man setze

$$\left.\begin{array}{ll} p\ a = \delta p', & q\ (a+1) = \delta q'; \\ p'\ b = \delta' p'', & q'(b+1) = \delta' q''; \\ p'' c = \delta'' p''', & q''(c+1) = \delta'' q'''; \\ \ldots\ldots\ldots\ldots & \end{array}\right\} \qquad (1)$$

wo unter δ der größte gemeinschaftliche Teiler von pa und $q(a+1)$, unter δ' der größte gemeinschaftliche Teiler von $p'b$ und $q'(b+1)$ usw. zu denken ist.

Man hat alsdann

$$A = \frac{p}{q}, \qquad B = \frac{p'}{q'}, \qquad C = \frac{p''}{q''}, \qquad \ldots \qquad (2)$$

Aus (1) folgt:

$$\left.\begin{array}{l} \delta\,(p' - q') = a(p-q) - q \\ \delta'(p'' - q'') = b(p'-q') - q' \\ \ldots\ldots\ldots\ldots \end{array}\right\} \qquad (3)$$

Betrachten wir nun die Zahlenreihe

$$p - q, \qquad p' - q', \qquad p'' - q'', \qquad \ldots \qquad (4)$$

Aus (2) geht, da $A > 1$, $B > 1$, $C > 1, \ldots$ hervor, daß alle Glieder derselben positive ganze Zahlen sind; aus (3) erkennt man, daß zwei benachbarte Glieder derselben relativ prim zueinander sind; denn würden beispielsweise $p - q$, $p' - q'$ einen gemeinschaftlichen Teiler haben, so wäre derselbe auch Teiler von q und p. — Ferner nehmen die Glieder unserer Reihe (4) bis zu einer gewissen Grenze ab; denn aus

$$a = E\left(\frac{p}{p-q}\right)$$

folgt

$$a \leqq \frac{p}{p-q},$$

daher mit Berücksichtigung der ersten Gleichung (3)

$$\delta(p'-q') \leqq p-q;$$

um so mehr

$$p'-q' \leqq p-q.$$

Ganz ähnlich erkennt man, daß

$$p''-q'' \leqq p'-q', \qquad p'''-q''' \leqq p''-q'' \text{ etc.}$$

Die nachgewiesene Grenze, bis zu welcher die Glieder der Reihe (4) abnehmen, kann aber keine andere sein als die Einheit; denn wäre sie größer als 1, so hätte man zwei gleiche, von 1 verschiedene, benachbarte Glieder der Reihe (4), von denen soeben gezeigt worden ist, daß sie relativ prim zueinander sind.

Man hat also für ein gewisses λ:

$$p^{(\lambda)} - q^{(\lambda)} = p^{(\lambda+1)} - q^{(\lambda+1)} = \cdots = 1.$$

Setzt man

$$p^{(\lambda)} = k,$$

so ist

$$q^{(\lambda)} = k-1$$

und man hat

$$A = \left(1+\frac{1}{a}\right)\left(1+\frac{1}{b}\right)\cdots\left(1+\frac{1}{i}\right)K,$$

wo

$$K = \frac{p^{(\lambda)}}{q^{(\lambda)}} = \frac{k}{k-1};$$

nach unserer Quelle [d. h. nach der Eulerschen Ausgangsformel S. 43] hat man aber

$$K = \left(1+\frac{1}{k}\right)\left(1+\frac{1}{k^2}\right)\cdots,$$

somit

$$A = \left(1+\frac{1}{a}\right)\left(1+\frac{1}{b}\right)\cdots\left(1+\frac{1}{i}\right)\left(1+\frac{1}{k}\right)\left(1+\frac{1}{k^2}\right)\cdots\left(1+\frac{1}{k^{2^\lambda}}\right)\cdots,$$

was zu beweisen war.

Nehmen wir als Beispiel die Zahl:

$$A = \frac{164511}{87880}.$$

Man hat

$$a = E\left(\frac{164511}{76631}\right) = 2,$$

$$B = \frac{164511\cdot 2}{87880\cdot 3} = \frac{54837}{43940}, \qquad b = E\left(\frac{54837}{10897}\right) = 5;$$

$$C = \frac{54837\cdot 5}{43940\cdot 6} = \frac{18279}{17576}, \qquad c = E\left(\frac{18279}{703}\right) = 26;$$

$$D = \frac{18279\cdot 26}{17576\cdot 27} = \frac{677}{676},$$

daher

$$\frac{164511}{87880} = \left(1+\frac{1}{2}\right)\left(1+\frac{1}{5}\right)\left(1+\frac{1}{26}\right)\left(1+\frac{1}{677}\right)\left(1+\frac{1}{677^2}\right)\cdots$$

Korollar. *Hat man ein Produkt*

$$A = \left(1+\frac{1}{a}\right)\left(1+\frac{1}{b}\right)\cdots,$$

in welchem $a, b, c, \ldots$ ganze Zahlen, und $b > aa$, $c > bb$, $d > cc \ldots$, so ist A immer eine Irrationalzahl.

Ich führe als Beispiel die Zahl an

$$\left(1-\frac{1}{a}\right)\left(1-\frac{1}{a\,a}\right)\left(1-\frac{1}{a^4}\right)\cdots\left(1-\frac{1}{a^{2^\lambda}}\right)\cdots,$$

wo a eine beliebige ganze Zahl, außer 1 sei. Der umgekehrte Wert dieser Zahl ist:

$$\left(1+\frac{1}{a-1}\right)\left(1+\frac{1}{a^2-1}\right)\left(1+\frac{1}{a^4-1}\right)\cdots\left(1+\frac{1}{a^{2^\lambda}-1}\right)\cdots$$

Man findet aber:

$$a^{2^\lambda}-1 = (a^{2^{\lambda-1}}-1)(a^{2^{\lambda-1}}+1) > (a^{2^{\lambda-1}}-1)^2;$$

deshalb ist die letzte Zahl und mit ihr die ursprünglich gegebene eine Irrationalzahl [2].

[Anmerkungen.]

[1] Zu S. 43. Die Eulersche Formel ergibt sich leicht durch sukzessive Entwickelung:

$$\frac{1}{1-x} = \frac{1+x}{1-x^2} = (1+x)\cdot\frac{1+x^2}{1-x^4} = (1+x)(1+x^2)\,\frac{1+x^4}{1-x^8}\cdots$$

$$= (1+x)(1+x^2)\cdots(1+x^{2^\lambda})\cdot\frac{1}{1-x^{2^{\lambda+1}}}$$

und durch Grenzübergang $\lambda \to \infty$ bei $|x| < 1$.

[2] Zu S. 49 (Schluß). Das dem oben erwähnten Eulerschen Produkt ganz analog gebaute unendliche Produkt

$$f(z) = (1-z)(1-z^2)(1-z^4)\cdots = \prod_{\lambda=0}^{\infty}(1-z^{2^\lambda}) = (1-z)\,f(z^2)$$

ist eine analytische Funktion des komplexen Argumentes z, welche innerhalb des Einheitskreises $|z| < 1$ regulär ist und diesen zur „natürlichen Grenze“ hat. Ist nämlich z_q eine „dyadische Einheitswurzel“, für welche

$$z_q^{2^q} = 1$$

ist, so wird für jedes $0 \leqq r < 1$ und $z = r z_q$

$$f(z) = f(r z_q) = \prod_{\lambda=0}^{q-1} (1 - z^{2^\lambda}) \cdot f(z^{2^q}) = P_q(r z_q) f(r^{2^q}),$$

wo der Faktor P_q ein Polynom vom Grade $2^q - 1$ ist. Der zweite Faktor aber verschwindet von unendlich hoher Ordnung, wenn r dem Werte 1 zustrebt:

$$\lim_{r \to 1} \frac{f(r^{2^q})}{(1-r)^m} = 0 \qquad \text{für beliebiges } m.$$

Die Funktion $f(z)$ hat also in $z = z_q$ eine „Stelle der Unbestimmtheit“, und diese Einheitswurzeln z_q liegen überall dicht auf dem Einheitskreise, so daß über ihn hinaus eine analytische Fortsetzung unmöglich ist. Von dieser Transzendenten $f(z)$ zeigt hier Cantor, daß sie für alle reziproken ganzen Zahlen $z = \frac{1}{a}$ irrationale Werte annimmt.

5. De transformatione formarum ternariarum quadraticarum.

[Habilitationsschrift. Halle 1869.]

Sicut omnino formarum quadraticarum cujusdam variabilium numeri ita maxime formarum ternariarum quadraticarum proprium est, ut binae formae, quarum determinans non evanescat, lineariter invicem in se transformari possint. Duabus igitur hujusmodi formis:

$$F(x, y, z) \quad \text{et} \quad F_1(x_1, y_1, z_1)$$

datis, substitutionem:

$$x_1 = \pi x + \sigma y + \tau z, \quad y_1 = \pi' x + \sigma' y + \tau' z, \quad z_1 = \pi'' x + \sigma'' y + \tau'' z$$

adhibere possumus, in qua aequatio identica tenet locum:

$$F(x, y, z) = F_1(x_1, y_1, z_1).$$

Sed in theoria harum formarum id potissimum agendum est, ut substitutiones, quibus F_1 in F transformatur, quaeque *in numero tripliciter infinito nobis occurrunt*, ad unam omnes enumerentur.

Sed quo simplicior res fiat, investigationem eo reducimus, ut binae formae aequales sint. Si enim A substitutio propria est, qua facta F_1 in F mutatur, substitutioni cuivis S', qua F_1 in F transformatur, certa quaedam S respondeat necesse est, qua F rursus in se transformetur, ita ut

$$S' = A \cdot S \quad \text{sit}^1.$$

Quibus rebus constitutis id agitur, ut demonstremus, quomodo substitutiones S, quibus formae F rursus in se transformari possit, pendeant ex tribus numeris arbitrario assumtis λ, μ, ν. Quod propositum accuratius ita circumscribi potest:

Sit forma data:

$$F = axx + a'yy + a''zz + 2byz + 2b'zx + 2b''xy$$

cujus determinans

$$D = abb + a'b'b' + a''b''b'' - aa'a'' - 2bb'b''$$

non evanescit; substitutiones S, quarum determinans $+1$ valet, quibusque F in

---

[1] Sub $A \cdot S$ substitutionem ex A et S compositam intellectam volumus, ita quidem ut A sit substitutio prima, S secunda.

se rursus transformatur, rationaliter tribus numeris arbitrario assumtis λ, μ, ν *ita obnoxiae sunt reddendae, ut primum quidem cujusque substitutionis* S *unum tantum numerorum systema* λ, μ, ν *proprium sit, deinde ut in expressionibus substitutionis elementorum, quae ex* λ, μ, ν *pendeant, numeri quoque* a, a', a'', b, b', b'' *rationaliter insint.*

Quam in quaestionem cum nuper in commentatione de aequationibus Diophanticis componenda versarer incidi; namque ad formas ternarias accuratius perspiciendas disquisitione hujusmodi algebraica opus erat; itaque rem diligenter sum perscrutatus et ad finem quondam adduxisse mihi videor. Quod cum jam alio modo in commentariorum Crellicorum volumine 47 ab Hermitio in commentatione, quae inscribitur „Sur la thêorie des formes quadratiques" optime factum sit, tamen, quod res in formarum ternariarum theoria, sive algebram ispam sive arithmeticam sublimiorem respicis, summi et principalis momenti esse videtur, si meam quoque sententiam exposuero, eo magis operae pretium erit, quo clarius et accuratius res ab alio alio modo tractata perspici atque intelligi solet. Sin autem extrema hac commentatione theorema aperuero, quod ad substitutiones S numerorum integrorum certi cujusdam generis formarum ternariarum spectat, hoc a re haud alienum erit.

§ 1.

Nunc quidem ab eo initium capimus, ut formularum seriem deducamus ad substitutiones spectantes, quibus forma F traducitur in formam specialem:

$$4D(\eta\eta - \xi\zeta).$$

Talem substitutionem in hac forma:

$$x = \alpha\xi + 2\alpha'\eta + \alpha''\zeta, \quad y = \beta\xi + 2\beta'\eta + \beta''\zeta, \quad z = \gamma\xi + 2\gamma'\eta + \gamma''\zeta$$

adhibemus, et praeterea statuimus, ut valor determinantis hujus substitutionis $= 4D$ sit, ita ut

$$\Sigma \pm \alpha\beta'\gamma'' = 2D \text{ sit.} \tag{1}$$

His autem signis nobis uti liceat:

$$\left.\begin{aligned} \gamma'\beta'' - \beta'\gamma'' &= A, & \gamma\beta'' - \beta\gamma'' &= 2A', & \gamma\beta' - \beta\gamma' &= A'' \\ \alpha'\gamma'' - \gamma'\alpha'' &= B, & \alpha\gamma'' - \gamma\alpha'' &= 2B', & \alpha\gamma' - \gamma\alpha' &= B'' \\ \beta'\alpha'' - \alpha'\beta'' &= C, & \beta\alpha'' - \alpha\beta'' &= 2C', & \beta\alpha' - \alpha\beta' &= C'' \end{aligned}\right\} \tag{2}$$

ita ut

$$\Sigma \pm AB'C'' = 2D^2 \tag{3}$$

et

$$\left.\begin{aligned} C'B'' - B'C'' &= D\alpha, & CB'' - BC'' &= 2D\alpha', & CB' - BC' &= D\alpha'' \\ A'C'' - C'A'' &= D\beta, & AC'' - CA'' &= 2D\beta', & AC' - CA' &= D\beta'' \\ B'A'' - A'B'' &= D\gamma, & BA'' - AB'' &= 2D\gamma', & BA' - AB' &= D\gamma'' \end{aligned}\right\} \tag{4}$$

Ex aequatione identica

$$F(x, y, z) = 4D(\eta\eta - \xi\xi)$$

proficiscuntur aequationes:

$$\sum \frac{1}{2}\frac{\partial F}{\partial \alpha}\alpha = 0, \quad \sum \frac{1}{2}\frac{\partial F}{\partial \alpha'}\alpha' = D, \quad \sum \frac{1}{2}\frac{\partial F}{\partial \alpha''}\alpha'' = 0.$$

$$\sum \frac{1}{2}\frac{\partial F}{\partial \alpha}\alpha' = \sum \frac{1}{2}\frac{\partial F}{\partial \alpha'}\alpha = 0.$$

$$\sum \frac{1}{2}\frac{\partial F}{\partial \alpha''}\alpha' = \sum \frac{1}{2}\frac{\partial F}{\partial \alpha'}\alpha'' = 0.$$

$$\sum \frac{1}{2}\frac{\partial F}{\partial \alpha}\alpha'' = \sum \frac{1}{2}\frac{\partial F}{\partial \alpha''}\alpha = -2D.$$

Ex aequatione prima et quarta sequitur:

$$\frac{1}{2}\frac{\partial F}{\partial \alpha} : \frac{1}{2}\frac{\partial F}{\partial \beta} : \frac{1}{2}\frac{\partial F}{\partial \gamma} = A'' : B'' : C''.$$

Ergo ita scribere possumus:

$$\frac{1}{2}\frac{\partial F}{\partial \alpha} = KA'', \quad \frac{1}{2}\frac{\partial F}{\partial \beta} = KB'', \quad \frac{1}{2}\frac{\partial F}{\partial \gamma} = KC''.$$

Ut autem quid K valeat exprimi possit, tres illae aequationes cum $\alpha'', \beta'', \gamma''$ resp. sunt multiplicandae et tum addendae. Cum autem

$$\sum \frac{1}{2}\frac{\partial F}{\partial \alpha}\alpha'' = -2D \quad \text{et} \quad \sum A''\alpha'' = -2D$$

sit, K unitatem positivam aequare necesse est.

Quo igitur modo nascuntur tres primae aequationes hujus formularum systematis:

$$\left.\begin{aligned} \frac{1}{2}\frac{\partial F}{\partial \alpha} &= A'', & \frac{1}{2}\frac{\partial F}{\partial \beta} &= B'', & \frac{1}{2}\frac{\partial F}{\partial \gamma} &= C'' \\ \frac{1}{2}\frac{\partial F}{\partial \alpha'} &= A', & \frac{1}{2}\frac{\partial F}{\partial \beta'} &= B', & \frac{1}{2}\frac{\partial F}{\partial \gamma'} &= C' \\ \frac{1}{2}\frac{\partial F}{\partial \alpha''} &= A, & \frac{1}{2}\frac{\partial F}{\partial \beta''} &= B, & \frac{1}{2}\frac{\partial F}{\partial \gamma''} &= C; \end{aligned}\right\} \tag{5}$$

reliquae simili modo deducendae sunt.

Vulgo sub forma ad F adjuncta haec intelligitur:

$$G(u, v, w) = duu + d'vv + d''wu + 2evw + 2e'wu + 2e''uv$$

in qua

$$d = bb - a'a'', \quad d' = b'b' - aa'', \quad d'' = b''b'' - aa'$$
$$e = ab - b'b'', \quad e' = a'b' - bb'', \quad e'' = a''b'' - bb'.$$

Conjuncta vero est cum forma ipsa F relationibus linearibus

$$\frac{1}{2}\frac{\partial F}{\partial x} = u, \quad \frac{1}{2}\frac{\partial F}{\partial y} = v, \quad \frac{1}{2}\frac{\partial F}{\partial z} = w,$$

ita ut

$$G(u, v, w) = DF(x, y, z).$$

Sin autem aequationes

$$x = \alpha\xi + 2\alpha'\eta + \alpha''\zeta, \quad y = \beta\xi + 2\beta'\eta + \beta''\zeta, \quad z = \gamma\xi + 2\gamma'\eta + \gamma''\xi$$

pro ξ, η, ζ, formularum (2) et (5) ratione adhibita, solvuntur, hae consequuntur:

$$2D\xi = \sum \frac{1}{2}\frac{\partial F}{\partial \alpha''} x = \sum u a''$$

$$2D\eta = -\sum \frac{1}{2}\frac{\partial F}{\partial \alpha'} x = -\sum u a'$$

$$2D\zeta = \sum \frac{1}{2}\frac{\partial F}{\partial \alpha} x = \sum u a.$$

His vero ad aequationem

$$G(u, v, w) = DF(x, y, z) = 4D^2(\eta\eta - \xi\zeta)$$

adhibitis, *sequitur identitas, quae nobis maximo usui est:*

$$G(u, v, w) = (\alpha' u + \beta' v + \gamma' w)^2 - (\alpha u + \beta v + \gamma w)(\alpha'' u + \beta'' v + \gamma'' w). \quad (6)$$

Substitutione autem:

$$\begin{Bmatrix} A & 2A' & A'' \\ B & 2B' & B'' \\ C & 2C' & C'' \end{Bmatrix}$$

forma G in formam $4D^2(\eta\eta - \xi\zeta)$ mutatur. Ergo secundum formularum systematum (5) et (6) analogiam, haec sine dispendio subscribere possumus:

$$\left.\begin{array}{lll} \frac{1}{2}\frac{\partial G}{\partial A} = D\alpha'', & \frac{1}{2}\frac{\partial G}{\partial B} = D\beta'', & \frac{1}{2}\frac{\partial G}{\partial C} = D\gamma'' \\ \frac{1}{2}\frac{\partial G}{\partial A'} = D\alpha', & \frac{1}{2}\frac{\partial G}{\partial B'} = D\beta', & \frac{1}{2}\frac{\partial G}{\partial C'} = D\gamma' \\ \frac{1}{2}\frac{\partial G}{\partial A''} = D\alpha, & \frac{1}{2}\frac{\partial G}{\partial B''} = D\beta, & \frac{1}{2}\frac{\partial G}{\partial C''} = D\gamma \end{array}\right\} \quad (7)$$

$$DF(x, y, z) = (A'x + B'y + C'z)^2 - (Ax + By + Cz)(A''x + B''y + C''z). \quad (8)$$

§ 2.

Superstruimus theorematum, quae sequuntur, demonstrationes hoc *lemmate; si*

$$\begin{Bmatrix} \lambda & \mu & \nu \\ \lambda' & \mu' & \nu' \\ \lambda'' & \mu'' & \nu'' \end{Bmatrix}$$

substitutio est, cuius determinans $+1$ *valet et qua forma* $\eta\eta - \xi\zeta$ *in se ipsam revertitur, hujus substitutionis numerorum systema* p, q, r, s *aequationi* $ps - qr = 1$

sufficiens proprium est et praeter hoc nihil nisi contrarium $-p, -q, -r, -s$, ita ut

$$\begin{array}{lll} \lambda = pp, & \mu = 2pq, & \nu = qq \\ \lambda' = pr, & \mu' = ps + qr, & \nu' = qs \\ \lambda'' = rr, & \mu'' = 2rs, & \nu'' = ss. \end{array}$$

Demonstratio: Ex aequatione identica:

$$\eta\eta - \xi\zeta = (\lambda'\xi + \mu'\eta + \nu'\zeta)^2 - (\lambda\xi + \mu\eta + \nu\zeta)(\lambda''\xi + \mu''\eta + \nu''\zeta)$$

sequuntur relationes:

$$\lambda'\lambda' - \lambda\lambda'' = 0 \quad (1)$$
$$\nu'\nu' - \nu\nu'' = 0 \quad (2)$$
$$\lambda\nu'' + \nu\lambda'' - 2\lambda'\nu' = 1 \quad (3)$$
$$\lambda\mu'' + \mu\lambda'' - 2\lambda'\mu' = 0 \quad (4)$$
$$\mu\nu'' + \nu\mu'' - 2\mu'\nu' = 0 \quad (5)$$
$$\mu'\mu' - \mu\mu'' = 1. \quad (6)$$

Ex (1) et (2) sequitur, ut quatuor numeri p, q, r, s exsistant, ita ut

$$\lambda = pp, \quad \nu = qq, \quad \lambda'' = rr, \quad \nu'' = ss, \quad \lambda' = pr, \quad \nu' = qs.$$

Hi autem quatuor numeri cum propter (3) aequationi

$$(ps - qr)^2 = 1$$

satisfaciant, justa signorum mutatione facta, ita determinari possunt, ut

$$ps - qr = 1 \quad \text{sit.}$$

Ex (4) et (5) haec sequuntur:

$$\mu = 2\varepsilon pq, \quad \mu' = \varepsilon(ps + qr), \quad \nu' = 2\varepsilon rs.$$

Sed, aequationis $\Sigma \pm \lambda\mu'\nu'' = 1$ ratione habita, $\varepsilon = 1$ valere, apparet.

Praeter valores numerorum p, q, r, s quos invenimus valores $-p, -q, -r, -s$ soli sufficiunt, quia

$$p = \sqrt{\lambda}, \quad q = \sqrt{\nu}, \quad r = \sqrt{\lambda''}, \quad s = \sqrt{\nu''}$$

et praeterea

$$p : r = \lambda : \lambda', \quad r : s = 2\lambda'' : \mu'', \quad s : q = \nu' : \nu \quad \text{est.}$$

§ 3.

Theorema. *Si*

$$\left\{ \begin{array}{ccc} \pi & \sigma & \tau \\ \pi' & \sigma' & \tau' \\ \pi'' & \sigma'' & \tau'' \end{array} \right\}$$

substitutio S est, cuius determinans $+1$ *valet et qua forma F in se ipsam rursus transformatur, aequationi*

$$tt - G(u, v, w) = 1$$

sufficiens numerorum systema est t, u, v, w *et praeter hoc unum tantum idque contrarium* $-t, -u, -v, -w$, *ita ut*

$$\begin{aligned}
\pi &= -u\frac{\partial G}{\partial u} + 2t(vb' - wb'') + 2tt - 1\\
\sigma &= -v\frac{\partial G}{\partial u} + 2t(vb - wa')\\
\tau &= -w\frac{\partial G}{\partial u} + 2t(va'' - wb)\\
\pi' &= -u\frac{\partial G}{\partial v} + 2t(wa - ub')\\
\sigma' &= -v\frac{\partial G}{\partial v} + 2t(wb'' - ub) + 2tt - 1\\
\tau' &= -w\frac{\partial G}{\partial v} + 2t(wb' - ua'')\\
\pi'' &= -u\frac{\partial G}{\partial w} + 2t(ub'' - va)\\
\sigma'' &= -v\frac{\partial G}{\partial w} + 2t(ua' - vb'')\\
\tau'' &= -w\frac{\partial G}{\partial w} + 2t(ub - vb') + 2tt - 1.
\end{aligned}$$

Demonstratio: Sit

$$\begin{Bmatrix} \pi & \sigma & \tau \\ \pi' & \sigma' & \tau' \\ \pi'' & \sigma'' & \tau'' \end{Bmatrix}$$

data substitutio S; *adjumenti* causa *quamlibet* substitutionem

$$\begin{Bmatrix} \alpha & 2\alpha' & \alpha'' \\ \beta & 2\beta' & \beta'' \\ \gamma & 2\gamma' & \gamma'' \end{Bmatrix}$$

qua forma F in $4D(\eta\eta - \xi\zeta)$ transformatur, adhibemus, eique signum φ imponimus; inversae substitutioni quae ex § 1 hanc habet formam:

$$\begin{Bmatrix} -\frac{A}{2D} & -\frac{B}{2D} & -\frac{C}{2D} \\ +\frac{A'}{2D} & +\frac{B'}{2D} & +\frac{C'}{2D} \\ -\frac{A''}{2D} & -\frac{B''}{2D} & -\frac{C''}{2D} \end{Bmatrix}$$

signum ψ tribuimus.

Sin autem substitutionem compositam effingimus:

$$P = \psi \cdot S \cdot \varphi,$$

hac P formam $\eta\eta - \xi\zeta$ in se ipsam transformari luculenter apparet.

Ergo est certa quaedam substitutio P, quae $\eta\eta - \xi\zeta$ in se ipsam transformet, ita ut:

$$S = \varphi \cdot P \cdot \psi. \tag{1}$$

Sin autem invicem P talis est, substitutio S aequatione (1) data formam F in se transformat.

Paragraphi vero secundae lemmate substitutiones P, itaque per (1) hujus paragraphi substitutiones S conjunguntur cum quator numeris aequationi $ps - qr = 1$ sufficientibus p, q, r, s, ita ut cuique substitutioni S bina numerorum systemata p, q, r, s et $-p, -q, -r, -s$ et cuique numerorum systemati p, q, r, s una substitutio S sit adjudicanda.

Inducendi vero nunc sunt loco numerorum p, q, r, s quatuor novi numeri t, u, v, w, qui cum illis aequationibus linearibus

$$\left.\begin{aligned} p &= t - u\alpha' - v\beta' - w\gamma' \\ q &= - u\alpha'' - v\beta'' - w\gamma'' \\ r &= + u\alpha + v\beta + w\gamma \\ s &= t + u\alpha' + v\beta' + w\gamma' \end{aligned}\right\} \tag{2}$$

sunt conjuncti, ita ut invicem

$$t = \frac{p+s}{2}.$$

$$\left.\begin{aligned} 2Du &= A''q - 2A'\frac{p-s}{2} - Ar \\ 2Dv &= B''q - 2B'\frac{p-s}{2} - Br \\ 2Dw &= C''q - 2C'\frac{p-s}{2} - Cr \end{aligned}\right\} \tag{3}$$

Cuique vero numerorum systemati p, q, r, s, quod aequationi $ps - qr = 1$ sufficiat, paragraphi primae (6) ratione habita, certum quoddam aequationi

$$tt - G(u, v, w) = 1 \tag{4}$$

sufficiens numerorum systema respondet:

$$t, u, v, w.$$

Si igitur valores numerorum p, q, r, s secundum (2) hujus in expressionem $\varphi \cdot P \cdot \psi$ substitutionis S substituimus, habemus substitutionis S elementa expressa functionibus integris et homogeneis secundi gradus quatuor numerorum t, u, v, w, qui ut in nostro theoremate aequationi (4) sufficiunt. Ita autem substitutio S e numeris t, u, v, w pendet, ut cuique substitutioni S duo tantum numerorum systemata t, u, v, w et $-t, -u, -v, -w$ sunt adnumeranda. Restat, ut demonstremus, expressiones, quae postremo gignantur, ejusdem formae esse, quam theorema nostrum indicat, *ita ut numeri* $\alpha, \beta, \ldots\ldots$ *in quibus contemplationis nostrae fundamenta sita sunt, mirum in modum plane eliminentur.*

Si substitutioni

$$\begin{Bmatrix} \frac{d}{D} & \frac{e''}{D} & \frac{e'}{D} \\ \frac{e''}{D} & \frac{d'}{D} & \frac{e}{D} \\ \frac{e'}{D} & \frac{e}{D} & \frac{d''}{D} \end{Bmatrix} \text{ signum } M$$

et substitutioni

$$\begin{Bmatrix} A'' & 2A' & A \\ B'' & 2B' & B \\ C'' & 2C' & C \end{Bmatrix} \text{ signum } \chi$$

indimus, propter formulas (7) § 1

$$\begin{aligned} \varphi &= M\cdot\chi, \quad \text{itaque} \\ S &= M\cdot\chi\cdot P\cdot\psi \quad \text{est.} \end{aligned} \tag{5}$$

Nunc vero si substitutionem $\chi\cdot P\cdot\psi$ quam ita

$$\begin{Bmatrix} \delta & \varepsilon & \theta \\ \delta' & \varepsilon' & \theta' \\ \delta'' & \varepsilon'' & \theta'' \end{Bmatrix}$$

scribere nobis liceat, componimus, et si brevitatis causa ponimus

$$\begin{aligned} A''pp + 2A'pr + Arr &= X \\ A''pq + A'(ps + qr) + Ars &= Y \\ A''qq + 2A'qs + Ass &= Z \\ B''pp + 2B'pr + Brr &= X' \\ B''pq + B'(ps + qr) + Brs &= Y' \\ B''qq + 2B'qs + Bss &= Z' \\ C''pp + 2C'pr + Crr &= X'' \\ C''pq + C'(ps + qr) + Crs &= Y'' \\ C''qq + 2C'qs + Css &= Z'', \end{aligned}$$

haec eruuntur:

$$\begin{aligned}
2D\delta &= -AX + 2A'Y - A''Z\\
2D\varepsilon &= -BX + 2B'Y - B''Z\\
2D\theta &= -CX + 2C'Y - C''Z\\
2D\delta' &= -AX' + 2A'Y' - A''Z'\\
2D\varepsilon' &= -BX' + 2B'Y' - B''Z'\\
2D\theta' &= -CX' + 2C'Y' - C''Z'\\
2D\delta'' &= -AX'' + 2A'Y'' - A''Z''\\
2D\varepsilon'' &= -BX'' + 2B'Y'' - B''Z''\\
2D\theta'' &= -CX'' + 2C'Y'' - C''Z''.
\end{aligned}$$

Sin autem quae p, q, r, s numeri valent in t, u, v, w, formularum in § 1 inventorum ratione habita, substituimus, haec consequuntur:

$$\begin{aligned}
\delta &= -2Duu + a\,(2tt-1)\\
\varepsilon &= -2Duv + b''(2tt-1) - t\frac{\partial G}{\partial w}\\
\theta &= -2Duw + b'\,(2tt-1) + t\frac{\partial G}{\partial v}\\
\delta' &= -2Dvu + b''(2tt-1) + t\frac{\partial G}{\partial w}\\
\varepsilon' &= -2Dvv + a'\,(2tt-1)\\
\theta' &= -2Dvw + b\,(2tt-1) - t\frac{\partial G}{\partial u}\\
\delta'' &= -2Dwu + b'\,(2tt-1) - t\frac{\partial G}{\partial v}\\
\varepsilon'' &= -2Dwv + b\,(2tt-1) + t\frac{\partial G}{\partial u}\\
\theta'' &= -2Dww + a''(2tt-1).
\end{aligned}$$

Ex identitate vero:

$$\begin{Bmatrix} \pi & \sigma & \tau \\ \pi' & \sigma' & \tau' \\ \pi'' & \sigma'' & \tau'' \end{Bmatrix} = \begin{Bmatrix} \frac{d}{D} & \frac{e''}{D} & \frac{e'}{D} \\ \frac{e''}{D} & \frac{d'}{D} & \frac{e}{D} \\ \frac{e'}{D} & \frac{e}{D} & \frac{d''}{D} \end{Bmatrix} \cdot \begin{Bmatrix} \delta & \varepsilon & \theta \\ \delta' & \varepsilon' & \theta' \\ \delta'' & \varepsilon'' & \theta'' \end{Bmatrix}$$

nunc sine ulla difficultate sequuntur expressiones elementorum $\pi, \sigma, \ldots$, quae a nobis in theoremate nostro sunt commemoratae.

Corollarium.

Si quantitates $\frac{u}{t}=\lambda$, $\frac{v}{t}=\mu$, $\frac{w}{t}=\nu$ inducuntur, elementa $\pi, \sigma, \ldots$ rationales fiunt in λ, μ, ν et cujusque substitutionis S, cum determinantis valore $+1$, unum tantum systema λ, μ, ν proprium est. Haec forma elementorum substitutionum S est, quam a nobis deductum iri in initio commentationis polliciti sumus.

§ 4.

Pauca autem expressionibus substitutionum S, quales in theoremate § 3 investigavimus, addemus, quae e nostra ratione sine ulla difficultate deduci possunt.

Si substitutionis S systema t, u, v, w proprium est, substitutioni inversae S' systema $-t, u, v, w$ tribuendum est. Revera autem si ponis, S in forma $\varphi P \psi$ et S' in forma $\varphi P' \psi$ esse,

$$P \cdot P' = \begin{Bmatrix} 1 & 0 & 0 \\ 0 & 1 & 0 \\ 0 & 0 & 1 \end{Bmatrix}$$

necessario esse apparet. Facile nunc demonstrare possumus, si substitutionis P numeri p, q, r, s proprii sunt, substitutioni P' numeros $-s, q, r, -p$ tribuendos esse; quae, si formulas (3) § 4 contemplamur, ad ea, quae supra contendimus, nos adducunt.

Haud difficilius, nostra ratione adhibita, valores numerorum t'', u'', v'', w'', qui substitutioni $S \cdot S'$ respondent, si t, u, v, w proprii sunt S et t', u', v', w' ad S' referendi sunt, inveniri possunt. Haec ita circumscribimus:

Theorema. *Si S et S' duae substitutiones sunt, quibus F in F transformatur quibusque systemata*

$$t, \; u, \; v, \; w$$
$$t', \; u', \; v', \; w'$$

respondent, substitutio composita $S \cdot S'$ propria est systematis t'', u'', v'', w'', in quo

$$t'' = tt' + duu' + d'vv' + d'ww' + e(vw' + wv') + e'(wu' + uw') + e''(uv' + vu')$$
$$u'' = tu' + ut' + a(vw' - wv') + b''(wu' - uw') + b'(uv' - vu')$$
$$v'' = tv' + vt' + b''(vw' - wv') + a'(wu' - uw') + b(uv' - vu')$$
$$w'' = tw' + wt' + b'(vw' - wv') + b(wu' - uw') + a''(uv' - vu').$$

Demonstratio: Si id quod § 3 fecimus, $S = \varphi \cdot P \cdot \psi$, $S' = \varphi \cdot P \cdot \psi$ ponimus, tunc etiam $SS' = \varphi \cdot PP' \cdot \psi$ esse consequitur.

Facile vero est intellectu, si substitutionis P systema p, q, r, s, substitutionis P' systema p', q', r', s' proprium est, substitutionis $P'' = P \cdot P'$ systema

$$p'' = pp' + qr', \quad q'' = pq' + qs', \quad r'' = rp' + sr', \quad s'' = rq' + ss' \tag{1}$$

proprium esse.

Nunc habemus:

$$\left.\begin{aligned} p &= t - u\alpha' - v\beta' - w\gamma', & p' &= t' - u'\alpha' - v'\beta' - w'\gamma' \\ q &= - u\alpha'' - v\beta'' - w\gamma'', & q' &= - u'\alpha'' - v'\beta'' - w'\gamma'' \\ r &= u\alpha + v\beta + w\gamma, & r' &= u'\alpha + v'\beta + w'\gamma \\ s &= t + u\alpha' + v\beta' + w\gamma', & s' &= t' + u'\alpha' + v'\beta' + w'\gamma' \end{aligned}\right\} \tag{2}$$

et ratione habita formularum, quae in § 1 sub (5) leguntur:

$$t'' = \frac{p'' + s''}{2}.$$

$$2Du'' = \frac{1}{2}\frac{\partial F}{\partial \alpha} q'' - (p'' - s'')\frac{1}{2}\frac{\partial F}{\partial \alpha'} - \frac{1}{2}\frac{\partial F}{\partial \alpha''} r''$$

$$2Dv'' = \frac{1}{2}\frac{\partial F}{\partial \beta} q'' - (p'' - s'')\frac{1}{2}\frac{\partial F}{\partial \beta'} - \frac{1}{2}\frac{\partial F}{\partial \beta''} r''$$

$$2Dw'' = \frac{1}{2}\frac{\partial F}{\partial \gamma} q'' - (p'' - s'')\frac{1}{2}\frac{\partial F}{\partial \gamma'} - \frac{1}{2}\frac{\partial F}{\partial \gamma''} r''$$

Sin autem ponimus

$$\left.\begin{aligned} q''\alpha - (p'' - s'')\alpha' - r''\alpha'' &= L \\ q''\beta - (p'' - s'')\beta' - r''\beta'' &= M \\ q''\gamma - (p'' - s'')\gamma' - r''\gamma'' &= N \end{aligned}\right\} \tag{3}$$

tunc est:

$$\left.\begin{aligned} 2Du'' &= aL + b''M + b'N \\ 2Dv'' &= b''L + a'M + bN \\ 2Dw'' &= b'L + bM + a''N \end{aligned}\right\} \tag{4}$$

Sin autem expressiones quantitatum p'', q'', r'', s'' in $t, u, v, w, t', u', v', w'$ quae ex combinatione formularum (1) et (2) hujus sequuntur, in (3) inscribimus, consequitur, § 1 semper adjuvante:

$$\left.\begin{aligned} L &= t\frac{\partial G}{\partial u'} + t'\frac{\partial G}{\partial u} + 2(vw' - wv')D \\ M &= t\frac{\partial G}{\partial v'} + t'\frac{\partial G}{\partial v} + 2(wu' - uw')D \\ N &= t\frac{\partial G}{\partial w'} + t'\frac{\partial G}{\partial w} + 2(uv' - vu')D \end{aligned}\right\} \tag{5}$$

$$t'' = tt' + duu' + d'vv' + d''ww' + e(vw' + wv') + e'(uw' + wu') + e''(uv' + vu')$$

e quibus theorema nostrum satis probatur.

§ 5.

In theoria arithmetica formarum ternariarum, in quibus coefficientes sunt numeri integri, id maxime agendum est, ut substitutiones S, in quibus elementa sunt numeri integri, inveniamus.

Si pro t, u, v, w integri aequationi

$$tt - G(u, v, w) = 1$$

sufficientes numeri eliguntur, substitutiones respondentes S tales evadunt, ut elementa sint numeri integri. — Sed contrarium plerumque *non* tenet locum: integris *solis* t, u, v, w tales substitutiones S respondere.

Substitutiones vero illae S, quae numeris integris t, u, v, w respondent, unum idque grave genus efficiunt, quod quanti faciendum sit, facillime intelligi potest. Hae enim, si componuntur cum finito numero aliarum substitutionum S, in quibus elementa sunt numeri integri, genus totum substitutionum (numerorum integrorum) gignunt, *ita* ut in hac substitutionum explicatione quaeque substitutio simul tantum appareat.

Quod theorema pro genere formarum ternariarum, quae repraesentationem zifrae admittunt, accurate demonstravimus. Nititur autem imprimis theoremate § 2 commentationis meae „de aequationibus secundi gradus indeterminatis" conscriptae.

Theses.

I. Eodem modo literis atque arte animos delectari posse.

II. Iure Spinoza mathesi (Eth. pars. I. prop. XXXVI, app.) eam vim tribuit, ut hominibus norma et regula veri in omnibus rebus indagandi sit.

III. Numeros integros simili modo atque corpora coelestia totum quoddam legibus et relationibus compositum efficere.

6. Algebraische Notiz.

[Math. Annalen Bd. 5, S. 133–134 (1872).]

In der Algebra wird häufig von dem Satze Gebrauch gemacht: „*Wenn* $w_1, w_2, \ldots w_n$ *voneinander verschiedene gegebene Größen sind, so lassen sich in dem linearen Ausdrucke*

$$x_1 w_1 + x_2 w_2 + \cdots + x_n w_n$$

die unbestimmten Größen x *als ganze Zahlen stets so annehmen, daß derselbe für alle* $n! = N$ *verschiedenen Permutationen, die man mit* $w_1, w_2, \ldots w_n$ *vornehmen kann, voneinander verschiedene Werte annimmt.*"

Da von diesem Satze in den Lehrbüchern kein Beweis zu bemerken ist, so möge der folgende hier eine Stelle finden.

Man bezeichne die Differenzen von je zwei der N linearen Ausdrücke, welche aus dem gegebenen mittels der N Permutationen der Größen $w_1, w_2, \ldots w_n$ hervorgehen, mit

$$\begin{aligned} a &= x_1 \alpha_1 + x_2 \alpha_2 + \cdots + x_n \alpha_n \\ b &= x_1 \beta_1 + x_2 \beta_2 + \cdots + x_n \beta_n \\ &\ldots\ldots\ldots\ldots\ldots \\ &\ldots\ldots\ldots\ldots\ldots, \end{aligned} \qquad \text{(A)}$$

wo die $\alpha, \beta, \gamma, \ldots$ zum Teil gleich Null sind, zum Teil die Werte $w_\lambda - w_\mu$ haben.

Dies sind $\frac{N(N-1)}{2} = \varrho$ neue lineare Ausdrücke, von welchen keiner, wie aus ihrer Entstehungsweise hervorgeht, identisch gleich Null ist und von welchen zu zeigen wäre, daß sie durch bestimmte ganzzahlige Werte der x sämtlich von Null verschieden gemacht werden können; ist dies nämlich nachgewiesen, so ist damit auch gezeigt, daß die N linearen Ausdrücke, von welchen wir ausgingen, voneinander verschiedene Werte bei ganzzahligen x annehmen können.

Man teile die ϱ Ausdrücke $a, b, c, \ldots$ folgenderweise in Gruppen:

Sei x' irgend eine der Unbestimmten x; dann bringe man in die *erste Gruppe* sämtliche Ausdrücke (A) (und es ist einleuchtend, daß es solche gibt), in welchen x' einen von Null verschiedenen Koeffizienten hat.

Sei x'' eine der übrigen Unbestimmten, welche zum mindesten in einem der übriggebliebenen Ausdrücke (A) mit einem von Null verschiedenen Koeffizienten behaftet ist; die *zweite Gruppe* soll nun *alle* die übriggebliebenen Ausdrücke (A) aufnehmen, in welchen x'' in dieser Weise vorkommt.

Sei x''' ein drittes x, welches in einem der nun übriggebliebenen Ausdrücke wirklich vorkommt; die *dritte Gruppe* enthalte *alle* diese Ausdrücke, in welchen x''' einen von Null verschiedenen Koeffizienten besitzt.

In dieser Weise fahre man fort; dann gelangt man, wenn einmal auf diesem Wege die Ausdrücke (A) alle erschöpft sind, zu einer bestimmten Verteilung derselben in eine Anzahl Gruppen, welche Anzahl mit ν bezeichnet werde. Das Gruppierungsgesetz ist allgemein dieses:

Die Ausdrücke der π^{ten} *Gruppe enthalten* $x^{(\pi)}$ *mit Koeffizienten, die von Null verschieden sind; dagegen enthalten sie die früheren Unbestimmten* x', x'', ... $x^{(\pi-1)}$ *gar nicht oder, was dasselbe ist, mit Koeffizienten die gleich Null sind.*

Wenn die ν Unbestimmten $x', x'', \ldots x^{(\nu)}$ *nicht* sämtliche $x_1, x_2, \ldots x_n$ erschöpfen, so gebe man den übrigen irgendwelche ganzzahlige Werte.

Nun kann man $x^{(\nu)}$ ganzzahlig so bestimmen, daß die Ausdrücke der ν^{ten} Gruppe, welche ja $x', x'', \ldots x^{(\nu-1)}$ nicht enthalten, sämtlich von Null verschieden ausfallen; man hat zu dem Ende $x^{(\nu)}$ ganzzahlig so groß zu nehmen, daß in allen Ausdrücken dieser Gruppe das $x^{(\nu)}$ enthaltende Glied die bekannte Summe der übrigen numerisch überwiegt.

Alsdann kann man ebenso $x^{(\nu-1)}$ ganzzahlig so nehmen, daß die Ausdrücke der $\nu-1^{\text{ten}}$ Gruppe von Null verschieden ausfallen usw. Zuletzt wird x' ganzzahlig so gewählt, daß die Ausdrücke der ersten Gruppe alle von Null verschieden werden.

Damit sind nun für $x_1, x_2, \ldots x_n$ ganzzahlige Werte gewonnen, für welche die Ausdrücke (A) sämtlich von Null verschieden und die Ausdrücke, welche aus

$$x_1 w_1 + x_2 w_2 + \cdots + x_n w_n$$

durch die N Permutationen der Größen w hervorgehen, *voneinander verschieden* ausfallen.

7. Zur Theorie der zahlentheoretischen Funktionen.

[Math. Annalen Bd. 16, S. 583–588 (1880).]

Eine kürzlich von Herrn R. Lipschitz in den C. R. der Pariser Akademie (8. Dez. 1879) veröffentlichte Notiz über die Sätze

$$\sum_n f(n)\, n^{-s} = (\zeta(s))^2 \tag{1}$$

$$\sum_n g(n)\, n^{-s} = \zeta(s)\,\zeta(s-1) \tag{2}$$

$$\sum_n \varphi(n)\, n^{-s} = \frac{\zeta(s-1)}{\zeta(s)}, \tag{3}$$

(wo $\zeta(s) = \sum\limits_n n^{-s}$, $f(n)$ die Anzahl der Divisoren von n, $g(n)$ die Summe derselben, $\varphi(n)$ die Anzahl der Zahlen ist, welche rel. prim zu n und kleiner als n sind; wo in den Summen der Buchstabe n, wie auch im folgenden die Buchstaben $\nu, \mu, \nu_0, \nu_1, \ldots$ usw. alle positiven ganzen Zahlen zu durchlaufen haben, wenn nicht Besonderes über sie bestimmt wird),
brachte mir eine Untersuchung wieder in Erinnerung, welche ich vor einer längeren Reihe von Jahren unter dem Eindrucke der Arbeit Riemanns: Über die Anzahl der Primzahlen unter einer gegebenen Größe (Monatsb. d. Berl. Akad. Nov. 1859) ausgeführt und in welcher ich nicht nur *jene*, sondern auch noch *allgemeinere* Sätze entwickelt und *Folgerungen* aus ihnen gezogen habe, wovon ich hier einiges mitteilen möchte.

Die oben angeführten Sätze und alle desselben Charakters beruhen auf der von Lejeune Dirichlet häufig gebrauchten Eulerschen Identität:

$$\prod_p \sum_\alpha \psi(p^\alpha)\, p^{-\alpha s} = \sum_n \psi(n) \cdot n^{-s}, \tag{4}$$

wo der Buchstabe α die Zahlen $0, 1, 2, 3, \ldots$ zu durchlaufen hat, während in dem Produkte der Buchstabe p alle Primzahlwerte $2, 3, 5, 7, 11, \ldots$ erhält; es bedeutet $\psi(n)$ *irgend* eine Funktion von n, welche der Funktionalgleichung

$$\psi(m)\,\psi(n) = \psi(mn) \tag{5}$$

genügt, wenn m und n relativ prim zueinander sind.

Unter $\eta(n)$ verstehen wir im folgenden diejenige zahlentheoretische Funktion, welche, wenn n durch *kein* von 1 verschiedenes Quadrat teilbar ist, die Werte $+1$ oder -1 erhält, je nachdem die Anzahl der in n aufgehenden Primzahlen gerade oder ungerade ist; in den übrigen Fällen hat $\eta(n)$ den Wert 0. [Es handelt sich um die sonst mit $\mu(n)$ bezeichnete „Möbiussche Funktion".] Man hat alsdann

$$\sum_n \eta(n)\, n^{-s} = \frac{1}{\zeta(s)}. \tag{6}$$

Die Gleichung (3) läßt sich in folgender Form schreiben:

$$\sum_\mu \mu^{-s} \cdot \sum_\nu \varphi(\nu)\, \nu^{-s} = \sum_n n \cdot n^{-s}$$

und ergibt, wenn beide Seiten verglichen werden, den bekannten Satz:

$$\sum_\nu \varphi(\nu) = n, \tag{7}$$

wo die Summation über alle Zahlen ν auszudehnen ist, welcher der Gleichung $\nu\mu = n$ genügen, d. h. über alle Divisoren ν von n.

Multipliziert man aber die aus (3) fließenden ϱ Gleichungen

$$\sum_{\nu_0} \varphi(\nu_0)\, \nu_0^{-s} = \frac{\zeta(s-1)}{\zeta(s)}; \qquad \sum_{\nu_1} \varphi(\nu_1)\, \nu_1^{-(s+1)} = \frac{\zeta(s)}{\zeta(s+1)}; \; \ldots$$

$$\sum_{\nu_{\varrho-1}} \varphi(\nu_{\varrho-1})\, \nu_{\varrho-1}^{-(s+\varrho-1)} = \frac{\zeta(s+\varrho-2)}{\zeta(s+\varrho-1)}$$

ineinander und mit der Gleichung

$$\sum_{\nu_\varrho} \nu_\varrho^{-(s+\varrho-1)} = \zeta(s+\varrho-1),$$

so erhält man [aus dem n^{ten} Gliede der Entwicklung von $\zeta(s-1)$ mit dem Faktor $n^{s+\varrho-1}$] den allgemeinen Satz:

$$\sum_{\nu_0, \nu_1, \ldots \nu_{\varrho-1}} \nu_0^{\varrho-1}\, \nu_1^{\varrho-2} \cdots \nu_{\varrho-3}^{2}\, \nu_{\varrho-2}^{1}\, \varphi(\nu_0)\, \varphi(\nu_1) \cdots \varphi(\nu_{\varrho-1}) = n^\varrho. \tag{8}$$

Hier ist die Summe auszudehnen über alle verschiedenen Lösungen $\nu_0, \nu_1, \ldots, \nu_\varrho$, der Gleichung:

$$\nu_0 \nu_1 \nu_2 \cdots \nu_{\varrho-1} \nu_\varrho = n.$$

Daß dieser Satz (8) auch auf rein zahlentheoretischem Wege als eine Folge von (7) (freilich nicht durch Potenzierung) abgeleitet werden kann, geht schon aus dem *bekannten* Umstande hervor, daß der Satz (7) für die Funktion $\varphi(n)$ *bestimmend* ist, indem *nur* $\varphi(n)$ dieser Gleichung genügt [1].

Ist $f_{\varrho-1}(n)$ die *Anzahl* jener Lösungen, so genügt $f_{\varrho-1}(n)$ der Funktionalgleichung (5), und wenn p eine Primzahl ist, so hat man:

$$f_{\varrho-1}(p^\alpha) = \frac{(\alpha+1)(\alpha+2)\cdots(\alpha+\varrho)}{1\cdot 2\cdot 3\cdots \varrho}. \tag{9}$$

Daraus folgt unter Anwendung von (4)

$$\sum_n f_{\varrho-1}(n)\, n^{-s} = (\zeta(s))^{\varrho+1}. \tag{10}$$

Im engen Zusammenhange mit $f_{\varrho-1}(n)$, [welche für $\varrho = 1$ in $f_0(n) = f(n)$ übergeht], steht eine Funktion $\Theta_{\varrho-1}(n)$, die auch der Funktionalgleichung (5) unterworfen ist und für welche, wenn p eine Primzahl ist,

$$\Theta_{\varrho-1}(p^\alpha) = \frac{(\alpha+1)(\alpha+2)\cdots(\alpha+\varrho) - (\alpha-1)(\alpha-2)\cdots(\alpha-\varrho)}{1\cdot 2\cdot 3\cdots\varrho}. \tag{11}$$

Man erhält bei Anwendung von (4)

$$\sum_n \Theta_{\varrho-1}(n)\, n^{-s} = \frac{(\zeta(s))^{\varrho+1}}{\zeta((\varrho+1)s)}, \tag{12}$$

und es ergeben sich nun aus (6), (10) und (12) leicht die Sätze:

$$\sum_\nu f_{\varrho-2}(\nu) \quad = f_{\varrho-1}(n); \quad \ldots \{\nu\mu \quad = n\}. \tag{13}$$

$$\sum_\nu \Theta_{\varrho-1}(\nu) \quad = f_{\varrho-1}(n); \quad \ldots \{\nu\mu^{\varrho+1} = n\}. \tag{14}$$

$$\sum_{\nu,\mu} \eta(\mu)\, f_{\varrho-1}(\nu) = \Theta_{\varrho-1}(n); \ldots \{\nu\mu^{\varrho+1} = n\}. \tag{15}$$

Wir haben hier neben jede dieser Formeln in Klammer $\{\ldots\}$ die Gleichung gesetzt, welcher in der betreffenden Summe die Buchstaben ν, μ unterworfen sind.

Im besonderen erhält man aus diesen Sätzen folgende Resultate:

es ist $\Theta_0(p^\alpha) = 2$; $\quad \Theta_1(p^\alpha) = 3\alpha$; $\quad \Theta_2(p^\alpha) = 2(\alpha^2+1)$;

$$\Theta_3(p^\alpha) = \frac{5}{6}\alpha(\alpha^2+5);$$

versteht man daher, wenn $n = p^\alpha q^\beta r^\gamma \ldots$, unter $\tilde{\omega}(n)$ die Anzahl der verschiedenen Primzahlen $p, q, r, \ldots$, unter $\bar{\varkappa}(n)$ das Produkt $\alpha\beta\gamma\ldots$, unter $\lambda(n)$ das Produkt $(\alpha^2+1)\,(\beta^2+1)\ldots$; unter $\lambda_1(n)$ das Produkt $(\alpha^2+5)(\beta^2+5)\ldots$, $\varkappa(1) = 1$, $\lambda(1) = \lambda_1(1) = 1$, so hat man:

$$f(n) = \sum_\nu 2^{\tilde{\omega}(\nu)} \qquad \ldots \{\nu\mu^2 = n\}. \tag{16}$$

$$f_1(n) = \sum_\nu 3^{\tilde{\omega}(\nu)}\varkappa(\nu) \qquad \ldots \{\nu\mu^3 = n\}. \tag{17}$$

$$f_2(n) = \sum_\nu 2^{\tilde{\omega}(\nu)}\lambda(\nu) \qquad \ldots \{\nu\mu^4 = n\}. \tag{18}$$

$$f_3(n) = \sum_\nu \left(\frac{5}{6}\right)^{\tilde{\omega}(\nu)}\varkappa(\nu)\,\lambda_1(\nu) \ldots \{\nu\mu^5 = n\}. \tag{19}$$

Durch Vergleichung der Formeln (1), (2), (3), (10) ergeben sich noch die Sätze:

$$g(n) = \sum_{\nu,\mu} \varphi(\nu) f(\mu); \quad \ldots \{\nu\mu = n\}. \tag{20}$$

$$n f(n) = \sum_{\nu,\mu} \varphi(\nu) g(\mu); \quad \ldots \{\nu\mu = n\}. \tag{21}$$

$$\sum_{\nu,\mu} f(\nu) g(\mu) = \sum_{\mu,\nu} \mu f_1(\nu); \quad \ldots \{\nu\mu = n\}. \tag{22}$$

Bei Anwendung der Formel (4) findet man noch folgende Sätze:

$$\sum_n \varkappa(n) n^{-s} = \frac{\zeta(s)\zeta(2s)\zeta(3s)}{\zeta(6s)}, \tag{23}$$

$$\sum_n \varrho(n) n^{-s} = \frac{\zeta(2s)}{\zeta(s)}, \tag{24}$$

$$\sum_n \sigma(n) n^{-s} = \frac{\zeta(s)\zeta(2s)}{\zeta(3s)}, \tag{25}$$

wo, wenn $n = p^\alpha q^\beta r^\gamma \ldots$ gesetzt wird, $\varrho(n) = (-1)^{\alpha+\beta+\gamma+\cdots}$ wird und

$$\sigma(n) = \frac{3+(-1)^\alpha}{2} \cdot \frac{3+(-1)^\beta}{2} \cdot \frac{3+(-1)^\gamma}{2} \cdots; \quad \varrho(1) = \sigma(1) = 1.$$

Zu diesen Formeln könnten wir noch manche anderen hinzufügen, welche sich aus demselben Prinzipe ergeben und verschiedene Folgerungen zulassen; es würde dies jedoch hier zu weit führen.

Um die hier vorkommenden zahlentheoretischen Funktionen $\varphi(n)$, $f(n)$, $g(n)$, $\eta(n)$, usw. ... in *analytische* Formen zu bringen, bedienen wir uns einer Methode, welche derjenigen verwandt ist, welche Lejeune Dirichlet, Riemann und Kronecker (vgl. Monatsb. d. Berl. Akad. Febr. 1838, Nov. 1859 und Jan. 1878) in ähnlichen Fällen gebraucht haben[1].

Sei $\psi(n)$ irgend eine zahlentheoretische Funktion der ganzen, positiven Zahl n, welche nur die Bedingung erfüllt, daß die unendliche Reihe

$$\sum_n \psi(n) n^{-s} = F(s) \tag{26}$$

für solche komplexe Werte von $s = u + vi$, in welchen u positiv ist und eine angebbare Grenze überschreitet, absolut konvergiert. Sei σ ein reeller positiver, im folgenden als *konstant* gebrauchter Wert von s, für welchen jene Bedingung erfüllt ist, so daß sicher die Reihe

$$F(\sigma + s) = \sum_n \psi(n) n^{-\sigma} \cdot n^{-s} \tag{27}$$

[1] Man vergleiche noch Dirichlet: Über die Best. d. mittleren Werte usw. Abh. Berl. Akad. **1849**; ferner Dirichlet: Sur l'usage etc. Crelles J. Math. **18** u. Recherches etc. Crelles J. f. Math. **19** u. **21**.

für alle Werte von $s = u + vi$, in welchen u *nicht* negativ ist, absolut konvergiert.

Wir betrachten die Funktion $F(s)$ für die Werte von s, für welche die Reihe (26) konvergiert, als *bekannt*, was beispielsweise für die Annahmen $\psi(n) = f(n), g(n), \varphi(n), \varkappa(n)$ durch die Sätze (1), (2), (3), (23) erfüllt ist, und suchen aus $F(s)$ einen Ausdruck für $\psi(n)$ zu gewinnen.

Zu dem Ende führen wir hilfsweise eine Funktion $G(x)$ durch die für alle Werte von x, deren reeller Teil nicht negativ ist, *absolut* und gleichmäßig konvergente Reihe ein

$$G(x) = \sum_n \psi(n)\, n^{-\sigma} e^{-nx}. \tag{28}$$

Es ist bekanntlich, unter $\Gamma(s)$ die bekannte Euler-Legendresche Funktion verstanden:

$$n^{-s}\Gamma(s) = \int_0^\infty e^{-nx} x^{s-1}\, dx,$$

und daher

$$F(\sigma + s)\cdot\Gamma(s) = \int_0^\infty G(x)\, x^{s-1}\, dx.$$

Setzt man hierin $x = e^v$, $s = u + vi$, wo $u \geqq 0$, so kommt:

$$F(\sigma + s)\cdot\Gamma(s) = \int_{-\infty}^{+\infty} G(e^v)\, e^{v(u+vi)}\, dy.$$

Diese Gleichung werde mit $\frac{1}{2\pi} e^{-iv\eta}\, dv$ multipliziert und nach v in den Grenzen $-\infty$ und $+\infty$ integriert. Unter Anwendung der bekannten Fourierschen Formel

$$f(\eta) = \frac{1}{2\pi}\int_{-\infty}^{+\infty} dv \int_{-\infty}^{+\infty} f(y)\, e^{iv(y-\eta)}\, dy$$

auf die Funktion $f(\eta) = G(e^\eta)\cdot e^{\eta u}$ erhält man:

$$\frac{1}{2\pi}\int_{-\infty}^{+\infty} F(\sigma + s)\,\Gamma(s)\, e^{-iv\eta}\, dv = G(e^\eta)\, e^{\eta u},$$

und wenn man in dieser Gleichung η durch $y = \log x$ ersetzt,

$$G(x) = \frac{1}{2\pi}\cdot\int_{-\infty}^{+\infty} F(\sigma + s)\,\Gamma(s)\cdot x^{-s}\, dv. \tag{30}$$

Durch diesen Ausdruck ist die Funktion $G(x)$ auf die als bekannt vorausgesetzte Funktion $F(s)$ allerdings, wie aus der Ableitung hervorgeht, zunächst nur für *reelle* positive Werte von x zurückgeführt; man ist aber nach den bekannten neueren analytischen Fortsetzungsmethoden imstande, daraus die Funktion $G(x)$ auch für die übrigen Werte von x auszudrücken.

Betrachten wir daher $G(x)$ für rein imaginäre Werte von x als bekannt und setzen $x = ti$, so folgt nach geläufiger Weise aus (28):

$$\psi(n) = \frac{n^\sigma}{2\pi} \cdot \int_0^{2\pi} G(ti)\, e^{nti}\, dt. \tag{31}$$

Auf eine umformende Behandlung dieser Formeln (30) und (31) möchte ich bei einer späteren Gelegenheit eingehen, wo es sich zeigen wird, wie dieselben zur Bestimmung der asymptotischen Gesetze der betreffenden zahlentheoretischen Funktionen $\psi(n)$ dienen können [2].

[Anmerkungen.]

[1] Zu S. 66. Die in bezug auf die Herleitung des Satzes (8) gemachte Bemerkung ist wohl nicht überzeugend.

[2] Zu S. 70. Die in der Schlußbemerkung vom Verfasser geäußerte Absicht ist augenscheinlich unausgeführt geblieben; wenigstens hat Cantor über den Gegenstand nichts Weiteres publiziert.

II. Abhandlungen zur Funktionentheorie.

1. Über einen die trigonometrischen Reihen betreffenden Lehrsatz.

[Crelles Journal f. Mathematik Bd. 72, S. 130—138 (1870).]

Zu den folgenden Arbeiten bin ich durch Herrn Heine angeregt worden. Derselbe hat die Güte gehabt, mich mit seinen Untersuchungen über trigonometrische Reihen frühzeitig bekannt zu machen. Aus dem Versuche, seine Resultate in der Richtung zu erweitern, daß jedwede Voraussetzung über die *Art* der Konvergenz bei den auftretenden Reihen vermieden wird, sind beide hervorgegangen.

Riemanns Forschungen im Gebiete der trigonometrischen Reihen sind in der Abhandlung „Über die Darstellbarkeit einer Funktion durch eine trigonometrische Reihe, Göttingen 1867" bekannt geworden.

Dieselben beziehen sich zunächst in den §§ 7—10 auf Reihen, in welchen die Koeffizienten unendlich klein werden; die übrigen Reihen werden alsdann, wenn nur Konvergenz für einen Wert der Veränderlichen vorhanden ist, auf jene zurückgeführt.

Ich will im folgenden den Satz beweisen:

„Wenn zwei unendliche Größenreihen: $a_1, a_2, \ldots, a_n, \ldots$ und $b_1, b_2, \ldots, b_n, \ldots$ so beschaffen sind, daß die Grenze von

$$a_n \sin nx + b_n \cos nx$$

für jeden Wert von x, der in einem gegebenen Intervalle $(a < x < b)$ des reellen Größengebietes liegt, mit wachsendem n gleich Null ist, so konvergiert sowohl a_n wie b_n mit wachsendem n gegen die Grenze Null."

Wird dieser Satz auf die trigonometrischen Reihen angewandt, so gibt er die Einsicht, daß eine derartige Reihe

$$\tfrac{1}{2} b_0 + a_1 \sin x + b_1 \cos x + \cdots + a_n \sin nx + b_n \cos nx + \cdots$$

nur dann für alle Werte von x in einem gegebenen Intervalle $(a < x < b)$ des reellen Größengebietes konvergieren kann, wenn die Koeffizienten a_n, b_n mit wachsendem n unendlich klein werden.

Diese Tatsache ist, wie aus mehreren Stellen der oben zitierten Abhandlung hervorgeht, Riemann bekannt gewesen; es scheint jedoch, daß er sie nur im Hinblicke auf diejenigen Fälle bewiesen hat, wo die Koeffizienten a_n, b_n in der Form der Integralausdrücke

$$\frac{1}{\pi}\int_{-\pi}^{+\pi} f(t)\sin nt\,dt, \qquad \frac{1}{\pi}\int_{-\pi}^{+\pi} f(t)\cos nt\,dt$$

vorausgesetzt werden können.

§. 1.

Ich schicke das Lemma vorauf:

„Hat man eine unendliche Reihe ganzer positiver Zahlen

$$(R.)\quad u,\ v,\ w,\ x,\ \ldots$$

von der Beschaffenheit, daß

$$v > 4u, \quad w > 8v, \quad x > 16w, \ \ldots,$$

so gibt es eine Zahlengröße Ω, welche die Eigenschaft hat, daß das Produkt $n\Omega$, wenn man für n eine der Zahlen ($R.$) setzt, die Form hat

$$n\Omega = 2z_n + 1 \pm \Theta_n,$$

wo z_n eine vom Index n abhängende positive ganze Zahl und Θ_n eine zu n gehörige positive Größe ist, welche unendlich klein wird, wenn man n in der Zahlenreihe ($R.$) ins Unendliche fortschreiten läßt."

Beweis. Ich bestimme auf Grundlage der Reihe ($R.$) eine neue Reihe ($S.$) von ungeraden ganzen Zahlen

$$(S.)\quad 2g+1, \quad 2h+1, \quad 2i+1, \ \ldots$$

nach folgendem Gesetze:

$2g+1$ werde bestimmt durch die Bedingung, daß

$$2g+1-\frac{v}{u}$$

dem absoluten Werte nach kleiner oder gleich 1 sei.

Falls in dieser Bestimmung eine Zweideutigkeit enthalten ist, entscheide man sich für die kleinere der beiden ihr genügenden ungeraden Zahlen. Wenn $2g+1$ bestimmt ist, so wird $2h+1$ durch die Bedingung: $2h+1-(2g+1)\frac{w}{v}$ dem absoluten Betrage nach kleiner oder gleich 1 bestimmt, wobei man sich im Falle der Zweideutigkeit wie im ersten Falle zu verhalten hat.

Analog werde die dritte Zahl $2i+1$ bestimmt durch die Bedingung:

$$\left|2i+1-(2h+1)\frac{x}{w}\right| \leqq 1$$

und ebenso alle folgenden Zahlen der Reihe ($S.$).

Man bilde aus $(R.)$ und $(S.)$ die unendliche Reihe rationaler Brüche

$$(N.)\quad \frac{1}{u},\quad \frac{2g+1}{v},\quad \frac{2h+1}{w},\quad \frac{2i+1}{x},\ \ldots.$$

Diese Brüche nähern sich einer festen von Null verschiedenen Grenze, einer Zahlengröße, welche ich mit Ω bezeichnen will.

Um dies zu sehen, bemerke man, daß, der Entstehungsweise der Reihe $(S.)$ zufolge, die nachstehenden Ungleichheiten Geltung haben:

$$\left|\frac{1}{u}-\frac{2g+1}{v}\right| \leqq \frac{1}{v},\quad \left|\frac{2g+1}{v}-\frac{2h+1}{w}\right| \leqq \frac{1}{w},\ \ldots.$$

Mithin ist die Differenz des ersten und irgend eines folgenden Bruches der Reihe $(N.)$ nicht größer als die Summe

$$\frac{1}{v}+\frac{1}{w}+\frac{1}{x}+\cdots \text{ in infinitum};$$

ebenso ist die Differenz des zweiten und irgend eines folgenden Bruches nicht größer als die Summe

$$\frac{1}{w}+\frac{1}{x}+\cdots \text{ in infinitum};$$

und das ähnliche gilt für die Differenzen der übrigen Brüche in der Reihe $(N.)$.

Da die Reihe $\frac{1}{v}+\frac{1}{w}+\cdots$, wegen der Bedingungen, denen die Zahlen $(R.)$ unterworfen sind, konvergiert, so folgt hieraus, daß die Differenz zweier Brüche $(N.)$, wenn dieselben beliebig in der Reihe $(N.)$ stets weiter ins Unendliche rücken, unendlich klein wird, was die notwendige und hinreichende Bedingung dafür ist, daß sich die Brüche $(N.)$ einer festen Grenze Ω nähern.

Diese Zahlengröße Ω ist von Null verschieden; denn sie unterscheidet sich nach dem Gesagten von dem ersten Näherungsbruche $\frac{1}{u}$ höchstens um die Summe

$$\frac{1}{v}+\frac{1}{w}+\cdots;$$

die letztere ist aber kleiner als $\frac{1}{v}\left(1+\frac{1}{8}+\cdots\right)$, d. h. kleiner als $\frac{5}{4v}$, also auch kleiner als $\frac{5}{16u}$; es liegt daher Ω in den Grenzen

$$\frac{11}{16u} \text{ und } \frac{21}{16u}.$$

Es ist nun nicht schwer einzusehen, daß Ω die im Lemma ausgesagten Eigenschaften hat, wenn man

$$z_u = 0,\quad z_v = g,\quad z_w = h,\quad z_x = i,\ \ldots$$

nimmt. Man hat nämlich

$$\left|\Omega - \frac{1}{u}\right| \leqq \frac{1}{v} + \frac{1}{w} + \cdots, \quad \text{also} \quad |\Omega u - 1| < \tfrac{1}{2};$$

ferner

$$\left|\Omega - \frac{2g+1}{v}\right| \leqq \frac{1}{w} + \frac{1}{x} + \cdots, \quad \text{also} \quad |\Omega v - 2g - 1| < \tfrac{1}{4};$$

ebenso ist

$$|\Omega w - 2h - 1| < \tfrac{1}{8} \text{ usw.}$$

Es nehmen also die Differenzen

$$u\Omega - 2z_u - 1, \quad v\Omega - 2z_v - 1, \quad w\Omega - 2z_w - 1, \ldots,$$

welche ich mit

$$\pm\Theta_u, \quad \pm\Theta_v, \quad \pm\Theta_w, \ldots$$

bezeichnet habe, schneller ab als die Brüche

$$\tfrac{1}{2}, \quad \tfrac{1}{4}, \quad \tfrac{1}{8}, \ldots.$$

Dies war zu beweisen.

§ 2.

„Die Zahlengröße Ω kann durch eine Modifikation des für sie festgestellten Entstehungsgesetzes so bestimmt werden, daß sie in ein gegebenes Intervall des reellen Größengebietes zu liegen kommt.“

Ist das Intervall von 0 bis 2 in 2ν gleiche Intervalle geteilt und soll Ω in das μ^{te} von ihnen fallen, so befolge man nachstehende Regel:

Man benutze die Reihe (R.) erst von demjenigen Gliede an, welches größer ist als 6ν; setzen wir der Kürze wegen voraus, daß schon $u > 6\nu$, so bestimme man die ungerade Zahl $2f + 1$ so, daß der Bruch $\frac{2f+1}{u}$ in den Grenzen $\frac{3\mu-2}{3\nu}$ und $\frac{3\mu-1}{3\nu}$ liege; die ungeraden Zahlen $2g+1$, $2h+1, \ldots$ haben in ähnlichem Sinne wie oben den Bedingungen

$$\left|2g + 1 - (2f+1)\frac{v}{u}\right| \leqq 1,$$

$$\left|2h + 1 - (2g+1)\frac{w}{v}\right| \leqq 1$$

$$\cdots\cdots\cdots$$

zu genügen, so daß man hat:

$$\left|\frac{2f+1}{u} - \frac{2g+1}{v}\right| \leqq \frac{1}{v},$$

$$\left|\frac{2g+1}{v} - \frac{2h+1}{w}\right| \leqq \frac{1}{w},$$

$$\cdots\cdots\cdots$$

Es fällt alsdann die Grenze Ω, welcher die Näherungsbrüche

$$\frac{2f+1}{u}, \quad \frac{2g+1}{v}, \quad \frac{2h+1}{w}, \quad \ldots$$

zustreben, zwischen $\frac{2f+1}{u} - \frac{5}{16u}$ und $\frac{2f+1}{u} + \frac{5}{16u}$, mithin auch wegen der Bestimmungen, die wir für $2f+1$ und u getroffen haben, zwischen

$$\frac{3\mu-2}{3\nu} - \frac{5}{6\cdot 16\cdot \nu} \quad \text{und} \quad \frac{3\mu-1}{3\nu} + \frac{5}{6\cdot 16\cdot \nu}$$

und um wie vielmehr zwischen

$$\frac{\mu-1}{\nu} \quad \text{und} \quad \frac{\mu}{\nu}.$$

Die Zahlengröße Ω hat auch hier die im Lemma ausgesagten Eigenschaften, wenn man

$$z_u = f, \quad z_v = g, \quad z_w = h, \ \ldots$$

nimmt.

§ 3.

Wenn ich von einer unendlichen Größenreihe

$$(G.) \qquad \varrho_1, \varrho_2, \varrho_3, \ldots, \varrho_n, \ldots$$

sage, daß $\lim \varrho_n = 0$, so verstehe ich darunter, daß, wenn δ eine beliebig gegebene Größe > 0 ist, man aus der Reihe $(G.)$ eine endliche Anzahl von Gliedern aussondern kann, so daß die übriggebliebenen sämtlich kleiner sind als δ.

In dieser Definition liegt, daß, wenn $\lim \varrho_n = 0$ und $\alpha, \beta, \gamma, \ldots$ irgend eine aus der Reihe der positiven ganzen Zahlen ausgehobene unendliche Zahlenreihe ist, in der Größenreihe

$$(G'.) \qquad \varrho_\alpha, \varrho_\beta, \varrho_\gamma, \ldots$$

Glieder gefunden werden können, welche kleiner sind als eine beliebig gegebene Größe δ.

Es ist folgenreich, daß dieser Ausspruch sich durch den Satz umkehren läßt: „Ist eine unendliche Größenreihe $(G.)$ gegeben und weiß man, daß in jeder aus $(G.)$ gehobenen unendlichen Größenreihe $(G'.)$ Glieder gefunden werden können, welche kleiner sind als eine willkürlich gegebene Größe δ, so ist $\lim \varrho_n = 0$.“

Beweis. Sei $\Delta', \Delta'', \ldots$ eine beliebige Reihe beständig abnehmender, unendlich klein werdender Größen, z. B. die Reihe $1, \frac{1}{2}, \frac{1}{3}, \ldots, \frac{1}{n}, \ldots$. Man hebe aus der Reihe $(G.)$ zuerst diejenigen Glieder aus, welche größer als Δ', dann von den übriggebliebenen diejenigen, welche größer sind als

Δ'', usw.; bei keiner von diesen Operationen gelangt man zum Ausheben unendlich vieler Glieder, weil sonst eine unendliche Reihe $(G'.)$ vorhanden wäre, deren Glieder sämtlich größer sind als eine von Null verschiedene Größe $\Delta^{(\nu)}$, was gegen die Voraussetzung ist; die Größenreihe $(G.)$ ist also von der Beschaffenheit, daß, bei beliebig klein gegebener Größe $\Delta^{(\nu)}$ eine endliche Anzahl von Gliedern aus derselben ausgesondert werden kann, so daß die übrig bleibenden sämtlich kleiner sind als $\Delta^{(\nu)}$; es ist also $\lim \varrho_n = 0$.

Daraus ergibt sich als Korollar folgendes:

„Ist eine unendliche Größenreihe $(G.)$ gegeben und kann man aus jeder aus $(G.)$ gehobenen Größenreihe $(G.)'$ eine neue Größenreihe

$$(G''.) \qquad \varrho_u, \varrho_v, \varrho_w, \ldots$$

ausheben, in welcher die Glieder mit wachsendem Index unendlich klein werden, so ist

$$\lim \varrho_n = 0.\text{“ [1]}$$

§. 4.

Lehrsatz: „Wenn für jeden reellen Wert von x zwischen gegebenen Grenzen $(a < x < b)$

$$\lim (a_n \sin nx + b_n \cos nx) = 0,$$

so ist sowohl

$$\lim a_n = 0 \quad \text{wie} \quad \lim b_n = 0.\text{“}$$

Beweis. Wir wollen $a_n \sin nx + b_n \cos nx$ in die Form bringen $\varrho_n \cos(\varphi_n - nx)$, wo $\varrho_n = \sqrt{a_n^2 + b_n^2}$ und φ_n der zwischen 0 und 2π liegende Bogen sei, dessen Sinus gleich $\frac{a_n}{\varrho_n}$, dessen Kosinus gleich $\frac{b_n}{\varrho_n}$ ist; es ist bei dieser Bezeichnung nur zu zeigen, daß $\lim \varrho_n = 0$, um alsdann unmittelbar schließen zu können, daß $\lim a_n = 0$, $\lim b_n = 0$.

Wir bezeichnen die Reihe $\varrho_1, \varrho_2, \ldots, \varrho_n, \ldots$ mit $(G.)$. Sei

$$(G'.) \qquad \varrho_\alpha, \varrho_\beta, \ldots$$

irgend eine aus $(G.)$ gehobene unendliche Reihe; dann will ich zeigen, daß sich aus $(G'.)$ eine unendliche Reihe

$$(G''.) \qquad \varrho_u, \varrho_v, \varrho_w, \ldots$$

ausheben läßt, deren Glieder mit wachsendem Index unendlich klein werden.

Betrachten wir zu dem Ende die unendliche Reihe

$$(1.) \qquad \varphi_\alpha, \varphi_\beta, \varphi_\gamma, \ldots;$$

es muß, da die Glieder derselben alle zwischen 0 und 2π liegen, ein Intervall von der Größe $\frac{\pi}{4}$ angegeben werden können, innerhalb dessen unendlich viele Glieder der Reihe (1.) liegen.

Um die Ideen zu fixieren, sei $\left(\Phi \leqq \varphi \leqq \Phi + \frac{\pi}{4}\right)$ ein solches Intervall, (wo also Φ eine bestimmte zwischen 0 und $\frac{7\pi}{4}$ gelegene Größe ist) und sei

$$(2.) \qquad \varphi_{\alpha'},\ \varphi_{\beta'},\ \varphi_{\gamma'},\ \ldots$$

eine aus (1.) gehobene unendliche Größenreihe, deren Glieder sämtlich in diesem Intervalle liegen.

Aus der Zahlenreihe

$$\alpha',\ \beta',\ \gamma',\ \ldots$$

hebe ich eine unendliche Zahlenreihe

$$(R.) \qquad u,\ v,\ w,\ \ldots$$

aus, welche den Bedingungen des Lemmas im § 1 entspricht, und bei welcher außerdem u so groß genommen ist, daß man die im § 2 definierte Zahlengröße Ω in das Intervall $\left(\frac{a}{\pi} \cdots \frac{b}{\pi}\right)$, mithin auch in das größere $\left(\frac{2a}{\pi} \cdots \frac{2b}{\pi}\right)$ verlegen kann. Die unendliche Größenreihe

$$(G''.) \qquad \varrho_u,\ \varrho_v,\ \varrho_w,\ \ldots,$$

welche offenbar aus $(G'.)$ gehoben ist, ist es nun, von welcher ich nachweisen werde, daß ihre Glieder mit wachsendem Index unendlich klein werden.

Vorerst hebe ich hervor, daß die Glieder der mit $(G''.)$ parallel laufenden Reihe

$$(F.) \qquad \varphi_u,\ \varphi_v,\ \varphi_w,\ \ldots$$

in dem Intervalle $\left(\Phi \cdots \Phi + \frac{\pi}{4}\right)$ enthalten sind, und unterscheide die beiden Fälle, daß dieses Intervall eine der beiden Größen $\frac{\pi}{2}$ und $\frac{3\pi}{2}$ enthält oder keine von ihnen enthält.

Erster Fall.

I. In dem Intervalle $\left(\Phi \cdots \Phi + \frac{\pi}{4}\right)$ liegt weder $\frac{\pi}{2}$ noch $\frac{3\pi}{2}$. Ich kann eine von Null verschiedene Größe ε angeben, so daß $\cos\varphi$ seinem absoluten Werte nach größer als ε ist für jeden Wert von φ im Intervalle $\left(\Phi \cdots \Phi + \frac{\pi}{4}\right)$.

Man bestimme nach den Vorschriften des § 2 eine Zahlengröße Ω so beschaffen, daß

1. Ω zwischen $\frac{a}{\pi}$ und $\frac{b}{\pi}$ zu liegen kommt,

2. $\Omega n - (2z_n + 1) = \pm\,\Theta_n$ unendlich klein wird, wenn man für n die steigenden Zahlen der Reihe $(R.)$ setzt.

Setzt man in der mit den Reihen (G''.) und (F.) parallel laufenden Reihe

$$(P.)\qquad \varrho_u \cos(\varphi_u - ux),\quad \varrho_v \cos(\varphi_v - vx),\quad \varrho_w \cos(\varphi_w - wx),\ \ldots$$

$x = \pi\Omega$, so ist klar, daß die Kosinusse der Reihe (P.), von einem gewissen Index an, sämtlich ihrem absoluten Werte nach größer sind als $\frac{\varepsilon}{2}$. [Denn für diese Werte $n = u, v, w, \ldots$ wird sich der Kosinus von

$$\varphi_n - nx = \varphi_n - n\pi\Omega = \varphi_n - (2z_n + 1)\pi \mp \Theta_n\pi$$

von $\cos\varphi_n$ selbst mit wachsendem n beliebig wenig unterscheiden.]

Die Glieder selbst der Reihe (P.) werden der Voraussetzung gemäß, welche im Theorem liegt, für jeden Wert von x in den Grenzen a und b, mithin auch für $x = \pi\Omega$, mit wachsendem Index unendlich klein; daraus folgt, daß die Glieder der Reihe (G''.) mit wachsendem Index unendlich klein werden.

Zweiter Fall.

II. In dem Intervalle $\left(\Phi \cdots \Phi + \frac{\pi}{4}\right)$ liegt entweder $\frac{\pi}{2}$ oder $\frac{3\pi}{2}$; dann liegt in dem Intervalle $\left(\Phi + \frac{\pi}{2} \cdots \Phi + \frac{3\pi}{4}\right)$ kein ungerades Vielfaches von $\frac{\pi}{2}$, und ich kann eine von Null verschiedene Größe ε' angeben, so daß $\cos\varphi$ seinem absoluten Betrage nach größer ist als ε' für jeden Wert von φ im Intervalle $\left(\Phi + \frac{\pi}{2} \cdots \Phi + \frac{3\pi}{4}\right)$.

Man bestimme nach den Vorschriften des § 2 eine Zahlengröße Ω, so beschaffen, daß

1. Ω zwischen $\frac{2a}{\pi}$ und $\frac{2b}{\pi}$ zu liegen kommt,

2. $\Omega n - (2z_n + 1) = \pm\Theta_n$ unendlich klein wird, wenn man für n die steigenden Zahlen der Reihe (R.) setzt.

Setzt man in der Reihe:

$$(P.)\qquad \varrho_u \cos(\varphi_u - ux),\quad \varrho_v \cos(\varphi_v - vx),\ \ldots$$

$x = \frac{\pi}{2}\Omega$, so ist klar, daß die Kosinusse in derselben, von einem gewissen Index an, sämtlich ihrem absoluten Werte nach größer sind als $\frac{\varepsilon'}{2}$.

Von den Gliedern selbst der Reihe (P.) gilt das nämliche wie unter I.; sie werden mit wachsendem Stellenzeiger für jeden Wert von x in den Grenzen a und b, mithin auch für $x = \frac{\pi}{2}\Omega$ unendlich klein; es folgt also auch in diesem Falle, daß die Glieder der Reihe (G''.) mit wachsendem Index unendlich klein werden.

Wir haben somit gezeigt, daß, wenn $(G.')$ irgend eine aus $(G.)$ ausgehobene unendliche Reihe ist, man aus dieser eine Reihe $(G''.)$ ausheben kann, deren Glieder mit wachsendem Index unendlich klein werden.

Dem Korollar des § 3 zufolge reicht dies aus, um schließen zu können:

$$\lim \varrho_n = 0.$$

[Anmerkungen.]

Mit dieser Abhandlung beginnen die Untersuchungen Cantors über die Theorie der trigonometrischen Reihen, die sich fast unmittelbar an die Riemannschen anschließen. Der hier bewiesene (und später in II, 4 wieder aufgenommene) Satz ist von unmittelbarem Interesse, wenn er auch ursprünglich wohl nur bestimmt war, dem Eindeutigkeitstheorem II, 2 als Grundlage zu dienen, hierfür aber, wie nachher in II, 3 gezeigt wird, doch schließlich entbehrt werden konnte. Der in der ersten Darstellung etwas umständliche Beweis des Satzes wurde im folgendem Jahre in erneuter Bearbeitung (II, 4) unter Beibehaltung des Grundgedankens wesentlich vereinfacht und übersichtlicher gestaltet. Beidemal handelt es sich um die Konstruktion eines im vorgelegten Intervall enthaltenen Argumentwertes x von der Beschaffenheit, daß der trigonometrische Faktor $\cos(\varphi_n - nx)$ des n^{ten} Gliedes für unendlich viele n oberhalb einer festen Grenze bleibt, der Zahlenfaktor ϱ_n also für diese Indizes nach Null konvergieren muß.

[1] Zu S. 76. Im wesentlichen handelt es sich hier um den folgenden Satz: Eine unendliche (beschränkte) Zahlenmenge, welche nur einen einzigen Häufungswert (Null) besitzt, konvergiert gegen diesen.

2. Beweis, daß eine für jeden reellen Wert von x durch eine trigonometrische Reihe gegebene Funktion $f(x)$ sich nur auf eine einzige Weise in dieser Form darstellen läßt.

[Crelles Journal f. Math. Bd. 72, S. 139—142 (1870).]

Wenn eine Funktion $f(x)$ einer reellen Veränderlichen x durch eine für jeden Wert von x konvergente, trigonometrische Reihe

$$f(x) = \tfrac{1}{2} b_0 + (a_1 \sin x + b_1 \cos x) + \cdots + (a_n \sin nx + b_n \cos nx) + \cdots$$

gegeben ist, so ist es von Wichtigkeit, zu wissen, ob es noch andre Reihen von derselben Form gibt, welche ebenfalls für jeden Wert von x konvergieren und die Funktion $f(x)$ darstellen. Diese Frage, welche erst in neuester Zeit angeregt worden ist, kann nicht etwa, wie gewöhnlich angenommen wird, dadurch entschieden werden, daß man jene Gleichung mit $\cos n(x-t)dx$ multipliziert und Glied für Glied von $-\pi$ bis $+\pi$ integriert (wobei in der Tat auf der rechten Seite nur das aus dem n^{ten} Gliede hervorgehende Integral nicht wegfallen würde); denn, abgesehen davon, daß hierbei die Möglichkeit der Integration von $f(x)$ vorausgesetzt würde, kann die Integration einer Reihe

$$A_0 + A_1 + \cdots + A_n + \cdots,$$

in welcher die A_n Funktionen einer Veränderlichen x sind, durch Integration ihrer Teile nur dann ohne Bedenken ausgeführt werden, wenn der Rest, welcher nach Abtrennung der n ersten Glieder übrigbleibt, für alle Werte von x, welche im Integrationsintervalle liegen, *gleichzeitig* unendlich klein wird. Also muß, wenn man

$$f(x) = A_0 + A_1 + \cdots + A_n + R_n$$

setzt, bei gegebener Größe ε, eine ganze Zahl m vorhanden sein, so beschaffen, daß für $n \gtreqless m$, R_n seinem absoluten Betrage nach kleiner ist als ε für alle Werte von x, welche in Betracht kommen. [Es handelt sich hier um die sogenannte „gleichmäßige Konvergenz".]

Es ist nämlich die kleinste ganze Zahl m, welche für ein gegebenes x die Bedingung erfüllt, daß der absolute Betrag von R_n kleiner ist als ε, wenn $n \gtreqless m$, als eine unstetige Funktion von x und ε zu betrachten; bezeichnet man sie unter diesen Umständen genauer mit $m(x, \varepsilon)$, so weiß man nicht, ob die Funktion $m(x, \varepsilon)$ bei gegebenem ε für alle Werte von x unterhalb einer endlichen Grenze liegt; es ist sogar leicht einzusehen, daß, wenn $f(x)$ für $x = x_1$ eine Unstetigkeit hat, die Funktion $m(x, \varepsilon)$ Werte annehmen muß, welche jede angebbare Grenze übersteigen, wenn, bei festgehaltenem ε, x dem Werte x_1 unendlich nahe rückt.

Hieraus geht hervor, daß die Eindeutigkeit der Darstellung einer Funktion durch eine für jeden Wert von x konvergente trigonometrische Reihe auf diesem Wege nicht ergründet werden kann.

Durch die Riemannsche Abhandlung „Über die Darstellung einer Funktion durch eine trigonometrische Reihe, Göttingen 1867" bin ich auf einen andern, das Ziel erreichenden Weg geführt worden, welchen ich hier kurz angeben will.

Zuerst hebe ich hervor, daß, wie in meinem Aufsatze „Über einen die trigonometrischen Reihen betreffenden Lehrsatz" [hier II, 1 S. 71] bewiesen ist, bei einer trigonometrischen Reihe

$$A_0 + A_1 + \cdots + A_n + \cdots,$$

welche für sämtliche Werte von x in einem gegebenen, übrigens beliebig kleinen Intervalle des reellen Größengebietes konvergiert, die Koeffizienten a_n, b_n mit wachsendem n unendlich klein werden.

Denkt man sich nun zwei trigonometrische Reihen, welche für jeden reellen Wert von x konvergieren und denselben Wert annehmen, mithin dieselbe Funktion $f(x)$ darstellen, so folgt durch Abziehen der einen von der andern eine für jeden Wert von x konvergente Darstellung der Null:

$$0 = C_0 + C_1 + \cdots + C_n + \cdots \tag{1}$$

wo $C_0 = \frac{1}{2} d_0$, $C_n = c_n \sin nx + d_n \cos nx$ und wo die Koeffizienten c_n, d_n mit wachsendem n, nach dem soeben Gesagten, unendlich klein werden. Ich bilde mit Riemann aus der Reihe (1.) die Funktion:

$$F(x) = C_0 \frac{xx}{2} - C_1 - \cdots - \frac{C_n}{nn} - \cdots. \tag{2}$$

Sie ist eine in der Nähe eines jeden Wertes von x stetige Funktion von x,* welche dem Lehrsatze 1 im § 8 der vorhin genannten Abhandlung zufolge die Eigenschaft hat, daß für jeden Wert von x der zweite [„mittlere"] Differenzenquotient

$$\frac{F(x+\alpha) - 2F(x) + F(x-\alpha)}{\alpha\alpha}$$

mit unendlich abnehmendem α sich der Grenze Null nähert.

* Um dies einzusehen, würde es ausreichen, wenn man nur wüßte, daß die c_n, d_n unter einer angebbaren Grenze liegen, der Nachweis davon dürfte jedoch dieselben Mittel in Anspruch nehmen, mit welchen gezeigt wird, daß $\lim c_n = 0$ und $\lim d_n = 0$.

Halten wir diese beiden Data für die Funktion $F(x)$ fest:

I. daß sie stetig in der Nähe eines jeden Wertes von x,

II. daß die Grenze ihres zweiten Differenzenquotienten mit unendlich abnehmendem α für jeden Wert von x gleich Null ist,

so läßt sich daraus zeigen, daß $F(x)$ eine ganze Funktion ersten Grades $cx + c'$ ist. Der folgende Beweis hiervon ist mir von Herrn Schwarz in Zürich mitgeteilt worden[1].

Man denke sich bei einer in einem Intervalle $(a \ldots b)$ der reellen Veränderlichen x gegebenen Funktion $F_1(x)$ die Bedingungen I. und II. erfüllt, und zwar die erste in der Nähe eines jeden Wertes von x im Intervalle, die zweite für jeden Zwischenwert x [für $a < x < b$], und betrachte, indem man unter i die positive oder negative Einheit, unter $\varkappa$ irgend eine reelle Größe versteht, die Funktion

$$\varphi(x) = i\left\{F_1(x) - F_1(a) - \frac{x-a}{b-a}(F_1(b) - F_1(a))\right\} - \frac{\varkappa^2}{2}(x-a)(b-x).$$

Aus den Voraussetzungen über $F_1(x)$ folgt, daß $\varphi(x)$ im Intervalle $(a \ldots b)$ stetig ist, und daß die Grenze des zweiten Differenzenquotienten von $\varphi(x)$ gleich $\varkappa^2$ ist für jeden Zwischenwert x bei unendlich abnehmendem α; ferner ist $\varphi(a) = 0$, $\varphi(b) = 0$. Bezeichnen wir daher

$$\varphi(x+\alpha) - 2\varphi(x) + \varphi(x-\alpha) \quad \text{mit} \quad \varphi(x,\alpha),$$

so ist $\varphi(x,\alpha)$ für jeden Zwischenwert x, bei unendlich abnehmendem α annähernd gleich $\varkappa^2\alpha^2$, also positiv und von Null verschieden für hinreichend kleine Werte von α. Daraus folgt, daß $\varphi(x)$ für keinen Wert von x im Intervalle positiv ist. In der Tat an den Grenzen ist $\varphi(x) = 0$; würde $\varphi(x)$ für einen Zwischenwert positiv sein, so wäre das *Maximum* der Werte, welche $\varphi(x)$ annehmen kann, ebenfalls eine positive Größe und würde zum mindesten für einen *Zwischenwert* x_0 von x *erreicht;* es wäre also für hinreichend kleine Werte von α

$$\varphi(x_0+\alpha) - \varphi(x_0) \leqq 0, \; \varphi(x_0-\alpha) - \varphi(x_0) \leqq 0,$$

mithin auch $\varphi(x_0,\alpha) \leqq 0$, während doch $\varphi(x_0,\alpha)$ für hinreichend kleine

[1] Dieser Beweis stützt sich im wesentlichen auf den in den Vorlesungen des Herrn Weierstraß häufig vorkommenden und bewiesenen Satz:

„Eine in einem Intervalle $(a \ldots b)$ (die Grenzen inkl.) der reellen Veränderlichen x gegebene, stetige Funktion $\varphi(x)$ *erreicht* das Maximum [gemeint ist: „die obere Grenze"] g der Werte, welche sie annehmen kann, zum mindesten für einen Wert x_0 der Veränderlichen, so daß $\varphi(x_0) = g$".

Einen ähnlichen, auch hierauf beruhenden Beweis für den Fundamentalsatz der Differentialrechnung hat Ossian Bonnet geführt; derselbe findet sich in J. A. Serret, Cours de calcul differentiel et intégral 1, 17—19. Paris 1868.

[Vgl. H. A. Schwarz: Ges. Abhandl. 2, 341—343.]

Werte von α positiv ist. Man hat also für jeden Wert von x im Intervalle $(a \ldots b)$, für $i = \pm 1$ und für einen beliebigen reellen Wert von $\varkappa$

$$\varphi(x) \leqq 0;$$

läßt man hierin $\varkappa$ unendlich klein werden, so folgt:

$$i\left\{F_1(x) - F_1(a) - \frac{x-a}{b-a}(F_1(b) - F_1(a))\right\} \leqq 0 \quad \text{für } i = \pm 1,$$

also

$$F_1(x) = F_1(a) + \frac{x-a}{b-a}(F_1(b) - F_1(a)).$$

Es ist also unter den gemachten Voraussetzungen $F_1(x)$ eine ganze Funktion ersten Grades von x.

Daraus ergibt sich für unsere Funktion $F(x)$ (da hier das Intervall beliebig erweitert werden kann) die für alle Werte von x gültige Form: $F(x) = cx + c'$, und man hat daher für jeden Wert von x

$$C_0 \frac{xx}{2} - cx - c' = C_1 + \frac{C_2}{4} + \cdots + \frac{C_n}{nn} + \cdots.$$

Aus der Periodizität auf der rechten Seite ergibt sich zunächst, daß sowohl $c = 0$ wie auch $C_0 = \frac{d_0}{2} = 0$, und man behält daher die Gleichung

$$-c' = C_1 + \frac{C_2}{4} + \cdots + \frac{C_n}{nn} + \cdots. \tag{3}$$

Die Reihe rechts ist von der Art, daß man, bei gegebenem ε, eine ganze Zahl m angeben kann, so daß, wenn $n \gtreqless m$, der Rest R_n seinem absoluten Betrage nach kleiner als ε ist *für alle Werte von* x [d. h. die Reihe ist „gleichmäßig konvergent"].

Man kann daher die Gleichung (3) nach Multiplikation mit $\cos n(x-t)\,dx$ *Glied für Glied* von $-\pi$ bis $+\pi$ integrieren; das Resultat ist

$$c_n \sin nt + d_n \cos nt = 0,$$

wo unter t eine beliebige reelle Größe zu verstehen ist; man hat also: $c_n = 0$, $d_n = 0$, während schon vorher gefolgert wurde, daß $d_0 = 0$.

Es ergibt sich also das Resultat, daß eine für jeden einzelnen reellen Wert von x konvergente Darstellung der Null durch eine trigonometrische Reihe (1) nicht anders möglich ist, als wenn die Koeffizienten d_0, c_n, d_n sämtlich gleich Null sind, und man hat den Satz:

„Wenn eine Funktion $f(x)$ einer reellen Veränderlichen x durch eine für jeden Wert von x konvergente trigonometrische Reihe gegeben ist, so gibt es keine andere Reihe von derselben Form, welche ebenfalls für jeden Wert von x konvergiert und die nämliche Funktion $f(x)$ darstellt."

3. Notiz zu dem Aufsatze: Beweis, daß eine für jeden reellen Wert von x durch eine trigonometrische Reihe gegebene Funktion $f(x)$ sich nur auf eine einzige Weise in dieser Form darstellen läßt.

[Crelles Journal f. Mathematik Bd. 73, S. 294—296 (1871).]

Im folgenden will ich einige Bemerkungen dem obigen Aufsatze hinzufügen.

Durch die erste[1] wird der Beweis, welchen ich a. a. O. für die Eindeutigkeit trigonometrischer Reihendarstellungen versuche, in gewisser Beziehung vereinfacht, indem er von dem für das Gebiet dieser Untersuchungen merkwürdigen Satze, welchen ich in einer vorhergehenden Arbeit [II 1, S. 71] aufstelle und streng beweise, unabhängig gemacht wird.

Unter u irgend eine feste Größe verstehend, setze man in der Gleichung

$$0 = C_0 + C_1 + C_2 + \cdots \tag{1}$$

für x einmal $u + x$, das andere Mal $u - x$ und addiere beide Gleichungen. Man erhält dadurch eine neue:

$$0 = e_0 + e_1 \cos x + e_2 \cos 2x + \cdots, \tag{1'}$$

von welcher die Gültigkeit für jeden Wert von x eine unmittelbare Folge der unbeschränkten Gültigkeit von (1) ist, die vorausgesetzt wurde. — Die Koeffizienten von (1') $e_n = c_n \sin nu + d_n \cos nu$ werden aber mit wachsendem n schon aus dem Grunde unendlich klein, weil sie mit den Gliedern C_n von (1), wenn in ihnen x gleich u gesetzt wird, übereinstimmen.

Werden daher die Schlüsse, welche im Aufsatze sich auf die Gleichung (1) beziehen, ohne Änderung auf (1') bezogen, so erhält man:

$$e_n = c_n \sin nu + d_n \cos nu = 0,$$

und man schließt sodann wegen der Willkürlichkeit der Größe u auf das Verschwinden der Koeffizienten c_n, d_n.

---

[1] Ich verdanke sie einer gefälligen, mündlichen Mitteilung des Herrn Professor Kronecker.

Die zweite Bemerkung bezieht sich auf eine gewisse Erweiterung des die Eindeutigkeit betreffenden Satzes. So wie derselbe im Aufsatze bewiesen ist, läßt er sich wie folgt ausdrücken:

„Hat man *eine für jeden Wert* von x gültige, d. h. konvergente Darstellung des Wertes Null durch eine trigonometrische Reihe (1), so sind die Koeffizienten c_n, d_n dieser Darstellung gleich Null."

Es lassen sich nun hierbei die Voraussetzungen in dem Sinne modifizieren, daß man für gewisse Werte von x entweder die Darstellung der Null durch (1) oder die Konvergenz der Reihe aufgibt.

Sei $\ldots x_{-1}, x_0, x_1, \ldots$ die unendliche Wertreihe von x (der Größe nach mit dem Index steigend), für welche entweder die Konvergenz der Reihe (1) aufhört oder die rechte Seite einen von Null verschiedenen Wert annimmt, und seien die x_ν an die Beschränkung gebunden, in endlichen Intervallen in *nur endlicher Anzahl* vorzukommen; es geht alsdann aus dem Aufsatze hervor, daß die dort mit $F(x)$ bezeichnete Funktion in jedem Intervalle $(x_\nu \ldots x_{\nu+1})$ einer linearen Funktion $k_\nu x + l_\nu$ gleich ist; und bleibt daher nur die Identität dieser linearen Funktionen darzutun, um die weiteren Schlüsse im Aufsatze auf $F(x)$ anwenden zu können, welche zum Verschwinden der Koeffizienten c_n, d_n führen.

Dieser Nachweis der Identität geschieht für je zwei benachbarte Funktionen $k_\nu x + l_\nu$, $k_{\nu+1} x + l_{\nu+1}$ und damit für alle durch das nämliche Verfahren, welches Herr Professor Heine bei einer analogen Frage in der Abhandlung „Über trigonometrische Reihen", Bd. 71, Seite 353 dieses Journals einführt; man hat nur die Stetigkeit der Funktion $F(x)$, sowie den zweiten Riemannschen Satz in dessen Abhandlung (Riemann, Über die Darstellbarkeit einer Funktion durch eine trigonometrische Reihe, Abh. d. Göttinger Ges. d. Wiss. Bd. 13) für den Wert $x_{\nu+1}$ von x in Betracht zu ziehen; man findet:

$$F(x_{\nu+1}) = k_\nu x_{\nu+1} + l_\nu \quad \text{und}$$

$$\lim \frac{x_{\nu+1}(k_{\nu+1} - k_\nu) + l_{\nu+1} - l_\nu + \alpha(k_{\nu+1} - k_\nu)}{\alpha} = 0 \quad \text{für} \quad \lim \alpha = 0,$$

was nur möglich ist, wenn $k_\nu = k_{\nu+1}$ und $l_\nu = l_{\nu+1}$.

Diese Erweiterung des Satzes ist keineswegs die letzte; es ist mir gelungen, eine ebenfalls auf strengem Verfahren beruhende, um vieles weitergehende Ausdehnung desselben zu finden, welche ich bei Gelegenheit mitteilen werde. [II 5, S. 92].

Schließlich sei mir gestattet, einen *Ausdruck* in der hier besprochenen Arbeit zu verändern.

Ich führe daselbst [hier S. 82; vgl. die Parenthese des Herausgebers] in einer Note den Satz an:

„Eine in einem Intervalle $(a \ldots b)$ (inkl. der Grenzen) der reellen Veränderlichen x gegebene, stetige Funktion $\varphi(x)$ erreicht das *Maximum* g der Werte, welche sie annehmen kann, zum mindesten für einen Wert x_0 der Veränderlichen, so daß $\varphi(x_0) = g$."

Ich verstand hierbei, wie aus dem Sinne hervorgeht, unter *Maximum* nicht den gewöhnlich mit diesem Worte verbundenen Begriff (in welchem das Erreichtwerden schon liegt), sondern die *obere Grenze* der Funktionswerte von $\varphi(x)$; und es würde dem entsprechend auch der letzte Ausdruck vorzuziehen sein.

Aus dem Begriffe einer in einem endlichen Bereiche *gegebenen* (definierten) *Wertmenge* wird gefolgert, daß dieselbe stets eine obere Grenze besitzt, *d. i. eine Größe g, welche eine solche Beziehung zur Wertmenge hat, daß bei beliebig angenommener positiver Größe ε zum wenigsten ein Wert der Menge vorhanden ist, der größer als $g-\varepsilon$ und kleiner oder gleich g ist, daß es aber keinen Wert der Menge gibt, welcher größer wäre als g.*

Nimmt man beispielsweise die Wertmenge, welche aus sämtlichen Werten einer in einem Intervalle $(a \ldots b)$ (mit Einschluß der Grenzen) gegebenen endlichen, eindeutigen Funktion $\varphi(x)$ besteht, so hat also diese Wertmenge eine obere Grenze g. Fügt man noch die Bedingung der durchgängigen Stetigkeit von $\varphi(x)$ hinzu, so folgert man weiter, daß die obere Grenze g von der Funktion auch erreicht wird, d. h. daß es einen Wert x_0 von x gibt, für welchen $\varphi(x_0) = g$. Dies ist der Sinn des angeführten Satzes, im Einklange mit der für ihn angeführten Quelle.

[Anmerkung.]

Aus der Limes-Formel für $\alpha \to 0$ auf S. 85 folgt zunächst durch Multiplikation mit α

$$x_{\nu+1}(k_{\nu+1} - k_\nu) + l_{\nu+1} - l_\nu = 0$$

und sodann weiter: $k_{\nu+1} - k_\nu = 0$, also auch $l_{\nu+1} - l_\nu = 0$. Die am Schlusse angekündigte weitere Verallgemeinerung des Satzes wurde von Cantor bereits 1872 in der hier mit II,5 bezeichneten Abhandlung ausgeführt.

4. Über trigonometrische Reihen.

[Math. Annalen Bd. 4, S. 139—143 (1871).]

Im 72. Bande des Journals f. d. r. u. angew. Math. [hier II, 1 S. 71] leite ich einen Satz her, welcher zum Gegenstande hat das Unendlichkleinwerden der Koeffizienten trigonometrischer Reihen unter gewissen Voraussetzungen. Ich möchte eine Darstellung des dazu erforderlichen Beweises geben, welche vielleicht in bezug auf Übersichtlichkeit und Einfachheit nichts zu wünschen übrig lassen wird. In der Reihe der Sätze, welche ich im folgenden ableiten werde, ist es der letzte, um den es sich hier handelt, während die übrigen als Hilfssätze auftreten.

I. „*Ist* $x_1, x_2, \ldots x_n, \ldots$ *eine gegebene unendliche Reihe ganzer positiver Zahlen, welche nur an die Bedingungen gebunden ist, daß*

$$x_2 \geqq k x_1, \quad x_3 \geqq k^2 x_2, \quad x_n \geqq k^{n-1} x_{n-1}, \quad \ldots,$$

wo $k > 1$ *ist, so gibt es Zahlengrößen* Ω, *welche eine solche Beziehung zur Zahlenreihe* $x_1, x_2, \ldots$ *haben, daß das Produkt* $x_n \Omega$ *sich von einer ungeraden ganzen Zahl* $2y_n + 1$ *um eine Größe* Θ_n *unterscheidet, welche unendlich klein wird, wenn man* n *ins Unendliche wachsen läßt, und zwar kann die Zahlengröße* Ω *innerhalb eines willkürlich vorgegebenen Intervalles* $(\alpha \ldots \beta)$ *gefunden werden.*"

Beweis. Ich will die Größe des Intervalles $(\alpha \ldots \beta)$ mit i bezeichnen und dasselbe im Positiven voraussetzen, was erlaubt ist, da, wenn eine Zahlengröße Ω die behauptete Eigenschaft hat, auch $-\Omega$ dieselbe Eigenschaft

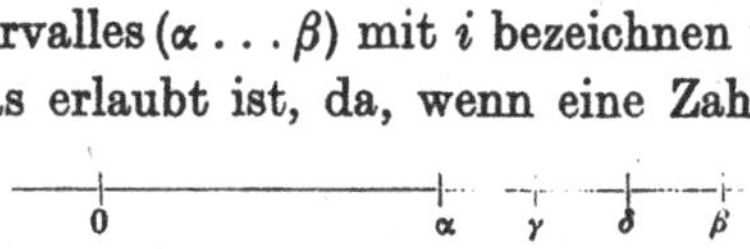

behält, wenn nur statt $2y_n + 1$ die Zahl $-(2y_n + 1)$ genommen wird. Man teile das Intervall in drei gleiche Teile; seien γ und δ die Teilpunkte, so daß: $\overline{\alpha\gamma} = \overline{\gamma\delta} = \overline{\delta\beta} = \frac{i}{3}$.

Sei x_ν die erste der Zahlen x_n, welche größer ist als der größere der beiden Werte $\frac{3}{(k-1)i}$ und $\frac{6}{i}$.

Wir nehmen die ungerade Zahl $2y_\nu + 1$ so an, daß der Bruch $\frac{2y_\nu + 1}{x_\nu}$ in das Intervall $(\gamma \ldots \delta)$ fällt; dies ist möglich, weil $x_\nu > \frac{6}{i}$; alsdann denken wir uns die ungeraden Zahlen $2y_{\nu+1} + 1$, $2y_{\nu+2} + 1$, ... so bestimmt, daß, wenn unter $|z|$ immer der absolute Betrag von z verstanden wird,

$$\begin{array}{l} \left|2y_{\nu+1}+1-(2y_\nu+1)\frac{x_{\nu+1}}{x_\nu}\right|\leqq 1 \\ \cdot\ \cdot\ \cdot\ \cdot\ \cdot\ \cdot\ \cdot\ \cdot\ \cdot\ \cdot\ \cdot\ \cdot\ \cdot\ \cdot\ \cdot \\ \left|2y_{n+1}+1-(2y_n+1)\frac{x_{n+1}}{x_n}\right|\leqq 1. \end{array} \qquad (\mathsf{A})$$

Ich füge noch hinzu, daß, wenn hierbei irgendwo eine Zweideutigkeit für die Zahl $2y_n+1$ eintreten sollte, stets die kleinere Zahl genommen werden soll; alsdann ist durch das Bedingungssystem (A) eine Reihe ungerader Zahlen $2y_n+1$ von $n=\nu$ an eindeutig definiert; für kleinere Werte von n setze man der Gleichförmigkeit wegen für $2y_n+1$ irgendwelche ungerade Zahlen fest.

Die Zahlen x_n und y_n bestimmen nun eine unendliche Reihe von Brüchen

$$\frac{2y_1+1}{x_1},\quad \frac{2y_2+1}{x_2},\quad \ldots\quad \frac{2y_n+1}{x_n},\quad \ldots \qquad (A)$$

welche sich mit wachsendem n einer bestimmten Grenze Ω nähern; denn wegen des Bedingungssystems (A) und da die Reihe $\frac{1}{x_\nu}+\frac{1}{x_{\nu+1}}+\cdots$ konvergent ist, sieht man leicht, daß die Differenz

$$\frac{2y_{n+m}+1}{x_{n+m}}-\frac{2y_n+1}{x_n}$$

unendlich klein wird, wenn, was auch m sei, n unendlich groß wird.

Aus (A) ergibt sich nun, wenn $n\geqq\nu$, für Ω die Relation:

$$\left|\Omega-\frac{2y_n+1}{x_n}\right|\leqq\frac{1}{x_{n+1}}+\frac{1}{x_{n+2}}+\cdots$$

oder

$$|\Omega x_n-2y_n-1|\leqq\frac{x_n}{x_{n+1}}+\frac{x_n}{x_{n+1}}\cdot\frac{x_{n+1}}{x_{n+2}}+\cdots;$$

es ist aber

$$\frac{x_n}{x_{n+1}}\leqq\frac{1}{k^n},\qquad \frac{x_{n+1}}{x_{n+2}}\leqq\frac{1}{k^{n+1}},\qquad \ldots.$$

Daraus folgt

$$|\Omega x_n-2y_n-1|\leqq\frac{1}{k^n}+\frac{1}{k^{2n+1}}+\frac{1}{k^{3n+3}}+\cdots<\frac{1}{k^n}+\frac{1}{k^{2n}}+\frac{1}{k^{3n}}+\cdots,$$

also

$$|\Omega x_n-2y_n-1|<\frac{1}{k^n-1}. \qquad (B)$$

Hieraus ersieht man, daß, da $k>1$, die Differenz $\Theta_n=x_n\Omega-2y_n-1$ mit wachsendem n unendlich klein wird, und es ist somit der erste Teil des Satzes bewiesen.

Es bleibt nur noch zu zeigen, daß die hier gefundene Zahlengröße Ω im Intervalle $(\alpha\ldots\beta)$ liegt; dies ergibt sich aus (B), wenn man darin $n=\nu$

setzt; man hat

$$\left|\Omega - \frac{2y_\nu + 1}{x_\nu}\right| < \frac{1}{x_\nu(k^\nu - 1)}$$

und um so mehr

$$\left|\Omega - \frac{2y_\nu + 1}{x_\nu}\right| < \frac{1}{x_\nu(k-1)}.$$

Es war aber x_ν so angenommen, daß $\frac{1}{x_\nu(k-1)} < \frac{i}{3}$; man hat also

$$\left|\Omega - \frac{2y_\nu + 1}{x_\nu}\right| < \frac{i}{3}. \tag{C}$$

Der Bruch $\frac{2y_\nu + 1}{x_\nu}$ liegt, wie zu Anfang festgesetzt wurde, im Intervalle $(\gamma \ldots \delta)$; die Größe Ω liegt also wegen (C) jedenfalls im Intervalle $(\alpha \ldots \beta)$.

II. „*Ist eine unendliche Größenreihe*

$$c_1, \quad c_2, \quad \ldots, \quad c_n, \quad \ldots$$

so beschaffen, daß man aus jeder in ihr enthaltenen unendlichen Reihe

$$c_{\nu_1}, \quad c_{\nu_2}, \quad \ldots, \quad c_{\nu_n}, \quad \ldots,$$

eine neue Größenreihe

$$c_{\nu_{\mu_1}}, \quad c_{\nu_{\mu_2}}, \quad \ldots, \quad c_{\nu_{\mu_n}}, \quad \ldots$$

ausheben kann, deren Glieder $c_{\nu_{\mu_n}}$ *mit wachsendem* n *unendlich klein werden, so werden auch die Glieder* c_n *der ursprünglichen Reihe mit wachsendem* n *unendlich klein.*“

Beweis. Ist ε eine beliebig angenommene positive Größe, so ist die Anzahl der Glieder in der Reihe c_n, welche ihrem absoluten Betrage nach größer als ε sind, endlich; denn würde sie unendlich sein, so hätte man eine in der ersten enthaltene unendliche Reihe c_{ν_n}, deren Glieder sämtlich größer wären als ε, aus welcher sich daher keine Größenreihe $c_{\nu_{\mu_n}}$ ausheben ließe, deren Glieder mit wachsendem n unendlich klein würden.

Wenn aber in einer Reihe c_n die Anzahl der Glieder, welche größer als eine willkürlich angenommene Größe ε sind, endlich ist, so heißt dies nichts anderes, als daß $\lim c_n = 0$ für $n = \infty$.

III. „*Wenn für jeden Wert von* x *zwischen* 0 *und* $\frac{i}{2}$ (*wo* i *eine beliebige positive Größe ist*) $\lim (c_n \sin n x) = 0$ *ist, so ist* $\lim c_n = 0$.“

Beweis. Sei c_{ν_n} irgend eine in der Reihe c_n enthaltene unendliche Reihe; dann will ich zeigen, daß sich aus der Reihe c_{ν_n} eine neue Reihe $c_{\nu_{\mu_n}}$ ausheben läßt, so daß $\lim c_{\nu_{\mu_n}} = 0$ für $n = \infty$.

Die Reihe $c_{\nu_{\mu_n}}$ werde so aus c_{ν_n} gehoben, daß bei irgend einer fest gewählten Zahl $k > 1$ stets

$$\nu_{\mu_n} \geqq k^{n-1} \nu_{\mu_{n-1}}. \tag{1}$$

Eine solche Aushebung ist immer möglich.

Man bestimme nun nach I. eine Zahlengröße Ω im Intervalle $\left(0 \dots \frac{i}{\pi}\right)$ so, daß

$$\Omega \nu_{\mu_n} - (2 y_n + 1) = \Theta_n$$

mit wachsendem n unendlich klein wird, wobei y_n eine ganze Zahl ist.

Die Zahlengröße $\Omega' = \Omega \frac{\pi}{2}$ (wo π die Verhältniszahl des Umfangs zum Durchmesser beim Kreise ist), liegt alsdann im Intervalle $\left(0 \dots \frac{i}{2}\right)$ und es wird

$$\Omega' \nu_{\mu_n} - \frac{\pi}{2}(2 y_n + 1) = \Theta_n' \tag{2}$$

mit wachsendem n unendlich klein.

Wenden wir nun die Voraussetzung, welche dem Satze zugrunde liegt (daß nämlich $\lim c_n \sin n x = 0$ für jeden Wert von x im Intervalle $\left(0 \dots \frac{i}{2}\right)$ sein soll), auf den Fall $x = \Omega'$ an, so hat man

$$\lim (c_n \sin n \Omega') = 0$$

und daher auch

$$\lim \left(c_{\nu_{\mu_n}} \sin \nu_{\mu_n} \Omega'\right) = 0 \text{ für } n = \infty.$$

Wegen (2) kann man hier $\sin \nu_{\mu_n} \Omega'$ durch $\pm \cos \Theta_n'$ ersetzen und man hat also

$$\lim \left(c_{\nu_{\mu_n}} \cos \Theta_n'\right) = 0 \text{ für } n = \infty. \tag{3}$$

Da nun aber Θ_n' mit wachsendem n unendlich klein wird, so folgt ohne weiteres aus (3)

$$\lim c_{\nu_{\mu_n}} = 0 \text{ für } n = \infty.$$

Mit Zuhilfenahme des Satzes II. schließt man nun, daß

$$\lim c_n = 0 \text{ für } n = \infty.$$

IV. „*Wenn für jeden reellen Wert von* x *zwischen gegebenen Grenzen* $\alpha \dots \beta$ *die Bedingung erfüllt ist*

$$\lim (a_n \sin n x + b_n \cos n x) = 0,$$

so ist sowohl $\lim a_n = 0$, *wie* $\lim b_n = 0$."

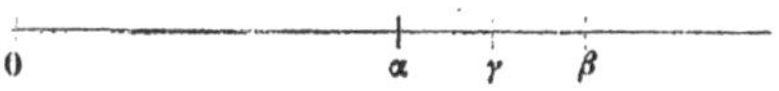

Beweis. Sei γ der in der Mitte zwischen $\alpha \ldots \beta$ gelegene Wert; die Größe des Intervalles will ich hier wieder i nennen. Setzen wir

$$a_n \cos n\gamma - b_n \sin n\gamma = c_n$$
$$a_n \sin n\gamma + b_n \cos n\gamma = d_n,$$

so ist

$$a_n = \quad c_n \cos n\gamma + d_n \sin n\gamma$$
$$b_n = -c_n \sin n\gamma + d_n \cos n\gamma.$$

Wenn wir nun zeigen könnten, daß $\lim c_n = 0$, $\lim d_n = 0$, so würde daraus folgen, daß $\lim a_n = 0$, $\lim b_n = 0$. Es ist aber wegen der Voraussetzung, welche dem Satze zugrunde liegt, wenn man sie auf $x = \gamma$ anwendet:

$$\lim d_n = 0$$

und es verbleibt daher nur noch zu beweisen, daß $\lim c_n = 0$.

Dies geschieht auf folgende Weise:

Man hat für jeden positiven Wert von $x < \frac{i}{2}$ die beiden Relationen

$$\lim (a_n \sin n(\gamma + x) + b_n \cos n(\gamma + x)) = 0$$
$$\lim (a_n \sin n(\gamma - x) + b_n \cos n(\gamma - x)) = 0,$$

aus welchen durch Subtraktion (wenn man außerdem durch 2 dividiert) hervorgeht:

$$\lim (c_n \sin n x) = 0 \text{ für } n = \infty,$$

wenn x irgend ein positiver Wert kleiner als $\frac{i}{2}$ ist. Wegen des Satzes III. ist also

$$\lim c_n = 0. \quad \text{q. e. d.}$$

[Anmerkung.]

Wie schon in der Anmerkung zu II, 1 bemerkt, handelt es sich hier um eine Vereinfachung des dort entwickelten Beweisverfahrens unter Beibehaltung des Grundgedankens. Hierbei wird u. a. Gebrauch gemacht von der schon in II, 3 zum Beweise des Eindeutigkeitssatzes verwendeten Kroneckerschen Idee, das Argument x durch die beiden $\gamma \pm x$ zu ersetzen.

5. Über die Ausdehnung eines Satzes aus der Theorie der trigonometrischen Reihen.

[Math. Annalen Bd. 5, S. 123—132 (1872).]

Im folgenden werde ich eine gewisse Ausdehnung des Satzes, daß die trigonometrischen Reihendarstellungen eindeutig sind, mitteilen.

Daß zwei trigonometrische Reihen

$$\tfrac{1}{2}b_0 + \sum(a_n \sin nx + b_n \cos nx) \quad \text{und} \quad \tfrac{1}{2}b_0' + \sum(a_n' \sin nx + b_n' \cos nx),$$

welche für jeden Wert von x konvergieren und dieselbe Summe haben, in ihren Koeffizienten übereinstimmen, habe ich im „Journal f. d. r. u. angew. Math. Bd. 72, S. 139“ [hier II 2, S. 80] nachzuweisen versucht; in einer auf diese Arbeit sich beziehenden Notiz habe ich a. a. O. ferner gezeigt, daß dieser Satz auch erhalten bleibt, wenn man für eine endliche Anzahl von Werten des x entweder die Konvergenz oder die Übereinstimmung der Reihensummen aufgibt.

Die *hier* beabsichtigte Ausdehnung besteht darin, daß für eine *unendliche* Anzahl von Werten des x im Intervalle $(0 \ldots 2\pi)$ auf die Konvergenz oder auf die Übereinstimmung der Reihensummen verzichtet wird, ohne daß die Gültigkeit des Satzes aufhört.

Zu dem Ende bin ich aber genötigt, wenn auch zum größten Teile nur andeutungsweise, Erörterungen voraufzuschicken, welche dazu dienen mögen, Verhältnisse in ein Licht zu stellen, die stets auftreten, sobald Zahlengrößen in endlicher oder unendlicher Anzahl gegeben sind; dabei werde ich zu gewissen Definitionen hingeleitet, welche hier nur zum Behufe einer möglichst gedrängten Darstellung des beabsichtigten Satzes, dessen Beweis im § 3 gegeben wird, aufgestellt werden.

§ 1.

Die rationalen Zahlen bilden die Grundlage für die Feststellung des weiteren Begriffes einer Zahlengröße; ich will sie das Gebiet A nennen (mit Einschluß der Null).

Wenn ich von einer Zahlengröße im weiteren Sinne rede, so geschieht es zunächst in dem Falle, daß eine durch ein Gesetz gegebene unendliche Reihe von rationalen Zahlen

$$a_1, a_2, \ldots a_n, \ldots \tag{1}$$

vorliegt, welche die Beschaffenheit hat, daß die Differenz $a_{n+m} - a_n$ mit wachsendem n unendlich klein wird, was auch die positive ganze Zahl m sei, oder mit anderen Worten, daß bei beliebig angenommenem (positiven, rationalen) ε eine ganze Zahl n_1 vorhanden ist, so daß $|a_{n+m} - a_n| < \varepsilon$, wenn $n \geqq n_1$ und wenn m eine beliebige positive ganze Zahl ist.

Diese Beschaffenheit der Reihe (1) drücke ich in den Worten aus: „*Die Reihe* (1) *hat eine bestimmte Grenze* b."

Es haben also diese Worte zunächst keinen anderen Sinn als den eines Ausdruckes für *jene* Beschaffenheit der Reihe, und aus dem Umstande, daß wir mit der Reihe (1) ein besonderes Zeichen b verbinden, folgt, daß bei verschiedenen derartigen Reihen auch verschiedene Zeichen $b, b', b'', \ldots$ zu bilden sind.

Ist eine zweite Reihe

$$a'_1, a'_2, \ldots a'_n, \ldots \tag{1'}$$

gegeben, welche eine bestimmte Grenze b' hat, so findet man, daß die beiden Reihen (1) und (1') eine von den folgenden 3 Beziehungen stets haben, die sich gegenseitig ausschließen: entweder 1. wird $a_n - a'_n$ unendlich klein mit wachsendem n oder 2. $a_n - a'_n$ bleibt von einem gewissen n an stets größer als eine positive (rationale) Größe ε oder 3. $a_n - a'_n$ bleibt von einem gewissen n an stets kleiner als eine negative (rationale) Größe $-\varepsilon$.

Wenn die erste Beziehung stattfindet, setze ich

$$b = b',$$

bei der zweiten $b > b'$, bei der dritten $b < b'$.

Ebenso findet man, daß eine Reihe (1), welche eine Grenze b hat, zu einer rationalen Zahl a nur eine von den folgenden 3 Beziehungen hat. Entweder 1. wird $a_n - a$ unendlich klein mit wachsendem n, oder 2. $a_n - a$ bleibt von einem gewissen n an immer größer als eine positive (rationale) Größe ε oder 3. $a_n - a$ bleibt von einem gewissen n an immer kleiner als eine negative (rationale) Größe $-\varepsilon$.

Um das Bestehen dieser Beziehungen auszudrücken, setzen wir resp.

$$b = a, \ b > a, \ b < a.$$

Aus diesen und den gleich folgenden Definitionen ergibt sich als *Folge*, daß, wenn b die Grenze der Reihe (1) ist, alsdann $b - a_n$ mit wachsendem n unendlich klein wird, womit *nebenbei* die Bezeichnung „Grenze der Reihe (1)" für b eine gewisse Rechtfertigung findet.

Die Gesamtheit der Zahlengrößen b möge durch B bezeichnet werden.

Mittels obiger Festsetzungen lassen sich die Elementaroperationen, welche mit rationalen Zahlen vorgenommen werden, ausdehnen auf die beiden Gebiete A und B zusammengenommen.

Sind nämlich b, b', b'' drei Zahlengrößen aus B, so dienen die Formeln

$$b \pm b' = b'', \quad bb' = b'', \quad \frac{b}{b'} = b''$$

als Ausdruck dafür, daß zwischen den den Zahlen b, b', b'' entsprechenden Reihen

$$\begin{array}{l} a_1, a_2, \ldots \\ a'_1, a'_2, \ldots \\ a''_1, a''_2, \ldots \end{array}$$

resp. die Beziehungen bestehen

$$\lim (a_n \pm a'_n - a''_n) = 0, \qquad \lim (a_n a'_n - a''_n) = 0,$$

$$\lim \left(\frac{a_n}{a'_n} - a''_n\right) = 0 \text{ [für } a'_n \neq 0],$$

wo ich auf die Bedeutung des lim-Zeichens nach dem Vorhergehenden nicht näher einzugehen brauche. Ähnliche Definitionen werden für die Fälle aufgestellt, daß von den drei Zahlen eine oder zwei dem Gebiete A angehören.

Allgemein wird sich daraus jede mittels einer endlichen Anzahl von Elementaroperationen gebildete Gleichung

$$F(b, b', \ldots b^{(\varrho)}) = 0$$

als der Ausdruck für eine bestimmte Beziehung ergeben, welche unter den Reihen stattfindet, durch welche die Zahlengrößen b, b', b'', $\ldots b^{(\varrho)}$ gegeben sind[1].

Das Gebiet B ergab sich aus dem Gebiete A; es erzeugt nun in analoger Weise in Gemeinschaft mit dem Gebiete A ein neues Gebiet C.

Liegt nämlich eine unendliche Reihe

$$b_1, b_2, \ldots b_n, \ldots \tag{2}$$

von Zahlengrößen aus den Gebieten A und B vor, welche nicht sämtlich dem Gebiete A angehören, und hat diese Reihe die Beschaffenheit, daß $b_{n+m} - b_n$ mit wachsendem n unendlich klein wird, was auch m sei, eine

[1] Wenn z. B. eine Gleichung μ^{ten} Grades $f(x) = 0$ mit ganzzahligen Koeffizienten eine reelle Wurzel ω besitzt, so heißt dies im allgemeinen nichts anderes, als daß eine Reihe

$$a_1, a_2, \ldots, a_n, \ldots$$

von der Beschaffenheit der Reihe (1) vorliegt, für deren Grenze das Zeichen ω gewählt ist, welche außerdem die Eigenschaft hat

$$\lim f(a_n) = 0.$$

Beschaffenheit, die nach den vorangegangenen Definitionen begrifflich etwas ganz Bestimmtes ist, so sage ich von dieser Reihe aus, daß sie eine bestimmte Grenze c hat.

Die Zahlengrößen c konstituieren das Gebiet C.

Die Definitionen des Gleich-, Größer- und Kleinerseins, sowie der Elementaroperationen sowohl unter den Größen c, wie auch zwischen ihnen und den Größen der Gebiete B und A werden dem früheren analog gegeben.

Während sich nun die Gebiete B und A so zueinander verhalten, daß zwar jedes a einem b, nicht aber umgekehrt jedes b einem a gleichgesetzt werden kann, stellt es sich hier heraus, daß sowohl jedes b einem c, wie auch umgekehrt jedes c einem b gleichgesetzt werden kann.

Obgleich hierdurch die Gebiete B und C sich gewissermaßen gegenseitig decken, ist es bei der hier dargelegten Theorie (in welcher die Zahlengröße, zunächst an sich im allgemeinen gegenstandslos, nur als Bestandteil von Sätzen erscheint, welchen Gegenständlichkeit zukommt, des Satzes z. B., daß die entsprechende Reihe die Zahlengröße zur Grenze hat) wesentlich, an dem begrifflichen Unterschiede der beiden Gebiete B und C festzuhalten, indem ja schon die Gleichsetzung zweier Zahlengrößen b, b' aus B ihre Identität nicht einschließt, sondern nur eine bestimmte Relation ausdrückt, welche zwischen den Reihen stattfindet, auf welche sie sich beziehen.

Aus dem Gebiete C und den vorhergehenden geht analog ein Gebiet D, aus diesen ein E hervor usw.; durch λ solcher Übergänge (wenn ich den Übergang von A zu B als den ersten ansehe) gelangt man zu einem Gebiete L von Zahlengrößen. Dasselbe verhält sich, wenn man die Kette der Definitionen für Gleich-, Größer- und Kleinersein und für die Elementaroperationen von Gebiet zu Gebiet vollzogen denkt, zu den vorhergehenden, mit Ausschluß von A so, daß eine Zahlengröße l stets gleichgesetzt werden kann einer Zahlengröße $k, i, \ldots c, b$ und umgekehrt.

Auf die Form solcher Gleichsetzungen lassen sich die Resultate der Analysis (abgesehen von wenigen bekannten Fällen) zurückführen, obgleich (was hier nur mit Rücksicht auf jene Ausnahmen berührt sein mag) der Zahlenbegriff, soweit er hier entwickelt ist, den Keim zu einer in sich notwendigen und absolut unendlichen Erweiterung in sich trägt.

Es scheint sachgemäß, wenn eine Zahlengröße im Gebiete L gegeben ist, sich des Ausdruckes zu bedienen: *sie ist als Zahlengröße, Wert oder Grenze* λ^{ter} *Art gegeben*, woraus ersichtlich ist, daß ich mich der Worte *Zahlengröße*, *Wert* und *Grenze* im allgemeinen in gleicher Bedeutung bediene.

Eine mittels einer endlichen Anzahl von Elementaroperationen aus Zahlen $l, l', \ldots l^{(\varrho)}$ gebildete Gleichung $F(l, l', \ldots l^{(\varrho)}) = 0$ erscheint bei der hier angedeuteten Theorie genau genommen als der Ausdruck für eine bestimmte Beziehung zwischen $\varrho + 1$, *im allgemeinen λfach unendlichen Reihen rationaler Zahlen*; es sind dies die Reihen, welche aus den einfach unendlichen, auf die sich die Größen $l, l', \ldots l^{(\varrho)}$ zunächst beziehen, hervorgehen, indem man in ihnen die Elemente durch ihre entsprechenden Reihen ersetzt, die entstehenden, im allgemeinen zweifach unendlichen Reihen ebenso behandelt und diesen Prozeß so lange fortführt, bis man nur rationale Zahlen vor sich sieht.

Es sei mir vorbehalten, auf alle diese Verhältnisse bei einer andern Gelegenheit ausführlicher zurückzukommen. *Wie* die in diesem § auftretenden Festsetzungen und Operationen mit Nutzen der Infinitesimalanalysis dienen können, darauf einzugehen ist hier gleichfalls nicht der Ort. Auch das folgende, wo der Zusammenhang der Zahlengrößen mit der Geometrie der geraden Linie dargelegt wird, beschränkt sich fast nur auf die notwendigen Sätze, aus welchen, wenn ich nicht irre, das übrige mittels rein logischer Beweisführung abgeleitet werden kann. Zum Vergleiche mit § 1 und § 2 sei das 10. Buch der „Elemente des Euklides" erwähnt, welches für den darin behandelten Gegenstand maßgebend bleibt.

§ 2.

Die Punkte einer geraden Linie werden dadurch begrifflich bestimmt, daß man unter Zugrundelegung einer Maßeinheit ihre Abszissen d. h. ihre Entfernungen von einem festen Punkte o der geraden Linie mit dem $+$ oder $-$ Zeichen angibt, je nachdem der betreffende Punkt in dem (vorher fixierten) positiven oder negativen Teile der Linie von o aus liegt.

Hat diese Entfernung zur Maßeinheit ein rationales Verhältnis, so wird sie durch eine Zahlengröße des Gebietes A ausgedrückt; im andern Falle ist es, wenn der Punkt etwa durch eine Konstruktion *bekannt* ist, immer möglich, eine Reihe

$$a_1,\ a_2,\ \ldots\ a_n,\ \ldots \tag{1}$$

anzugeben, welche die in § 1 ausgedrückte Beschaffenheit und zur fraglichen Entfernung eine solche Beziehung hat, daß die Punkte der Geraden, denen die Entfernungen $a_1, a_2, \ldots a_n, \ldots$ zukommen, dem zu bestimmenden Punkte mit wachsendem n unendlich nahe rücken.

Dies drücken wir so aus, daß wir sagen: *Die Entfernung des zu bestimmenden Punktes von dem Punkte o ist gleich b, wo b* die der Reihe (1) entsprechende Zahlengröße ist.

Hierauf wird nachgewiesen, daß das Größer-, Kleiner- und Gleichsein von bekannten Entfernungen in Übereinstimmung ist mit dem in § 1 definierten Größer-, Kleiner- und Gleichsein der entsprechenden Zahlengrößen, welche die Entfernungen angeben.

Daß nun ebenso auch die Zahlengrößen der Gebiete C, D, ... befähigt sind, bekannte Entfernungen zu bestimmen, ergibt sich ohne Schwierigkeit. Um aber den in diesem § dargelegten Zusammenhang der Gebiete der in § 1 definierten Zahlengrößen mit der Geometrie der geraden Linie vollständig zu machen, ist nur noch ein *Axiom* hinzuzufügen, welches einfach darin besteht, daß auch umgekehrt zu jeder Zahlengröße ein bestimmter Punkt der Geraden gehört, dessen Koordinate gleich ist jener Zahlengröße, und zwar in dem Sinne gleich, wie solches in diesem § erklärt wird[1].

Ich nenne diesen Satz ein *Axiom*, weil es in seiner Natur liegt, nicht allgemein beweisbar zu sein.

Durch ihn wird denn auch nachträglich für die Zahlengrößen eine gewisse Gegenständlichkeit gewonnen, von welcher sie jedoch ganz unabhängig sind.

Dem Obigen gemäß betrachte ich einen Punkt der Geraden als bestimmt, wenn seine Entfernung von o mit dem gehörigen Zeichen versehen, als Zahlengröße, Wert oder Grenze λ^{ter} Art gegeben ist.

Wir wollen nun, unserm eigentlichen Gegenstande näher tretend, Beziehungen betrachten, welche auftreten, sobald Zahlengrößen in endlicher oder unendlicher Anzahl gegeben sind.

Nach dem Vorhergehenden können die Zahlengrößen den Punkten einer Geraden zugeordnet gedacht werden. Der Anschaulichkeit wegen (nicht daß es wesentlich zur Sache gehörte) bedienen wir uns dieser Vorstellung im folgenden und haben, wenn wir von Punkten sprechen, stets Werte im Auge, durch welche sie gegeben sind.

Eine gegebene endliche oder unendliche Anzahl von Zahlengrößen nenne ich der Kürze halber eine *Wertmenge* und dem entsprechend eine gegebene endliche oder unendliche Anzahl von Punkten einer Geraden eine *Punktmenge*. Was im folgenden von Punktmengen ausgesprochen wird, läßt sich dem gesagten gemäß unmittelbar auf Wertmengen übertragen.

Wenn in einem endlichen Intervalle eine Punktmenge gegeben ist, so ist mit ihr im allgemeinen eine zweite Punktmenge, mit dieser im allgemeinen eine dritte usw. gegeben, welche für die Auffassung der Natur der ersten Punktmenge wesentlich sind.

Um diese abgeleiteten Punktmengen zu definieren, haben wir den Begriff *Grenzpunkt [„Häufungspunkt"] einer Punktmenge* vorauszuschicken.

---

[1] Es gehört also zu jeder Zahlengröße ein bestimmter Punkt, einem Punkte kommen aber unzählig viele gleiche Zahlengrößen als Koordinaten im obigen Sinne zu; denn es folgt, wie schon oben angedeutet wurde, aus rein logischen Gründen, daß gleichen Zahlengrößen *nicht* verschiedene Punkte entsprechen können und daß ungleichen Zahlengrößen als Koordinaten *nicht* ein und derselbe Punkt zukommen kann.

Unter einem „Grenzpunkt einer Punktmenge P“ verstehe ich einen Punkt der Geraden von solcher Lage, daß in jeder Umgebung desselben *unendlich* viele Punkte aus P sich befinden, wobei es vorkommen kann, daß er außerdem selbst zu der Menge gehört. Unter „Umgebung eines Punktes“ sei aber hier ein jedes Intervall verstanden, welches den Punkt *in seinem Innern* hat. Darnach ist es leicht zu beweisen, daß eine aus einer unendlichen Anzahl von Punkten bestehende [„beschränkte“] Punktmenge stets zum wenigsten *einen* Grenzpunkt hat.

Es ist nun ein bestimmtes Verhalten eines jeden Punktes der Geraden zu einer gegebenen Menge P, entweder ein Grenzpunkt derselben oder kein solcher zu sein, und es ist daher mit der Punktmenge P die Menge ihrer Grenzpunkte *begrifflich* mit gegeben, welche ich mit P' bezeichnen und „die *erste abgeleitete Punktmenge* von P“ nennen will.

Besteht die Punktmenge P' nicht aus einer bloß endlichen Anzahl von Punkten, so hat sie gleichfalls eine abgeleitete Punktmenge P'', ich nenne sie *die zweite abgeleitete von* P. Man findet durch ν solcher Übergänge den Begriff der ν^{ten} abgeleiteten Punktmenge $P^{(\nu)}$ von P.

Besteht beispielsweise die Menge P aus allen Punkten der Geraden, denen rationale Abszissen zwischen 0 und 1, die Grenzen ein- oder ausgeschlossen, zukommen, so besteht die abgeleitete Menge P' aus *allen* Punkten des Intervalles $(0 \ldots 1)$, die Grenzen 0 und 1 mit eingeschlossen. Die folgenden Mengen $P'', P''', \ldots$ stimmen hier mit P' überein. Oder, besteht die Menge P aus den Punkten, welchen die Abszissen $1, \frac{1}{2}, \frac{1}{3}, \ldots \frac{1}{n}, \ldots$ zukommen, so besteht die Menge P' aus dem *einen* Punkte 0 und hat selbst keine Abgeleitete.

Es kann eintreffen, und dieser Fall ist es, welcher uns hier ausschließlich interessiert, daß nach ν Übergängen die Menge $P^{(\nu)}$ aus einer endlichen Anzahl von Punkten besteht, mithin selbst keine abgeleitete Menge hat; in diesem Falle wollen wir die ursprüngliche Punktmenge P *von der* ν^{ten} *Art* nennen, woraus folgt, daß alsdann $P', P'', \ldots$ von der $\overline{\nu - 1}^{\text{ten}}, \overline{\nu - 2}^{\text{ten}} \ldots$ Art sind.

Es wird also bei dieser Auffassungsweise das Gebiet aller Punktmengen bestimmter Art als ein besonderes Genus innerhalb des Gebietes aller denkbaren Punktmengen betrachtet, von welchem Genus die sogenannten Punktmengen ν^{ter} Art eine besondere Art ausmachen.

Ein Beispiel einer Punktmenge ν^{ter} Art bietet schon ein einzelner Punkt dar, wenn seine Abszisse als Zahlengröße ν^{ter} Art, welche gewissen, leicht festzustellenden Bedingungen genügt, gegeben ist. Löst man nämlich alsdann diese Zahlengröße in die Glieder $\overline{(\nu - 1)}^{\text{ter}}$ Art der ihr entsprechenden Reihe auf, diese Glieder wieder in die sie konstituierenden Glieder $\overline{(\nu - 2)}^{\text{ter}}$ Art usw., so erhält man zuletzt eine unendliche Anzahl rationaler Zahlen; denkt man sich die diesen Zahlen entsprechende Punktmenge, so ist dieselbe von der ν^{ten} Art[1].

Nach diesen Vorbereitungen sind wir nun imstande, den beabsichtigten Satz im folgenden § kurz anzugeben und zu beweisen.

§ 3.

Theorem. *Wenn eine Gleichung besteht von der Form*

$$0 = C_0 + C_1 + \cdots + C_n + \cdots, \tag{1}$$

wo $C_0 = \frac{1}{2} d_0$; $C_n = c_n \sin n x + d_n \cos n x$, *für alle Werte von x mit Ausnahme derjenigen, welche den Punkten einer im Intervalle $(0 \ldots 2\pi)$ gegebenen Punktmenge P der ν^{ten} Art entsprechen, wobei ν eine beliebig große ganze Zahl bedeutet, so ist*

$$d_0 = 0\,,\ c_n = d_n = 0\,.$$

Beweis: In diesem Beweise hat man, wie durch den Fortgang ersichtlich wird, wenn von P die Rede ist, nicht bloß die gegebene Menge ν^{ter} Art der Ausnahmepunkte im Intervalle $(0 \ldots 2\pi)$, sondern diejenige Menge im Auge, welche auf der ganzen, unendlichen Linie aus der periodischen Wiederholung jener hervorgeht.

Betrachten wir nun die Funktion

$$F(x) = C_0 \frac{xx}{2} - C_1 - \frac{C_2}{4} - \cdots - \frac{C_n}{nn} - \cdots$$

Aus der Natur einer Punktmenge ν^{ter} Art ergibt sich leicht, daß ein Intervall $(\alpha \ldots \beta)$ vorhanden sein muß, in welchem kein Punkt der Menge P liegt; für alle Werte von x in diesem Intervalle wird also wegen der vorausgesetzten Konvergenz unserer Reihe (I) sein

$$\lim\,(c_n \sin nx + d_n \cos nx) = 0,$$

mithin ist einem bekannten Satze gemäß (Math. Ann. Bd. 4, S. 139) [hier II 4, S. 87]

$$\lim c_n = 0\,, \quad \lim d_n = 0\,.$$

Die Funktion $F(x)$ hat also (siehe Riemann: Über die Darstellbarkeit einer Funktion durch eine trigonometrische Reihe, § 8) folgende Eigenschaften:

1. sie ist stetig in der Nähe eines jeden Wertes von x,

---

[1] Daß dies nicht stets der Fall ist, möchte vielleicht noch ausdrücklich hervorgehoben zu werden verdienen. Im allgemeinen kann die auf jene Weise aus einer Zahlengröße ν^{ter} Art hervorgehende Punktmenge sowohl von niederer wie auch von höherer als der ν^{ten} Art oder selbst gar nicht von bestimmter Art sein.

2. es ist $\lim \frac{F(x+\alpha)+F(x-\alpha)-2F(x)}{\alpha\alpha}=0$, wenn $\lim \alpha = 0$, für alle Werte von x mit Ausnahme der den Punkten der Menge P entsprechenden Werte,

3. es ist $\lim \frac{F(x+\alpha)+F(x-\alpha)-2F(x)}{\alpha}=0$, wenn $\lim \alpha = 0$, für jeden Wert von x ohne Ausnahme.

Ich will nun zeigen, daß $F(x) = cx + c'$ ist.

Dazu betrachte ich zuerst irgend ein Intervall $(p \ldots q)$, in welchem nur eine endliche Anzahl von Punkten der Menge P liegt; diese Punkte seien $x_0, x_1, \ldots x_r$, ihrer Aufeinanderfolge nach geschrieben.

Ich behaupte, daß $F(x)$ im Intervalle $(p \ldots q)$ *linear* ist; denn $F(x)$ ist wegen der Eigenschaften 1. und 2. eine lineare Funktion in jedem der Intervalle, in welche $(p \ldots q)$ durch die Punkte $x_0, x_1, \ldots x_r$ geteilt wird; da nämlich in keines dieser Intervalle Ausnahmepunkte fallen, so gelten hier die im Aufsatze (siehe Journal f. d. r. u. angew. Math. Bd. 72, S. 139) [hier II, 2 S. 80] angewandten Schlüsse; es bleibt daher nur übrig, die Identität dieser linearen Funktionen nachzuweisen.

Ich will dies für je zwei benachbarte tun und wähle dazu die in den beiden Intervallen $(x_0 \ldots x_1)$ und $(x_1 \ldots x_2)$.

In $(x_0 \ldots x_1)$ sei $F(x) = kx + l$.

In $(x_1 \ldots x_2)$ sei $F(x) = k'x + l'$.

Wegen 1. ist $F(x_1) = kx_1 + l$; ferner ist für hinreichend kleine Werte von α

$$F(x_1+\alpha) = k'(x_1+\alpha) + l'; \; F(x_1-\alpha) = k(x_1-\alpha) + l.$$

Wegen 3. hat man also

$$\lim \frac{(k'-k)\,x_1 + l' - l + \alpha\,(k'-k)}{\alpha} = 0\,, \text{ für } \lim \alpha = 0\,,$$

was nicht anders möglich ist, als wenn [vgl. unsere Anmerkung zu II, 3]

$$k = k', \quad l = l'.$$

(A) „*Ist $(p \ldots q)$ irgend ein Intervall, in welchem nur eine endliche Anzahl von Punkten der Menge P liegt, so ist $F(x)$ in diesem Intervalle linear.*“

Weiter betrachte ich irgend ein Intervall $(p' \ldots q')$, welches nur eine endliche Anzahl von Punkten $x'_0, x'_1, \ldots x'_r$ der ersten abgeleiteten Menge P' enthält, und behaupte zunächst, daß in jedem der Teilintervalle, in welche $(p \ldots q)$ durch die Punkte $x'_0, x'_1, \ldots$ zerfällt, die Funktion $F(x)$ linear ist, z. B. in $(x'_0 \ldots x'_1)$.

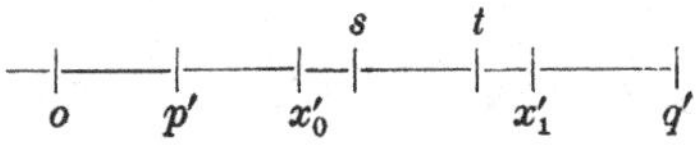

Denn jedes dieser Teilintervalle enthält zwar im allgemeinen unendlich viele Punkte aus P, so daß das Resultat (A) nicht unmittelbar auf dasselbe

Anwendung findet; dagegen enthält jedes Intervall $(s \ldots t)$, welches ganz innerhalb $(x'_0 \ldots x'_1)$ fällt, nur eine endliche Anzahl von Punkten aus P (weil sonst zwischen x'_0 und x'_1 noch andere Punkte der Menge P' fallen würden), und die Funktion ist also in $(s \ldots t)$ wegen (A) linear. Indem man aber die Endpunkte s und t den Punkten x'_0 und x'_1 beliebig nahe bringen kann, wird ohne weiteres geschlossen, daß die stetige Funktion $F(x)$ auch linear ist in $(x'_0 \ldots x'_1)$.

Nachdem dies für jedes der Teilintervalle von $(p' \ldots q')$ nachgewiesen ist, erhält man durch dieselben Schlüsse wie diejenigen, welche das Resultat (A) erzielten, folgendes:

(A') „*Ist* $(p' \ldots q')$ *irgend ein Intervall, in welchem nur eine endliche Anzahl von Punkten der Menge* P' *liegt, so ist* $F(x)$ *in diesem Intervalle linear.*"

Der Beweis geht in diesem Sinne fort. *Steht nämlich einmal fest, daß* $F(x)$ *eine lineare Funktion ist in irgend einem Intervalle* $(p^{(k)} \ldots q^{(k)})$, *welches nur eine endliche Anzahl von Punkten aus der* k^{ten} *abgeleiteten Punktmenge* $P^{(k)}$ *von* P *enthält, so folgert man ebenso wie bei dem Übergange von* (A) *zu* (A') *weiter, daß* $F(x)$ *auch eine lineare Funktion ist in irgend einem Intervalle* $(p^{(k+1)} \ldots q^{(k+1)})$, *welches nur eine endliche Anzahl von Punkten der* $(k+1)^{\text{ten}}$ *abgeleiteten Punktmenge* $P^{(k+1)}$ *in sich faßt.*

Wir schließen so durch eine *endliche* Anzahl von *Übergängen*, daß $F(x)$ in jedem Intervalle, welches nur eine endliche Anzahl von Punkten der Menge $P^{(\nu)}$ enthält, *linear* ist. Nun ist aber die Menge P von der ν^{ten} Art, wie vorausgesetzt wurde, es enthält mithin überhaupt ein beliebig in der Geraden angenommenes Intervall $(a \ldots b)$ nur eine endliche Anzahl Punkte aus $P^{(\nu)}$. Es ist also $F(x)$ linear in jedem willkürlich angenommenen Intervalle $(a \ldots b)$, und daraus folgt, wie leicht zu sehen, für $F(x)$ die Form: $F(x) = cx + c'$ für alle Werte des x. Nachdem dies dargetan ist, geht der Beweis in der nämlichen Weise weiter wie in der schon zweimal zitierten Abhandlung von dem Momente an, wo darin ebenfalls für $F(x)$ die lineare Form nachgewiesen ist.

Dem hier bewiesenen Satze kann auch die folgende Fassung gegeben werden:

„*Eine unstetige Funktion* $f(x)$, *welche für alle Werte von* x, *welche den Punkten einer im Intervalle* $(0 \ldots 2\pi)$ *gegebenen Punktmenge* P *der* ν^{ten} *Art entsprechen, von Null verschieden oder unbestimmt, für alle übrigen Werte des* x *aber gleich Null ist, kann durch eine trigonometrische Reihe nicht dargestellt werden.*"

[Anmerkung.]

Diese Abhandlung bringt die in II 3 (S. 85) in Aussicht gestellte Verallgemeinerung des Eindeutigkeitstheorems auf den Fall, wo die Ausnahmewerte des Argumentes eine *unendliche* Menge P bilden, die nur endlich viele (nicht verschwindende) „Ableitungen“ $P', P'', \ldots P^{(\nu)}$ besitzt.

Wiewohl diese Ausdehnung des Satzes noch nicht seine äußerste Grenze darstellt, so ist die Abhandlung doch wichtig in zweifacher Beziehung:

1. Sie bringt im § 1 in gedrängter Darstellung zum ersten Male die sog. „Cantorsche Theorie der Irrationalzahlen“, worin diese als „Grenzwerte“ konvergenter Reihen von Rationalzahlen (später von Cantor „Fundamentalreihen“ genannt) erklärt werden. Unter einer „Zahlengröße“ wird hier immer das verstanden, was heute gewöhnlich als „reelle Zahl“ bezeichnet wird.

2. Im § 2 wird aus dem Begriffe des „Grenzpunktes“ einer unendlichen Punkt- oder Zahlenmenge (heute gewöhnlich „Häufungspunkt“ genannt), der Begriff der „abgeleiteten Punktmenge“ entwickelt, der dann α mal iteriert zur Definition von „Punktmengen αter Art“ führt. Seine weitere Ausdehnung über jeden endlichen Index α hinaus hat den Forscher dann mit innerer Notwendigkeit zur Begriffsschöpfung „transfiniter“ Ordnungszahlen ω, $\omega + 1, \ldots \omega^2, \ldots$ geführt. In diesem Begriffe der „höheren Ableitungen“ einer Punktmenge haben wir somit den eigentlichen Keimpunkt und in der Theorie der trigonometrischen Reihen die Geburtsstätte der Cantorschen „Mengenlehre“ zu erblicken.

6. Bemerkung über trigonometrische Reihen.

[Math. Annalen Bd. 16, S. 113–114 (1880).]

Auf Seite 95 im 64ten Teile des Archivs der Math. u. Physik versucht Herr Appell für einen von mir in Crelles Journal Bd. 72 [II 2, S. 80] bewiesenen Satz einen einfacheren Beweis zu geben.

Es handelt sich darum, zu zeigen, daß, wenn für jeden speziellen Wert von x in einem Intervalle $(\alpha \ldots \beta)$ die Bedingung erfüllt ist:

$$\operatorname{Lim}(a_n \cos n x + b_n \sin n x) = 0$$
$$\text{für} \quad n = \infty,$$

alsdann a_n und b_n mit wachsendem n unendlich klein werden.

Herr Appell versteht unter B_n den absolut größten Wert, welchen die Funktion $a_n \cos n x + b_n \sin n x$ für alle Werte von x im Intervalle $(\alpha \ldots \beta)$ annimmt, und sagt: „cette valeur B_n tend également sur 0 quand n augmente indéfiniment.“

Diese Behauptung jedoch, auf welche sich der ganze Beweis des Herrn Appell gründet, ist, wenn sie nicht speziell begründet wird, durchaus *unzulässig* und *gleichbedeutend* mit der *Annahme*, daß die Funktion

$$a_n \cos n x + b_n \sin n x$$

für alle Werte von x im gedachten Intervalle in *gleichem Grade* gegen Null konvergiert[1], wenn n in das Unendliche wächst.

Daß mit *Hinzuziehung* dieser *Annahme* der Beweis des Satzes *leicht* geführt werden kann, ist bereits von Herrn Heine in Crelles Journal Bd. 71, S. 357 gezeigt worden.

Übrigens habe ich eine etwas vereinfachende Darstellung meines, auf die *Annahme* der Konvergenz in gleichem Grade [der „gleichmäßigen Konvergenz“] sich *in keiner Weise* stützenden Beweises in den Math. Ann. Bd. 4, S. 139 [II 4, S. 87] gegeben. Eine noch größere Vereinfachung läßt sich, meines Erachtens, bei der Natur des Gegenstandes nicht erreichen.

---

[1] Man sagt von einer $f(n, x)$, daß sie mit unbegrenzt wachsendem n für alle Werte von x eines Intervalls $(\alpha \ldots \beta)$ *in gleichem Grade* unendlich klein wird oder sich der Null nähert, wenn, bei beliebig vorgegebener positiver Größe δ, eine Zahl n_δ angegeben werden kann, so daß für $n \geqq n_\delta$ und *für alle Werte von* x im betrachteten Intervalle dem absoluten Betrage nach $f(n, x)$ kleiner ist als δ.

7. Fernere Bemerkung über trigonometrische Reihen.

[Math. Annalen Bd. 16, S. 267–269 (1880).]

Zur näheren Erläuterung dessen, was ich auf S. 113 dieses Bandes [hier S. 103] gesagt habe, erlaube ich mir noch folgendes hinzuzufügen:

Daß der, von Herrn Appell im Archiv d. Math. u. Physik, 64 T. S. 96, *implizite* angewandte Satz:

„*Wenn für jeden speziellen Wert von* $x \geqq \alpha$ *und* $\leqq \beta$*:*

$$\operatorname{Lim} f(n, x) = 0 \quad \textit{für} \quad n = \infty,$$

wo $f(n, x)$ *für jedes spezielle* n *eine stetige Funktion von* x *bedeutet, deren absolutes Maximum* B_n *sei, so ist*

$$\operatorname{Lim} B_n = 0 \quad \textit{für} \quad n = \infty\text{“}$$

im allgemeinen *falsch* ist, geht unter anderem aus dem folgenden einfachen Beispiele hervor:

$$f(n, x) = \frac{n\,x(1-x)}{n^2 x^2 + (1-x)^2}$$

für

$$0 \leqq x \leqq 1.$$

Hier ist für jedes spezielle $x \geqq 0$ und $x \leqq 1$

$$\operatorname{Lim} f(n, x) = 0 \quad \text{für} \quad n = \infty;$$

es ist ferner $f(n, x)$ eine stetige Funktion von x; *nichtsdestoweniger* ist $B_n = f\left(n, \frac{1}{n+1}\right) = \frac{1}{2}$ und es wird also in diesem Falle B_n *nicht* unendlich klein.

Daß für den Fall

$$f(n, x) = a_n \cos n x + b_n \sin n x,$$

(wenn die Bedingung

$$\operatorname{Lim} f(n, x) = 0 \quad \text{für} \quad x = \infty,$$

für jeden speziellen Wert von $x \geqq \alpha$ und $\leqq \beta$ erfüllt ist) *in der Tat* auch

$$\operatorname{Lim} B_n = 0 \quad \text{für} \quad n = \infty,$$

ergibt sich erst als eine unmittelbare Folge meines Beweises (Math. Ann. Bd. 4, S. 139) [II, 4 S. 87]; es darf aber diese Tatsache nicht ohne Beweis *vorausgesetzt* werden, da sonst hiermit, wie bei Herrn Appell, gewissermaßen ein circulus vitiosus begangen wird.

Einen andern Beweis für den in Rede stehenden Satz über trigonometrische Reihen hat Herr P. du Bois-Reymond in einer Abhandlung „Beweis, daß die Koeffizienten usw. § 15., Note 12, Abh. d. königl. bayr. Ak. der W. II. Cl. XII. Bd. 1. Abt.“ versucht; derselbe beruht jedoch auf ähnlichen Voraussetzungen wie die des Herrn Appell und ist daher ebenso unzulässig.

Durch das oben gegebene Beispiel wird übrigens noch eine andere Frage berührt.

Bekanntlich haben Abel und später Seidel auf das Vorkommen der „ungleichmäßigen Konvergenz“ unendlicher Reihen aufmerksam gemacht, Abel, indem er auf einen Irrtum Cauchys in dessen Analyse algébrique hinwies, in welcher Cauchy aus dem Umstande der Konvergenz einer Reihe für alle Werte von $x \geqq \alpha$ und $\leqq \beta$ auf die Stetigkeit der Reihensumme einen Schluß zog und dabei unbewußt die *Voraussetzung* der *gleichmäßigen* Konvergenz eintreten ließ, welche in der Tat, wenn die einzelnen Glieder der Reihe stetige Funktionen von x sind, die Stetigkeit der Reihensumme zur Folge hat. Seidel hat das Vorkommen der ungleichmäßigen Konvergenz in der „Note über eine Eigenschaft der Reihen, welche diskontinuierliche Funktionen darstellen“ (Denkschriften der Münchener Akademie, Jahrgang 1848) ausführlich diskutiert und gezeigt, wie Reihen, welche für jeden Wert von $x \geqq \alpha$ und $\leqq \beta$ konvergieren und unstetige Funktionen darstellen, *ungleichmäßig* konvergieren müssen. *Ungewiß* blieb darnach, ob die Unstetigkeit der dargestellten Funktion eine wesentliche Bedingung für das Vorkommen der ungleichmäßigen Konvergenz sei. Herr Heine bezeichnet ausdrücklich in seiner Arbeit „Über trigonometrische Reihen, § 1“ (Crelles Journal Bd. 71, S. 353) diesen Gegenstand als *noch nicht aufgeklärt.*

Es ist sogar von Herrn O. Stolz der Versuch gemacht worden (Bericht des naturw. medizinischen Vereins in Innsbruck v. Dezember 1874), den Satz zu beweisen, daß[1], wenn in einer für jeden Wert von $x \geqq \alpha$ und $\leqq \beta$ gültigen Gleichung

$$f(x) = \sum_{1}^{\infty} \varphi_\nu(x)$$

sowohl $f(x)$, wie auch die $\varphi_\nu(x)$ stetige Funktionen von x sind, alsdann die Reihe rechts in *gleichem Grade* konvergiert. Daß dieser Satz nicht zugestanden

[1] Herr Stolz hat selbst bereits im Jahrb. Fortschr. Math. 7, 157 auf die Ungültigkeit seines Beweises aufmerksam gemacht, nachdem ich in einem Briefwechsel mit ihm (April 1875) meine Bedenken gegen seinen Beweis zur Geltung gebracht hatte.

werden kann, wird *nun* durch folgendes Beispiel gezeigt; setzt man

$$\varphi_\nu(x) = \frac{\nu x(1-x)}{\nu^2 x^2 + (1-x)^2} - \frac{(\nu+1)x(1-x)}{(\nu+1)^2 x^2 + (1-x)^2},$$

so ist für $0 \leqq x \leqq 1$

$$\frac{x(1-x)}{x^2 + (1-x)^2} = \sum_1^\infty \varphi_\nu(x).$$

Trennt man die ersten $n - 1$ Glieder der Reihe ab, so ist der Rest

$$R_n(x) = \frac{n x(1-x)}{n^2 x^2 + (1-x)^2};$$

er wird zwar für jedes einzelne x mit unendlich wachsendem n unendlich klein, aber, wie oben gezeigt wurde, *nicht* in gleichem Grade, weil es kein noch so großes n gibt, so daß für alle Werte von $x \geqq 0$ und $\leqq 1$ die Ungleichung bestünde

$$R_n(x) < \frac{1}{2}.$$

In der Tat hat man für jedes n

$$R_n\left(\frac{1}{n+1}\right) = \frac{1}{2}.$$

Wie ich nachträglich von befreundeter Seite aufmerksam gemacht werde, hat sowohl Herr du Bois-Reymond in der oben zitierten Abhandlung, Note 1, ein ähnliches, wenn auch komplizierteres Beispiel gegeben, wie auch Herr Darboux in seiner mir bisher unbekannt gebliebenen Abhandlung „Mémoire sur les fonctions discontinues" die nämliche Frage diskutiert, so daß ich den genannten Herren in diesem Punkte mit Vergnügen die Priorität zugestehen kann. Das folgende von Herrn Darboux herrührende Beispiel bietet noch ein besonderes Interesse dar, indem es nicht nur eine Reihe liefert, die ungleichmäßig konvergiert und dennoch eine stetige Funktion darstellt, sondern auch die *bestimmte gliedweise* Integration in einem Intervalle, dessen einer Endwert 0 ist, *nicht* zuläßt.

Man hat für jedes reelle x

$$2xe^{-x^2} = \sum_1^\infty \left(2\nu x e^{-\nu x^2} - 2(\nu+1) x e^{-(\nu+1)x^2}\right);$$

der Rest nach Abtrennung der $n - 1$ ersten Glieder ist hier

$$R_n(x) = 2nxe^{-nx^2} \quad \text{und man hat} \quad \int_0^\beta R_n(x)\,dx = (1 - e^{-n\beta^2}),$$

welches Integral mit wachsendem n *nicht* unendlich klein wird.

8. Über ein neues und allgemeines Kondensationsprinzip der Singularitäten von Funktionen.

[Math. Annalen Bd. 19, S. 588—594 (1882).]

Bekanntlich hat H. Hankel, dessen scharfsinnige Publikationen den Verlust, welchen die Wissenschaft durch sein frühzeitiges Hinscheiden zu beklagen hat, aufs deutlichste hervortreten lassen, kurze Zeit vor seinem Ende eine Abhandlung veröffentlicht in Form eines Tübinger Universitätsprogramms (zum 6. März 1870): „Untersuchungen über die unendlich oft oszillierenden und unstetigen Funktionen, ein Beitrag zur Feststellung des Begriffs der Funktion überhaupt."

Es finden sich in dieser Schrift geistvolle, dem damaligen Standpunkte der betreffenden Fragen vollkommen entsprechende, auf genauer Kenntnis der einschlägigen Literatur beruhende, wenn auch in mancher Beziehung nicht ganz strenge Erörterungen über den Umfang des allgemeinen Funktionsbegriffs und die ersten beachtenswerten Versuche, Unterschiede ausfindig zu machen, auf welche eine naturgemäße Klassifikation der betreffenden Begriffsgebiete gegründet werden könne. Jedenfalls hat diese Arbeit anregend auf die bezügliche Richtung der mathematischen Forschung gewirkt, wie man an vielen später erschienenen Untersuchungen anderer Mathematiker ersehen kann, z. B. an dem verdienstvollen Werke von Herrn Ulisses Dini: „Fondamenti per la teoria delle funzioni di variabili reali".

Dasselbe enthält einzelne Kapitel, welche ausdrücklich der genaueren Untersuchung und Umgrenzung von Fragen gewidmet sind, die H. Hankel, wesentlich angeregt durch Riemanns Forschungen im Gebiete der trigonometrischen Reihen, zum ersten Male in obengenannter Abhandlung einer ausführlichen und selbständigen Besprechung unterzogen hat.

Der interessanteste Abschnitt in der Hankelschen Arbeit, auf dessen völlige Klarstellung die Bestrebungen des Herrn Dini mit Erfolg gerichtet waren, bezieht sich auf eine Methode, welche von Hankel „*Kondensationsprinzip der Singularitäten*" genannt wird und mit welcher es ihm gelingt, aus Funktionen $\varphi(x)$, die an einer gegebenen Stelle, $(x = 0)$, irgend eine Singularität (wie etwa eine Unstetigkeit oder den Mangel eines bestimmten Differentialquotienten) darbieten, andere Funktionen herzustellen, welche dieselbe Art von Singularität nicht allein an unendlich vielen Stellen zeigen, sondern sogar an einer Mannigfaltigkeit von Stellen, welche, wie ich mich ausdrücke, in jedem Intervalle *überalldicht* ist (s. Math. Ann. Bd. 15, S. 2) [hier III 4, S. 140]. Es ist dies die Menge aller Stellen, für welche x eine rationale Zahl ist.

Das besagte Prinzip besteht einfach in der Bildung folgender Funktion:

$$f(x) = \sum_{\nu=1}^{\infty} c_\nu\, \varphi(\sin(\nu\pi x)), \tag{I}$$

wobei durch angemessene Wahl der Reihenkoeffizienten c_ν für die Konvergenz dieser Reihe sowohl wie der aus ihr hervorgehenden Reihen, soweit letztere gebraucht werden, gesorgt werden muß.

Diese von Hankel erfundene Methode der Kondensation von gegebenen Singularitäten auf alle rationalen Stellen der Veränderlichen x birgt, so einfach sie scheint und so verdienstlich sie zweifellos auch gewesen ist, doch mancherlei Mängel in sich, die schon in einer kurzen Besprechung hervortreten, welche ich sehr bald nach Erscheinen der Hankelschen Schrift über dieselbe gegeben habe. (M. s. Literarisches Zentralblatt v. 1871, S. 150, v. 18. Februar).

Erstens ist die Untersuchung der Funktion $f(x)$ dadurch erschwert, daß die auf eine Stelle $x = \frac{p}{q}$ übertragene Singularität an unendlich vielen Gliedern der Reihe gleichzeitig auftritt, nämlich an allen denjenigen Gliedern, in welchen, wenn p und q relativ prim sind, ν ein Vielfaches von q ist; dadurch tritt die Möglichkeit einer gegenseitigen Kompensation der Irregularitäten ein und es wird bestenfalls die Mühe gefordert, den Nachweis zu führen, daß diese Eventualität nicht vorliege.

Zweitens führt man durch die Anwendung des Sinus unter dem Funktionszeichen φ Schwankungen herbei, die den Gang der Funktion $f(x)$ in überflüssiger und mit dem gesetzten Ziele gar nicht zusammenhängender Weise komplizieren.

Drittens endlich entbehrt die Hankelsche Methode insofern der *Allgemeinheit*, als die Mannigfaltigkeit der Stellen, auf welche die Singularität von $\varphi(x)$ übertragen wird, die Menge der *rationalen Zahlen* ist, und es ist nicht abzusehen, inwieweit sich das Prinzip auf andere Mengen von Singularitätsstellen verallgemeinern ließe. Nun aber bildet die Menge aller rationalen Zahlen ebenso wie andere Mannigfaltigkeiten, welche viel umfassender und inhaltreicher sind, wie beispielsweise die Menge *aller algebraischen Zahlen*, wie ich vor acht Jahren gefunden, eine sogenannte *abzählbare Menge* (m. s. Crelles Journal Bd. 77, S. 258; Bd. 84, S. 250; ferner Math. Ann. Bd. 15, S. 4) [hier III 1, S. 115; III 2, S. 119; III 4, S. 142]; d. h. man kann eine solche Menge, *unerachtet* und trotz ihres *Überalldichtseins* in jedem Intervalle, (auf viele Weisen) nach einem bestimmten leicht zu definierenden Gesetze in die Form einer einfach unendlichen Reihe mit dem allgemeinen Gliede ω_ν, wo ν ein positiver unbeschränkter ganzzahliger Index ist, bringen, so daß jedes Glied oder Element der Menge an einer bestimmten Stelle ν dieser Reihe steht und auch umgekehrt jedes Glied ω_ν der Reihe ein Element der gedachten Mannigfaltigkeit ist. — Diese Bemerkung führt, worauf mich Herr Weierstraß aufmerksam gemacht hat, zu einer viel einfacheren Methode der *Kondensation von Singularitäten*, als die Hankelsche ist, und, was die Hauptsache zu sein scheint, es ist diese Methode zugleich frei von allen Umständen, welche die Anwendung jener älteren zugleich beschränken und erschweren. Ist wiederum $\varphi(x)$ eine gegebene Funktion mit der einzigen singulären Stelle $x = 0$ und hat man eine beliebige *abzählbare* Menge von Werten, die wir $\omega_1, \omega_2, \ldots, \omega_\nu, \ldots$ nennen, beispielsweise die Menge aller *algebraischen* Zahlen, so setze man:

$$f(x) = \sum_{\nu=1}^{\infty} c_\nu \varphi(x - \omega_\nu), \tag{II}$$

wo durch passende Wahl der Koeffizienten für die absolute und gleichmäßige Konvergenz der Reihe für $f(x)$ und nötigenfalls auch der aus ihr abgeleiteten oder mit ihr zusammenhängenden Reihen gesorgt werde.

Man erhält auf diese Weise Funktionen, welche an *allen* Stellen $x = \omega_\mu$ dieselbe Art der Singularität haben, wie $\varphi(x)$ an der Stelle $x = 0$, und an den übrigen Stellen, welche von den Stellen ω_μ verschieden sind, wird sich $f(x)$ im allgemeinen regulär verhalten. Der Vorzug unserer Methode vor der älteren dürfte neben der einfacheren Bildungsweise auf den Umstand zurückzuführen zu sein, daß die auf die Stelle $x = \omega_\mu$ übertragene Singularität *ausschließlich* dem *einen* Gliede der Reihe (II) zu verdanken ist, in welchem $\nu = \mu$ ist, während alle übrigen Glieder, in denen ν von μ verschieden ist, sich an der Stelle $x = \omega_\mu$ regulär verhalten und auch ihre Gesamtheit bei gehöriger Wahl der Koeffizienten c_ν keine fremdartige Komplikation herbeiführt.

Auf diese Weise scheint, da sowohl die Funktion $\varphi(x)$ nach Maßgabe des jeweiligen Bedürfnisses und desgleichen auch die *abzählbare* Menge der Singularitätsstellen ω_μ *frei* gewählt werden können, ein ziemlich weites Feld für singuläre Funktionsbildungen und deren Untersuchung eröffnet, welches denjenigen Fachgenossen vielleicht nicht unwillkommen sein wird, die sich für die Ausbildung der Funktionenlehre in der auch von Hankel mit Erfolg betretenen Richtung interessieren.

Indem ich mir vorbehalte, auf diesen Gegenstand ausführlicher zurückzukommen, möchte ich hier nur auf zwei besondere Fälle aufmerksam machen, die ich der Güte meines hochverehrten früheren Lehrers, des Herrn Weierstraß verdanke.

Das erste betrifft die Annahme $\varphi(x) = \sqrt[3]{x}$, womit bei passender Wahl der positiven Koeffizienten c_ν eine Funktion $f(x)$ gewonnen wird, die endlich und stetig für alle endlichen reellen Werte von x ist, mit x gleichzeitig zu- und abnimmt, und dennoch die Eigentümlichkeit hat, an allen Stellen $x = \omega_\mu$ einen unendlich großen Differentialquotienten zu besitzen. Das zweite Beispiel erlaube ich mir wörtlich, abgesehen von unbedeutenden Vereinfachungen, in der Darlegung des großen Mathematikers zu geben.

Es sei x eine reelle Veränderliche und

$$\varphi(x) = x - \frac{1}{2} x \sin\left(\frac{1}{2}\log(x^2)\right), \tag{1}$$

wo dem Logarithmus von x^2 sein reeller Wert gegeben werden soll; so ist $\varphi(x)$ differentiierbar für jeden von Null verschiedenen Wert der Größe x und es liegt der Differentialquotient

$$\begin{aligned}\varphi'(x) &= 1 - \frac{1}{2}\sin\left(\frac{1}{2}\log(x^2)\right) - \frac{1}{2}\cos\left(\frac{1}{2}\log(x^2)\right) \\ &= 1 - \frac{1}{\sqrt{2}}\sin\left(\frac{\pi}{4} + \frac{1}{2}\log(x^2)\right)\end{aligned} \tag{2}$$

beständig in dem durch die beiden Grenzen $1 - \frac{1}{\sqrt{2}}$, $1 + \frac{1}{\sqrt{2}}$ bezeichneten Intervalle. Sind daher x_1, x_2 irgend zwei bestimmte Werte und setzt man

$$\varphi(x_2) - \varphi(x_1) = (x_2 - x_1)\,\varphi(x_1, x_2), \tag{3}$$

so ergibt sich zunächst für den Fall, wo x_1, x_2 dasselbe Zeichen haben, daß der Wert von $\varphi(x_1, x_2)$ ebenfalls in dem angegebenen Intervalle liegt. Da aber $\varphi(x)$ eine durchweg stetige Funktion ist, so gilt das Gesagte auch, wenn eine der Größen x_1, x_2 gleich Null ist. Haben endlich diese Größen verschiedene Zeichen, so hat man

$$\varphi(x_2) = x_2\,\varphi(0, x_2), \qquad \varphi(x_1) = x_1\,\varphi(x_1, 0),$$

$$\varphi(x_2) - \varphi(x_1) = (x_2 - x_1)\left\{\frac{x_2}{x_2 - x_1}\varphi(0, x_2) + \frac{-x_1}{x_2 - x_1}\varphi(x_1, 0)\right\},$$

und es ist demnach, da $\frac{x_2}{x_2 - x_1}$, $\frac{-x_1}{x_2 - x_1}$ positive Größen und die Summe derselben gleich 1 ist, $\varphi(x_1, x_2)$ ein Mittelwert zwischen $\varphi(0, x_2)$ und $\varphi(x_1, 0)$, also nach dem eben Bemerkten auch jetzt in dem genannten Intervalle enthalten. Man hat daher in allen Fällen

$$1 - \frac{1}{\sqrt{2}} \leqq \frac{\varphi(x_2) - \varphi(x_1)}{x_2 - x_1} \leqq 1 + \frac{1}{\sqrt{2}}. \tag{4}$$

Dies vorausgeschickt sei nun

$$\omega_1, \omega_2, \omega_3, \ldots, \omega_\nu, \ldots \tag{5}$$

irgend eine abzählbare Mannigfaltigkeit von reellen untereinander verschiedenen Zahlwerten, ferner

$$c_1, c_2, c_3, \ldots, c_\nu, \ldots \tag{6}$$

eine unendliche Reihe *positiver* Größen, welche nur die Bedingungen zu erfüllen hat, daß die *beiden* Reihen

$$\sum_{\nu=1}^{\infty} c_\nu \quad \text{und} \quad \sum_{\nu=1}^{\infty} |\omega_\nu| c_\nu$$

konvergieren. (Ich bemerke, daß, was auch die Reihe (5) sei, die Reihe (6) immer so gewählt werden kann, daß diese beiden Bedingungen zugleich realisiert sind. Besonders einfach läßt sich solches erreichen, wenn (5) aus *allen algebraischen* Zahlen in *derjenigen Anordnung* besteht, welche ich in Crelles Journal Bd. 77 [III 1, S. 115] aufgestellt habe. Man überzeugt sich nämlich leicht, daß bei dieser Anordnung sämtlicher reellen algebraischen Zahlen immer $|\omega_\nu| < \nu$; es genügt also in diesem Falle $c_\nu = k^\nu$ zu setzen, um jenen beiden Bedingungen zu genügen, vorausgesetzt nur $k > 0$ und < 1) [1].

Nun definiere man eine Funktion $f(x)$ mittels der Gleichung

$$f(x) = \sum_{\nu=1}^{\infty} c_\nu \varphi(x - \omega_\nu), \tag{7}$$

so ist $f(x)$ eine kontinuierliche Funktion, welche ebenso wie $\varphi(x)$ mit der Veränderlichen x gleichzeitig wächst und abnimmt und über deren Differentiierbarkeit sich folgendes feststellen läßt:

1. Gibt man der Veränderlichen x einen Wert x_0, der *nicht* in der Reihe (5) enthalten ist, so nähert sich der Quotient

$$\frac{f(x_0 + h) - f(x_0)}{h},$$

wenn die Veränderliche h irgendwie unendlich klein wird, einer bestimmten endlichen Grenze, und diese wird erhalten, wenn man in der angegebenen Reihe (7) von jedem einzelnen Gliede die Ableitung bestimmt und dann $x = x_0$ setzt.

Zunächst folgt aus (2) und der über die Größen c_ν gemachten Annahme, daß die Reihe

$$g(x_0) = \sum_{\nu=1}^{\infty} c_\nu \varphi'(x_0 - \omega_\nu) \tag{8}$$

einen bestimmten endlichen Wert hat. Unter μ eine beliebige ganze positive Zahl verstanden, sei nun

$$\left.\begin{aligned} S_\mu &= \sum_{\nu=1}^{\mu} c_\nu \varphi'(x_0 - \omega_\nu), \\ S'_\mu &= \sum_{\nu=\mu+1}^{\infty} c_\nu \varphi'(x_0 - \omega_\nu), \end{aligned}\right\} \tag{9}$$

ferner

$$\left.\begin{aligned} f_\mu(x) &= \sum_{\nu=1}^{\mu} c_\nu \varphi(x-\omega_\nu), \\ F_\mu(x) = f(x) - f_\mu(x) &= \sum_{\nu=\mu+1}^{\infty} c_\nu \varphi(x-\omega_\nu), \\ C_\mu &= \sum_{\nu=\mu+1}^{\infty} c_\nu; \end{aligned}\right\} \tag{10}$$

so wird

$$\frac{f(x_0+h)-f(x_0)}{h} = \frac{f_\mu(x_0+h)-f_\mu(x_0)}{h} + \frac{F_\mu(x_0+h)-F_\mu(x_0)}{h},$$

und es ist nach dem Obigen für einen beliebigen von Null verschiedenen Wert der Größe h

$$C_\mu\left(1-\frac{1}{\sqrt{2}}\right) \leqq \frac{F_\mu(x_0+h)-F_\mu(x_0)}{h} \leqq C_\mu\left(1+\frac{1}{\sqrt{2}}\right). \tag{11}$$

Man hat also

$$\frac{f(x_0+h)-f(x_0)}{h} = g(x_0) + \frac{f_\mu(x_0+h)-f_\mu(x_0)}{h} - S_\mu - S'_\mu + C_\mu\theta_\mu, \tag{12}$$

wo

$$1-\frac{1}{\sqrt{2}} \leqq \theta_\mu \leqq 1+\frac{1}{\sqrt{2}}.$$

Nun sei δ eine beliebig klein angenommene positive Größe, so kann man der Zahl μ einen so großen Wert geben, daß für jeden Wert von h der absolute Betrag von

$$-S'_\mu + C_\mu\theta_\mu$$

kleiner als δ ist. Da nun ferner

$$\operatorname*{Lim}_{h=0} \frac{f_\mu(x_0+h)-f_\mu(x_0)}{h} = S_\mu,$$

so folgt aus (12), daß der Wert von $\frac{f(x_0+h)-f(x_0)}{h}$ stets zwischen $g(x_0)-2\delta$ und $g(x_0)+2\delta$ liegt, sobald der absolute Betrag von h unterhalb einer bestimmten Grenze angenommen wird, d. h. daß $\frac{f(x_0+h)-f(x_0)}{h}$, wenn h unendlich klein wird, sich der bestimmten endlichen Grenze $g(x_0)$ nähert; w. z. b. w.

2. Gibt man dagegen der Veränderlichen x einen in der Reihe (5) enthaltenen Wert ω_λ, so nähert sich der Quotient

$$\frac{f(\omega_\lambda+h)-f(\omega_\lambda)}{h}$$

keiner bestimmten Grenze, sondern schwankt zwischen zwei verschiedenen endlichen Grenzen in der Art, daß es unter den Werten von h, welche kleiner als eine beliebig angenommene Größe sind, stets solche gibt, für welche der in Rede stehende Quotient einen zwischen den genannten Grenzen beliebig anzunehmenden Wert hat.

Es gibt nämlich unter den Gliedern der Reihe (7) eines, das dem Werte $\nu = \lambda$ entspricht; trennt man dasselbe ab und setzt

$$f(x) = c_\lambda \varphi(x - \omega_\lambda) + F(x), \tag{13}$$

so hat man

$$\frac{f(\omega_\lambda + h) - f(\omega_\lambda)}{h} = c_\lambda \frac{\varphi(h)}{h} + \frac{F(\omega_\lambda + h) - F(\omega_\lambda)}{h}$$

$$= c_\lambda\left(1 - \frac{1}{2}\sin\left(\frac{1}{2}\log(h^2)\right)\right) + \frac{F(\omega_\lambda + h) - F(\omega_\lambda)}{h}. \tag{14}$$

Der Quotient $\frac{F(\omega_\lambda + h) - F(\omega_\lambda)}{h}$ nähert sich nach dem unter 1. Bewiesenen, wenn h unendlich klein wird, einer bestimmten endlichen Grenze, die mit $G(\omega_\lambda)$ bezeichnet werde. Die Funktion $1 - \frac{1}{2}\sin\left(\frac{1}{2}\log(h^2)\right)$ kann aber, eine wie kleine obere Grenze man auch für den absoluten Betrag von h festsetzen möge, jeden in dem Intervalle

$$\frac{1}{2}\ldots\frac{3}{2}$$

enthaltenen Wert annehmen.

Der Wert des Quotienten $\frac{f(\omega_\lambda + h) - f(\omega_\lambda)}{h}$ schwankt also in der angegebenen Weise zwischen den Grenzen

$$\frac{1}{2}c_\lambda + G(\omega_\lambda) \quad \text{und} \quad \frac{3}{2}c_\lambda + G(\omega_\lambda),$$

was man auch so ausdrücken kann:

Der in Rede stehende Quotient kann für unendlich kleine Werte von h jeden zwischen den angegebenen Grenzen liegenden Wert annehmen. Die Funktion $f(x)$ hat also für die der Reihe $\omega_1, \omega_2, \ldots, \omega_\lambda, \ldots$ angehörigen Werte von x keinen bestimmten Differentialquotienten, obwohl der Quotient $\frac{f(x+h) - f(x)}{h}$ bei gegebenem Wert von x für jeden Wert von h zwischen zwei angebbaren Grenzen bleibt.

[Anmerkung.]

[1] Zu S. 111. Es genügt für unseren Zweck, die in der zitierten Arbeit (hier S. 116) angegebene Anordnung der algebraischen Zahlen auf die *rationalen* Zahlen allein anzuwenden, so daß jeder Bruch $\omega = \frac{p}{q}$ jedem anderen $\omega' = \frac{p'}{q'}$ vorangeht, für welchen die Summe $|p'| + |q'| > |p| + |q|$ ist. Denn da dann zu jedem ganzzahligen $s = |p| + |q|$ mindestens ein ω gehört, dessen absoluter Betrag $< s$ ist, so bleibt der Index ν von ω_ν immer größer als das zugehörige s_ν und damit als der Betrag von ω_ν.

9. Bemerkung mit Bezug auf den Aufsatz: Zur Weierstraß-Cantorschen Theorie der Irrationalzahlen.

[Math. Annalen Bd. 33, S. 476 (1889).]

Es möge mir gestattet sein, nur *ganz kurz* auf die Bedenken zu antworten, welche Herr Illigens in bezug auf meine Theorie der Irrationalzahlen ausgesprochen hat. Seine Einwände scheinen mir alle darauf hinaus zu laufen, daß den mit Hilfe von sogenannten Fundamentalreihen eingeführten irrationalen Zahlbegriffen $b, b', b'', \ldots$ die Bedeutung einer anschaulichen *Vielheit* nicht zugesprochen werden könne. Darin hat er gewiß recht; es ist aber auch weder von mir noch von anderen jemals behauptet worden, daß die Zeichen $b, b', b'', \ldots$ *konkrete* Größen im eigentlichen Wortsinne seien. Als *abstrakte Gedankendinge* sind sie nur Größen im uneigentlichen oder übertragenen Sinne des Wortes. Für *entscheidend* muß hier angesehen werden, daß man, wie jeder mit meiner Theorie Vertraute weiß, mit Hilfe dieser abstrakten Größen $b, b', b'', \ldots$ *eigentliche konkrete* Größen, z. B. geometrische Strecken usw., quantitativ genau zu bestimmen imstande ist (vgl. Math. Ann. Bd. V, p. 127 [hier II, 5 S. 92]). Wenn dies gehörig berücksichtigt wird, so fallen alle von Herrn I. gemachten Einwände in bezug auf die in *übertragenem Sinne* gebrauchten Bezeichnungen des „Größer-", „Kleiner-" und „Gleichseins" der verschiedenen Zahlgrößen, und ebensowenig wird man Anstoß daran nehmen können, eine Zahlgröße b in *übertragenem Wortsinne* als Grenze der Glieder der ihr zugehörigen Fundamentalreihe zu bezeichnen.

Daß es aber Herrn I. selbst, welcher am Schlusse seines Aufsatzes ausdrücklich die Irrationalzahlen anerkennt, an einer Definition der letzteren fehlt, erkennt man aus seiner Auflösung der Gleichung $x^2 = 3$, welche vermeintlich durch $\sqrt{3}$ geschieht; während offenbar $\sqrt{3}$ nichts anderes ist als eine Umschreibung der aufgeworfenen *Frage:* eine Zahl zu suchen, deren Quadrat 3 ist. $\sqrt{3}$ ist also nur ein *Zeichen* für eine Zahl, welche erst noch gefunden werden soll, nicht aber deren Definition. Letztere wird jedoch in meiner Weise, etwa durch

$$(1{,}7,\ 1{,}73,\ 1{,}732, \ldots)$$

befriedigend gegeben.

[Anmerkung.]

Die „Bemerkung" bezieht sich auf einen Aufsatz von Eberh. Illigens im gleichen Bande der „Mathematischen Annalen" S. 155 — 160, wo an der von Cantor zuerst in II, 5 ausführlicher entwickelten Theorie der Irrationalzahlen Kritik geübt wird.

III. Abhandlungen zur Mengenlehre.

1. Über eine Eigenschaft des Inbegriffes aller reellen algebraischen Zahlen.

[Crelles Journal f. Mathematik Bd. 77, S. 258—262 (1874).]

Unter einer reellen algebraischen Zahl wird allgemein eine reelle Zahlgröße ω verstanden, welche einer nicht identischen Gleichung von der Form genügt:

$$a_0 \omega^n + a_1 \omega^{n-1} + \cdots + a_n = 0, \tag{1}$$

wo $n, a_0, a_1, \ldots a_n$ ganze Zahlen sind; wir können uns hierbei die Zahlen n und a_0 positiv, die Koeffizienten $a_0, a_1, \ldots a_n$ ohne gemeinschaftlichen Teiler und die Gleichung (1) irreduktibel denken; mit diesen Festsetzungen wird erreicht, daß nach den bekannten Grundsätzen der Arithmetik und Algebra die Gleichung (1), welcher eine reelle algebraische Zahl genügt, eine völlig bestimmte ist; umgekehrt gehören bekanntlich zu einer Gleichung von der Form (1) höchstens so viel reelle algebraische Zahlen ω, welche ihr genügen, als ihr Grad n angibt. Die reellen algebraischen Zahlen bilden in ihrer Gesamtheit einen Inbegriff von Zahlgrößen, welcher mit (ω) bezeichnet werde; es hat derselbe, wie aus einfachen Betrachtungen hervorgeht, eine solche Beschaffenheit, daß in jeder Nähe irgendeiner gedachten Zahl α unendlich viele Zahlen aus (ω) liegen; um so auffallender dürfte daher für den ersten Anblick die Bemerkung sein, daß man den Inbegriff (ω) dem Inbegriffe aller ganzen positiven Zahlen ν, welcher durch das Zeichen (ν) angedeutet werde, eindeutig zuordnen kann, so daß zu jeder algebraischen Zahl ω eine bestimmte ganze positive Zahl ν und umgekehrt zu jeder positiven ganzen Zahl ν eine völlig bestimmte reelle algebraische Zahl ω gehört, daß also, um mit anderen Worten dasselbe zu bezeichnen, der Inbegriff (ω) in der Form einer unendlichen gesetzmäßigen Reihe

$$\omega_1, \omega_2, \ldots \omega_\nu, \ldots \tag{2}$$

gedacht werden kann, in welcher sämtliche Individuen von (ω) vorkommen und ein jedes von ihnen sich an einer bestimmten Stelle in (2), welche durch den zugehörigen Index gegeben ist, befindet. Sobald man ein Gesetz gefunden hat, nach welchem eine solche Zuordnung gedacht werden kann, läßt sich dasselbe nach Willkür modifizieren; es wird daher genügen, wenn ich in § 1 denjenigen Anordnungsmodus mitteile, welcher, wie mir scheint, die wenigsten Umstände in Anspruch nimmt.

Um von dieser Eigenschaft des Inbegriffes aller reellen algebraischen

Zahlen eine Anwendung zu geben, füge ich zu dem § 1 den § 2 hinzu, in welchem ich zeige, daß, wenn eine beliebige Reihe reeller Zahlgrößen von der Form (2) vorliegt, man in jedem vorgegebenen Intervalle $(\alpha \ldots \beta)$ Zahlen η bestimmen kann, welche *nicht* in (2) enthalten sind; kombiniert man die Inhalte dieser beiden Paragraphen, so ist damit ein neuer Beweis des zuerst von Liouville bewiesenen Satzes gegeben, daß es in jedem vorgegebenen Intervalle $(\alpha \ldots \beta)$ unendlich viele *transzendente*, d. h. nicht algebraische reelle Zahlen gibt. Ferner stellt sich der Satz in § 2 als der Grund dar, warum Inbegriffe reeller Zahlgrößen, die ein sogenanntes Kontinuum bilden (etwa die sämtlichen reellen Zahlen, welche $\geqq 0$ und $\leqq 1$ sind), sich nicht eindeutig auf den Inbegriff (ν) beziehen lassen; so fand ich den deutlichen Unterschied zwischen einem sogenannten Kontinuum und einem Inbegriffe von der Art der Gesamtheit aller reellen algebraischen Zahlen.

§ 1.

Gehen wir auf die Gleichung (1), welcher eine algebraische Zahl ω genügt und welche nach den gedachten Festsetzungen eine völlig bestimmte ist, zurück, so möge die Summe der absoluten Beträge ihrer Koeffizienten, vermehrt um die Zahl $n-1$, wo n den Grad von ω angibt, die *Höhe* der Zahl ω genannt und mit N bezeichnet werden; es ist also, unter Anwendung einer üblich gewordenen Bezeichnungsweise:

$$N = n - 1 + |a_0| + |a_1| + \cdots + |a_n|. \tag{3}$$

Die Höhe N ist danach für jede reelle algebraische Zahl ω eine bestimmte positive ganze Zahl; umgekehrt gibt es zu jedem positiven ganzzahligen Werte von N nur eine endliche Anzahl algebraischer reeller Zahlen mit der Höhe N; die Anzahl derselben sei $\varphi(N)$; es ist beispielsweise $\varphi(1) = 1$; $\varphi(2) = 2$; $\varphi(3) = 4$. Es lassen sich alsdann die Zahlen des Inbegriffes (ω), d. h. sämtliche algebraischen reellen Zahlen folgendermaßen anordnen: man nehme als erste Zahl ω_1 die eine Zahl mit der Höhe $N = 1$; lasse auf sie, der Größe nach steigend, die $\varphi(2) = 2$ algebraischen reellen Zahlen mit der Höhe $N = 2$ folgen, bezeichne sie mit ω_2, ω_3; an diese mögen sich die $\varphi(3) = 4$ Zahlen mit der Höhe $N = 3$, ihrer Größe nach aufsteigend, anschließen; allgemein mögen, nachdem in dieser Weise sämtliche Zahlen aus (ω) bis zu einer gewissen Höhe $N = N_1$ abgezählt und an einen bestimmten Platz gewiesen sind, die reellen algebraischen Zahlen mit der Höhe $N = N_1 + 1$ auf sie folgen, und zwar der Größe nach aufsteigend; so erhält man den Inbegriff (ω) aller reellen algebraischen Zahlen in der Form:

$$\omega_1, \omega_2, \ldots \omega_\nu, \ldots$$

und kann mit Rücksicht auf diese Anordnung von der νten reellen algebraischen Zahl reden, wobei keine einzige aus dem Inbegriffe (ω) vergessen ist.

§ 2.

Wenn eine nach irgendeinem Gesetze gegebene unendliche Reihe voneinander verschiedener reeller Zahlgrößen

$$\omega_1, \omega_2, \ldots \omega_\nu, \ldots \tag{4}$$

vorliegt, so läßt sich in jedem vorgegebenen Intervalle $(\alpha \ldots \beta)$ eine Zahl η (und folglich unendlich viele solcher Zahlen) bestimmen, welche in der Reihe (4) nicht vorkommt; dies soll nun bewiesen werden.

Wir gehen zu dem Ende von dem Intervalle $(\alpha \ldots \beta)$ aus, welches uns beliebig vorgegeben sei, und es sei $\alpha < \beta$; die ersten beiden Zahlen unserer Reihe (4), welche im Innern dieses Intervalles (mit Ausschluß der Grenzen) liegen, mögen mit α', β' bezeichnet werden, und es sei $\alpha' < \beta'$; ebenso bezeichne man in unserer Reihe die ersten beiden Zahlen, welche im Innern von $(\alpha' \ldots \beta')$ liegen, mit α'', β'', und es sei $\alpha'' < \beta''$, und nach demselben Gesetze bilde man ein folgendes Intervall $(\alpha''' \ldots \beta''')$ u. s. w. Hier sind also $\alpha', \alpha'' \ldots$ der Definition nach bestimmte Zahlen unserer Reihe (4), deren Indizes im fortwährenden Steigen sich befinden, und das gleiche gilt von den Zahlen $\beta', \beta'' \ldots$; ferner nehmen die Zahlen $\alpha', \alpha'', \ldots$ ihrer Größe nach fortwährend zu, die Zahlen $\beta', \beta'', \ldots$ nehmen ihrer Größe nach fortwährend ab; von den Intervallen $(\alpha \ldots \beta)$, $(\alpha' \ldots \beta')$, $(\alpha'' \ldots \beta'')$, ... schließt ein jedes alle auf dasselbe folgenden ein. — Hierbei sind nun zwei Fälle denkbar.

Entweder die Anzahl der so gebildeten Intervalle ist endlich; das letzte von ihnen sei $(\alpha^{(\nu)} \ldots \beta^{(\nu)})$; da im Innern desselben höchstens eine Zahl der Reihe (4) liegen kann, so kann eine Zahl η in diesem Intervalle angenommen werden, welche nicht in (4) enthalten ist, und es ist somit der Satz für diesen Fall bewiesen. —

Oder die Anzahl der gebildeten Intervalle ist unendlich groß; dann haben die Zahlen $\alpha, \alpha', \alpha'', \ldots$, weil sie fortwährend ihrer Größe nach zunehmen, ohne ins Unendliche zu wachsen, einen bestimmten Grenzwert α^∞; ein gleiches gilt für die Zahlen $\beta, \beta', \beta'', \ldots$, weil sie fortwährend ihrer Größe nach abnehmen, ihr Grenzwert sei β^∞; ist $\alpha^\infty = \beta^\infty$ (ein Fall, der bei dem Inbegriffe (ω) aller reellen algebraischen Zahlen stets eintritt), so überzeugt man sich leicht, wenn man nur auf die Definition der Intervalle zurückblickt, daß die Zahl $\eta = \alpha^\infty = \beta^\infty$ *nicht* in unserer Reihe enthalten sein kann[1]; ist aber $\alpha^\infty < \beta^\infty$, so genügt jede Zahl η im Innern des Intervalles $(\alpha^\infty \ldots \beta^\infty)$ oder auch an den Grenzen desselben der gestellten Forderung, nicht in der Reihe (4) enthalten zu sein. —

---

[1] Wäre die Zahl η in unserer Reihe enthalten, so hätte man $\eta = \omega_p$, wo p ein bestimmter Index ist; dies ist aber nicht möglich, denn ω_p liegt *nicht* im Innern des Intervalles $(\alpha^{(p)} \ldots \beta^{(p)})$, während die Zahl η ihrer Definition nach im Innern dieses Intervalles liegt.

Die in diesem Aufsatze bewiesenen Sätze lassen Erweiterungen nach verschiedenen Richtungen zu, von welchen hier nur eine erwähnt sei:

„Ist $\omega_1, \omega_2, \ldots \omega_n, \ldots$ eine endliche oder unendliche Reihe voneinander linear unabhängiger Zahlen (so daß keine Gleichung von der Form $a_1 \omega_1 + a_2 \omega_2 + \cdots + a_n \omega_n = 0$ mit ganzzahligen Koeffizienten, die nicht sämtlich verschwinden, möglich ist) und denkt man sich den Inbegriff (Ω) aller derjenigen Zahlen Ω, welche sich als rationale Funktionen mit ganzzahligen Koeffizienten aus den gegebenen Zahlen ω darstellen lassen, so gibt es in jedem Intervalle $(\alpha \ldots \beta)$ unendlich viele Zahlen, die nicht in (Ω) enthalten sind."

In der Tat überzeugt man sich durch eine ähnliche Schlußweise wie in § 1, daß der Inbegriff (Ω) sich in der Reihenform

$$\Omega_1, \Omega_2, \ldots \Omega_\nu, \ldots$$

auffassen läßt, woraus, mit Rücksicht auf diesen § 2, die Richtigkeit des Satzes folgt.

Ein ganz spezieller Fall des hier angeführten Satzes (in welchem die Reihe $\omega_1, \omega_2, \ldots \omega_n \ldots$ eine endliche und der Grad der rationalen Funktionen, welche den Inbegriff (Ω) liefern, ein vorgesehener ist) ist, unter Zurückführung auf Galoissche Prinzipien, von Herrn B. Minnigerode bewiesen worden. (Siehe Math. Annalen, Bd. 4, S. 497.)

[Anmerkung.]

Die vorstehende Abhandlung, welche die Reihe der mengentheoretischen Arbeiten eröffnet, hat es noch ausschließlich mit dem elementaren Begriff der „abzählbaren Mengen" zu tun, indem gezeigt wird, daß sowohl die Gesamtheit der rationalen wie die der *algebraischen* Zahlen unter diesen Begriff fallen, *nicht* aber die der reellen Zahlen eines endlichen Intervalles überhaupt. Der *erste* Nachweis, der merkwürdigerweise im Titel ausschließlich zum Ausdruck kommt, ist relativ leicht und ergibt sich eigentlich von selbst aus dem Begriff der algebraischen Zahl, sobald die Frage erst einmal gestellt ist. Dagegen ist der im § 2 geführte Beweis für die „Nichtabzählbarkeit" der reellen Zahlen Cantor, wie er selbst sagt, erst nach vergeblichen Versuchen unter Schwierigkeiten gelungen. Er bildet für uns heute das ungleich tiefere Ergebnis der vorliegenden Untersuchung und ist auch in seiner Methode typisch für die spezifisch mengentheoretische Schlußweise. Erst durch den Nachweis, daß es auch „nicht-abzählbare" wohldefinierte mathematische Gesamtheiten gibt, gewinnt der Begriff der „Abzählbarkeit" Sinn und Bedeutung, und der Übergang zum allgemeinen Begriff der „Mächtigkeit" ist dann nur noch ein zweiter Schritt. — Die Terminologie ist in dieser grundlegenden Arbeit noch nicht ausgebildet: anstatt „Menge" heißt es noch: „Gesamtheit" oder „Inbegriff", und auch das Wort „abzählbar" findet sich hier noch nicht: es ist immer nur von einer „eindeutigen Zuordnung" der Elemente einer Gesamtheit zu denen einer anderen die Rede. — Besondere Erläuterungen sind bei der Klarheit der Cantorschen Darstellung wohl nicht erforderlich. Nicht ganz ersichtlich ist übrigens, warum Cantor seinen Satz auf die „reellen" algebraischen Zahlen beschränkt, während doch seine ganze Beweisführung unmittelbar auf *alle* (reellen wie komplexen) algebraischen Zahlen anwendbar ist.

2. Ein Beitrag zur Mannigfaltigkeitslehre.

[Crelles Journal f. Mathematik Bd. 84, S. 242–258 (1878)].

Wenn zwei wohldefinierte Mannigfaltigkeiten M und N sich eindeutig und vollständig, Element für Element, einander zuordnen lassen (was, wenn es auf eine Art möglich ist, immer auch noch auf viele andere Weisen geschehen kann), so möge für das Folgende die Ausdrucksweise gestattet sein, daß diese Mannigfaltigkeiten *gleiche Mächtigkeit* haben, oder auch, daß sie *äquivalent* sind. Unter einem *Bestandteil* einer Mannigfaltigkeit M verstehen wir jede andere Mannigfaltigkeit M', deren Elemente zugleich Elemente von M sind. Sind die beiden Mannigfaltigkeiten M und N nicht von gleicher Mächtigkeit, so wird entweder M mit einem Bestandteile von N oder es wird N mit einem Bestandteile von M gleiche Mächtigkeit haben; im ersteren Falle nennen wir die Mächtigkeit von M *kleiner*, im zweiten Falle nennen wir sie *größer* als die Mächtigkeit von N.

Wenn die zu betrachtenden Mannigfaltigkeiten *endliche*, d. h. aus einer endlichen Anzahl von Elementen bestehende sind, so entspricht, wie leicht zu sehen, der Begriff der Mächtigkeit dem der *Anzahl* und folglich dem der *ganzen positiven Zahl*, da nämlich zweien solchen Mannigfaltigkeiten dann und nur dann gleiche Mächtigkeit zukommt, wenn die Anzahl ihrer Elemente die gleiche ist. Ein Bestandteil einer endlichen Mannigfaltigkeit hat immer eine kleinere Mächtigkeit als die Mannigfaltigkeit selbst; dieses Verhältnis hört gänzlich auf bei den *unendlichen*, d. i. aus einer unendlichen Anzahl von Elementen bestehenden Mannigfaltigkeiten. Aus dem Umstande allein, daß eine unendliche Mannigfaltigkeit M ein Bestandteil einer andern N ist oder einem solchen eindeutig und vollständig zugeordnet werden kann, darf keineswegs geschlossen werden, daß ihre Mächtigkeit kleiner ist als die von N; dieser Schluß ist nur dann berechtigt, wenn man weiß, daß die Mächtigkeit von M nicht gleich ist derjenigen von N; ebensowenig darf der Umstand, daß N ein Bestandteil von M ist oder einem solchen eindeutig und vollständig zugeordnet werden kann, als ausreichend dafür betrachtet werden, daß die Mächtigkeit von M größer sei als die von N.

Um an ein einfaches Beispiel zu erinnern, sei M die Reihe der positiven ganzen Zahlen ν, N die Reihe der positiven geraden ganzen Zahlen 2ν; hier ist N ein Bestandteil von M, und nichtsdestoweniger sind M und N von gleicher Mächtigkeit.

Die Reihe der positiven ganzen Zahlen ν bietet, wie sich leicht zeigen läßt, die kleinste von allen Mächtigkeiten dar, welche bei unendlichen Mannigfaltigkeiten vorkommen. Nichtsdestoweniger ist die Klasse der Mannigfaltigkeiten, welche diese kleinste Mächtigkeit haben, eine außerordentlich reiche und ausgedehnte. Zu dieser Klasse gehören beispielsweise alle diejenigen Mannigfaltigkeiten, welche Herr R. Dedekind in seinen wertvollen und schönen Untersuchungen über die algebraischen Zahlen *„endliche Körper“* nennt (man vgl. Dirichlets Vorlesungen über Zahlentheorie, zweite Auflage, Braunschweig 1871, S. 425f.); ferner sind hier diejenigen, zuerst von mir in Betracht gezogenen, Mannigfaltigkeiten anzuführen, welche ich *„Punktmengen der ν^{ten} Art“* genannt habe (man vgl. Math. Annalen, Bd. 5, S. 129) [hier II, 5 S. 98]. Jede als einfach unendliche Reihe, mit dem allgemeinen Gliede a_ν, auftretende Mannigfaltigkeit gehört offenbar hierher; aber auch die Doppelreihen und allgemein die n-fachen Reihen mit dem allgemeinen Gliede $a_{\nu_1, \nu_2, \ldots \nu_n}$ (wo $\nu_1, \nu_2, \ldots \nu_n$ unabhängig voneinander alle positiven ganzen Zahlen durchlaufen) sind von dieser Klasse. Bei einer früheren Gelegenheit wurde sogar bewiesen, daß der Inbegriff (ω) aller reellen (und man könnte auch hinzufügen: aller komplexen) algebraischen Zahlen in Form einer Reihe mit dem allgemeinen Gliede ω_ν gedacht werden kann, was nichts anderes heißt, als daß die Mannigfaltigkeit (ω) sowohl, wie auch jeder unendliche Bestandteil derselben die Mächtigkeit der ganzen Zahlenreihe haben.

In bezug auf die Mannigfaltigkeiten dieser Klasse gelten die folgenden, leicht zu beweisenden Sätze:

„Ist M eine Mannigfaltigkeit von der Mächtigkeit der positiven, ganzen Zahlenreihe, so hat auch jeder unendliche Bestandteil von M gleiche Mächtigkeit mit M.“

„Ist $M', M'', M''', \ldots$ eine endliche oder einfach unendliche Reihe von Mannigfaltigkeiten, von denen jede die Mächtigkeit der positiven, ganzen Zahlenreihe besitzt, so hat auch die Mannigfaltigkeit M, welche aus der Zusammenfassung von $M', M'', M''', \ldots$ entsteht, dieselbe Mächtigkeit.“

Im folgenden sollen nun die sogenannten stetigen, n-fachen Mannigfaltigkeiten hinsichtlich ihrer Mächtigkeit untersucht werden.

Die Forschungen, welche Riemann[1] und Helmholtz[2] und nach ihnen

[1] Man vgl. Riemanns gesammelte mathematische Werke, S. 254f. Leipzig 1876.

[2] Man vgl. Helmholtz: Über die tatsächlichen Grundlagen der Geometrie. Heidelberger Jb. 1868, Nr 46 u. 47 und: Über die Tatsachen, welche der Geometrie zugrunde liegen. Nachr. Ges. Wiss. Göttingen, Math.-physik. Kl. 1868, Nr 9; desselben Verfassers populäre Vorträge, H. 3, S. 21f. Braunschweig 1876.

andere[1] über die Hypothesen, welche der Geometrie zugrunde liegen, angestellt haben, gehen bekanntlich von dem Begriffe einer n-fach ausgedehnten, stetigen Mannigfaltigkeit aus und setzen das wesentliche Kennzeichen derselben in den Umstand, daß ihre Elemente von n voneinander unabhängigen, reellen, stetigen Veränderlichen $x_1, x_2, \ldots x_n$ abhängen, so daß zu jedem Elemente der Mannigfaltigkeit ein zulässiges Wertsystem $x_1, x_2, \ldots x_n$, aber auch umgekehrt zu jedem zulässigen Wertsysteme $x_1, x_2, \ldots x_n$ ein gewisses Element der Mannigfaltigkeit gehört. Meist stillschweigend wird, wie aus dem Verlaufe jener Untersuchungen hervorgeht, außerdem die *Voraussetzung* gemacht, daß die zugrunde gelegte Korrespondenz der Elemente der Mannigfaltigkeit und des Wertsystemes $x_1, x_2, \ldots x_n$ eine *stetige* sei, so daß jeder unendlich kleinen Änderung des Wertsystemes $x_1, x_2, \ldots x_n$ eine unendlich kleine Änderung des entsprechenden Elementes und umgekehrt jeder unendlich kleinen Änderung des Elementes eine ebensolche Wertänderung seiner Koordinaten entspricht. Ob diese Voraussetzung als ausreichend zu betrachten, oder ob sie durch noch speziellere Bedingungen zu ergänzen sei, damit die beabsichtigte Begriffsbildung der n-fachen, stetigen Mannigfaltigkeit als eine gegen jeden Widerspruch gesicherte, in sich gefestigte betrachtet werden kann[2], — möge zunächst dahingestellt bleiben: hier soll allein gezeigt werden, daß, wenn sie fallen gelassen wird, d. i. wenn hinsichtlich der Korrespondenz zwischen der Mannigfaltigkeit und ihren Koordinaten keinerlei Beschränkung gemacht wird, alsdann jenes von den Autoren als wesentlich bezeichnete Merkmal (wonach eine n-fache stetige Mannigfaltigkeit eine solche ist, deren Elemente aus n voneinander unabhängigen reellen, stetigen Koordinaten sich bestimmen lassen) durchaus hinfällig wird.

Wie unsere Untersuchung zeigen wird, ist es sogar möglich, die Elemente einer n-fach ausgedehnten stetigen Mannigfaltigkeit durch eine einzige reelle stetige Koordinate t eindeutig und vollständig zu bestimmen. Daraus folgt alsdann, daß, wenn für die Art der Korrespondenz keine Voraussetzungen gestellt werden, die Anzahl der unabhängigen, stetigen, reellen Koordinaten, welche zur eindeutigen und vollständigen Bestimmung der Elemente einer n-fach ausgedehnten stetigen Mannigfaltigkeit zu benutzen sind, auf jede vorgegebene Zahl gebracht werden kann und also *nicht* als unveränderliches Merkmal einer gegebenen Mannigfaltigkeit anzusehen ist. Indem ich mir die Frage vorlegte, ob eine stetige Mannigfaltigkeit von n Dimen-

[1] Man vgl. J. Rosanes: Über die neuesten Untersuchungen in betreff unserer Anschauung vom Raume, S. 13. Breslau 1871; O. Liebmann: Zur Analysis der Wirklichkeit, S. 58. Straßburg 1876; B. Erdmann: Die Axiome der Geometrie, S. 45. Leipzig 1877.

[2] Die Beantwortung dieser Frage, auf welche wir bei einer anderen Gelegenheit zurückkommen werden, scheint mir keinen nennenswerten Schwierigkeiten zu begegnen. [Hierzu vgl. die Abhandlung III 3 S. 134 und die zugehörigen Anmerkungen S. 138.]

sionen sich eindeutig und vollständig einer stetigen Mannigfaltigkeit von nur einer Dimension zuordnen läßt, so daß jedem Elemente der einen von ihnen ein und *nur* ein Element der andern entspricht, fand es sich, daß diese Frage bejaht werden muß.

Es läßt sich demnach eine stetige Fläche eindeutig und vollständig auf eine stetige Linie beziehen, das gleiche gilt von stetigen Körpern und von stetigen Gebilden mit beliebig vielen Dimensionen.

Unter Anwendung der oben eingeführten Ausdrucksweise können wir daher sagen, daß die Mächtigkeit eines beliebigen stetigen, n-fach ausgedehnten Gebildes *gleich* ist der Mächtigkeit einer einfach ausgedehnten stetigen Mannigfaltigkeit, wie beispielsweise einer begrenzten, stetigen geraden Strecke.

§ 1.

Da zwei stetige Gebilde von *gleicher* Dimensionenzahl sich mittels analytischer Funktionen aufeinander eindeutig und vollständig beziehen lassen, so kommt bei dem von uns verfolgten Zwecke (nämlich die Möglichkeit eindeutiger und vollständiger Zuordnungen von stetigen Gebilden mit verschiedener Dimensionenzahl nachzuweisen), wie man leicht einsieht, alles auf den Beweis des folgenden Satzes an:

(A.) „Sind $x_1, x_2, \ldots x_n$ n voneinander unabhängige, veränderliche reelle Größen, von denen jede alle Werte, die $\geqq 0$ und $\leqq 1$ sind, annehmen kann, und ist t eine andere Veränderliche mit dem gleichen Spielraum $(0 \leqq t \leqq 1)$, so ist es möglich, die eine Größe t dem Systeme der n Größen $x_1, x_2, \ldots x_n$ so zuzuordnen, daß zu jedem bestimmten Werte von t ein bestimmtes Wertsystem $x_1, x_2, \ldots x_n$ und umgekehrt zu jedem bestimmten Wertsysteme $x_1, x_2, \ldots x_n$ ein gewisser Wert von t gehört."

Als Folge dieses Satzes stellt sich alsdann der von uns in Aussicht genommene andere dar:

(B.) „Eine nach n Dimensionen ausgedehnte stetige Mannigfaltigkeit läßt sich eindeutig und vollständig einer stetigen Mannigfaltigkeit von einer Dimension zuordnen; zwei stetige Mannigfaltigkeiten, die eine von n, die andere von m Dimensionen, wo $n \gtreqless m$, haben gleiche Mächtigkeit; die Elemente einer nach n Dimensionen ausgedehnten, stetigen Mannigfaltigkeit lassen sich durch eine einzige stetige, reelle Koordinate t eindeutig bestimmen, sie lassen sich aber auch durch ein System von m stetigen Koordinaten $t_1, t_2, \ldots t_m$ eindeutig und vollständig bestimmen."

§ 2.

Zum Beweise von (A.) gehen wir von dem bekannten Satze aus, daß jede *irrationale* Zahl $e \gtrless {0 \atop 1}$ sich auf eine völlig bestimmte Weise in der Form eines unendlichen Kettenbruches

$$e = \cfrac{1}{\alpha_1 + \cfrac{1}{\alpha_2 + \ddots + \cfrac{1}{\alpha_\nu + \ddots}}} = (\alpha_1, \alpha_2, \ldots, \alpha_\nu, \ldots)$$

darstellen läßt, wo die α_ν positive, ganze rationale Zahlen sind.

Zu jeder irrationalen Zahl $e \gtrless {0 \atop 1}$ gehört eine bestimmte unendliche Reihe von positiven ganzen Zahlen α_ν, und umgekehrt bestimmt eine jede solche Reihe eine gewisse irrationale Zahl $e \gtrless {0 \atop 1}$.

Sind nun $e_1, e_2, \ldots e_n$ n voneinander unabhängige veränderliche Größen, von denen jede alle irrationalen Zahlwerte des Intervalles $(0 \ldots 1)$ und einen jeden von diesen nur einmal annehmen kann, so setze man:

$$\begin{aligned} e_1 &= (\alpha_{1,1}, \alpha_{1,2}, \ldots, \alpha_{1,\nu}, \ldots), \\ &\ldots\ldots\ldots\ldots\ldots \\ e_\mu &= (\alpha_{\mu,1}, \alpha_{\mu,2}, \ldots, \alpha_{\mu,\nu}, \ldots), \\ &\ldots\ldots\ldots\ldots\ldots \\ e_n &= (\alpha_{n,1}, \alpha_{n,2}, \ldots, \alpha_{n,\nu}, \ldots): \end{aligned}$$

diese n irrationalen Zahlen bestimmen eindeutig eine $\overline{n+1}^{\text{te}}$ irrationale Zahl $d \gtrless {0 \atop 1}$, nämlich

$$d = (\beta_1, \beta_2, \ldots, \beta_\nu, \ldots),$$

wenn man zwischen den Zahlen α und β folgende Beziehung festsetzt:

$$\beta_{(\nu-1)n+\mu} = \alpha_{\mu,\nu} \begin{cases} \mu = 1, 2, \ldots n. \\ \nu = 1, 2, \ldots \text{in inf.} \end{cases} \tag{1}$$

Aber auch umgekehrt: wenn man von einer irrationalen Zahl $d \gtrless {0 \atop 1}$ ausgeht, so bestimmt dieselbe die Reihe der β_ν und vermöge (1.) auch die Reihen der $\alpha_{\mu,\nu}$, d. h. d bestimmt eindeutig das System der n irrationalen Zahlen $e_1, e_2, \ldots e_n$. Aus dieser Betrachtung ergibt sich zunächst der folgende Satz:

(C.) „Sind $e_1, e_2, \ldots e_n$ n voneinander unabhängige veränderliche Größen, von denen eine jede alle irrationalen Zahlwerte des Intervalles $(0 \ldots 1)$ annehmen kann, und ist d eine andere Veränderliche mit dem gleichen Spielraum wie jene, so ist es möglich, die eine Größe d und das System der n Größen $e_1, e_2, \ldots e_n$ eindeutig und vollständig einander zuzuordnen."

§ 3.

Nachdem im vorigen Paragraphen der Satz (C.) bewiesen worden ist, muß es nun unsere Sache sein, den Beweis des folgenden Satzes zu führen:

(D.) „Eine veränderliche Größe e, welche alle irrationalen Zahlwerte des Intervalles $(0 \ldots 1)$ annehmen kann, läßt sich eindeutig einer Veränderlichen x zuordnen, welche alle reellen d. h. rationalen und irrationalen Werte, die $\geqq 0$ und $\leqq 1$ sind, erhält, so daß zu jedem irrationalen Werte von $e \gtrless \genfrac{}{}{0pt}{}{0}{1}$ ein und nur ein reeller Wert von $x \genfrac{}{}{0pt}{}{\geqq 0}{\leqq 1}$ und umgekehrt zu jedem reellen Werte von x ein gewisser irrationaler Wert von e gehört."

Denn ist einmal dieser Satz (D.) bewiesen, so denke man sich *nach ihm* den im § 2 mit $e_1, e_2, \ldots e_n$ und d bezeichneten $n + 1$ veränderlichen Größen entsprechend die anderen Veränderlichen $x_1, x_2, \ldots x_n$ und t eindeutig und vollständig zugeordnet, wo jede dieser Veränderlichen ohne Beschränkung jeden reellen Wert, der $\geqq 0$ und $\leqq 1$, anzunehmen hat. Da zwischen der Veränderlichen d und dem System der n Veränderlichen $e_1, e_2, \ldots e_n$ im § 2 eine eindeutige und vollständige Korrespondenz hergestellt ist, so erhält man auf diese Weise eine eindeutige und vollständige Zuordnung der einen stetigen Veränderlichen t und des Systemes von n stetigen Veränderlichen $x_1, x_2, \ldots x_n$, womit die Richtigkeit des Satzes (A.) nachgewiesen sein wird.

Wir werden uns also im folgenden nur noch mit dem Beweise des Satzes (D.) zu beschäftigen haben; dabei möge eine einfache Symbolik, welche wir zunächst beschreiben wollen, Kürze halber zur Anwendung kommen.

Unter einer *linearen* Mannigfaltigkeit reeller Zahlen wollen wir jede wohldefinierte Mannigfaltigkeit reeller, voneinander verschiedener, d. i. ungleicher Zahlen verstehen, so daß eine und dieselbe Zahl in einer linearen Mannigfaltigkeit nicht öfter als einmal als Element vorkommt.

Die reellen Veränderlichen, welche im Laufe dieser Untersuchung vorkommen, sind alle von der Art, daß der Spielraum einer jeden von ihnen, d. h. die Mannigfaltigkeit der Werte, welche sie annehmen kann, eine gegebene lineare Mannigfaltigkeit ist; wir wollen daher auch diese, überall stillschweigend gemachte Voraussetzung in dem Folgenden nicht mehr besonders hervorheben. Von zwei solcher Veränderlichen a und b wollen wir sagen, daß sie *keinen Zusammenhang* haben, wenn kein Wert, welchen a annehmen kann, gleich ist einem Werte von b; d. h. die beiden Mannigfaltigkeiten der Werte, welche die Veränderlichen a, b annehmen können, haben keine gemeinschaftlichen Elemente, wenn gesagt werden soll, daß a und b *ohne Zusammenhang* sind[1].

Hat man eine endliche oder unendliche Reihe $a', a'', a''', \ldots, a^{(\nu)}, \ldots$ wohldefinierter Veränderlichen oder Konstanten, die paarweise keinen Zu-

---

[1] Zwei Mannigfaltigkeiten M und N haben entweder *keinen Zusammenhang*, wenn sie nämlich kein ihnen gemeinschaftlich angehöriges Element haben; oder sie hängen durch eine bestimmte dritte Mannigfaltigkeit P zusammen, nämlich durch die Mannigfaltigkeit der ihnen gemeinschaftlichen Elemente [den „Durchschnitt" von M und N].

sammenhang haben, so läßt sich eine Veränderliche a dadurch definieren, daß ihr Spielraum aus der Zusammenfassung der Spielräume von $a', a'', \ldots, a^{(\nu)}, \ldots$ entsteht; umgekehrt läßt sich eine gegebene Veränderliche a nach den verschiedensten Modis in andere $a', a'', \ldots$ zerlegen, die paarweise keinen Zusammenhang haben; in diesen beiden Fällen drücken wir die Beziehung der Veränderlichen a zu den Veränderlichen $a', a'', \ldots, a^{(\nu)}, \ldots$ durch folgende Formel aus:

$$a \equiv \{a', a'', \ldots, a^{(\nu)}, \ldots\}.$$

Zum Bestehen dieser Formel gehört also: 1) daß jeder Wert, welchen irgend eine der Veränderlichen $a^{(\nu)}$ annehmen kann, auch ein der Veränderlichen a zustehender Wert ist; 2) daß jeder Wert, welchen a erhalten kann, auch von einer und nur einer der Größen $a^{(\nu)}$ angenommen wird. Um diese Formel zu erläutern, sei beispielsweise φ eine Veränderliche, welche alle rationalen Zahlwerte, welche $\geqq 0$ und $\leqq 1$ sind, e eine Veränderliche, welche alle irrationalen Zahlwerte des Intervalls $(0 \ldots 1)$, und endlich x eine Veränderliche, welche alle reellen, rationalen und irrationalen Zahlwerte, die $\geqq 0$ und $\leqq 1$ sind, annehmen kann, so ist

$$x \equiv \{\varphi, e\}.$$

Sind a und b zwei veränderliche Größen von der Art, daß es möglich ist, dieselben eindeutig und vollständig einander zuzuordnen, haben, mit anderen Worten, ihre beiden Spielräume gleiche Mächtigkeit, so wollen wir a und b einander *äquivalent* nennen und dies durch eine der beiden Formeln

$$a \sim b \quad \text{oder} \quad b \sim a$$

ausdrücken. Nach dieser Definition der Äquivalenz zweier veränderlichen Größen folgt leicht, daß $a \sim a$; ferner daß, wenn $a \sim b$ und $b \sim c$, alsdann auch immer $a \sim c$ ist.

In der folgenden Untersuchung wird der nachstehende Satz, dessen Beweis wir wegen seiner Einfachheit übergehen dürfen, an verschiedenen Stellen zur Anwendung kommen:

(E.) „Ist $a', a'', \ldots, a^{(\nu)}, \ldots$ eine endliche oder unendliche Reihe von Veränderlichen oder Konstanten, welche paarweise keinen Zusammenhang haben, $b', b'', \ldots. b^{(\nu)}, \ldots$ eine andere Reihe von derselben Beschaffenheit, entspricht jeder Veränderlichen $a^{(\nu)}$ der ersten Reihe eine bestimmte Veränderliche $b^{(\nu)}$ der zweiten, und sind diese entsprechenden Veränderlichen stets einander äquivalent, d. h. ist $a^{(\nu)} \sim b^{(\nu)}$, so ist auch immer

$$a \sim b,$$

wenn

$$a \equiv \{a', \quad a'', \quad \ldots \quad a^{(\nu)}, \quad \ldots\}$$

und

$$b \equiv \{b', \quad b'', \quad \ldots \quad b^{(\nu)}, \quad \ldots\}.\text{“}$$

§ 4.

Unsere Untersuchung ist nun so weit geführt, daß es uns nur noch auf den Beweis des Satzes (D.) in § 3 ankommt. Um zu diesem Ziele zu gelangen, gehen wir davon aus, daß die sämtlichen rationalen Zahlen, welche $\geqq 0$ und $\leqq 1$ sind, sich in der Form einer einfach unendlichen Reihe

$$\varphi_1, \quad \varphi_2, \quad \varphi_3, \quad \ldots, \quad \varphi_\nu, \quad \ldots$$

mit einem allgemeinen Gliede φ_ν schreiben lassen. Dies läßt sich am einfachsten wie folgt dartun: Ist $\frac{p}{q}$ die *irreduktible* Form für eine rationale Zahl, die $\geqq 0$ und $\leqq 1$ ist, wo also p und q ganze, nicht negative Zahlen mit dem größten gemeinschaftlichen Teiler 1 sind, so setze man $p + q = N$. Es gehört alsdann zu jeder Zahl $\frac{p}{q}$ ein bestimmter ganzzahliger, positiver Wert von N, und umgekehrt gehört zu einem solchen Werte von N immer nur eine endliche Anzahl von Zahlen $\frac{p}{q}$. Werden nun die Zahlen $\frac{p}{q}$ in einer solchen Reihenfolge gedacht, daß die zu kleineren Werten von N gehörigen denen vorangehen, für welche N einen größeren Wert hat, daß ferner die Zahlen $\frac{p}{q}$, für welche N einen und denselben Wert hat, ihrer Größe nach einander folgen, die größeren auf die kleineren, so kommt jede der Zahlen $\frac{p}{q}$ an eine ganz bestimmte Stelle einer einfach unendlichen Reihe, deren allgemeines Glied mit φ_ν bezeichnet werde. Dieser Satz kann aber auch aus dem s. Z. von mir[1] gebrachten geschlossen werden, wonach der Inbegriff (ω) aller reellen *algebraischen* Zahlen sich in der Form einer unendlichen Reihe

$$\omega_1, \quad \omega_2, \quad \ldots, \quad \omega_\nu, \quad \ldots$$

mit dem allgemeinen Gliede ω_ν auffassen läßt; diese Eigenschaft des Inbegriffes (ω) überträgt sich nämlich auf den Inbegriff aller rationalen Zahlen, die $\geqq 0$ und $\leqq 1$, weil diese Mannigfaltigkeit ein *Teil* von jener ist. Sei nun e die im Satze (D.) vorkommende Veränderliche, welche alle reellen Zahlwerte des Intervalles $(0 \ldots 1)$ anzunehmen hat, mit Ausnahme der Zahlen φ_ν.

Man nehme ferner im Intervalle $(0 \ldots 1)$ irgend eine unendliche Reihe irrationaler Zahlen ε_ν an, welche nur an die Bedingungen gebunden ist, daß allgemein $\varepsilon_\nu < \varepsilon_{\nu+1}$ und daß $\lim \varepsilon_\nu = 1$ für $\nu = \infty$; beispielsweise sei $\varepsilon_\nu = 1 - \frac{\sqrt{2}}{2^\nu}$.

Man bezeichne mit f eine Veränderliche, welche alle reellen Werte des Intervalles $(0 \ldots 1)$ annehmen kann, mit Ausnahme der Werte ε_ν, mit

[1] Über eine Eigenschaft des Inbegriffes aller reellen algebraischen Zahlen. Crelles Journal f. Math. 77, 258f. [hier III, 1 S. 115].

g eine andere Veränderliche, welche alle reellen Werte des Intervalles $(0 \ldots 1)$ anzunehmen hat, mit Ausnahme der ε_ν und der φ_ν.

Wir behaupten, daß

$$e \sim f.$$

In der Tat ist nach der Bezeichnungsweise des § 3

$$e \equiv \{g\,,\quad \varepsilon_\nu\}\,,$$

$$f \equiv \{g\,,\quad \varphi_\nu\}\,,$$

und da $g \sim g$, $\varepsilon_\nu \sim \varphi_\nu$, so schließen wir nach Satz (E.), daß

$$e \sim f.$$

Der zu beweisende Satz (D.) ist daher zurückgeführt auf folgenden Satz:

(F.) „Eine Veränderliche f, welche alle Werte des Intervalles $(0 \ldots 1)$ annehmen kann, mit Ausnahme der Werte einer gegebenen Reihe ε_ν, welche an die Bedingungen gebunden ist, daß $\varepsilon_\nu < \varepsilon_{\nu+1}$ und daß $\lim \varepsilon_\nu = 1$ für $\nu = \infty$, läßt sich eindeutig und vollständig einer Veränderlichen x zuordnen, welche alle Werte $\geqq 0$ und $\leqq 1$ anzunehmen hat; es ist, mit anderen Worten $f \sim x$."

§ 5.

Den Beweis von (F.) gründen wir auf die folgenden Sätze (G.), (H.), (J.):

(G.) „Ist y eine Veränderliche, welche alle Werte des Intervalles $(0 \ldots 1)$ mit Ausnahme des einen 0 anzunehmen hat, x eine Veränderliche, welche alle Werte des Intervalles $(0 \ldots 1)$ ohne Ausnahme erhält, so ist

$$y \sim x."$$

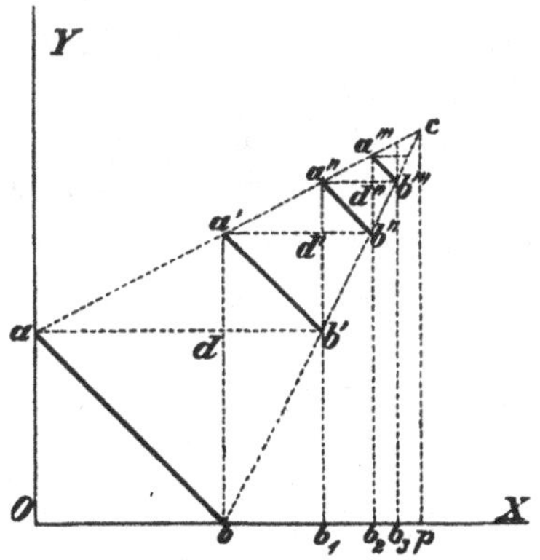

Der Beweis dieses Satzes (G.) wird am einfachsten [?] durch die Betrachtung nebenstehender Kurve geführt, deren Abszissen von O aus die Größe x, deren Ordinaten die Größe y repräsentieren. Diese Kurve besteht aus den unendlich vielen einander parallelen, mit ins Unendliche wachsendem ν unendlich klein werdenden Strecken

$$\overline{ab}\,,\quad \overline{a'b'}\,,\quad \ldots,\quad \overline{a^{(\nu)}b^{(\nu)}}\,,\quad \ldots$$

und aus dem isolierten Punkte c, welchem sich jene Strecken asymptotisch nähern. Hierbei sind aber die Endpunkte $a, a', \ldots, a^{(\nu)}, \ldots$ als *zur Kurve gehörig*, dagegen die Endpunkte $b, b', \ldots, b^{(\nu)}, \ldots$ als *von ihr ausgeschlossen* zu betrachten.

Die in der Figur vertretenen Längen sind:

$$\overline{Op} = \overline{pc} = 1; \quad \overline{Ob} = \overline{bp} = \overline{Oa} = \tfrac{1}{2};$$
$$\overline{a^{(\nu)}d^{(\nu)}} = \overline{d^{(\nu)}b^{(\nu)}} = \overline{b_{\nu-1}b_\nu} = \frac{1}{2^{\nu+1}}.$$

Man überzeugt sich, daß, während die Abszisse x alle Werte von 0 bis 1 annimmt, die Ordinate y alle diese Werte mit *Ausschluß* des einen Wertes 0 erhält.

Nachdem auf diese Weise der Satz (G.) bewiesen ist, erhält man zunächst durch die Anwendung der Transformationsformeln

$$y = \frac{z-\alpha}{\beta-\alpha}; \quad x = \frac{u-\alpha}{\beta-\alpha}$$

die folgende Verallgemeinerung von (G.):

(H.) „Eine Veränderliche z, welche alle Werte eines Intervalles $(\alpha \ldots \beta)$, wo $\alpha \gtrless \beta$, mit Ausnahme des einen Endwertes α annehmen kann, ist äquivalent einer Veränderlichen u, welche alle Werte desselben Intervalles $(\alpha \ldots \beta)$ ohne Ausnahme erhält."

Von hier aus gelangen wir zunächst zu folgendem Satze:

(J.) „Ist w eine Veränderliche, welche alle Werte des Intervalles $(\alpha \ldots \beta)$ mit Ausnahme der beiden Endwerte α und β desselben anzunehmen hat, u dieselbe Veränderliche wie in (H.), so ist

$$w \sim u."$$

In der Tat: es sei γ irgend ein Wert zwischen α und β; man führe hilfsweise vier neue Veränderliche w', w'', u'' und z ein.

z sei dieselbe Veränderliche wie in (H.), w' nehme alle Werte des Intervalles $(\alpha \ldots \gamma)$ an mit Ausnahme der beiden Endwerte α und γ; w'' erhalte alle Werte des Intervalles $(\gamma \ldots \beta)$ mit Ausnahme des einen Endwertes β, u'' sei eine Veränderliche, welche alle Werte des Intervalles $(\gamma \ldots \beta)$ mit Einschluß der Endwerte anzunehmen hat.

Es ist alsdann

$$w \equiv \{w', \quad w''\},$$
$$z \equiv \{w', \quad u''\}.$$

In Folge des Satzes (H.) ist aber

$$w'' \sim u'';$$

wir schließen daher, daß

$$w \sim z.$$

Nach Satz (H.) ist aber auch

$$z \sim u;$$

folglich hat man auch $w \sim u$, womit Satz (J.) bewiesen ist.

Nun können wir den Satz (F.) wie folgt beweisen:

Indem wir auf die Bedeutung der Veränderlichen f und x in der Ankündigung des Satzes (F.) verweisen, führen wir gewisse Hilfsveränderliche

$$f', \quad f'', \quad \ldots, \quad f^{(\nu)}, \quad \ldots$$

und

$$x'', \quad x^{\text{IV}}, \ldots, \quad x^{(2\nu)}, \quad \ldots$$

ein, und zwar seien

f' eine Veränderliche, welche alle Werte des Intervalles $(0 \ldots \varepsilon_1)$ mit Ausnahme des einen Endwertes ε_1 erhält, $f^{(\nu)}$ für $\nu > 1$ eine Veränderliche, die alle Werte des Intervalles $(\varepsilon_{\nu-1} \ldots \varepsilon_\nu)$ mit Ausnahme der beiden Endwerte $\varepsilon_{\nu-1}$ und ε_ν anzunehmen hat; $x^{(2\nu)}$ sei eine Veränderliche, welche alle Werte des Intervalles $(\varepsilon_{2\nu-1} \ldots \varepsilon_{2\nu})$ ohne Ausnahme erhält.

Fügt man zu den Veränderlichen $f', f'', \ldots f^{(\nu)}, \ldots$ noch die konstante Zahl 1, so haben alle diese Größen zusammengenommen denselben Spielraum wie f, d. h. man hat

$$f \equiv \{f', \quad f'', \quad \ldots, \quad f^{(\nu)}, \quad \ldots, \quad 1\}.$$

Ebenso überzeugt man sich, daß

$$x \equiv \{f', \quad x'' \quad f''', \quad x^{\text{IV}}, \quad \ldots, \quad f^{(2\nu-1)}, \quad x^{(2\nu)}, \quad \ldots, \quad 1\}.$$

Dem Satze (J.) zufolge ist aber

$$f^{(2\nu)} \sim x^{(2\nu)};$$

ferner ist

$$f^{(2\nu-1)} \sim f^{(2\nu-1)}; \quad 1 \sim 1;$$

daher ist wegen des Satzes (E.) § 3

$$f \sim x,$$

w. z. b. w.

§ 6.

Ich will nun für den Satz (D.) noch einen kürzeren Beweis geben; wenn ich mich auf diesen allein nicht beschränkt habe, so geschah es aus dem Grunde, weil die Hilfssätze (F.), (G.), (H.), (J.), welche bei der komplizierteren Beweisführung gebraucht wurden, an sich von Interesse sind.

Unter x verstehen wir, wie früher, eine Veränderliche, welche alle reellen Werte des Intervalles $(0 \ldots 1)$, mit Einschluß der Endwerte, anzunehmen hat, e sei eine Veränderliche, welche nur die irrationalen Werte des Intervalles $(0 \ldots 1)$ erhält; und zu beweisen ist, daß $x \sim e$.

Die rationalen Zahlen $\geqq 0$ und $\leqq 1$ denken wir uns wie in § 4 in Reihenform mit dem allgemeinen Gliede φ_ν, wo ν die Zahlenreihe $1, 2, 3, \ldots$ zu durchlaufen hat. Ferner nehmen wir eine beliebige unendliche Reihe von lauter irrationalen, voneinander verschiedenen Zahlen des Intervalles $(0 \ldots 1)$ an; das allgemeine Glied dieser Reihe sei η_ν $\left(\text{z. B. } \eta_\nu = \frac{\sqrt{2}}{2^\nu}\right)$.

Unter h verstehe man eine Veränderliche, welche alle Werte des Intervalles $(0 \ldots 1)$ mit Ausnahme der φ_ν sowohl wie der η_ν anzunehmen hat.

Nach der in § 3 eingeführten Symbolik ist alsdann

$$x \equiv \{h, \quad \eta_\nu, \quad \varphi_\nu\} \tag{1}$$

und

$$e \equiv \{h, \eta_\nu\}.$$

Die letzte Formel können wir auch wie folgt schreiben:

$$e \equiv \{h, \quad \eta_{2\nu-1}, \quad \eta_{2\nu}\}. \tag{2}$$

Bemerken wir nun, daß

$$h \sim h; \quad \eta_\nu \sim \eta_{2\nu-1}; \quad \varphi_\nu \sim \eta_{2\nu}$$

und wenden auf die beiden Formeln (1) und (2) den Satz (E.) § 3 an, so erhalten wir

$$x \sim e,$$

w. z. b. w.

§ 7.

Es liegt der Gedanke nahe, zum Beweise von (A.) an Stelle des von uns benutzten Kettenbruches die Darstellungsform des unendlichen Dezimalbruches zu wählen; obgleich es den Anschein haben könnte, daß dieser Weg schneller zum Ziele geführt haben würde, so bringt derselbe trotzdem eine Schwierigkeit mit sich, auf welche ich hier aufmerksam machen will; sie war der Grund, weshalb ich auf den Gebrauch der Dezimalbrüche bei dieser Untersuchung verzichtet habe.

Hat man beispielsweise zwei Veränderliche x_1 und x_2 und setzt

$$x_1 = \frac{\alpha_1}{10} + \frac{\alpha_2}{10^2} + \cdots + \frac{\alpha_\nu}{10^\nu} + \cdots,$$

$$x_2 = \frac{\beta_1}{10} + \frac{\beta_2}{10^2} + \cdots + \frac{\beta_\nu}{10^\nu} + \cdots$$

mit der Bestimmung, daß die Zahlen α_ν, β_ν ganze Zahlen $\geqq 0$ und $\leqq 9$ werden und nicht von einem gewissen ν an stets den Wert 0 annehmen (ausgenommen wenn x_1 oder x_2 selbst gleich Null sind), so werden diese Darstellungen von x_1, x_2 in allen Fällen eindeutig bestimmt sein, d. h. x_1 und x_2 bestimmen die unendlichen Zahlenreihen α_ν und β_ν, und umgekehrt. Leitet man nun aus x_1 und x_2 eine Zahl

$$t = \frac{\gamma_1}{10} + \frac{\gamma_2}{10^2} + \cdots + \frac{\gamma_\nu}{10^\nu} + \cdots$$

her, indem man setzt

$$\gamma_{2\nu-1} = \alpha_\nu; \quad \gamma_{2\nu} = \beta_\nu \quad \text{für} \quad \nu = 1, 2, \ldots,$$

so ist hiermit eine eindeutige [ein-eindeutige] Beziehung zwischen dem System x_1, x_2 und der einen Veränderlichen t hergestellt; denn *nur ein einziges* Wertsystem x_1, x_2 führt zu einem gegebenen Werte von t. Die Veränderliche t nimmt aber, und dies ist der hier zu beachtende Umstand, nicht alle Werte des Intervalles $(0 \ldots 1)$ an, sie ist in ihrer Veränderlichkeit beschränkt, während x_1 und x_2 keiner Beschränkung innerhalb desselben Intervalles unterworfen werden.

Alle Werte der Reihensumme:

$$\frac{\gamma_1}{10} + \frac{\gamma_2}{10^2} + \cdots + \frac{\gamma_\nu}{10^\nu} + \cdots,$$

bei welchen von einem gewissen $\nu > 1$ an alle $\gamma_{2\nu-1}$ oder alle $\gamma_{2\nu}$ den Wert Null haben, müssen als von dem Veränderlichkeitsgebiet von t ausgeschlossen angesehen werden, weil sie auf ausgeschlossene, nämlich *endliche* Dezimalbruchdarstellungen von x_1 oder x_2 zurückführen würden.

§ 8.

Nachdem in den vorangehenden Paragraphen die beabsichtigte Untersuchung zu Ende geführt ist, mögen zum Schlusse einige erweiternde Bemerkungen Platz finden. Der Satz (A.) und demgemäß der Satz (B.) sind einer Verallgemeinerung fähig, wonach auch stetige Mannigfaltigkeiten von einer unendlich großen Dimensionenzahl dieselbe Mächtigkeit haben wie stetige Mannigfaltigkeiten von einer Dimension; diese Verallgemeinerung ist jedoch wesentlich an eine Voraussetzung gebunden, daß nämlich die unendlich vielen Dimensionen selbst eine Mannigfaltigkeit bilden, welche die Mächtigkeit der ganzen positiven Zahlenreihe hat.

An Stelle des Satzes (A.) tritt hier der folgende:

(A′.) „Ist $x_1, x_2, \ldots, x_\mu, \ldots$ eine einfach unendliche Reihe voneinander unabhängiger, veränderlicher, reeller Größen, von denen jede alle Werte, die $\geqq 0$ und $\leqq 1$ sind, annehmen kann, und ist t eine andere Veränderliche mit dem gleichen Spielraume $(0 \leqq t \leqq 1)$ wie jene, so ist es möglich, die eine Größe t dem Systeme der unendlich vielen $x_1, x_2, \ldots, x_\mu, \ldots$ eindeutig und vollständig zuzuordnen."

Dieser Satz (A′.) wird mit Hilfe des Satzes (D.), § 3 zurückgeführt auf den folgenden:

(C′.) „Ist $e_1, e_2, \ldots, e_\mu, \ldots$ eine unendliche Reihe voneinander unabhängiger veränderlicher Größen, von denen jede alle irrationalen Zahlwerte des Intervalles $(0 \ldots 1)$ annehmen kann, und ist d eine andere irrationale Veränderliche mit dem nämlichen Spielraum, so ist es möglich, die eine Größe d dem Systeme der unendlich vielen Größen $e_1, e_2, \ldots, e_\mu, \ldots$ eindeutig und vollständig zuzuordnen."

Der Beweis von (C′.) geschieht am einfachsten, indem man unter Anwendung der Kettenbruchentwicklung, wie in § 2 setzt

$$e_\mu = (\alpha_{\mu,1}, \alpha_{\mu,2}, \ldots, \alpha_{\mu,\nu}, \ldots) \quad \text{für} \quad \mu = 1, 2, \ldots,$$
$$d = (\beta_1, \beta_2, \ldots, \beta_\lambda, \ldots)$$

und zwischen den ganzen positiven Zahlen α und β den Zusammenhang herstellt

$$\alpha_{\mu,\nu} = \beta_\lambda,$$

wo

$$\lambda = \mu + \frac{(\mu+\nu-1)(\mu+\nu-2)}{2}.$$

Es hat nämlich die Funktion $\mu + \frac{(\mu+\nu-1)(\mu+\nu-2)}{2}$, wie leicht zu zeigen, die bemerkenswerte Eigenschaft, daß sie alle positiven ganzen Zahlen und jede nur einmal darstellt, wenn in ihr μ und ν unabhängig voneinander ebenfalls jeden positiven, ganzzahligen Wert erhalten[1].

Mit dem Satze (A'.) scheint aber zugleich die Grenze erreicht zu sein, bis zu welcher eine Verallgemeinerung des Satzes (A.) und seiner Folgerungen möglich ist.

Da auf diese Weise für ein außerordentlich reiches und weites Gebiet von Mannigfaltigkeiten die Eigenschaft nachgewiesen ist, sich eindeutig und vollständig einer begrenzten, stetigen Geraden oder einem Teile derselben (unter einem Teile einer Linie jede in ihr enthaltene Mannigfaltigkeit von Punkten verstanden) zuordnen zu lassen, so entsteht die Frage, wie sich die verschiedenen Teile einer stetigen geraden Linie, d. h. die verschiedenen in ihr denkbaren unendlichen Mannigfaltigkeiten von Punkten hinsichtlich ihrer Mächtigkeit verhalten. Entkleiden wir dieses Problem seines geometrischen Gewandes und verstehen, wie dies bereits in § 3 auseinandergesetzt ist, unter einer *linearen* Mannigfaltigkeit reeller Zahlen jeden denkbaren Inbegriff unendlich vieler, voneinander verschiedener reeller Zahlen, so fragt es sich, in *wie viel* und in welche Klassen die linearen Mannigfaltigkeiten zerfallen, wenn Mannigfaltigkeiten von gleicher Mächtigkeit in eine und dieselbe Klasse, Mannigfaltigkeiten von verschiedener Mächtigkeit in verschiedene Klassen gebracht werden. Durch ein Induktionsverfahren, auf dessen Darstellung wir hier nicht näher eingehen, wird der Satz nahe gebracht, daß die Anzahl der nach diesem Einteilungsprinzip sich ergebenden Klassen linearer Mannigfaltigkeiten eine endliche und zwar, daß sie gleich *Zwei* ist[2].

Darnach würden die linearen Mannigfaltigkeiten aus zwei[1] Klassen bestehen, von denen die erste alle Mannigfaltigkeiten in sich faßt, welche sich auf die Form: functio ips. ν (wo ν alle positiven ganzen Zahlen durchläuft) bringen lassen; während die zweite Klasse alle diejenigen Mannigfaltigkeiten

[1] Daß diese beiden Klassen in Wirklichkeit verschieden sind, folgt aus dem in § 2 der vorhin zitierten Arbeit [hier III 1, S. 115] bewiesenen Satze, wonach, wenn eine gesetzmäßige, unendliche Reihe $\omega_1, \omega_2, \ldots, \omega_\nu, \ldots$ vorliegt, stets in jedem vorgegebenen Intervalle $(\alpha \ldots \beta)$ Zahlen η gefunden werden können, welche nicht in der gegebenen Reihe vorkommen.

in sich aufnimmt, welche auf die Form: functio ips. x (wo x alle reellen Werte $\geqq 0$ und $\leqq 1$ annehmen kann) zurückführbar sind. Entsprechend diesen beiden Klassen würden daher bei den unendlichen linearen Mannigfaltigkeiten nur zweierlei Mächtigkeiten vorkommen; die genaue Untersuchung dieser Frage verschieben wir auf eine spätere Gelegenheit.

[Anmerkungen.]

In dieser zweiten Abhandlung zur Mengenlehre, in welcher bereits der allgemeine Begriff der „Mächtigkeit" an der Spitze steht, wird die Aufgabe gestellt und gelöst, „stetige Mannigfaltigkeiten" beliebiger „Dimension" in bezug auf ihre Mächtigkeit miteinander zu vergleichen. Hier gelangt Cantor zu dem (damals noch paradoxen) Ergebnis, daß alle solchen Mannigfaltigkeiten von beliebiger endlicher, ja von (abzählbar) unendlicher Dimensionszahl von gleicher Mächtigkeit, nämlich sämtlich der Menge aller reellen Zahlen auf der (abgeschlossenen) Einheitsstrecke „äquivalent" sind, und schließt hieraus u. a., daß der Begriff der „Dimension" erst auf den der *stetigen* (und zwar der doppelseitig-stetigen) Abbildung der Mannigfaltigkeiten aufeinander gegründet werden muß.

Den *Beweis* dafür, daß z. B. die Punkte eines Quadrates denen einer Strecke eineindeutig zugeordnet werden können, gründet der Verfasser hier auf die (eindeutige) Kettenbruchentwicklung der reellen irrationalen Zahlen und die (mechanische) Zusammensetzung zweier solcher Entwicklungen

$$(\alpha_1, \alpha_2, \alpha_3, \ldots) \quad \text{und} \quad (\beta_1, \beta_2, \beta_3, \ldots)$$

zu einer dritten

$$(\alpha_1, \beta_1, \alpha_2, \beta_2, \alpha_3, \beta_3, \ldots).$$

Hieraus ergibt sich aber zunächst *nur* die Äquivalenz der in einem Quadrate bzw. einer Strecke enthaltenen *irrationalen* Punktmengen. Um das Ergebnis nun auch auf die (abgeschlossenen) Punktmengen (einschließlich der rationalen Punkte) auszudehnen, bedient sich Cantor hier eines etwas umständlichen Systems von Hilfssätzen, welche alle die *Abzählbarkeit* der in einer Strecke enthaltenen rationalen Punkte benutzen.

[1] zu S. 132.

Für jeden festen Wert $\sigma = \mu + \nu$ der Indexsumme entsprechen nämlich den Werten

$$\mu = 1, 2, \ldots, \sigma - 1$$

und

$$\nu = \sigma - 1, \sigma - 2, \ldots, 1$$

sukzessive die Werte

$$\lambda = \frac{(\sigma-1)(\sigma-2)}{2} + 1, \quad \frac{(\sigma-1)(\sigma-2)}{2} + 2, \ldots, \frac{\sigma(\sigma-1)}{2},$$

wobei jeder Zahl zwischen $\frac{(\sigma-1)(\sigma-2)}{2}$ und $\frac{\sigma(\sigma-1)}{2}$ von der Funktion λ genau einmal angenommen wird. Jedem konstanten Werte von $\mu + \nu$ entspricht also immer ein bestimmter durch zwei aufeinander folgende Trigonalzahlen begrenzter Teilabschnitt der Zahlenreihe und daher allen Wertepaaren μ, ν mit $\mu + \nu \leqq \sigma$ der *ganze* Abschnitt $\lambda \leqq \frac{\sigma(\sigma-1)}{2}$.

[2] zu S. 132. Hier äußert Cantor zum ersten Male seine Vermutung, daß dem Linearkontinuum die „zweite Mächtigkeit" zukomme: die Cantorsche „Kontinuum-Hypothese".

3. Über einen Satz aus der Theorie der stetigen Mannigfaltigkeiten.

[Göttinger Nachrichten, S. 127—135 (1879).]

In einer Arbeit, welche ich in Crelles Journal, Band 84 [hier III 2, S. 119] über gewisse Fragen aus der Mannigfaltigkeitslehre veröffentlicht habe, wurde der Nachweis geführt, daß zwei begrenzte oder unbegrenzte stetige Mannigfaltigkeiten der μten und der νten Ordnung, M_μ und M_ν, wo $\mu < \nu$, sehr wohl in eine solche Beziehung zu einander gesetzt werden können, daß zu jedem Elemente von M_μ ein Element von M_ν und auch umgekehrt zu jedem Elemente von M_ν ein Element von M_μ gehört, und es wurde diese *Tatsache* dadurch ausgedrückt, daß man den Gebieten M_μ und M_ν *gleiche Mächtigkeit* zusprach.

Die Abhängigkeit, in welche auf diese Weise zwei *stetige* Gebiete von verschiedener Ordnung gebracht worden sind, war, wie sich aus den dort gegebenen, verhältnismäßig sehr einfachen Gesetzen unschwer erkennen ließ, eine durchgehends *unstetige* und es konnte mit ziemlich großer Wahrscheinlichkeit vorausgesehen werden, daß gerade an *diesen Umstand* die Möglichkeit, eine gegenseitig eindeutige Beziehung zwischen stetigen Gebieten von verschiedener Ordnung herzustellen, *wesentlich* geknüpft sei.

Auf die sich hieraus ergebende Forderung eines *Beweises* für den Satz, daß eine M_μ und eine M_ν, wenn $\mu < \nu$, sich *nicht* stetig und gegenseitig eindeutig auf einander abbilden lassen, habe ich daher schon damals hinweisen können, ohne jedoch auf diese Frage näher einzugehen.

Inzwischen ist dieselbe von verschiedenen Gesichtspunkten aufgenommen worden; zuerst von Lüroth in den Sitzungsberichten der physikalisch-medizinischen Sozietät in Erlangen (d. 8. Juli 1878), wo die Fälle $\nu = 2$ und $\nu = 3$ behandelt wurden. Bald darauf gab Thomae in den Göttinger Nachrichten (August 1878) eine Andeutung, wie der fragliche Beweis für ein beliebiges ν zu liefern sei; es wurde aber *dagegen* von Lüroth in einer Sitzung der mathem. Sektion der Naturforscherversammlung in Kassel *mit Recht* bemerkt, daß diese Deduktion sich auf eine *Voraussetzung* der analysis situs stützt, welche von derselben *Tragweite* ist wie der fragliche Satz, so daß kein Grund ersehen werden kann, warum der Hilfssatz einer Begründung *entbehren* sollte, während die Notwendigkeit zugestanden wird, das mit ihm *gleichwertige* Theorem zu beweisen. Bei dieser Gelegenheit (in Kassel) hielt E. Jürgens einen Vortrag, welcher im Anschluß an die Lürothsche Arbeit den Fall $\nu = 3$ unseres Satzes betraf. Zu diesen Beweisen ist neuerdings eine gleichfalls auf ein beliebiges ν sich beziehende Arbeit von Netto hinzugekommen. (Crelles Journal, Bd. 86, S. 263).

Im folgenden will ich eine von den bisher eingeschlagenen Wegen abweichende Methode versuchen, durch welche der in Rede stehende Satz, oder vielmehr eine gewisse Verallgemeinerung desselben, welche mit (III) bezeichnet werden wird, zurückgeführt werden soll auf einen in der Analyse oft zur Anwendung kommende Satz, in dessen Diskussion einzugehen, hier nicht der Ort wäre, nämlich auf folgendes bekannte Theorem:

(I) „Eine eindeutige, stetige reelle Funktion $f(t)$ einer reellen, stetigen Veränderlichen t, welche für $t = t_1$ einen positiven Wert $f(t_1) > 0$, für $t = t_2$ einen negativen Wert $f(t_2) < 0$ erhält, nimmt für mindestens einen Wert t_0 von t, der zwischen t_1 und t_2 liegt, den Wert Null an, so daß $f(t_0) = 0$ wird“[1].

Auf diesen Satz (I) gründet sich ein andrer (II), zu dessen Formulierung wir einige naheliegende Definitionen, welche auch für das Folgende erforderlich sind, vorausschicken.

Ist M_μ eine stetige Mannigfaltigkeit von der μten Ordnung [Dimension], deren Elemente von μ stetigen, unabhängigen Koordinaten $x_1, x_2, \ldots x_\mu$ stetig und eindeutig abhängen, so verstehe man unter einer Kugel $\mu - 1$ter Ordnung $K_{\mu-1}$ ein zu M_μ gehöriges Gebiet $\mu - 1$ter Ordnung, welches aus M_μ durch eine Gleichung von der Form

$$F \equiv (x_1 - a_1)^2 + (x_2 - a_2)^2 + \cdots + (x_\mu - a_\mu)^2 - r^2 = 0$$

ausgesondert ist.

Eine solche $K_{\mu-1}$ zerlegt das Gebiet M_μ in *drei* Teile, in einen Teil *außerhalb* $K_{\mu-1}$, für dessen Punkte der Ausdruck $F > 0$, einen Teil *innerhalb* $K_{\mu-1}$, für dessen Punkte $F < 0$ und endlich in den Teil, für welchen $F = 0$ ist, der daher nichts anderes als $K_{\mu-1}$ selbst ist[¹].

Die Punkte einer stetigen M_μ zerfallen in zwei Klassen, in sogenannte *innere Punkte* und in *Punkte auf der Begrenzung;* ein Punkt p von M_μ heißt *innerer* Punkt, wenn sich um p als Mittelpunkt eine $K_{\mu-1}$ von so kleinem r beschreiben läßt, daß *alle* Punkte innerhalb und auf $K_{\mu-1}$ zum Gebiete M_μ gehören; jeder Punkt p von M_μ, bei welchem eine solche Konstruktion *nicht* möglich ist, wird zur *Begrenzung* von M_μ gezählt. Die vollständige Begrenzung eines stetigen Gebietes M_μ ist ein Gebiet niederer Ordnung, welches entweder ein stetig zusammenhängendes Stück bildet oder aus mehreren solchen getrennten Teilen besteht. Aus (I) folgt leicht der Satz:

(II) „Ist $K_{\mu-1}$ eine in M_μ gelegene Kugel $\mu - 1$ter Ordnung, a ein Punkt von M_μ innerhalb $K_{\mu-1}$, b ein Punkt von M_μ außerhalb $K_{\mu-1}$ und ist N

[1] Man vgl. Cauchy; Cours d'analyse algébrique, note III, p. 460.

im Innern von M_μ irgendein stetig zusammenhängendes Gebiet (von beliebiger Ordnung), welches die beiden Punkte a und b enthält, dann gibt es zum wenigsten einen Punkt c, welcher den beiden Gebieten $K_{\mu-1}$ und N zugleich angehört."

Den zu beweisenden Satz formulieren wir nun wie folgt:

(III) „Hat man zwischen zwei stetigen Gebieten M_μ und M_ν eine solche Abhängigkeit, daß zu jedem Punkte z von M_μ *höchstens* ein Punkt Z von M_ν, zu jedem Punkte Z von M_ν *mindestens* ein Punkt z von M_μ gehört, und ist ferner diese Beziehung eine stetige, so daß unendlich kleinen Änderungen von z unendlich kleine Änderungen von Z und auch umgekehrt unendlich kleinen Änderungen von Z unendlich kleine Änderungen von z entsprechen, so ist $\mu \gtreqless \nu$."

Für $\nu = 1$ ist die Richtigkeit dieses Satzes unmittelbar einleuchtend; wir wollen seine Gültigkeit für jedes ν dadurch nachweisen, daß wir ihn für $\nu = n - 1$ als zugestanden denken und *unter dieser Voraussetzung* zeigen, daß er auch für $\nu = n$ richtig ist; dies geschieht durch folgende Betrachtung.

Wäre der Satz (III) für $\nu = n$ nicht richtig, so könnte man eine M_n auf eine M_μ, wo $\mu < n$, so abbilden, daß zu jedem Punkte z von M_μ *höchstens* ein Punkt Z von M_n, zu jedem Punkte Z von M_n *mindestens* ein Punkt z von M_μ gehört und daß die Beziehung zwischen z und Z eine stetige ist. Wir zeigen, daß diese Annahme zu einem Widerspruche mit dem Satze (II) und folglich auch mit dem Satze (I) hinführt.

Sei A ein *innerer* Punkt von M_n, zu welchem mindestens ein *innerer* Punkt a von M_μ gehört; solche Punkte A können wir annehmen, da sonst M_n auf die Begrenzung von M_μ abgebildet wäre und man alsdann an Stelle von M_μ ein Gebiet von noch niedrigerer Ordnung setzen könnte. Zu dem Punkte A von M_n können außer a noch andre Punkte von M_μ gehören, deren Inbegriff mit (a') bezeichnet werde. B sei irgendein nicht mit A zusammenfallender Punkt von M_n, den Inbegriff aller ihm zugeordneten Punkte von M_μ nennen wir (b).

Um A als Mittelpunkt beschreiben wir in M_n eine Kugel K_{n-1} so, daß der Punkt B außerhalb derselben zu liegen kommt.

Um a als Mittelpunkt beschreiben wir in M_μ gleichfalls eine Kugel $K_{\mu-1}$ so klein, daß 1) alle Punkte des Inbegriffs (b) außerhalb $K_{\mu-1}$ fallen, 2) daß auch das der Kugel $K_{\mu-1}$ entsprechende Bild G in M_n ganz innerhalb der Kugel K_{n-1} zu liegen kommt.

Diesen *beiden* Bedingungen kann wegen der zugrunde gelegten Stetigkeit der Beziehung durch hinreichende Verkleinerung der Kugel $K_{\mu-1}$ genügt werden.

Auf der Kugel $K_{\mu-1}$ unterscheiden wir die Punkte z', welchen Punkte von M_n entsprechen, von *den* Punkten z'', zu welchen überhaupt keine Bilder in M_n gehören.

Die ersteren z' bilden einen oder mehrere getrennte stetige Bestandteile von $K_{\mu-1}$, ihnen entspricht als Bild in M_n das Gebilde G, welches ebenso aus einem oder mehreren getrennten, stetigen Teilen bestehen kann.

Jedem Punkte z' von $K_{\mu-1}$ entspricht ein bestimmter Punkt ζ von G, während einem Punkte ζ von G mehrere Punkte z' von $K_{\mu-1}$ zugeordnet sein können.

Das Gebilde G wird den Punkt A zwar im allgemeinen nicht enthalten, es ist aber auch der Fall denkbar, daß A ein Punkt von G ist, wenn nämlich auf $K_{\mu-1}$ Punkte des Inbegriffes (a') fallen. Ist nun ζ' ein von A verschiedener Punkt ζ des Gebildes G, so ziehen wir in M_n den gradlinigen Strahl $A\zeta'$; er trifft, in seiner Richtung verlängert, die Kugel K_{n-1} in einem ganz bestimmten Punkte Z'.

Auf diese Weise erhält man zu jedem Punkte z' auf $K_{\mu-1}$ mit Ausnahme derjenigen, welche zu (a') gehören, einen ganz bestimmten Punkt Z' auf K_{n-1}, und diese Beziehung zwischen z' und Z' ist, wie leicht zu erkennen, eine stetige.

Die Punkte Z' können *nicht* die Kugel K_{n-1} ganz bedecken; in der Tat würde, falls Z' alle Stellen in K_{n-1} einnehmen könnte, eine stetige Abbildung von K_{n-1} auf $K_{\mu-1}$ existieren, wobei zu jedem Punkte von $K_{\mu-1}$ *höchstens* ein Punkt von K_{n-1} und zu jedem Punkte von K_{n-1} *mindestens* ein Punkt von $K_{\mu-1}$ gehörte, was, da $\mu - 1 < n - 1$, unserm für den Fall $\nu = n - 1$ als *richtig vorausgesetzten* Satze (III) widersprechen würde.

Es müssen daher Punkte auf K_{n-1} vorhanden sein, mit welchen Z' nie zusammenfällt; verbindet man den Punkt A mit einem solchen Punkte P durch den gradlinigen Strahl AP, so trifft der Strahl AP das Gebilde G sicher in keinem von A verschiedenen Punkte.

Wird noch der Punkt P mit dem Punkte B durch eine einfache, stetige, ganz außerhalb K_{n-1} in M_n verlaufende Linie PB verbunden, so haben wir nun eine stetige, von A nach B einfach hinführende Linie APB, welche außer etwa in ihrem Ausgangspunkte A, keinen einzigen Punkt mit G gemeinschaftlich hat.

Dieser Linie APB entspricht in M_μ ein vom Punkte a ausgehendes und zu einem oder mehreren der Punkte (b) hinführendes stetiges Gebiet N, welches *keinen* Punkt mit $K_{\mu-1}$ gemeinschaftlich hat; es kann in der Tat N keinen der Punkte (a') mit $K_{\mu-1}$ gemeinschaftlich haben, weil die Linie APB in ihrem Verlaufe zum Punkte A *nicht* zurückkehrt; ebensowenig kann N einen der andern Punkte z' mit $K_{\mu-1}$ teilen, weil G mit APB außer in A nicht zusammentrifft; und endlich kann N auch keinen der Punkte z'' von

$K_{\mu-1}$ enthalten, weil die z'' diejenigen Punkte von $K_{\mu-1}$ waren, welchen keine Bilder in M_n entsprechen.

Wir haben somit ein vom Punkte a ausgehendes und zu einem oder mehreren der außerhalb $K_{\mu-1}$ gelegenen Punkte (b) hinführendes, stetiges Gebiet N, welches mit $K_{\mu-1}$ keinen Punkt gemeinsam hat; *dies widerspricht aber dem Satze* (II) *und also auch dem Satze* (I). Wir schließen daraus, daß unser Satz (III) auch für den Fall $\nu = n$ und daher allgemein für jedes ν richtig ist.

[Anmerkung.]

Der in der vorstehenden Abhandlung gegebene Beweis für den Fundamentalsatz der Dimensionstheorie kann ebenso wenig als ausreichend betrachtet werden wie die hier vom Verfasser zitierten und kritisierten vorangehenden Beweisversuche. Hierüber vergleiche insbesondere die kritischen Ausführungen von E. Jürgens im Jahresber. d. D. Math. Verg. Bd. 7, 1899, S. 50—55. Insbesondere fehlt bei Cantor „der Nachweis, daß bei der Beziehung zwischen den beiden Größen z' und Z' letztere stetig von der ersteren abhängt, welcher Nachweis um so größere Schwierigkeiten bieten dürfte, als Z' eine vieldeutige Funktion von z' ist". Überhaupt bedenklich sei hier die Verwendung unendlich vieldeutiger stetiger Funktionen, bei denen, wie Jürgens zeigt, nicht einmal der fundamentale Satz gilt, daß mit zwei Funktionswerten auch jeder Zwischenwert angenommen wird. Es war wohl kein glücklicher Gedanke Cantors, den Satz von der Invarianz der Dimensionszahl auf den hier entwickelten, scheinbar allgemeineren von der ein-vieldeutigen stetigen Abbildung zurückzuführen, da dieser letztere, soweit er zutrifft, gewiß schwerer zu beweisen wäre als der ursprüngliche.

Den ersten gültigen Beweis für den allgemeinen Satz, daß Mannigfaltigkeiten verschiedener Dimension nicht gleichzeitig ein-eindeutig und stetig aufeinander abgebildet werden können, gab zuerst L. E. I. Brouwer in den Math. Ann. Bd. 70, S. 161—165 (1910). Von neueren Beweisen sei hier erwähnt: E. Sperner, Neuer Beweis für die Invarianz der Dimensionenzahl und des Gebietes, Abhandl. d. Math. Sem. d. Hamburger Univ. Bd. 6, S. 265—272 (1928).

[1] Zu S. 135. Es handelt sich hier um den heute sogenannten „Jordanschen Satz" für den Sonderfall einer mehrdimensionalen Kugel.

4. Über unendliche lineare Punktmannigfaltigkeiten.

[Math. Annalen Bd. 15, S. 1–7 (1879); Bd. 17, S. 355–358 (1880); Bd. 20, S. 113–121 (1882); Bd. 21, S. 51–58 u. S. 545–586 (1883); Bd. 23, S. 453–488 (1884).]

[Anmerkungen] zu Nr. 1—2 siehe S. 148, zu Nr. 3, S. 157, zu Nr. 4, S. 164.

Nr. 1.

In einer, im Crelleschen Journale, Bd. 84, herausgegebenen Abhandlung [hier III 2, S. 119] habe ich für ein sehr weitreichendes Gebiet von geometrischen und arithmetischen, sowohl kontinuierlichen wie diskontinuierlichen Mannigfaltigkeiten den Nachweis geführt, daß sie eindeutig und vollständig einer geraden Strecke oder einem diskontinuierlichen Bestandteile von ihr sich zuordnen lassen.

Hierdurch gewinnen die letzteren Mannigfaltigkeiten, wir nennen sie *lineare Punktmannigfaltigkeiten* oder kürzer *lineare Punktmengen*, welche also entweder eine kontinuierliche, endliche oder unendliche, gerade Strecke bilden oder doch mit allen ihren Punkten in einer solchen als Teile enthalten sind, ein besonderes Interesse, und es dürfte daher nicht unwert sein, wenn wir denselben eine Reihe von Betrachtungen widmen und zunächst im folgenden ihre Klassifikation untersuchen wollen. Verschiedene Gesichtspunkte und damit verbundene Klassifikationsprinzipien führen uns dazu, die linearen Punktmengen in gewisse Gruppen zu fassen. Um mit einem dieser Gesichtspunkte zu beginnen, erinnern wir an den Begriff der *Ableitung* einer gegebenen Punktmenge P, welcher in einer Arbeit über trigonometrische Reihen (Math. Ann., Bd. 5) [II 5, S. 92] dargelegt worden ist; in dem jüngst erschienenen Werke Dinis (Fondamenti per la teoria d. funzioni d. variabili reali, Pisa 1878) sehen wir diesen Begriff noch weiter entwickelt, indem er als Ausgangspunkt für eine Reihe bemerkenswerter Verallgemeinerungen von bekannten analytischen Sätzen genommen wird[1]. Der Begriff der *Ableitung* einer gegebenen Mannigfaltigkeit ist übrigens nicht auf die linearen Mannigfaltigkeiten beschränkt, sondern gilt in gleicher Weise auch für die *ebenen*, *räumlichen* und *n-fachen* stetigen und unstetigen Mannigfaltigkeiten. Auf ihn wird, wie wir später zeigen wollen, die einfachste und zugleich vollständigste Erklärung resp. Bestimmung eines *Kontinuums* gegründet.

Die Ableitung P' einer linearen Punktmenge P ist nämlich die Mannig-

---

[1] Man vgl. auch Ascoli: Nuove ricerche sulla serie di Fourier. Reale Academia dei Lincei 1877—78.

faltigkeit aller derjenigen Punkte, welche die Eigenschaft eines *Grenzpunktes* von P besitzen, wobei es nicht darauf ankommt, ob der Grenzpunkt zugleich ein Punkt von P ist oder nicht.

Da hiernach die Ableitung einer Punktmenge P wieder eine bestimmte Punktmenge P' ist, so kann auch von dieser die Ableitung gesucht werden, welche alsdann *zweite Ableitung* von P genannt und mit P'' bezeichnet wird; durch eine Fortsetzung dieses Verfahrens erhält man die ν^{te} Ableitung von P, welche mit $P^{(\nu)}$ bezeichnet wird.

Hier kann es nun vorkommen, daß der Progreß der Ableitungen P', P'', ... zu einer Ableitung $P^{(n)}$ führt, welche aus Punkten besteht, die in jedem endlichen Bereiche nur in endlicher Anzahl vorkommen, so daß $P^{(n)}$ *keine* Grenzpunkte und folglich auch keine Ableitung hat; in diesem Falle sagen wir von der Punktmenge P, daß sie von der *ersten Gattung* und von der n^{ten} *Art* sei. Bricht aber die Reihe der Ableitungen von P, die Reihe P', P'', P''', ... $P^{(\nu)}$, ... *nicht* ab, so sagen wir, daß die Punktmenge P von der *zweiten Gattung* sei.

Leicht erkennt man hieraus, daß wenn P von der ersten Gattung und n^{ter} Art ist, alsdann auch P', P'', P''' ... zur ersten Gattung gehören und dabei resp. von der $\overline{n-1}^{\text{ten}}$, $\overline{n-2}^{\text{ten}}$, $\overline{n-3}^{\text{ten}}$ .. Art sind, daß ferner, wenn P zur zweiten Gattung gehört, ein gleiches auch von allen ihren Ableitungen P', P'' ... gilt. Bemerkenswert ist ferner, daß alle Punkte von P'', P''' ... auch immer Punkte von P' sind, während ein zu P' gehöriger Punkt nicht notwendig auch ein solcher von P ist.

Weiter ergeben sich wichtige Charaktere einer Punktmenge P, wenn ihr Verhalten zu einem gegebenen, kontinuierlichen Intervall $(\alpha \ldots \beta)$, (dessen Endpunkte wir als ihm zugehörig ansehen) ins Auge gefaßt wird. Hier kann es vorkommen, daß einzelne oder auch alle Punkte dieses Intervalles zugleich Punkte von P sind, oder auch daß kein Punkt von $(\alpha \ldots \beta)$ Punkt von P ist; im letzteren Fall sagen wir, daß P ganz *außerhalb* des Intervalles $(\alpha \ldots \beta)$ liegt. Liegt P teilweise oder ganz im Intervalle $(\alpha \ldots \beta)$, so kann der bemerkenswerte Fall eintreten, daß *jedes noch so kleine* in $(\alpha \ldots \beta)$ enthaltene Intervall $(\gamma \ldots \delta)$ Punkte von P enthält. In einem solchen Falle wollen wir sagen, daß P *im Intervalle* $(\alpha \ldots \beta)$ *überall-dicht* sei. *Beispiele* von solchen im Intervall $(\alpha \ldots \beta)$ *überall-dichten* Punktmengen sind: 1) Jede Punktmenge, zu welcher alle Punkte des Intervalles $(\alpha \ldots \beta)$ als Elemente mitgehören, 2) die Punktmenge, welche aus allen denjenigen Punkten des Intervalles $(\alpha \ldots \beta)$ besteht, deren Abszissen rationale Zahlen sind, 3) die Punktmenge, welche aus allen denjenigen Punkten des Intervalles $(\alpha \ldots \beta)$ besteht, deren Abszissen rationale Zahlen der Form $\frac{2n+1}{2^m}$ (wo n und m ganze, rationale Zahlen sind).

Aus dieser Erklärung des Ausdruckes „*überall-dicht in einem gegebenen Intervalle*" folgt, daß wenn eine Punktmenge in einem Intervalle $(\alpha \ldots \beta)$

nicht überall-dicht ist, ein in jenem enthaltenes Intervall $(\gamma \dots \delta)$ *notwendig* existieren muß, in welchem kein einziger Punkt von P liegt. Ferner läßt sich zeigen, daß wenn P im Intervall $(\alpha \dots \beta)$ überall-dicht ist, alsdann von P' nicht nur ein gleiches gilt, sondern daß auch P' *alle Punkte* des Intervalles $(\alpha \dots \beta)$ zu den ihren hat. Diese Eigenschaft von P' ließe sich auch zum Ausgangspunkte der Erklärung des *Überall-dicht-seins* in einem Intervalle nehmen, indem man sagen kann: eine Punktmenge P wird in einem Intervalle $(\alpha \dots \beta)$ *überall-dicht* genannt, wenn ihre Ableitung P' alle Punkte von $(\alpha \dots \beta)$ als Elemente enthält.

Ist P *überall-dicht* in einem Intervalle $(\alpha \dots \beta)$, so ist P auch *überall-dicht* in jedem andern Intervalle $(\alpha' \dots \beta')$, welches in jenem Intervalle enthalten ist.

Eine in einem Intervalle $(\alpha \dots \beta)$ *überall-dichte* Punktmenge P ist notwendig von der *zweiten Gattung*; denn auch P' und daher auch P'', P''', ... sind alsdann im Intervalle $(\alpha \dots \beta)$ *überall-dicht*, dieser Progreß der Ableitungen von P ist daher ein unbegrenzter, d. h. P gehört der *zweiten Gattung* an.

Daraus ziehen wir den Schluß, daß eine Punktmenge P der *ersten Gattung* in irgendeinem vorgegebenen Intervalle $(\alpha \dots \beta)$ sicher *nicht* überall-dicht ist, daß folglich immer innerhalb $(\alpha \dots \beta)$ ein Intervall $(\gamma \dots \delta)$ gefunden werden kann, welches keinen einzigen Punkt von P enthält.

Ob nun auch umgekehrt *jede* Punktmenge der *zweiten Gattung* so beschaffen ist, daß ein Intervall $(\alpha \dots \beta)$ existiert, in welchem sie *überall-dicht* ist, diese Frage wird uns später beschäftigen [S. 148].

Wir kommen nun zu einem ganz andern, nicht weniger bedeutungsvollen *Einteilungsgrunde* für lineare Punktmannigfaltigkeiten, nämlich zu ihrer *Mächtigkeit*.

In der oben angeführten Abhandlung[1] haben wir allgemein von zwei geometrischen, arithmetischen oder irgendeinem andern, scharf ausgebildeten Begriffsgebiete angehörigen Mannigfaltigkeiten M und N gesagt, daß sie *gleiche Mächtigkeit* haben, wenn man imstande ist, sie nach irgendeinem bestimmten Gesetze so einander zuzuordnen, daß zu jedem Elemente von M ein Element von N und auch umgekehrt zu jedem Elemente von N ein Element von M gehört.

Je nachdem nun zwei Mannigfaltigkeiten von gleicher oder verschiedener Mächtigkeit sind, können sie *einer* und *derselben Klasse* oder *verschiedenen Klassen* zugeteilt werden. Diese allgemeinen Regeln lassen sich nun im besondern auf die *linearen Punktmengen* anwenden und es zerfallen daher dieselben in *bestimmte Klassen*; die Punktmengen einer Klasse sind alle von gleicher *Mächtigkeit*, während Punktmengen, welche verschiedenen Klassen zugeteilt sind, verschiedene Mächtigkeit haben.

---

[1] Crelles J. 84, 242 [III 2, S. 119].

Jede spezielle Punktmenge kann als *Repräsentant* derjenigen Klasse betrachtet werden, in welche sie gehört.

In *erster Linie* bietet sich hier die Klasse der *ins Unendliche abzählbaren* Punktmengen dar, d. h. diejenigen Punktmengen, welche mit der natürlichen Zahlenreihe: $1, 2, 3, \ldots, \nu, \ldots$ gleiche Mächtigkeit haben und sich also in der Form einer einfach unendlichen Reihe, mit einem allgemeinen von ν abhängigen Gliede, vorstellen lassen. In diese Klasse gehören beispielsweise alle Punktmengen *der ersten Gattung*; aber auch viele Punktmengen der *zweiten Gattung* fallen in diese Klasse, wie beispielsweise 1) die Punktmenge, welche aus allen Punkten eines Intervalles besteht, deren Abszissen *rationale* Zahlen sind[1], 2) die Punktmenge, welche aus allen Punkten eines Intervalles besteht, deren Abszissen *algebraische* Zahlen sind[2].

Sodann tritt uns diejenige Klasse linearer Punktmengen entgegen, als deren Repräsentant wir ein beliebiges *stetiges Intervall*, z. B. die Menge aller Punkte betrachten, deren Abszissen $\geqq 0$ und $\leqq 1$ sind.

In diese Klasse gehören beispielsweise:

1) Jedes stetige Intervall $(\alpha \ldots \beta)$.

2) Jede Punktmenge, die aus mehreren getrennten, stetigen Intervallen $(\alpha \ldots \beta), (\alpha' \ldots \beta'), (\alpha'' \ldots \beta'') \ldots$, in endlicher oder unendlicher Anzahl besteht.

3) Jede Punktmenge, welche aus einem stetigen Intervalle dadurch hervorgeht, daß man eine *endliche* oder *abzählbar unendliche* Mannigfaltigkeit von Punkten $\omega_1, \omega_2, \ldots, \omega_\nu, \ldots$ daraus entfernt[3].

Ob diese beiden Klassen die *einzigen* sind, in welche die linearen Punktmengen zerfallen, soll hier zunächst noch nicht untersucht werden; dagegen wollen wir den Nachweis führen, daß dieselben in *Wirklichkeit verschiedene* Klassen sind; um dies zu beweisen ist zu zeigen nötig, daß irgend zwei Repräsentanten dieser beiden Klassen sich *nicht* eindeutig und vollständig einander zuordnen lassen.

Als Repräsentanten der zweiten Klasse wählen wir auch hier das stetige Intervall $(0 \ldots 1)$; würde diese Mannigfaltigkeit zugleich in die erste Klasse gehören, so müßte eine einfach unendliche Reihe

$$\omega_1, \omega_2, \ldots, \omega_\nu, \ldots$$

existieren, die aus *allen reellen Zahlen* $\geqq 0$ und $\leqq 1$ besteht, so daß jede solche Zahl ζ an einer bestimmten Stelle in jener Reihe vorhanden wäre. Dem widerspricht aber ein sehr allgemeiner Satz, welchen wir in Crelles Journal, Bd. 77 [hier III 1, S. 115] mit aller Strenge bewiesen haben, nämlich der folgende Satz:

---

[1] Man vgl. Crelles J. 84, 250 [hier III 2, S. 126].
[2] Man vgl. Crelles J. 77, 258 [hier III 1, S. 115].
[3] Man vgl. Crelles J. 84, 254 [hier III 2, S. 129].

„*Hat man eine einfach unendliche Reihe*

$$\omega_1, \omega_2, \ldots, \omega_\nu, \ldots$$

von reellen, ungleichen Zahlen, die nach irgendeinem Gesetz fortschreiten, so läßt sich in jedem vorgegebenen Intervalle $(\alpha \ldots \beta)$ *eine Zahl* η *(und folglich lassen sich deren unendlich viele) angeben, welche* n i c h t *in jener Reihe (als Glied derselben) vorkommt.*"

In Anbetracht des großen Interesses, welches sich an diesen Satz, nicht bloß bei der gegenwärtigen Erörterung, sondern auch in vielen anderen sowohl arithmetischen, wie analytischen Beziehungen, knüpft, dürfte es nicht überflüssig sein, wenn wir die dort befolgte Beweisführung unter Anwendung vereinfachender Modifikationen hier deutlicher entwickeln.

Unter Zugrundelegung der Reihe

$$\omega_1, \omega_2, \ldots, \omega_\nu, \ldots,$$

(welcher wir das Zeichen (ω) beilegen) und eines beliebigen Intervalles $(\alpha \ldots \beta)$, wo $\alpha < \beta$ ist, soll also nun gezeigt werden, daß in diesem Intervalle eine reelle Zahl η gefunden werden kann, welche in (ω) *nicht* vorkommt.

I. Wir bemerken zunächst, daß wenn unsre Mannigfaltigkeit (ω) in dem Intervall $(\alpha \ldots \beta)$ *nicht überall-dicht* ist, innerhalb dieses Intervalles ein anderes $(\gamma \ldots \delta)$ vorhanden sein muß, dessen Zahlen sämtlich nicht zu (ω) gehören; man kann alsdann für η irgendeine Zahl des Intervalls $(\gamma \ldots \delta)$ wählen, sie liegt im Intervalle $(\alpha \ldots \beta)$ und kommt sicher in unsrer Reihe (ω) *nicht* vor. Dieser Fall bietet daher keinerlei besondere Umstände; und wir können zu dem *schwierigeren* übergehen.

II. Die Mannigfaltigkeit (ω) sei im Intervalle $(\alpha \ldots \beta)$ *überall-dicht*. In diesem Falle enthält jedes, noch so kleine in $(\alpha \ldots \beta)$ gelegene Intervall $(\gamma \ldots \delta)$ Zahlen unserer Reihe (ω). Um zu zeigen, daß *nichtsdestoweniger* Zahlen η im Intervalle $(\alpha \ldots \beta)$ existieren, welche in (ω) nicht vorkommen, stellen wir die folgende Betrachtung an.

Da in unserer Reihe

$$\omega_1, \omega_2, \ldots, \omega_\nu, \ldots$$

sicher Zahlen *innerhalb* des Intervalls $(\alpha \ldots \beta)$ vorkommen, so muß eine von diesen Zahlen den *kleinsten Index* haben, sie sei $\omega_{\varkappa_1}$, und eine andere $\omega_{\varkappa_2}$ mit dem nächst größeren Index behaftet sein.

Die kleinere der beiden Zahlen $\omega_{\varkappa_1}$, $\omega_{\varkappa_2}$ werde mit α', die größere mit β' bezeichnet. (Ihre Gleichheit ist ausgeschlossen, weil wir voraussetzten, daß unsere Reihe aus lauter ungleichen Zahlen besteht.)

Es ist alsdann der Definition nach

$$\alpha < \alpha' < \beta' < \beta,$$

ferner

$$\varkappa_1 < \varkappa_2;$$

und außerdem ist zu bemerken, daß alle Zahlen ω_μ unserer Reihe, für welche $\mu \leqq \varkappa_2$, *nicht* im Innern des Intervalls $(\alpha' \ldots \beta')$ liegen, wie aus der Bestimmung der Zahlen $\omega_{\varkappa_1}$, $\omega_{\varkappa_2}$ sofort erhellt. Ganz ebenso mögen $\omega_{\varkappa_3}$, $\omega_{\varkappa_4}$ die beiden mit den kleinsten Indizes versehenen Zahlen unserer Reihen sein, welche in das *Innere* des Intervalls $(\alpha' \ldots \beta')$ fallen, und die kleinere der Zahlen $\omega_{\varkappa_3}$, $\omega_{\varkappa_4}$ werde mit α'', die größere mit β'' bezeichnet.

Man hat alsdann

$$\alpha' < \alpha'' < \beta'' < \beta',$$
$$\varkappa_2 < \varkappa_3 < \varkappa_4,$$

und man erkennt, daß alle Zahlen ω_μ unserer Reihe, für welche $\mu \leqq \varkappa_4$ *nicht* in das *Innere* des Intervalls $(\alpha'' \ldots \beta'')$ fallen.

Nachdem man unter Befolgung des gleichen Gesetzes zu einem Intervall $(\alpha^{(\nu-1)}, \ldots \beta^{(\nu-1)}$ gelangt ist, ergibt sich das folgende Intervall dadurch aus demselben, daß man die beiden ersten (d. h. mit niedrigsten Indizes versehenen) Zahlen unserer Reihe (ω) aufstellt (sie seien $\omega_{\varkappa_{2\nu-1}}$ und $\omega_{\varkappa_{2\nu}}$), welche in das *Innere* von $(\alpha^{(\nu-1)} \ldots \beta^{(\nu-1)})$ fallen; die kleinere dieser beiden Zahlen wird mit $\alpha^{(\nu)}$, die größere mit $\beta^{(\nu)}$ bezeichnet.

Das Intervall $(\alpha^{(\nu)} \ldots \beta^{(\nu)})$ liegt alsdann im *Innern* aller vorangegangenen Intervalle und hat zu unserer Reihe (ω) die *eigentümliche* Beziehung, daß alle Zahlen ω_μ, für welche $\mu \lesseqgtr \varkappa_{2\nu}$, *sicher nicht in seinem Innern* liegen. Da offenbar

$$\varkappa_1 < \varkappa_2 < \varkappa_3 < \ldots \quad \varkappa_{2\nu-2} < \varkappa_{2\nu-1} < \varkappa_{2\nu} \ldots$$

und diese Zahlen als Indizes *ganze* Zahlen sind, so ist

$$\varkappa_{2\nu} \geqq 2\nu$$

und daher

$$\nu < \varkappa_{2\nu};$$

wir können daher, und dies ist für das folgende ausreichend, gewiß sagen,

daß, wenn ν eine beliebige ganze Zahl ist, die Größe ω_ν außerhalb des Intervalls $(\alpha^{(\nu)} \ldots \beta^{(\nu)})$ liegt.

Da die Zahlen $\alpha', \alpha'', \alpha''', \ldots, \alpha^{(\nu)}, \ldots$ ihrer Größe nach fortwährend wachsen, dabei jedoch im Intervalle $(\alpha \ldots \beta)$ eingeschlossen sind, so haben sie nach einem bekannten Fundamentalsatze der Größenlehre eine Grenze, die wir mit A bezeichnen, so daß

$$A = \operatorname{Lim} \alpha^{(\nu)} \quad \text{für} \quad \nu = \infty.$$

Ein gleiches gilt für die Zahlen $\beta', \beta'', \beta''', \ldots, \beta^{(\nu)}, \ldots$, welche fortwährend abnehmen und dabei ebenfalls im Intervalle $(\alpha \ldots \beta)$ liegen; wir nennen ihre Grenze B, so daß

$$B = \operatorname{Lim} \beta^{(\nu)} \quad \text{für} \quad \nu = \infty.$$

Man hat offenbar

$$\alpha^{(\nu)} < A \leqq B < \beta^{(\nu)}.$$

Es ist aber leicht zu sehen, daß der Fall $A < B$ hier *nicht* vorkommen kann, da sonst jede Zahl ω_ν unserer Reihe *außerhalb* des Intervalles $(A \ldots B)$ liegen würde, indem ω_ν außerhalb des Intervalls $(\alpha^{(\nu)} \ldots \beta^{(\nu)})$ gelegen ist; unsere Reihe (ω) wäre im Intervall $(\alpha \ldots \beta)$ *nicht überall-dicht*, gegen die Voraussetzung.

Es bleibt daher nur der Fall $A = B$ übrig und es zeigt sich nun, daß die Zahl

$$\eta = A = B$$

in unserer Reihe (ω) *nicht* vorkommt.

Denn, würde sie ein Glied unserer Reihe sein, etwa das ν^{te}, so hätte man $\eta = \omega_\nu$.

Die letztere Gleichung ist aber für keinen Wert von ν möglich, weil η im *Innern* des Intervalls $(\alpha^{(\nu)} \ldots \beta^{(\nu)})$, ω_ν aber *außerhalb* desselben liegt.

Nr. 2.

Um die folgende Darstellung durch Abkürzung zu erleichtern, sei mir zunächst gestattet, einiges Formale festzustellen.

Die Identität zweier Punktmengen P und Q werde durch die Formel $P \equiv Q$ ausgedrückt. Haben zwei Mengen P und Q kein gemeinschaftliches Element, so sagen wir, sie seien *ohne Zusammenhang*. Entsteht eine Menge P aus der Zusammenfassung mehrerer: $P_1, P_2, P_3, \ldots$, in endlicher oder unendlicher Anzahl, welche paarweise keinen Zusammenhang haben, so schreiben wir:

$$P \equiv \{P_1, P_2, P_3, \ldots\}.$$

Gehören alle Punkte einer Menge P zu einer andern Menge Q, so sagen wir: P sei in Q *enthalten* oder auch P sei ein Divisor von Q, Q ein Multiplum von P. Sind $P_1, P_2, P_3, \ldots$ irgendwelche Punktmengen in endlicher oder unendlicher Anzahl, so gehört zu ihnen sowohl ein kleinstes gemeinsames Multiplum, welches wir mit

$$\mathfrak{M}(P_1, P_2, P_3, \ldots) \quad \text{[die „Vereinigungsmenge"]}$$

bezeichnen und welches die Menge ist, die aus allen verschiedenen Punkten von $P_1, P_2, P_3, \ldots$ besteht und sonst keine anderen Punkte als Elemente besitzt, wie auch ein größter gemeinsamer Divisor, den wir mit

$$\mathfrak{D}(P_1, P_2, P_3, \ldots) \qquad \text{[„Durchschnitt"]}$$

bezeichnen und welcher die Menge der Punkte ist, die allen $P_1, P_2, P_3, \ldots$ gemeinsam sind. Beispielsweise können wir, wenn $P', P'', P''', \ldots$ die aufeinander folgenden Ableitungen einer Punktmenge P sind (s. Nr. 1, S. 140), sagen, daß P'' ein Divisor von P', P''' sowohl Divisor von P'', wie auch von P', allgemein $P^{(\nu)}$ Divisor von $P^{(\nu-1)}, P^{(\nu-2)}, \ldots P'$ ist; dagegen ist P' *im allgemeinen kein* Divisor von P; wenn aber P selbst die erste Ableitung einer Menge Q ist, so ist P' Divisor von P.

Es ist ferner zweckmäßig, ein Zeichen zu haben, welches die Abwesenheit von Punkten ausdrückt, wir wählen dazu den Buchstaben O; $P \equiv O$ bedeutet also, daß die Menge P *keinen einzigen* Punkt enthält, also streng genommen als solche gar nicht vorhanden ist. Um auch hierfür ein Beispiel zu geben, so ist eine Punktmenge *erster Gattung* und n^{ter} Art dadurch charakterisiert, daß

$$P^{(n+1)} \equiv O,$$

dagegen $P^{(n)}$ von O verschieden ist.

Zwei Mengen *hängen* durch ihren größten gemeinsamen Divisor *zusammen*, und wenn der letztere $\equiv 0$ ist, so sind sie *ohne Zusammenhang*.

Besitzen zwei Punktmengen, P und Q gleiche *Mächtigkeit*, gehören sie also zu *einer* Klasse (Art. 1, S. 141), so nennen wir sie *äquivalent* und drücken diese Beziehung durch die Formel aus:

$$P \sim Q.$$

Hat man $P \sim Q$ und $Q \sim R$, so ist auch immer

$$P \sim R.$$

Ist ferner $P_1, P_2, P_3, \ldots$ eine Reihe von Mengen, welche paarweise keinen Zusammenhang haben, $Q_1, Q_2, Q_3, \ldots$ eine andere Reihe, von welcher das gleiche gilt, und hat man $P_1 \sim Q_1$; $P_2 \sim Q_2$; $P_3 \sim Q_3$; ..., so ist auch

$$\{P_1, P_2, P_3, \ldots\} \sim \{Q_1, Q_2, Q_3, \ldots\}.$$

Die Punktmengen der ersten Gattung lassen sich, wie wir soeben gesehen, durch den Begriff der Ableitung, soweit er bisher entwickelt ist, vollkommen charakterisieren, für die der zweiten Gattung reicht jener Begriff nicht aus, hier wird eine Erweiterung desselben notwendig, die sich bei tieferem Erfassen wie von selbst darbietet.

Man beachte, daß in der Reihe der Ableitungen $P', P'', P''', \ldots$ einer Menge P jedes Glied ein Divisor der vorangehenden ist, jede neue Ableitung $P^{(\nu)}$ also aus der vorhergehenden $P^{(\nu-1)}$ durch *Wegfall* gewisser Punkte entsteht, *ohne* daß neue Punkte hinzukommen.

Gehört P zur zweiten Gattung, so wird P' sich aus zwei wesentlich verschiedenen Punktmengen Q und R zusammensetzen, so daß

$$P' \equiv \{Q, R\},$$

die eine Q besteht aus denjenigen Punkten von P', welche bei hinreichendem Fortschreiten in der Folge $P', P'', P''', \ldots$ verloren gehen, die andere R umfaßt diejenigen Punkte, welche in *allen* Gliedern der Folge $P', P'', P''', \ldots$ erhalten bleiben, es ist also R definiert durch die Formel

$$R \equiv \mathfrak{D}(P', P'', P''', \ldots).$$

Wir haben aber auch offenbar

$$R \equiv \mathfrak{D}(P'', P''', P^{IV}, \ldots)$$

und allgemein

$$R \equiv \mathfrak{D}(P^{(n_1)}, P^{(n_2)}, P^{(n_3)}, \ldots),$$

wo $n_1, n_2, n_3, \ldots$ irgendeine Reihe ins Unendliche wachsender ganzer, positiver Zahlen ist.

Diese aus der Menge P hervorgehende Punktmenge R werde nun durch das Zeichen

$$P^{(\infty)}$$

ausgedrückt und „Ableitung von P der Ordnung ∞" genannt. [An Stelle des vieldeutigen ∞ hat Cantor hierfür später das Zeichen ω verwendet. Vgl. hier S. 195.]

Die erste Ableitung von $P^{(\infty)}$ werde mit $P^{(\infty+1)}$, die n^{te} Ableitung von $P^{(\infty)}$ mit $P^{(\infty+n)}$ bezeichnet; $P^{(\infty)}$ wird aber auch eine, im allgemeinen von O verschiedene Ableitung von der Ordnung ∞ haben, wir nennen sie $P^{(2\infty)}$. Durch Fortsetzung dieser Begriffskonstruktionen kommt man zu Ableitungen, die konsequenterweise durch

$$P^{(n_0\infty+n_1)}$$

zu bezeichnen sind, wo n_0, n_1 positive ganze Zahlen sind. Wir kommen aber auch darüber hinaus, indem wir

$$\mathfrak{D}(P^{(\infty)}, P^{(2\infty)}, P^{(3\infty)}, \ldots)$$

bilden und dafür das Zeichen $P^{(\infty^2)}$ festsetzen.

Hieraus ergibt sich durch Wiederholung derselben Operation und Kombinierung mit den früher gewonnenen der allgemeinere Begriff

$$P^{(n_0\infty^2+n_1\infty+n_2)},$$

und durch Fortsetzung dieses Verfahrens kommt man zu

$$P^{(n_0\infty^\nu+n_1\infty^{\nu-1}+\cdots+n_\nu)},$$

wo $n_0, n_1, \ldots, n_\nu$ positive ganze Zahlen sind. Zu weiteren Begriffen gelangt man, indem man ν variabel werden läßt; man setze:

$$P^{(\infty^\infty)} \equiv \mathfrak{D}\,(P^{(\infty)},\ P^{(\infty^2)},\ P^{(\infty^3)},\ \ldots).$$

Durch konsequentes Fortschreiten gewinnt man sukzessive die weiteren Begriffe:

$$P^{(n\infty^\infty)},\quad P^{(\infty^{\infty+1})},\quad P^{(\infty^{\infty+n})},\quad P^{(\infty^{n\infty})},\quad P^{(\infty^{\infty^n})},\quad P^{(\infty^{\infty^\infty})},\quad \text{u.s.w.};$$

wir sehen hier eine dialektische Begriffserzeugung, welche immer weiter führt und dabei frei von jeglicher Willkür in sich notwendig und konsequent bleibt.

Für die Punktmengen der ersten Gattung ist, wie aus ihrem Begriffe folgt,

$$P^{(\infty)} \equiv O;$$

es ist bemerkenswert, daß auch das Umgekehrte bewiesen werden kann: jede Punktmenge, für welche jene Gleichung besteht, ist von der ersten Gattung; die Mengen erster Gattung sind also durch jene Gleichung *völlig charakterisiert.*

Es ist leicht, das Beispiel einer Punktmenge zweiter Gattung zu bilden, für welche $P^{(\infty)}$ aus einem Punkte p besteht; man nehme in Intervallen, die auf einander folgen, an einander grenzen und dabei unendlich klein werdend gegen p konvergieren, Punktmengen der ersten Gattung an, deren Ordnungszahlen über alle Grenzen hinaus wachsen, wenn die entsprechenden Intervalle sich dem p nähern, — so bilden sie zusammengenommen ein derartiges Beispiel, welches zugleich die in Nr. 1 [S. 141] aufgeworfene Frage erledigt, ob zu einer Punktmenge zweiter Gattung ein Intervall immer gehören müsse, in welchem sie *überalldicht* ist; wir sehen an diesem Beispiel, daß dies *keineswegs* erforderlich ist.

Mit gleicher Leichtigkeit konstruiert man Punktmengen der zweiten Gattung, für welche $P^{(\infty+n)}$ oder $P^{(2\infty)}$ oder allgemeiner

$$P^{(n_0\infty^\nu + n_1\infty^{\nu-1} + \cdots + n_\nu)}$$

aus einem vorgeschriebenen Punkte p bestehen.

Alle derartigen Mengen sind in *keinem* Intervalle überalldicht und gehören außerdem der *ersten* Klasse an; sie gleichen in diesen beiden Beziehungen den Punktmengen erster Gattung.

[Anmerkung.]

Die vorliegende, durch eine Reihe von Annalen-Bänden in den Jahren 1879—1884 sich hinziehende Abhandlung geht in ihren Ausführungen weit über das hinaus, was der Titel verspricht, und faßt in Wahrheit die gesamten bis zum Jahre 1884 von Cantor gewonnenen Resultate auf dem Gebiete der abstrakten wie der angewandten Mengenlehre systematisch zusammen, so insbesondere die Theorie der Äquivalenz und der Mächtigkeit wie die der Wohlordnung und der Ordnungszahlen. Sie bringt aber auch in ausführlicher Darstellung die Cantorsche Theorie der Irrationalzahlen (Nr. 5 § 9) sowie (ebenfalls in Nr. 5 § 4ff) eine philosophische Auseinandersetzung mit den Gegnern des Aktual-unendlichen, die dann später in IV 3 und IV 4 wieder aufgenommen wird.

Nr. 3.

In den beiden vorangegangenen Artikeln 1. und 2. haben wir uns streng an den in der Überschrift bezeichneten Gegenstand gehalten und uns ausschließlich mit *linearen* Punktmengen d. h. mit gesetzmäßig gegebenen Mannigfaltigkeiten von Punkten beschäftigt, welche einer unendlichen stetigen geraden Linie angehören. Mit Absicht hatte ich der Darstellung zunächst diese Grenze gezogen, weil, namentlich im Hinblick auf meine in der Abhandlung „Ein Beitrag zur Mannigfaltigkeitslehre" (Crelles Journal, Bd. 84, S. 242) [III 2, S. 119] gewonnenen Resultate, durch welche ebene, räumliche und allgemein n-fach ausgedehnte Gebilde in eindeutige Beziehung zu linearen Punktmengen gesetzt worden sind, von vornherein angenommen werden konnte, daß die meisten an linearen Punktmengen hervortretenden Eigenschaften und Beziehungen mit naheliegenden Modifikationen bei Punktmengen sich nachweisen lassen, die in stetigen Flächen, Räumen oder n-dimensionalen Gebieten enthalten sind. Diese Verallgemeinerung möchte ich aber nun deutlicher hervortreten lassen, da sie nicht nur an sich und mit Rücksicht auf Anwendungen in der Funktionentheorie von Interesse ist, sondern auch neue Gesichtspunkte für die Erkenntnis des Gebietes der linearen Punktmengen liefert.

Um mit einem anzufangen, so sind die bisher vorgekommenen Begriffe der *Ableitungen* verschiedener Ordnung, wobei letztere nicht bloß durch eine endliche ganze Zahl bestimmt wird, sondern unter Umständen auch durch gewisse scharf bestimmte Unendlichkeitssymbole charakterisiert werden muß, ohne weiteres auf die in stetigen n-dimensionalen Gebieten vorkommenden Punktmengen ausdehnbar. Der Ableitungsbegriff stützt sich auch hier auf den Begriff des *Grenzpunktes* zu einer gegebenen Punktmenge P, welcher dadurch definiert ist, daß in jeder noch so kleinen *Umgebung* desselben von ihm verschiedene Punkte der Menge P vorkommen, wobei es gleichgültig ist, ob ein solcher Grenzpunkt zur Menge P mitgehört oder nicht. Der Satz, daß jede aus unendlich vielen Punkten bestehende in einem n-fach ausgedehnten stetigen und im Endlichen liegenden Gebiete verbreitete Punktmenge *zum wenigsten einen* Grenzpunkt besitzt, dürfte in dieser Allgemeinheit zuerst von C. Weierstraß ausgesprochen, bewiesen und aufs umfassendste in der Funktionentheorie verwertet worden sein.

Der Inbegriff *aller* Grenzpunkte einer Menge P bildet eine im allgemeinen von P verschiedene neue Punktmenge P', welche ich die *erste Ableitung* von P nenne. Daraus ergeben sich durch Iteration dieser Begriffsbildung in endlicher oder selbst in *unendlicher* Folge mit in gewissem Sinne notwendiger Dialektik die Begriffe der Ableitungen höherer Ordnung. Hierbei tritt immer die leicht zu begründende Erscheinung auf, daß jede Ableitung mit Ausnahme der ersten als Bestandteil in den vorangehenden mit Einschluß der ersten Ableitung P' enthalten ist, während die ursprünglich gegebene Menge P

im allgemeinen ganz andere Punkte enthält als ihre Ableitungen. Ebenso ist der Begriff des *Überalldichtseins*, welchen wir zunächst nur an den linearen Punktmengen in Betracht gezogen haben, ohne weiteres auf Mengen in höheren Dimensionen zu übertragen; eine in einem stetigen n-dimensionalen Gebiete A vorkommende Punktmenge P wird nämlich, wenn a ein stetiges Teilgebiet von A ist, *in dem Gebiete a überalldicht* genannt, wenn jedes stetige Theilgebiet a' von a, welches mit a gleiche Dimensionenzahl hat, Punkte der Menge P in seinem Innern hat.

Die erste Ableitung P' (und ebenso alle folgenden) von einer in einem stetigen Gebiete a überalldichten Punktmenge P enthält das stetige Gebiet a selbst mit allen Punkten der Begrenzung des letzteren, und es kann auch umgekehrt diese Eigenschaft der Punktmenge P als Ausgangspunkt für die Definition des Überalldichtseins derselben in dem Gebiete a genommen werden.

Auch der *Mächtigkeitsbegriff*, welcher den Begriff der ganzen Zahl, dieses Fundament der Größenlehre, als Spezialfall in sich faßt und als das allgemeinste genuine Moment bei Mannigfaltigkeiten angesehen werden dürfte, ist so wenig auf die linearen Punktmengen beschränkt, daß er vielmehr als Attribut einer jeglichen *wohldefinierten* Mannigfaltigkeit betrachtet werden kann, welche begriffliche Beschaffenheit ihre Elemente auch haben mögen.

Eine Mannigfaltigkeit (ein Inbegriff, eine Menge) von Elementen, die irgendwelcher Begriffssphäre angehören, nenne ich *wohldefiniert*, wenn auf Grund ihrer Definition und infolge des logischen Prinzips vom ausgeschlossenen Dritten es als *intern bestimmt* angesehen werden muß, *sowohl* ob irgendein derselben Begriffssphäre angehöriges Objekt zu der gedachten Mannigfaltigkeit als Element gehört oder nicht, *wie auch*, ob zwei zur Menge gehörige Objekte, trotz formaler Unterschiede in der Art des Gegebenseins einander gleich sind oder nicht.

Im allgemeinen werden die betreffenden Entscheidungen nicht mit den zu Gebote stehenden Methoden oder Fähigkeiten in Wirklichkeit sicher und genau ausführbar sein; darauf kommt es aber hier durchaus nicht an, sondern *allein* auf die *interne Determination*, welche in konkreten Fällen, wo es die Zwecke fordern, durch Vervollkommnung der Hilfsmittel zu einer *aktuellen* (*externen*) *Determination* auszubilden ist.

Ich erinnere hier zur Erläuterung an die Definition der Menge aller algebraischen Zahlen, welche zweifellos so gefaßt werden kann, daß mit ihr die interne Determination dafür gegeben ist, ob eine beliebig angenommene bestimmte Zahl η zu den algebraischen Zahlen gehört oder nicht; nichtsdestoweniger zählt das Problem, für eine gegebene Zahl η diese Entscheidung tatsächlich auszuführen, wie bekannt, oft zu den *schwierigsten* und es ist beispielsweise noch immer eine offene Frage von eminentem Interesse, ob die Zahl π, welche das Verhältnis des Kreisumfanges zum Durchmesser ausdrückt, eine algebraische, oder, wie höchst wahrscheinlich, eine transzendente Zahl ist[1]. Für die Grundzahl e des natürlichen Logarithmensystems ist diese Aufgabe erst vor acht Jahren von Ch. Hermite in der bewundernswerten Abhandlung „Sur la fonction exponentielle, Paris 1874" gelöst worden; hier wird gezeigt, daß die Zahl e keiner algebraischen Gleichung mit ganzzahligen rationalen Koeffizienten als Wurzel genügt.

Hat man es mit einer geometrischen Mannigfaltigkeit zu tun, deren *Elemente* nicht allein Punkte, sondern auch Linien, Flächen oder Körper sein können, so tritt, wenn sie *wohldefiniert* ist, auch hier sofort die Frage nach ihrer Mächtigkeit auf und es wird letztere entweder *gleich* sein einer bei Punktmengen vorkommenden Mächtigkeit oder *größer* sein als alle solche Mächtigkeiten.

Was im besonderen die in n-dimensionalen stetigen Gebieten enthaltenen *Punktmengen* anbetrifft, so habe ich (Crelles Journal Bd. 84, S. 242) [III 2, S. 119] strenge gezeigt, daß ihre Mächtigkeiten mit denen der *linearen* Punktmengen übereinstimmen; es kann nämlich diese Tatsache als eine einfache Folge des dort bewiesenen Satzes aufgefaßt werden, wonach ein n-fach ausgedehntes stetiges Gebilde in gegenseitig-eindeutige, durchaus gesetzmäßige und verhältnismäßig einfache Beziehung zu einem eindimensionalen stetigen Gebiete, also zum geraden *Linearkontinuum* gebracht werden kann; die Frage nach den verschiedenen Mächtigkeiten bei *Punktmengen* kann somit, ohne daß hierdurch ihre Allgemeinheit eingeschränkt wird, an den *linearen* Punktmengen untersucht werden, wie ich schon am Schlusse der soeben zitierten Abhandlung hervorgehoben habe.

Den Ausdruck „*Mächtigkeit*" habe ich J. Steiner entlehnt[1], der ihn in einem ganz speziellen, immerhin jedoch verwandten Sinne gebraucht, um auszusprechen, daß zwei Gebilde durch *projektivische* Zuordnung so aufeinander bezogen sind, daß jedem Element des einen ein und nur ein Element des andern entspricht; bei dem hier gemeinten absoluten Mächtigkeitsbegriff wird zwar an der gegenseitig-eindeutigen Beziehbarkeit festgehalten, dagegen für das Gesetz der Zuordnung keinerlei Beschränkung, namentlich keine Beschränkung in bezug auf Stetigkeit und Unstetigkeit gemacht, so daß zweien Mengen dann, aber auch nur dann *gleiche* Mächtigkeit zugestanden wird, wenn sie nach irgendeinem Gesetze einander gegenseitig-eindeutig zugeordnet werden können; sind die beiden Mengen *wohldefiniert*, so ist es als *intern determiniert* anzusehen, ob sie gleiche Mächtigkeit haben oder nicht, die *aktuelle* Entscheidung darüber gehört aber in den konkreten Fällen oft zu den mühsamsten Aufgaben. So ist es mir erst nach vielen fruchtlosen Versuchen vor acht Jahren mit Hilfe eines Satzes, den ich sowohl in Crelles J. Bd. 77, S. 260 [hier III 1, S. 115], wie auch in Nr. 1 dieser Abhandlung [S. 142]

[1] Siehe dessen Vorlesungen über synthetische Geometrie der Kegelschnitte, herausgegeben von Schröter, § 2.

bewiesen habe, gelungen zu zeigen, daß das Linearkontinuum *nicht* gleiche Mächtigkeit mit der natürlichen Zahlenreihe hat.

Die *Mannigfaltigkeitslehre* in der ihr hier zuteil gewordenen Auffassung, umspannt, wenn wir das Mathematische allein ins Auge fassen und die übrigen Begriffssphären vorläufig unberücksichtigt lassen, die Gebiete der Arithmetik, der Funktionenlehre und der Geometrie; sie faßt sie auf Grund des Mächtigkeitsbegriffs zu einer höheren Einheit zusammen. *Unstetiges* und *Stetiges* findet sich solcherweise von demselben Gesichtspunkte aus betrachtet und mit gemeinschaftlichem Maße gemessen.

Die *kleinste* Mächtigkeit, welche überhaupt an *unendlichen*, d. h. aus unendlich vielen Elementen bestehenden Mengen auftreten kann, ist die Mächtigkeit der positiven ganzen rationalen Zahlenreihe; ich habe die Mannigfaltigkeiten dieser Klasse *ins unendliche abzählbare Mengen* oder kürzer und einfacher *abzählbare Mengen* genannt; sie sind dadurch charakterisiert, daß sie sich (auf viele Weisen) in der Form einer einfach unendlichen, gesetzmäßigen Reihe

$$E_1, E_2, \ldots, E_\nu, \ldots$$

darstellen lassen, so daß jedes Element der Menge an einer bestimmten Stelle dieser Reihe steht und auch die Reihe keine anderen Glieder enthält als Elemente der gegebenen Menge.

Jeder unendliche Bestandteil einer abzählbaren Menge bildet wieder eine ins unendliche abzählbare Menge.

Hat man eine endliche oder abzählbar unendliche Menge von Mengen (E), (E'), (E''), ..., deren jede ihrerseits abzählbar ist, so ist auch die aus der Zusammenfassung aller Elemente von (E), (E'), (E''), ... hervorgehende Menge abzählbar.

Diese beiden einfachen, leicht zu beweisenden Sätze bilden die Grundlage für den Nachweis der Abzählbarkeit. So erkennt man aus ihnen bald, wie ich schon wiederholt bemerkt habe, daß alle Mengen, die in Form einer n-fach unendlichen Reihe mit dem allgemeinen Gliede $E_{\nu_1,\nu_2,\ldots,\nu_n}$ (wo ν_1, ν_2, ..., ν_n unabhängig von einander alle positiven ganzen Zahlenwerte zu erhalten haben) gegeben sind, abzählbare Mengen sind, d. h. sich in Form *einfach* unendlicher Reihen darstellen lassen; aber auch Mengen, deren allgemeines Glied die Form hat

$$E_{\nu_1, \nu_2, \ldots, \nu_\mu},$$

wo nun auch μ alle positiven ganzen Zahlwerte zu erhalten hat, gehören in diese Klasse; ein besonders merkwürdiger Fall der letzten Art ist der Inbegriff aller algebraischen Zahlen (Crelles J. Bd. 77, S. 258) [III 1, S. 115]. Arithmetik und Algebra bieten demnach eine unerschöpfliche Fülle von Beispielen der Abzählbarkeit; doch nicht weniger ergiebig ist in dieser Rücksicht die Geometrie. Der folgende Satz, welcher manche schönen Anwendungen in der

Zahlentheorie und Funktionenlehre gestattet, dürfte eine Vorstellung hiervon geben:

Satz. In einem n-dimensionalen überall ins Unendliche ausgedehnten stetigen Raume A sei eine unendliche Anzahl von n-dimenisonalen stetigen[1], von einander getrennten und höchstens an ihren Begrenzungen zusammenstoßenden Teilgebieten (a) definiert; *die Mannigfaltigkeit* (a) *solcher Teilgebiete ist immer abzählbar.*

Es verdient hervorgehoben zu werden, daß hier keinerlei Voraussetzung über die Verteilung und über die Größe des Rauminhaltes der Gebiete a gemacht wird, sie können mit beliebiger Kleinheit ihrer Ausdehnung an jeden ihnen nicht zugehörigen Punkt von A unendlich nahe heranrücken, der Satz hat keinerlei Ausnahme, wenn nur jedes Teilgebiet a (alle a sind vorausgesetztermaßen n-dimensional) einen bestimmten (beliebig kleinen) Rauminhalt hat und die verschiedenen a höchstens in ihren Begrenzungen zusammenfallen.

Der Beweis dieses Satzes läßt sich wie folgt führen: es werde der n-dimensionale unendliche Raum A mittels reziproker radii vectores auf ein innerhalb eines $n+1$-dimensionalen unendlichen Raumes A' verlaufendes n-fach ausgedehntes Gebilde B bezogen, welches dadurch bestimmt ist, daß dessen Punkte von einem festen Punkte des Raumes A' die konstante Entfernung 1 haben. (Im Falle $n = 1$ ist dies ein Einheitskreis, im Falle $n = 2$ eine Einheitskugel.) Jedem n-dimensionalen Teilgebiete a von A entspricht ein n-dimensionales Teilgebiet b von B mit bestimmtem Rauminhalt; läßt sich nun die Abzählbarkeit für die Menge (b) nachweisen, so folgt hieraus wegen der gegenseitig eindeutigen Zuordnung die Abzählbarkeit der Menge (a).

Die Menge (b) ist aber aus dem Grunde abzählbar, weil die Anzahl der Gebiete b, welche ihrem Rauminhalte nach größer sind als eine beliebig gegebene Zahl γ, notwendig eine endliche ist; denn ihre Summe ist kleiner als die Zahl $2^n\pi$ [[2]], nämlich kleiner als der Rauminhalt des Gebildes B, in welchem die b alle enthalten sind; daraus folgt, daß die Gebiete b nach der Größe ihres Rauminhaltes in eine einfach unendliche Reihe geordnet werden können, so daß die kleineren den größeren folgen und in dieser Folge zuletzt unendlich klein werden.

Der Fall $n = 1$ liefert folgenden Satz, welcher für die weitere Ausbildung der Theorie der linearen Punktmengen wesentlich ist: *jeder Inbegriff von getrennten, höchstens in ihren Endpunkten zusammenfallenden Intervallen* $(\alpha \ldots \beta)$, *welche in einer unendlichen geraden Linie definiert sind, ist notwendig ein abzählbarer Inbegriff*; das gleiche gilt folglich auch von der Menge

---

[1] Bei jedem „stetigen" Gebilde werden die Punkte seiner Begrenzung als ihm zugehörig betrachtet. [Gemeint sind die „abgeschlossenen" Gebilde, welche alle ihre Häufungspunkte enthalten.]

der Endpunkte α und β, jedoch nicht immer von der Ableitung der letzteren Punktmenge.

Der Fall $n = 2$, welcher die Eigenschaft der Abzählbarkeit einem jeden Inbegriffe von getrennten, höchstens in ihren Begrenzungen zusammenstoßenden Flächenteilen in einer unendlichen Ebene zuweist, scheint in der Funktionentheorie komplexer Größen von Bedeutung zu sein. Hierbei bemerke ich, daß es nicht schwer ist, diesen Satz auch auf Inbegriffe getrennter Flächenteile auszudehnen, die in einem Gebiete definiert sind, welches die Ebene m-fach oder selbst abzählbar unendlich oft bedeckt.

Was die abzählbaren *Punktmengen* anbetrifft, so bieten sie eine merkwürdige Erscheinung dar, welche ich im folgenden zum Ausdruck bringen möchte. Betrachten wir irgendeine Punktmenge (M), welche innerhalb eines n-dimensionalen stetig zusammenhängenden Gebietes A *überalldicht* verbreitet ist und die Eigenschaft der Abzählbarkeit besitzt, so daß die zu (M) gehörigen Punkte sich in der Reihenform

$$M_1, M_2, \ldots, M_\nu, \ldots$$

vorstellen lassen; als Beispiel diene die Menge aller derjenigen Punkte unseres dreidimensionalen Raumes, deren Koordinaten in bezug auf ein orthogonales Koordinatensystem x, y, z alle drei *algebraische* Zahlenwerte haben. Denkt man sich aus dem Gebiete A die abzählbare Punktmenge (M) entfernt und das alsdann übrig gebliebene Gebiet mit $\mathfrak{A}$ bezeichnet, so besteht der merkwürdige Satz, daß für $n \gtreqless 2$ das Gebiet $\mathfrak{A}$ *nicht aufhört, stetig zusammenhängend* zu sein, daß mit anderen Worten je zwei Punkte N und N' des Gebietes $\mathfrak{A}$ immer verbunden werden können durch eine *stetige Linie*, welche mit allen ihren Punkten dem Gebiete $\mathfrak{A}$ angehört, so daß auf ihr kein einziger Punkt der Menge (M) liegt.

Es genügt, diesen Satz für den Fall $n = 2$ als richtig zu erkennen; sein Beweis beruht wesentlich auf dem in Art. 1 bewiesenen Satze, daß, wenn irgendeine gesetzmäßige Reihe reeller Größen

$$\omega_1, \omega_2, \ldots, \omega_\nu, \ldots$$

(unter denen auch gleiche vorkommen können, was an dem Wesen des Satzes offenbar nichts ändert) vorliegt, in jedem noch so kleinen willkürlich gegebenen Intervalle $(\alpha \ldots \beta)$ reelle Größen η gefunden werden können, die in jener Reihe *nicht* vorkommen.

Sei in der Tat A irgendein zusammenhängendes stetiges Stück der unendlichen Ebene, in A nehme man die überalldichte abzählbare Punktmenge (M) an und es seien N und N' irgend zwei der Menge (M) nicht angehörige Punkte des Gebietes A, die wir zunächst unbekümmert um die Punkte (M) durch eine stetige innerhalb A verlaufende Linie l miteinander verbinden;

es soll nun gezeigt werden, daß die Linie l durch eine andere stetige Linie l' ersetzt werden kann, welche gleichfalls die Punkte N und N' miteinander verbindet, ebenfalls im Innern von A verläuft, jedoch keinen einzigen Punkt der Menge (M) enthält.

Auf l werden im allgemeinen unendlich viele Punkte der Menge (M) liegen, jedenfalls bilden sie auf ihr einen Bestandteil von (M), also gleichfalls eine *abzählbare* Menge.

Folglich gibt es, dem soeben erwähnten arithmetischen Satze zufolge, in jedem noch so kleinen Intervalle der Linie l Punkte, welche nicht zu (M) gehören. Von diesen Punkten der Linie l fassen wir eine endliche Anzahl $N_1, N_2, \ldots, N_k$ derart ins Auge, daß die geraden Strecken $NN_1, N_1N_2, \ldots, N_kN'$ ebenfalls ganz im Innern von A liegen. Diese Strecken lassen sich nun immer durch Kreisbögen mit denselben Endpunkten ersetzen, welche gleichfalls innerhalb A verlaufen, keinen einzigen Punkt der Menge (M) enthalten und in ihrer Zusammensetzung eine stetige Linie l' von der oben charakterisierten Beschaffenheit bilden.

Es wird genügen, wenn wir diese Tatsache an einer der Strecken, wir nehmen die erste NN_1, nachweisen.

Die durch die Punkte N und N_1 hindurchgehenden Kreise bilden eine einfach unendliche Schar, ihre Mittelpunkte liegen auf einer bestimmten Geraden g; die Lage eines solchen Mittelpunktes werde durch den Abstand u von einem festen Punkte O der Geraden g mit Vorzeichen bestimmt; jedenfalls kann alsdann der Größe u ein Intervall $(\alpha \ldots \beta)$ als Spielraum derart zugewiesen werden, daß für jeden einem solchen u entsprechenden Kreis einer der beiden N und N_1 verbindenden Kreisbögen ganz im Gebiete A zu liegen kommt.

Die Mittelpunkte derjenigen Kreise unserer Kreisschar, welche durch die Punkte

$$M_1, M_2, \ldots, M_\nu, \ldots$$

der Menge (M) gehen, bilden auf der Geraden g eine abzählbare Punktmenge

$$P_1, P_2, \ldots, P_\nu, \ldots,$$

die zugehörigen Werte von u seien

$$\omega_1, \omega_2, \ldots, \omega_\nu, \ldots$$

Nimmt man alsdann im Intervall $(\alpha \ldots \beta)$ eine Zahl η an, welche keinem ω_ν gleich ist (was nach dem angeführten Satze immer möglich ist), so erhält man durch die Annahme

$$u = \eta$$

einen Kreis der Schar, auf dessen Umfang kein einziger Punkt der Menge (M) liegt und der uns, wegen $\alpha < \eta < \beta$, einen die Punkte N und N_1 verbindenden Kreisbogen von der verlangten Beschaffenheit liefert.

Auf diese Weise ist gezeigt, daß je zwei Punkte N und N' des Gebietes $\mathfrak{A}$, welches nach Abzug einer überalldichten abzählbaren Punktmenge (M) vom Gebiete A übrigbleibt, sich durch eine stetige aus einer endlichen Anzahl von Kreisbögen zusammengesetzte Linie l' verbinden lassen, welche mit allen ihren Punkten dem Gebiete $\mathfrak{A}$ angehört, d. h. keinen einzigen Punkt der Menge (M) enthält. Übrigens würde es mit demselben Hilfsmittel auch möglich sein, die Verbindung der Punkte N und N' durch eine nach einem *einzigen analytischen Gesetze* verlaufende kontinuierliche Linie herzustellen, welche ganz im Gebiete $\mathfrak{A}$ enthalten ist.

An diese Sätze knüpfen sich Erwägungen über die Beschaffenheit des der realen Welt, zum Zwecke begrifflicher Beschreibung und Erklärung der in ihr vorkommenden Erscheinungen, zugrunde zu legenden dreidimensionalen Raumes. Bekanntlich wird derselbe sowohl wegen der in ihm auftretenden Formen, wie auch namentlich mit Rücksicht auf die darin vor sich gehenden Bewegungen als *durchgängig stetig* angenommen. Diese letztere Annahme besteht nach den gleichzeitigen, voneinander unabhängigen Untersuchungen Dedekinds (M. s. das Schriftchen: Stetigkeit und irrationale Zahlen von R. Dedekind, Braunschweig 1872) und des Verfassers (Mathem. Annalen Bd. V, S. 127 und 128) [II 5, S. 96] in nichts anderem, als daß jeder Punkt, dessen Koordinaten x, y, z in bezug auf ein rechtwinkliges Koordinatensystem durch *irgendwelche* bestimmte reelle, rationale oder irrationale Zahlen vorgegeben sind, als *wirklich zum Raume gehörig* gedacht wird, wozu im allgemeinen kein innerer Zwang vorliegt und worin daher ein freier Akt unserer gedanklichen Konstruktionstätigkeit gesehen werden muß. Die *Hypothese der Stetigkeit des Raumes* ist also nichts anderes, als die an sich willkürliche Voraussetzung der vollständigen, gegenseitig-eindeutigen Korrespondenz zwischen dem dreidimensionalen *rein arithmetischen Kontinuum* (x, y, z) und dem der Erscheinungswelt zugrunde gelegten Raume[1].

Unser Denken kann aber mit gleicher Leichtigkeit von einzelnen Raumpunkten, sogar wenn sie überalldicht vorkommen, sehr wohl abstrahieren und

[1] Ich glaube hier als bekannt voraussetzen zu können, daß eine allgemeine, rein arithmetische, d. h. von allen geometrischen Anschauungsgrundsätzen vollkommen unabhängige Größenlehre möglich und in ihren Grundzügen auch ausgebildet ist; ich verweise in dieser Beziehung außer auf die zitierten, freilich nur sehr kurz gehaltenen Aufsätze von Dedekind und mir noch auf die ausgezeichnete Schrift des Herrn Lipschitz: Grundlagen der Analysis. Bonn 1877. Die meisten prinzipiellen Schwierigkeiten, welche in der Mathematik gefunden werden, scheinen mir ihren Ursprung darin zu haben, daß die Möglichkeit einer rein arithmetischen Größen- und Mannigfaltigkeitslehre verkannt wird. Namentlich sind hierauf die Irrtümer derjenigen Autoren zurückzuführen, welche das *Unendlichkleine* als *Größe* und nicht als einen *Modus* der Veränderlichkeit von Größen auffassen. Vom Standpunkte der reinen *arithmetischen Analysis* aus *gibt es keine* unendlich kleinen Größen, wohl aber unendlich klein *werdende*, veränderliche Größen.

sich den Begriff eines *unstetigen* dreidimensionalen Raumes $\mathfrak{A}$ von der im vorhergehenden charakterisierten Beschaffenheit bilden. Die sich alsdann ergebende Frage, ob auch in so *unstetigen* Räumen $\mathfrak{A}$ *stetige Bewegung* gedacht werden könne, muß nach dem Vorhergehenden unbedingt *bejaht* werden, weil wir gezeigt haben, daß je zwei Punkte eines Gebildes $\mathfrak{A}$ durch unzählig viele stetige, vollkommen reguläre Linien verbunden werden können. Es stellt sich also merkwürdigerweise heraus, daß aus der bloßen Tatsache der stetigen Bewegung auf die durchgängige Stetigkeit des zur Erklärung der Bewegungserscheinungen gebrauchten dreidimensionalen Raumbegriffs zunächst kein Schluß gemacht werden kann. Daher liegt es nahe, den Versuch einer modifizierten, für Räume von der Beschaffenheit $\mathfrak{A}$ gültigen Mechanik zu unternehmen, um aus den Konsequenzen einer derartigen Untersuchung und aus ihrem Vergleich mit Tatsachen möglicherweise wirkliche Stützpunkte für die Hypothese der durchgängigen Stetigkeit des der Erfahrung unterzulegenden Raumbegriffs zu gewinnen.

[Anmerkungen.]

[1] zu S. 151. Die Transzendenz von π wurde zuerst bewiesen von F. Lindemann in den Math. Ann. 20, S. 213 (1882).

[2] zu S. 153. Die genaue Formel für den Inhalt des betrachteten $n+1$-dimensionalen Gebildes hat Cantor später (Math. Ann. 21, S. 58) angegeben wie folgt

$$\frac{2\pi^{\frac{n+1}{2}}}{\Gamma\left(\frac{n+1}{2}\right)} \leqq 2^n \pi \quad \text{für} \quad n \geqq 2\,.$$

Nr. 4.

[Anmerkung hierzu S. 164.]

Es sollen jetzt im Anschluß an die vorangegangenen Entwicklungen verschiedene neue Sätze aufgestellt und bewiesen werden, die sowohl an sich von Interesse, wie auch in der Funktionentheorie von Nutzen sind. Dabei bedienen wir uns der folgenden Bezeichnungen.

Sind mehrere Punktmengen P_1, P_2, P_3, paarweise ohne Zusammenhang, so wollen wir, wenn P die aus ihrer Zusammenfassung hervorgehende Menge ist, an Stelle einer früher gebrauchten Formulierung [hier S. 145] die bequemere wählen:

$$P \equiv P_1 + P_2 + P_3 + \cdots.$$

Und im Einklange hiermit möge, wenn Q eine in P enthaltene Menge und R diejenige Menge ist, welche übrig bleibt, wenn man Q von P entfernt, geschrieben werden:

$$R \equiv P - Q\,.$$

Eine Punktmenge Q, die wir uns in einem n-dimensionalen stetigen Raume liegend denken, kann so beschaffen sein, daß *kein* zu ihr gehöriger Punkt zugleich Grenzpunkt derselben ist; eine solche Menge, für welche also

$$\mathfrak{D}(Q, Q') \equiv 0,$$

nennen wir eine *isolierte* Punktmenge. Hat man *irgend* eine Punktmenge P, die *nicht* isoliert ist, so geht aus ihr eine *isolierte* Q dadurch hervor, daß man von ihr die Menge $\mathfrak{D}(P, P')$ entfernt.

Hier ist also

$$Q \equiv P - \mathfrak{D}(P, P')$$

und folglich

$$P \equiv Q + \mathfrak{D}(P, P').$$

Jede Punktmenge kann also zusammengesetzt werden aus einer isolierten Menge Q und aus einer andern R, welche Divisor der Ableitung P' ist. Beachten wir ferner, worauf wiederholt aufmerksam gemacht worden ist, daß jede höhere Ableitung von P in der vorhergehenden Ableitung enthalten ist, so folgt, daß

$$P' - P'', \; P'' - P''', \; \ldots, \; P^{(\nu)} - P^{(\nu+1)}, \; \ldots$$

lauter *isolierte* Mengen sind.

Man hat aber die für das folgende wichtigen Zerlegungen

$$P' \equiv (P' - P'') + (P'' - P''') + \cdots + (P^{(n-1)} - P^{(n)}) + P^{(n)}$$

und

$$P' \equiv (P' - P'') + (P'' - P''') + \cdots + (P^{(\nu-1)} - P^{(\nu)}) + \cdots P^{(\infty)}.$$

Von isolierten Punktmengen gilt nun der folgende Satz:

Theorem I. *Jede isolierte Punktmenge ist abzählbar, gehört also zur ersten Klasse.*

Beweis. Q sei irgendeine innerhalb eines n-dimensionalen Raumes gelegene *isolierte* Punktmenge, q sei ein Punkt derselben, $q', q'', q''', \ldots$ seien die übrigen Punkte von Q.

Die Entfernungen $\overline{qq'}, \overline{qq''}, \overline{qq'''}, \ldots$ haben eine *untere Grenze*, welche mit ϱ bezeichnet werde.

Ebenso sei ϱ' die untere Grenze der Entfernungen $\overline{q'q}, \overline{q'q''}, \overline{q'q'''}, \ldots$, ϱ'' die untere Grenze der Entfernungen $\overline{q''q}, \overline{q''q'}, \overline{q''q'''}, \ldots$ usw.

Alle diese Größen $\varrho, \varrho', \varrho'', \ldots$ *sind von Null verschieden,* weil Q eine *isolierte* Menge ist.

Man beschreibe mit q als Mittelpunkt dasjenige $(n-1)$-dimensionale Gebilde, dessen Punkte von q die Entfernung $\frac{\varrho}{2}$ haben; dieses Gebilde begrenzt eine n-dimensionale Vollkugel, welche wir mit K bezeichnen wollen. Ganz ebenso bilde man eine zum Punkte q' als Mittelpunkt gehörige Vollkugel K' mit dem Radius $\frac{\varrho'}{2}$, eine zum Punkte q'' als Mittelpunkt gehörige Vollkugel K'' mit dem Radius $\frac{\varrho''}{2}$ usw.

Es ist nun wesentlich, daß irgend zwei dieser Vollkugeln, z. B. K und K' sich höchstens berühren können, sonst aber ganz außer einander liegen.

Dies hängt damit zusammen, daß, wie aus der Definition der Größen ϱ und ϱ' folgt, beide kleiner oder gleich $\overline{qq'}$, also die Radien $\frac{\varrho}{2}$, $\frac{\varrho'}{2}$ der beiden Kugeln K und K' nicht größer sind als die Hälfte der Zentrallinie $\overline{qq'}$.

Somit bilden die Vollkugeln K, K', ... einen Inbegriff von außer einander liegenden n-dimensionalen Teilgebieten des zugrunde gelegten n-dimensionalen Raumes; ein derartiger Inbegriff ist aber, wie [hier S. 153] bewiesen worden ist, immer *abzählbar*. Folglich bilden auch die Mittelpunkte q, q', q'', ... eine abzählbare Menge, d. h. Q ist abzählbar.

Wir sind nun imstande, die folgenden Sätze zu beweisen:

Theorem II. *Ist die Ableitung P' einer Punktmenge P abzählbar, so ist P gleichfalls abzählbar.*

Beweis. Man bezeichne den größten gemeinsamen Divisor von P und P' mit R, so daß

$$R \equiv \mathfrak{D}(P, P'),$$

und setze

$$P - R \equiv Q.$$

Q ist alsdann, wie wir schon oben gesehen haben, eine *isolierte* Menge, also abzählbar nach Th. I.

R ist abzählbar, weil es ein Bestandteil der als abzählbar vorausgesetzten Menge P' ist.

Die Zusammenfassung zweier abzählbaren Mengen ergibt aber stets wieder eine abzählbare Menge; daher ist $P \equiv Q + R$ abzählbar.

Theorem III. *Jede Punktmenge der ersten Gattung und n^{ter} Art ist abzählbar.*

1ter Beweis. Für Punktmengen 0ter Art ist der Satz einleuchtend, weil solche offenbar *isolierte* Punktmengen sind. Wir wollen nun eine vollständige Induktion ausführen, indem wir annehmen, es sei der Satz für Punktmengen 0ter, 1ter, 2ter ... $(n-1)^{\text{ter}}$ Art richtig und wollen unter dieser Voraussetzung zeigen, daß er auch richtig ist für Punktmengen der n^{ten} Art.

Ist P eine Pm. der n^{ten} Art, so ist P' von der $(n-1)^{\text{ten}}$ Art; P' ist also abzählbar der Voraussetzung nach, folglich auch P abzählbar nach Th. II.

2ter Beweis. Ist P eine Punktmenge n^{ter} Art, so ist $P^{(n)}$ von der 0ten Art, also eine isolierte Punktmenge.

Man hat nun

$$P' \equiv (P' - P'') + (P'' - P''') + \cdots + (P^{(n-1)} - P^{(n)}) + P^{(n)}.$$

Hier sind alle Bestandteile auf der rechten Seite $(P' - P'')$, $(P'' - P''')$, ..., $(P^{(n-1)} - P^{(n)})$ und $P^{(n)}$ *isolierte* Mengen, also nach Th. I sämtlich abzählbar, folglich ist auch die aus ihrer Zusammenfassung entstehende Menge P' abzählbar, daher nach Th. II auch P abzählbar.

Theorem IV. *Jede Punktmenge P der zweiten Gattung, für welche $P^{(\infty)}$ abzählbar, ist selbst abzählbar.*

Der Beweis dieses Satzes ergibt sich aus der Zerlegung:

$$P' \equiv (P' - P'') + \cdots + (P^{(\nu-1)} - P^{(\nu)}) + \cdots \text{ in inf.} + P^{(\infty)}.$$

Da nämlich alle Bestandteile der rechten Seite abzählbar sind und die *Anzahl* dieser Bestandteile eine *abzählbar unendliche* ist, so folgt daraus die Abzählbarkeit von P' und nach Th. II diejenige von P.

Versteht man unter α irgendeines der in Bd. 17, S. 357 [hier S. 147] eingeführten *Unendlichkeitssymbole*, so hat man den umfassenderen Satz:

Theorem V. *Jede Punktmenge P zweiter Gattung, für welche $P^{(\alpha)}$ abzählbar, ist selbst abzählbar.*

Der Beweis dieses Satzes wird mit Hilfe vollständiger Induktion ebenso geführt wie die Beweise der Theoreme III und IV.

Die letzten Sätze kann man auch in folgender Weise formulieren:

Ist P eine nicht abzählbare Punktmenge, so ist auch $P^{(\alpha)}$ nicht abzählbar, sowohl wenn α eine endliche ganze Zahl, wie auch wenn es eines der Unendlichkeitssymbole ist. —

Bei Untersuchungen, welche die Herren du Bois-Reymond und Harnack über gewisse Verallgemeinerungen von Sätzen der Integralrechnung angestellt haben, werden lineare Punktmengen gebraucht, welche die Beschaffenheit haben, daß sie sich in eine endliche Anzahl von Intervallen einschließen lassen, *so daß die Summe aller Intervalle kleiner ist als eine beliebig vorgegebene Größe.*

Damit eine lineare Punktmenge die hierdurch ausgedrückte Eigenschaft besitze, ist es offenbar notwendig, daß sie in keinem noch so kleinen Intervalle überall dicht sei; doch scheint diese letztere Bedingung nicht auszureichen, um einer Punktmenge die erwähnte Beschaffenheit zu verleihen. Dagegen sind wir imstande, den folgenden Satz zu beweisen.

Theorem VI. *Ist eine in einem Intervalle (a, b) enthaltene lineare Punktmenge P so beschaffen, daß ihre Ableitung P' abzählbar ist, so ist es immer möglich, P in eine endliche Anzahl von Intervallen mit beliebig kleiner Intervallsumme einzuschließen.*

Bei dem gleich folgenden Beweise werden hilfsweise die folgenden Sätze gebraucht, von denen der erste eine bekannte Eigenschaft stetiger Funktionen ausspricht, die beiden anderen von unseren früheren Betrachtungen her bekannt sind.

Hilfssatz I. Eine in einem Intervalle (c, d) der stetigen Veränderlichen x gegebene, stetige Funktion $\varphi(x)$, welche an den Grenzen *ungleiche* Werte $\varphi(c)$ und $\varphi(d)$ hat, nimmt irgend einen in den Grenzen $\varphi(c)$ und $\varphi(d)$ liegenden Wert y zum mindesten einmal an.

Hilfssatz II. Eine in einer unendlichen Geraden liegende unendliche Anzahl von Intervallen, die außer einander liegen, höchstens an ihren Grenzen zusammenstoßen, ist immer abzählbar [S. 153 oben].

Hilfssatz III. Hat man eine abzählbar unendliche Menge von Größen

$$\omega_1, \omega_2, \ldots, \omega_\nu, \ldots,$$

so läßt sich in jedem vorgegebenen Intervalle eine Größe η finden, welche unter jenen Größen nicht vorkommt. [Vgl. Nr. 1, S. 143 sowie III 1, S. 117.]

Beweis von Theorem VI. Das Intervall (a, b), in welchem P liegt, nehmen wir zur Vereinfachung so an, daß $a = 0$, $b = 1$, auf welchen Fall sich der allgemeine durch Transformation leicht zurückführen läßt. P liegt also im Intervall $(0, 1)$, das gleiche gilt offenbar von P' und von derjenigen Menge, welche aus der Zusammenfassung der Punkte von P und P' hervorgeht und die wir mit Q bezeichnen wollen.

Es ist

$$Q \equiv \mathfrak{M}(P, P').$$

Wir bezeichnen ferner mit R diejenige Punktmenge im Intervalle $(0, 1)$, welche von letzterem nach Abzug der Menge Q übrig bleibt, so daß

$$(0, 1) \equiv Q + R. \tag{1}$$

Mit der vorausgesetzten Abzählbarkeit der Menge P' hängt zunächst folgendes zusammen:

1. Es ist auch P abzählbar nach Th. II, *daher ist auch Q abzählbar.*

2. Es ist P und daher auch P' in *keinem* Intervalle überall dicht; wäre nämlich P überalldicht im Intervalle (i, k), so würden alle Punkte des letzteren zu P' gehören und es könnte P' nicht abzählbar sein nach Hilfssatz III. *Daher ist auch Q in keinem Intervalle überalldicht.* Die Koordinatenwerte, welche den Punkten der abzählbaren Menge Q entsprechen, mögen sein

$$u_1, u_2, \ldots, u_\nu, \ldots. \tag{2}$$

Betrachten wir nunmehr die Menge R, so läßt sich zeigen, daß die ihren Punkten entsprechenden Koordinatenwerte übereinstimmen mit sämtlichen *inneren* Werten einer unendlichen Reihe von Intervallen

$$(c_1, d_1), (c_2, d_2), \ldots, (c_\nu, d_\nu), \ldots, \tag{3}$$

welche außer einander liegen und natürlich im Intervalle $(0, 1)$ enthalten sind. Da nur die *inneren* Werte dieser Intervalle zu Punkten der Menge R gehören, so folgt aus der Relation (1) sofort, daß die Grenzen c_ν und d_ν dieser Intervalle Punkten der Menge Q entsprechen, also in der Reihe (2) vorkommen.

In der Tat sei r ein Punkt von R, so können Punkte von Q nicht unendlich nahe an r herantreten, weil sonst r ein Grenzpunkt von P wäre, folglich zu Q gehören würde. Es muß nun links von r ein Punkt c und rechts von r ein Punkt d liegen, so daß im Innern des Intervalles (c, d) kein Punkt von Q liegt, dagegen, falls nicht c und d isolierte Punkte von Q sind, außerhalb dieses Intervalles Punkte von Q in beliebiger Nähe von c und d vorkommen; weil aber jeder Grenzpunkt von Q zu Q mitgehört, so sind c und d auch im letzteren Falle selbst zu Q gehörige Punkte. Die unendlich vielen Intervalle (c, d), welche auf solche Weise entstehen, liegen alle offenbar außer einander und bilden daher nach Hilfssatz II eine abzählbare Menge (3), wie zu beweisen war.

Die Größe des Intervalles (c_ν, d_ν) ist, da wir $c_\nu < d_\nu$ voraussetzen,

$$= d_\nu - c_\nu .$$

Die Summe aller dieser Intervallgrößen wollen wir σ nennen, sodaß

$$\sum_{\nu=1}^{\infty}(d_\nu - c_\nu) = \sigma . \tag{4}$$

Von vornherein sieht man, daß $\sigma \leqq 1$, weil die Intervalle alle außer einander liegen und im Intervalle $(0, 1)$ enthalten sind. Wären wir nun imstande, zu zeigen, daß $\sigma = 1$, also die Möglichkeit $\sigma < 1$ ausgeschlossen ist, so würde damit, wie eine höchst einfache an die Bedeutung der Intervalle (c_ν, d_ν) anknüpfende Betrachtung zeigt [1], unser Theorem VI bewiesen sein.

Es geht also unser Beweis darauf aus, zu zeigen, daß die Annahme $\sigma < 1$ zu einem Widerspruche führt.

Zu dem Ende definieren wir für $0 < x \leqq 1$ eine Funktion $f(x)$ wie folgt: Man summiere die Größen aller Intervalle (c_ν, d_ν), soweit die letzteren in das Innere des Intervalles $(0, x)$ hineinfallen, und setze diese Summe $= f(x)$. (Dabei soll von einem Intervalle (c_ν, d_ν), welches teilweise außerhalb $(0, x)$ liegt, nur der entsprechende in das Innere von $(0, x)$ fallende Teil in diese Summe aufgenommen werden.)

Man hat offenbar

$$f(1) = \sigma .$$

Setzt man außerdem fest, daß $f(0) = 0$ sei, so folgt leicht, daß $f(x)$ eine *stetige* Funktion von x ist für $0 \leqq x \leqq 1$.

Aus der Definition von $f(x)$ folgt nämlich unmittelbar, daß, wenn x und $x + h$ zwei verschiedene Werte des Intervalles $(0, 1)$ sind, man für positive Werte von h hat

$$0 < f(x+h) - f(x) \leqq h.$$

Hieraus folgert man die Stetigkeit von $f(x)$.

Es zeigt sich ferner sofort, wenn man auf die Definition von $f(x)$ zurückgeht, daß, *wenn x und $x + h$ zwei verschiedene Werte eines und desselben Teilintervalles (c_ν, d_ν) sind, man hat*

$$f(x+h) - f(x) = h,$$

also auch

$$(x+h) - f(x+h) = x - f(x).$$

Führt man daher die Funktion

$$\varphi(x) = x - f(x)$$

ein, so ist auch $\varphi(x)$ eine *stetige* Funktion von x, welche, wenn x von 0 bis 1 wächst, sich ohne Abnahme von 0 bis $1 - \sigma$ ändert. *Diese Änderung geschieht so, daß innerhalb eines der Teilintervalle (c_ν, d_ν) die stetige Funktion $\varphi(x)$ einen konstanten Wert behält.*

Daraus folgt für die Funktion $\varphi(x)$ die Eigentümlichkeit, daß *alle von ihr angenommenen Werte durch die Wertreihe*

$$\varphi(u_1),\ \varphi(u_2),\ \ldots,\ \varphi(u_\nu),\ \ldots \tag{5}$$

erschöpft werden.

In der Tat kann x entweder einem der Werte u_ν gleich sein, in diesem Falle haben wir

$$\varphi(x) = \varphi(u_\nu).$$

Oder es ist x ein Wert im Innern eines der Intervalle (c_ν, d_ν); in diesem Falle haben wir wegen der Konstanz von $\varphi(x)$ innerhalb eines solchen Intervalles

$$\varphi(x) = \varphi(c_\nu) = \varphi(d_\nu).$$

Nun gehören aber, wie wir oben gesehen, die Werte c_ν und d_ν gleichfalls zu der Reihe (2), es ist etwa

$$c_\nu = u_\lambda.$$

Folglich hat man auch in diesem Falle

$$\varphi(x) = \varphi(u_\lambda).$$

In der Reihe (5) sind also alle Werte enthalten, welche $\varphi(x)$ überhaupt annehmen kann.

Die Wertmenge, welche die stetige Funktion $\varphi(x)$ annehmen kann, ist somit *abzählbar*.

Wäre nun $\sigma < 1$, also $1 - \sigma$ von Null verschieden, so würde nach Hilfssatz I die stetige Funktion $\varphi(x)$ jeden Wert y zwischen 0 und $1 - \sigma$ mindestens einmal annehmen. Folglich würden in der Reihe (5), welche, wie soeben gezeigt worden ist, alle von der Funktion $\varphi(x)$ angenommenen Werte erschöpft, alle möglichen Zahlen des Intervalles $(0, 1 - \sigma)$ vorkommen, was dem Hilfssatze III entgegensteht. Somit bleibt nur die Annahme $\sigma = 1$ übrig, was zu beweisen war.

[Anmerkung.]

[1] Zu S. 162. Die hier von Cantor nur angedeutete Schlußfolgerung kann folgendermaßen ausgeführt werden:

Hat die Intervallsumme (4) wirklich den Wert $\sigma = 1$, so kann man für jedes $\varepsilon > 0$ eine *endliche* Teilsumme σ_n von n Gliedern so abspalten, daß $\sigma_n = \sum_{\nu=1}^{n} (d_\nu - c_\nu) > 1 - \frac{\varepsilon}{2}$ wird und die ganze Menge Q sich auf die (höchstens) $n + 1$ Zwischenräume dieser n Intervalle einschließlich ihrer Endpunkte verteilt. Diese $n + 1$ Zwischenintervalle Δ'_ν kann man dann wieder so vergrößern, daß sie alle Punkte von Q im *Innern* enthalten, während ihre Summe von $\sigma'_n = 1 - \sigma_n < \frac{\varepsilon}{2}$ um weniger als $\frac{\varepsilon}{2}$ abweicht. Dann ist die Punktmenge Q und damit auch P in diesen endlich vielen vergrößerten Δ''_ν enthalten, deren Gesamtlänge $\sigma''_n < \frac{\varepsilon}{2} + \frac{\varepsilon}{2} = \varepsilon$ beträgt. Es läßt sich also in der Tat P in eine endliche Intervallmenge von beliebig kleiner Gesamtlänge einschließen.

Nr. 5.

Grundlagen einer allgemeinen Mannigfaltigkeitslehre (Leipzig 1883).

[Anmerkungen des Verfassers vgl. S. 204; des Herausgebers S. 208.]

§ 1.

Die bisherige Darstellung meiner Untersuchungen in der Mannigfaltigkeitslehre[1]) ist an einen Punkt gelangt, wo ihre Fortführung von einer Erweiterung des realen ganzen Zahlbegriffs über die bisherigen Grenzen hinaus abhängig wird, und zwar fällt diese Erweiterung in eine Richtung, in welcher sie meines Wissens bisher von niemandem gesucht worden ist.

Die Abhängigkeit, in welche ich mich von dieser Ausdehnung des Zahlbegriffs versetzt sehe, ist eine so große, daß es mir ohne letztere kaum möglich sein würde, zwanglos den kleinsten Schritt weiter vorwärts in der Mengenlehre auszuführen; möge in diesem Umstande eine Rechtfertigung oder, wenn nötig, eine Entschuldigung dafür gefunden werden, daß ich scheinbar fremdartige Ideen in meine Betrachtungen einführe. Denn es handelt sich um eine Erweiterung resp. Fortsetzung der realen ganzen Zahlenreihe über das Unendliche hinaus; so gewagt dies auch scheinen möchte, kann ich dennoch nicht nur die Hoffnung, sondern die feste Überzeugung aussprechen, daß diese Erweiterung mit der Zeit als eine durchaus einfache, angemessene, natürliche wird angesehen werden müssen. Dabei verhehle ich mir keineswegs, daß ich mit diesem Unternehmen in einen gewissen Gegensatz zu weitverbreiteten Anschauungen über das mathematische Unendliche und zu häufig vertretenen Ansichten über das Wesen der Zahlgröße mich stelle.

Was das mathematische Unendliche anbetrifft, soweit es eine berechtigte Verwendung in der Wissenschaft bisher gefunden und zum Nutzen derselben beigetragen hat, so scheint mir dasselbe in erster Linie in der Bedeutung einer veränderlichen, entweder über alle Grenzen hinaus wachsenden oder bis zu beliebiger Kleinheit abnehmenden, aber stets *endlich* bleibenden Größe aufzutreten. Ich nenne dieses Unendliche das *Uneigentlich-unendliche.*

Daneben hat sich aber in der neueren und neuesten Zeit sowohl in der Geometrie wie auch namentlich in der Funktionentheorie eine andere ebenso berechtigte Art von Unendlichkeitsbegriffen herausgebildet, wonach beispielsweise bei der Untersuchung einer analytischen Funktion einer komplexen veränderlichen Größe es notwendig und allgemein üblich geworden ist, sich in der die komplexe Variable repräsentierenden Ebene einen einzigen im Unendlichen liegenden, d. h. unendlich entfernten aber bestimmten Punkt zu denken und das Verhalten der Funktion in der Nähe dieses Punktes ebenso zu prüfen wie dasjenige in der Nähe irgend eines anderen Punktes; dabei zeigt es sich, daß das Verhalten der Funktion in der Nähe des unendlich fernen Punktes genau dieselben Vorkommnisse darbietet wie an jedem andern, im Endlichen gelegenen Punkte, so daß hieraus die volle Berechtigung dafür gefolgert wird, das Unendliche in diesem Falle in einen ganz bestimmten Punkt verlegt zu denken.

Wenn das Unendliche in solch einer bestimmten Form auftritt, so nenne ich es *Eigentlich-Unendliches.*

Diese beiden Erscheinungsarten, in welchen das mathematische Unendliche hervorgetreten ist, wobei es in beiden Formen die größten Fortschritte in der Geometrie, in der Analysis und in der mathematischen Physik bewirkt hat, halten wir zum Verständnis des Folgenden wohl auseinander.

In der ersteren Form, als Uneigentlich-Unendliches, stellt es sich als ein *veränderliches Endliches* dar; in der andern Form, wo ich es Eigentlich-unendliches nenne, tritt es als ein durchaus *bestimmtes* Unendliches auf. Die unendlichen realen ganzen Zahlen, welche ich im folgenden definieren will und zu denen ich schon vor einer längeren Reihe von Jahren geführt worden bin, ohne daß es mir zum deutlichen Bewußtsein gekommen war, in ihnen konkrete Zahlen von realer Bedeutung zu besitzen, haben durchaus nichts gemein mit der ersten von jenen beiden Formen, mit dem Uneigentlich-unendlichen, dagegen ist ihnen derselbe Charakter der Bestimmtheit eigen, wie wir ihn bei dem unendlich fernen Punkte in der analytischen Funktionentheorie antreffen; sie gehören also zu den Formen und Affektionen des Eigentlich-unendlichen. — Während aber der Punkt im Unendlichen der komplexen Zahlenebene vereinzelt dasteht gegenüber allen im Endlichen liegenden Punkten, erhalten wir nicht bloß eine einzige unendliche ganze Zahl, sondern eine unendliche Folge von solchen, die voneinander wohl unterschieden sind und in gesetzmäßigen zahlentheoretischen Beziehungen zueinander sowohl wie zu den endlichen ganzen Zahlen stehen. Diese Beziehungen sind nicht etwa solche, welche sich im Grunde auf Beziehungen endlicher Zahlen untereinander zurückführen lassen; die letztere Erscheinung tritt allerdings, aber auch nur bei den verschiedenen Stärken und Formen des Uneigentlich-unendlichen, häufig auf, z. B. bei unendlich klein oder unendlich groß werdenden Funktionen einer Veränderlichen x, falls sie bestimmte endliche Ordnungszahlen des Unendlich-werdens haben. Solche Beziehungen können in der Tat nur als verschleierte Verhältnisse des Endlichen oder doch als auf letztere unmittelbar zurückführbar angesehen werden; die Gesetze unter den zu definierenden eigentlich-unendlichen ganzen Zahlen sind dagegen von Grund aus verschieden von den im Endlichen herrschenden Abhängigkeiten, womit aber nicht ausgeschlossen ist, daß die endlichen reellen Zahlen selbst gewisse neue Bestimmungen mit Hilfe der bestimmt-unendlichen Zahlen erfahren können.

Die *beiden Erzeugungsprinzipe*, mit deren Hilfe, wie sich zeigen wird, die neuen bestimmt unendlichen Zahlen definiert werden, sind solcher Art, daß durch ihre vereinigte Wirkung jede Schranke in der Begriffsbildung realer ganzer Zahlen durchbrochen werden kann; glücklicherweise stellt sich ihnen aber, wie wir sehen werden, ein *drittes* Prinzip, welches ich das *Hemmungs-* oder *Beschränkungsprinzip* nenne, entgegen, wodurch dem durchaus endlosen Bildungsprozeß sukzessive gewisse Schranken auferlegt werden, so daß wir natürliche Abschnitte in der absolut unendlichen Folge der realen ganzen Zahlen erhalten, welche Abschnitte ich *Zahlenklassen* nenne.

Die *erste* Zahlenklasse (I) ist die Menge der endlichen ganzen Zahlen $1, 2, 3, \ldots, \nu, \ldots$, auf sie folgt die *zweite* Zahlenklasse (II), bestehend aus gewissen in bestimmter Sukzession einander folgenden unendlichen ganzen Zahlen; erst nachdem die zweite Zahlenklasse definiert ist, kommt man zur dritten, dann zur vierten usw.

Von der größten Bedeutung scheint mir zunächst die Einführung der neuen ganzen Zahlen für die Entwickelung und Verschärfung des in meinen Arbeiten (Crelles J. Bd. 77, S. 257; Bd. 84, S. 242) [S. 115 bzw. 119] eingeführten und in den früheren Nummern dieses Aufsatzes vielfach verwandten *Mächtigkeitsbegriffes.* Jeder wohldefinierten Menge kommt danach eine bestimmte Mächtigkeit zu, wobei zwei Mengen dieselbe Mächtigkeit zugeschrieben wird, wenn sie sich gegenseitig eindeutig, Element für Element, einander zuordnen lassen.

Bei endlichen Mengen fällt die Mächtigkeit mit der *Anzahl* der Elemente zusammen, weil solche Mengen in jeder Anordnung bekanntlich dieselbe Anzahl von Elementen haben.

Bei unendlichen Mengen hingegen war bisher überhaupt weder in meinen Arbeiten noch sonst wo von einer präzis definierten *Anzahl* ihrer Elemente die Rede, wohl aber konnte auch ihnen eine bestimmte, von ihrer Anordnung völlig unabhängige *Mächtigkeit* zugeschrieben werden.

Die *kleinste* Mächtigkeit unendlicher Mengen mußte, wie leicht zu rechtfertigen war, denjenigen Mengen zugeschrieben werden, welche sich gegenseitig eindeutig der *ersten* Zahlenklasse zuordnen lassen und daher mit ihr gleiche Mächtigkeit haben. Dagegen fehlte es bisher an einer ebenso einfachen, natürlichen Definition der *höheren* Mächtigkeiten.

Unsere oben erwähnten Zahlenklassen der bestimmt-unendlichen realen ganzen Zahlen weisen sich nun als die natürlichen, in einheitlicher Form sich darbietenden Repräsentanten der in gesetzmäßiger Folge aufsteigenden Mächtigkeiten von wohldefinierten Mengen aus. Ich zeige aufs bestimmteste, daß die Mächtigkeit der zweiten Zahlenklasse (II) nicht nur verschieden ist von der Mächtigkeit der ersten Zahlenklasse, sondern daß sie auch tatsächlich die *nächst höhere* Mächtigkeit ist; wir können sie daher die *zweite* Mächtigkeit oder die Mächtigkeit *zweiter Klasse* nennen. Ebenso ergibt die dritte Zahlenklasse die Definition der dritten Mächtigkeit oder der Mächtigkeit dritter Klasse usw.

§ 2.

Ein anderer großer, den neuen Zahlen zuzuschreibender Gewinn besteht für mich in einem *neuen*, bisher noch nicht vorgekommenen Begriffe, in dem Begriffe der *Anzahl* der Elemente einer *wohlgeordneten* unendlichen Mannigfaltigkeit; da dieser Begriff immer durch eine ganz bestimmte Zahl unseres erweiterten Zahlengebietes ausgedrückt wird, wofern nur die sogleich näher zu definierende Ordnung der Elemente der Menge bestimmt ist, und da andererseits der Anzahlbegriff in unserer inneren Anschauung eine unmittelbare gegenständliche Repräsentation erhält, so ist durch diesen Zusammenhang zwischen Anzahl und Zahl die von mir betonte Realität der letzteren auch in den Fällen, daß sie bestimmt-unendlich ist, erwiesen.

Unter einer *wohlgeordneten* Menge ist jede wohldefinierte Menge zu verstehen, bei welcher die Elemente durch eine bestimmt vorgegebene Sukzession miteinander verbunden sind, welcher gemäß es ein *erstes* Element der Menge gibt und sowohl auf jedes einzelne Element (falls es nicht das letzte in der Sukzession ist) ein bestimmtes anderes folgt, wie auch zu jeder beliebigen endlichen oder unendlichen Menge von Elementen ein bestimmtes Element gehört, welches das ihnen allen *nächstfolgende* Element in der Sukzession ist (es sei denn, daß es ein ihnen allen in der Sukzession folgendes überhaupt nicht gibt). Zwei „wohlgeordnete" Mengen werden nun von derselben *Anzahl* (mit bezug auf die für sie vorgegebenen Sukzessionen) genannt, wenn eine gegenseitig eindeutige Zuordnung derselben derart möglich ist, daß, wenn E und F irgend zwei Elemente der einen, E_1 und F_1 die entsprechenden Elemente der anderen sind, immer die Stellung von E und F in der Sukzession der ersten Menge in Übereinstimmung ist mit der Stellung von E_1 und F_1 in der Sukzession der zweiten Menge, so daß, wenn E dem F vorangeht in der Sukzession der ersten Menge, alsdann auch E_1 dem F_1 vorangeht in der Sukzession der zweiten Menge. Diese Zuordnung ist, wenn überhaupt möglich, wie man leicht sieht, immer eine durchaus bestimmte, und da sich in der erweiterten Zahlenreihe stets eine und nur eine Zahl α findet, so daß die ihr *vorangehenden* Zahlen (von 1 an) in der natürlichen Sukzession dieselbe Anzahl haben, so wird man genötigt, die „Anzahl" jener beiden „wohlgeordneten" Mengen geradezu gleich α zu setzen, wenn α eine unendlich große Zahl ist, und gleich der der Zahl α nächstvorangehenden Zahl $\alpha - 1$, wenn α eine endliche ganze Zahl ist.

Der wesentliche Unterschied zwischen den endlichen und unendlichen Mengen zeigt sich nun darin, daß eine endliche Menge in *jeder* Sukzession, welche man ihren Elementen geben kann, *dieselbe* Anzahl von Elementen darbietet; dagegen werden einer aus unendlich vielen Elementen bestehenden Menge im allgemeinen *verschiedene* Anzahlen zukommen, je nach der Sukzession, welche man den Elementen gibt. Die *Mächtigkeit* einer Menge ist, wie wir gesehen, ein von der Anordnung unabhängiges Attribut derselben; die *Anzahl* der Menge weist sich aber als ein von einer gegebenen Sukzession der Elemente im allgemeinen abhängiger Faktor aus, sobald man es mit unendlichen Mengen zu tun hat. Indessen besteht dennoch auch bei den unendlichen Mengen ein gewisser Zusammenhang zwischen der *Mächtigkeit* der Menge und der bei gegebener Sukzession bestimmten *Anzahl* ihrer Elemente.

Nehmen wir zuerst eine Menge, welche die Mächtigkeit der ersten Klasse hat und geben den Elementen *irgend* eine bestimmte Sukzession, so daß sie zu einer „wohlgeordneten" Menge wird, so ist ihre Anzahl immer eine bestimmte Zahl der *zweiten* Zahlenklasse und kann niemals durch eine Zahl einer anderen als der zweiten Zahlenklasse bestimmt werden. Andrerseits läßt sich jede Menge von der ersten Mächtigkeit in eine solche Sukzession ordnen, daß ihre Anzahl, mit Bezug auf diese Sukzession, gleich einer beliebig vorgezeichneten Zahl der zweiten Zahlenklasse wird. Wir können diese Sätze auch folgendermaßen ausdrücken: jede Menge von der Mächtigkeit *erster* Klasse ist *abzählbar durch* Zahlen der *zweiten* Zahlenklasse und nur durch solche, und zwar kann der Menge stets eine solche Sukzession ihrer Elemente gegeben werden, daß sie in dieser Sukzession durch eine beliebig vorgegebene Zahl der zweiten Zahlenklasse abgezählt wird, welche Zahl die *Anzahl* der Elemente der Menge mit Bezug auf jene Sukzession angibt.

Die analogen Gesetze gelten für die Mengen höherer Mächtigkeiten. So ist jede wohldefinierte Menge von der Mächtigkeit *zweiter* Klasse abzählbar *durch* Zahlen der *dritten* Zahlenklasse und nur durch solche, und zwar kann der Menge stets eine solche Sukzession ihrer Elemente gegeben werden, daß sie in dieser Sukzession durch eine *beliebig vorgegebene* Zahl der *dritten* Zahlenklasse abgezählt[1] wird, welche Zahl die Anzahl der Elemente der Menge mit Bezug auf jene Sukzession bestimmt.

§ 3.

Der Begriff der *wohlgeordneten Menge* weist sich als fundamental für die ganze Mannigfaltigkeitslehre aus. Daß es immer möglich ist, jede *wohldefinierte* Menge in die *Form* einer *wohlgeordneten* Menge zu bringen, auf dieses, wie mir scheint, grundlegende und folgenreiche, durch seine Allgemeingültigkeit besonders merkwürdige Denkgesetz werde ich in einer späteren Abhandlung zurückkommen. Hier beschränke ich mich auf den Nachweis, wie aus dem Begriffe der *wohlgeordneten* Menge die Grundoperationen für die ganzen, sei

[1] Was ich bisher in den früheren Nummern dieses Aufsatzes „abzählbar" genannt habe, ist nach der jetzt eingeführten, zugleich verschärften und verallgemeinerten Definition nichts anderes als Abzählbarkeit *durch* Zahlen der ersten Klasse (endliche Mengen) oder *durch* Zahlen der zweiten Klasse (Mengen von der ersten Mächtigkeit).

es endlichen oder bestimmt-unendlichen Zahlen, in der einfachsten Weise sich ergeben und wie die Gesetze derselben aus der unmittelbaren inneren Anschauung mit apodiktischer Gewißheit erschlossen werden. Sind zunächst zwei *wohlgeordnete* Mengen M und M_1, denen als Anzahlen die Zahlen α und β entsprechen, gegeben, so ist $M + M_1$ wieder eine *wohlgeordnete* Menge, welche entsteht, wenn zuerst die Menge M und auf sie folgend die Menge M_1 gesetzt und mit jener vereinigt wird; es entspricht also auch der Menge $M + M_1$ in bezug auf die sich ergebende Sukzession ihrer Elemente eine bestimmte Zahl als Anzahl; diese Zahl wird die *Summe* von α und β genannt und mit $\alpha + \beta$ bezeichnet; hier zeigt sich sofort, daß, wenn nicht α und β beide endlich sind, $\alpha + \beta$ im allgemeinen von $\beta + \alpha$ verschieden ist. Das *kommutative* Gesetz hört also bereits bei der Addition auf, im allgemeinen gültig zu sein. Es ist nun so einfach, den Begriff der Summe von *mehreren* in bestimmter Folge gegebenen Summanden, wobei diese Folge selbst eine bestimmt-unendliche sein kann, zu bilden, daß ich hier nicht näher darauf einzugehen brauche, und ich bemerke daher nur, daß das *assoziative* Gesetz allgemein sich als gültig erweist. Man hat im besondern $\alpha + (\beta + \gamma) = (\alpha + \beta) + \gamma$.

Nimmt man eine durch eine Zahl β bestimmte Sukzession von lauter gleichen und gleichgeordneten Mengen, bei welchen einzeln die Anzahl der Elemente gleich α ist, so erhält man eine neue wohlgeordnete Menge, deren zugehörige Anzahl die Definition für das Produkt $\beta\alpha$ liefert, wo β der Multiplikator, α der Multiplikandus ist; auch hier findet sich, daß $\beta\alpha$ im allgemeinen von $\alpha\beta$ verschieden, also das kommutative Gesetz auch bei der Multiplikation der Zahlen im allgemeinen *ungültig* ist. Dagegen findet sich das assoziative Gesetz auch bei der Multiplikation als allgemein herrschend, so daß man hat: $\alpha(\beta\gamma) = (\alpha\beta)\gamma$.

Von den neuen Zahlen zeichnen sich gewisse vor den anderen dadurch aus, daß sie Primzahleigenschaft haben, doch muß letztere hier in etwas bestimmterer Weise charakterisiert werden, indem man unter Primzahl eine solche Zahl α versteht, für welche die Zerlegung $\alpha = \beta\gamma$, wo β Multiplikator, nicht anders möglich ist, als wenn $\beta = 1$ oder $\beta = \alpha$; dagegen wird im allgemeinen auch bei Primzahlen α der Multiplikandus einen gewissen Spielraum der Unbestimmtheit haben, was nach der Natur der Dinge nicht abgeändert werden kann. Nichtsdestoweniger soll in einer späteren Abhandlung gezeigt werden, daß die Zerlegung einer Zahl in ihre Primfaktoren stets auf eine im wesentlichen *einzige* und sogar hinsichtlich der Folge der Faktoren (soweit dieselben nicht endliche im Produkt benachbart auftretende Primzahlen sind) *bestimmte* Weise erfolgen kann. Dabei stellen sich zwei Arten von bestimmt-unendlichen Primzahlen heraus, von denen die erste den endlichen Primzahlen näher steht, wogegen die Primzahlen der zweiten Art einen ganz andern Charakter haben.

Ferner wird es mir nun mit Hilfe der neuen Erkenntnisse möglich sein, demnächst eine strenge Begründung des in der Abhandlung: „Ein Beitrag zur Mannigfaltigkeitslehre“ (Crelles J. Bd. 84, S. 257) [hier III 2, S. 132] am Schlusse derselben angeführten Satzes über die sogenannten linearen unendlichen Mannigfaltigkeiten zu bringen.

In der letzten Nummer (4) dieses Aufsatzes [Th. V, S. 160] leitete ich für Punktmengen P, die in einem n-dimensionalen stetigen Gebiete enthalten sind, einen Satz her, der sich mit Anwendung der neuen, vorhin definierten Ausdrucksweise, wie folgt, aussprechen läßt: „Ist P eine Punktmenge, deren Ableitung $P^{(\alpha)}$ identisch verschwindet, wo α eine beliebige ganze Zahl der *ersten* oder *zweiten* Zahlenklasse ist, so ist die erste Ableitung $P^{(1)}$, und daher auch P selbst, eine Punktmenge von der Mächtigkeit *erster* Klasse.“ Es scheint mir höchst merkwürdig, daß sich dieser Satz wie folgt umkehren läßt: „Ist P eine Punktmenge, deren erste Ableitung $P^{(1)}$ die Mächtigkeit *erster* Klasse hat, so gibt es der *ersten* oder *zweiten* Zahlenklasse angehörige ganze Zahlen α, für welche $P^{(\alpha)}$ identisch verschwindet, und es ist von den Zahlen α, für welche diese Erscheinung eintritt, eine die kleinste.“

Den Beweis dieses Satzes werde ich in der nächsten Zeit, infolge einer freundlichen Aufforderung meines hochverehrten Freundes, des Herrn Prof. Mittag-Leffler in Stockholm, in dem ersten Bande des von ihm redigierten neuen mathematischen Journals publizieren. Im Anschlusse hieran wird Herr Mittag-Leffler einen Aufsatz veröffentlichen, in welchem er zeigen wird, wie auf Grund dieses Satzes seinen und des Herrn Prof. Weierstraß Untersuchungen über die Existenz eindeutiger analytischer Funktionen mit gegebenen Singularitätsstellen eine erhebliche Verallgemeinerung gegeben werden kann.

§ 4.

Die erweiterte ganze Zahlenreihe kann, wenn es die Zwecke fordern, ohne weiteres zu einer kontinuierlichen Zahlenmenge vervollständigt werden, indem man zu jeder ganzen Zahl α alle reellen Zahlen x, die größer als Null und kleiner als Eins sind, hinzufügt.

Es wird nun vielleicht hieran die Frage geknüpft werden, ob man, da doch auf diese Weise eine bestimmte Erweiterung des reellen Zahlengebietes in das Unendlichgroße erreicht ist, nicht auch mit gleichem Erfolge bestimmte unendlich kleine Zahlen oder, was auf dasselbe hinauslaufen möchte, endliche Zahlen definieren könnte, welche mit den rationalen und irrationalen Zahlen (die als Grenzwerte von Reihen rationaler Zahlen auftreten) nicht zusammenfallen, sondern sich an mutmaßlichen Zwischenstellen inmitten der reellen Zahlen ebenso einfügen möchten, wie die irrationalen Zahlen in die Kette der rationalen oder wie die transzendenten Zahlen in das Gefüge der algebraischen Zahlen sich einschieben?

Die Frage der Herstellung solcher Interpolationen, auf welche von einigen Autoren viel Mühe verwandt worden ist, läßt sich, meines Erachtens und wie ich zeigen werde, erst mit Hilfe unsrer neuen Zahlen und namentlich auf Grund des allgemeinen Anzahlbegriffes wohlgeordneter Mengen klar und deutlich beantworten; während die bisherigen Versuche, wie mir scheint, teils auf einer irrtümlichen Verwechslung des Uneigentlich-unendlichen mit dem Eigentlich-unendlichen beruhen, teils auf einer durchaus unsicheren, schwankenden Basis ausgeführt worden sind.

Das Uneigentlich-unendliche ist oft von neueren Philosophen „schlechtes" Unendliche genannt worden, meines Erachtens mit Unrecht, da es sich in der Mathematik und in den Naturwissenschaften als ein sehr gutes, höchst brauchbares Instrument bewährt hat. Die unendlichkleinen Größen sind meines Wissens bisher überhaupt *nur* in der Form des Uneigentlich-unendlichen zum Nutzen ausgebildet und sind als solches aller jener Verschiedenheiten, Modifikationen und Beziehungen fähig, welche in der Infinitesimalanalysis sowohl wie in der Funktionentheorie gebraucht werden und zum Ausdruck kommen, um dort die reiche Fülle der analytischen Wahrheiten zu begründen. Dagegen müßten alle Versuche, dieses Unendlichkleine gewaltsam zu einem *eigentlichen* Unendlichkleinen zu machen, als zwecklos endlich aufgegeben werden. Wenn anders überhaupt eigentlich-unendlichkleine Größen existieren, d. h. definierbar sind, so stehen sie sicherlich in keinem unmittelbaren Zusammenhange mit den gewöhnlichen, unendlich klein *werdenden* Größen.

Im Gegensatz zu den erwähnten Versuchen über das Unendlichkleine und zu der Verwechselung der beiden Erscheinungsformen des Unendlichen findet sich eine Ansicht über das Wesen und die Bedeutung der Zahlgrößen vielfach vertreten, nach welcher keine anderen Zahlen als wirklich existierend aufgefaßt werden als die *endlichen realen ganzen* Zahlen unsrer Zahlenklasse (I).

Höchstens den aus ihnen unmittelbar hervorgehenden *rationalen* Zahlen wird eine gewisse Realität zugestanden. Was aber die irrationalen anbetrifft, so soll denselben in der reinen Mathematik eine bloß *formale* Bedeutung zukommen, indem sie gewissermaßen nur als Rechenmarken dazu dienen, Eigenschaften von Gruppen ganzer Zahlen zu fixieren und auf einfache, einheitliche Weise zu beschreiben. Das eigentliche Material der Analysis wird ausschließlich, dieser Ansicht zufolge, von den endlichen, realen, ganzen Zahlen gebildet, und alle in der Arithmetik und Analysis gefundenen oder noch der Entdeckung harrenden Wahrheiten sollen als Beziehungen der endlichen ganzen Zahlen untereinander aufzufassen sein; es wird die Infinitesimalanalysis und mit ihr die Funktionentheorie nur insoweit für legalisiert gehalten, wie ihre Sätze sich nachweisbar als unter ganzen endlichen Zahlen herrschende Gesetze deuten lassen. Mit dieser Auffassung der reinen Mathematik, obgleich ich ihr nicht zustimmen kann, sind unstreitig gewisse Vorzüge verbunden, die ich hier hervorheben möchte; spricht doch für ihre Bedeutung auch der Umstand, daß zu ihren Vertretern ein Teil der verdienstvollsten Mathematiker der Gegenwart gehört.

Sind, wie es hier angenommen wird, nur die endlichen ganzen Zahlen wirklich, alle übrigen aber nichts anderes als Beziehungsformen, so kann verlangt werden, daß die Beweise der analytischen Sätze nach ihrem „zahlentheoretischen Gehalte" geprüft werden und daß man jede Lücke, die sich in ihnen zeigt, nach den Grundsätzen der Arithmetik ausfülle; in der Tunlichkeit solcher Ergänzung wird der wahre Prüfstein für die Echtheit und vollendete Strenge der Beweise gesehen. Es ist nicht zu leugnen, daß auf diesem Wege die Begründung vieler Sätze vervollkommnet und auch sonstige methodische Verbesserungen in verschiedenen Teilen der Analysis bewirkt werden können; auch sieht man in der Befolgung der aus jener Anschauung fließenden Grundsätze eine Sicherung vor jeder Art von Ungereimtheiten oder Fehlern.

Auf diese Weise ist ein bestimmtes, wenn auch ziemlich nüchternes und naheliegendes Prinzip gesetzt, das als Richtschnur allen empfohlen wird; es soll dazu dienen, den Flug der mathematischen Spekulations- und Konzeptionslust in die wahren Grenzen zu weisen, wo sie keine Gefahr läuft, in den Abgrund des „Transzendenten" zu geraten, dorthin, wo, wie zur Furcht und zum heilsamen Schrecken gesagt wird, „alles möglich" sein soll. Dies dahingestellt, wer weiß, ob nicht gerade der Gesichtspunkt der Zweckmäßigkeit es allein gewesen ist, welcher die Urheber der Ansicht bestimmt hat, sie den aufstrebenden, so leicht durch Übermut und Maßlosigkeit in Gefahr kommenden Kräften zum Schutz vor allen Irrtümern als ein wirksames Regulativ zu empfehlen, obgleich ein *fruchtbares* Prinzip darin nicht gefunden werden kann; denn die Annahme, daß sie selbst bei Auffindung neuer Wahrheiten von diesen Grundsätzen ausgegangen wären, ist für mich deshalb ausgeschlossen, weil ich, soviel gute Seiten ich diesen Maximen auch abgewinne, sie streng genommen für *irrig* halten muß; wir verdanken denselben keine wahren Fortschritte, und wenn es wirklich genau nach ihnen zugegangen wäre, so würde die Wissenschaft zurückgehalten oder doch in die engsten Grenzen gebannt worden sein. Glücklicherweise stehen die Dinge in Wahrheit nicht so schlimm, und die Anpreisung sowohl wie die Befolgung jener unter Umständen und Voraussetzungen nützlichen Regeln sind nie so ganz wörtlich genommen worden; auch hat es bis jetzt auffallenderweise, so viel mir bekannt geworden, an jemandem gefehlt, der es unternommen hätte, sie vollständiger und besser zu formulieren, als es hier von mir versucht worden ist.

Sehen wir uns in der Geschichte um, so zeigt sich, daß ähnliche Ansichten öfter vertreten waren und schon bei Aristoteles vorkommen. Bekanntlich findet sich im Mittelalter durchgehends bei allen Scholastikern das „infinitum actu non datur“ als unumstößlicher, von Aristoteles hergenommener Satz vertreten. Wenn man aber die Gründe betrachtet, welche Aristoteles[2]) gegen die reale Existenz des Unendlichen vorführt (vgl. z. B. seine „Metaphysik“, Buch XI, Kap. 10), so lassen sie sich der Hauptsache nach auf eine Voraussetzung zurückführen, die eine *petitio principii* involviert, auf die Voraussetzung nämlich, daß es nur *endliche* Zahlen gebe, was er daraus schloß, daß ihm nur Zählungen an endlichen Mengen bekannt waren. Ich glaube aber oben bewiesen zu haben und es wird sich dies im folgenden dieser Arbeit noch deutlicher zeigen, daß ebenso bestimmte Zählungen wie an endlichen auch an unendlichen Mengen vorgenommen werden können, vorausgesetzt, daß man den Mengen ein bestimmtes Gesetz gibt, wonach sie zu *wohlgeordneten* Mengen werden. Daß ohne eine solche gesetzmäßige Sukzession der Elemente einer Menge keine Zählung mit ihr vorgenommen werden kann — dies liegt in der Natur des Begriffes *Zählung*; auch bei endlichen Mengen kann eine Zählung nur bei einer bestimmten Aufeinanderfolge der gezählten Elemente ausgeführt werden, es zeigt sich aber hier als eine besondere Beschaffenheit *endlicher* Mengen, daß das Resultat der Zählung — die *Anzahl* — *unabhängig* ist von der jeweiligen Anordnung; während bei unendlichen Mengen, wie wir gesehen haben, eine solche Unabhängigkeit im allgemeinen *nicht* zutrifft, sondern die Anzahl einer unendlichen Menge eine durch das Gesetz der Zählung *mitbestimmte* unendliche ganze Zahl ist; hierin liegt eben und hierin allein der in der Natur selbst begründete und daher niemals fortzuschaffende wesentliche Unterschied zwischen dem Endlichen und Unendlichen; nimmermehr wird aber um dieses Unterschiedes willen die Existenz des Unendlichen geleugnet, dagegen die des Endlichen aufrecht erhalten werden können; läßt man das eine fallen, so muß man mit dem andern auch aufräumen; wo würden wir also auf diesem Wege hinkommen?

Ein anderes von Aristoteles gegen die Wirklichkeit des Unendlichen gebrauchtes Argument besteht in der Behauptung, daß das Endliche vom Unendlichen, wenn dieses existierte, aufgehoben und zerstört werden würde, weil die endliche Zahl durch eine unendliche Zahl angeblich vernichtet wird; die Sache verhält sich, wie man im folgenden deutlich sehen wird, in Wahrheit so, daß zu einer unendlichen Zahl, wenn sie als bestimmt und vollendet gedacht wird, *sehr wohl* eine endliche hinzugefügt und mit ihr vereinigt werden kann, *ohne* daß hierdurch eine Aufhebung der letzteren bewirkt wird (vielmehr wird die unendliche Zahl durch eine solche Hinzufügung einer endlichen Zahl zu ihr modifiziert); nur der *umgekehrte* Vorgang, die Hinzufügung einer unendlichen Zahl zu einer endlichen, wenn diese zuerst gesetzt wird, bewirkt die Aufhebung der letzteren, ohne daß eine Modifikation der ersteren eintritt. — Dieser richtige Sachverhalt hinsichtlich des Endlichen und Unendlichen, der von Aristoteles gänzlich verkannt worden ist, dürfte nicht nur in der Analysis, sondern auch in anderen Wissenschaften, namentlich in den Naturwissenschaften zu neuen Anregungen führen. [Vgl. S. 177 den Schluß von § 5.]

Zu dem Gedanken, das Unendlichgroße nicht bloß in der Form des unbegrenzt Wachsenden und in der hiermit eng zusammenhängenden Form der im siebzehnten Jahrhundert zuerst eingeführten konvergenten unendlichen Reihen zu betrachten, sondern es auch in der bestimmten Form des Vollendet-unendlichen mathematisch durch Zahlen zu fixieren, bin ich fast wider meinen Willen, weil im Gegensatz zu mir wertgewordenen Traditionen, durch den Verlauf vieljähriger wissenschaftlicher Bemühungen und Versuche logisch gezwungen worden, und ich glaube daher auch nicht, daß Gründe sich dagegen werden geltend machen lassen, denen ich nicht zu begegnen wüßte.

§ 5.

Wenn ich soeben von Traditionen sprach, so verstand ich dieselben nicht bloß im engeren Sinne des Erlebten, sondern führe sie auf die Begründer der neueren Philosophie und Naturwissenschaften zurück. Zur Beurteilung der Frage, um die es sich hier handelt, gebe ich nur einige der wichtigsten Quellen an. Man vergleiche:

Locke, Essay o. h. u. lib. II, cap. XVI und XVII.

Descartes, Briefe und Erläuterungen zu seinen Meditationen; ferner Principia I, 26.

Spinoza, Brief XXIX; cogitata metaph. pars I und II.

Leibniz, Erdmannsche Ausg. pag. 138, 244, 436, 744; Pertzsche Ausg. II, 1 pag. 209; III, 4 pag. 218; III, 5 pag. 307, 322, 389; III, 7 pag. 273*).

Stärkere Gründe, als man sie hier gegen die Einführung unendlicher ganzer Zahlen zusammen findet, können wohl auch heute nicht ersonnen werden; man prüfe daher und vergleiche sie mit den meinigen für dieselben. Eine ausführliche und eingehende Besprechung dieser Stellen und namentlich des höchst bedeutenden, inhaltsvollen Briefes Spinozas an L. Meyer behalte ich mir für eine andere Gelegenheit vor, beschränke mich aber hier auf folgendes.

So verschieden auch die Lehren dieser Schriftsteller sind, in der Beurteilung des Endlichen und Unendlichen stimmen sie an jenen Stellen im wesentlichen darin überein, daß zu dem Begriffe einer Zahl die Endlichkeit derselben gehöre, und daß andrerseits das wahre Unendliche oder Absolute, welches in Gott ist, keinerlei Determination gestattet. Was den letzteren Punkt anbetrifft, so stimme ich, wie es nicht anders sein kann, demselben völlig bei, denn der Satz: „omnis determinatio est negatio“ steht

*) Beachtenswert ist auch: Hobbes, De corpore Cap. VII, 11. Berkeley, Treatise on the principles of human knowledge, 128—131.

für mich ganz außer Frage; dagegen sehe ich im ersteren, wie ich schon oben bei Erörterung der Aristotelischen Gründe gegen das „infinitum actu" gesagt habe, eine petitio principii, welche manche Widersprüche erklärlich macht, die sich bei allen diesen Autoren und namentlich auch bei Spinoza und Leibniz finden. Die Annahme, daß es außer dem Absoluten, durch keine Determination Erreichbaren und dem Endlichen keine Modifikationen geben sollte, die, obgleich sie nicht endlich, dennoch durch Zahlen bestimmbar und folglich das sind, was ich Eigentlich-Unendliches nenne — diese Annahme finde ich durch nichts gerechtfertigt und sie steht m. E. sogar im Widerspruch zu gewissen von den beiden letzteren Philosophen aufgestellten Sätzen. Was ich behaupte und durch diese Arbeit, wie auch durch meine früheren Versuche bewiesen zu haben glaube, ist, daß es nach dem Endlichen ein *Transfinitum* (welches man auch *Suprafinitum* nennen könnte), d. i. eine unbegrenzte Stufenleiter von bestimmten Modis gibt, die ihrer Natur nach nicht endlich, sondern unendlich sind, welche aber ebenso wie das Endliche durch bestimmte, wohldefinierte und voneinander unterscheidbare *Zahlen* determiniert werden können. Mit den endlichen Größen ist daher meiner Überzeugung nach der Bereich der definierbaren Größen *nicht* abgeschlossen, und die Grenzen unseres Erkennens lassen sich entsprechend weiter ausdehnen, ohne daß es dabei nötig wäre, unsrer Natur irgendwelchen Zwang anzutun. An Stelle des in § 4 besprochenen Aristotelisch-scholastischen Satzes setze ich daher den andern:

Omnia seu finita seu infinita *definita* sunt et excepto Deo ab intellectu determinari possunt[3]).

Man führt so oft die Endlichkeit des menschlichen *Verstandes* als Grund an, warum nur endliche Zahlen denkbar sind; doch sehe ich in dieser Behauptung wieder den erwähnten Zirkelschluß. Stillschweigend wird nämlich bei der „Endlichkeit des Verstandes" gemeint, daß sein Vermögen rücksichtlich der Zahlenbildung auf endliche Zahlen beschränkt sei. Zeigt es sich aber, daß der Verstand auch in bestimmtem Sinne unendliche, d. i. *überendliche* Zahlen definieren und voneinander unterscheiden kann, so muß entweder den Worten „endlicher Verstand" eine erweiterte Bedeutung gegeben werden, wonach alsdann jener Schluß aus ihnen nicht mehr gezogen werden kann; oder es muß auch dem menschlichen Verstand das Prädikat „unendlich" in gewissen Rücksichten zugestanden werden, was meines Erachtens das einzig Richtige ist. Die Worte „endlicher Verstand", welche man so vielfach zu hören bekommt, treffen, wie ich glaube, in keiner Weise zu: so beschränkt auch die menschliche Natur in Wahrheit ist, vom Unendlichen haftet ihr doch sehr *vieles* an, und ich meine sogar, daß wenn sie nicht in vielen Beziehungen selbst unendlich wäre, die feste Zuversicht und Gewißheit hinsichtlich des Seins des Absoluten, worin wir uns alle einig wissen, nicht zu erklären sein würde. Und im besondern vertrete ich die Ansicht, daß der menschliche Verstand eine unbegrenzte Anlage für die stufenweise Bildung von ganzen Zahlenklassen hat, die zu den unendlichen Modis in einer bestimmten Beziehung stehen und deren *Mächtigkeiten* von aufsteigender Stärke sind.

Die Hauptschwierigkeiten in den zwar äußerlich verschiedenartigen, innerlich aber durchaus verwandten Systemen der beiden zuletzt genannten Denker lassen sich, wie ich glaube, auf dem von mir eingeschlagenen Wege der Lösung näher bringen und selbst manche von ihnen schon jetzt befriedigend lösen und aufklären. Es sind dies Schwierigkeiten, welche zu dem späteren Kritizismus mit Veranlassung gegeben haben, der bei all seinen Vorzügen einen ausreichenden Ersatz für die gehemmte Entwickelung der Lehren Spinozas und Leibnizens mir nicht zu gewähren scheint. Denn neben oder an Stelle der mechanischen Naturerklärung, die innerhalb ihrer Sphäre alle Hilfsmittel und Vorteile mathematischer Analyse zur Verfügung hat, von welcher aber die Einseitigkeit und Unzulänglichkeit so treffend durch Kant aufgedeckt worden ist, ist bisher eine mit derselben mathematischen Strenge ausgerüstete, über jene hinausgreifende *organische* Naturerklärung nicht einmal dem Anfange nach getreten; sie kann, wie ich glaube, nur durch Wiederaufnahme und Fortbildung der Arbeiten und Bestrebungen jener angebahnt werden.

Ein besonders schwieriger Punkt in dem Systeme des Spinoza ist das Verhältnis der endlichen Modi zu den unendlichen Modis; es bleibt dort unaufgeklärt, wieso und unter welchen Umständen sich das Endliche gegenüber dem Unendlichen oder das Unendliche gegenüber dem noch stärker Unendlichen in seiner Selbständigkeit behaupten könne. Das im § 4 bereits berührte Beispiel scheint mir in seiner schlichten Symbolik den Weg zu bezeichnen, auf welchem man der Lösung dieser Frage vielleicht näher kommen kann. Ist ω die erste Zahl der zweiten Zahlenklasse, so hat man $1 + \omega = \omega$, dagegen $\omega + 1 = (\omega + 1)$, wo $(\omega + 1)$ eine von ω durchaus verschiedene Zahl ist. Auf die *Stellung* des Endlichen zum Unendlichen kommt also, wie man hier deutlich sieht, alles an; tritt das erstere vor, so geht es in dem Unendlichen auf und verschwindet darin; *bescheidet* es sich aber und nimmt seinen Platz *hinter* dem Unendlichen, so bleibt es erhalten und verbindet sich mit jenem zu einem neuen, weil modifizierten Unendlichen.

§ 6.

Wenn es Schwierigkeiten bereiten sollte, *unendlich große, abgeschlossene*, unter sich und mit den endlichen Zahlen vergleichbare, unter sich und mit den endlichen Zahlen durch feste Gesetze verbundene ganze Zahlen aufzufassen, so werden diese Schwierigkeiten mit der Wahrnehmung zusammenhängen, daß die neuen Zahlen zwar in vielen Beziehungen den Charakter der früheren, in viel mehr anderen Rücksichten aber eine durchaus eigenartige Natur haben, die es sogar oft mit sich bringt, daß verschiedene Merkmale an einer und derselben Zahl sich vereinigt finden, die bei den endlichen Zahlen nie zusammen vorkommen, sondern disparat sind. Findet sich doch schon an einer der im vorigen § zitierten Stellen die Überlegung, eine unendliche ganze Zahl müßte, falls sie existierte, *sowohl* eine gerade *wie* auch eine ungerade Zahl sein, und da diese beiden Merkmale nicht vereinigt auftreten können, so existiert deshalb *keine* solche Zahl.

Man nimmt hier offenbar stillschweigend an, daß Merkmale, welche an den hergebrachten Zahlen disjunkt sind, auch an den neuen Zahlen dieses Verhältnis zueinander haben müßten, und schließt daraus auf die Unmöglichkeit der unendlichen Zahlen. Wem springt hier der Paralogismus nicht in die Augen? Ist denn nicht jede Verallgemeinerung oder Erweiterung von Begriffen mit einem Aufgeben von Besonderheiten verbunden, ja selbst ohne ein solches undenkbar? Hat man nicht erst in neuerer Zeit den für die Entwickelung der Analysis so wichtigen, zu den größten Fortschritten hinleitenden Gedanken gefaßt, die komplexen Größen einzuführen, ohne ein Hindernis darin zu sehen, daß sie weder positiv noch negativ genannt werden können? Und nur ein ähnlicher Schritt ist es, den ich hier wage; es wird vielleicht sogar dem allgemeinen Bewußtsein viel leichter werden mir zu folgen, als es möglich war, von den reellen Zahlen zu den komplexen überzugehen; denn die neuen ganzen Zahlen haben, wenn sie sich auch durch intensivere, substantielle Bestimmtheit vor den hergebrachten auszeichnen, dennoch als „Anzahlen" durchaus die gleichartige Realität mit diesen gemein, wogegen der Einführung der komplexen Größen sich so lange Schwierigkeiten entgegenstellten, bis man ihre geometrische Repräsentation durch Punkte oder Strecken in einer Ebene nach vielen Mühen gefunden hatte.

Um auf jene Überlegung mit dem Gerade- und Ungeradesein noch kurz zurückzukommen, betrachten wir wieder die Zahl ω, um an ihr zu zeigen, wie jene an den endlichen Zahlen unvereinbaren Merkmale sich hier ohne jeglichen Widerspruch beisammen finden. In dem § 3 sind die allgemeinen Definitionen für die Addition und die Multiplikation aufgestellt, und ich habe hervorgehoben, daß bei diesen Operationen das kommutative Gesetz im allgemeinen *keine* Gültigkeit hat; hierin erblicke ich einen wesentlichen Unterschied zwischen den unendlichen und endlichen Zahlen. Beachte man noch, daß ich in einem Produkt $\beta\alpha$ unter β den Multiplikator, unter α den Multiplikandus verstehe. Ohne weiteres ergeben sich alsdann für ω folgende zwei Formen: $\omega = \omega \cdot 2$ und $\omega = 1 + \omega \cdot 2$. Ihnen gemäß kann also ω sowohl als eine gerade, wie als eine ungerade Zahl aufgefaßt werden. Von einem andern Gesichtspunkt, wenn nämlich 2 als Multiplikator genommen wird, ließe sich aber auch sagen, daß ω weder eine gerade noch eine ungerade Zahl ist, weil, wie man leicht beweisen kann, ω weder in der Form $2 \cdot \alpha$, noch in der Form $2 \cdot \alpha + 1$ sich darstellen läßt. Es hat also in der Tat die Zahl ω im Vergleich zu den hergebrachten Zahlen eine ganz eigenartige Natur, da alle diese Merkmale und Eigenschaften in ihr vereinigt sind. Um noch vieles eigenartiger sind die übrigen Zahlen der zweiten Zahlenklasse, wie ich dies später zeigen werde.

§ 7.

Obgleich ich in § 5 viele Stellen aus Leibniz' Werken angeführt habe, in welchen er sich gegen die unendlichen Zahlen ausspricht, indem er unter anderm dort sagt: „Il n'y a point de nombre infini ni de ligne ou autre quantité infinie, si on les prend pour des Touts veritables.“ „L'infini véritable n'est pas une modification, c'est l'absolu; au contraire, dès qu'on modifie on se borne ou forme un fini“ (wobei ich ihm in der letzteren Stelle in bezug auf die erste Aussage zustimme, hinsichtlich der zweiten aber nicht), bin ich doch andrerseits in der glücklichen Lage, Aussprüche desselben Denkers nachweisen zu können, in welchen er gewissermaßen im Widerspruch mit sich selbst *für* das Eigentlich-Unendliche (vom Absoluten verschiedene) in der unzweideutigsten Weise sich ausspricht. So sagt er in Erdm. pag. 118:

„Je suis tellement pour l'infini actuel, qu'au lieu d'admettre que la nature l'abhorre, comme l'on dit vulgairement, je tiens qu'elle l'affecte partout, pour mieux marquer les perfections de son Auteur. Ainsi je crois qu'il n'y a aucune partie de la matière qui ne soit, je ne dis pas divisible, mais actuellement divisée; et par conséquent la moindre particelle doit être considerée comme un monde plein d'une infinité de créatures différentes.“

Doch den entschiedensten Verteidiger hat das Eigentlich-unendliche, wie es uns beispielsweise in den wohldefinierten Punktmengen oder in der Konstitution der Körper aus punktuellen Atomen (ich meine also hier nicht die chemisch-physikalischen (Demokritischen) Atome, weil ich sie weder im Begriffe noch in der Wirklichkeit für existent halten kann, so viel Nützliches auch mit dieser Fiktion bis zu einer gewissen Grenze zu Wege gebracht wird) entgegentritt, in einem höchst scharfsinnigen Philosophen und Mathematiker unseres Jahrhunderts, in Bernhard Bolzano gefunden, der seine betreffenden Ansichten namentlich in der schönen und gehaltreichen Schrift: „Paradoxien des Unendlichen, Leipzig 1851“ entwickelt hat, deren Zweck es ist, nachzuweisen, wie die von Skeptikern und Peripatetikern *aller Zeiten* im Unendlichen gesuchten Widersprüche gar nicht vorhanden sind, sobald man sich nur die freilich nicht immer ganz leichte Mühe nimmt, die Unendlichkeitsbegriffe allen Ernstes ihrem wahren Inhalte nach in sich aufzunehmen. In dieser Schrift findet man daher auch eine in vielen Beziehungen zutreffende

Erörterung über das mathematische Uneigentlich-Unendliche, wie es in der Gestalt von Differentialen erster und höherer Ordnung oder in den unendlichen Reihensummen oder bei sonstigen Grenzprozessen auftritt. Dieses Unendliche (von einigen Scholastikern „synkategorematisches Unendliches" genannt) ist ein bloßer Hilfs- und Beziehungsbegriff unseres Denkens, welcher seiner Definition nach die Veränderlichkeit einschließt und von dem somit das „datur" niemals im eigentlichen Sinne ausgesagt werden kann.

Es ist sehr bemerkenswert, daß hinsichtlich *dieser* Art des Unendlichen keinerlei wesentliche Meinungsverschiedenheit auch unter den Philosophen der Gegenwart herrscht, wenn ich davon absehen darf, daß gewisse moderne Schulen von sogenannten Positivisten oder Realisten[4]) oder Materialisten in diesem *synkategorematischen* Unendlichen, von welchem sie selbst zugeben müssen, daß es kein *eigentliches* Sein hat, den *höchsten Begriff* zu sehen glauben.

Doch findet sich schon bei Leibniz der im wesentlichen richtige Sachverhalt an vielen Orten angegeben; denn auf dieses Uneigentlich-Unendliche bezieht sich beispielsweise die folgende Stelle Erdmann pag. 436:

„Ego philosophice loquendo non magis statuo magnitudines infinite parvas quam infinite magnas, seu non magis infinitesimas quam infinituplas. Utrasque enim per modum loquendi compendiosum pro mentis fictionibus habeo, ad calculum aptis, quales etiam sunt radices imaginariae in Algebra. Interim demonstravi, magnum has expressiones usum habere ad compendium cogitandi adeoque ad inventionem; et in errorem ducere non posse, cum pro infinite parvo substituere sufficiat tam parvum quam quis volet, ut error sit minor dato, unde consequitur errorem dari non posse."

Bolzano ist vielleicht der einzige, bei dem die eigentlich-unendlichen Zahlen zu einem gewissen Rechte kommen, wenigstens ist von ihnen vielfach die Rede; doch stimme ich gerade in der Art, wie er mit ihnen umgeht, ohne eine rechte Definition von ihnen aufstellen zu können, ganz und gar *nicht* mit ihm überein und sehe beispielsweise die §§ 29—33 jenes Buches als haltlos und irrig an. Es fehlt dem Autor zur wirklichen Begriffsfassung bestimmt-unendlicher Zahlen sowohl der allgemeine *Mächtigkeitsbegriff*, wie auch der präzise *Anzahlbegriff*. Beide treten zwar an einzelnen Stellen ihrem Keime nach in Form von Spezialitäten bei ihm auf, er arbeitet sich aber dabei zu der vollen Klarheit und Bestimmtheit, wie mir scheint, *nicht* durch, und daraus erklären sich viele Inkonsequenzen und selbst manche Irrtümer dieser wertvollen Schrift.

Ohne die erwähnten beiden Begriffe kommt man meiner Überzeugung nach in der Mannigfaltigkeitslehre *nicht* weiter, und das gleiche gilt, wie ich glaube, von den Gebieten, welche unter der Mannigfaltigkeitslehre stehen oder mit ihr die innigste Berührung haben, wie beispielsweise von der modernen

Funktionentheorie einerseits und von der Logik und Erkenntnislehre andrerseits. Fasse ich das Unendliche so auf, wie dies von mir hier und bei meinen früheren Versuchen geschehen ist, so folgt daraus für mich ein wahrer Genuß, dem ich mich dankerfüllt hingebe, zu sehen, wie der ganze Zahlbegriff, der im Endlichen nur den Hintergrund der *Anzahl* hat, wenn wir aufsteigen zum Unendlichen, sich gewissermaßen *spaltet* in *zwei* Begriffe, in denjenigen der *Mächtigkeit*, welche unabhängig ist von der Ordnung, die einer Menge gegeben wird, und in den der *Anzahl*, welche notwendig an eine gesetzmäßige Ordnung der Menge gebunden ist, vermöge welcher letztere zu einer *wohlgeordneten Menge* wird. Und steige ich wieder herab vom Unendlichen zum Endlichen, so sehe ich ebenso klar und schön, wie die beiden Begriffe wieder Eins werden und *zusammenfließen* zum Begriffe der endlichen ganzen Zahl.

§ 8.

Wir können in *zwei* Bedeutungen von der Wirklichkeit oder Existenz der ganzen Zahlen, der endlichen sowie der unendlichen sprechen; genau genommen sind es aber dieselben zwei Beziehungen, in welchen allgemein die Realität von irgend welchen Begriffen und Ideen in Betracht gezogen werden kann. Einmal dürfen wir die ganzen Zahlen insofern für wirklich ansehen, als sie auf Grund von Definitionen in unserm Verstande einen ganz bestimmten Platz einnehmen, von allen übrigen Bestandteilen unseres Denkens aufs beste unterschieden werden, zu ihnen in bestimmten Beziehungen stehen und somit die Substanz unseres Geistes in bestimmter Weise modifizieren; es sei mir gestattet, diese Art der Realität unsrer Zahlen ihre *intrasubjektive* oder *immanente Realität* zu nennen[5]). Dann kann aber auch den Zahlen insofern Wirklichkeit zugeschrieben werden, als sie für einen Ausdruck oder ein Abbild von Vorgängen und Beziehungen in der dem Intellekt gegenüberstehenden Außenwelt gehalten werden müssen, als ferner die verschiedenen Zahlenklassen (I), (II), (III) u. s. w. Repräsentanten von Mächtigkeiten sind, die in der körperlichen und geistigen Natur tatsächlich vorkommen. Diese zweite Art der Realität nenne ich die *transsubjektive* oder auch *transiente Realität* der ganzen Zahlen.

Bei der durchaus realistischen, zugleich aber nicht weniger idealistischen Grundlage meiner Betrachtungen unterliegt es für mich keinem Zweifel, daß diese beiden Arten der Realität stets sich zusammenfinden in dem Sinne, daß ein in der ersteren Hinsicht als existent zu bezeichnender Begriff immer in gewissen, sogar unendlich vielen Beziehungen auch eine transiente Realität besitzt[6]), deren Feststellung freilich meist zu den mühsamsten und schwierigsten Aufgaben der Metaphysik gehört und oft den Zeiten überlassen werden muß, in welchen die natürliche Entwickelung einer der übrigen Wissenschaften die transiente Bedeutung des in Frage stehenden Begriffs enthüllt.

Dieser Zusammenhang beider Realitäten hat seinen eigentlichen Grund in der *Einheit* des *Alls, zu welchem wir selbst mitgehören.* — Der Hinweis auf diesen Zusammenhang hat nun hier den Zweck, eine mir sehr wichtig scheinende Konsequenz für die Mathematik daraus herzuleiten, daß nämlich letztere bei der Ausbildung ihres Ideenmaterials *einzig* und *allein* auf die *immanente* Realität ihrer Begriffe Rücksicht zu nehmen und daher *keinerlei* Verbindlichkeit hat, sie auch nach ihrer *transienten* Realität zu prüfen. Wegen dieser ausgezeichneten Stellung, die sie von allen anderen Wissenschaften unterscheidet und die eine Erklärung für die verhältnismäßig leichte und zwanglose Art der Beschäftigung mit ihr liefert, verdient sie ganz besonders den Namen der *freien Mathematik*, eine Bezeichnung, welcher ich, wenn ich die Wahl hätte, den Vorzug vor der üblich gewordenen „reinen" Mathematik geben würde.

Die Mathematik ist in ihrer Entwickelung völlig frei und nur an die selbstredende Rücksicht gebunden, daß ihre Begriffe sowohl in sich widerspruchslos sind, als auch in festen durch Definitionen geordneten Beziehungen zu den vorher gebildeten, bereits vorhandenen und bewährten Begriffen stehen[7]). Im besondern ist sie bei der Einführung neuer Zahlen nur verpflichtet, Definitionen von ihnen zu geben, durch welche ihnen eine solche Bestimmtheit und unter Umständen eine solche Beziehung zu den älteren Zahlen verliehen wird, daß sie sich in gegebenen Fällen unter einander bestimmt unterscheiden lassen. Sobald eine Zahl allen diesen Bedingungen genügt, kann und muß sie als existent und real in der Mathematik betrachtet werden. Hierin erblicke ich den in § 4 angedeuteten Grund, warum man die rationalen, irrationalen und die komplexen Zahlen für durchaus ebenso existent anzusehen hat wie die endlichen positiven ganzen Zahlen.

Es ist, wie ich glaube, nicht nötig, in diesen Grundsätzen irgendeine Gefahr für die Wissenschaft zu befürchten, wie dies von vielen geschieht; einerseits sind die bezeichneten Bedingungen, unter welchen die Freiheit der Zahlenbildung allein geübt werden kann, derartige, daß sie der Willkür einen äußerst geringen Spielraum lassen; dann aber trägt auch jeder mathematische Begriff das nötige Korrektiv in sich selbst einher; ist er unfruchtbar oder unzweckmäßig, so zeigt er es sehr bald durch seine Unbrauchbarkeit und er wird alsdann wegen mangelnden Erfolgs fallen gelassen. Dagegen scheint mir aber jede überflüssige Einengung des mathematischen Forschungstriebes eine viel größere Gefahr mit sich zu bringen und eine um so größere, als dafür aus dem Wesen der Wissenschaft wirklich keinerlei Rechtfertigung gezogen werden kann; denn das *Wesen* der *Mathematik* liegt gerade in ihrer *Freiheit.*

Würde mir diese Beschaffenheit der Mathematik nicht aus den erwähnten Gründen sich ergeben haben, so müßte mich doch die ganze Entwickelung der Wissenschaft selbst, wie wir sie in unserm Jahrhundert wahrnehmen, genau zu denselben Ansichten hinführen.

Wären Gauß, Cauchy, Abel, Jacobi, Dirichlet, Weierstraß, Hermite und Riemann verbunden gewesen, ihre neuen Ideen stets einer metaphysischen Kontrolle zu unterwerfen, wir würden uns fürwahr nicht des großartigen Aufbaues der neueren Funktionentheorie zu erfreuen haben, der, obgleich völlig frei und ohne transeunte Zwecke entworfen und errichtet, dennoch schon jetzt in Anwendungen auf Mechanik, Astronomie und mathematische Physik seine transiente Bedeutung, wie nicht anders zu erwarten war, offenbart; wir würden nicht den großen Aufschwung in der Theorie der Differentialgleichungen durch Fuchs, Poincaré und viele andere herbeigeführt sehen, wenn diese ausgezeichneten Kräfte durch fremdartige Einflüsse gehemmt und eingeschnürt gewesen wären; und wenn Kummer die folgenreiche Freiheit der Einführung sogenannter „idealer" Zahlen in die Zahlentheorie sich nicht genommen haben würde, wir wären heute nicht in der Lage, die so wichtigen und vorzüglichen algebraischen und arithmetischen Arbeiten Kroneckers und Dedekinds zu bewundern.

So berechtigt daher die Mathematik ist, sich durchaus frei von allen metaphysischen Fesseln zu bewegen, vermag ich doch andrerseits der „angewandten" Mathematik, wie beispielsweise der analytischen Mechanik und der mathematischen Physik dasselbe Recht nicht zuzugestehen; diese Disziplinen sind m. E. in ihren Grundlagen sowohl, wie in ihren Zielen *metaphysisch*; suchen sie sich hiervon frei zu machen, wie dies neuerdings seitens eines berühmten Physikers[1] vorgeschlagen worden ist, so arten sie in eine „Naturbeschreibung" aus, welcher der frische Hauch des freien mathematischen Gedankens ebensowohl wie die Macht der *Erklärung* und *Ergründung* von Naturerscheinungen fehlen muß.

§ 9.

Bei der großen Bedeutung, welche den sogenannten reellen, rationalen und irrationalen Zahlen in der Mannigfaltigkeitslehre zukommt, möchte ich es nicht unterlassen, über ihre Definitionen das wichtigste hier zu sagen. Ich gehe auf die Einführung der rationalen Zahlen nicht näher ein, da hiervon streng arithmetische Darstellungen vielfach ausgebildet sind; von den mir näher stehenden hebe ich diejenigen von H. Grassmann (Lehrbuch der Arithmetik, Berlin 1861) und J. H. T. Müller (Lehrbuch der allgemeinen Arithmetik, Halle 1855) hervor. Dagegen möchte ich in Kürze die drei mir bekannten und wohl auch im wesentlichen einzigen Hauptformen der streng arithmetischen Einführung der allgemeinen reellen Zahlen genauer besprechen. Es sind dies *erstens* die Einführungsart, welcher sich Herr Prof. Weierstraß seit vielen Jahren in seinen Vorlesungen über analytische Funktionen bedient und von welcher man einige Andeutungen in der Programmabhandlung von Herrn E. Kossak (Die Elemente der Arithmetik, Berlin 1872) finden kann. *Zweitens* hat Herr R. Dedekind in seiner Schrift: Stetigkeit und irrationale Zahlen, (Braunschweig 1872) eine eigenartige Definitionsform publiziert und *drittens* ist von mir im Jahre 1871 (Math. Ann. Bd. 5, S. 123) [hier S. 92] eine Definitionsform angegeben worden, die äußerlich eine gewisse Ähnlichkeit mit der Weierstraßschen hat, so daß sie von Herrn H. Weber (Zeitschrift für Mathematik und Physik, 27. Jahrg., historisch liter. Abt., S. 163) mit dieser verwechselt werden konnte; m. E. ist aber diese *dritte*, später auch von Herrn Lipschitz (Grundlagen der Analysis, Bonn 1877) entwickelte Definitionsform die einfachste und natürlichste von allen, und man hat an ihr den Vorteil, daß sie sich dem analytischen Kalkül am unmittelbarsten anpaßt.

Zur Definition einer irrationalen reellen Zahl gehört stets eine wohldefinierte unendliche Menge erster Mächtigkeit von rationalen Zahlen; hierin besteht das gemeinschaftliche aller Definitionsformen, ihr Unterschied liegt in dem Erzeugungsmoment, durch welches die Menge mit der durch sie definierten Zahl verknüpft ist und in den Bedingungen, welche die Menge zu erfüllen hat, damit sie als Grundlage für die betreffende Zahlendefinition sich eigne.

Bei der *ersten* Definitionsform wird eine Menge positiver rationaler Zahlen a_ν zugrunde gelegt, die mit (a_ν) bezeichnet werde und welche die Bedingung erfüllt, daß, wie viele und welche auch von den a_ν in endlicher Anzahl summiert werden, diese Summe immer unterhalb einer angebbaren Grenze bleibt. Hat man nun zwei solche Aggregate (a_ν) und (a'_ν), so wird strenge gezeigt, daß sie drei Fälle darbieten können; entweder ist jeder Teil $\frac{1}{n}$ der Einheit in beiden Aggregaten, sofern man ihre Elemente in hinreichender, vergrößerungsfähiger, endlicher Anzahl summiert, stets gleich oft enthalten; oder es ist $\frac{1}{n}$, von einem gewissen n an, in dem ersten Aggregat stets öfter als in dem zweiten, oder drittens es ist $\frac{1}{n}$, von einem gewissen n an, in dem zweiten stets öfter als in dem ersten enthalten. Diesen Vorkommnissen entsprechend wird, wenn b und b' die durch die beiden Aggregate (a_ν) und (a'_ν) zu definierenden Zahlen sind, im ersten Falle $b = b'$, im zweiten $b > b'$, im dritten $b < b'$ gesetzt. Vereinigt man die beiden Aggregate zu einem neuen (a_ν, a'_ν), so gibt dieses die Grundlage für die Definition von $b + b'$; bildet man aber aus den beiden Aggregaten (a_ν) und (a'_ν) das neue $(a_\nu \cdot a'_\mu)$, in welchem die Elemente die Produkte aus allen a_ν in alle a'_μ sind, so wird dieses neue Aggregat zur Grundlage der Definition für das Produkt bb' genommen.

Man sieht, daß hier das Erzeugungsmoment, welches die Menge mit der durch sie zu definierenden Zahl verknüpft, in der *Summenbildung* liegt; doch muß als *wesentlich* hervorgehoben werden, daß nur die Summation einer stets *endlichen* Anzahl von rationalen Elementen zur Anwendung kommt und *nicht* etwa von vornherein die zu definierende Zahl b als die Summe Σa_ν der unendlichen Reihe (a_ν) gesetzt wird; es würde hierin ein *logischer Fehler* liegen, weil vielmehr die Definition der Summe Σa_ν erst durch Gleichsetzung mit der notwendig vorher schon definierten *fertigen* Zahl b gewonnen wird. Ich glaube, daß dieser erst von Herrn Weierstraß vermiedene logische Fehler in früheren Zeiten fast allgemein begangen und aus dem Grunde nicht bemerkt worden ist, weil er zu den seltenen Fällen gehört, in welchen wirkliche Fehler keinen bedeutenderen Schaden im Kalkül anrichten können. — Trotzdem hängen, meiner Überzeugung nach, mit dem bezeichneten Fehler alle Schwierigkeiten zusammen, welche in dem Begriff des Irrationalen gefunden worden sind, wogegen bei Vermeidung dieses Fehlers die irrationale Zahl mit derselben Bestimmtheit, Deutlichkeit und Klarheit sich in unserm Geiste festsetzt wie die rationale Zahl.

Die Definitionsform von Herrn Dedekind legt die *Gesamtheit aller* rationalen Zahlen, diese aber in zwei Gruppen derart geteilt zugrunde, daß, wenn die Zahlen der ersten Gruppe mit $\mathfrak{A}_\nu$, die der zweiten Gruppe mit $\mathfrak{B}_\mu$ bezeichnet werden, stets $\mathfrak{A}_\nu < \mathfrak{B}_\mu$ ist; eine solche Teilung der rationalen Zahlenmenge nennt Herr Dedekind einen „Schnitt" derselben, bezeichnet ihn mit $(\mathfrak{A}_\nu \mid \mathfrak{B}_\mu)$ und ordnet ihm eine Zahl b zu. Vergleicht man zwei solche Schnitte $(\mathfrak{A}_\nu \mid \mathfrak{B}_\mu)$ und $(\mathfrak{A}'_\nu \mid \mathfrak{B}''_\mu)$ miteinander, so finden sich ebenso wie bei der *ersten* Definitionsform im ganzen *drei* Möglichkeiten, denen entsprechend die durch die beiden Schnitte repräsentierten Zahlen b und b' einander gleich oder $b > b'$ oder $b < b'$ gesetzt werden. Der erste Fall findet, abgesehen von gewissen leicht zu regulierenden Ausnahmen, welche bei dem Rationalsein der zu definierenden Zahlen vorkommen, nur bei völliger Identität der beiden Schnitte statt, und hierbei tritt der nicht wegzuleugnende entschiedene Vorzug dieser Definitionsform vor den beiden anderen hervor, daß jeder Zahl b nur ein *einziger* Schnitt entspricht, welchem Umstande aber der große Nachteil gegenübersteht, daß die Zahlen in der Analysis sich *niemals* in der Form von „Schnitten" darbieten, in welche sie erst mit großer Kunst und Umständlichkeit gebracht werden müssen[?].

Nun folgen auch hier die Definitionen für die Summe $b + b'$ und das Produkt $b\,b'$ auf Grund neuer aus den beiden gegebenen hervorgehenden Schnitte.

Der Nachteil, der mit der *ersten* und *dritten* Definitionsform verbunden ist, daß nämlich hier dieselben d. h. gleichen Zahlen unendlich oft sich darbieten und somit eine eindeutige Übersicht über sämtliche reellen Zahlen nicht unmittelbar erhalten wird, kann mit der größten Leichtigkeit durch Spezialisierung der zugrunde gelegten Mengen (a_ν) beseitigt werden, indem man irgendeine der bekannten eindeutigen Systembildungen, wie das Dezimalsystem oder die einfache Kettenbruchentwickelung heranzieht.

Ich komme nun zu der *dritten* Definitionsform der reellen Zahlen. Auch hier wird eine unendliche Menge rationaler Zahlen (a_ν) von der ersten Mächtigkeit zugrunde gelegt, von ihr jedoch eine andere Beschaffenheit verlangt als bei der Weierstraßschen Definitionsform; ich fordre, daß nach Annahme einer beliebig kleinen rationalen Zahl ε eine endliche Anzahl von Gliedern der Menge abgeschieden werden kann, sodaß die übrig bleibenden paarweise einen Unterschied haben, der seiner absoluten Größe nach kleiner ist als ε. Jede derartige Menge (a_ν), welche auch durch die Forderung

$$\operatorname*{Lim}_{\nu=\infty} (a_{\nu+\mu} - a_\nu) = 0 \quad \text{(bei beliebig gelassenem } \mu)$$

charakterisiert werden kann, nenne ich eine *Fundamentalreihe* und ordne ihr eine durch sie zu definierende Zahl b zu, für welche man sogar zweckmäßig das Zeichen (a_ν) selbst gebrauchen kann, wie dies von Herrn Heine, der in diesen Fragen nach vielen mündlichen Erörterungen sich mir angeschlossen hatte, in Vorschlag gebracht worden ist. (Man vergl. Crelles J. Bd. 74 S. 172). Eine solche *Fundamentalreihe* bietet, wie sich streng aus ihrem Begriffe deduzieren läßt, drei Fälle dar: entweder es sind ihre Glieder a_ν für hinreichend große Werte von ν ihrem absoluten Betrage nach kleiner als eine beliebig vorgegebene Zahl; oder es sind dieselben von einem gewissen ν an größer als eine bestimmt angebbare positive rationale Zahl ϱ; oder sie sind von einem gewissen ν an kleiner als eine bestimmt angebbare negative rationale Größe $-\varrho$. In dem ersten Falle sage ich, daß b gleich Null, im zweiten, daß b größer als Null oder positiv, im dritten, daß b kleiner als Null oder negativ sei.

Nun kommen die Elementaroperationen. Sind (a_ν) und (a'_ν) zwei *Fundamentalreihen*, durch welche die Zahlen b und b' determiniert seien, so zeigt sich, daß auch $(a_\nu \pm a'_\nu)$ und $(a_\nu \cdot a'_\nu)$ *Fundamentalreihen* sind, die also drei neue Zahlen bestimmen, welche mir als Definitionen für die Summe und Differenz $b \pm b'$ und für das Produkt $b \cdot b'$ dienen.

Ist zudem b von Null verschieden, wofür im Vorhergehenden die Definition gegeben ist, so beweist man, daß auch $\left(\frac{a'_\nu}{a_\nu}\right)$ eine *Fundamentalreihe* ist, deren zugehörige Zahl die Definition für den Quotienten $\frac{b'}{b}$ liefert.

Die Elementaroperationen zwischen einer durch eine Fundamentalreihe (a_ν) gegebenen Zahl b und einer direkt gegebenen rationalen Zahl a sind in den soeben festgesetzten eingeschlossen, indem man $a'_\nu = a$, $b' = a$ sein läßt.

Jetzt erst kommen die Definitionen des Gleich-, Größer- und Kleinerseins zweier Zahlen b und b' (von denen b' auch $= a$ sein kann) und zwar sagt man, daß $b = b'$ oder $b > b'$ oder $b < b'$ ist, je nachdem $b - b'$ gleich Null oder größer oder kleiner als Null ist.

Nach allen diesen Vorbereitungen ergibt sich als erster *streng beweisbarer* Satz, daß, wenn b die durch eine Fundamentalreihe (a_ν) bestimmte Zahl ist, alsdann $b - a_\nu$ mit wachsendem ν dem absoluten Betrage nach kleiner wird als jede denkbare rationale Zahl, oder was dasselbe heißt, daß

$$\operatorname*{Lim}_{\nu=\infty} a_\nu = b\,.$$

Man achte wohl auf diesen Kardinalpunkt, dessen Bedeutung leicht übersehen werden kann: bei der *dritten* Definitionsform wird nicht etwa die Zahl b definiert als „Grenze" der Glieder a_ν einer Fundamentalreihe (a_ν); denn dies würde ein ähnlicher logischer Fehler sein wie der bei Besprechung der *ersten* Definitionsform hervorgehobene, und zwar aus dem Grunde, weil alsdann die *Existenz* der Grenze $\operatorname*{Lim}_{\nu=\infty} a_\nu$ präsumiert würde; vielmehr verhält sich die Sache umgekehrt so, daß durch unsere vorangegangenen Definitionen der Begriff b mit solchen Eigenschaften und Beziehungen zu den rationalen Zahlen bedacht worden ist, daß daraus mit logischer Evidenz der Schluß gezogen werden kann: $\operatorname*{Lim}_{\nu=\infty} a_\nu$ existiert und ist gleich b. Man verzeihe mir hier die Ausführlichkeit, welche ich mit der Wahrnehmung motiviere, daß an dieser unscheinbaren Kleinigkeit die meisten vorübergehen und sich alsdann leicht in Zweifel und Widersprüche mit Bezug auf das Irrationale verstricken, von denen sie bei Beobachtung der hier hervorgehobenen Umstände völlig verschont bleiben würden; denn sie würden alsdann klar erkennen, daß die irrationale Zahl vermöge der ihr *durch die Definitionen gegebenen Beschaffenheit* eine ebenso bestimmte Realität in unserm Geiste hat wie die rationale, selbst wie die ganze rationale Zahl, und daß man sie nicht erst durch einen Grenzprozeß zu *gewinnen* braucht, sondern vielmehr im Gegenteil durch ihren *Besitz* von der Tunlichkeit und Evidenz der Grenzprozesse allgemein überzeugt wird[8]); denn nun erweitert man mit Leichtigkeit den soeben angeführten Satz zu folgendem: Ist (b_ν) irgend eine Menge rationaler oder irrationaler Zahlen mit der Beschaffenheit, daß $\operatorname*{Lim}_{\nu=\infty} (b_{\nu+\mu} - b_\nu) = 0$ (was auch μ sei), so gibt es eine durch eine Fundamentalreihe (a_ν) bestimmte Zahl b, sodaß

$$\operatorname*{Lim}_{\nu=\infty} b_\nu = b\,.$$

Es zeigt sich also, daß *dieselben* Zahlen b, welche auf Grund von Fundamentalreihen (a_ν) (ich nenne diese Fundamentalreihen von der *ersten* Ordnung) derart definiert sind, daß sie sich als Grenzen der a_ν ausweisen, auf mannigfache Weisen auch als Grenzen von Reihen (b_ν) darstellbar sind, wo jedes der b_ν durch eine Fundamentalreihe erster Ordnung $(a_\mu^{(\nu)})$ (mit festem ν) definiert ist.

Ich nenne daher eine solche Menge (b_ν), wenn sie die Beschaffenheit hat, daß $\lim\limits_{\nu=\infty} (b_{\nu+\mu} - b_\nu) = 0$ (bei beliebigem μ), eine Fundamentalreihe *zweiter* Ordnung.

Ebenso lassen sich Fundamentalreihen *dritter*, *vierter*, ... n^{ter} Ordnung, aber auch Fundamentalreihen α^{ter} Ordnung bilden, wo α eine beliebige Zahl der zweiten Zahlenklasse ist.

Alle diese Fundamentalreihen leisten für die Bestimmung einer reellen Zahl b genau dasselbe wie die Fundamentalreihen *erster* Ordnung, und der Unterschied liegt nur in der komplizierteren, ausgebreiteteren Form des Gegebenseins. Nichtsdestoweniger scheint es mir, wofern man sich auf den Standpunkt der dritten Definitionsform überhaupt stellen will, in hohem Grade angemessen, diesen Unterschied in der bezeichneten Weise zu fixieren, wie ich dies auch am angeführten Orte (Math. Ann. Bd. V, S. 123) [II 5, S. 92] in ähnlicher Weise schon getan habe. Ich bediene mich deshalb jetzt der Ausdrucksweise: die Zahlengröße b ist durch eine Fundamentalreihe n^{ter} resp. α^{ter} Ordnung gegeben. Entschließt man sich hierzu, so erreicht man damit eine außerordentlich leichtflüssige und zugleich faßliche Sprache, um die Fülle der vielgestaltigen, oft so komplizierten Gewebe der Analysis in der allereinfachsten und bezeichnendsten Weise zu beschreiben, womit ein nach meiner Meinung nicht zu unterschätzender Gewinn an Klarheit und Durchsichtigkeit erzielt wird. Ich trete hiermit dem Bedenken entgegen, welches Herr Dedekind in der Vorrede seiner Schrift „Stetigkeit und irrationale Zahlen" hinsichtlich dieser Unterscheidungen ausgesprochen hat; es lag mir nicht entfernt im Sinne, durch die Fundamentalreihen zweiter, dritter Ordnung etc. *neue* Zahlen einzuführen, die nicht schon durch die Fundamentalreihen erster Ordnung bestimmbar wären, sondern ich hatte nur die begrifflich verschiedene Form des Gegebenseins im Auge; es geht dies aus einzelnen Stellen meiner Arbeit selbst deutlich hervor.

Auf einen merkwürdigen Umstand möchte ich hierbei aufmerksam machen, daß nämlich in diesen von mir durch Zahlen der ersten und zweiten Zahlenklasse unterschiedenen Ordnungen von Fundamentalreihen alle überhaupt denkbaren in der Analysis bereits gefundenen oder noch ungefundenen Formen mit dem üblichen Reihencharakter durchaus erschöpft sind in dem Sinne, daß es Fundamentalreihen, deren Ordnungszahl etwa durch eine Zahl der dritten Zahlenklasse bezeichnet werden möchte, gar nicht gibt, wie ich bei anderer Gelegenheit streng beweisen werde.

Ich will nun in Kürze versuchen, die Zweckmäßigkeit der *dritten* Definitionsform zu erklären.

Zur Bezeichnung dafür, daß eine Zahl b auf Grund einer Fundamentalreihe (e_ν) irgendwelcher Ordnung n oder α gegeben ist, bediene ich mich der Formeln

$$b \sim (e_\nu) \quad \text{oder} \quad (e_\nu) \sim b\,.$$

Liegt beispielsweise eine konvergente Reihe mit dem allgemeinen Gliede c_ν vor, so ist die notwendige und hinreichende Bedingung für die Konvergenz bekanntlich diese, daß $\lim\limits_{\nu=\infty}(c_{\nu+1}+\cdots+c_{\nu+\mu})=0$ (wo μ beliebig).

Man definiert daher die Summe der Reihe durch die Formel

$$\sum_{n=0}^{\infty} c_n \sim \left(\sum_{n=0}^{\nu} c_n\right).$$

Sind z. B. alle c_n definiert auf Grund von Fundamentalreihen k^{ter} Ordnung, so gilt ein gleiches von $\sum\limits_{n=0}^{\nu} c_n$ und es tritt uns hier die Summe $\sum\limits_{n=0}^{\infty} c_n$ als definiert durch eine Fundamentalreihe $(k+1)^{\text{ter}}$ Ordnung entgegen.

Soll beispielsweise der gedankliche Inhalt des Satzes $\sin\left(\frac{\pi}{2}\right)=1$ beschrieben werden, so kann man sich etwa $\frac{\pi}{2}$ und dessen Potenzen gegeben denken durch die Formeln:

$$\frac{\pi}{2} \sim (a_\nu)\,, \quad \left(\frac{\pi}{2}\right)^{2m+1} \sim (a_\nu^{2m+1})\,,$$

wo zur Abkürzung gesetzt ist

$$2\sum_{n=0}^{\nu} \frac{(-1)^n}{2n+1} = a_\nu\,.$$

Ferner wird sein

$$\sin\left(\frac{\pi}{2}\right) \sim \left(\sum_{m=0}^{\mu} (-1)^m \frac{\left(\frac{\pi}{2}\right)^{2m+1}}{(2m+1)!}\right),$$

d. h. $\sin\left(\frac{\pi}{2}\right)$ ist auf Grund einer Fundamentalreihe zweiter Ordnung definiert, und durch jenen Satz wird also das Gleichsein der rationalen Zahl 1 und einer auf Grund einer Fundamentalreihe zweiter Ordnung gegebenen Zahl $\sin\left(\frac{\pi}{2}\right)$ ausgedrückt.

In ähnlicher Weise läßt sich der gedankliche Inhalt komplizierterer Formeln, wie beispielsweise derjenigen aus der Theorie der Thetafunktionen, präzis und verhältnismäßig einfach beschreiben, während die Zurückführung unendlicher Reihen auf solche, die aus lauter rationalen Gliedern, zumal mit stets gleichem Vorzeichen, gebildet sind und unbedingt konvergieren, meistens mit der größten Umständlichkeit verbunden ist, die hier bei der *dritten* Definitionsform im Gegensatze zur *ersten* gänzlich vermieden wird und offenbar auch vermieden werden kann, so lange es sich nicht um eine numerische näherungsweise Bestimmung von Reihensummen mittelst rationaler Zahlen, sondern allein um unbedingt scharfe *Definitionen* derselben handelt. Die *erste* Definitionsform scheint mir allerdings nicht so leicht brauchbar zu sein, wenn es sich um die präzise Definition der Summen von Reihen handelt, die nicht unbedingt konvergieren, bei denen vielmehr die Anordnung ihrer sowohl positiven wie negativen Glieder eine bestimmt vorgezeichnete ist. Doch selbst bei Reihen mit unbedingter Konvergenz wird die Herstellung der Summe, wenn auch letztere unabhängig von der Anordnung ist, nur bei einer bestimmten Anordnung wirklich ausführbar sein; man ist daher auch in solchen Fällen versucht, der *dritten* Definitionsform den Vorzug vor der ersten zu geben. Endlich scheint mir für die *dritte* Definitionsform ihre Verallgemeinerungsfähigkeit auf *überendliche* Zahlen zu sprechen, während eine solche Ausbildung der *ersten* Definitionsform ganz *unmöglich* ist; dieser Unterschied liegt einfach daran, daß bei den überendlichen Zahlen das kommutative Gesetz schon bei der Addition im allgemeinen ungültig ist; die erste Definitionsform ist aber mit diesem Gesetze *untrennbar verknüpft*, sie steht und fällt mit demselben. Doch bei allen Zahlenarten, wo das kommutative Additionsgesetz gültig ist, erweist sich die *erste* Definitionsform, abgesehen von den bezeichneten Punkten, als ganz vortrefflich.

§ 10.

Der Begriff des „Kontinuums" hat in der Entwicklung der Wissenschaften überall nicht nur eine bedeutende Rolle gespielt, sondern auch stets die größten Meinungsverschiedenheiten und sogar heftige Streitigkeiten hervorgerufen. Dies liegt vielleicht daran, daß die ihm zugrunde liegende Idee in ihrer Erscheinung bei den Dissentierenden einen verschiedenen Inhalt aus dem Grunde angenommen hat, weil ihnen die genaue und vollständige Definition des Begriffs nicht überliefert worden war; vielleicht aber auch, und dies ist mir das wahrscheinlichste, ist die Idee des Kontinuums schon von denjenigen Griechen, welche sie zuerst gefaßt haben mögen, nicht mit der Klarheit und Vollständigkeit gedacht worden, welche erforderlich gewesen wäre, um die Möglichkeit verschiedener Auffassungen seitens der Nachfolger auszuschließen. So sehen wir, daß Leukipp, Demokrit und Aristoteles das Kontinuum als ein Kompositum betrachten, welches ex partibus sine fine divisibilibus besteht, dagegen Epikur und Lucretius dasselbe aus ihren Atomen als endlichen Dingen zusammensetzen, woraus nachmals ein großer Streit unter den Philosophen entstanden ist, von denen einige dem Aristoteles, andere dem Epikur gefolgt sind; andere wieder statuierten, um diesem Streit fern zu bleiben, mit Thomas von Aquino[9]), daß das Kontinuum weder aus unendlich vielen, noch aus einer endlichen Anzahl von

Teilen, sondern aus *gar keinen* Teilen bestehe; diese letztere Meinung scheint mir weniger eine Sacherklärung als das stillschweigende Bekenntnis zu enthalten, daß man der Sache nicht auf den Grund gekommen ist und es vorzieht, ihr vornehm aus dem Wege zu gehen. Hier sehen wir den *mittelalterlich-scholastischen Ursprung* einer Ansicht, die wir noch heutigentages vertreten finden, wonach das Kontinuum ein unzerlegbarer Begriff oder auch, wie andere sich ausdrücken, eine reine *apriorische* Anschauung sei, die kaum einer Bestimmung durch Begriffe zugänglich wäre; jeder arithmetische Determinationsversuch dieses *Mysteriums* wird als ein unerlaubter Eingriff angesehen und mit gehörigem Nachdruck zurückgewiesen; schüchterne Naturen empfangen dabei den Eindruck, als ob es sich bei dem „Kontinuum" nicht um einen *mathematisch-logischen Begriff*, sondern viel eher um ein *religiöses Dogma* handle.

Mir liegt es sehr fern, diese Streitfragen wieder heraufzubeschwören, auch würde mir zu einer genaueren Besprechung derselben in diesem engen Rahmen der Raum fehlen; ich sehe mich nur verpflichtet, den Begriff des Kontinuums, so logisch-nüchtern wie ich ihn auffassen muß und in der Mannigfaltigkeitslehre ihn brauche, hier möglichst kurz und auch nur mit Rücksicht auf die *mathematische* Mengenlehre zu entwickeln. Diese Bearbeitung ist mir aus dem Grunde nicht leicht geworden, weil unter den Mathematikern, auf deren Autorität ich mich gern berufe, kein einziger sich mit dem Kontinuum in dem Sinne genauer beschäftigt hat, wie ich es hier nötig habe.

Man hat zwar unter Zugrundelegung einer oder mehrerer reellen oder komplexen kontinuierlichen Größen (oder, wie ich glaube richtiger mich auszudrücken, kontinuierlicher Größenmengen) den Begriff eines von ihnen ein- oder mehrdeutig abhängigen Kontinuums, d. h. den stetigen Funktionsbegriff nach den verschiedensten Richtungen aufs beste ausgebildet, und es ist auf diese Weise die Theorie der sogenannten *analytischen* Funktionen, wie auch der allgemeineren Funktionen mit ihren höchst merkwürdigen Erscheinungen (wie Nichtdifferentiierbarkeit und ähnliches) entstanden; aber das *unabhängige* Kontinuum selbst ist von den mathematischen Autoren nur in jener einfachsten Erscheinungsform vorausgesetzt und keiner eingehenderen Betrachtung unterworfen worden.

Zunächst habe ich zu erklären, daß meiner Meinung nach die Heranziehung des *Zeitbegriffs* oder der *Zeitanschauung* bei Erörterung des viel ursprünglicheren und allgemeineren Begriffs des Kontinuums *nicht* in der Ordnung ist; die *Zeit* ist meines Erachtens eine Vorstellung, die zu ihrer deutlichen Erklärung den von ihr unabhängigen Kontinuitätsbegriff zur Voraussetzung hat und sogar mit Zuhilfenahme desselben weder objektiv als eine Substanz, noch subjektiv als eine notwendige apriorische Anschauungsform aufgefaßt werden kann, sondern nichts anderes als ein *Hilfs- und Beziehungsbegriff* ist, durch welchen die Relation zwischen verschiedenen in der Natur vorkommenden und von uns wahrgenommenen Bewegungen festgestellt wird. So etwas wie *objektive* oder *absolute Zeit* kommt in der Natur nirgends vor und es kann daher auch nicht die *Zeit* als Maß der *Bewegung*, viel eher könnte diese als Maß der *Zeit* angesehen werden, wenn nicht dem letzteren entgegenstünde, daß die *Zeit* selbst in der bescheidenen Rolle einer *subjektiv notwendigen apriorischen* Anschauungsform es zu keinem ersprießlichen, unangefochtenen Gedeihen hat bringen können, obgleich ihr seit Kant die Zeit dazu nicht gefehlt haben würde.

Ebenso ist es meine Überzeugung, daß man mit der sogenannten *Anschauungsform* des *Raumes* gar nichts anfangen kann, um Aufschluß über das *Kontinuum* zu gewinnen, da auch der *Raum* und die in ihm gedachten Gebilde nur mit Hilfe eines begrifflich bereits *fertigen* Kontinuums denjenigen Gehalt erlangen, mit welchem sie Gegenstand nicht bloß ästhetischer Betrachtungen oder philosophischen Scharfsinnes oder ungenauer Vergleiche, sondern nüchtern-exakter mathematischer Untersuchungen werden können.

Somit bleibt mir nichts anderes übrig, als mit Hilfe der in § 9 definierten reellen Zahlbegriffe einen möglichst allgemeinen rein arithmetischen Begriff eines Punktkontinuums zu versuchen. Als Grundlage dient mir hierbei, wie dies nicht anders sein kann, der n-dimensionale ebene *arithmetische* Raum G_n d. h. der Inbegriff aller Wertsysteme

$$(x_1 \mid x_2 \mid \ldots \mid x_n),$$

in welchen jedes x unabhängig von den anderen *alle reellen* Zahlenwerte von $-\infty$ bis $+\infty$ erhalten kann. Jedes besondere derartige Wertsystem nenne ich einen *arithmetischen* Punkt von G_n. Die Entfernung zweier solcher Punkte wird durch den Ausdruck

$$\left| \sqrt{(x_1' - x_1)^2 + (x_2' - x_2)^2 + \cdots + (x_n' - x_n)^2} \right|$$

definiert und unter einer *arithmetischen* in G_n enthaltenen Punktmenge P jeder gesetzmäßig gegebene Inbegriff von Punkten des Raumes G_n verstanden. Die Untersuchung läuft also darauf hinaus, eine scharfe und zugleich möglichst allgemeine Definition dafür aufzustellen, *wann P ein Kontinuum zu nennen ist.*

Ich habe in Crelles J. Bd. 84, S. 242 [hier III 2, S. 119] bewiesen, daß alle Räume G_n, wie groß auch die sogenannte Dimensionenanzahl n sei, *gleiche* Mächtigkeit haben und folglich *ebenso mächtig* sind wie das Linearkontinuum, wie also etwa der Inbegriff aller reellen Zahlen des Intervalles $(0 \ldots 1)$. Es reduziert sich daher die Untersuchung und Feststellung der Mächtigkeit von G_n auf dieselbe Frage, spezialisiert auf das Intervall $(0 \ldots 1)$, und ich hoffe, sie schon bald durch einen strengen Beweis dahin beantworten zu können, daß die gesuchte Mächtigkeit keine andere ist als diejenige unserer *zweiten Zahlenklasse* (II) [[2]]. Hieraus wird folgen, daß sämtliche unendliche Punktmengen P

entweder die Mächtigkeit der ersten Zahlenklasse (I) oder die Mächtigkeit der zweiten Zahlenklasse (II) haben. Es wird sich auch noch die weitere Konsequenz daraus ziehen lassen, daß der Inbegriff aller Funktionen von einer oder mehreren Veränderlichen, welche durch eine vorgegebene unendliche Reihenform, gleichviel welche, darstellbar sind, *auch nur* die Mächtigkeit der zweiten Zahlenklasse (II) besitzt und daher *durch* Zahlen der dritten Zahlenklasse (III) *abzählbar* ist[10]). Dieser Satz wird sich also beispielsweise auf den Inbegriff aller „analytischen", d. h. durch Fortsetzung konvergenter Potenzreihen hervorgehenden Funktionen von einer oder mehreren Veränderlichen oder auf die Menge aller Funktionen einer oder mehrerer reellen Veränderlichen beziehen, die durch trigonometrische Reihen darstellbar sind.

Um nun dem allgemeinen Begriff eines innerhalb G_n gelegenen Kontinuums näher zu kommen, erinnere ich an den Begriff der Ableitung $P^{(1)}$ einer beliebig gegebenen Punktmenge P, wie er zuerst in der Arbeit: Math. Ann. Bd. 5 [hier II 5, S. 92], dann [im Laufe dieser Abhandlung] sich entwickelt und zum Begriff einer Ableitung $P^{(\gamma)}$ erweitert findet, wo γ irgendeine ganze Zahl einer der Zahlenklassen (I), (II), (III) etc. sein kann.

Es lassen sich nun die Punktmengen P auch nach der Mächtigkeit ihrer ersten Ableitung $P^{(1)}$ in zwei Klassen einteilen. Hat $P^{(1)}$ die Mächtigkeit von (I), so zeigt sich, wie ich in § 3 dieser Schrift schon gesagt habe, daß es eine erste ganze Zahl α der *ersten* oder *zweiten* Zahlenklasse (II) gibt, für welche $P^{(\alpha)}$ verschwindet. Hat aber $P^{(1)}$ die Mächtigkeit der zweiten Zahlenklasse (II) [d. h. ist $P^{(1)}$ *nicht abzählbar*], so läßt sich $P^{(1)}$ stets, und zwar nur auf einzige Weise in zwei Mengen R und S zerlegen, sodaß

$$P^{(1)} \equiv R + S,$$

wo R und S eine äußerst verschiedene Beschaffenheit haben:

R ist so beschaffen, daß sie durch den wiederholten Ableitungsprozeß einer fortwährenden Reduktion bis zur Annihilation fähig ist, so daß es immer eine erste ganze Zahl γ der Zahlenklassen (I) oder (II) gibt, für welche

$$R^{(\gamma)} \equiv 0;$$

solche Punktmengen R nenne ich *reduktibel.*

S dagegen ist so beschaffen, daß bei dieser Punktmenge der Ableitungsprozeß gar keine Änderung hervorbringt, indem

$$S \equiv S^{(1)}$$

und folglich auch

$$S \equiv S^{(\gamma)}$$

ist; derartige Mengen S nenne ich *perfekte* Punktmengen. Wir können daher sagen: ist $P^{(1)}$ von der Mächtigkeit der zweiten Zahlenklasse (II), so zerfällt $P^{(1)}$ in eine bestimmte *reduktible* und eine bestimmte *perfekte* Punktmenge.

Obgleich diese beiden Prädikate „reduktibel“ und „perfekt“ in einer und derselben Punktmenge nicht vereinbar sind, so ist doch andrerseits irreduktibel nicht soviel wie perfekt und ebensowenig imperfekt genau dasselbe wie reduktibel, wie man bei einiger Aufmerksamkeit leicht sieht.

Die *perfekten* Punktmengen S sind keineswegs immer in ihrem Innern das, was ich in meinen vorhin genannten Arbeiten „überalldicht“ genannt habe[11]); deshalb eignen sie sich auch noch nicht allein zur vollständigen Definition eines Punktkontinuums, wenn man auch sofort zugeben muß, daß letzteres stets eine *perfekte* Menge sein muß.

Es ist vielmehr noch ein Begriff erforderlich, um im Verein mit dem vorhergehenden das Kontinuum zu definieren, nämlich der Begriff einer *zusammenhängenden* Punktmenge T.

Wir nennen T eine *zusammenhängende* Punktmenge, wenn für je zwei Punkte t und t' derselben bei vorgegebener beliebig kleiner Zahl ε immer eine *endliche* Anzahl Punkte $t_1, t_2, \ldots t_\nu$ von T auf mehrfache Art vorhanden sind, sodaß die Entfernungen $\overline{tt_1}$, $\overline{t_1t_2}$, $\overline{t_2t_3}, \ldots \overline{t_\nu t'}$ sämtlich kleiner sind als ε. [Es handelt sich also um eine „metrische“ Eigenschaft des Kontinuums.]

Alle uns bekannten geometrischen Punktkontinua fallen nun auch, wie leicht zu sehen, unter diesen Begriff der *zusammenhängenden* Punktmenge; ich glaube aber nun auch in diesen *beiden* Prädikaten „perfekt“ und „zusammenhängend“ die notwendigen und *hinreichenden* Merkmale eines Punktkontinuums zu erkennen und definiere daher ein Punktkontinuum innerhalb G_n als eine *perfekt-zusammenhängende Menge*[12]). Hier sind „perfekt“ und „zusammenhängend“ nicht bloße Worte, sondern durch die vorangegangenen Definitionen aufs schärfste begrifflich charakterisierte, ganz allgemeine Prädikate des *Kontinuums.*

Die Bolzanosche Definition des Kontinuums (Paradoxien § 38) ist gewiß nicht richtig; sie drückt einseitig bloß *eine* Eigenschaft des Kontinuums aus, die aber auch erfüllt ist bei Mengen, welche aus G_n dadurch hervorgehen, daß man sich von G_n irgendeine „isolierte“ Punktmenge (man vgl. Math. Ann. Bd. 21, S. 51) [hier S. 157] entfernt denkt; desgleichen ist sie erfüllt bei Mengen, welche aus mehreren getrennten Kontinuis bestehen; offenbar liegt in solchen Fällen kein Kontinuum vor, obgleich nach Bolzano dies der Fall wäre. Wir sehen also hier einen Verstoß gegen den Satz: „ad essentiam alicujus rei pertinet id, quo dato res necessario ponitur et quo sublato res necessario tollitur; vel id, sine quo res, et vice versa quod sine re nec esse nec concipi potest.“

Ebenso scheint mir aber auch in der Schrift des Herrn Dedekind (Stetigkeit und irrationale Zahlen) nur eine *andere* Eigenschaft des Kontinuums einseitig hervorgehoben zu sein, diejenige nämlich, welche es mit *allen* „*perfekten*“ Mengen gemeinsam hat [also die „Lückenlosigkeit“ bei Hausdorff].

§ 11.

Es soll nun gezeigt werden, wie man zu den Definitionen der neuen Zahlen geführt wird und auf welche Weise sich die natürlichen Abschnitte in der absolut-unendlichen realen ganzen Zahlenfolge, welche ich *Zahlenklassen* nenne, ergeben. An diese Auseinandersetzung will ich alsdann nur noch die obersten Sätze über die *zweite* Zahlenklasse und ihr Verhältnis zur ersten hinzufügen. Die Reihe (I) der positiven realen ganzen Zahlen $1, 2, 3, \ldots, \nu, \ldots$ hat ihren Entstehungsgrund in der wiederholten Setzung und Vereinigung von zugrunde gelegten als gleich angesehenen Einheiten; die Zahl ν ist der Ausdruck sowohl für eine bestimmte endliche Anzahl solcher aufeinander folgenden Setzungen, wie auch für die Vereinigung der gesetzten Einheiten zu einem Ganzen. Es beruht somit die Bildung der endlichen ganzen realen Zahlen auf dem Prinzip der Hinzufügung einer Einheit zu einer vorhandenen schon gebildeten Zahl; ich nenne dieses Moment, welches, wie wir gleich sehen werden, auch bei der Erzeugung der höheren ganzen Zahlen eine wesentliche Rolle spielt, das *erste Erzeugungsprinzip*. Die Anzahl der so zu bildenden Zahlen ν der Klasse (I) ist unendlich und es gibt unter ihnen keine größte. So widerspruchsvoll es daher wäre, von einer größten Zahl der Klasse (I) zu reden, hat es doch andrerseits nichts Anstößiges, sich eine *neue* Zahl, wir wollen sie ω nennen[1], zu denken, welche der Ausdruck dafür sein soll, daß der ganze Inbegriff (I) in seiner natürlichen Sukzession dem Gesetze nach gegeben sei. (Ähnlich wie ν ein Ausdruck dafür ist, daß eine gewisse endliche Anzahl von Einheiten zu einem Ganzen vereinigt wird.) Es ist sogar erlaubt, sich die neugeschaffene Zahl ω als *Grenze* zu denken, welcher die Zahlen ν zustreben, wenn darunter nichts anderes verstanden wird, als daß ω die *erste* ganze Zahl sein soll, welche auf alle Zahlen ν folgt, d. h. größer zu nennen ist als jede der Zahlen ν. Indem man auf die Setzung der Zahl ω weitere Setzungen der Einheit folgen läßt, erhält man mit Hilfe des *ersten* Erzeugungsprinzips die weiteren Zahlen

$$\omega + 1,\ \omega + 2,\ \ldots,\ \omega + \nu,\ \ldots,$$

da man hierbei wieder zu keiner größten Zahl kommt, so denkt man sich eine neue, die man 2ω nennen kann [3] und welche die erste auf alle bisherigen Zahlen ν und $\omega + \nu$ folgende sein soll; wendet man auf die Zahl 2ω das *erste* Erzeugungsprinzip wiederholt an, so kommt man zu der Fortsetzung

$$2\omega + 1,\ 2\omega + 2,\ \ldots,\ 2\omega + \nu,\ \ldots$$

der bisherigen Zahlen.

---

[1] Das Zeichen ∞, welches ich in Nr. 2 dieses Aufsatzes [hier S. 147] gebraucht habe, ersetze ich von nun an durch ω, weil das Zeichen ∞ schon vielfach zur Bezeichnung von unbestimmten [d. h. potentiellen] Unendlichkeiten verwandt wird.

Die logische Funktion, welche uns die beiden Zahlen ω und 2ω geliefert hat, ist offenbar verschieden von dem *ersten* Erzeugungsprinzip, ich nenne sie das *zweite Erzeugungsprinzip* ganzer realer Zahlen und definiere dasselbe näher dahin, daß, wenn irgendeine bestimmte Sukzession definierter ganzer realer Zahlen vorliegt, von denen keine größte existiert, auf Grund dieses zweiten Erzeugungsprinzips eine neue Zahl geschaffen wird, welche als *Grenze* jener Zahlen gedacht, d. h. als die ihnen allen nächst größere Zahl definiert wird.

Durch kombinierte Anwendung beider Erzeugungsprinzipien erhält man daher sukzessive die folgenden Fortsetzungen unserer bisher gewonnenen Zahlen

$$3\omega,\ 3\omega+1,\ \ldots,\ 3\omega+\nu,\ \ldots$$
$$\ldots\ldots\ldots\ldots\ldots$$
$$\mu\omega,\ \mu\omega+1,\ \ldots,\ \mu\omega+\nu,\ \ldots$$
$$\ldots\ldots\ldots\ldots\ldots$$

Doch wird auch hierdurch kein Abschluß erzielt, weil von den Zahlen $\mu\omega+\nu$ gleichfalls keine die größte ist.

Das zweite Erzeugungsprinzip veranlaßt uns daher zur Einführung einer auf alle Zahlen $\mu\omega+\nu$ nächstfolgenden, die ω^2 genannt werden kann, an diese schließen sich in bestimmter Sukzession Zahlen

$$\lambda\omega^2+\mu\omega+\nu,$$

und man kommt dann unter Befolgung der beiden Erzeugungsprinzipien offenbar zu Zahlen von folgender Form

$$\nu_0\omega^\mu+\nu_1\omega^{\mu-1}\cdots+\nu_{\mu-1}\omega+\nu_\mu;$$

doch treibt uns alsdann das zweite Erzeugungsprinzip zum Setzen einer neuen Zahl, welche die diesen Zahlen allen nächst größere sein soll und passend mit

$$\omega^\omega$$

bezeichnet wird.

Die Bildung neuer Zahlen hat, wie man sieht, kein Ende; unter Befolgung der *beiden* Erzeugungsprinzipe erhält man immer wieder neue Zahlen und Zahlenreihen, die eine völlig bestimmte Sukzession haben.

Es wird daher zunächst der *Anschein* erweckt, als ob wir uns bei dieser Bildungsweise neuer ganzer bestimmt-unendlicher Zahlen ins *Grenzenlose* hin verlieren müßten, und daß wir außerstande seien, diesem endlosen Prozeß einen *gewissen vorläufigen* Abschluß zu geben, um dadurch eine ähnliche Beschränkung zu gewinnen, wie sie in bezug auf die ältere Zahlenklasse (I) in gewissem Sinne tatsächlich vorhanden war; dort wurde nur von dem *ersten* Erzeugungsprinzip Gebrauch gemacht und somit ein Heraustreten aus der Reihe (I) unmöglich. Das *zweite* Erzeugungsprinzip mußte aber nicht nur über das bisherige Zahlengebiet hinausführen, sondern erweist sich allerdings als ein Mittel, welches im Verein mit dem *ersten* Erzeugungsprinzip die Befähigung gibt, *jede Schranke* in der Begriffsbildung der realen ganzen Zahlen zu *durchbrechen.*

Bemerken wir nun aber, daß alle bisher erhaltenen Zahlen und die zunächst auf sie folgenden eine gewisse Bedingung erfüllen, so erweist sich diese Bedingung, *wenn sie als Forderung an alle zunächst zu bildenden Zahlen gestellt wird,* als ein neues, zu jenen beiden hinzutretendes *drittes* Prinzip, welches von mir *Hemmungs- oder Beschränkungsprinzip* genannt wird und das, wie ich zeigen werde, bewirkt, daß die mit seiner Hinzuziehung definierte zweite Zahlenklasse (II) nicht nur eine höhere Mächtigkeit erhält als (I), sondern sogar genau die *nächst höhere,* also *zweite Mächtigkeit.*

Die erwähnte Bedingung, welche jede der bisher definierten unendlichen Zahlen α, wie man sich sofort überzeugt, erfüllt, ist — daß die Menge der dieser Zahl in der Zahlenfolge vorausgegangenen Zahlen von der *Mächtigkeit der ersten Zahlenklasse* (I) ist. Nehmen wir z. B. die Zahl ω^ω, so sind die ihr vorausgehenden in der Formel enthalten:

$$\nu_0 \omega^\mu + \nu_1 \omega^{\mu-1} + \cdots + \nu_{\mu-1} \omega + \nu_\mu ,$$

worin $\mu, \nu_0, \nu_1, \ldots \nu_\mu$ alle endlichen, positiven, ganzen Zahlenwerte mit Einschluß der Null und mit Ausschluß der Verbindung: $\nu_0 = \nu_1 = \cdots = \nu_\mu = 0$ anzunehmen haben.

Wie bekannt, läßt sich diese Menge in die Form einer einfach unendlichen Reihe bringen und hat also die Mächtigkeit von (I). [Vergl. III 1, S. 115.]

Da ferner eine jede Folge von Mengen, von denen jegliche die *erste* Mächtigkeit hat, wenn jene Folge selbst von der *ersten* Mächtigkeit ist, immer wieder eine Menge ergibt, welche die Mächtigkeit von (I) hat, so ist klar, daß bei Fortsetzung unserer Zahlenfolge man *wirklich zunächst immer wieder nur solche Zahlen* erhält, bei denen jene Bedingung *tatsächlich* erfüllt ist.

Wir definieren daher die zweite Zahlenklasse (II) als *den Inbegriff aller mit Hilfe der beiden Erzeugungsprinzipe bildbaren, in bestimmter Sukzession fortschreitenden Zahlen* α

$$\omega,\ \omega + 1,\ \ldots,\ \nu_0 \omega^\mu + \nu_1 \omega^{\mu-1} + \cdots + \nu_{\mu-1} \omega + \nu_\mu,\ \ldots,\ \omega^\omega,\ \ldots,\ \alpha \ldots,$$

welche der Bedingung unterworfen sind, daß alle der Zahl α *voraufgehenden Zahlen, von* 1 *an, eine Menge von der Mächtigkeit der Zahlenklasse* (I) *bilden.*

§ 12.

Das erste, was wir nun zu zeigen haben, ist der Satz, *daß die neue Zahlenklasse* (II) *eine Mächtigkeit hat, welche von derjenigen der ersten Zahlenklasse* (I) *verschieden ist.*

Dieser Satz ergibt sich aus dem folgenden Satze:

„Ist $\alpha_1, \alpha_2, \ldots, \alpha_\nu, \ldots$ irgendeine die erste Mächtigkeit habende Menge von verschiedenen Zahlen der *zweiten* Zahlenklasse (so daß wir befugt sind, sie in jener einfachen Reihenform (α_ν) anzunehmen), so ist entweder eine von ihnen die größte, sie sei γ, oder wenn dies nicht der Fall ist, so gibt es eine nicht unter den Zahlen α_ν vorkommende bestimmte Zahl β der zweiten Zahlenklasse (II), so daß β größer ist als alle α_ν, daß dagegen jede ganze Zahl $\beta' < \beta$ von gewissen Zahlen der Reihe (α_ν) in der Größe übertroffen wird; die Zahlen γ resp. β können füglich die „obere Grenze" der Menge (α_ν) genannt werden."

Der Beweis dieses Satzes ist einfach folgender: sei $\alpha_{\varkappa_2}$ in der Reihe (α_ν) die zuerst vorkommende Zahl, welche größer ist als α_1, $\alpha_{\varkappa_3}$ die zuerst vorkommende, welche größer als $\alpha_{\varkappa_2}$ ist u. s. f.

Man hat alsdann

$$1 < \varkappa_2 < \varkappa_3 < \varkappa_4 < \cdots$$
$$\alpha_1 < \alpha_{\varkappa_2} < \alpha_{\varkappa_3} < \alpha_{\varkappa_4} < \cdots$$

und

$$\alpha_\nu < \alpha_{\varkappa_\lambda},$$

sobald

$$\nu < \varkappa_\lambda .$$

Hier kann es nun vorkommen, daß von einer gewissen Zahl $\alpha_{\varkappa_\varrho}$ an alle in der Reihe (α_ν) auf sie folgenden kleiner sind als sie; dann ist sie offenbar die größte von allen, und wir haben $\gamma = \alpha_{\varkappa_\varrho}$. Andernfalls denke man sich die Menge aller ganzen Zahlen von 1 an, die kleiner sind als α_1, füge zu dieser Menge zunächst die Menge aller ganzen Zahlen, welche $\geqq \alpha_1$ und $< \alpha_{\varkappa_2}$, alsdann die Menge aller Zahlen, welche $\geqq \alpha_{\varkappa_2}$ und $< \alpha_{\varkappa_3}$ u. s. f., so erhält man einen bestimmten Teil sukzedierender Zahlen unserer ersten beiden Zahlklassen, und zwar ist diese Zahlenmenge offenbar von der *ersten* Mächtigkeit [als abzählbare Vereinigung abzählbarer Zahlenmengen] und es existiert daher (der Definition von (II) zufolge) eine bestimmte Zahl β des Inbegriffes (II), welche die jenen Zahlen nächst größere ist. Es ist also $\beta > \alpha_{\varkappa_\lambda}$ und daher auch $\beta > \alpha_\nu$, weil $\varkappa_\lambda$ immer so groß angenommen werden kann, daß es größer wird als ein vorgegebenes ν und weil alsdann $\alpha_\nu < \alpha_{\varkappa_\lambda}$.

Andrerseits sieht man leicht, daß jede Zahl $\beta' < \beta$ von gewissen Zahlen α_{k_ν} der Größe nach übertroffen wird; womit nun alle Teile des Satzes bewiesen sind.

Hieraus folgt nun der Satz, daß die Gesamtheit aller Zahlen der zweiten Zahlenklasse (II) *nicht* die Mächtigkeit von (I) hat; denn sonst würden wir uns den ganzen Inbegriff (II) in Form einer einfachen Reihe

$$\alpha_1, \alpha_2, \ldots, \alpha_\nu, \ldots$$

denken können, die nach dem soeben bewiesenen Satze entweder ein größtes Glied γ haben oder von einer gewissen Zahl β aus (II) hinsichtlich der Größe aller ihrer Glieder α_ν übertroffen werden würde; im ersten Falle würde die zur Klasse (II) gehörige Zahl $\gamma + 1$, im zweiten Falle die Zahl β einerseits zur Klasse (II) gehörig sein, andrerseits nicht in der Reihe (α_ν) vorkommen, was bei der vorausgesetzten Identität der Mengen (II) und (α_ν) ein Widerspruch ist; folglich hat die Zahlenklasse (II) eine *andere* Mächtigkeit als die Zahlen klasse (I).

Daß von den beiden Mächtigkeiten der Zahlenklassen (I) und (II) wirklich die zweite die auf die erste *nächst folgende* ist, d. h. daß zwischen beiden Mächtigkeiten keine anderen existieren, geht mit Bestimmtheit aus einem Satze hervor, den ich sogleich angeben und beweisen will.

Werfen wir jedoch vorher einen Blick rückwärts und vergegenwärtigen uns die Mittel, welche sowohl zu einer Erweiterung des realen ganzen Zahlbegriffs, wie auch zu einer neuen von der ersten verschiedenen Mächtigkeit wohldefinierter Mengen geführt haben, so waren es drei hervorspringende, voneinander zu unterscheidende logische Momente, die zur Wirksamkeit kamen. Es sind die *beiden* oben definierten *Erzeugungsprinzipe* und ein zu diesen hinzukommendes *Hemmungs-* oder *Beschränkungsprinzip*, welches in der Forderung besteht, *nur dann* mit Hilfe eines der beiden anderen Prinzipe die Schöpfung einer neuen ganzen Zahl vorzunehmen, wenn die Gesamtheit aller voraufgegangenen Zahlen die Mächtigkeit einer ihrem ganzen Umfange nach bereits *vorhandenen* definierten Zahlenklasse hat. Auf diesem Wege, mit Beobachtung dieser drei Prinzipe kann man mit der größten Sicherheit und Evidenz zu immer neuen Zahlenklassen und mit ihnen zu allen in der körperlichen und geistigen Natur vorkommenden, verschiedenen, sukzessive aufsteigenden Mächtigkeiten gelangen, und die hierbei erhaltenen neuen Zahlen sind dann immer durchaus von derselben konkreten Bestimmtheit und gegenständlichen Realität wie die früheren; ich wüßte daher fürwahr nicht, was uns von dieser Tätigkeit des Bildens neuer Zahlen zurückhalten sollte, sobald es sich zeigt, daß für den Fortschritt der Wissenschaften die Einführung einer neuen von diesen unzähligen Zahlenklassen in die Betrachtungen wünschenswert oder sogar unentbehrlich geworden ist. [Indessen würden die drei Cantorschen Prinzipe schon bei der Bildung der ωten Zahlklasse nicht ausreichen.]

§ 13.

Ich komme nun zu dem versprochenen Nachweise, daß die Mächtigkeiten von (I) und von (II) unmittelbar einander folgen, sodaß keine anderen Mächtigkeiten dazwischen liegen.

Wenn man aus dem Inbegriffe (II) nach irgendeinem Gesetze eine Menge (α') von verschiedenen Zahlen α' auswählt, d. h. irgendeine in (II) enthaltene

Menge (α') sich denkt, so hat eine solche Menge stets Eigentümlichkeiten, die sich in den folgenden Sätzen zum Ausdruck bringen lassen:

„Unter den Zahlen der Menge (α') gibt es immer eine *kleinste.*" [4]

„Hat man im besonderen eine Folge von Zahlen des Inbegriffes (II): $\alpha_1, \alpha_2, \ldots, \alpha_\beta, \ldots$, die ihrer Größe nach fortwährend abnehmen (sodaß $\alpha_\beta > \alpha_{\beta'}$ wenn $\beta' > \beta$), so bricht diese Reihe notwendig mit einer endlichen Gliederzahl ab und schließt mit der kleinsten der Zahlen; die Reihe kann keine unendliche sein."

Es ist bemerkenswert, daß dieser Satz, welcher, wenn die Zahlen α_β endliche ganze Zahlen sind, unmittelbar klar ist, sich auch in dem Falle unendlicher Zahlen α_β nachweisen läßt. In der Tat, nach dem vorigen Satze, der aus der Definition der Zahlenreihe (II) sich leicht ergibt, ist unter den Zahlen α_ν, wenn man nur diejenigen von ihnen ins Auge faßt, bei denen der Index ν endlich ist, eine kleinste vorhanden; ist diese etwa $= \alpha_\varrho$, so ist einleuchtend, daß wegen $\alpha_\nu > \alpha_{\nu+1}$ die Reihe α_ν und somit auch die ganze Reihe α_β genau aus ϱ Gliedern bestehen muß, also eine endliche Reihe ist.

Nun erhält man folgenden Fundamentalsatz:

„Ist (α') irgend eine in dem Inbegriffe (II) enthaltene Zahlenmenge, so können nur folgende drei Fälle vorkommen: entweder (α') ist ein endlicher Inbegriff, d. h. besteht aus einer endlichen Anzahl von Zahlen, oder es hat (α') die Mächtigkeit erster Klasse oder drittens es hat (α') die Mächtigkeit von (II); Quartum non datur."

Der Beweis läßt sich folgendermaßen einfach führen: sei Ω die erste Zahl der *dritten* Zahlenklasse (III); es sind alsdann sämtliche Zahlen α' der Menge (α'), weil letztere in (II) enthalten ist, kleiner als Ω.

Wir denken uns nun die Zahlen α' ihrer Größe nach geordnet; α_ω sei die kleinste unter ihnen, $\alpha_{\omega+1}$ die nächst größere usw., so erhält man die Menge (α') in der Form einer „wohlgeordneten" Menge α_β, wo β Zahlen unserer natürlichen erweiterten Zahlenreihe von ω an durchläuft; offenbar bleibt hierbei β immer kleiner oder gleich α_β und da $\alpha_\beta < \Omega$, so ist also auch $\beta < \Omega$. Die Zahl β kann also nicht über die Zahlenklasse (II) hinausgehen, sondern verharrt innerhalb des Gebietes derselben; es können daher nur drei Fälle stattfinden: entweder es bleibt β unterhalb einer angebbaren Zahl der Reihe $\omega + \nu$, alsdann ist (α') eine endliche Menge; oder es nimmt β alle Werte der Reihe $\omega + \nu$ an, bleibt aber unterhalb einer angebbaren Zahl der Reihe (II), alsdann ist (α') offenbar eine Menge von der *ersten* Mächtigkeit; oder drittens es nimmt β auch beliebig große Werte in (II) an, alsdann durchläuft β *alle* Zahlen von (II); in diesem Falle hat der Inbegriff (α_β), d. h. die Menge (α') offenbar die Mächtigkeit von (II); w. z. b. w.

Als unmittelbares Ergebnis des soeben bewiesenen Satzes erscheinen nun die folgenden:

„Hat man irgend eine wohldefinierte Menge M von der Mächtigkeit der Zahlenklasse (II) und nimmt irgendeine unendliche Teilmenge M' von M, so läßt sich der Inbegriff M' entweder in Form einer einfach unendlichen Reihe denken, oder es ist möglich, die beiden Mengen M' und M gegenseitig eindeutig aufeinander abzubilden."

„Hat man irgendeine wohldefinierte Menge M von der zweiten Mächtigkeit, eine Teilmenge M' von M und eine Teilmenge M'' von M' und weiß man, daß die letztere M'' gegenseitig eindeutig abbildbar ist auf die erste M, so ist immer auch die zweite M' gegenseitig eindeutig abbildbar auf die erste und daher auch auf die dritte." [5]

Ich spreche diesen letzten Satz hier wegen des Zusammenhanges mit den vorangehenden unter der Voraussetzung aus, daß M die Mächtigkeit von (II) hat; offenbar ist er auch dann richtig, wenn M die Mächtigkeit von (I) hat; es scheint mir aber höchst bemerkenswert und hebe ich es daher ausdrücklich hervor, daß dieser Satz *allgemeine* Gültigkeit hat, gleichviel welche Mächtigkeit der Menge M zukommen mag. Darauf will ich in einer späteren Abhandlung näher eingehen und alsdann das eigentümliche Interesse nachweisen, welches sich an diesen allgemeinen Satz knüpft.

§ 14.

Ich will nun noch zum Schlusse die Zahlen der zweiten Zahlenklasse (II) und die mit ihnen ausführbaren Operationen einer Betrachtung unterwerfen, wobei ich mich aber bei dieser Gelegenheit nur auf das Nächstliegende beschränken will, indem ich mir die Veröffentlichung eingehender Untersuchungen darüber auf später vorbehalte. [6]

Die Operationen des Addierens und Multiplizierens habe ich in § 1 allgemein definiert und gezeigt, daß sie für die unendlichen ganzen Zahlen im allgemeinen *nicht* dem kommutativen, wohl aber dem assoziativen Gesetze unterworfen sind; dies gilt also im besondern auch für die Zahlen der zweiten Zahlenklasse. Hinsichtlich des distributiven Gesetzes, so ist dasselbe nur in der folgenden Form allgemein gültig:

$$(\alpha + \beta)\gamma = \alpha\gamma + \beta\gamma$$

(wo $\alpha + \beta$, α, β als Multiplikatoren auftreten),

wie man aus der inneren Anschauung unmittelbar erkennt.

Die Subtraktion kann nach zwei Seiten hin betrachtet werden. Sind α und β irgend zwei ganze Zahlen, $\alpha < \beta$, so überzeugt man sich leicht, daß die Gleichung

$$\alpha + \xi = \beta$$

immer eine und nur eine Auflösung nach ξ zuläßt, wo, wenn α und β Zahlen aus (II) sind, ξ eine Zahl aus (I) oder (II) sein wird. Diese Zahl ξ werde gleich $\beta - \alpha$ gesetzt.

Betrachtet man hingegen die folgende Gleichung:

$$\xi + \alpha = \beta$$

so zeigt sich, daß dieselbe oft nach ξ gar nicht lösbar ist, z. B. tritt dieser Fall bei folgender Gleichung ein:

$$\xi + \omega = \omega + 1 .$$

Aber auch in denjenigen Fällen, wo die Gleichung $\xi + \alpha = \beta$ nach ξ lösbar ist, findet es sich oft, daß sie durch unendlich viele Zahlwerte von ξ befriedigt wird; von diesen verschiedenen Auflösungen wird aber immer eine die kleinste sein.

Für diese kleinste Wurzel der Gleichung

$$\xi + \alpha = \beta ,$$

falls letztere überhaupt lösbar ist, wählen wir die Bezeichnung $\beta_{-\alpha}$, was also von $\beta - \alpha$, welche letztere Zahl immer vorhanden ist, wenn nur $\alpha < \beta$, im allgemeinen verschieden ist.

Besteht ferner zwischen drei ganzen Zahlen β, α, γ die Gleichung

$$\beta = \gamma \alpha ,$$

(wo γ Multiplikator ist), so überzeugt man sich leicht, daß die Gleichung

$$\beta = \xi \alpha$$

nach ξ keine andere Auflösung hat als $\xi = \gamma$, und man bezeichnet in diesem Falle γ durch $\frac{\beta}{\alpha}$.

Hingegen findet man, daß die Gleichung

$$\beta = \alpha \xi$$

(wo ξ Multiplikandus ist), wenn sie überhaupt auflösbar nach ξ ist, oft mehrere und selbst unendlich viele Wurzeln hat, von denen aber eine immer die kleinste ist; diese kleinste der Gleichung $\beta = \alpha \xi$, falls letztere überhaupt auflösbar ist, genügende Wurzel werde mit

$$\frac{\beta}{\alpha}$$

bezeichnet.

Die Zahlen α der zweiten Zahlenklasse sind zweierlei Art: 1) solche α, welche ein ihnen nächstvorangehendes Glied in der Reihe haben, welches alsdann α_{-1} ist, diese Zahlen nenne ich von der *ersten* Art, 2) solche α, welche ein ihnen nächstvorangehendes Glied in der Reihe nicht haben, für welche also α_{-1} nicht existiert; diese Zahlen nenne ich von der *zweiten* Art. Die Zahlen ω, 2ω, $\omega^{\nu} + \omega$, ω^{ω} sind beispielsweise von der zweiten Art, dagegen $\omega + 1$, $\omega^2 + \omega + 2$, $\omega^{\omega} + 3$ von der ersten Art sind.

Dementsprechend zerfallen auch die *Primzahlen* der zweiten Zahlenklasse, welche ich allgemein in § 1 definiert, in Primzahlen der zweiten und in solche der ersten Art.

Primzahlen der zweiten Art sind in der Reihenfolge ihres Auftretens in der Zahlenklasse (II) folgende:

$$\omega,\ \omega^{\omega},\ \omega^{\omega^2},\ \omega^{\omega^3},\ \ldots,$$

sodaß unter allen Zahlen der Form

$$\varphi = \nu_0\,\omega^{\mu} + \nu_1\,\omega^{\mu-1} + \cdots + \nu_{\mu-1}\,\omega + \nu_{\mu}$$

nur die *eine* Primzahl ω der *zweiten* Art vorhanden ist; man schließe aber nicht aus dieser verhältnismäßig spärlichen Verteilung der Primzahlen zweiter Art, daß der Inbegriff von ihnen allen eine geringere Mächtigkeit habe als die Zahlenklasse (II) selbst; es findet sich, daß dieser Inbegriff dieselbe Mächtigkeit hat wie (II).

Die Primzahlen erster Art sind zunächst

$$\omega + 1,\ \omega^2 + 1,\ \ldots,\ \omega^{\mu} + 1,\ \ldots.$$

Dieses sind die einzigen Primzahlen erster Art, welche unter den soeben mit φ bezeichneten Zahlen vorkommen; die Gesamtheit aller Primzahlen erster Art in (II) hat gleichfalls die Mächtigkeit von (II).

Die Primzahlen der zweiten Art haben eine Eigenschaft, welche ihnen einen ganz aparten Charakter gibt; ist η eine solche Primzahl (zweiter Art), so ist stets $\eta\alpha = \eta$, wenn α irgend eine Zahl kleiner als η ist; daraus folgt, daß, wenn α und β irgend zwei Zahlen sind, die beide kleiner als η, alsdann immer auch das Produkt $\alpha\beta$ kleiner ist als η.

Beschränken wir uns hier zunächst auf die Zahlen der zweiten Zahlenklasse, welche die Form φ haben, so finden sich für diese folgende Additions- und Multiplikationsregeln. Sei

$$\varphi = \nu_0\,\omega^{\mu} + \nu_1\,\omega^{\mu-1} + \cdots + \nu_{\mu},$$
$$\psi = \varrho_0\,\omega^{\lambda} + \varrho_1\,\omega^{\lambda-1} + \cdots + \varrho_{\lambda},$$

wo wir ν_0 und ϱ_0 von Null verschieden voraussetzen.

Addition.

1) Ist $\mu < \lambda$, so hat man

$$\varphi + \psi = \psi.$$

2) Ist $\mu > \lambda$, so hat man

$$\varphi + \psi = \nu_0\omega^{\mu} + \cdots + \nu_{\mu-\lambda-1}\,\omega^{\lambda+1} + (\nu_{\mu-\lambda} + \varrho_0)\,\omega^{\lambda} + \varrho_1\omega^{\lambda-1} + \varrho_2\omega^{\lambda-2} + \cdots + \varrho_{\lambda}.$$

3) Für $\mu = \lambda$ ist

$$\varphi + \psi = (\nu_0 + \varrho_0)\,\omega^{\lambda} + \varrho_1\omega^{\lambda-1} + \cdots + \varrho_{\lambda}.$$

Multiplikation.

1) Ist ν_μ von Null verschieden, so hat man

$$\varphi\psi = \nu_0\omega^{\mu+\lambda} + \nu_1\omega^{\mu+\lambda-1} + \cdots + \nu_{\mu-1}\omega^{\lambda+1} + \nu_\mu\varrho_0\omega^\lambda + \varrho_1\omega^{\lambda-1} + \cdots + \varrho_\lambda .$$

Falls $\lambda = 0$, ist das letzte Glied rechterseits $\nu_\mu\varrho_0$.

2) Ist $\nu_\mu = 0$, so hat man

$$\varphi\psi = \nu_0\omega^{\mu+\lambda} + \nu_1\omega^{\mu+\lambda-1} + \cdots + \nu_{\mu-1}\omega^{\lambda+1} = \varphi\,\omega^\lambda .$$

Die Zerlegung einer Zahl φ in ihre Primfaktoren ist folgende. Hat man

$$\varphi = c_0\,\omega^\mu + c_1\,\omega^{\mu_1} + c_2\,\omega^{\mu_2} + \cdots + c_\sigma\,\omega^{\mu_\sigma},$$

wo

$$\mu > \mu_1 > \mu_2 > \cdots > \mu_\sigma$$

und

$$c_0,\ c_1,\ \ldots\ c_\sigma$$

von Null verschiedene positive endliche Zahlen sind, so ist

$$\varphi = c_0(\omega^{\mu-\mu_1}+1)\,c_1(\omega^{\mu_1-\mu_2}+1)\,c_2 \cdots c_{\sigma-1}(\omega^{\mu_{\sigma-1}-\mu_\sigma}+1)\,c_\sigma\omega^{\mu_\sigma};$$

denkt man sich noch $c_0, c_1, \ldots c_{\sigma-1} c_\sigma$ nach den Regeln der ersten Zahlenklasse in Primfaktoren zerlegt, so hat man alsdann die Zerlegung von φ in Primfaktoren; denn die Faktoren $\omega^\varkappa + 1$ und ω sind, wie oben bemerkt, selbst Primzahlen. Diese Zerlegung von Zahlen der Form φ ist einzig [eindeutig] bestimmt, auch hinsichtlich der Reihenfolge der Faktoren, wenn man von der Kommutabilität der Primfaktoren innerhalb der einzelnen c abstrahiert und wenn bestimmt wird, daß der letzte Faktor eine Potenz von ω oder gleich Eins sein soll und daß ω nur an der letzten Stelle Faktor sein darf. Über die Verallgemeinerung dieser Zerlegung in Primfaktoren auf beliebige Zahlen α der zweiten Zahlenklasse (II) werde ich bei einer späteren Gelegenheit schreiben. [Vgl. III 9 § 19, S. 340ff.]

Anmerkungen des Verfassers zu Nr. 5.

Zu § 1.

1) (S. 165.) *Mannigfaltigkeitslehre.* Mit diesem Worte bezeichne ich einen sehr viel umfassenden Lehrbegriff, den ich bisher nur in der speziellen Gestaltung einer arithmetischen oder geometrischen Mengenlehre auszubilden versucht habe. Unter einer „Mannigfaltigkeit“ oder „Menge“ verstehe ich nämlich allgemein jedes Viele, welches sich als Eines denken läßt, d. h. jeden Inbegriff bestimmter Elemente, welcher durch ein Gesetz zu einem Ganzen verbunden werden kann, und ich glaube hiermit etwas zu definieren, was verwandt ist mit dem Platonischen *εἶδος* oder *ἰδέα*, wie auch mit dem, was Platon in seinem Dialoge „Philebos oder das höchste Gut“ *μικτόν* nennt. Er setzt dieses dem *ἄπειρον*, d. h. dem Unbegrenzten, Unbestimmten, welches ich Uneigentlich-unendliches nenne, sowie dem *πέρας* d. h. der Grenze entgegen und erklärt es als ein geordnetes „Gemisch“ der beiden letzteren. Daß diese Begriffe Pythagoreischen Ursprungs sind, deutet Platon selbst an; man vergleiche A. Boeckh, Philolaos des Pythagoreers Lehren. Berlin 1819.

Zu § 4.

2) (S. 174.) *Aristoteles.* Man vergleiche die Darstellung Zellers in seinem großen Werke: „Die Philosophie der Griechen" III. Aufl., II. Teil, 2. Abt. S. 393 bis 403. Die Auffassung Platons vom Unendlichen ist eine ganz andere wie die des Aristoteles; denn man vergleiche Zeller II. Teil, 1. Abt. S. 628—646. Ebenso finde ich für meine Auffassungen Berührungspunkte in der Philosophie des Nicolaus Cusanus. Man vgl. R. Zimmermann, Der Cardinal Nicolaus von Cusa als Vorgänger Leibnizens (Sitzungsberichte d. Wiener Akademie d. Wiss. Jahrg. 1852). Dasselbe bemerke ich in Beziehung auf Giordano Bruno, den Nachfolger des Cusaners. Man vgl. Brunnhofer, Giordano Brunos Weltanschauung und Verhängnis. Leipzig 1882.

Ein wesentlicher Unterschied besteht aber darin, daß ich die verschiedenen Abstufungen des Eigentlich-unendlichen durch die Zahlenklassen (I), (II), (III) usw. ein für allemal dem Begriffe nach fixiere und es nun erst als Aufgabe betrachte, die Beziehungen der überendlichen Zahlen nicht nur mathematisch zu untersuchen, sondern auch allüberall, wo sie in der Natur vorkommen, nachzuweisen und zu verfolgen. Daß wir auf diesem Wege immer weiter, niemals an eine unübersteigbare Grenze, aber auch zu keinem auch nur angenäherten Erfassen des Absoluten gelangen werden, unterliegt für mich keinem Zweifel. Das Absolute kann nur anerkannt, aber nie erkannt, auch nicht annähernd erkannt werden. Denn wie man innerhalb der ersten Zahlenklasse (I) bei jeder noch so großen endlichen Zahl immer dieselbe Mächtigkeit der ihr größeren endlichen Zahlen vor sich hat, ebenso folgt auf jede noch so große überendliche Zahl irgendeiner der höheren Zahlenklassen (II) oder (III) usw. ein Inbegriff von Zahlen und Zahlenklassen, der an Mächtigkeit nicht das mindeste eingebüßt hat gegen das Ganze des von 1 anfangenden absolut unendlichen Zahleninbegriffs. Es verhält sich damit ähnlich, wie Albrecht von Haller von der Ewigkeit sagt: „ich zieh' sie ab (die ungeheure Zahl) und Du (die Ewigkeit) liegst ganz vor mir." Die absolut unendliche Zahlenfolge erscheint mir daher in gewissem Sinne als ein geeignetes Symbol des Absoluten; wogegen die Unendlichkeit der ersten Zahlenklasse (I), welche bisher dazu allein gedient hat, mir, eben weil ich sie für eine faßbare Idee (nicht Vorstellung) halte, wie ein ganz verschwindendes Nichts im Vergleich mit jener vorkommt. Bemerkenswert erscheint mir auch dieses, daß jede der Zahlenklassen, also auch jede der Mächtigkeiten, einer ganz bestimmten Zahl des absolut-unendlichen Zahleninbegriffs zugeordnet ist und zwar so, daß auch zu jeder überendlichen Zahl γ eine Mächtigkeit vorhanden ist, welche die γ^{te} zu nennen ist; es bilden also auch die verschiedenen Mächtigkeiten eine absolut-unendliche Folge. Dies ist um so merkwürdiger, als die Zahl γ, welche die Ordnung einer Mächtigkeit angibt, (falls die Zahl γ eine ihr nächst vorangehende hat) zu den Zahlen derjenigen Zahlenklasse, welche diese Mächtigkeit hat, in einem Größenverhältnis steht, dessen Kleinheit jeglicher Beschreibung spottet, und dies um so mehr, je größer γ angenommen wird. [7]

Zu § 5.

3) (S. 176.) *determinari possunt.* Dem Unbestimmten, Veränderlichen, Uneigentlich-unendlichen, in welcher Form sie auch erscheinen, kann ich kein Sein zuschreiben, denn sie sind nichts als entweder Beziehungsbegriffe oder rein subjektive Vorstellungen resp. Anschauungen (imaginationes), in keinem Falle adäquate Ideen. Wenn also nur das Uneigentlich-unendliche in dem Satze „infinitum actu non datur" gemeint wäre, so könnte ich ihn unterschreiben, er wäre aber alsdann ein rein tautologischer. Der Sinn dieses Satzes scheint mir aber an den bezeichneten Quellen vielmehr der zu sein, daß durch ihn die Unmöglichkeit des begrifflichen Setzens einer bestimmten Unendlichkeit ausgesprochen werden soll, und in dieser Bedeutung halte ich ihn für falsch.

Zu § 7.

4) (S. 180.) *Realisten.* Man findet den positivistischen und realistischen Standpunkt in bezug auf das Unendliche beispielsweise in: Dühring, Natürliche Dialektik, Berlin 1865, S. 109—135 und in v. Kirchmann, Katechismus der Philosophie S. 124—130 auseinandergesetzt. Man vergleiche auch Ueberwegs Anmerkungen zu Berkeleys Abhandl. über d. Prinz. der menschlichen Erkenntnis in v. Kirchmanns Philosophischer Bibliothek. Ich kann nur wiederholen, daß in der Würdigung des Uneigentlich-unendlichen ich im wesentlichen mit allen diesen Autoren übereinstimme; der Differenzpunkt liegt nur darin, daß von ihnen dieses synkategorematische Unendliche für das *einzige* durch „Wendungen" oder Begriffe, und hier sogar durch bloße Beziehungsbegriffe faßbare Unendliche angesehen wird. Die Beweise Dührings gegen das Eigentlich-unendliche könnten mit viel weniger Worten geführt werden und scheinen mir entweder darauf hinauszulaufen, daß die bestimmte endliche Zahl, wenn sie auch noch so groß gedacht wird, niemals eine unendliche sein kann, was aus ihrem Begriff unmittelbar folgt, oder darauf, daß die veränderliche unbeschränkt große endliche Zahl nicht mit dem Prädikate der Bestimmtheit und daher auch nicht mit dem Prädikate des Seins gedacht werden kann, was wiederum aus dem Wesen der Veränderlichkeit unmittelbar sich ergibt. Daß hiermit gegen die Denkbarkeit bestimmter überendlicher Zahlen nicht das geringste ausgemacht sei, ist für mich nicht zweifelhaft; und dennoch werden jene Beweise für Beweise gegen die Realität überendlicher Zahlen gehalten. Mir erscheint diese Argumentation ähnlich, wie wenn man daraus, daß es unzählig viele Intensitäten des Grünen gibt, schließen wollte, daß es kein Rotes geben könne. Merkwürdig ist es aber allerdings, daß Dühring auf S. 126 seiner Schrift selbst zugesteht, daß für die Erklärung der „Möglichkeit der unbeschränkten Synthesis" ein Grund vorhanden sein muß, den er als „begreiflicher Weise völlig unbekannt" bezeichnet. Hierin liegt, wie mir scheint, ein Widerspruch.

Ebenso finden wir aber auch, daß dem Idealismus nahestehende oder selbst ihm ganz huldigende Denker den bestimmt-unendlichen Zahlen jede Berechtigung versagen.

Chr. Sigwart in seinem ausgezeichneten Werke: Logik, II. Bd. Die Methodenlehre (Tübingen 1878) argumentiert ganz ebenso wie Dühring und sagt auf S. 47: „eine unendliche Zahl ist eine Contradictio in adjecto".

Ähnliches findet sich bei Kant und J. F. Fries; man vergleiche des letzteren System der Metaphysik (Heidelberg 1824) in § 51 u. § 52. Auch die Philosophen der Hegelschen Schule lassen die eigentlich-unendlichen Zahlen nicht gelten; ich führe nur das verdienstvolle Werk von K. Fischer an, sein System der Logik und Metaphysik oder Wissenschaftslehre, 2. Aufl. (Heidelberg 1865) S. 275.

Zu § 8.

5) (S. 181.) Was ich hier „intrasubjektive" oder „immanente" Realität von Begriffen oder Ideen nenne, dürfte mit der Bestimmung „adäquat" in derjenigen Bedeutung, wie dieses Wort von Spinoza gebraucht wird, übereinstimmen, indem er sagt: Eth. pars II def. IV, „Per ideam adaequatam intelligo ideam, quae, quatenus in se sine relatione ad objectum consideratur, omnes verae ideae proprietates sive denominationes intrinsecas habet."

6) (S. 181.) Diese Überzeugung stimmt im wesentlichen sowohl mit den Grundsätzen des Platonischen Systems, wie auch mit einem wesentlichen Zuge des Spinozaschen Systems überein; in ersterer Beziehung verweise ich auf Zeller, Philos. d. Griechen, 3. Aufl. 2. Teil 1. Abt. S. 541—602. Es heißt hier gleich im Anfange des Abschnittes: „Nur das begriffliche Wissen soll (nach Plato) eine wahre Erkenntnis gewähren. So viel aber unsern Vorstellungen Wahrheit zukommt — diese Voraussetzung teilt Plato mit

andern (Parmenides) — ebensoviel muß ihrem Gegenstand Wirklichkeit zukommen, und umgekehrt. Was sich erkennen läßt, ist, was sich nicht erkennen läßt, ist nicht, und in demselben Maße, in dem etwas ist, ist es auch erkennbar."

Hinsichtlich Spinozas brauche ich nur an seinen Satz in Ethik, pars II, prop. VII zu erinnern: „ordo et connexio idearum idem est ac ordo et connexio rerum."

Auch in der Leibnizschen Philosophie läßt sich dasselbe erkenntnistheoretische Prinzip nachweisen. Erst seit dem neueren Empirismus, Sensualismus und Skeptizismus, sowie dem daraus hervorgegangenen Kantischen Kritizismus glaubt man die Quelle des Wissens und der Gewißheit in die Sinne oder doch in die sogenannten reinen Anschauungsformen der Vorstellungswelt verlegen und auf sie beschränken zu müssen; meiner Überzeugung nach liefern diese Elemente durchaus keine sichere Erkenntnis, weil letztere nur durch Begriffe und Ideen erhalten werden kann, die von äußerer Erfahrung höchstens angeregt, der Hauptsache nach durch innere Induktion und Deduktion gebildet werden als etwas, was in uns gewissermaßen schon lag und nur geweckt und zum Bewußtsein gebracht wird.

Zu § 8 und § 9 (S. 182 und 187).

7), 8) Der Vorgang bei der korrekten Bildung von Begriffen ist m. E. überall derselbe; man setzt ein eigenschaftsloses Ding, das zuerst nichts anderes ist als ein Name oder ein Zeichen A, und gibt demselben ordnungsmäßig verschiedene, selbst unendlich viele verständliche Prädikate, deren Bedeutung an bereits vorhandenen Ideen bekannt ist, und die einander nicht widersprechen dürfen; dadurch werden die Beziehungen von A zu den bereits vorhandenen Begriffen und namentlich zu den verwandten bestimmt; ist man hiermit vollständig zu Ende, so sind alle Bedingungen zur Weckung des Begriffes A, welcher in uns geschlummert, vorhanden und er tritt fertig ins Dasein, versehen mit der intrasubjektiven Realität, welche überall von Begriffen nur verlangt werden kann; seine transiente Bedeutung zu konstatieren ist alsdann Sache der Metaphysik.

Zu § 10.

9) (S. 190.) Thomas von Aquino, Opuscula, XLII de natura generis, cap. 19 et 20; LII de natura loci; XXXII de natura materiae et de dimensionibus interminatis. Man vergleiche: C. Jourdin, la Philosophie de Saint Thomas d'Aquin, pag. 303—329; K. Werner, der heilige Thomas von Aquino (Regensburg 1859), 2. Bd. p. 177—201.

10) (S. 193.) Selbst der Inbegriff aller stetigen, aber auch derjenige aller integrierbaren Funktionen einer oder mehrerer Veränderlichen dürfte nur die Mächtigkeit der zweiten Zahlenklasse (II) haben; läßt man jedoch alle Beschränkungen fallen und betrachtet den Inbegriff aller stetigen und unstetigen Funktionen einer oder mehrerer Veränderlichen, so hat diese Menge die Mächtigkeit der dritten Zahlenklasse (III). [8]

11) (S. 194.) Von den perfekten Mengen läßt sich der Satz beweisen, daß sie die Mächtigkeit von (I) niemals haben.

Als ein Beispiel einer perfekten Punktmenge, die in keinem noch so kleinen Intervall überall dicht ist, führe ich den Inbegriff aller reellen Zahlen an, die in der Formel

$$z = \frac{c_1}{3} + \frac{c_2}{3^2} + \cdots + \frac{c_\nu}{3^\nu} + \cdots$$

enthalten sind, wo die Koeffizienten c_ν nach Belieben die beiden Werte o und 2 anzunehmen haben und die Reihe sowohl aus einer endlichen, wie aus einer unendlichen Anzahl von Gliedern bestehen kann.

12) (S. 194.) Man beachte, daß diese Definition eines Kontinuums frei ist von jedem Hinweis auf das, was man die *Dimension* eines stetigen Gebildes nennt; die Definition

umfaßt nämlich auch solche Kontinua, die aus zusammenhängenden Stücken verschiedener Dimension, wie Linien, Flächen, Körper usw. bestehen. Bei einer späteren Gelegenheit will ich zeigen, wie man von diesem allgemeinen Kontinuum zu den spezielleren Kontinuis mit bestimmter Dimension ordnungsmäßig hinkommt. Ich weiß sehr wohl, daß das Wort „*Kontinuum*" in der Mathematik eine *feste* Bedeutung bisher *nicht* angenommen hat; es wird daher meine Definition desselben von einigen als *eng*, von anderen als zu *weit* beurteilt werden; hoffentlich ist es mir gelungen, dabei die *richtige Mitte* zu finden.

Nach meiner Auffassung kann unter einem *Kontinuum nur* ein *perfektes* und *zusammenhängendes* Gebilde verstanden werden. Darnach sind beispielsweise eine gerade Strecke, welcher der eine oder beide Endpunkte fehlen, desgleichen eine Kreisfläche, von welcher die Begrenzung ausgeschlossen ist, keine *vollkommenen* Kontinua; ich nenne derartige Punktmengen *Semikontinua*.

Allgemein verstehe ich unter einem *Semikontinuum* eine *imperfekte*, *zusammenhängende* und zur *zweiten Klasse* gehörige Punktmenge, welche so beschaffen ist, daß je zwei Punkte derselben durch ein *vollkommenes* Kontinuum, welches ein Bestandteil der Punktmenge ist, verbunden werden können. So ist z. B. der in Math. Ann. Bd. 20, S. 119 [hier S. 156] von mir mit $\mathfrak{A}$ bezeichnete Raum, welcher aus G_n durch Entfernung irgendeiner Punktmenge *erster* Mächtigkeit entsteht, ein *Semikontinuum*.

Die *Ableitung* einer zusammenhängenden Punktmenge ist *stets* ein *Kontinuum*, wobei es gleichgültig ist, ob die zusammenhängende Punktmenge die *erste* oder *zweite* Mächtigkeit hat.

Ist eine zusammenhängende Punktmenge von der *ersten* Mächtigkeit, so kann ich sie *weder* ein Kontinuum *noch* ein Semikontinuum nennen.

Durch die von mir an die Spitze der Mannigfaltigkeitslehre gestellten Begriffe mache ich mich anheischig, die sämtlichen Gebilde der algebraischen sowohl wie der transzendenten Geometrie nach allen ihren Möglichkeiten zu erforschen, wobei die Allgemeinheit und Schärfe der Resultate von keiner andern Methode übertroffen werden dürfen.

[Anmerkungen des Herausgebers zu Nr. 5.]

[1] Zu S. 183. Hier wird angespielt auf G. Kirchhoff, Vorlesungen über Mechanik, Leipzig 1876, wo der Verfasser im ersten Satze des § 1 es als Aufgabe der Mechanik bezeichnet „die in der Natur vor sich gehenden Bewegungen vollständig und auf die einfachste Weise zu beschreiben".

[2] Zu S. 192. Hier wird also bereits die „Cantorsche Vermutung", wonach das Kontinuum die „zweite Mächtigkeit" habe, ausgesprochen und ein „strenger Beweis" dafür in Aussicht gestellt. Einen solchen Beweis hat aber weder Cantor noch ein anderer führen können, und die Frage muß auch noch heute als ungelöst gelten. Vgl. Anm. 10) S. 207.

[3] Zu S. 195. Hier und im folgenden stellt Cantor den Multiplikator voran und schreibt 2ω für $\omega + \omega$; in der späteren systematischen Darstellung III 9 stellt er umgekehrt den Multiplikandus voran und schreibt $\omega 2$, was aus Gründen der Analogie entschieden vorzuziehen ist, weil auch bei der Addition nur der zweite Summand (der Addendus), wenn er endlich ist, die transfinite Summe modifiziert, vergrößert. Vgl. S. 302, 322.

[4] Zu S. 200. Daß es in jeder Menge (α') transfiniter Zahlen immer eine kleinste gibt, läßt sich folgendermaßen einsehen. Es sei (β) die Gesamtheit aller (endlichen und unendlichen) Zahlen β, welche kleiner sind als alle Zahlen α'; solche Zahlen muß es geben, z. B. die Zahl 1, sofern diese nicht selbst zu α' gehört und dann natürlich die kleinste der Menge ist. Unter den Zahlen β gibt es nun entweder eine größte β_1, so daß die unmittelbar folgende β_1' nicht zu (β) gehört, aber $\leqq \alpha'$ ist für jedes α', dann gehört β_1' selbst zu (α') und ist ihre kleinste. Oder aber die Zahlen β enthalten keine größte, dann besitzen sie

(nach dem zweiten Erzeugungsprinzip) eine „Grenze“ β', welche auf alle β zunächst folgt, also wieder $\leqq$ jedem α' ist, und diese Zahl β' muß dann wieder notwendig zu (α') gehören und die kleinste aller α' darstellen.

[5] Zu S. 201. Der hier (ohne Beweis) ausgesprochene allgemeine Satz, nach welchem je zwei Mengen, deren jede einem Bestandteil der anderen „äquivalent“ (gegenseitig eindeutig aufeinander abbildbar) ist, selbst einander äquivalent sein müssen, wurde erst im Jahre 1896 von E. Schröder und 1897 von F. Bernstein bewiesen und seitdem gilt dieser „Äquivalenzsatz“ als einer der wichtigsten Sätze der gesamten Mengenlehre. Cantor selbst scheint der in der Bernsteinschen Form doch so einfache und anschauliche Beweis dieses Satzes entgangen zu sein: auch in der späteren Abhandlung III 9 von 1894, in welcher eine durchgehende Neubegründung der Mengenlehre unternommen wird, findet sich dieser Satz so wenig wie sein Beweis.

[6] Zu S. 201. Die hier entwickelten Grundzüge einer formal-arithmetischen Theorie, einer Algebra der transfiniten Ordnungszahlen werden in der späteren, die Cantorschen Untersuchungen abschließenden Arbeit III 9, § 14ff. wieder aufgenommen und ausführlicher begründet mit Hilfe einer neuen Definition der Ordnungszahlen. In der hier vorliegenden Darstellung, die noch ganz auf der ursprünglichen rein konstruktiven Definition durch „Erzeugungsprinzipien“ beruht, werden gelegentlich Resultate ohne hinreichende Begründung gegeben, oder es wird an Stelle eines Beweises auf die „Anschauung“ verwiesen. Der Leser wird also an allen solchen Stellen, wo die Begründung lückenhaft erscheint, die ausführlichere Darstellung in der genannten Abhandlung zum Vergleich und zur Ergänzung heranziehen können.

[7] *Zum Schlußsatze der Anmerkung* 2) auf S. 205. Die Frage, ob eine transfinite Mächtigkeit $\aleph_\gamma$ „zweiter Art“ (in welcher der Index γ eine Limeszahl ist) der ihres Index *gleich* sein könne, wird hier von Cantor offen gelassen und auch in späteren Arbeiten nirgends erörtert. In der Tat ist sie zu *bejahen*, wie aus der Theorie der „Normalfunktionen“ (F. Hausdorff, Grundzüge der Mengenlehre, 1. Aufl., Kap. V § 3), deren erstes Beispiel die Cantorschen ε-Zahlen darstellen, leicht zu beweisen ist: die ζ-Zahlen, d. h. die Anfangszahlen ω_ζ der Zahlenklassen, welche ihrem eigenen Index gleich sind, bilden ein unbegrenztes System vom gleichen Typus wie die ganze offene („absolut-unendliche“) Zahlenreihe. Vgl. G. Hessenberg, Grundbegriffe der Mengenlehre (Göttingen 1906) § 58, S. 607. Nach der „Anschauung“, auf die manche Philosophen und Mathematiker alle mathematische Erkenntnis gründen wollen, wäre die Existenz solcher Zahlen unbedingt zu verneinen gewesen. Der Analogieschluß „a fortiori“, der dem naiven Denken so einleuchtend scheint, ist eben auf das Transfinite nicht anwendbar.

[8] Zu Anm. 10) S. 207. In der Annahme, daß die Menge aller (stetigen und) unstetigen Funktionen die Mächtigkeit der *dritten* Zahlenklasse habe, liegt bereits eine *Ausdehnung* der „Cantorschen Vermutung“, wonach das Kontinuum selbst von der zweiten Mächtigkeit sei. Bis heute ist nur bewiesen, daß diese Menge der unstetigen Funktionen von der Mächtigkeit $2^{\mathfrak{c}}$ ist, wenn man mit $\mathfrak{c}$ die des Kontinuums bezeichnet.

Nr. 6.

[Anmerkungen] hierzu S. 244—246.

§ 15.

In Nr. 5 dieser Abhandlung habe ich an verschiedenen Stellen im Interesse des Zusammenhangs gewisse Sätze der Mengenlehre ausgesprochen, ohne mich auf deren Beweise damals einzulassen, weil im Plane jener Mitteilung andere Gegenstände den Vorzug eingehenderer Behandlung erfahren mußten. Ich will jetzt die sonach gebliebenen Lücken auszufüllen suchen und in dieser Nummer sowohl, wie in der bald nächstfolgenden die fehlenden Beweise geben, wobei ich mich aber nicht darauf beschränken, sondern auch Sätze entwickeln will, die zwar in diesen Zusammenhang gehören, in den früheren Nummern aber teils noch gar nicht erwähnt, teils nicht mit der erforderlichen Genauigkeit formuliert worden sind.

Den Anfang mache ich mit der folgenden einfachen und sehr allgemeinen Betrachtung.

Wenn ein n-dimensionaler Teil H eines nach n Dimensionen ausgedehnten, stetigen, ebenen Raumes G_n eine Punktmenge P enthält, wobei H auch der ganze Raum G_n selbst sein kann, und wir zerlegen den Raumteil H nach einem bestimmten, im übrigen beliebig gelassenen Gesetze in eine endliche oder unendliche Anzahl getrennter, in sich zusammenhängender, n-dimensionaler Teile

$$H_1, H_2, \ldots, H_\nu, \ldots$$

(deren *Inbegriff*, wenn er unendlich ist, nach Nr. 3 [hier S. 153] stets von der *ersten Mächtigkeit* ist und folglich in der Form jener einfach unendlichen Reihe (H_ν) gedacht werden kann), wobei die gegenseitigen Begrenzungen der aneinanderstoßenden Teile gehörig *vergeben* sind, (so daß ein und derselbe Punkt von H *einem* und *nur einem* der Teile H_ν desselben angehört), so zerfällt die Punktmenge P in eine entsprechende Anzahl von *Teilmengen*

$$P_1, P_2, \ldots, P_\nu, \ldots,$$

wobei P_ν derjenige *Teil* von P ist, welcher mit allen seinen Punkten dem Gebiete H_ν angehört; es kann also unter Umständen P_ν gleich *Null* sein, falls kein Punkt von P in den Raumteil H_ν fällt.

Wir wollen nun mit dem Buchstaben Υ *irgendeine Eigenschaft* oder *Beschaffenheit* bezeichnen, welche von Punktmengen innerhalb G_n ausgesagt werden kann und die *nur an die folgenden Voraussetzungen geknüpft ist:*

1) falls P irgendeine, in einem *ganz im Endlichen* liegenden n-dimensionalen Teil H von G_n befindliche Punktmenge *von der Beschaffenheit* Υ

ist und man zerlegt das Gebiet H in der oben besprochenen Weise nach irgendeinem Gesetze in eine *endliche* Anzahl m von Teilgebieten

$$H_1, H_2, \ldots, H_{m-1}, H_m,$$

wodurch P in die Teilmengen

$$P_1, P_2, \ldots, P_{m-1}, P_m$$

zerfällt, so *soll dieselbe Beschaffenheit* Υ auch *wenigstens einer* von den Teilmengen $P_1, P_2, \ldots, P_{m-1}, P_m$ zukommen;

2) ist P irgendeine Punktmenge innerhalb G_n, *welcher die Beschaffenheit* Υ zukommt, und Q eine *beliebige* andere Punktmenge innerhalb G_n, welche mit P *keinen* Punkt *gemeinsam* hat, so soll die Menge $P + Q$ *stets auch* die Beschaffenheit Υ haben.

Als einfachstes Beispiel einer *Beschaffenheit* von Punktmengen, welche den Charakter Υ haben, führe ich diejenige Beschaffenheit einer unendlichen Punktmenge an, wonach sie aus *unendlich viel* Punkten besteht; offenbar genügt diese Beschaffenheit den beiden soeben formulierten Voraussetzungen. Es gilt nun folgender Satz:

Theorem I. *Ist H irgendein ganz im Endlichen liegender n-dimensionaler Teil von G_n und P eine in H enthaltene Punktmenge von der Beschaffenheit Υ, so gibt es wenigstens einen Punkt g von H in solcher Lage, daß, wenn K_n irgendeine n-dimensionale Vollkugel mit dem Mittelpunkt g ist, derjenige Bestandteil von P, welcher in das Gebiet K_n fällt, stets die Beschaffenheit Υ hat, der Radius der Vollkugel K_n mag so klein genommen werden, wie man wolle*[1].

Zum Beweise dieses Satzes zerlegt man das *ganz im Endlichen liegende* Gebiet H nach irgendeinem Gesetze in eine *endliche* Anzahl von n-dimensionalen Teilgebieten, in deren jedem sämtliche Distanzen von je zwei Punkten kleiner sind als 1; daß solches immer tunlich ist, sieht man leicht ein. Von den entsprechenden Teilmengen, in welche hierbei P zerfällt, muß wenigstens eine die Beschaffenheit Υ haben (wegen der Voraussetzung 1), man wähle in gesetzmäßiger Weise eine von diesen Teilmengen und bezeichne sie mit $P_{(1)}$, den entsprechenden Teil von H, in welchem $P_{(1)}$ liegt, nennen wir $H_{(1)}$.

Nun zerlege man ebenso das Gebiet $H_{(1)}$ nach irgendeinem *Gesetze* in eine *endliche* Anzahl von n-dimensionalen Teilgebieten, in deren jedem sämtliche Distanzen kleiner sind als $\frac{1}{2}$; von den entsprechenden Teilmengen, in welche hierbei $P_{(1)}$ zerfällt, werde in gesetzmäßiger Weise *eine* genommen, die die Beschaffenheit Υ hat, wir nennen sie $P_{(2)}$, und den entsprechenden Teil von $H_{(1)}$, in welchem $P_{(2)}$ liegt, nennen wir $H_{(2)}$; so fahren wir fort und erhalten eine gesetzmäßige, *unendliche* Reihe von n-dimensionalen Teilgebieten

$$H_{(1)},\ H_{(2)},\ \ldots,\ H_{(\nu-1)},\ H_{(\nu)}\ \ldots,$$

von denen jedes in den vorhergehenden enthalten ist und wo sämtliche in H_ν vorkommenden Distanzen kleiner sind als $\frac{1}{\nu}$; gleichzeitig haben wir eine gesetzmäßige unendliche Reihe von Punktmengen

$$P_{(1)},\ P_{(2)},\ \ldots,\ P_{(\nu-1)},\ P_{(\nu)},\ \ldots,$$

von denen jede ein Bestandteil der vorhergehenden ist und stets die Beschaffenheit Υ hat; $P_{(\nu)}$ ist derjenige Bestandteil von P, welcher mit allen Punkten dem Gebiete $H_{(\nu)}$ angehört.

Nach einem bekannten Satze der arithmetischen Analysis gibt es nun einen *ganz bestimmten* Punkt g von H, der *allen* den Teilgebieten $H_{(\nu)}$ *zugleich* angehört, und hieraus erkennt man leicht, daß dieser Punkt g eine Lage hat, wie sie in unserem Theorem beschrieben worden ist.

Ich bemerke, daß die hier angewandte Beweismethode, welche wohl schwerlich durch eine wesentlich andere ersetzt werden kann, ihrem Kerne nach sehr alt ist; in neuerer Zeit findet man sie unter anderem in gewissen zahlentheoretischen Untersuchungen bei Lagrange, Legendre und Dirichlet, in Cauchy's *Cours d'analyse* (Note troisième) und in einigen Abhandlungen von Weierstraß und Bolzano; es scheint mir daher nicht richtig, sie vorzugsweise oder ausschließlich auf Bolzano zurückzuführen, wie solches in neuerer Zeit beliebt worden ist.

Es verdient ferner bemerkt zu werden, daß unsere Beweismethode von einigen Geometern angegriffen wird. Die hierzu benutzten Argumente sind höchst subtil; sie haben viele in Verlegenheit gesetzt, eingeschüchtert und verwirrt, denen die Aufrechterhaltung der Beweisführung von größter Wichtigkeit gewesen wäre. Die vorgekommenen Einwände sind jedoch ihrem Wesen nach nicht neu, sondern haben die größte Ähnlichkeit mit jenen Paralogismen, die Zeno von Elea gebraucht hat, um die Möglichkeit der Bewegung oder der Vielheit der Dinge in Zweifel zu ziehen (vergl. Aristoteles, Physik VI, 9) Solche Erscheinungen lassen sich in fast jedem Zeitalter nachweisen; im siebenzehnten Jahrhundert beispielsweise lebte in Paris ein gewisser Chevalier de Méré, welcher durch seine *Sophismen* neben anderen Ursachen dazu beigetragen hat, einem der größten Geister Frankreichs, Pascal, die Beschäftigung mit der Mathematik völlig zu verleiden. Man findet hierüber sehr interessante Details in Bayle's Dictionnaire historique et critique, im Artikel über Zeno von Sidon (Schüler des Apollodorus, nicht zu verwechseln mit jenem Eleaten Zeno). Dieser Epikureische Philosoph ist durch ein Werk berühmt geworden, worin er die Gültigkeit der mathematischen Beweise angriff. Er erscheint daher als Vorläufer einer Richtung, welche sich heutzutage selbst „*Metamathematik*“ nennt. Der Stoiker Posidonius hat gegen ihn ein Werk geschrieben, um seine wider die Mathematik gerichteten Angriffe zu nichte zu machen. Beide Bücher sind verloren gegangen.

Eine sehr umfassende *Klasse* von Punktmengen bilden diejenigen, welche die *erste* Mächtigkeit haben und die ich auch in den Nummern 1—4 *abzählbare* Mengen genannt habe. Die letztere Ausdrucksweise *kann* zwar im engeren Sinne auch ferner beibehalten werden, um diese Mengen von denen *höherer* Mächtigkeit zu unterscheiden, ich habe aber in Nr. 5 [hier S. 195f] *gezeigt* und *hervorgehoben*, daß man strenggenommen auch von den Mengen *zweiter*, *dritter* oder *höherer* Mächtigkeit *immer sagen kann*, sie seien *abzählbar*; der *Unterschied* ist nur der, daß, während die Mengen *erster* Mächtigkeit nur *durch* (*mit Hilfe von*) Zahlen der *zweiten* Zahlenklasse abgezählt werden können, die Abzählung bei Mengen *zweiter* Mächtigkeit *nur durch* Zahlen der *dritten* Zahlenklasse, bei Mengen *dritter* Mächtigkeit *nur* durch Zahlen der *vierten* Zahlenklasse u. s. w. erfolgen kann.

Denkt man sich *beispielsweise* den Inbegriff (φ) aller rationalen Zahlen, die $\geqq 0$ und $\leqq 1$, nach dem in Crelles J. Bd. 84, S. 250 [hier III 1, S. 115] angegebenen Gesetze in die Form einer einfach unendlichen Reihe

$$(\varphi_1, \varphi_2, \ldots, \varphi_\nu, \ldots)$$

gebracht, so bildet er in dieser Form eine „*wohlgeordnete Menge*“, deren *Anzahl* nach den Definitionen von [S. 147 und 195] gleich ω ist.

Schreibt man aber denselben Inbegriff etwa in den beiden anderen *Formen wohlgeordneter* Mengen

$$(\varphi_2, \varphi_3, \ldots, \varphi_{\nu+1}, \ldots, \varphi_1),$$

$$(\varphi_1, \varphi_3, \ldots, \varphi_{2\nu-1}, \ldots, \varphi_2, \varphi_4, \ldots, \varphi_{2\nu}, \ldots),$$

so kommen ihm in *bezug* auf diese Formen resp. die *Anzahlen* $\omega + 1$ und $2\,\omega$ zu; und wenn α irgendeine Zahl der *zweiten* Zahlenklasse ist, so lassen sich unzählig viele *wohlgeordnete* Mengen denken, die ihrem *Bestande* nach völlig übereinstimmen und zusammenfallen mit dem Inbegriffe (φ), aber ihrer *Form* nach die *vorgeschriebene* Zahl α zur *Anzahl* haben.

Durch Umformung einer *wohlgeordneten* Menge wird, wie ich dies in Nr. 5 wegen seiner Wichtigkeit wiederholt hervorgehoben habe, *nicht* ihre *Mächtigkeit* geändert, wohl aber kann dadurch ihre *Anzahl* eine andere werden.

Ganz ebenso läßt sich irgendeine Menge (ψ) der *zweiten Mächtigkeit zunächst* in die Form einer wohlgeordneten Menge:

$$(\psi_\omega, \psi_{\omega+1}, \ldots, \psi_\alpha, \ldots)$$

bringen, worin α sämtliche Zahlwerte der *zweiten* Zahlenklasse anzunehmen hat; in *dieser* Form ist ihre *Anzahl* gleich Ω, wo Ω die *erste* d. h. *kleinste* Zahl der *dritten* Zahlenklasse ist; *dieselbe* Menge (ψ) läßt sich aber auch, wenn A *irgend* eine *vorgegebene* Zahl der *dritten* Zahlenklasse ist, auf unzählig viele Weisen in die Form einer *wohlgeordneten Menge* bringen, welche *durch* die Zahl A *abgezählt* wird, u. s. w.

Die Frage, durch *welche* Umformungen einer wohlgeordneten Menge ihre Anzahl *geändert* wird, durch welche *nicht*, läßt sich einfach so beantworten, daß diejenigen und nur diejenigen Umformungen die Anzahl *ungeändert* lassen, welche sich zurückführen lassen auf eine endliche oder unendliche Menge von Transpositionen, d. h. von *Vertauschungen je zweier Elemente.* —

Ich will nun zwei Sätze über Punktmengen *erster* Mächtigkeit formulieren, welche in der Mengenlehre häufig angewandt werden:

Theorem II. *Ist eine im unendlichen Raume G_n verbreitete Punktmenge P so beschaffen, daß, wenn H irgendein ganz im Endlichen befindlicher Teil von G_n ist, der zu H gehörige Bestandteil von P endlich ist oder die erste Mächtigkeit besitzt, so hat auch P selbst die erste Mächtigkeit* (*es sei denn, daß P endlich ist*).

Der Beweis kann auf verschiedene Weisen dadurch geführt werden, daß man G_n in eine unendliche Anzahl von gesonderten n-dimensionalen Teilen

$$H_1, H_2, \ldots, H_\nu, \ldots$$

zerlegt, von denen jeder ganz im Endlichen liegt; dadurch zerfällt P in eine unendliche Anzahl von Teilmengen

$$P_1, P_2, \ldots, P_\nu, \ldots;$$

da jede von diesen entweder endlich oder von der ersten Mächtigkeit ist, so gilt ein gleiches von ihrer Zusammenfassung, welche nichts anderes als P ist. Vgl. Nr. 3 [hier S. 152].

Theorem III. *Es sei Q irgendeine Punktmenge innerhalb G_n, $Q^{(1)}$ ihre erste Ableitung und R eine Punktmenge, welche mit Q und ebenso mit $Q^{(1)}$ keinen Punkt gemeinsam und außerdem eine solche Beschaffenheit hat, daß, wenn H irgendein Teil von G_n ist, der weder Punkte von Q noch Punkte von $Q^{(1)}$ enthält, alsdann der zum Gebiete H gehörige Bestandteil von R endlich ist oder die erste Mächtigkeit hat, dann ist auch R selbst endlich oder von der ersten Mächtigkeit.*

Beweis. Sei ϱ irgendeine positive Größe; um jeden Punkt q von $\mathfrak{M}(Q, Q^{(1)})$ als Mittelpunkt werde eine n-dimensionale Vollkugel $K(q, \varrho)$ gedacht, wobei wir die $(n-1)$-dimensionale Grenze derselben zu ihr mitrechnen. Diese sämtlichen Vollkugeln $K(q, \varrho)$ können teilweise in einander eindringen, bestimmen jedoch in ihrer *Gesamtheit* einen *gewissen* zusammenhängenden oder nicht zusammenhängenden n-dimensionalen Teil des Raumes G_n; diesen Teil, nach der Ausdrucksweise von Nr. 2 d. Abh. [hier S. 145], das *kleinste gemeinschaftliche Multiplum* aller $K(q, \varrho)$ bei festem ϱ, in Zeichen $\mathfrak{M}(K(q, \varrho))$, wollen wir $\Pi(\varrho)$ und die Differenz $G_n - \Pi(\varrho)$ wollen wir $H(\varrho)$ nennen. $H(\varrho)$

enthält alsdann weder Punkte von Q noch solche von $Q^{(1)}$; ist $\varrho' < \varrho$ so ist immer $H(\varrho)$ ein Bestandteil von $H(\varrho')$.

Unter Umständen kann $H(\varrho)$ gleich Null sein, man sieht aber in unserm Falle, wo R von Null verschieden ist und weder mit Q noch mit $Q^{(1)}$ Punkte gemein hat, daß, wenn ϱ unter eine gewisse Grenze der Kleinheit sinkt, $H(\varrho)$ ein von Null verschiedener, n-dimensionaler Teil von G_n ist, dem seiner Definition nach seine *Grenze* nicht zugehörig anzusehen ist.

Man erkennt aber auch ferner, daß, wenn r *irgend* ein Punkt von R ist, alsdann durch hinreichende Verkleinerung von ϱ immer bewirkt werden kann, daß dieser Punkt r zum Gebiete $H(\varrho)$ gehört. Denn da R keinen Punkt mit Q und $Q^{(1)}$ gemeinsam hat, so können an r Punkte von Q nicht beliebig nahe herantreten. Bezeichnet man daher mit $\varepsilon(r)$ die *untere* Grenze der Entfernungen zwischen r und den Punkten von Q, *so ist* $\varepsilon(r)$ *von Null verschieden.*

Nimmt man nun $\varrho < \varepsilon(r)$, so muß notwendig der Punkt r außerhalb des Gebietes $\Pi(\varrho)$ liegen und daher zum Gebiete $H(\varrho)$ gehören. Man denke sich nun folgende unendliche Reihe von Raumgebieten:

$$H(1),\quad \left(H\left(\frac{1}{2}\right)-H(1)\right),\quad \left(H\left(\frac{1}{3}\right)-H\left(\frac{1}{2}\right)\right),\ \ldots,$$
$$\left(H\left(\frac{1}{\nu}\right)-H\left(\frac{1}{\nu-1}\right)\right),\ \ldots,$$

so wird nach dem soeben Bewiesenen jeder Punkt r von R einem *ganz bestimmten* von diesen Gebieten angehören. Der Bestandteil R_ν von R, welcher einem beliebigen Gliede dieser Reihe

$$\left(H\left(\frac{1}{\nu}\right)-H\left(\frac{1}{\nu-1}\right)\right)$$

angehört, ist, weil das Gebiet

$$H\left(\frac{1}{\nu}\right)-H\left(\frac{1}{\nu-1}\right)$$

keinen Punkt von Q oder $Q^{(1)}$ enthält, der *Voraussetzung* unseres Theorems gemäß, *endlich* oder von der *ersten Mächtigkeit.* Folglich ist auch R, d. h. die Gesamtheit der Punkte von $R_1, R_2, \ldots, R_\nu, \ldots$ *endlich* oder *von der ersten Mächtigkeit,* w. z. b. w.

§ 16.

Theorem A. *Eine in einem stetigen, n-dimensionalen Gebiete G_n enthaltene Punktmenge P kann, wenn sie von der ersten Mächtigkeit ist, nie eine perfekte Punktmenge sein*[1].

---

[1] Man vgl. Acta math. 2, 409. [Hier III 5, S. 247].

Beweis. Unter einer *perfekten* Punktmenge in einem stetigen Gebiete G_n verstehe ich eine Menge S von solcher Beschaffenheit, daß ihre *erste Ableitung* $S^{(1)}$ völlig mit ihr identisch ist, so daß

$$S^{(1)} \equiv S .$$

Infolgedessen ist auch *jede* höhere Ableitung $S^{(\alpha)}$ von S mit S identisch.

Ist also s *irgend* ein Punkt einer *perfekten* Menge S, so ist s gleichzeitig ein *Grenzpunkt* von S und ist s' *irgend* ein *Grenzpunkt* von S, d. h. irgendein *Punkt* von $S^{(1)}$, so ist s' gleichzeitig auch ein *zu S gehöriger Punkt.* —

Dies vorausgeschickt sei P irgendeine Punktmenge *erster Mächtigkeit* innerhalb des Gebietes G_n, so können wir uns die sämtlichen Punkte p von P in die Form

$$p_1, p_2, \ldots, p_\nu, \ldots$$

einer einfach unendlichen Reihe (p_ν) gebracht denken. Um nun zu zeigen, daß P *nicht* eine *perfekte* Menge sein kann, wollen wir voraussetzen, daß *jeder* Punkt p_ν von P ein *Grenzpunkt* von P ist, und *alsdann beweisen*, daß immer gewisse andere *Grenzpunkte* p' von P vorkommen müssen, die nicht zugleich *Punkte* von P sind, oder, was dasselbe ist, die mit keinem der Punkte p_ν zusammenfallen. Hiermit wird unser Theorem vollkommen bewiesen sein; denn wäre P eine *perfekte* Menge, so müßte *nicht nur* jeder Punkt p_ν von P ein *Grenzpunkt* von P sein, sondern es müßte auch umgekehrt *jeder Grenzpunkt* p' von P ein zu P gehöriger Punkt p_ν sein.

Man nehme p_1 zum Mittelpunkt eines *sphärischen Gebildes* von $(n-1)$ Dimensionen innerhalb G_n und gebe demselben den Radius $\varrho_1 = 1$; wir wollen dieses sphärische Gebilde mit K_1 bezeichnen. Von allen Punkten der Reihe (p_ν), welche auf p_1 folgen, sei p_{i_2} der erste (d. h. mit dem kleinsten Index versehene) von allen, die in das *Innere* der Sphäre K_1 fallen; daß solche Punkte in unzähliger Menge in der Reihe (p_ν) vorkommen, ist deshalb notwendig, weil unserer obigen Voraussetzung nach p_1 ein Grenzpunkt der Menge (p_ν) ist.

Wir bezeichnen mit σ_1 den *Abstand* der beiden Punkte p_1 und p_{i_2} und nehmen p_{i_2} zum Mittelpunkt einer *zweiten* Sphäre K_2, deren Radius ϱ_2 durch die Bedingung bestimmt ist, *gleich* der *kleinsten* von den beiden Größen

$$\frac{1}{2}\sigma_1 \quad \text{und} \quad \frac{1}{2}(\varrho_1 - \sigma_1)$$

zu sein.

Es liegt alsdann die Sphäre K_2 *ganz* im *Innern* von K_1, und die Punkte $p_1, p_2, \ldots, p_{i_2-1}$ der Reihe (p_ν) liegen offenbar sämtlich *außerhalb* der Sphäre K_2; wir heben ferner hervor, dass der Radius ϱ_2 von K_2 kleiner ist als $\frac{1}{2}$.

Ebenso sei p_{i_3} der erste unter den auf p_{i_2} folgenden Punkten der Reihe (p_ν), welcher in das *Innere* der Sphäre K_2 fällt; solcher Punkte von (p_ν), die in das Innere der Sphäre K_2 fallen, gibt es nämlich unendlich viele, weil der Mittelpunkt p_{i_2} von K_2 ein *Grenzpunkt* der Menge (p_ν) sein soll; den *Abstand* der beiden Punkte p_{i_1} und p_{i_2} nennen wir σ_2 und nehmen p_{i_2} zum *Mittelpunkt* einer *dritten Sphäre* K_3, deren Radius ϱ_3 die *kleinste* von den beiden Größen

$$\frac{1}{2}\sigma_2 \quad \text{und} \quad \frac{1}{2}(\varrho_2 - \sigma_2)$$

ist. Die Sphäre K_3 fällt alsdann *ganz* in das *Innere* der Sphäre K_2, und die Punkte

$$p_1, p_2, \ldots, p_{i_2-1}$$

der Reihe (p_ν) sind alle *außerhalb* der Sphäre K_3 gelegen; der Radius ϱ_3 von K_3 ist offenbar kleiner als $\frac{1}{4}$.

Nach dem schon hieraus sichtbaren Gesetze wird eine *unendliche* Reihe von Sphären

$$K_1, K_2, \ldots, K_\nu, \ldots$$

erhalten, die in Beziehung steht zu einer bestimmten unendlichen Reihe von *wachsenden ganzen* Zahlen

$$1 < i_1 < i_2 < \cdots < i_\nu < i_{\nu+1} < \cdots$$

Jede Sphäre K_ν fällt *ganz* in das *Innere* der vorangehenden Sphäre $K_{\nu-1}$.

Das *Zentrum* p_{i_ν} der Sphäre K_ν ist definiert als der erste in der Reihe (p_ν) *auf* $p_{i_{\nu-1}}$ *folgende Punkt*, der in das Innere der Sphäre $K_{\nu-1}$ zu liegen kommt (wobei wieder zu bemerken ist, daß $p_{i_{\nu-1}}$, der Mittelpunkt von $K_{\nu-1}$, ein *Grenzpunkt* von P ist); der Radius ϱ_ν der Sphäre K_ν ist definiert als die *kleinste* von beiden Größen

$$\frac{1}{2}\sigma_{\nu-1} \quad \text{und} \quad \frac{1}{2}(\varrho_{\nu-1} - \sigma_{\nu-1}),$$

wobei $\sigma_{\nu-1}$ die *Distanz* der beiden Punkte $p_{i_{\nu-1}}$ und p_{i_ν} ist.

Die Punkte $p_1, p_{i_2}, \ldots, p_{i_{\nu-1}}$ fallen, wie man leicht sieht[2], *außerhalb* der Sphäre K_ν, und man hat

$$\varrho_\nu \leqq \frac{1}{2^{\nu-1}}.$$

Es werden daher die Radien der Sphären K_ν *mit wachsendem* ν *unendlich klein*; hieraus, und weil immer K_ν *ganz* in das Innere von $K_{\nu-1}$ fällt, folgt nach einem bekannten Hauptsatze der Größenlehre, daß die Mittelpunkte p_{i_ν} der Sphäre K_ν mit wachsendem ν gegen einen bestimmten Grenzpunkt konvergieren, den wir p' nennen wollen, so daß

$$\lim_{\nu=\omega}(p_{i_\nu}) = p'.$$

p' ist offenbar ein *Grenzpunkt* von P, weil die Punkte p_{i_ν} sämtlich zu P gehören. Andrerseits überzeugt man sich aber, daß p' *nicht als Punkt zu* P *gehören kann*; denn sonst würde für einen gewissen Wert des Index n die Gleichung statthaben

$$p' = p_n;$$

sie ist aus dem Grunde *unmöglich*, weil p' in das *Innere* der Sphären K_ν fällt, wie groß auch ν sei, dagegen p_n *außerhalb* der Sphären K_ν liegt, sobald nur $\nu > n$ genommen wird.

Auf solche Weise haben wir gezeigt, daß eine Punktmenge P von der *ersten Mächtigkeit niemals* eine *perfekte* Menge sein kann.

Theorem B. *Ist α irgendeine Zahl der ersten oder zweiten Zahlenklasse und P innerhalb G_n eine Punktmenge von solcher Beschaffenheit, daß*

$$P^{(\alpha)} \equiv 0,$$

so ist $P^{(1)}$ sowohl wie auch P von der ersten Mächtigkeit, es sei denn, daß P resp. $P^{(1)}$ endliche Mengen sind.

Beweis. Die *erste* Ableitung einer Punktmenge P ist eine bestimmte neue Menge $P^{(1)}$, nämlich die Menge *aller* Grenzpunkte von P; unter der *zweiten* Ableitung $P^{(2)}$ von P verstanden wir die *erste* Ableitung von $P^{(1)}$ und allgemein unter der ν^{ten} Ableitung $P^{(\nu)}$ die *erste* Ableitung von $P^{(\nu-1)}$.

Die Ableitung $P^{(2)}$ ist, wie leicht zu sehen, stets mit allen ihren Punkten in $P^{(1)}$ enthalten und allgemein ist $P^{(\nu)}$ ein *Bestandteil* aller Ableitungen $P^{(1)}$, $P^{(2)}, \ldots, P^{(\nu-1)}$, welche ihr vorangehen.

Wir sahen aber auch, daß die *für die Erforschung der Natur einer Punktmenge P so wichtige Begriffsbildung* von Ableitungen verschiedener Ordnung durch die soeben erwähnten Ableitungen mit *endlicher* Ordnungszahl ν *keineswegs* ihren Abschluß findet, daß es vielmehr im allgemeinen *notwendig* ist, aus P *abgeleitete* Mengen mit in die Betrachtung zu ziehen, welche sich *naturgemäß* als Ableitungen der Menge P auffassen lassen, deren *Ordnungen* durch bestimmte *transfinite* Zahlen der *zweiten, dritten* Zahlenklasse u. s. w. charakterisiert werden.

In Wirklichkeit stellt sich zwar, wie aus den später folgenden Theoremen aufs bestimmteste hervorgehen wird, die Sache so, daß bei den Punktmengen innerhalb eines beliebigen Gebietes G_n strenggenommen nur diejenigen *Ableitungen* eine Rolle spielen, deren Ordnungszahl der *ersten* oder *zweiten* Zahlenklasse angehört. Es zeigt sich nämlich die *höchst merkwürdige* Tatsache, daß für *jede* Punktmenge P *von einer gewissen Ordnungszahl* α an, welche der *ersten* oder *zweiten* Zahlenklasse, jedoch *keiner* höheren Zahlenklasse angehört, die Ableitung $P^{(\alpha)}$ entweder 0 oder eine *perfekte* Menge wird; daraus folgt, daß die Ableitungen höherer Ordnung als α mit der Ableitung $P^{(\alpha)}$ sämtlich identisch sind, ihre Inbetrachtnahme daher *überflüssig* wird.

Nichtsdestoweniger sind wir imstande, formell (d. h. dem Begriffe nach) Ableitungen einer Punktmenge P zu definieren, deren Ordnungszahlen *beliebig hohen* Zahlenklassen angehören, vorausgesetzt, daß diese Zahlenklassen vorher ordnungsmäßig definiert sind. — Die Begriffe der Ableitungen mit *trans-*

finiter Ordnungszahl ergeben sich *sukzessive in derselben Folge wie die transfiniten Zahlen selbst.*

Zunächst erhält man

$$P^{(\omega)} \equiv \mathfrak{D}(P^{(1)}, P^{(2)}, \ldots, P^{(\nu)}, \ldots),$$

wo das Zeichen $\mathfrak{D}$ die Bedeutung hat, welche ich ihm [hier S. 145] gegeben habe.

Sodann erhalten wir $P^{(\omega+1)}$ als die erste Ableitung von $P^{(\omega)}$, $P^{(\omega+2)}$ als die erste Ableitung von $P^{(\omega+1)}$ u. s. w. Ist γ *irgendeine transfinite* Zahl der *zweiten* oder einer *höheren* Zahlenklasse, so gründet sich der Begriff $P^{(\gamma)}$ auf die Begriffe der Ableitungen von *niedrigerer* Ordnung als γ wie folgt: ist γ eine transfinite Zahl der *ersten* Art, d. h. eine solche Zahl, welche einen ihr *nächst kleineren* Nachbar hat, den wir γ_{-1} nennen, so ist $P^{(\gamma)}$ definiert als die *erste Ableitung* von $P^{(\gamma_{-1})}$; ist hingegen γ eine transfinite Zahl der *zweiten* Art, d. h. eine solche Zahl, welche in der Reihe der ganzen Zahlen *keinen nächst vorangehenden* Nachbar hat (wie beispielsweise die Zahlen ω, ω^{ω} oder $\omega^{\omega^{\omega}} + \omega^2$), so geschieht die Definition von $P^{(\gamma)}$ mittelst der Formel

$$P^{(\gamma)} \equiv \mathfrak{D}(P^{(1)}, P^{(2)}, \ldots, P^{(\gamma')}, \ldots),$$

worin γ' alle ganzen Zahlenwerte, die *kleiner* sind als γ, zu erhalten hat.

Jedes $P^{(\gamma)}$ wird daher ein bestimmter *Bestandteil* von $P^{(\gamma')}$, falls $\gamma' < \gamma$, so daß unter letzterer Voraussetzung die Differenz

$$P^{(\gamma')} - P^{(\gamma)}$$

gleichfalls die Bedeutung einer bestimmten in $P^{(1)}$ enthaltenen Punktmenge hat, nämlich derjenigen Menge, welche übrigbleibt, wenn man von $P^{(\gamma')}$ die sämtlichen der Menge $P^{(\gamma)}$ angehörigen Punkte entfernt.

Aus diesen Erklärungen ergibt sich unmittelbar die Richtigkeit folgender Gleichung, die gültig ist für jede Zahl γ, mag diese endlich oder überendlich sein:

$$P^{(1)} \equiv \sum_{\gamma'} (P^{(\gamma')} - P^{(\gamma'+1)}) + P^{(\gamma)}, \tag{1}$$

wo γ' einen veränderlichen Index bedeutet, der alle ganzzahligen Werte von 1 an zu erhalten hat, die kleiner sind als die *gegebene* Zahl γ.

Dies alles vorausgeschickt, sei nun α irgendeine ganze Zahl der *ersten* oder *zweiten* Zahlenklasse und P eine Punktmenge von solcher Beschaffenheit, daß

$$P^{(\alpha)} \equiv 0.$$

Es soll gezeigt werden, daß $P^{(1)}$ und daher auch P (vgl. hier S. 159) von der *ersten* Mächtigkeit sind.

Zu dem Ende wenden wir obige Formel (1) an, indem wir darin $\gamma = \alpha$ voraussetzen, und haben

$$P^{(1)} \equiv \sum_{\alpha'} (P^{(\alpha')} - P^{(\alpha'+1)}),$$

wo α' ein veränderlicher Index ist, der alle ganzen Zahlen von 1 an zu durchlaufen hat, die *kleiner* sind als α.

Das auf der *rechten* Seite eigentlich noch hinzukommende Glied $P^{(\alpha)}$ fällt hier nämlich fort, weil es gleich 0 *vorausgesetzt* ist.

Jedes Glied unserer Summe auf der Rechten

$$P^{(\alpha')} - P^{(\alpha'+1)}$$

bildet eine *isolierte* Menge [vgl. hier S. 158] und ist *daher*, wie an der soeben zitierten Stelle gezeigt worden ist, falls sie aus unendlich viel Punkten besteht, von der *ersten Mächtigkeit.*

Der *Inbegriff aller* Glieder unserer Summe ist gleichfalls (falls er nicht *endlich* ist) von der *ersten* Mächtigkeit, weil nach der Definition der *zweiten* Zahlenklasse der Inbegriff aller Zahlen α', welche kleiner sind als eine *bestimmte* transfinite Zahl α der zweiten Zahlenklasse die *erste* Mächtigkeit hat. [Vgl. hier S. 198.]

Achtet man nun auf den [S. 152] angeführten Satz, so folgt aus dem eben Gesagten unmittelbar, daß $P^{(1)}$ und daher auch P von der *ersten Mächtigkeit* ist, falls diese Mengen nicht aus einer *endlichen* Anzahl von Punkten bestehen.

Theorem C. *Ist P eine innerhalb G_n gelegene Punktmenge von solcher Beschaffenheit, daß ihre erste Ableitung $P^{(1)}$ von der ersten Mächtigkeit ist, so gibt es immer Zahlen γ der ersten oder zweiten Zahlenklasse derart, daß $P^{(\gamma)}$ gleich Null wird, und von allen solchen Zahlen γ gibt es eine kleinste α.*

Beweis. In der Formel (1) von § 16 werde die Zahl $\gamma = \Omega$ gesetzt, wo unter Ω die *kleinste* Zahl der *dritten* Zahlenklasse verstanden wird. [Man vgl. hier S. 200].

Man hat alsdann

$$P^{(1)} \equiv \sum_{\gamma} (P^{(\gamma)} - P^{(\gamma+1)}) + P^{(\Omega)}, \tag{2}$$

worin der Buchstabe γ *alle* Zahlen der *ersten* und *zweiten* Zahlenklasse durchläuft.

In unserem Theorem wird vorausgesetzt, daß $P^{(1)}$ von der *ersten* Mächtigkeit sei; infolgedessen sind alle höheren Ableitungen $P^{(\gamma)}$, *weil* sie in $P^{(1)}$ *aufgehen*, gleichfalls von der *ersten* Mächtigkeit, wofern sie nicht aus einer *endlichen* Anzahl von Punkten bestehen; es kann daher die Differenz

$$P^{(\gamma)} - P^{(\gamma+1)}$$

nicht anders gleich Null werden, als indem $P^{(\gamma)}$ und daher auch $P^{(\gamma+1)}$ Null werden; denn im andern Falle wäre $P^{(\gamma)}$, wegen

$$P^{(\gamma)} \equiv P^{(\gamma+1)}$$

eine *perfekte* Menge, was dem *Satze A* widersprechen würde.

Wären daher sämtliche Ableitungen $P^{(\gamma)}$, wie hoch wir auch γ innerhalb der *ersten* oder der *zweiten* Klasse annehmen, von Null verschieden, so würden auch sämtliche Glieder

$$P^{(\gamma)} - P^{(\gamma+1)}$$

der Summe auf der Rechten unserer Gleichung (2) von Null verschieden sein.

Der Inbegriff *aller* dieser Glieder, oder, was dasselbe bedeutet, der Inbegriff aller *ganzen* Zahlen der *ersten* und *zweiten* Zahlenklasse zusammengenommen hat die *zweite* Mächtigkeit. [Man vgl. hier S. 199.] Wir würden daher auf der rechten Seite unserer Gleichung (2) eine Punktmenge stehen haben, die sicherlich von *höherer* Mächtigkeit wäre als die linke Seite unserer Gleichung, welche der Voraussetzung nach von der *ersten* Mächtigkeit ist.

Es führt also die Annahme, daß sämtliche Ableitungen $P^{(\gamma)}$ (unter γ eine Zahl der *ersten* oder *zweiten* Zahlenklasse verstanden) von Null verschieden seien, zu einem *offenbaren* Widerspruche mit der Voraussetzung, daß $P^{(1)}$ die erste Mächtigkeit hat.

Daher *muß* es Zahlen γ der *ersten* oder *zweiten* Zahlenklasse geben, so daß

$$P^{(\gamma)} \equiv 0\,,$$

und von allen solchen Zahlen γ muss es eine kleinste α geben, weil der *allgemeine* Satz besteht, daß in jedem *irgendwie definierten Inbegriffe* von ganzen Zahlen, die der ersten oder zweiten (oder auch einer höheren) Zahlenklasse angehören, ein *Minimum*, d. h. eine Zahl vorhanden sein muß, die *kleiner* ist als alle übrigen Zahlen desselben Inbegriffes. [Man vgl. hier S. 200.]

Theorem D. *Ist P eine innerhalb G_n gelegene Punktmenge von solcher Beschaffenheit, daß ihre erste Ableitung $P^{(1)}$ eine höhere Mächtigkeit als die erste hat, so gibt es immer Punkte, welche allen Ableitungen $P^{(\alpha)}$ zugleich angehören, wo α irgendeine Zahl der ersten oder zweiten Zahlenklasse ist, und der Inbegriff aller dieser Punkte, der nichts anderes ist als $P^{(\Omega)}$, ist stets eine perfekte Punktmenge.*

Beweis. Daß es immer unter der gemachten Voraussetzung über $P^{(1)}$ solche Punkte gibt, die gleichzeitig allen Ableitungen $P^{(\alpha)}$ angehören, erkennt man aus Th. I in § 15 [S. 211], wenn man außerdem Theorem B dieses Paragraphen berücksichtigt. Infolge des letzteren hat nämlich P die Beschaffenheit, daß alle ihre Ableitungen $P^{(\alpha)}$, wie hoch wir auch α in der zweiten Zahlenklasse annehmen, *von Null verschieden sind.* Diese Beschaffenheit von P genügt den *beiden* Voraussetzungen einer Beschaffenheit, welche in Theorem I durch den Buchstaben Υ bezeichnet wurde; folglich gibt es nach diesem Satze *wenigstens* einen Punkt, wir wollen ihn s nennen, von solcher Lage, daß wenn wir ihn zum Mittelpunkte einer Vollkugel $K(\varrho)$ mit dem Radius ϱ nehmen, der *Bestandteil* $P(\varrho)$ von P, welcher in diese Vollkugel fällt, ebenfalls die Beschaffenheit hat, daß alle seine Ableitungen $P^{(\alpha)}(\varrho)$

von Null verschieden sind, wie klein auch ϱ gewählt werden möge; ist daher α irgendeine ganze, zur ersten oder zweiten Zahlenklasse gehörige Zahl, so ist (da $P^{(\alpha)}(\varrho)$ ein Bestandteil von $P^{(\alpha)}$ und da es somit in jeder Nähe von s Punkte von $P^{(\alpha)}$ gibt) s ein *Grenzpunkt* von $P^{(\alpha)}$, also ein *Punkt* von $P^{(\alpha+1)}$; nun ist aber $P^{(\alpha+1)}$ ein Bestandteil von $P^{(\alpha)}$, daher also auch s ein Punkt von $P^{(\alpha)}$. Der Punkt s gehört also *allen* Ableitungen $P^{(\alpha)}$ zugleich an.

Fassen wir nun den Inbegriff $S = P^{(\Omega)}$ aller Punkte s ins Auge, welche sämtlichen Ableitungen $P^{(\alpha)}$ zugleich angehören, so überzeugt man sich leicht, daß dieser Inbegriff S eine *perfekte* Menge bildet. In der Tat muß jeder Punkt s von S ein Grenzpunkt von S sein. Wäre dies nämlich nicht der Fall, so könnte man um s als Mittelpunkt eine Vollkugel $K(\varrho, s)$ mit hinreichend kleinem Radius $\varrho \leqq \varepsilon$ legen, so daß der Teil $P^{(1)}(\varrho, s)$ von $P^{(1)}$, welcher dieser Vollkugel angehört, eine Ableitung $P^{(\Omega)}(\varrho, s)$ hat, die aus dem einzigen Punkte s besteht; es sei $\varepsilon_1, \varepsilon_2, \ldots, \varepsilon_\nu, \ldots$ eine Reihe von abnehmenden, beliebig klein werdenden Größen, welche alle kleiner sind als ε, so daß dem soeben gemeinten ϱ nach einander die Werte $\varepsilon, \varepsilon_1, \varepsilon_2, \ldots, \varepsilon_\nu, \ldots$ gegeben werden können; man hat alsdann

$$\begin{aligned} P^{(1)}(\varepsilon, s) \equiv s &+ (P^{(1)}(\varepsilon, s) - P^{(1)}(\varepsilon_1, s)) + (P^{(1)}(\varepsilon_1, s) - P^{(1)}(\varepsilon_2, s)) + \cdots \\ &+ (P^{(1)}(\varepsilon_{\nu-1}, s) - P^{(1)}(\varepsilon_\nu, s)) + \cdots. \end{aligned} \tag{3}$$

Jedes der einzelnen Glieder auf der rechten Seite ist nun endlich oder von der ersten Mächtigkeit; denn die Menge

$$P^{(1)}(\varepsilon_{\nu-1}, s) - P^{(1)}(\varepsilon_\nu, s) = Q_\nu$$

ist so beschaffen, daß $Q_\nu^{(\Omega)}$ gleich Null ist, weil sonst in das Innere der Vollkugeln $K(\varrho, s)$ $(\varrho \leqq \varepsilon)$ außer s noch andere Punkte von S fallen würden; Q_ν kann daher nach dem vorher Bewiesenen keine höhere Mächtigkeit haben als die *erste*.

Es müßte also auch wegen (3) $P^{(1)}(\varepsilon, s)$ von keiner höheren als der ersten Mächtigkeit sein, was aber nach Theorem C unverträglich damit ist, daß $P^{(\Omega)}(\varepsilon, s)$ von Null verschieden, nämlich gleich s ist.

Wir sehen daher, daß jeder Punkt s von S ein *Grenzpunkt* von S ist.

Es ist aber auch jeder Grenzpunkt s' von S ein Punkt von S, weil $P^{(\Omega+1)}$ ein Bestandteil von $P^{(\Omega)}$ ist.

Somit ist gezeigt, daß $S = P^{(\Omega)}$ eine *perfekte* Menge ist.

Theorem E. *Ist P eine innerhalb G_n gelegene Punktmenge von solcher Beschaffenheit, daß ihre erste Ableitung $P^{(1)}$ eine höhere Mächtigkeit als die erste hat, und ist $S = P^{(\Omega)}$ die perfekte Menge, deren Existenz in Theorem D ausgesprochen ist, so ist die Differenz*

$$R \equiv P^{(1)} - S$$

stets eine Punktmenge von höchstens der ersten Mächtigkeit, und wir können *daher stets und nur auf eine Weise $P^{(1)}$ in zwei Bestandteile R und S zerlegen, so daß*

$$P^{(1)} \equiv R + S,$$

wo S eine perfekte Punktmenge und R eine Punktmenge ist, die entweder endlich oder von der ersten Mächtigkeit ist.

Beweis. Um die Richtigkeit dieses Satzes einzusehen, brauchen wir nur das Theorem III in § 15 und das soeben bewiesene Theorem D anzuwenden. Es hat hier nämlich R ihrer Bedeutung nach *keinen* Punkt mit S gemein und mithin, da $S^{(1)} \equiv S$, auch keinen Punkt mit $S^{(1)}$ gemein.

Wenn wir ferner irgendeinen stetigen Teil H von G_n betrachten, der keinen Punkt von S und mithin auch keinen Punkt von $S^{(1)} \equiv S$ enthält, so muß die Teilmenge von R, wir wollen sie $\overline{R}$ nennen, welche dem Gebiete H angehört, endlich oder von der ersten Mächtigkeit sein; denn wäre $\overline{R}$ von einer höheren als der ersten Mächtigkeit, so wäre nach Theorem D die Menge $\overline{R}^{(\Omega)}$ von Null verschieden und es müßten also, da $\overline{R}$ ein Bestandteil von $P^{(1)}$ und folglich $\overline{R}^{(\Omega)}$ ein Bestandteil von $P^{(\Omega)} \equiv S$ ist, in dem Gebiete H Punkte der Menge S liegen, was unserer Voraussetzung nach nicht der Fall ist.

Es treffen also für unsere Menge R alle diejenigen Annahmen zu, welche im Theorem III in § 15 in bezug auf die dort mit demselben Buchstaben R bezeichnete Menge gemacht worden sind, wobei wir nur an Stelle der dort mit Q bezeichneten Menge unsere Menge S zu setzen haben.

Wir schließen daher mit Hilfe von Theorem III, § 15, daß unsere Menge R höchstens von der *ersten* Mächtigkeit ist, was zu beweisen war.

Theorem F. *Ist P innerhalb G_n eine beliebige Punktmenge von solcher Beschaffenheit, daß ihre erste Ableitung $P^{(1)}$ eine höhere Mächtigkeit als die erste hat, so gibt es stets eine kleinste der ersten oder zweiten Zahlenklasse zugehörige Zahl α, so daß*

$$P^{(\alpha)} \equiv P^{(\alpha+1)},$$

und es ist folglich bereits die α^{te} Ableitung von P, d. i. $P^{(\alpha)}$ gleich der perfekten Menge $P^{(\Omega)} \equiv S$.

Beweis. Nach dem Vorhergehenden ist

$$P^{(1)} \equiv R + S,$$

wo R von der *ersten* Mächtigkeit und S gleich der perfekten Menge $P^{(\Omega)}$ ist.

Nach Formel (2) dieses Paragraphen [S. 220] ist aber auch

$$P^{(1)} \equiv \sum_{\gamma} (P^{(\gamma)} - P^{(\gamma+1)}) + P^{(\Omega)}.$$

Vergleichen wir diese beiden Ausdrücke von $P^{(1)}$ und berücksichtigen, daß $P^{(\Omega)} \equiv S$, so ergibt sich für R der Ausdruck:

$$R \equiv \sum_{\gamma} (P^{(\gamma)} - P^{(\gamma+1)}). \tag{4}$$

wo der Buchstabe γ *alle* Zahlen der *ersten* und *zweiten* Zahlenklasse zu durchlaufen hat.

Da R von der *ersten* Mächtigkeit ist, dagegen die Menge der Glieder auf der rechten Seite von (3) die *zweite Mächtigkeit* hat [vgl. Nr. 5 § 12, S. 197], so schließen wir, daß es eine *kleinste* der *ersten* oder *zweiten* Zahlenklasse angehörige Zahl α geben muß, so daß

$$P^{(\alpha)} \equiv P^{(\alpha+1)}.$$

Hieraus folgt, daß $P^{(\alpha)}$ eine perfekte und daher mit $P^{(\Omega)} \equiv S$ zusammenfallende Menge ist.

Diese Sätze A, B, C, D, E, F sowohl, wie die hier entwickelten Beweise derselben waren mir zur Zeit der Abfassung von Nr. 5 dieser Abhandlung bekannt; indessen bin ich dort bei der Formulierung des Satzes E, auf S. 575, Bd. 21, [hier S. 193] etwas zu weit gegangen; so wie der Satz E dort steht, ist er nicht allgemein richtig. Aus dem Umstande nämlich, daß R höchstens von der ersten Mächtigkeit und gleichzeitig ein Bestandteil von $P^{(1)}$ ist, glaubte ich folgern zu dürfen, daß R die Ableitung eines gewissen Bestandteiles von P wäre, und schloß daraus mit Hilfe des Theorems C ganz richtig, daß es ein α geben müßte, so daß $R^{(\alpha)} \equiv 0$. Es zeigt sich nun aber, daß im allgemeinen R nicht Ableitung einer anderen Menge zu sein braucht.

Diese *wichtige* Bemerkung ist zuerst von Herrn Ivar Bendixson in Stockholm in einem an mich gerichteten Schreiben (Mai 1883) gemacht worden. Auf meinen Wunsch hat derselbe seine bei dieser Gelegenheit gefundenen Resultate, welche zum Teil mit den obigen Sätzen D, E, F übereinstimmen, ausgearbeitet und in Acta mathem. Bd. II, S. 415 publiziert.

Da hiernach $R^{(\gamma)}$ im allgemeinen für keinen Wert von γ Null zu sein braucht, so ergab sich die Frage, durch *welche Eigenschaft* die abzählbare Menge R sich von anderen Mengen der ersten Mächtigkeit unterscheide; die Beantwortung dieser Frage fand Herr Bendixson in folgendem Theorem:

Theorem G. *Ist R die in Theorem E vorkommende Menge erster Mächtigkeit, so gibt es eine kleinste der ersten oder zweiten Zahlenklasse angehörige Zahl α, so daß*

$$\mathfrak{D}(R, R^{(\alpha)}) \equiv 0.$$

Beweis. Nach Theorem F gibt es ein *kleinstes* α der ersten oder zweiten Zahlenklasse, so daß

$$P^{(\alpha)} \equiv P^{(\Omega)} \equiv S.$$

Nun hat R mit S keinen Punkt gemein, folglich ist auch

$$\mathfrak{D}(R, P^{(\alpha)}) \equiv 0.$$

Da R ein Bestandteil von $P^{(1)}$, mithin $R^{(\alpha)}$ ein Bestandteil von $P^{(\alpha)}$ ist, so hat man um so mehr auch

$$\mathfrak{D}(R, R^{(\alpha)}) = 0 \quad \text{q. e. d.}$$

An diese Theoreme knüpfen sich erläuternde und zusätzliche Bemerkungen.

Schon in Nr. 2 dieser Abhandlung [S. 148] habe ich auf den merkwürdigen Umstand hingewiesen, daß, wenn eine Punktmenge P so beschaffen ist, daß $P^{(\omega)} \equiv 0$, es alsdann immer auch eine *endliche* Zahl ν gibt, so daß schon $P^{(\nu)} \equiv 0$. Der hierin enthaltene Satz ist aber nur ein spezieller Fall eines allgemeineren, welchen man wie folgt ausdrücken kann:

Ist β irgendeine zur zweiten Zahlenklasse gehörige Zahl der zweiten Art (d. h. eine Zahl, welche in zwei Faktoren zerlegt werden kann, von denen der Multiplikandus $= \omega$ ist) und P eine Punktmenge von solcher Beschaffenheit, daß $P^{(\beta)} \equiv 0$, so gibt es stets kleinere, zur ersten oder zweiten Zahlenklasse gehörige Zahlen $\beta' < \beta$, so daß auch für sie $P^{(\beta')} \equiv 0$ ist. [Vgl. III 9 § 19, S. 340].

Um sich von der Richtigkeit dieses Satzes zu überzeugen, nehmen wir an, es sei zwar $P^{(\beta)} \equiv 0$, dagegen $P^{(\beta')}$ für jede Zahl $\beta' < \beta$ von Null verschieden. Nach Theorem I des § 15 würde es einen Punkt g von solcher Lage geben, daß in jede Vollkugel K_n mit dem Mittelpunkte g und dem Radius ϱ eine Teilmenge $P(\varrho)$ von P fiele, für welche ebenfalls alle Ableitungen $P^{(\beta')}(\varrho)$, wenn $\beta' < \beta$, von Null verschieden wären. Da wir ϱ beliebig klein annehmen können, so folgt hieraus leicht, daß der Punkt g zu jeder der Ableitungen $P^{(\beta')}$, wenn $\beta' < \beta$, als Punkt gehören und mithin auch wegen der Formel

$$P^{(\beta)} \equiv \mathfrak{D}(P^{(1)}, P^{(2)}, \ldots, P^{(\beta')}, \ldots)$$

ein Punkt von $P^{(\beta)}$ sein würde, was der Annahme widerspricht, wonach $P^{(\beta)} \equiv 0$ ist. Folglich ist die gleichzeitig von uns gemachte Voraussetzung, daß alle $P^{(\beta')}$ von Null verschieden seien, unstatthaft und es muß daher Zahlen β' geben, die kleiner sind als β und für welche $P^{(\beta')}$ ebenfalls gleich Null ist.

Aus diesem Satze folgern wir, *daß die in Theorem C mit α bezeichnete Zahl stets von der ersten Art ist,* so daß eine ihr nächst kleinere Zahl α_{-1} immer vorhanden ist; denn wäre α von der *zweiten* Art, so könnte nach dem soeben Bewiesenen α nicht die *kleinste* Zahl sein, für welche $P^{(\alpha)} \equiv 0$ wäre. Es gibt also, falls $P^{(1)}$ von der ersten Mächtigkeit ist, stets eine Zahl α_{-1}, so daß zwar $P^{(\alpha_{-1})}$ von Null verschieden, dagegen $P^{(\alpha)}$ oder, was dasselbe ist, $P^{(\alpha_{-1}+1)}$ gleich Null ist.

§ 17.

Um die Sätze der beiden vorangehenden Paragraphen noch weiter zu vervollständigen, sowie um neue Untersuchungen im folgenden bequem ausführen zu können, ist es für mich unvermeidlich, *neue Definitionen* sowohl wie *Benennungen* festzusetzen.

Zunächst will ich bemerken, daß es sich als zweckmäßig erweist, das kleinste gemeinsame Multiplum mehrerer Mengen $P_1, P_2, \ldots$, wofür wir bisher das Zeichen $\mathfrak{M}(P_1, P_2, \ldots)$ (Ann. Bd. 17, p. 355) [hier S. 145] gebraucht haben, als *Summe* der einzelnen Mengen $P_1, P_2, \ldots$ auch in denjenigen Fällen zu schreiben, wo die Mengen $P_1, P_2, \ldots$ Punkte gemeinsam haben, wobei jeder gemeinsame Punkt nur *einfach* der Menge $\mathfrak{M}(P_1, P_2, \ldots)$ zugeteilt wird.

Wir haben also von jetzt ab in allen Fällen

$$P_1 + P_2 + \cdots \equiv \mathfrak{M}(P_1, P_2, \ldots). \tag{1}$$

Man überzeugt sich nämlich leicht, daß die gewöhnlichen Kommutations- und Assoziationsregeln für die Summanden auch hier Gültigkeit haben. Nur muß beachtet werden, daß aus einer Gleichung

$$P \equiv P_1 + P_2 + \cdots$$

die folgende

$$P - P_1 \equiv P_2 + P_3 + \cdots$$

nur in dem Falle geschlossen werden kann, wo P_1 mit keiner der übrigen $P_2, P_3, \ldots$ gemeinsame Punkte hat.

Wenn ferner die Summe (1) aus einer nur *endlichen* Anzahl von Summanden besteht, sieht man ohne Schwierigkeit, daß immer folgende Regel für die Bildung der Ableitungen besteht:

$$(P_1 + P_2 + \cdots + P_\nu)^{(\alpha)} = P_1^{(\alpha)} + P_2^{(\alpha)} + \cdots + P_\nu^{(\alpha)}, \tag{2}$$

wo α irgendeine endliche oder transfinite ganze Zahl bedeutet.

Diese Regel hört jedoch im allgemeinen auf gültig zu sein, wenn die Anzahl der Teilmengen $P_1, P_2, \ldots$ unendlich groß ist.

Wenn eine Punktmenge P so beschaffen ist, daß ihre Ableitung $P^{(1)}$ in ihr als Divisor enthalten ist oder, was dasselbe ist, daß

$$\mathfrak{D}(P, P^{(1)}) \equiv P^{(1)},$$

so wollen wir P eine *abgeschlossene* Menge nennen. Zu dieser Art von Mengen gehören beispielsweise die Mengen der singulären Punkte analytischer Funktionen einer komplexen Veränderlichen. Ferner entsteht aus jeder Menge P eine *abgeschlossene*

$$\mathfrak{M}(P, P^{(1)}) \equiv P + P^{(1)}.$$

Jede Menge, welche selbst erste Ableitung einer andern Menge ist, gehört auch, wie wir wissen, zu den abgeschlossenen Mengen.

Dieser letztere Satz ist umkehrbar: *jede abgeschlossene Menge läßt sich auf unzählig viele Weisen darstellen als die erste Ableitung einer andern Menge.*

In der Tat sei P eine abgeschlossene Menge, also $P^{(1)}$ ein Bestandteil von P; wir setzen

$$P \equiv Q + P^{(1)}.$$

Es ist dann Q eine *isolierte* Menge und daher von der *ersten* Mächtigkeit; es mögen die zu ihr gehörigen Punkte mit

$$q_1, q_2, \ldots, q_\nu, \ldots$$

bezeichnet werden.

Sei ϱ_ν die hier von Null verschiedene untere Grenze der Entfernungen des Punktes q_ν von allen übrigen Punkten der Menge P; um q_ν als Mittelpunkt werde eine n-dimensionale Vollkugel K_ν mit dem Radius $\frac{\varrho_\nu}{2}$ geschlagen.

Die sämtlichen Vollkugeln K_ν liegen außer einander und können sich höchstens berühren; in das Innere von K_ν fällt kein anderer Punkt von P als ihr Mittelpunkt q_ν. [3]

Man setze nun in jede dieser Vollkugeln K_ν eine Punktmenge P_ν, deren Ableitung $P_\nu^{(1)}$ aus dem einzigen Punkte q_ν besteht, und bilde folgende Menge

$$M \equiv P^{(1)} + \sum P_\nu,$$

so hat M, wie leicht zu erkennen, zur Ableitung die Menge P, d. h. es ist

$$M^{(1)} \equiv P.$$

Denn man hat

$$P \equiv Q + P^{(1)}$$

und daher

$$P^{(1)} \equiv Q^{(1)} + P^{(2)},$$

mithin

$$P \equiv Q + Q^{(1)} + P^{(2)};$$

andererseits ist

$$M^{(1)} \equiv P^{(2)} + (\sum P_\nu)^{(1)}.$$

Es ist aber, wie man leicht erkennt,

$$(\sum P_\nu)^{(1)} \equiv Q + Q^{(1)},$$

woraus der zu beweisende Satz folgt.

Aus unsern Sätzen C, D, E, F in § 16 ergeben sich daher folgende Sätze für *abgeschlossene* Punktmengen:

Theorem C′. *Ist P irgendeine abgeschlossene Punktmenge von der ersten Mächtigkeit, so gibt es immer eine kleinste der ersten oder zweiten Zahlenklasse zugehörige Zahl α, so daß $P^{(\alpha)}$ gleich Null ist, oder was dasselbe heißen soll, solche Mengen sind immer reduktibel.*

Theorem E′. *Ist P eine abgeschlossene Punktmenge von höherer als der ersten Mächtigkeit, so zerfällt P und zwar nur auf eine Weise in eine perfekte Menge S und eine Menge von der ersten Mächtigkeit R, so daß*

$$P \equiv R + S,$$

und es existiert eine kleinste der ersten oder zweiten Zahlenklasse zugehörige Zahl α, *so daß* $P^{(\alpha)}$ *gleich* S *wird.*

Es ist ferner wichtig den Fall ins Auge zu fassen, daß eine Menge P *Divisor ihrer Ableitung* $P^{(1)}$ *ist* oder, was dasselbe ist, daß

$$\mathfrak{D}(P, P^{(1)}) \equiv P;$$

unter solchen Umständen wollen wir P eine *in sich dichte Menge* nennen.

Ist P *irgendeine in sich dichte Menge, so ist ihre Ableitung* $P^{(1)}$ *stets eine perfekte Menge.*

Denn einerseits ist ja *immer* $P^{(2)}$ Divisor von $P^{(1)}$; in unserm Falle ist aber auch $P^{(1)}$ Divisor von $P^{(2)}$; denn schreiben wir

$$P^{(1)} \equiv N + P,$$

so folgt daraus

$$P^{(2)} \equiv N^{(1)} + P^{(1)};$$

d. h. $P^{(1)}$ ist mit allen seinen Punkten in $P^{(2)}$ enthalten. Folglich sind die beiden Mengen $P^{(1)}$ und $P^{(2)}$ identisch dieselben und es ist daher $P^{(1)}$ eine *perfekte* Menge.

Dann ist auch der Fall hervorzuheben, wo eine Menge P eine solche Beschaffenheit hat, daß *kein* Bestandteil, d. h. *keine* Teilmenge von P *in sich dicht* ist; in diesem Falle nennen wir die Menge P eine *separierte Menge.*

Die *isolierten* Mengen bilden offenbar eine besondere Klasse von *separierten* Mengen. Ferner ist hervorzuheben, daß *alle abgeschlossenen Mengen erster Mächtigkeit* separierte Mengen sind, weil sie sonst nicht *reduktibel* wären, und daß auch alle diejenigen Mengen erster Mächtigkeit, welche in den Theoremen E, E' und G (§ 16) vorkommen und dort mit R bezeichnet wurden, *separierte* Mengen sind.

Würde nämlich R einen Bestandteil M haben, welcher *in sich dicht* ist, so würde $R^{(\alpha)}$ den Bestandteil $M^{(1)}$ haben, weil $M^{(1)}$ eine perfekte Menge ist, die in *allen* Ableitungen von R erhalten bleibt; da zudem M als in sich dichte Menge ein Bestandteil von $M^{(1)}$ ist, so würde der Bestandteil M von R ebenfalls in $R^{(\alpha)}$ enthalten sein, was in Widerspruch zu dem Bendixsonschen Satze G (§ 16) treten würde. Also hat R keinen Bestandteil, welcher *in sich dicht* ist, und es gehört also R immer zu der Klasse der *separierten Mengen.*

Zu den *separierten* Mengen gehört auch *immer*, was auch P sei, die Menge

$$P - \mathfrak{D}(P, P^{(\Omega)}),$$

von welcher man zugleich stets behaupten kann, daß sie von der ersten Mächtigkeit ist, was leicht mittels des Theorems III in § 15 [S. 214] bewiesen wird. Auf die Frage, ob eine *separierte* Menge auch von höherer als der ersten Mächtigkeit sein kann, kommen wir später.

Der Begriff „*in sich dicht*" steht natürlich in einer gewissen Verwandtschaft zu dem schon früher oft von mir gebrauchten „*überalldicht*", um so mehr müssen wir sie auseinander halten und jeder Verwechslung zwischen ihnen vorbeugen.

Der Ausdruck „*in sich dicht*" bezeichnet *für sich* eine bestimmte Beschaffenheit einer Menge; dagegen hat „*überalldicht*" an und für sich nicht die Bedeutung einer Mengenbeschaffenheit, sondern erlangt solche erst dadurch, daß man ihn in Verbindung mit einem bestimmten n-dimensionalen stetigen Bestandteil H von G_n braucht, indem man von einer Menge P sagt, sie sei „*überalldicht in H*".

Macht man sich diesen wesentlichen Unterschied klar, so folgt von selbst, daß eine Menge P sehr wohl *in sich dicht* sein kann, *ohne* daß sie in irgendwelchem Teilgebiete H von G_n *überalldicht* wäre, und daß auch umgekehrt eine Menge P *in einem Teilgebiete H überalldicht* sein kann, ohne daß sie *in sich dicht* zu sein braucht, falls nämlich P auch außerhalb des Gebietes H zugehörige Punkte besitzt.

Liegt andrerseits P ganz im Gebiete H und ist *darin überalldicht*, so ist unmittelbar klar, daß in einem solchen Falle P auch *in sich dicht* genannt werden muß.

§ 18.

[4] *Jeder* Punktmenge P innerhalb G_n, sie mag *kontinuierlich* oder *diskontinuierlich* sein, kommt eine bestimmte *nicht negative Zahlgröße* zu, welche wir ihren *Inhalt* oder ihr *Volumen mit Bezug auf ihre Teilnehmerschaft an dem ebenen n-dimensionalen Raum G_n*, oder, wie wir uns kürzer ausdrücken wollen, *mit Bezug auf G_n* nennen wollen. Diese Zahlgröße ist in allen Fällen, in welchen man bisher von *Volumen* oder *Inhalt* gesprochen hat (wenn nämlich P ein aus einem oder mehreren n-dimensionalen Stücken bestehender Teil von G_n ist) *gleich* dem n-fachen Integral

$$\int dx_1\, dx_2 \ldots dx_n,$$

wobei die Integration über alle Elemente des betreffenden Raumteiles P ausgedehnt wird. Sie hat aber auch in *allen anderen* Fällen ihre *bestimmte Bedeutung* und einen *einzigen Wert.* Wegen ihrer Abhängigkeit sowohl von P wie auch von dem ebenen Raume G_n, in welchem P enthalten ist, wollen wir diese Zahlgröße mit

$$I(P \text{ in } G_n)$$

oder einfach mit

$$I(P)$$

bezeichnen, letzteres in den Fällen, wo in der laufenden Betrachtung die Heranziehung mehrerer *ebener* Räume G_n, $G'_m, \ldots$, denen P gemeinschaftlich angehören könnte, ausgeschlossen und daher eine Verwechselung nicht möglich ist. Zu dieser Verallgemeinerung des *Inhaltsbegriffes* gelangt man durch die Betrachtung einer gewissen Funktion einer positiven unbeschränkten Variablen ϱ, die wir *die zu der gegebenen Punktmenge P mit Bezug auf G_n gehörige charakteristische Funktion nennen* und je nach Bedarf mit

$$F(\varrho, P \text{ in } G_n)$$

oder, falls dies ausreicht, einfacher mit

$$F(\varrho, P) = F(\varrho)$$

bezeichnen wollen.

Ist nämlich irgendeine *ganz in das Endliche fallende* Punktmenge P innerhalb G_n gegeben, so bilde man um *jeden* der abgeschlossenen Menge

$$\mathfrak{M}(P, P^{(1)}) \equiv P + P^{(1)}$$

zugehörigen Punkt p eine n-dimensionale Vollkugel mit dem Mittelpunkt p und dem Radius ϱ; wir wollen sie, als Menge mit allen inneren und auf der Begrenzung liegenden Punkten aufgefaßt, mit

$$K(\varrho, p)$$

bezeichnen.

Der Inbegriff *aller* dieser Vollkugeln, welchen man erhält, indem man p *alle* Punkte der Menge $P + P^{(1)}$ durchlaufen läßt, hat nun ein bestimmtes kleinstes gemeinschaftliches Multiplum

$$\sum_p K(\varrho, p),$$

welcher Punktmenge wir die Bezeichnung

$$\Pi(\varrho, P \text{ in } G_n)$$

oder die einfachere

$$\Pi(\varrho, P)$$

oder

$$\Pi(\varrho)$$

je nach Umständen geben wollen.

Diese Punktmenge $\Pi(\varrho)$ ist nun, weil P ganz im *Endlichen* liegend vorausgesetzt ist, wie man leicht sieht, immer ein aus einer *endlichen Anzahl* von Stücken bestehender Teil des Raumes G_n, wo *jedes dieser Stücke ein n-dimensionales Kontinuum mit dazu gehöriger Begrenzung darstellt.* Es hat also das n-fache Integral

$$\int dx_1\, dx_2 \ldots dx_n,$$

ausgeführt über alle Elemente des Raumteiles $\Pi(\varrho)$ einen bestimmten Wert, der sich mit ϱ ändert; diesen Wert nennen wir $F(\varrho)$, so daß wir also folgende Definition der *zu einer gegebenen Punktmenge P mit Bezug auf G_n*

gehörigen charakteristischen Funktion erhalten:

$$F(\varrho, P \text{ in } G_n) = \int\limits_{(\Pi(\varrho, P \text{ in } G_n))} dx_1 dx_2 \ldots dx_n. \tag{1}$$

Bemerken wir nun, daß $F(\varrho)$, wie leicht erkannt wird, eine mit ϱ gleichzeitig abnehmende stetige Funktion von ϱ ist, deren Derivierte $F'(\varrho)$ sogar auch eine ganz bestimmte Bedeutung hat, indem sie nämlich in gewissem Sinne den Inhalt der Begrenzung von $\Pi(\varrho)$ ausdrückt, so folgt, daß mit beliebigem Abnehmen der Größe ϱ die Funktion $F(\varrho)$ sich einem bestimmten, nicht negativen Grenzwert $\lim\limits_{\varrho=0} F(\varrho)$ beliebig nähert; *diesen Grenzwert nennen wir den Inhalt oder das Volumen der Menge P mit Bezug auf den ebenen Raum G_n* und haben daher die Definitionsgleichung

$$I(P \text{ in } G_n) = \lim_{\varrho=0} F(\varrho, P \text{ in } G_n) \tag{2}$$

oder einfacher geschrieben

$$I(P) = \lim_{\varrho=0} F(\varrho).$$

Sind P und Q zwei Punktmengen von solcher Lagenbeziehung, *daß völlig getrennte n-dimensionale Raumteile H und H' angegeben werden können, so daß P ganz in H, Q ganz in H' enthalten ist,* so gilt, wie leicht zu zeigen, der Satz, daß

$$I(P + Q) = I(P) + I(Q).$$

Läßt man aber die gemachte Voraussetzung über P und Q fallen, so gilt dieser Satz im allgemeinen *nicht.*

Zunächst beweisen wir nun den *Fundamentalsatz, daß der Inhalt einer Menge P stets gleich ist dem Inhalt ihrer Ableitung $P^{(1)}$ mit Bezug auf denselben ebenen Raum G_n, oder daß immer die Gleichung besteht*

$$I(P \text{ in } G_n) = I(P^{(1)} \text{ in } G_n). \tag{3}$$

Der Beweis dafür wird wie folgt geführt: sei ε eine beliebige positive Größe, die wir fürs erste als gegeben ansehen, später aber gegen Null abnehmen lassen werden.

Sei ferner H ein ganz im Endlichen gelegener n-dimensionaler Teil von G_n, der nur so groß anzunehmen ist, daß der Raumteil $\Pi(\varepsilon, P)$ und mithin auch die Mengen P und $P^{(1)}$ ganz in ihn hineinfallen.

Wir wollen nun, während die zu P gehörige charakteristische Funktion mit $F(\varrho)$ bezeichnet wird, die zu $P^{(1)}$ gehörige charakteristische Funktion mit $F_1(\varrho)$ bezeichnen, so daß also $F_1(\varrho)$ genau geschrieben gleich ist $F(\varrho, P^{(1)} \text{ in } G_n)$. Betrachten wir nun den Raumteil $\Pi(\varepsilon, P^{(1)})$, so ist derselbe enthalten in $\Pi(\varepsilon, P)$ und daher auch in H.

Der Raumteil

$$\Delta_1 \equiv H - \Pi(\varepsilon, P^{(1)})$$

wird nun samt seiner Begrenzung höchstens eine *endliche* Anzahl von Punkten der Menge P enthalten, weil in ihm kein *einziger* Punkt der Menge $P^{(1)}$ vorkommt. Wir wollen die Menge dieser in endlicher Anzahl vorkommenden Punkte mit Q bezeichnen.

Unter ϱ wollen wir nun eine positive Größe verstehen, die kleiner als ε ist und gegen Null konvergiert.

Wir haben alsdann erstens

$$F(\varrho) - F_1(\varrho) \geqq 0,$$

weil $\Pi(\varrho, P^{(1)})$ stets *innerhalb* $\Pi(\varrho, P)$ gelegen ist.

Andrerseits können wir ϱ immer *so klein* nehmen, daß $\Pi(\varrho, P-Q)$ ganz in den Raumteil $\Pi(\varepsilon, P^{(1)})$ zu liegen kommt, weil die Punkte der Menge $P-Q$ nirgends der Begrenzung von $\Pi(\varepsilon, P^{(1)})$ unendlich nahe kommen (sonst würde diese Begrenzung Punkte von $P^{(1)}$ in sich haben, was ihrer Natur entgegen ist) [5]; von einem *hinreichend kleinen* ϱ an ist also immer

$$F(\varrho, P-Q) < F_1(\varepsilon).$$

Folglich haben wir

$$F(\varrho) - F_1(\varrho) < (F_1(\varepsilon) - F_1(\varrho)) + (F(\varrho) - F(\varrho, P-Q)),$$

während schon vorher gesehen wurde, daß

$$F(\varrho) - F_1(\varrho) \geqq 0.$$

Nun haben aber die beiden Mengen P und $P-Q$, weil sie sich nur um eine *endliche* Anzahl von Punkten unterscheiden, *gleiche* Inhalte, es wird also die Differenz $F(\varrho) - F(\varrho, P-Q)$ mit ins unendliche abnehmendem ϱ selbst unendlich klein; wir schließen daher aus den beiden soeben geschriebenen Ungleichungen, daß

$$I(P) - I(P^{(1)})$$

seinem absoluten Betrage nach nicht größer ist als

$$F_1(\varepsilon) - I(P^{(1)}).$$

Hier ist ε eine ganz beliebige positive Größe, die wir daher *jetzt* auch gegen Null konvergieren lassen können; unter solchen Verhältnissen nähert sich die letztere Differenz selbst der Null und es muß also $I(P)$ gleich $I(P^{(1)})$ sein, worin der zu beweisende Satz liegt.

Es besteht nun aber auch der allgemeinere Satz:

Ist γ irgendeine endliche oder der zweiten Zahlenklasse angehörige transfinite Zahl, P eine beliebige Punktmenge in G_n, so ist immer

$$I(P \text{ in } G_n) = I(P^{(\gamma)} \text{ in } G_n). \tag{4}$$

Zum Beweise wenden wir ein vollständiges Induktionsverfahren an; wir nehmen an, es sei bei *jeder* Punktmenge P erwiesen, daß für *alle Werte von* γ', *die kleiner sind als ein gegebenes* der ersten oder zweiten Zahlenklasse angehöriges γ, die Gleichung besteht

$$I(P) = I(P^{(\gamma')})$$

und wollen nun zeigen, daß alsdann auch

$$I(P) = I(P^{(\gamma)}).$$

In dem Falle, daß γ eine Zahl der *ersten* Art ist, so daß eine ihr *nächst* vorhergehende Zahl γ_{-1} existiert, hat dieses keine Schwierigkeit; denn da unter diesen Umständen

$$(P^{(\gamma_{-1})})^{(1)} = P^{(\gamma)},$$

so folgt aus dem soeben bewiesenen Satze

$$I(P^{(\gamma_{-1})}) = I(P^{(\gamma)}),$$

und daher auch

$$I(P) = I(P^{(\gamma)}).$$

Nehmen wir nun *zweitens* an, es sei γ eine *transfinite* Zahl der *zweiten* Art.

Betrachten wir hier den Raumteil

$$\Pi(\varepsilon, P^{(\gamma)})$$

innerhalb H und bezeichnen die Differenz

$$H - \Pi(\varepsilon, P^{(\gamma)})$$

mit Δ_γ.

Was die positive Größe ε anbetrifft, so wollen wir sie nur so gewählt denken, daß auf die Begrenzung von $\Pi(\varepsilon, P^{(\gamma)})$ *kein einziger* Punkt der *abzählbaren* Punktmenge $(P + P^{(1)}) - P^{(\gamma)}$ fällt; eine solche Wahl von ε und selbst *unter jeder Kleinheitsgrenze* ist stets möglich, wie mit Anwendung meines in Nr. 1 dieser Abhandlung [hier S. 143] bewiesenen Satzes leicht erkannt wird.

In dem Raumteil Δ_γ ist ein gewisser, im allgemeinen aus unendlich viel Punkten zusammengesetzter Bestandteil von $P + P^{(1)}$ enthalten, den wir Q_γ nennen wollen.

Die Menge Q_γ ist nun offenbar von der Art, daß *ihre* γ^{te} *Ableitung Null* ist; denn sonst würde außerhalb des Raumteiles

$$\Pi(\varepsilon, P^{(\gamma)})$$

zum mindesten ein Punkt von $P^{(\gamma)}$ liegen, was nicht der Fall ist.

Da γ eine transfinite Zahl der *zweiten* Art ist, so muß es (s. § 16 gegen Schluß) [S. 225] sogar noch eine kleinere Zahl $\bar{\gamma} < \gamma$ geben, so daß auch die $\bar{\gamma}^{\text{te}}$ Ableitung von Q_γ gleich Null ist.

Da aber unser zu beweisende Satz als richtig vorausgesetzt wird für alle Punktmengen, also auch für Q_γ, und für alle $\gamma' < \gamma$, so schließen wir, daß

$$I(Q_\gamma) = I\left(Q_\gamma^{(\bar{\gamma})}\right) = 0 \tag{5}$$

ist.

Da ferner die beiden Punktmengen Q_γ und $(P + P^{(1)}) - Q_\gamma$ derart außer einander liegen, daß die eine in dem Raumteil Δ_γ, die andere in dem davon gänzlich getrennten Raumteile $\Pi(\varepsilon - \varkappa, P^{(\gamma)})$ (für ein hinreichend kleines $\varkappa$, wie sogleich gezeigt wird) liegt, so haben wir

$$I(P) = I(P + P^{(1)}) = I((P + P^{(1)}) - Q_\gamma) + I(Q_\gamma)$$

und wegen $I(Q_\gamma) = 0$

$$I(P) = I((P + P^{(1)}) - Q_\gamma). \tag{6}$$

Unter ϱ verstehen wir nun eine beliebige Größe, die kleiner ist als ε und außerdem *so klein* ist, daß $\Pi(\varrho, (P + P^{(1)}) - Q_\gamma)$ ganz in den Raumteil $\Pi(\varepsilon, P^{(\gamma)})$ zu liegen kommt; letztere Bedingung ist erfüllbar, weil ε so gewählt worden ist, daß auf der Begrenzung von $\Pi(\varepsilon, P^{(\gamma)})$ *kein einziger* Punkt der Menge $(P + P^{(1)}) - P^{(\gamma)}$ liegt; dies hat zur Folge, daß die Punkte der Menge $P + P^{(1)}$ *nicht beliebig nahe* an diese Begrenzung heranrücken, weil diese sonst einen Punkt von $P^{(\gamma)}$ in sich aufnehmen würde, was offenbar eine Unmöglichkeit ist, da *alle* Punkte von $P^{(\gamma)}$ zum *mindesten* in der Entfernung ε von dieser Begrenzung abstehen.

Folglich haben wir für *hinreichend kleine* Werte von ϱ

$$F(\varrho, (P + P^{(1)}) - Q_\gamma) < F(\varepsilon, P^{(\gamma)}),$$

mithin auch

$$F(\varrho, P) - F(\varrho, P^{(\gamma)}) < (F(\varepsilon, P^{(\gamma)}) - F(\varrho, P^{(\gamma)}))$$
$$+ (F(\varrho, P) - F(\varrho, (P + P^{(1)}) - Q_\gamma)).$$

Anderseits ist offenbar

$$F(\varrho, P) - F(\varrho, P^{(\gamma)}) \geqq 0.$$

Lassen wir nun ϱ unendlich klein werden, so folgt in Rücksicht auf (6), daß die Differenz

$$I(P) - I(P^{(\gamma)})$$

ihrem absoluten Betrage nach nicht größer ist als

$$F(\varepsilon, P^{(\gamma)}) - I(P^{(\gamma)}).$$

Hier ist ε eine beliebige positive Größe, die nur an gewisse Voraussetzungen geknüpft ist, *welche jedoch ihre Kleinheit nicht beschränken;* lassen wir daher ε unendlich klein werden, so folgt, daß

$$I(P) = I(P^{(\gamma)}).$$

Wir können daher den Satz (4) als durch *vollständige* Induktion bewiesen ansehen; aus ihm ergeben sich nun die Folgerungen:

I. *Wenn P eine reduktible Menge ist, so ist ihr Inhalt $I(P)$ immer gleich Null.*

In der Tat gibt es in diesem Falle, ein kleinstes α, so daß

$$P^{(\alpha)} \equiv 0;$$

folglich ist $I(P^{(\alpha)})$ und daher auch $I(P)$ gleich Null.

Dieser Satz ist eine Verallgemeinerung meines in Nr. 4 dieser Abhandlung [S. 161] für *lineare* reduktible Mengen bewiesenen Satzes.

II. *Wenn P nicht reduktibel ist, so gibt es immer eine perfekte Menge S, die denselben Inhalt hat wie P, so daß*

$$I(P \text{ in } G_n) = I(S \text{ in } G_n). \tag{7}$$

Denn nach Th. E in § 16 [S. 222] gibt es eine perfekte Menge S, so daß für ein kleinstes der ersten oder zweiten Zahlenklasse angehöriges α

$$P^{(\alpha)} \equiv S;$$

also haben wir nach (4)

$$I(P) = I(S).$$

Hieraus folgt, *daß die Bestimmung der Inhalte von beliebigen Punktmengen immer zurückgeführt ist auf die Herstellung der Inhalte perfekter Punktmengen.*

In einer späteren Abhandlung werde ich das letztere Problem ausführlich in seiner Allgemeinheit behandeln und beschränke mich daher hier auf folgende Bemerkungen.

Bei einer perfekten Punktmenge kommt es oft vor, daß ihr Inhalt gleich Null ist, doch kann dies nur dann eintreten, wenn die perfekte Punktmenge in *keinem* n-dimensionalen Teilgebiete von G_n *überalldicht* ist.

Ein Beispiel von *linearen* perfekten Punktmengen mit *dem Inhalte Null* wird von mir in der Anmerkung[11]) zu Nr. 5 [S. 207] angeführt. Ähnliche Beispiele lassen sich innerhalb G_n für $n > 1$ leicht bilden.

Ist dagegen eine perfekte Punktmenge innerhalb eines gewissen n-dimensionalen Raumteiles H *überalldicht*, so ist ihr Inhalt offenbar von Null verschieden.

Andrerseits gibt es aber auch perfekte Mengen, die in *keinem noch so kleinen n-dimensionalen Raumteile überalldicht sind und deren Inhalt trotzdem einen von Null verschiedenen Wert hat.*

In den mathematisch-physikalischen Anwendungen der Mengenlehre [6], über welche ich demnächst die von mir angestellten Untersuchungen veröffentlichen werde, spielt ein noch allgemeinerer Begriff als der hier mit $I(P)$ bezeichnete eine wesentliche Rolle.

Ist $\varphi(x_1, x_2, \ldots x_n)$ irgendeine *unbedingt* integrierbare Funktion der n Koordinaten eines beliebigen Punktes von G_n und P irgendeine in G_n, ganz im Endlichen gelegene Punktmenge, $\Pi(\varrho, P \text{ in } G_n)$ der im vorigen definierte Raumteil, so stellt uns das Integral

$$\int\limits_{(\Pi(\varrho,\, P \text{ in } G_n))} \varphi(x_1, x_2, \ldots, x_n)\, dx_1\, dx_2 \ldots dx_n$$

eine stetige Funktion von ϱ dar, deren Grenzwert für $\operatorname{Lim} \varrho = 0$ eine von P sowohl wie von der Funktion $\varphi(x_1, x_2, \ldots, x_n)$ abhängige Zahl liefert, die ich mit $I(\varphi(x_1, x_2, \ldots, x_n), P \text{ in } G_n)$ oder kürzer mit $I(\varphi(x_1, x_2, \ldots, x_n), P)$ bezeichne, so daß unser $I(P)$ nichts andres ist als $I(1, P)$.

§ 19.

Wir wollen nun zu einer genaueren Untersuchung der *perfekten Mengen* übergehen.

Da jede solche Punktmenge gewissermaßen *in sich begrenzt, abgeschlossen* und *vollendet* ist, so zeichnen sich die *perfekten Mengen* vor allen anderen Gebilden durch besondere Eigenschaften aus.

Sie dürften aber auch noch aus dem Grunde eine generelle und ausführliche Behandlung verdienen, weil die sämtlichen *Kontinua*, wenn wir dieses Wort in dem Sinne nehmen, wie ich ihn in der vorigen Nummer dieser Abhandlung, in Nr. 5 § 10 [hier S. 194] gebraucht habe, zu ihnen gehören; denn unter einem *Kontinuum* im *eigentlichen Sinne* verstehe ich jede *perfekte* Punktmenge, die *in sich zusammenhängend* ist; was ich hierbei mit „*zusammenhängend*" sagen will, ist gleichfalls an der soeben erwähnten Stelle erklärt worden.

Alle *übrigen* Kontinua, welche ich am Schluß von Nr. 5 [S. 208] *Semikontinua* genannt habe, lassen sich gewissermaßen durch *Addition* und *Subtraktion* aus perfekten Punktmengen und aus solchen Punktmengen, die aus einer endlichen Anzahl von Punkten oder auch aus einer unendlichen Anzahl von der *ersten Mächtigkeit* zusammengesetzt sind, herstellen; aus diesem Grunde scheint mir die Untersuchung der *perfekten Kontinua* derjenigen der *Semikontinua* vorangehen zu müssen.

Bei aller Verschiedenheit, welche wir in der *reichhaltigen Klasse* der *perfekten Punktmengen* kennen lernen werden, indem sowohl in Ansehung ihres „*Inhaltes*" wie auch in bezug auf ihre *innere* und *äußere Gestaltung* die merkwürdigsten und zum Teil seltsamsten Varietäten sich unter ihnen vorfinden, haben sie doch *alle* ein *Gemeinsames*; sie sind *alle* von *gleicher Mächtigkeit* und folglich, da die *Kontinua* zu ihnen gehören, sind sie *alle von der Mächtigkeit des Linearkontinuums*, also beispielsweise von der Mächtigkeit des *Inbegriffs aller rationalen und irrationalen Zahlen, die größer oder gleich Null und kleiner oder gleich Eins sind.*

In Crelles Journ. Bd. 84 [hier III 2, S. 119] ist bereits gezeigt worden, daß die Mächtigkeit *n-dimensionaler Kontinua* dieselbe ist, wie die des *eindimensionalen Linearkontinuums*. Wir werden im weiteren Verlaufe dieser Untersuchung diese merkwürdige Tatsache von neuem zu bestätigen Veranlassung finden.

Zunächst aber will ich meine Betrachtungen wieder auf die linearen Punktmengen beschränken und einen Beweis für den Satz entwickeln, daß alle *linearen perfekten Mengen gleiche Mächtigkeit* haben oder, was dasselbe heißt, daß je zwei solche Mengen in eine Beziehung zueinander gesetzt werden können, welcher gemäß gewissermaßen *die eine als eine [umkehrbar] eindeutige Funktion der andern* betrachtet werden kann.

Sei zunächst S eine *lineare, perfekte, im Intervall* $(0 \ldots 1)$ *eingeschlossene Punktmenge, welche in keinem noch so kleinen Intervall überalldicht ist und welcher die Punkte* 0 *und* 1 *zugehörig sind*; alle anderen *in keinem noch so kleinen Intervalle überalldichten* Punktmengen lassen sich *projektivisch* auf die soeben charakterisierten zurückführen; wenn also von S gezeigt sein wird, daß ihre Mächtigkeit gleich ist der Mächtigkeit des Linearkontinuums $(0 \ldots 1)$, so ist damit das gleiche bewiesen für alle linearen perfekten Mengen, *die in keinem Intervalle überalldicht* sind.

Den einfachen Betrachtungen zufolge, welche in Nr. 4 dieser Arbeit [S. 161] angestellt worden sind, gehört zu unsrer Menge S eine *bestimmte unendliche Menge von in* $(0 \ldots 1)$ *enthaltenen*, völlig voneinander getrennten *Teilintervallen*, durch deren Endpunkte, welche zusammengenommen eine *in sich dichte, aber in keinem noch so kleinen Intervalle überalldichte* Punktmenge *erster Mächtigkeit* bilden, die *perfekte Menge S völlig bestimmt ist*, indem sie die *erste Ableitung* von jener, welche wir J nennen wollen, darstellt, so daß

$$S \equiv J^{(1)}. \tag{1}$$

S besteht sonach aus zwei zu unterscheidenden Bestandteilen, nämlich aus J und aus einer *andern in sich dichten aber in keinem noch so kleinen Intervalle überalldichten* Punktmenge, die wir L nennen wollen, so daß

$$S \equiv J + L. \tag{2}$$

Diese letztere Menge L wird nämlich von allen *Grenzpunkten* der Menge J gebildet, die nicht J selbst zugehörig sind.

Wir wollen uns jene Teilintervalle, deren Endpunkte die Menge J konstituieren, ihrer *Größe* nach geordnet denken, so daß die *kleineren* auf die *größeren* folgen, und wenn gleich große unter ihnen vorkommen, die mehr nach links gelegenen früher geschrieben werden, als die mehr nach rechts fallenden; in *dieser* Anordnung mögen sie folgende unendliche Reihe bilden:

$$(a_1 \ldots b_1),\ (a_2 \ldots b_2),\ \ldots,\ (a_\nu \ldots b_\nu) \ldots \tag{3}$$

Den Inbegriff aller Punkte a_ν wollen wir mit $\{a_\nu\}$, den aller Punkte b_ν mit $\{b_\nu\}$ bezeichnen und für einen beliebigen der zur Menge L gehörigen Punkte das Zeichen l wählen, so daß wir haben

$$J \equiv \{a_\nu\} + \{b_\nu\}; \quad L \equiv \{l\}; \quad S \equiv \{a_\nu\} + \{b_\nu\} + \{l\}. \tag{4}$$

Ich will noch folgendes aus dem Begriffe von S leicht sich ergebende ausdrücklich hervorheben:

Die Endpunkte 0 und 1 gehören dem Bestandteile L von S an; zwischen irgend zweien Intervallen $(a_\mu \ldots b_\mu)$ und $(a_\nu \ldots b_\nu)$ der Reihe (3) liegen immer unendlich viele andere Intervalle derselben Reihe; in jeder beliebigen Nähe eines einzelnen von den Punkten a_ν oder b_ν oder l liegen Intervalle der Reihe (3) von beliebiger Kleinheit.

Nachdem wir solchermaßen den Begriff unsrer Menge S vollständig analysiert haben, geben wir uns *irgendeine abzählbare* lineare Punktmenge

$$\varphi_1, \varphi_2, \ldots, \varphi_\nu, \ldots, \tag{5}$$

die nur folgenden Bedingungen unterworfen ist:

1. *alle Punkte* φ_ν *sind untereinander verschieden*;
2. *sie fallen alle in das Intervall* $(0 \ldots 1)$;
3. *die Endpunkte* 0 *und* 1 *dieses Intervalles gehören nicht zu der Menge* $\{\varphi_\nu\}$ *und*
4. *die Menge* $\{\varphi_\nu\}$ *ist im Intervalle* $(0 \ldots 1)$ *überalldicht.*

Ich behaupte nun folgendes:

zwischen der Punktmenge $\{\varphi_\nu\}$ *einerseits und der Intervallmenge* $\{(a_\nu \ldots b_\nu)\}$ *andrerseits läßt sich immer eine solche gesetzmäßige, gegenseitig eindeutige und vollständige Korrespondenz ihrer Elemente herstellen, daß, wenn* $(a_\nu \ldots b_\nu)$ *und* $(a_\mu \ldots b_\mu)$ *irgend zwei Intervalle der Intervallmenge,* $\varphi_{\varkappa_\nu}$ *und* $\varphi_{\varkappa_\mu}$ *die zu ihnen gehörigen Punkte der Punktmenge* $\{\varphi_\nu\}$ *sind, alsdann stets* $\varphi_{\varkappa_\nu}$ *links oder rechts von* $\varphi_{\varkappa_\mu}$ *liegt, je nachdem das Intervall* $(a_\nu \ldots b_\nu)$ *links oder rechts von dem Intervalle* $(a_\mu \ldots b_\mu)$ *fällt, oder, was dasselbe heißen soll, daß die Lagenbeziehung der Punkte* $\varphi_{\varkappa_\nu}$ *und* $\varphi_{\varkappa_\mu}$ *stets dieselbe ist wie die Lagenbeziehung der ihnen entsprechenden Intervalle* $(a_\nu \ldots b_\nu)$ *und* $(a_\mu \ldots b_\mu)$.

Um eine solche Beziehung zwischen den beiden Mengen $\{\varphi_\nu\}$ und $\{(a_\nu \ldots b_\nu)\}$ herzustellen, kann man wie folgt verfahren:

Man setze $\varkappa_1 = 1$, d. h. man ordne dem Intervall $(a_1 \ldots b_1)$ den Punkt φ_1 zu; dem Intervalle $(a_2 \ldots b_2)$ ordne man den mit *kleinstem Index* versehenen, also bei Verfolgung der Reihe (5) *zuerst* hervortretenden Punkt $\varphi_{\varkappa_2}$ zu, der zu φ_1 dieselbe Lagenbeziehung hat wie das Intervall $(a_2 \ldots b_2)$ zum Intervall $(a_1 \ldots b_1)$; dem Intervalle $(a_3 \ldots b_3)$ ordne man den mit kleinstem Index versehenen, d. h. bei Verfolgung der Reihe (5) zuerst hervortretenden Punkt $\varphi_{\varkappa_3}$ zu, der *sowohl* zu φ_1, wie auch zu φ_2 dieselbe Lagenbeziehung hat, wie das Intervall $(a_3 \ldots b_3)$ respektive zu den beiden Intervallen $(a_1 \ldots b_1)$ und $(a_2 \ldots b_2)$; nach diesem Gesetze gehen wir weiter, so daß, nachdem den ν *ersten* Intervallen der Reihe (3) die Punkte

$$\varphi_{\varkappa_1}, \varphi_{\varkappa_2}, \ldots, \varphi_{\varkappa_\nu}$$

zugeordnet sind, welche untereinander dieselbe Lagenbeziehung erhalten, wie sie die entsprechenden Intervalle untereinander haben, alsdann dem nächst folgenden Intervall $(a_{\nu+1} \ldots b_{\nu+1})$ der Reihe (3) der mit dem *kleinsten Index* versehene Punkt $\varphi_{\varkappa_{\nu+1}}$ der Reihe (5) zugeordnet wird, welcher dieselbe Lagenbeziehung zu *allen* Punkten $\varphi_{\varkappa_1}, \varphi_{\varkappa_2}, \ldots, \varphi_{\varkappa_\nu}$ besitzt, wie sie das Intervall

$(a_{\nu+1} \ldots b_{\nu+1})$ zu den entsprechenden Intervallen $(a_1 \ldots b_1)$, $(a_2 \ldots b_2)$, $\ldots$, $(a_\nu \ldots b_\nu)$ hat.

Klar ist zunächst, daß auf diese Weise *allen* Intervallen der Reihe (3) *bestimmte* Punkte der Reihe (5) zugeordnet werden; denn wegen des Überalldichtseins der Menge $\{\varphi_\nu\}$ im Intervall $(0 \ldots 1)$, und weil die Endpunkte 0 und 1 nicht zu $\{\varphi_\nu\}$ gehören, gibt es in dieser Reihe unendlich viele Punkte, die eine *geforderte* Lagenbeziehung zu einer bestimmten endlichen Anzahl von Punkten derselben Menge $\{\varphi_\nu\}$ besitzen, und es erfährt daher der aus unsrer Regel resultierende Zuordnungsprozeß *keinen Stillstand.*

Die Punkte $\varphi_{\varkappa_\nu}$ konstituieren also eine gewisse in (5) enthaltene unendliche Reihe von Punkten

$$\varphi_{\varkappa_1}, \varphi_{\varkappa_2}, \ldots, \varphi_{\varkappa_\nu}, \ldots \tag{6}$$

und die Zuordnung der beiden Mengen $\{(a_\nu \ldots b_\nu)\}$ und $\{\varphi_{\varkappa_\nu}\}$ würde den gestellten Anforderungen völlig entsprechen, wenn wir uns nur noch davon überzeugen könnten, daß auch umgekehrt in der Reihe (6) die Reihe (5) *vollständig enthalten* ist, sich also von ihr *nur durch eine andere Anordnung der Glieder unterscheidet*; daß dies nun wirklich der Fall, erhellt aus folgender Überlegung.

Denken wir uns, es seien nach unsrer Regel die ν ersten Zuordnungen ausgeführt und damit die ν Punkte $\varphi_{\varkappa_1}, \varphi_{\varkappa_2}, \ldots \varphi_{\varkappa_\nu}$ an die ersten ν Intervalle der Reihe (3) derart vergeben, daß auf beiden Seiten gleiche Lagenbeziehung unter entsprechenden Elementen vorhanden ist. Von den *übrig gebliebenen* Punkten unsrer Reihe (5) wird nun einer die unterste Stelle in dieser Reihe einnehmen oder, was dasselbe heißt, den kleinsten Index haben, wir nennen ihn φ_ϱ; es gibt nun, wie aus der oben angestellten Analysierung des Begriffes S hervorgeht, unendlich viele Intervalle der Reihe (3), welche zu den ν Intervallen $(a_1 \ldots b_1) \ldots (a_\nu \ldots b_\nu)$ *genau dieselbe Lagenbeziehung haben* wie der Punkt φ_ϱ zu den entsprechenden Punkten

$$\varphi_{\varkappa_1}, \varphi_{\varkappa_2}, \ldots, \varphi_{\varkappa_\nu};$$

unter diesen unendlich vielen Intervallen sei $(a_\sigma \ldots b_\sigma)$ dasjenige, dessen Index der kleinste von allen ist. Es ist $\sigma > \nu$. Nach unsrer Regel muß nun offenbar[7] bei der σ^{ten} Zuordnung der Punkt φ_ϱ an die Reihe kommen, d. h. es ist

$$\varrho = \varkappa_\sigma. \tag{7}$$

Nach der σ^{ten} Zuordnung sind alsdann jedenfalls *zum mindesten* die ϱ ersten Punkte der Reihe (5)

$$\varphi_1, \varphi_2, \ldots, \varphi_\varrho$$

alle vergeben.

ϱ ist aber eine von ν abhängige, während ν wächst, nicht abnehmende und mit ins Unendliche wachsendem ν selbst eine über alle Grenzen hinaus wachsende Zahl. Folglich müssen nach unsrer Regel *alle Glieder* unsrer Reihe (5) bei der Vergebung *schließlich an die Reihe kommen*, und es ist daher die Reihe (5) vollständig in der Reihe (6) enthalten, diese beiden Reihen sind abgesehen von der Folge ihrer Glieder identisch dieselben; es ist

$$\{\varphi_\nu\} \equiv \{\varphi_{\varkappa_\nu}\}. \tag{8}$$

Wir wollen nun der größeren Einfachheit halber schreiben

$$\varphi_{\varkappa_\nu} = \psi_\nu. \tag{9}$$

Alsdann können wir das voraufgehende Resultat wie folgt ausdrücken:

Es läßt sich immer eine im Intervall $(0\ldots 1)$ *gelegene und darin überalldichte Punktmenge erster Mächtigkeit in folgender Reihenform aufstellen*

$$\psi_1,\ \psi_2,\ \ldots,\ \psi_\nu,\ \ldots, \tag{10}$$

zu welcher die Endpunkte 0 *und* 1 *des Intervalls* $(0\ldots 1)$ *nicht gehören, und die zu der in Reihenform* (3) *gegebenen Intervallmenge*

$$(a_1\ldots b_1),\ (a_2\ldots b_2),\ \ldots,\ (a_\nu\ldots b_\nu),\ \ldots \tag{3}$$

ein solches Verhältnis hat, daß irgend je zwei Punkte von (10) ψ_ν *und* ψ_μ *stets dieselbe Lagenbeziehung zueinander haben wie die entsprechenden Intervalle* $(a_\nu\ldots b_\nu)$ *und* $(a_\mu\ldots b_\mu)$ *der Reihe* (3); *und zwar kann jede beliebige im Intervall* $(0\ldots 1)$ *gelegene, darin überalldichte und die Punkte* 0 *und* 1 *nicht in sich aufnehmende Punktmenge erster Mächtigkeit in eine Reihenform gebracht werden, so daß sie in dieser Reihenform die Beschaffenheit unsrer Reihe* (10) *annimmt.*

Wir wollen nun den Inbegriff aller derjenigen Punkte des Intervalles $(0\ldots 1)$, welche nicht in der Menge $\{\psi_\nu\}$ vorkommen, mit F und einen beliebigen Repräsentanten dieser letzteren Menge mit f bezeichnen, so daß

$$F \equiv \{f\},\quad (0\ldots 1) \equiv \{\psi_\nu\} + \{f\}. \tag{11}$$

Die Menge F ist, wie ich in Crelles J. Bd. 84, pag. 254 [hier S. 129] gezeigt, von gleicher Mächtigkeit wie das Linearkontinuum $(0\ldots 1)$ und daher nach Nr. 1 dieser Arbeit [S. 143] von höherer Mächtigkeit als der ersten.

Unsere perfekte Menge S ist nach (4) aus den drei Mengen $\{a_\nu\}$, $\{b_\nu\}$ und $\{l\}$ zusammengesetzt; es war

$$S \equiv \{a_\nu\} + \{b_\nu\} + \{l\}. \tag{4}$$

Schreiben wir nun die zweite Formel (11) wie folgt:

$$(0\ldots 1) \equiv \{\psi_{2\nu}\} + \{\psi_{2\nu-1}\} + \{f\}, \tag{12}$$

so geht aus dem Vergleich dieser beiden Formeln nach Nr. 2 der Abh. [hier S. 146] hervor, daß wir zum Beweise unseres Satzes, daß S und $(0\ldots 1)$ von gleicher Mächtigkeit sind, gelangen werden, wenn es uns möglich ist, zu zeigen, daß die beiden Mengen L und F gleiche Mächtigkeit haben; letzteres ist aber wirklich der Fall, wie wir nun leicht sehen können.

Ist f ein beliebiger Punkt von F, so können wir, da die Menge $\{\psi_\nu\}$ überalldicht ist, eine derselben zugehörige unendliche Reihe von Punkten aufstellen

$$\psi_{\lambda_1},\ \psi_{\lambda_2},\ \ldots,\ \psi_{\lambda_\nu},\ \ldots, \tag{13}$$

so daß

$$\operatorname*{Lim}_{\nu=\infty} \psi_{\lambda_\nu} = f\,.$$

Diese Punktreihe bestimmt eine entsprechende Reihe von Intervallen:

$$(a_{\lambda_1}\ldots b_{\lambda_1}),\ (a_{\lambda_2}\ldots b_{\lambda_2}),\ \ldots,\ (a_{\lambda_\nu}\ldots b_{\lambda_\nu}),\ \ldots, \tag{14}$$

die sich notwendig einem bestimmten Punkte l der Menge L als Grenze nähern.

Daß sie sich einem bestimmten Grenzpunkte nähern müssen, folgt leicht aus der Lagenbeziehung der beiden Reihen (10) und (3) und ebenso, daß dieser Grenzpunkt nicht etwa ein zu J gehöriger Punkt sein kann.

Nimmt man anstatt der Reihe (13) eine andere der Menge $\{\psi_\nu\}$ angehörige Punktfolge, die sich aber demselben Punkt f als Grenzpunkt nähert, so kommt man zwar auch zu einer andern entsprechenden Intervallreihe an Stelle von (14), überzeugt sich aber ebenso leicht, daß diese keinen andern Grenzpunkt haben kann als den schon gefundenen l.

Geht man umgekehrt von einem beliebigen Punkt l der Menge L aus und wählt irgendeine Intervallreihe (14), die sich ihm als Grenzpunkt unendlich nähert, so kommt man mit Hilfe von (13) zu einem bestimmten zugehörigen Punkt f der Menge F, welcher derselbe bleibt, sobald wir nur von ein und demselben Punkt l der Menge L ausgehen. Die sämtlichen Punkte l unsrer Menge L sind also in gegenseitig eindeutige und vollständige Beziehung zu sämtlichen Punkten f der Menge F gebracht, das heißt: die beiden Mengen L und F sind von gleicher Mächtigkeit, woraus, wie oben bemerkt, folgt, daß *die gegebene perfekte lineare Menge S gleiche Mächtigkeit hat mit dem Linearkontinuum* $(0\ldots 1)$. [8]

Im vorhergehenden habe ich gezeigt, daß irgendeine perfekte lineare Menge, welche in keinem Intervall überalldicht ist, sich auf ein Linearkontinuum, z. B. auf das vollständige Intervall $(0\ldots 1)$ vollständig mit gegenseitiger Eindeutigkeit beziehen läßt, folglich mit ihm von gleicher Mächtigkeit ist. Ich will nun zeigen, wie sich derselbe Satz in bezug auf eine *ganz beliebige* lineare perfekte Menge beweisen läßt.

Sei also jetzt S irgendeine derartige Punktmenge im Intervall $(-\infty\cdots+\infty)$.

Es werden im allgemeinen gewisse, nicht aneinander grenzende, *keiner Vergrößerung fähige* Intervalle vorhanden sein, in denen S *überalldicht* ist, und die folglich, da S *perfekt* ist, mit *allen ihren Punkten* zu S gehören. Sie bilden zusammen eine Intervallmenge von der *ersten* Mächtigkeit, wie in Nr. 3 dieser Abhandlung [S. 153] gezeigt worden ist.

Wir wollen diese Intervalle, in irgendeiner Ordnung als einfach unendliche Reihe gedacht, wie folgt schreiben:

$$(c_1 \ldots d_1),\ (c_2 \ldots d_2),\ \ldots,\ (c_\nu \ldots d_\nu),\ \ldots \tag{15}$$

Da wir sie so groß annehmen, daß sie bei keiner Vergrößerung die Beziehung zu S behalten würden, wonach S in ihnen überalldicht bleibt, so folgt daraus leicht, daß sie durch diese Bedingung für jedes S völlig bestimmt sind, daß sie nicht aneinander grenzen und daß in dem Zwischenraum zwischen je zweien von ihnen die Menge S nicht überalldicht ist.

Außer diesen Intervallen (15), welche mit ihrem vollen Punktbestand der Menge S angehören, wird im allgemeinen eine andere Intervallmenge existieren, welche, wenn sie aus unendlich vielen Intervallen besteht, ebenfalls die *erste* Mächtigkeit hat und die gleichfalls durch die Menge S bestimmt ist; jedes dieser Intervalle soll einen *perfekten Bestandteil* von S enthalten, der in keinem Teilintervalle überalldicht ist und dem die Endpunkte des Intervalles zugehörig sind; auch sollen diese Intervalle so groß genommen werden, daß bei weiterer Vergrößerung sie aufhören würden, in der angegebenen Beziehung zu S zu stehen. Diese *zweite* Intervallmenge wollen wir mit

$$(e_1 \ldots f_1),\ (e_2 \ldots f_2),\ \ldots,\ (e_\nu \ldots f_\nu),\ \ldots \tag{16}$$

bezeichnen.

Die in diesen Intervallen enthaltenen perfekten Bestandteile von S wollen wir entsprechend mit

$$S_1,\ S_2,\ \ldots,\ S_\nu,\ \ldots \tag{17}$$

bezeichnen.

Aus der Erklärung, welche wir gegeben haben, folgt ohne weiteres, daß die Intervalle von (1) *höchstens* an ihren Endpunkten mit Intervallen der Reihe (2) zusammenstoßen, im übrigen aber ganz außerhalb derselben zu liegen kommen.

Wir haben nun folgende Zerlegung der perfekten Menge S:

$$S \equiv \sum (c_\nu \ldots d_\nu) + \sum S_\nu\,. \tag{18}$$

Zu bemerken ist hierbei, (da e_ν und f_ν immer Punkte von S_ν sind und da es vorkommen kann, daß sich Intervalle in der Reihe (1) mit Intervallen der Reihe (2) berühren) daß Glieder der ersten Summe in unserer Gleichung (4) mit Gliedern der zweiten Summe einzelne Punkte gemein haben können; um die Zerlegung (4) der Menge S von dieser Unbequemlichkeit zu befreien, wollen wir mit $\overline{S}_\nu$ diejenige Menge verstehen, welche aus S_ν dadurch hervorgeht, daß wir davon den Punkt oder die beiden Punkte in Abzug bringen, welche S_ν mit höchstens zwei Intervallen der Reihe (1) (nämlich nach links oder nach rechts hin) gemeinsam haben könnte, so daß $S_\nu \equiv \overline{S}_\nu$ ist in allen Fällen, wo solche Berührungspunkte nicht existieren, dagegen in den übrigen Fällen entweder $S_\nu \equiv \overline{S}_\nu + e_\nu + f_\nu$, oder $\equiv \overline{S}_\nu + e_\nu$ oder $\equiv \overline{S}_\nu + f_\nu$ ist, je nachdem S zu beiden Seiten an Intervalle der Reihe (1) grenzt, oder nur zu ihrer Linken oder nur zu ihrer Rechten mit einem dieser Intervalle einen Punkt gemein hat.

Wir können nun offenbar auch schreiben

$$S \equiv \sum (c_\nu \ldots d_\nu) + \sum \overline{S}_\nu, \tag{19}$$

und hier ist S in Bestandteile $(c_\nu \ldots d_\nu)$ und $\overline{S}_\nu$ zerlegt, die untereinander keinen Zusammenhang haben.

Jeder Bestandteil $(c_\nu \ldots d_\nu)$ hat, weil er selbst ein Kontinuum ist, die Mächtigkeit von $(0 \ldots 1)$; das gleiche gilt aber auch, wie wir im vorhergehenden bewiesen haben, von jedem Bestandteil S_ν, folglich auch vom Bestandteil $\overline{S}_\nu$, da er aus S_ν durch Abtrennung von höchstens zwei Punkten hervorgeht. (Letzteres ist leicht zu beweisen mit Anwendung der Methode, die ich in Crelles Journal, Bd. 84, pag. 254 [hier S. 127] gebraucht habe).

So haben wir nun in Formel (19) S zerlegt in eine *endliche* oder *abzählbar unendliche* Anzahl von Teilmengen $(c_\nu \ldots d_\nu)$ und $\overline{S}_\nu$, von welchen *jede* die Mächtigkeit des Linearkontinuums hat.

Nach einem bekannten in Crelles Journal, Bd. 84 [hier III 2, S. 119] bewiesenen Satze hat folglich auch die perfekte Menge S die Mächtigkeit von $(0 \ldots 1)$, und es haben daher *alle* linearen *perfekten* Mengen *gleiche* Mächtigkeit.

In einem späteren Paragraphen will ich denselben Satz für perfekte Mengen beweisen, die einem Raum mit n Dimensionen angehören.

Zunächst will ich aber bei den *linearen* Punktmengen stehen bleiben und zeigen, welcher Schluß sich aus dem soeben bewiesenen Satze auf die Mächtigkeiten der *abgeschlossenen* linearen Mengen ziehen läßt.

Falls die *abgeschlossene* lineare Menge P *nicht* von der *ersten* Mächtigkeit, d. h. in dem Falle, daß sie irreduktibel ist, zerfällt sie nach dem Theorem E′ in § 17 in eine bestimmte Menge R von der *ersten* Mächtigkeit und in eine bestimmte perfekte Menge S, so daß

$$P \equiv R + S.$$

Schreiben wir R in der Form $\{r_\nu\}$, so haben wir

$$P \equiv \{r_\nu\} + S. \tag{20}$$

Sei $\{\eta_\nu\}$ irgendeine im Intervall $(0 \ldots 1)$ enthaltene Punktmenge *erster* Mächtigkeit, $\{u\}$ die Menge der übrigen Punkte dieses Intervalles und $\{\vartheta_\nu\}$

irgendeine in $\{u\}$ enthaltene Punktmenge *erster* Mächtigkeit, $\{v\}$ der Inbegriff aller übrigen Punkte der Menge $\{u\}$; wir haben alsdann

$$(0 \ldots 1) \equiv \{\eta_\nu\} + \{\vartheta_\nu\} + \{v\},$$
$$\{u\} \equiv \{\vartheta_{2\nu}\} + \{\vartheta_{2\nu-1}\} + \{v\},$$

und weil

$$\{\eta_\nu\} \sim \{\vartheta_{2\nu}\}; \quad \{\vartheta_\nu\} \sim \{\vartheta_{2\nu-1}\}; \quad \{v\} \sim \{v\},$$

so folgt hieraus

$$(0 \ldots 1) \sim \{u\},$$

mithin ist auch

$$S \sim \{u\}. \tag{21}$$

Nun ist

$$(0 \ldots 1) \equiv \{\eta_\nu\} + \{u\}. \tag{22}$$

Aus den Formeln (20), (21) und (22) folgt nun

$$P \sim (0 \ldots 1), \tag{23}$$

d. h. wenn die abgeschlossene lineare Punktmenge P nicht die *erste* Mächtigkeit hat, so hat sie die Mächtigkeit des Linearkontinuums.

Wir haben also folgenden Satz:

Eine unendliche abgeschlossene lineare Punktmenge hat entweder die erste Mächtigkeit oder sie hat die Mächtigkeit des Linearkontinuums, sie kann also entweder in der Form Funkt. (ν) *oder in der Form Funkt.* (x) *gedacht werden, wo* ν *eine unbeschränkt veränderliche endliche ganze Zahl und* x *eine unbeschränkt veränderliche beliebige Zahl des Intervalls* $(0 \ldots 1)$ *ist.*

Daß dieser merkwürdige Satz eine weitere Gültigkeit auch für *nicht abgeschlossene* lineare Punktmengen und ebenso auch für alle n-dimensionalen Punktmengen hat, wird in späteren Paragraphen bewiesen werden. (Vergl. Crelles J., Bd. 84, pag. 257) [hier S. 132].

Hieraus wird mit Hilfe der in Nr. 5 § 13 [hier S. 200] *bewiesenen* Sätze geschlossen werden, daß das *Linearkontinuum die Mächtigkeit der zweiten Zahlenklasse* (*II.*) *hat*[9].

[Anmerkungen zu Nr. 6.]

[1] Zu S. 211. Die hier charakterisierte Eigenschaft ist später von G. Peano (Genocchi-Peano, Differentialrechnung und Grundsätze der Integralrechnung, übersetzt von Bohlmann und Schepp, Leipzig 1899, Anhang V § 9, S. 378ff.) unter dem Namen „*distributive Eigenschaft*" unter Nennung des Autors in die Lehrbuch-Literatur eingeführt und dadurch weiteren Kreisen zugänglich gemacht worden. Durch das hier entwickelte Cantorsche Theorem ist ein wertvolles Hilfsmittel gewonnen, das, vielleicht immer noch nicht hinreichend bekannt, zu den verschiedensten mathematischen Theorien, die es mit Punktmengen zu tun haben, m. E. den leichtesten und natürlichsten Zugang eröffnet. Insbesondere gilt dies von dem Borelschen „Überdeckungssatze" und der auf

ihn gegründeten Theorie des Lebesgueschen „Maßes". Vgl. Zermelo „Über das Maß und die Diskrepanz von Punktmengen", Journ. f. r. u. a. Math. Bd. 158, S. 154—167. 1927, wo freilich der Cantorsche Satz irrtümlicherweise Peano zugeschrieben wird.

[2] Zu S. 217. In der Tat ist immer p_{i_ν} der erste Punkt in der ganzen Reihe (p_ν), der in die Sphäre $K_{\nu-1}$ hineinfällt, wie man sich durch Induktion leicht überzeugt, da jedes K_ν in dem vorhergehenden enthalten ist. Weiter wird der Satz benutzt, daß eine Folge sukzessive in einander liegender abgeschlossener Raumteile bzw. Punktmengen immer mindestens einen Punkt bestimmt, der ihnen allen gemeinsam angehört.

[3] Zu S. 227. Dies gilt, weil der Abstand $r_{\mu\nu}$ je zweier Punkte p_μ, p_ν nach der Definition gleichzeitig $\geqq \varrho_\mu$ und $\geqq \varrho_\nu$, also auch $\geqq \frac{\varrho_\mu + \varrho_\nu}{2}$ d. h. mindestens gleich der Summe der beiden Radien ist.

Die Menge P_ν kann so gebildet werden, daß man vom Grenzpunkte q_ν ausgehend eine Folge ineinander liegender Kugeln $k_{\nu\tau}$ mit nach Null abnehmenden Radien τ konstruiert und in jede Kugelschale zwischen zwei solcher Kugeln je einen Punkt beliebig einsetzt.

[4] Zu S. 229. In diesem § 18 wird der „Inhalt" einer Punktmenge in einer Weise definiert, die, so naheliegend sie erscheint, sich doch bisher als wenig fruchtbar erwiesen hat. Der erste wirklich brauchbare Inhaltsbegriff ist m. E. der des Lebesgueschen „Maßes" als der unteren Grenze einer die Punktmenge einschließenden *abzählbaren* Intervallmenge. Hierüber vgl. C. Carathéodory, Vorlesungen über reelle Funktionen, Leipzig 1918 und 1927, sowie die unter [1] bereits zitierte Note des Herausgebers in Crelles Journal Bd. 158.

[5] Zu S. 232. Zur Ergänzung der hier gegebenen, etwas kurz geratenen Begründung sei folgendes bemerkt. Gäbe es für *jedes* $\varrho > 0$ Punkte q von $\Pi(\varrho, P - Q)$ *außerhalb* $\Pi(\varepsilon, P^{(1)})$, so könnte man für eine gegen Null konvergierende Reihe $\varrho_1, \varrho_2, \varrho_3, \ldots$ eine Reihe entsprechender Punkte q_n finden, die von Punkten p_n der Menge $P - Q$ Abstände $< \varrho_n$ hätten, und diese Punkte p_n besäßen mindestens einen Häufungspunkt p' auf $P^{(1)}$, der zugleich auch Häufungspunkt der q_n wäre. Dieser Häufungspunkt läge aber *innerhalb*, nicht auf der Begrenzung von $\Pi(\varepsilon, P^{(1)})$, während doch alle q_n *außerhalb* $\Pi(\varepsilon, P^{(1)})$ liegen sollten.

[6] Zu S. 235. Die hier in Aussicht gestellte Veröffentlichung über die „mathematisch-physikalischen Anwendungen der Mengenlehre" ist als solche tatsächlich nicht erfolgt. Nur Andeutungen über diesbezügliche Ideen finden sich z. B. hier S. 275—276. Es wäre interessant gewesen, näheres darüber zu vernehmen, wenn auch die modernste Physik mit ihrer „Quantentheorie" solchen „infinitistischen" Begriffsbildungen ferner steht als je.

[7] Zu S. 239. In der Tat ist

1. $\sigma > \nu$, weil alle Intervalle mit Indizes $\leqq \nu$ schon als Vergleichs-Intervalle figurieren, zu ihnen also nicht in der verlangten Lagebeziehung stehen können;

2. $\varkappa_\sigma = \varrho$, weil alle φ_τ mit $\tau < \varrho$ bereits den vorangehenden Intervallen (mit Indizes $\leqq \nu$) zugeordnet sind, also φ_ϱ das *erste* Intervall in der Reihe (5) von der verlangten Beschaffenheit darstellt.

Übrigens ist der hier bewiesene Satz nur ein Spezialfall des in III 9 § 9 gegebenen allgemeinen Satzes von der eindeutigen Charakterisierung des Ordnungstypus η aller rationalen Zahlen eines Intervalles. Die in (3) S. 237 angegebene Intervallmenge I ist eben „ähnlich" der Punktmenge $\{\varphi_\nu\}$ in ihrer räumlichen Anordnung.

[8] Zu S. 241. Eine ausführlichere Begründung finden diese Betrachtungen in der oben zitierten späteren Abhandlung III 9 in § 10—11, wo es sich um die „Fundamentalreihen" und um den „Ordnungstypus des Linearkontinuums" handelt.

[9] Zu S. 244. Das am Schlusse gegebene Versprechen hat Cantor nicht einlösen können, und die unerwarteten Schwierigkeiten, die sich bei der Durchführung des Beweises herausstellten, haben ihn zum vorzeitigen Abbruche dieser Reihe von Untersuchungen veranlaßt, deren Fortsetzung ursprünglich beabsichtigt war. Die Frage, ob das Kontinuum tatsächlich die „zweite Mächtigkeit" habe, muß auch noch heute, ein halbes Jahrhundert nach dieser Ankündigung, als ungelöstes Problem gelten. Auch die spätere Abhandlung III 9 in den Mathematischen Annalen (Bd. 46 und 49, 1895—97), die sich die Neubegründung der gesamten Mengenlehre zur Aufgabe stellt, kann nicht als die versprochene Fortsetzung betrachtet werden.

Die hiermit abgeschlossene Gesamtpublikation III 4 enthält gewissermaßen die Quintessenz des Cantorschen Lebenswerkes, so daß ihr gegenüber alle seine sonstigen Abhandlungen nur als Vorläufer oder Ergänzungen erscheinen.

5. Sur divers théorèmes de la théorie des ensembles de points situés dans un espace continu a n dimensions.

Première Communication. Extrait d'une lettre adressée à l'éditeur.

[Acta Mathematica Bd. 2, S. 409—414 (1883).]

.... M'étant proposé de vous communiquer les démonstrations de plusieurs théorèmes, que j'ai trouvés dans la théorie des ensembles, je vous prie de me permettre de commencer par les trois suivants, A, B et C dont j'ai fait mention dans le mémoire: »*Grundlagen einer allgemeinen Mannigfaltigkeitslehre*, Leipzig 1883«. [Hier III 4, Nr. 6, § 16. S. 215ff.]

Comme j'aurai à citer ce travail en divers endroits, je prendrai la liberté de le désigner par les lettres »*Gr*«.

Théorème A. »Un ensemble de points P (situé dans un espace continu G_n à n dimensions) ayant la *première puissance* ne peut jamais être un ensemble *parfait*.«

Théorème B. »Le nombre α appartenant à la *première* ou à la *seconde* classe de nombres, soit P un ensemble de points tel, que son *ensemble dérivé* $P^{(\alpha)}$ d'ordre α s'évanouit, alors le *premier ensemble dérivé* $P^{(1)}$ de P et *l'ensemble* P lui même sont de la *première* puissance, sauf les cas où les ensembles P ou $P^{(1)}$ sont finis.«

Théorème C. »P étant un ensemble de points tel, que son premier ensemble *dérivé* $P^{(1)}$ est de la première puissance, il existe des nombres α de la *première* ou de la *seconde* classe de nombres tels, qu'on a identiquement

$$P^{(\alpha)} \equiv 0,$$

et de tous ces nombres α il y a un qui en est le plus petit.«

Démonstration du théorème A.

D'après »*Gr*. § 10« j'appelle *ensemble parfait de points* un ensemble S tel, que son premier dérivé $S^{(1)}$ coïncide avec S lui même, en sorte que tout point s appartenant à S est un point-limite de S et qu'aussi tout point-limite s' de S est un point appartenant à S.

Soient maintenant

$$p_1, p_2, p_3, \ldots, p_\nu, \ldots$$

les points qui constituent l'ensemble P; nous pouvons les imaginer donnés en cette forme de série (p_ν), parce que P a d'après l'hypothèse, admise dans notre théorème, la *première puissance*.

Nous admettons que chaque point p_ν de P est un *point-limite* de P et nous voulons en conclure de *points-limites* de P qui n'appartiennent pas comme *points* à P; il en suivra que P ne peut pas être un ensemble parfait, car s'il en était ainsi, non seulement chaque *point* de P devrait être un *point-limite* de P, mais aussi chaque *point-limite* de P serait nécessairement un *point appartenant* à P.

Que l'on prenne p_1 pour centre d'un ensemble continu à $(n-1)$ dimensions, lieu des points de G_n qui ont la distance $\varrho_1 = 1$ de p_1; nous nommerons un tel ensemble une sphère de rayon ϱ_1 et nous la désignerons ici par K_1.

De tous les points de la suite (p_ν) qui suivent p_1 soit p_{i_2} le premier qui tombe dans *l'intérieur* de la sphère K_1 (et il y en a dans l'intérieur de K_1 un nombre infini, puisque le centre p_1 est, comme nous avons admis, un *point-limite* de P); nommons σ_1 la distance des points p_1 et p_{i_2} et prenons p_{i_2} comme centre d'une *seconde* sphère K_2, dont le rayon ϱ_2 est déterminé par la condition d'être la plus petite des deux quantités

$$\frac{1}{2}\sigma_1, \qquad \frac{1}{2}(\varrho_1 - \sigma_1).$$

La sphère K_2 est alors située toute entière à l'intérieur de K_1 et les points

$$p_1, p_2, \ldots, p_{i_2-1}$$

de la série (p_ν) sont situés tous en dehors de la sphère K_2; le rayon ϱ_2 de la dernière est, comme on voit, plus petit que $\frac{1}{2}$.

De même soit p_{i_3} le premier point de la suite (p_ν) de tous ceux, qui suivent p_{i_2} et qui tombent dans l'intérieur de la sphère K_2; il y en a un nombre infini, puisque p_{i_2} est supposé être point-limite de P; nous désignons la distance des points p_{i_2} et p_{i_3} par σ_2 et prenons p_{i_3} pour centre d'une troisième sphère K_3, dont le rayon ϱ_3 est déterminé par la condition d'être la plus petite des deux quantités

$$\frac{1}{2}\sigma_2, \qquad \frac{1}{2}(\varrho_2 - \sigma_2);$$

la sphère K_3 est alors située tout entière à l'intérieur de K_2 et les points

$$p_1, p_2, \ldots, p_{i_3-1}$$

de la série (p_ν) sont situés tous en dehors de la sphère K_3; le rayon ϱ_3 est évidemment plus petit que $\frac{1}{4}$.

On voit donc ici une *loi* d'après laquelle on peut former une suite infinie de sphères

$$K_1, K_2, K_3, \ldots, K_\nu, \ldots$$

liée à une série déterminée de nombres entiers i_ν croissants avec leurs indices de sorte que l'on a

$$1 < i_2 < i_3 < \cdots.$$

Chaque sphère K_ν est située toute entière à l'intérieur de la précédente $K_{\nu-1}$.

Le centre p_{i_ν} de la sphère K_ν est défini par la condition qu'il est le premier point de la série (p_ν) de tous ceux qui suivent $p_{i_{\nu-1}}$ et qui sont situés à l'intérieur de la sphère $K_{\nu-1}$; le rayon ϱ_ν de K_ν est défini par la condition d'être le plus petit des deux nombres

$$\frac{1}{2}\sigma_{\nu-1} \quad \text{et} \quad \frac{1}{2}(\varrho_{\nu-1} - \sigma_{\nu-1}),$$

en désignant par $\sigma_{\nu-1}$ la distance des points $p_{i_{\nu-1}}$ et p_{i_ν}.

Les points $p_1, p_2, \ldots p_{i_\nu - 1}$ sont situés tous en dehors de la sphère K_ν; mais il y a un nombre infini de points de la série (p_ν), qui sont situés à l'intérieur de K_ν, puisque le centre p_{i_ν} est, comme nous l'avons admis, un point-limite de P. Comme on a évidemment

$$\varrho_\nu \leqq \frac{1}{2^{\nu-1}},$$

les rayons des sphères K_ν deviennent infiniment petits pour $\nu = \infty$, et puisque les sphères K_ν sont emboîtées de telle sorte que K_ν est située à l'intérieur de $K_{\nu-1}$, celle-ci à l'intérieur de $K_{\nu-2}$ etc., on en conclut d'après un principe connu l'existence d'un point t, dont s'approchent indéfiniment les centres p_{i_ν} en sorte que l'on a

$$\lim_{\nu=\infty} p_{i_\nu} = t;$$

le point t est donc *point-limite* de P. Mais de plus on s'assure, que t n'est pas un *point* appartenant à P; car s'il l'était, on aurait $t = p_n$ pour une certaine valeur de l'indice n, équation *impossible*, puisque t est situé à l'intérieur de la sphère K_ν, quelque grand que soit ν, quand au contraire on peut prendre ν assez grand, savoir $\nu > n$, de sorte que p_n tombe en dehors de la sphère K_ν.

Donc nous avons démontré, que P ne peut pas être un *ensemble parfait.*

Démonstration du théorème B.

α étant un nombre donné quelconque de la *première* ou de la *seconde* classe de nombres, on a, quel que soit l'ensemble P, l'identité suivante

$$P^{(1)} \equiv \sum_{\alpha'} (P^{(\alpha')} - P^{(\alpha'+1)}) + P^{(\alpha)} \tag{1}$$

dans laquelle α' parcourt tous les nombres entiers positifs qui sont *inférieurs* à α. La vérité de cette identité (1) découle facilement de la notion générale de *l'ensemble dérivé* $P^{(\alpha)}$ *de l'ordre* α.

Lorsque α est un nombre tel, qu'il existe un autre α_{-1} qui précède α immédiatement, alors $P^{(\alpha)}$ est défini comme étant le *premier ensemble dérivé* de $P^{(\alpha_{-1})}$; mais lorsque α est un nombre tel (comme par exemple ω ou ω^ω ou $\omega^{\omega^\omega} + \omega^2$), qu'il n'a point de voisin qui le précède immédiatement, alors $P^{(\alpha)}$ est défini comme étant le plus grand commun diviseur de tous les ensembles dérivés $P^{(\alpha')}$, dont les ordres α' sont *inférieurs* à α.

D'après l'hypothèse admise dans notre théorème, $P^{(\alpha}$ s'évanouit, on a donc ici

$$P^{(1)} \equiv \sum_{\alpha'} (P^{(\alpha')} - P^{(\alpha'+1)}).$$

Le nombre des valeurs de α' est ou fini ou infini selon que α appartient à la *première* ou à la *seconde* classe de nombres; mais dans le dernier cas l'ensemble des valeurs de α' est de la *première* puissance (Cf. la définition de la seconde classe de nombres dans *Gr.* § 11).

Chaque terme

$$(P^{(\alpha')} - P^{(\alpha'+1)})$$

de notre somme est un ensemble de points appartenant à la catégorie de ceux que j'appelle *ensembles isolés* (voir Annales math. T. 21 pag. 51) [S. 158]. Comme je l'ai démontré au même endroit, un ensemble *infini* et *isolé* est toujours de la *première puissance*. Donc le terme

$$(P^{(\alpha')} - P^{(\alpha'+1)})$$

de notre somme est un ensemble ou fini, ou de la *première puissance*. Par là on conclut facilement que $P^{(1)}$ est aussi de la *première puissance*, donc aussi P est de la première puissance, comme on le trouve démontré à l'endroit cité tout à l'heure.

Démonstration du théorème C.

En désignant par Ω le premier nombre de la *troisième* classe de nombres, on a, quel que soit l'ensemble P, l'identité suivante:

$$P^{(1)} \equiv \sum_{\alpha} (P^{(\alpha)} - P^{(\alpha+1)}) + P^{(\Omega)}, \tag{2}$$

où α parcourt tous les nombres entiers positifs de la *première* et de la *seconde* classe de nombres.

L'ensemble P est d'après l'hypothèse admise dans notre théorème tel, que son premier dérivé $P^{(1)}$ ait la *première puissance*; donc aussi les dérivés $P^{(\alpha)}$, qui sont tous des diviseurs de $P^{(1)}$, ont la même puissance, en tant qu'ils sont constitués par un nombre infini de points.

En nous appuyant maintenant sur le théorème A, démontré plus haut, nous concluons que la différence

$$(P^{(\alpha)} - P^{(\alpha+1)})$$

ne peut pas s'annuler tant que $P^{(\alpha)}$ n'est pas zéro.

Si donc tous les dérivés $P^{(\alpha)}$ étaient *différents* de zéro, tous les termes $(P^{(\alpha)} - P^{(\alpha+1)})$ de notre somme à droite de l'équation (2) le seraient de même et comme l'ensemble de ces *termes* est de la *seconde* puissance (Cf. *Gr.* § 12), il s'ensuivrait à plus forte raison, que l'ensemble de points à droite de notre équation (2) serait d'une puissance *non inférieure* à la *seconde*; ce qui serait contraire à l'hypothèse, d'après laquelle l'ensemble $P^{(1)}$ à gauche de l'équation (2) est supposé de la *première* puissance. Donc les dérivés $P^{(\alpha)}$ ne peuvent pas être tous différents de zéro, il existe donc des nombres α de la *première* ou de la *seconde* classe de nombres tels que l'on a

$$P^{(\alpha)} \equiv 0.$$

De ces nombres α il y en a un, qui est le plus petit, comme il est facile de le voir.

Dans le mémoire »*Gr.*« pag. 31, j'ai aussi indiqué une proposition se rapportant au cas où $P^{(1)}$ n'est pas de la première puissance, et qui, dans la forme où je l'ai exprimée, n'est pas tout à fait juste dans sa généralité. Comme je l'ai trouvé alors, il existe sans doute, une seule décomposition

$$P^{(1)} = R + S,$$

où S est un ensemble parfait, mais R un ensemble de la *première* puissance. Si passant de là je dis que R est un ensemble réductible, ce n'est pas correct dans sa portée générale.

Monsieur Bendixson de Stockholm qui s'est occupé avec un succès distingué de l'examen de ma proposition, a trouvé que R est toujours tel que, pour un certain γ de la première ou de la seconde classe de nombres, on a l'équation

$$\mathfrak{D}(R, R^{(\gamma)}) = 0.$$

Il résulte des communications que M. Bendixson a eu l'obligeance de me faire, qu'il a retrouvé d'une manière parfaitement indépendante mes développements d'alors concernant ce sujet, et qu'il les a complétés et rectifiés dans le sens indiqué. Sur ma demande, M. Bendixson a voulu bien rédiger ses recherches pour être publiées à la suite de cette communication.

[Anmerkung.]

Man vergleiche die ausführliche Darstellung des Gegenstandes in der zitierten Annalen-Arbeit III 4, Nr. 6 § 16, S. 215 ff und die dort gemachten Anmerkungen des Herausgebers.

6. De la puissance des ensembles parfaits de points.

Extrait d'une lettre adressée à l'éditeur.

[Acta Mathematica Bd. 4, S. 381—392 (1884)].

... Quant à mon théorème qui exprime, que les ensembles *parfaits* de points ont tous la même puissance, savoir la puissance du *continu*, je prétends le démontrer, en me bornant d'abord aux ensembles parfaits linéaires, comme il suit. Soit S un ensemble parfait de points quelconque, *qui n'est condensé dans l'étendue d'aucun intervalle*, si petit qu'il soit; nous admettons, que S est contenu dans l'intervalle $(0 \ldots 1)$, dont les points extrêmes 0 et 1 appartiennent a S; il est évident que tous les autres cas, dans lesquels l'ensemble parfait n'est condensé dans l'étendue d'aucun intervalle, peuvent par projection être réduits à celui-ci.

Or, il existe d'après mes considérations dans Acta mathematica T. 2 pag. 378 [S. 162] un nombre infini d'intervalles distincts, tout à fait séparés l'un de l'autre, que nous nous représentons rangés suivant leur grandeurs, de sorte que les intervalles plus petits viennent après les plus grands; nous les désignons, dans cet ordre, par

$$(a_1 \ldots b_1),\ (a_2 \ldots b_2),\ \ldots,\ (a_\nu \ldots b_\nu),\ \ldots; \tag{1}$$

ils sont par rapport à l'ensemble S tels que dans l'intérieur de chacun ne tombe aucun point de S, tandis que leurs points extrêmes a_ν et b_ν en concurrence avec les autres points-limites de l'ensemble de points $\{a_\nu, b_\nu\}$ appartiennent à S et le déterminent; nous désignons par g l'un quelconque de ces autres points-limites de $\{a_\nu, b_\nu\}$, par $\{g\}$ leur ensemble; nous avons

$$S \equiv \{a_\nu\} + \{b_\nu\} + \{g\}. \tag{2}$$

En outre la série (1) d'intervalles est telle que l'espace entre deux d'entre eux $(a_\nu \ldots b_\nu)$ et $(a_\mu \ldots b_\mu)$ en contient toujours une infinité d'autres et que de plus, $(a_\varrho \ldots b_\varrho)$ étant un quelconque de ces intervalles, il y en a d'autres de la même série (1) qui se rapprochent infiniment soit du point a_ϱ, soit du point b_ϱ; car a_ϱ et b_ϱ, comme appartenant comme *points* à l'ensemble parfait S, en sont aussi des *points-limites*.

Cela établi, je prends un ensemble de la première puissance quelconque

$$\varphi_1,\ \varphi_2,\ \ldots,\ \varphi_\nu,\ \ldots, \tag{3}$$

ensemble de points distincts et placés tous dans l'intervalle $(0 \ldots 1)$, *dans toute l'étendue duquel ils sont condensés*; seulement je suppose que ces points extrêmes 0 et 1 ne se trouvent pas entre les φ_ν.

Pour citer un exemple d'un ensemble tel qu'il nous le faut ici, je rappelle la forme de série, où j'ai mis l'ensemble de tous les nombres rationnels $\geqq 0$ et $\leqq 1$ dans Acta mathematica T.2 pag. 319 [hier III 2, S. 126] et où pour notre but il faut supprimer seulement les deux premiers termes, qui y sont 0 et 1.

Mais je tiens à ce que la série (3) soit laissée dans toute sa généralité.

Voici maintenant ce que j'avance: *l'ensemble de points* $\{\varphi_\nu\}$ *et l'ensemble d'intervalles* $\{(a_\nu \ldots b_\nu)\}$ *peuvent être associés avec un sens unique l'un à l'autre de sorte que,* $(a_\nu \ldots b_\nu)$ *et* $(a_\mu \ldots b_\mu)$ *étant deux intervalles quelconques appartenant à la série* (1), *puis* φ_{k_ν} *et* φ_{k_μ} *étant les points correspondants de la série* (3), *on a toujours le nombre* φ_{k_ν} *plus petit ou plus grand que* φ_{k_μ} *selon que dans le segment* $(0 \ldots 1)$ *l'intervalle* $(a_\nu \ldots b_\nu)$ *est placé avant l'intervalle* $(a_\mu \ldots b_\mu)$ *ou après lui*[1].

Une telle correspondance des deux ensembles $\{\varphi_\nu\}$ et $\{(a_\nu \ldots b_\nu)\}$ se peut faire par exemple d'après la règle suivante:

Nous associons à l'intervalle $(a_1 \ldots b_1)$ le point φ_1, à l'intervalle $(a_2 \ldots b_2)$ le terme au plus petit indice de la série (3), nous le désignons par φ_{k_2}, qui a la même relation par rapport au plus ou moins avec φ_1, que l'intervalle $(a_2 \ldots b_2)$ avec $(a_1 \ldots b_1)$ par rapport à leur placement dans le segment $(0 \ldots 1)$; de plus nous associons à l'intervalle $(a_3 \ldots b_3)$ le terme au plus petit indice, qui a la même relation par rapport au plus ou moins avec φ_1 et avec φ_2, que l'intervalle $(a_3 \ldots b_3)$ avec les intervalles $(a_1 \ldots b_1)$ et $(a_2 \ldots b_2)$ respectivement par rapport à leur placement dans le segment $(0 \ldots 1)$.

Généralement nous associons à l'intervalle $(a_\nu \ldots b_\nu)$ le terme au plus petit indice de la série (3), nous le nommerons φ_{k_ν}, tel qu'il a la même relation par rapport au plus ou moins avec tous les points $\varphi_1, \varphi_{k_2}, \ldots, \varphi_{k_{\nu-1}}$ dont il a été déjà disposé, que l'intervalle $(a_\nu \ldots b_\nu)$ avec les intervalles correspondants $(a_1 \ldots b_1), (a_2 \ldots b_2), \ldots, (a_{\nu-1} \ldots b_{\nu-1})$ par rapport à leur placement dans le segment $(0 \ldots 1)$.

J'avance, que d'après cette règle *les points* $\varphi_1, \varphi_2, \ldots, \varphi_\nu, \ldots$ *de la suite* (3) *seront successivement, quoique selon un ordre différent de la loi de la série* (3), *associés* **tous** *à des intervalles distincts de la série* (1); car à chaque relation par rapport au plus ou moins entre des points en nombre fini de la série (3) il se trouve plusieurs fois une rélation conforme par rapport à la place dans le segment $(0 \ldots 1)$ entre des intervalles en même nombre de la série (1); cela tient à ce que l'ensemble S est un ensemble parfait qui n'est condensé dans aucun intervalle, quelque petit qu'il soit.

---

[1] Il ne s'agit donc pas ici de la place ν et μ qu'occupent ces intervalles dans la série (1).

Pour simplifier nous poserons

$$\varphi_1 = \psi_1, \; \varphi_{k_2} = \psi_2, \; \ldots, \; \varphi_{k_\nu} = \psi_\nu, \; \ldots$$

Par conséquent la série suivante

$$\psi_1, \; \psi_2, \; \ldots, \; \psi_\nu, \; \ldots \tag{4}$$

se compose absolument des mêmes éléments que la série (3); *les deux séries* (3) *et* (4) *ne diffèrent que par rapport à la succession de leurs termes.*

La série (4) de points ψ_ν a donc ce rapport remarquable avec la série (1) d'intervalles, que toutes les fois que ψ_ν est plus petit ou plus grand que ψ_μ, aussi a_ν et b_ν sont respectivement plus petits ou plus grands que a_μ et b_μ. Et je rappelle de nouveau que l'ensemble $\{\psi_\nu\}$, puisqu'il coïncide avec l'ensemble donné $\{\varphi_\nu\}$, à part la succession des termes, est condensé dans toute l'étendue du segment $(0 \ldots 1)$ et que les points extrêmes de celui-ci, 0 et 1, n'appartiennent pas à cet ensemble.

Les conséquences d'une telle association des deux ensembles $\{\psi_\nu\}$ et $\{(a_\nu \ldots b_\nu)\}$ sont maintenant, comme il est facile de le démontrer, les suivantes:

Si $(a_{\lambda_1} \ldots b_{\lambda_1})$, $(a_{\lambda_2} \ldots b_{\lambda_2})$, $\ldots$, $(a_{\lambda_\nu} \ldots b_{\lambda_\nu})$, $\ldots$ *est une série quelconque d'intervalles appartenants à la série* (1), *qui convergent infiniment soit vers le point* a_ϱ, *soit vers le point* b_ϱ, *alors la série correspondante de points* ψ_{λ_1}, ψ_{λ_2}, $\ldots$, ψ_{λ_ν}, $\ldots$, *appartenants tous à la série* (4), *converge infiniment vers le point* ψ_ϱ, *et réciproquement.*

Si $(a_{\lambda_1} \ldots b_{\lambda_1})$, $(a_{\lambda_2} \ldots b_{\lambda_2})$, $\ldots$, $(a_{\lambda_\nu} \ldots b_{\lambda_\nu})$, $\ldots$ *est une série quelconque de la même espèce, mais telle que ses termes convergent infiniment vers un point* g *de l'ensemble* S (*voir la formule* (2) *et la signification de* g), *alors la série correspondante* ψ_{λ_1}, ψ_{λ_2}, $\ldots$, ψ_{λ_ν}, $\ldots$ *à son tour converge infiniment vers un point déterminé du segment* $(0 \ldots 1)$, *qui ne coïncide avec aucun point de la série* (3) *ou* (4) *et qui de plus est entièrement déterminé par* g; *nous désignerons ce point correspondant à* g *par* h; *réciproquement soit* h *un point quelconque du segment* $(0 \ldots 1)$, *qui n'appartient pas à la série* (3) *ou* (4), *il détermine un point* g *de l'ensemble* S *différent des points* a_ν *et* b_ν; *en sorte que les deux nombres variables* g *et* h *sont des fonctions à sens unique l'une de l'autre et que les ensembles* $\{g\}$ *et* $\{h\}$ *par suite sont certainement de la même puissance.*

De là suit la démonstration du théorème en question.

Car nous avons d'après la formule (2)

$$S \equiv \{a_\nu\} + \{b_\nu\} + \{g\}.$$

Puis il est évident que

$$(0 \ldots 1) \equiv \{\varphi_{2\nu}\} + \{\varphi_{2\nu-1}\} + \{h\},$$

Mais comme on a les formules suivantes:

$$\{a_\nu\} \sim \{\varphi_{2\nu}\}, \quad \{b_\nu\} \sim \{\varphi_{2\nu-1}\} \text{ et } \{g\} \sim \{h\},$$

on conclut d'après le théorème (E) des Acta mathematica T. 2 pag. 318 [hier S. 125] la formule:

$$S \sim (0 \ldots 1)$$

c'est à dire l'ensemble parfait S a la même puissance que le segment continu $(0 \ldots 1)$; ce qui était à démontrer.

... Cette démonstration a l'avantage de nous dévoiler une grande classe remarquable de fonctions *continues* d'une variable réelle x, dont les propriétés donnent lieu à des recherches intéressantes, soit en les considérant d'après la définition, qui se rattache à notre développement, *soit en tâchant de les mettre sous la forme de séries trigonométriques, qui certainement leur sont conformes, parce que ces fonctions continues ne jouissent pas d'un nombre infini de maxima et minima.*

En effet nous pouvons établir dans l'intervalle $(0 \ldots 1)$ une fonction $\psi(x)$ satisfaisant aux conditions suivantes:

Lorsque x est compris dans l'un quelconque des intervalles $(a_\nu \ldots b_\nu)$, c'est à dire pour $a_\nu \leqq x \leqq b_\nu$, $\psi(x)$ est égale à ψ_ν; lorsque x reçoit une valeur g qui s'obtient comme limite d'une série d'intervalles $(a_{\lambda_1} \ldots b_{\lambda_1}), \ldots, (a_{\lambda_\nu} \ldots b_{\lambda_\nu}), \ldots$ alors on définit

$$\psi(g) = h = \lim_{\nu = \infty} \psi_{\lambda_\nu}. \tag{5}$$

Certe, la fonction $\psi(x)$, d'après ce que nous avons vu, *est une fonction continue, monotone*[1] *de la variable continue* x; *lorsque* x *croît de* 0 *à* 1, $\psi(x)$ *varie d'une manière continue sans diminuer de* 0 *à* 1; *son image géométrique se compose d'un ensemble scalariforme de segments droits, tous parallèles à l'axe des* x *et de certains points interposés, qui font, que cette courbe devient un continu.* Un cas particulier de ces fonctions est déjà compris dans un exemple, que j'ai mentionné dans Acta mathematica T. 2, pag. 407 [hier S. 207]. En posant

$$z = \frac{c_1}{3} + \frac{c_2}{3^2} + \cdots + \frac{c_\varrho}{3^\varrho} + \cdots, \tag{6}$$

où les coefficients c_μ peuvent prendre à volonté les deux valeurs 0 et 2 et où la série peut être composée d'un nombre fini ou infini de membres, l'ensemble $\{z\}$ est un ensemble *parfait* S, situé dans l'intervalle $(0 \ldots 1)$, les points extrêmes 0 et 1 appartiennent à cet ensemble $\{z\}$; de plus l'ensemble $\{z\} = S$ est ici tel, qu'il n'est condensé dans l'étendue d'aucun intervalle, si petit qu'il soit; enfin on peut aussi s'assurer, que cet ensemble $S = \{z\}$ a une *grandeur* $\mathfrak{J}(S)$ (*notion* que j'expliquerai à l'instant) égale à zéro.

---

[1] C'est une *expression* introduite par M. Ch. Neumann (voir *Über die nach Kreis-, Kugel- und Zylinderfunktionen fortschreitenden Entwickelungen*, S. 26. Leipzig 1881).

Ici les points, que nous avons désignés par b_ν résultent de la formule (6) pour z en prenant $c_\varrho = 0$ à partir d'un certain ϱ plus grand que 1, en sorte que tous les b_ν sont compris dans la formule

$$b_\nu = \frac{c_1}{3} + \frac{c_2}{3^2} + \cdots + \frac{c_{\mu-1}}{3^{\mu-1}} + \frac{2}{3^\mu}. \tag{7}$$

Les points a_ν résultent de la même formule pour z, en prenant c_ϱ à partir d'un certain ϱ toujours égal à 2, en sorte qu'en vertu de l'équation

$$1 = \frac{2}{3} + \frac{2}{3^2} + \frac{2}{3^3} + \cdots$$

on a, en prenant $c_\mu = 0$, $c_{\mu+1} = c_{\mu+2} = \cdots = 2$,

$$a_\nu = \frac{c_1}{3} + \frac{c_2}{3^2} + \cdots + \frac{c_{\mu-1}}{3^{\mu-1}} + \frac{1}{3^\mu}. \tag{8}$$

Joignons maintenant la variable z à une autre y, définie par la formule

$$y = \frac{1}{2}\left(\frac{c_1}{2} + \frac{c_2}{2^2} + \cdots + \frac{c_\varrho}{2^\varrho} + \cdots\right) \tag{9}$$

dans laquelle nous convenons, que les coefficients c_ϱ ont la même valeur que dans (6).

Par cette liaison y devient évidemment une fonction de z, que nous appellons $\psi(z)$. Remarquons maintenant que les deux valeurs de $\psi(z)$ pour $z = a_\nu$ et pour $z = b_\nu$ deviennent égales, savoir:

$$\psi(a_\nu) = \psi(b_\nu) = \frac{1}{2}\left(\frac{c_1}{2^1} + \frac{c_2}{2^2} + \cdots + \frac{c_{\mu-1}}{2^{\mu-1}} + \frac{2}{2^\mu}\right).$$

De là resulte une fonction continue et monotone $\psi(x)$ de la variable continue x, définie de la manière suivante:

Pour $a_\nu < x < b_\nu$ on pose: $\psi(x) = \psi(a_\nu) = \psi(b_\nu)$, et pour $x = z$ on a $\psi(x) = y = \psi(z)$.

M. L. Scheeffer à Berlin a observé, que cette fonction $\psi(x)$, ainsi que beaucoup d'autres, est en contradiction avec un théorème de M. Harnack (v. Math. Annalen Bd. 19, pag. 241, Lehrs. 5). En effet cette fonction $\psi(x)$ a sa dérivée $\psi'(x)$ égale a zéro pour toutes les valeurs de x, à l'exception de ceux, que nous avons nommées z; celles-ci constituent un ensemble parfait $\{z\}$, dont la grandeur $\mathfrak{J}(\{z\})$ est égale à zéro. Mais M. Scheeffer m'a aussi dit, qu'il pouvait remplacer ce théorème par un autre, qui serait exempt de doute; j'espère qu'il publiera bientôt dans les Acta ses recherches sur ce sujet aussi bien que sur diverses autres questions intéressantes dont il s'occupe.

... Dans ce qui précède j'ai démontré, que tous les ensembles parfaits et linéaires de points, qui ne sont condensés dans aucune partie du segment, dans lequel ils sont placés, si petite qu'elle soit, sont de la même puissance que le continu linéaire.

Prenons maintenant un ensemble parfait et linéaire de points S *quelconque*, placé dans l'intervalle $(-\omega\cdots+\omega)$ je dis qu'également cet ensemble S a la puissance du continu $(0\ldots 1)$.

En effet, comme nous avons déjà traité le cas, où l'ensemble S n'est condensé dans aucune partie continue du segment $(-\omega\cdots+\omega)$, prenons un intervalle quelconque $(c\ldots d)$, dans l'intérieur duquel S doit condensé partout. Tous les points de $(c\ldots d)$ appartiendront aussi à S, parce que S est un ensemble parfait.

L'ensemble de points $(c\ldots d)$ est un système partiel de S et S un système partiel du segment $(-\omega\cdots+\omega)$. Comme l'ensemble $(c\ldots d)$ a la même puissance que l'ensemble $(-\omega\cdots+\omega)$, on en conclut aussi, que S a la même puissance que $(-\omega\cdots+\omega)$, c'est à dire la puissance de $(0\ldots 1)$; car on a le théorème général:

«*Étant donné un ensemble bien défini M d'une puissance quelconque, un ensemble partiel M' pris dans M et un ensemble partiel M'' pris dans M', si le dernier système M'' possède la même puissance que le premier M, l'ensemble moyen M' est aussi toujours de la même puissance que M et M''.*» (Voir Acta mathematica, T. 2, pag. 392) [hier III 4, S. 201].

Lorsqu'un ensemble P est tel, que son premier ensemble dérivé $P^{(1)}$ en est diviseur, je nomme P un *ensemble fermé.*

Chaque ensemble *fermé* P d'une puissance supérieure à la première se décompose, comme nous le savons, d'une seule manière en un ensemble R de la première puissance et en un ensemble parfait S. On en conclut au moyen des théorèmes obtenus, le suivant: «*Tous les ensembles fermés de points se divisent en deux classes, les uns sont de la première puissance, les autres ont la puissance du continu arithmétique.*» Dans une prochaine communication je montrerai que cette division en deux classes a aussi lieu pour les ensembles de points *non fermés.* Par là nous arriverons à l'aide des principes du § 13 de mon mémoire dans Acta mathematica T. 2, pag. 390 [S. 199], à la détermination de la *puissance* du *continu arithmétique,* en démontrant qu'elle coïncide avec celle de la *deuxième classe des nombres* (II).

... Il y a une *notion* de *volume* ou de *grandeur,* qui se rapporte à tout ensemble P, situé dans un espace plan G_n à n dimensions, que cet ensemble P soit continu ou non.

Dans le cas ou P se réduit à un ensemble continu à n dimensions, ou à un système de tels ensembles, cette notion se confond avec la notion ordinaire de volume.

Lorsque P est un continu à un nombre de dimensions plus petit que n la valeur du volume devient zéro; la même chose arrive lorsque P est tel que $P^{(1)}$ a la première puissance et encore dans divers autres cas. Mais ce qui, au premier moment, paraîtra peut être étonnant, c'est que ce volume, je le désigne par $\mathfrak{J}(P)$, a quelquefois une valeur différente de zéro pour des ensembles P contenus dans G_n de l'espèce de ceux, qui ne sont condensés dans aucune partie continue à n dimensions de G_n, si petite qu'elle soit.

J'arrive à cette notion générale de *volume* ou de *grandeur* $\mathfrak{J}(P)$ d'un ensemble *quelconque* P contenu dans G_n en prenant *chaque* point p, qui appartient à P ou à $P^{(1)}$, pour centre d'une sphère pleine à n dimensions au rayon ϱ, que nous appellerons $K(p, \varrho)$. Le plus petit multiple de tous ces sphères pleines $K(p, \varrho)$ (voir la définition du plus petit multiple, Acta mathematica T. 2, pag. 357) [S. 145] savoir

$$\mathfrak{M}[K(p, \varrho)],$$

(où ϱ est une constante) constitue pour chaque valeur de ϱ un ensemble qui se compose de pièces continues à n dimensions et dont le volume se détermine d'après les règles connues au moyen d'une intégrale n-tiple.

Soit $f(\varrho)$ la valeur de cette intégrale; $f(\varrho)$ est une fonction continue de ϱ, qui diminue avec ϱ; la limite de $f(\varrho)$, lorsque ϱ converge vers zéro, me sert de définition du volume $\mathfrak{J}(P)$; en sorte, que nous avons

$$\mathfrak{J}(P) = \lim_{\varrho=0} f(\varrho). \tag{10}$$

Je fais remarquer expressément que cette valeur du *volume* ou de la *grandeur* d'un ensemble quelconque P contenu dans un espace continu plan G_n à n dimensions est absolument dépendante de l'espace plan G_n même, duquel P est considéré comme une partie composante, et particulièrement du nombre n; de sorte que, si l'on considère *le même ensemble* P comme une partie constituante d'un autre espace continu plan H_m, la valeur du volume de P par rapport à l'espace H_m est en général différente de celle, qui se rapporte au même ensemble P, considéré comme partie constitutive de G_n.

Un carré p. e. dont le côté est égal à l'unité, a sa *grandeur* égale à zéro lorsqu'il est considéré comme partie constituante de l'espace à trois dimensions; mais il a la grandeur égale à 1, lorsqu'on le regarde comme partie d'un plan à deux dimensions. Cette notion générale de *volume* ou de *grandeur* m'est indispensable dans les recherches sur les *dimensions* des *ensembles continus*, que j'ai promises dans Acta mathematica T. 2, pag. 407 [hier Anm. 12) S. 207] et que je vous enverrai plus tard pour votre journal.

En nous bornant ici aux ensembles *linéaires* de points, compris dans l'intervalle $(0 \ldots 1)$, le *volume* ou la *grandeur* d'un tel ensemble P se détermine facilement en suivant la méthode exposée dans Acta mathematica T. 2, pag. 378 [hier S. 162], où nous avons considéré des intervalles, désignés par $(c_\nu \ldots d_\nu)$ et liés d'après une loi manifeste à P et $P^{(1)}$ ou, comme je l'ai exprimé là, à $\mathfrak{M}(P, P^{(1)})$. Nous y avons posé

$$\sum (d_\nu - c_\nu) = \sigma$$

où σ est une quantité déterminée positive $\leqq 1$. Or dans notre cas on se convaincra facilement que l'on a

$$\mathfrak{J}(P) = 1 - \sigma. \tag{11}$$

... Les ensembles linéaires parfaits de points S, qui ne sont condensés dans aucun intervalle, si petit qu'il soit, ont en général une grandeur $\mathfrak{J}(S)$ différente de zéro, mais il peuvent aussi avoir une grandeur $\mathfrak{J}(S)$ égale à zéro.

Quant à ceux, pour lesquels $\mathfrak{J}(S)$ est différent de zéro, ils peuvent être réduits par composition (addition) et à ceux pour lesquels $\mathfrak{J}(S) = 0$ et à de tels ensembles parfaits, qui non seulement sont d'une grandeur différente de zéro, mais dont toutes les parties *parfaites*, que l'on obtient en se bornant à des intervalles partiels de $(0 \ldots 1)$, ont *à leur tour* une grandeur différente de zéro.

Pour *cette dernière classe* d'ensembles parfaits linéaires il y a une démonstration très simple du théorème démontré plus haut, que leur puissance est celle du continu.

En effet prenons un tel ensemble parfait S dans l'intervalle $(0 \ldots 1)$ et supposons que les points extrêmes 0 et 1 appartiennent à S; nous établissons d'abord la série (1) d'intervalles $(a_\nu \ldots b_\nu)$, appartenant dans le sens expliqué à l'ensemble parfait S.

Soit x une grandeur quelconque > 0 et $\leqq 1$, nous désignons par S_x l'ensemble, qui est constitué par tous les points de S, qui sont situés dans l'intervalle $(0 \ldots x)$ et définissons une fonction $\varphi(x)$ par les conditions suivantes:

$$\varphi(0) = 0, \quad \varphi(x) = \mathfrak{J}(S_x) \qquad \text{pour } x > 0 \text{ et } \leqq 1.$$

Cette fonction $\varphi(x)$ est, comme on le voit sans peine, continue et monotone dans l'intervalle $(0 \ldots 1)$; pour la valeur $x = 1$ elle prend la valeur $\varphi(1) = \mathfrak{J}(S) = c$, différente de zéro d'après l'hypothèse faite par rapport à S. De plus, dans chacun des intervalles $(a_\nu \ldots b_\nu)$, c'est à dire pour $a_\nu \leqq x \leqq b_\nu$ elle conserve une valeur constante $\varphi(x) = \varphi(a_\nu) = \varphi(b_\nu)$; lorsque x est plus petit que a_ν on a toujours $\varphi(x) < \varphi(a_\nu)$, lorsque x est plus grand que b_ν on a $\varphi(x) > \varphi(b_\nu)$; *cela tient à ce* que nous avons supposé un ensemble S tel que tout ensemble partiel parfait, que l'on obtient en se bornant à des intervalles partiels de $(0 \ldots 1)$ est à son tour d'une *grandeur* différente de zéro.

La fonction continue $\varphi(x)$ prend toutes les valeurs entre 0 et c; elle prend chaque valeur entre celles qui sont égales à $\varphi(a_\nu) = \varphi(b_\nu)$ un nombre infini de fois, savoir pour tous les x, qui sont $\leqq a_\nu$ et $\leqq b_\nu$; mais elle ne prend *qu'une seule* fois chaque valeur h de l'intervalle $(0 \ldots c)$, qui est différente des valeurs $\varphi(a_\nu) = \varphi(b_\nu)$, pour une valeur *distincte* g de x, où g diffère de toutes les valeurs appartenant aux intervalles $(a_\nu \ldots b_\nu)$, soit des valeurs extrêmes a_ν et b_ν soit des intermédiares.

Et puisque à chacune de ces valeurs g de x il appartient une certaine valeur $h = \varphi(g)$, différente des valeurs $\varphi(a_\nu) = \varphi(b_\nu)$, et vice versa, on a comme dans notre première démonstration

$$\{g\} \sim \{h\}$$

d'où l'on conclut comme plus haut, que la puissance de S est celle du continu $(0 \ldots c)$.

... Après avoir obtenu ces résultats je suis revenu à mes recherches sur les séries trigonométriques, que j'ai publiées il y a maintenant treize ans et que j'avais laissées de côté depuis longtemps; non seulement je suis parvenu à démontrer, que le théorème Acta mathematica T. 2, pag. 348 [hier S. 101] reste juste, lorsque le système de points, que j'y ai désigné par P, est tel que son ensemble dérivé $P^{(1)}$ a la première puissance, mais je possède maintenant même quelques résultats pour le cas ou $P^{(1)}$ est d'une puissance plus grande que la première; je vous les enverrai une autre fois.

[Anmerkung.]

Eine ausführlichere Darstellung des Beweises findet sich in III 4, Nr. 6 § 19, S. 236 ff.

Die am Schlusse von Cantor in Aussicht gestellte Fortsetzung seiner Untersuchungen über trigonometrische Reihen ist unterblieben.

7. Über verschiedene Theoreme aus der Theorie der Punktmengen in einem n-fach ausgedehnten stetigen Raume G_n. Zweite Mitteilung[1].

[Acta Mathematica Bd. 7, S. 105—124 (1885).]

Indem ich die weitere Darstellung meiner Untersuchungen über Punktmengen beginne, will ich *zunächst* in § 1 kurz diejenigen hierher gehörigen Sätze anführen, welche teils schon in einer Abhandlung sich vorfinden, die ich im 23. Bande der Math. Ann., S. 453 [hier III 4, Nr. 6, S. 210ff.] veröffentlicht habe, teils auch in Aufsätzen der Herren Bendixson und Phragmén (Acta mathematica, T. 2, p. 415 und T. 5, p. 47) von anderen Gesichtspunkten aus behandelt worden sind. Dabei möchte ich mich auf eine einfache Erklärung und Formulierung der in Betracht kommenden Theoreme und auf eine Andeutung ihrer Beweise beschränken; denn die ausführliche Entwickelung kann in der erwähnten Annalenarbeit gefunden werden.

§ 1.

Es ist eine sehr häufig in der Punktmengenlehre auftretende Erscheinung, daß *Eigenschaften* von Punktmengen in Betracht kommen, die den folgenden *beiden* Bedingungen genügen [„distributive Eigenschaft“ wie hier S. 210]:

Erstens: wenn P irgendeine mit der betreffenden Eigenschaft behaftete Punktmenge innerhalb eines Gebietes H von G_n bedeutet, wo H ganz im Endlichen liegt, und man zerlegt H mit gehöriger Verteilung der Begrenzungsstücke in eine *endliche* Anzahl von *Teilgebieten* $H_1, H_2, \ldots, H_m$, in welche resp. die *Teilmengen* $P_1, P_2, \ldots, P_m$ von P fallen, so hat immer *mindestens eine* von diesen Teilmengen ebenfalls die betreffende Eigenschaft.

Zweitens: ist P irgendeine mit der betreffenden Eigenschaft begabte Punktmenge, so hat immer auch $P + Q$ dieselbe Eigenschaft, was auch Q sei.

Ich will nun unter Υ irgendeine Punktmengenbeschaffenheit verstehen, welche diesen *beiden* Bedingungen genügt; dann gilt der folgende allgemeine Satz:

Theorem I. *Ist H irgendein ganz im Endlichen liegender kontinuierlicher Teil von G_n und P eine in H enthaltene Punktmenge mit der Eigenschaft Υ, so gibt es wenigstens einen Punkt g von H in solcher Lage, daß, wenn $K(\varrho)$ die n-dimensionale Vollkugel mit dem Mittelpunkt g und dem Radius ϱ*

[1] Fortsetzung des Aufsatzes in Acta mathematica 2, 409 [hier III 5, S. 247].

ist, derjenige Bestandteil von P, welcher in das Gebiet $K(\varrho)$ fällt, stets die Eigenschaft Υ hat, der Radius ϱ der Vollkugel mag so klein genommen werden, wie man wolle.

Unter einer *abgeschlossenen* Punktmenge (ensemble fermé) verstehe ich eine solche P, bei welcher die Bedingung erfüllt ist:

$$\mathfrak{D}(P, P^{(1)}) = P^{(1)}. \tag{1}$$

Dagegen nenne ich eine Punktmenge P *insichdicht* (ensemble condensé en soi), wenn bei ihr die Gleichung erfüllt ist:

$$\mathfrak{D}(P, P^{(1)}) = P. \tag{2}$$

Ist eine Punktmenge so beschaffen, daß sie *keinen insichdichten* Bestandteil hat, so nenne ich sie eine *separierte* Punktmenge. [Vgl. hier S. 226—228.]

Zur Erläuterung dieser Definitionen führe ich an, daß jede *perfekte* Punktmenge *sowohl abgeschlossen, wie* auch *insichdicht* ist, daß die *Ableitung* einer *insichdichten* Punktmenge stets *perfekt* ist und daß die *isolierten* Punktmengen eine besondere Art von *separierten* Mengen bilden; auch sind alle *abgeschlossenen* Punktmengen *erster* Mächtigkeit (wegen Theorem A) ebensowohl wie alle Mengen der Form $P - \mathfrak{D}(P, P^{(\Omega)})$ *separierte* Mengen; letztere Behauptung kann leicht mit Hilfe des gleich folgenden Theorems III bewiesen werden. Im weiteren Verlauf dieser Arbeit wird sich der Satz ergeben, daß *alle separierten* Mengen höchstens von der *ersten* Mächtigkeit sind.

Theorem II. *Ist eine in G_n vorkommende Punktmenge P so beschaffen, daß, wenn H ein ganz im Endlichen befindlicher Teil von G_n ist, alsdann immer der in H enthaltene Bestandteil von P endlich ist oder die erste Mächtigkeit besitzt, so ist P selbst entweder endlich oder von der ersten Mächtigkeit.*

Theorem III. *Es sei Q irgendeine abgeschlossene Punktmenge und R eine Punktmenge von solcher Beschaffenheit, daß erstens R keinen Punkt mit Q gemein hat, wie auch zweitens, daß, wenn H irgendein stetiger Bestandteil von G_n ist, in den kein einziger Punkt von Q fällt, alsdann der zum Gebiete H gehörige Bestandteil von R endlich ist oder die erste Mächtigkeit hat, so ist auch R selbst höchstens von der ersten Mächtigkeit.*

Zum Beweise des letzteren Theorems bediene ich mich eines n-fach ausgedehnten, aus einem oder mehreren getrennten *stetigen Teilen* bestehenden Raumteils, den ich mit

$$\Pi(\varrho, Q)$$

bezeichne, weil er sowohl von einer beliebigen positiven Größe ϱ wie auch von der abgeschlossenen Menge Q abhängt; er geht dadurch aus der Menge Q hervor, daß man *sämtliche* n-dimensionalen Vollkugeln vom Radius ϱ zusammennimmt, deren *Centra* zu Q gehörige Punkte sind. Wegen der in bezug auf R gemachten Voraussetzungen fällt in den Raumteil

$$G_n - \Pi(\varrho, Q),$$

wie klein auch ϱ sei, stets ein Bestandteil von R, der höchstens die *erste* Mächtigkeit hat und andererseits kann ϱ immer so klein gewählt werden, daß dieser Raumteil $G_n - \Pi(\varrho, Q)$ einen beliebig vorher ins Auge gefaßten Punkt r von R enthält, da sonst dieser Punkt auch der *abgeschlossenen* Menge Q angehören würde. Daraus schließt man leicht, indem man ϱ unendlich klein werden läßt, daß R selbst *höchstens* die erste Mächtigkeit besitzt.

Theorem D. *Ist P eine innerhalb G_n gelegene Punktmenge von solcher Beschaffenheit, daß ihre erste Ableitung $P^{(1)}$ eine höhere Mächtigkeit hat als die erste, so gibt es immer Punkte, welche allen Ableitungen $P^{(\alpha)}$ zugleich angehören, wo α irgendeine Zahl der ersten oder zweiten Zahlenklasse ist, und der Inbegriff aller dieser Punkte, der nichts anderes ist als $P^{(\Omega)}$, ist stets eine perfekte Menge.*

Theorem E. *Ist P von derselben Beschaffenheit wie in Theorem D und ist $S = P^{(\Omega)}$ die perfekte Menge, deren Existenz in Theorem D ausgesprochen ist, so ist die Differenz*

$$R = P^{(1)} - S$$

stets höchstens von der ersten Mächtigkeit, und es läßt sich daher die erste Ableitung $P^{(1)}$ einer solchen Punktmenge P in zwei Bestandteile R und S zerlegen, derart daß

$$P^{(1)} = R + S,$$

wo R höchstens von der ersten Mächtigkeit und S eine perfekte Menge ist.

Theorem F. *Ist P von derselben Beschaffenheit wie in den Theoremen D und E, so gibt es stets eine kleinste der ersten oder zweiten Zahlenklasse zugehörige Zahl α, so daß*

$$P^{(\alpha)} = P^{(\alpha+1)} = P^{(\alpha+\lambda)},$$

wo λ eine ganz beliebige endliche oder transfinite Zahl ist, und es ist also bereits die α^{te} Ableitung von P gleich der perfekten Menge S, d. h. man hat

$$P^{(\alpha)} = P^{(\Omega)} = S.$$

Theorem G. *Ist R die in Theorem E vorkommende Menge, α die in Theorem F so bezeichnete Zahl, so ist immer*

$$\mathfrak{D}(R, R^{(\alpha)}) = 0$$

und um so mehr

$$\mathfrak{D}(R, R^{(\Omega)}) = 0.$$

Dieses letzte Theorem G rührt von Herrn Bendixson her. Die Beweise dieser Sätze D, E, F, G beruhen sowohl auf den Theoremen I und III wie auch auf den früher gebrachten Theoremen A, B, C; die Ausführung hiervon findet sich in den Mathematischen Annalen, Bd. 23 [hier III 4, Nr. 6, § 15—17, S. 210 ff.].

Die Ableitung $P^{(1)}$ und daher auch alle höheren Ableitungen *irgendeiner* Punktmenge P sind stets *abgeschlossene* Mengen, und es läßt sich leicht auch das Umgekehrte beweisen, daß *jede abgeschlossene* Menge als die *erste* (oder auch höhere) Ableitung von anderen Mengen dargestellt werden kann (Math. Ann., Bd. 23, S. 470) [hier S. 226]; daher sind wir imstande, auf Grund unserer Theoreme folgendes über die *abgeschlossenen* Mengen zu behaupten:

Theorem H. *Ist P irgendeine abgeschlossene Punktmenge, so besteht dieselbe immer aus zwei wesentlich verschiedenen, getrennten Bestandteilen R und S (von welchen einer auch Null sein kann), so daß*

$$P = R + S, \tag{3}$$

wo R eine separierte Menge und höchstens von der ersten Mächtigkeit, während S, falls sie nicht gleich Null, eine perfekte Menge und daher (Acta mathematica, T. 4, p. 381) [hier III 6, S. 252][1] *von der Mächtigkeit des Linearkontinuums ist. Falls die abgeschlossene Menge P endlich oder von der ersten Mächtigkeit ist, verschwindet der Teil S und man hat alsdann von einem gewissen kleinsten α der ersten oder zweiten Zahlenklasse an (welches kleinste α stets von der ersten Art ist);*

$$P^{(\alpha)} = 0.$$

Ist aber die abgeschlossene Menge P von höherer als der ersten Mächtigkeit, so ist S immer eine von Null verschiedene perfekte Menge und man hat von einem gewissen kleinsten α der ersten oder zweiten Zahlenklasse an

$$P^{(\alpha)} = P^{(\alpha+\lambda)} = S$$

und somit auch

$$P^{(\Omega)} = S.$$

Die separierte Menge R hat dabei die Eigenschaft, daß

$$\mathfrak{D}(R,\ R^{(\alpha)}) = \mathfrak{D}(R,\ R^{(\Omega)}) = 0.$$

Alle abgeschlossenen unendlichen Punktmengen sind entweder von der ersten Mächtigkeit oder von der Mächtigkeit des Linearkontinuums (Math. Ann., Bd. 23, S. 488) [hier S. 244].

Ich will nun im folgenden zeigen, wie sich alle diese Sätze auf *beliebige*, also auch auf *nicht abgeschlossene* Punktmengen *verallgemeinern* lassen.

§ 2.

Ist eine *insichdichte* Punktmenge P so beschaffen, daß der in hinreichend nahe Umgebung (d. h. Vollkugel mit dem betreffenden Punkt als Zentrum) jedes ihrer Punkte fallende Bestandteil derselben *stets*, d. h. für *alle* ihre

---

[1] Man vgl. auch I. Bendixson: Sur la puissance des ensembles parfaits de points. (Bihang till Sv. Vetenskapsakademiens handlingar 9, Nr. 6 (1884).)

Punkte *eine und dieselbe Mächtigkeit* hat, so wollen wir eine solche insichdichte Menge eine *homogene* Punktmenge nennen, und wenn jene Mächtigkeit die α^{te} ist, so möge P eine *homogene Punktmenge* α^{ter} *Ordnung* heißen. Es ist leicht zu zeigen, daß eine homogene Menge α^{ter} Ordnung immer selbst von der α^{ten} Mächtigkeit ist.

So ist z. B. die Menge *aller rationalen* Zahlen eine *homogene* Menge *erster* Ordnung, die Menge *aller irrationalen* Zahlen aber eine *homogene* Menge von der *Mächtigkeit des Linearkontinuums*.

Sei nun P eine *ganz beliebige* Punktmenge innerhalb G_n. Sie wird aus *zweierlei* Punkten bestehen: die *ersteren* liegen so, daß in *hinreichend nahe* Umgebung von ihnen keine anderen Punkte von P fallen, es sind dies sogenannte *isolierte* Punkte von P; die *anderen* Punkte von P sind *gleichzeitig Grenzpunkte* von P, gehören also auch als *Punkte* zu $P^{(1)}$.

Den Inbegriff der *ersteren* wollen wir mit Pa bezeichnen und die *Adhärenz* von P nennen; der Inbegriff der letzteren werde mit Pc bezeichnet und heiße die *Kohärenz* von P.

Wir haben alsdann

$$Pc = \mathfrak{D}(P,\ P^{(1)}) \text{ und} \tag{4}$$

$$P = Pa + Pc. \tag{5}$$

Pa und Pc sind also bestimmte Teile von P.

Pa ist immer eine *isolierte* Menge oder Null; Pc braucht weder das eine noch das andere zu sein, auch ist klar, daß *jeder insichdichte Bestandteil von P zugleich Bestandteil von Pc ist, und daß Pc dann und nur dann gleich P (daher $Pa = 0$ und umgekehrt) ist, wenn P eine insichdichte Menge ist.*

Auf Pc können wir dieselbe Zerlegung anwenden und haben, wenn Pcc mit Pc^2 bezeichnet wird:

$$Pc = Pca + Pc^2; \qquad P = Pa + Pca + Pc^2.$$

Wird die ν-malige wiederholte Anwendung der *Operation* c auf P mit Pc^ν bezeichnet, so hat man auch

$$P = Pa + Pca + Pc^2a + \cdots + Pc^{\nu-1}a + Pc^\nu.$$

Pc^ν heiße die ν^{te} *Kohärenz* von P.

Es läßt sich nun aber auch auf Grund *vollständiger Induktion* der Begriff der γ^{ten} *Kohärenz* von P definieren, wo γ eine beliebige *transfinite* Zahl ist.

Bedeutet γ eine *transfinite* Zahl der *ersten* Art, so definiert man:

$$Pc^\gamma = (Pc^{\gamma-1})c. \tag{6}$$

Ist aber γ eine *transfinite* Zahl der *zweiten* Art, so sei

$$Pc^\gamma = \mathfrak{D}(\ldots,\ Pc^{\gamma'},\ \ldots), \tag{7}$$

wo γ' *alle* Zahlen zu durchlaufen hat, die kleiner sind als γ. Zum Verständnis der letzten Gleichung (7) beachte man, daß stets $Pc^{\gamma'}$ *ganz* in $Pc^{\gamma''}$ enthalten ist, wenn $\gamma'' < \gamma'$ ist.

Nach diesen Festsetzungen besteht für alle Zahlenpaare γ und δ die Gleichung

$$(Pc^{\gamma})\,c^{\delta} = Pc^{\gamma+\delta} \tag{8}$$

und, was auch γ für eine *finite* oder *transfinite* Zahl sei, wie leicht zu beweisen, das folgende Theorem:

$$P = \sum_{\gamma'=0,1,\ldots<\gamma} Pc^{\gamma'}a + Pc^{\gamma}. \tag{9}$$

Hier haben die verschiedenen Bestandteile der rechten Seite $Pc^{\gamma'}a$ und Pc^{γ} untereinander keinen Zusammenhang, d. h. keine gemeinschaftlichen Punkte; jedes Glied $Pc^{\gamma'}a$ stellt als *Adhärenz* von $Pc^{\gamma'}$ eine *isolierte* Menge dar, die Summe $\sum\limits_{\gamma'=0,1,\ldots<\gamma} Pc^{\gamma'}a$ *selbst* ist offenbar immer eine *separierte* Menge, weil *jeder insichdichte* Bestandteil von P auch Bestandteil von Pc^{γ} ist, mithin jene Summe *keinen insichdichten* Bestandteil haben kann.

Es soll nun bewiesen werden, *daß wenn P eine separierte Menge ist, alsdann eine der ersten oder zweiten Zahlenklasse angehörige kleinste Zahl α existiert, so daß $Pc^{\alpha} = 0$ und daher auch $Pc^{\alpha+\lambda} = 0$, daß aber, wenn P nicht eine separierte Menge ist, alsdann eine ebensolche Zahl α in der ersten oder zweiten Zahlenklasse vorhanden ist, so daß Pc^{α} und daher auch $Pc^{\alpha+\lambda}$ eine insichdichte Menge ist.*

Den *Beweis* des zuletzt behaupteten Satzes führen wir wie folgt.

1°. Betrachten wir *zuerst* den Fall, *daß P von der ersten Mächtigkeit* ist und wenden den in (9) ausgesprochenen Satz für $\gamma = \Omega$ an, wo Ω die *kleinste* Zahl der *dritten* Zahlenklasse ist, so haben wir

$$P = \sum_{\gamma'=0,1,2,\ldots,\omega,\ldots<\Omega} Pc^{\gamma'}a + Pc^{\Omega}.$$

Wären nun auf der rechten Seite alle Glieder $Pc^{\gamma'}a$ von Null verschieden, so hätte diese Seite unsrer Gleichung *zum mindesten die zweite Mächtigkeit*, das gleiche würde also auch von der linken Seite, d. h. von P gelten, gegen unsere Voraussetzung, daß P die *erste* Mächtigkeit besitzt. Es muß also Zahlen γ' und unter ihnen eine *kleinste* α geben (denn es ist eine Eigentümlichkeit der *ganzen* Zahlen, daß *jeder* Inbegriff von solchen, möge er aus *endlichen* oder *transfiniten* Zahlen bestehen, ein *Minimum* besitzt), so daß

$$Pc^{\alpha}a = 0.$$

Nun ist aber

$$Pc^{\alpha} = Pc^{\alpha}a + Pc^{\alpha+1},$$

daher

$$Pc^{\alpha} = Pc^{\alpha+1} = (Pc^{\alpha})c.$$

Ist hier Pc^{α} von Null verschieden, so folgt aus der letzten Gleichung, daß Pc^{α} und daher auch $Pc^{\alpha+\lambda}$ eine *insichdichte* Menge ist. Ist P eine separierte Menge, so kann nicht Pc^{α} eine insichdichte Menge sein und ist folglich *Null*; ist aber P keine separierte Menge, so kann Pc^{α} nicht Null sein und ist folglich *insichdicht*.

2°. Gehen wir nun zu der Annahme über, *daß P eine höhere Mächtigkeit hat als die erste*.

Die *Eigenschaft*, eine *höhere* Mächtigkeit als die *erste* zu haben, genügt den *beiden* Bedingungen, welche wir zu *Anfang* dieser Arbeit angeführt haben, sie ist also eine solche, auf welche das Theorem I Anwendung findet, worin wir daher unter Υ die soeben charakterisierte *Mengenbeschaffenheit* uns denken können. Wenn man außerdem noch das Theorem II berücksichtigt, so folgt, daß im Raum G_n Punkte q vorhanden sein müssen derart, daß in *jede* um q als Mittelpunkt mit dem Radius ϱ beschriebene n-dimensionale Vollkugel $K(\varrho)$ ein Bestandteil von P fällt, welcher eine *höhere* Mächtigkeit hat als die *erste*. Bezeichnen wir den *Inbegriff aller dieser Punkte* q mit Q, so sieht man leicht, daß Q eine *abgeschlossene* Menge ist; denn jeder *Grenzpunkt* von Q erfüllt dieselbe Bedingung, wie diejenige ist, durch welche wir die Punkte q definiert haben, er gehört also selbst zu Q.

Die beiden Mengen P und Q müssen nun *gemeinschaftliche* Punkte haben, oder mit anderen Worten, es ist $\mathfrak{D}(P, Q)$ *von Null verschieden*.

Dies folgt aus Theorem III, wenn wir darin an die Stelle der mit R bezeichneten Menge unsere Menge P setzen, während die dort mit Q bezeichnete die Bedeutung der uns *hier vorliegenden* Menge Q erhält.

Betrachten wir nämlich einen stetigen Teil H von G_n, in den *kein* Punkt von Q fällt, so wird *der in das Gebiet H fallende Bestandteil P_1 von P höchstens von der ersten Mächtigkeit sein*; denn wäre P_1 von *höherer* Mächtigkeit, so würde es nach dem soeben Bewiesenen eine Menge Q_1 geben, die zu P_1 dasselbe Verhältnis hat wie Q zu P, und es würde offenbar Q_1 ein Bestandteil von Q sein, der ganz innerhalb des Gebietes H läge, gegen die Voraussetzung, welche mit Bezug auf H gemacht worden ist.

Wäre also $\mathfrak{D}(P, Q) = 0$, so wären *beide* Bedingungen, denen das Theorem III unterliegt, erfüllt und wir würden daraus schließen können, daß P selbst eine Menge von *höchstens der ersten* Mächtigkeit sei, während wir es doch hier mit einer Menge P von *höherer* Mächtigkeit zu tun haben. *Also ist $\mathfrak{D}(P, Q)$ von Null verschieden.*

Fassen wir nun die Menge $\mathfrak{D}(P, Q)$ näher ins Auge und bezeichnen sie mit V. Sie besteht aus den zu P gehörigen Punkten v, die eine solche Lage haben, daß in *jeder* Umgebung von v Punkte von P liegen, deren Inbegriff von *höherer* Mächtigkeit ist als von der ersten. *Kein Punkt v* von V ist ein *isolierter* Punkt von V und P; denn umgeben wir v als Mittelpunkt mit einer beliebigen Vollkugel $K(\varrho)$, so fällt in dieselbe ein Bestandteil V_1 von P, der von *höherer* als der *ersten* Mächtigkeit ist; das letztere können wir auch von der Menge $V_1 - v$ sagen, die aus V_1 hervorgeht, wenn man von letzterer den *einzigen* Punkt v in Abzug bringt; daher muß es nach dem vorhin für P Bewiesenen auch unter den Punkten von $V_1 - v$ *solche* geben, daß die in jede Umgebung von ihnen fallenden Bestandteile von $V_1 - v$ eine *höhere* als die *erste* Mächtigkeit besitzen, und letztere Punkte sind offenbar auch Punkte von V. Man sieht also, daß wenn ein beliebiger Punkt v als Mittel punkt mit einer Vollkugel $K(\varrho)$ von beliebig kleinem Radius ϱ umgeben wird, in das Innere dieser Vollkugel noch *andere* Punkte von V hineinfallen als v; es ist also v sicherlich *kein isolierter* Punkt von V.

Da nun bewiesen ist, daß *jeder* Punkt v von V ein *Grenzpunkt* von V ist, so ist V eine *insichdichte Menge.*

Wir sehen daher, daß jede Punktmenge P von *höherer als der ersten* Mächtigkeit einen *bestimmten insichdichten Bestandteil* V besitzt, der aus *allen Punkten* v von P zusammengesetzt ist, welche eine solche Lage haben, daß in jede um v als Zentrum beschriebene Vollkugel $K(\varrho)$ ein Bestandteil von P hineinfällt, der von *höherer als der ersten Mächtigkeit* ist.

Daraus folgt zunächst, daß eine *separierte unendliche Menge stets von der ersten Mächtigkeit* ist; denn wir nannten *separierte* Menge eine solche, die *keinen insichdichten* Bestandteil hat; wäre sie von *höherer* als der *ersten Mächtigkeit,* so müßte sie nach dem soeben Bewiesenen einen *insichdichten* Bestandteil besitzen. Bei dieser Gelegenheit möchte ich erwähnen, daß auch Herr Bendixson, wie ich von ihm brieflich erfahren, einen ähnlichen Beweis dieses letzteren Satzes gefunden hat, nachdem ich ihn zur Untersuchung dieser Frage angeregt hatte. Kehren wir nun unter der *vorliegenden Annahme,* daß P von *höherer* Mächtigkeit als der *ersten* ist, zu der Gleichung (9) zurück und setzen auch hier $\gamma = \Omega$, betrachten also die folgende Gleichung:

$$P = \sum_{\gamma' = 0, 1, \ldots, \omega, \ldots < \Omega} P c^{\gamma'} a + P c^{\Omega}.$$

Der Bestandteil $\sum\limits_{\gamma' = 0, 1, \ldots, \omega, \ldots < \Omega} P c^{\gamma'} a$ der rechten Seite, welchen wir R nennen wollen, stellt, wie schon früher hervorgehoben worden ist, eine *separierte* Menge vor, weil jeder *insichdichte* Bestandteil von P auch in *jeder Kohärenz* von P, also auch in $P c^{\Omega}$ enthalten ist; jeder *insichdichte* Bestandteil von R wäre auch ein solcher von P, und daher auch von $P c^{\Omega}$, was dadurch ausgeschlossen ist, daß $\mathfrak{D}(R, P c^{\Omega}) = 0$ ist.

R als *separierte* Menge hat, wie wir gesehen, höchstens die *erste* Mächtigkeit.

Nun ist

$$R = \sum_{\gamma' = 0, 1, \ldots, \omega, \ldots < \Omega} P c^{\gamma'} a, \tag{10}$$

und wir schließen aus dieser Gleichung, daß unter den Gliedern $Pc^{\gamma}a$ der rechten Seite solche vorhanden sein müssen, welche verschwinden, weil sonst R von *höherer als der ersten Mächtigkeit* sein würde. Ist darnach α die *kleinste* der *ersten* oder *zweiten* Zahlenklasse angehörige Zahl, für welche

$$Pc^{\alpha}a = 0,$$

so folgt daraus, daß

$$Pc^{\alpha} = (Pc^{\alpha})c.$$

Hier ist der Fall $Pc^{\alpha} = 0$ ausgeschlossen, weil Pc^{α} *zum mindesten* aus dem *insichdichten* Bestandteil V von P besteht; also ist Pc^{α} und daher auch $Pc^{\alpha+\lambda} = Pc^{\Omega}$ eine *insichdichte* Menge.

Der mit V bezeichnete *insichdichte* Bestandteil von P, dessen Existenz in dem Falle nachgewiesen ist, daß P eine höhere Mächtigkeit als die *erste* hat, ist Bestandteil der *insichdichten* Menge $Pc^{\alpha} = Pc^{\Omega}$; bezeichnen wir nun den Inbegriff *aller* übrigen Punkte von Pc^{α} mit U, derart daß

$$Pc^{\alpha} = Pc^{\Omega} = U + V, \tag{11}$$

so sieht man leicht, *daß U nur Null* oder eine *homogene* Menge *erster Ordnung* sein kann. Denn in *jede* Nähe eines Punktes u von U fallen, da Pc^{α} *insichdicht* ist, unendlich viele Punkte von Pc^{α}; diese können aber in *hinreichender* Nähe nur dem Teil U, nicht aber dem Teil V angehören, weil sonst u nach der Definition von V ein Punkt der letzteren Menge sein würde; es liegen also in *jeder* Umgebung von u andere Punkte von U, deren Inbegriff aber *keine* höhere Mächtigkeit als die *erste* haben kann, weil sonst ebenfalls u zu V gehören würde.

Bemerken wir noch, daß wir wegen $Pc^{\alpha}a = Pc^{\alpha+\lambda}a = 0$ die Gleichung (10) wie folgt schreiben können:

$$R = \sum_{\alpha' = 0, 1, \ldots < \alpha} Pc^{\alpha'}a, \tag{12}$$

und fassen die gewonnenen Resultate in folgendem zusammen.

Theorem J. *Ist P eine separierte unendliche Menge, so ist sie von der ersten Mächtigkeit und es gibt eine kleinste Zahl der ersten oder zweiten Zahlenklasse, so daß*

$$Pc^{\alpha} = 0;$$

man hat also in diesem Falle (wegen (9), wenn darin $\gamma = \alpha$ gesetzt wird)

$$P = \sum_{\alpha' = 0, 1, \ldots < \alpha} Pc^{\alpha'}a.$$

Theorem K. *Ist P von der ersten Mächtigkeit, ohne jedoch eine separierte Menge zu sein, so gibt es eine der ersten oder zweiten Zahlenklasse angehörige kleinste Zahl α, so daß Pc^{α} eine homogene Menge erster Ordnung wird;*

bezeichnen wir diese mit U und $\sum_{\alpha'=0,1,\ldots<\alpha} Pc^{\alpha'}a$ *mit R, so ist R entweder Null oder eine separierte Menge, und man hat*

$$P = R + U.$$

Dabei ist

$$\mathfrak{D}(R,\ U^{(1)}) = 0.$$

Die letzte Behauptung hat ihren Grund darin, daß, wenn ein Punkt r von R zu $U^{(1)}$ gehören würde, $r + U$ ebenso wie U eine *insichdichte* Menge und somit ein Bestandteil von $U = Pc^{\alpha}$ wäre.

Theorem L. *Ist P von höherer als der ersten Mächtigkeit, so gibt es eine der ersten oder zweiten Zahlenklasse angehörige kleinste Zahl* α, *derart daß* Pc^{α} *eine insichdichte Menge ist; letztere besteht aus einem Bestandteil V, welcher insichdicht ist und alle Punkte von P umfaßt, welche so liegen, daß in jeder Umgebung von ihnen Bestandteile von P enthalten sind, die von höherer als der ersten Mächtigkeit sind, und aus einem Bestandteil U, der, falls er nicht Null ist, aus der Zusammensetzung der übrigen Punkte von* Pc^{α} *besteht und eine homogene Menge erster Ordnung bildet; wird die Summe* $\sum_{\alpha'=0,1,\ldots<\alpha} Pc^{\alpha'}a$ *mit R bezeichnet, so ist R entweder Null oder eine separierte Menge und man hat*

$$P = R + U + V.$$

Dabei ist

$$\mathfrak{D}(R,\ U^{(1)}) = 0; \qquad \mathfrak{D}(R,\ V^{(1)}) = 0; \qquad \mathfrak{D}(U,\ V^{(1)}) = 0.$$

Die letzten Relationen werden ganz ebenso bewiesen wie die entsprechende Behauptung in Theorem K.

§ 3.

Die in § 2 nachgewiesenen wesentlich verschiedenen und auseinander fallenden Bestandteile einer *beliebigen* Punktmenge P scheinen mir wichtig genug, um besondere *Bezeichnungen* und *Namen* zu rechtfertigen.

Wir wollen R den *Rest* oder das *Residuum* von P nennen und mit Pr bezeichnen, dagegen heiße $Pc^{\Omega} = U + V$ die *totale Inhärenz* von P und werde mit Pi bezeichnet, so daß man hat

$$R = Pr = \sum_{\alpha'=0,1,\ldots<\alpha} Pc^{\alpha'}a, \tag{13}$$

$$U + V = Pi = Pc^{\alpha} = Pc^{\Omega}, \tag{14}$$

$$P = Pr + Pi. \tag{15}$$

U heiße die *Inhärenz erster Ordnung* von P oder auch die *erste Inhärenz* von P, und es werde dafür das Zeichen Pi_1 gebraucht.

Was nun die *insichdichte* Menge V anbetrifft, so sieht man zwar aus § 2 leicht: sie ist derart, daß in jeder Nähe *jedes* ihrer Punkte v eine höhere

Mächtigkeit als die erste von Punkten, nicht bloß der Menge P, *sondern von V selbst* liegen, indessen steht zunächst noch nicht fest, daß sie stets eine *homogene* Menge ist, falls sie nicht verschwindet; dies wird erst dann sichergestellt sein, wenn wir gezeigt haben werden, daß bei den *Punktmengen innerhalb* G_n *keine höhere Mächtigkeit* vorkommen kann, als die *zweite*; denn sobald dies bewiesen wäre, würde daraus folgen, daß V, falls sie nicht verschwindet, eine *homogene Menge zweiter Ordnung* ist. Indem wir also fürs erste die Möglichkeit des Vorkommens *höherer Mächtigkeiten* als der *zweiten* zu berücksichtigen haben, ergibt sich hier allgemein folgendes:

Ist v irgendein Punkt von V und ist $\varrho_1, \varrho_2, \ldots. \varrho_\nu, \ldots$ irgendeine Reihe von positiven Größen, derart daß

$$\varrho_\nu > \varrho_{\nu+1} \quad \text{und} \quad \lim_{\nu=\infty} \varrho_\nu = 0,$$

und bezeichnet man mit V_ν den Teil von V, welcher in die um v als *Mittelpunkt* beschriebene Vollkugel $K(\varrho_\nu)$ fällt, mit α_ν die *Ordnungszahl* der *Mächtigkeit* von V_ν, so ist klar, daß α_ν *nicht kleiner* sein kann, als $\alpha_{\nu+1}$, daß also

$$\alpha_\nu \geqq \alpha_{\nu+1};$$

denn $V_{\nu+1}$ ist ein Teil von V_ν.

Wir haben also eine einfach unendliche Reihe von *endlichen* oder *transfiniten ganzen* Zahlen α_ν, welche mit wachsendem ν *nicht* zunehmen; von einer *solchen* Reihe *ganzer* Zahlen ist aber leicht zu zeigen [1], daß ihre Glieder von einem Gewissen $\nu = \nu_0$ an *alle einander gleich* sein müssen, so daß

$$\alpha_{\nu_0} = \alpha_{\nu_0+1} = \alpha_{\nu_0+2} = \cdots$$

Man setze den gemeinsamen Wert aller dieser Zahlen $= \beta$.

Wir sehen also, daß $V_{\nu_0}, V_{\nu_0+1}, V_{\nu_0+2}, \ldots$ *alle* von der β^{ten} Mächtigkeit sind, und erkennen daraus leicht, daß wenn $\varrho \leqq \varrho_{\nu_0}$, derjenige Bestandteil von V, welcher in die um v als *Mittelpunkt* beschriebene Vollkugel $K(\varrho)$ fällt, *immer* die β^{te} *Mächtigkeit* hat; denn, da ϱ seiner Größe nach zwischen zwei bestimmte Glieder der Reihe $\varrho_{\nu_0}, \varrho_{\nu_0+1}, \varrho_{\nu_0+2}, \ldots$ fällt, so stößt man ebensowohl bei der Annahme, daß die Mächtigkeit des bezeichneten Teils von V *größer* als β, wie auch, daß sie *kleiner* als β sei, auf einen Widerspruch.

Wir sehen hieraus, daß zu jedem Punkt v von V eine ganz bestimmte *endliche* oder *überendliche* Zahl β gehört derart, daß für *hinreichend kleine* Werte von ϱ der in die, um v als *Zentrum* beschriebene Vollkugel $K(\varrho)$ fallende Bestandteil von V die β^{te} *Mächtigkeit* hat; wir wollen daher auch β die zum Punkte v gehörige *Ordnungszahl* und v einen *Punkt* β^{ter} *Ordnung von V oder P* nennen.

Der Inbegriff *aller* Punkte β^{ter} *Ordnung* von V, falls solche überhaupt vorhanden sind, bildet, wie leicht zu sehen, eine *homogene Punktmenge* β^{ter}

Ordnung und *Mächtigkeit*, welche wir die β^{te} *Inhärenz* oder die *Inhärenz* β^{ter} *Ordnung* von P nennen und mit Pi_β bezeichnen.

Wir haben nun

$$V = \sum_{\beta=2,3,\ldots} Pi_\beta, \tag{16}$$

wo auf der Rechten die einzelnen Glieder auch Null sein können und β *alle endlichen* und *überendlichen* ganzen Zahlen, die größer als 1 sind, zu durchlaufen hat.

Da nun nach (14) $Pi = Pc^\Omega = U + V$ und $U = Pi_1$, so können wir schreiben:

$$Pi = \sum_{\beta=1,2,\ldots} Pi_\beta, \tag{17}$$

wo hier β alle positiven ganzen Zahlen von 1 an zu durchlaufen hat. Zwischen den verschiedenen von uns nachgewiesenen Bestandteilen einer Punktmenge herrschen allgemein Beziehungen, die hervorgehoben zu werden verdienen.

Betrachten wir zuerst die Definitionen von Pa und Pc, wie sie uns in den Formeln (4) und (5) entgegentreten, so sehen wir, daß

$$\mathfrak{D}(Pa,\ Pc) = 0, \tag{18}$$

$$\mathfrak{D}[Pa,\ (Pa)^{(1)}] = 0, \tag{19}$$

$$\mathfrak{D}[Pa,\ (Pc)^{(1)}] = 0. \tag{20}$$

(18) sagt aus, daß die beiden Mengen Pa und Pc völlig getrennt (zusammenhangslos) sind, d. h. keine ihnen gemeinsam angehörigen Punkte haben; (19) besagt, daß Pa eine *isolierte* Menge ist, (20) läßt erkennen, daß Pa auch keinen Punkt hat, der Grenzpunkt von Pc wäre.

Die *isolierten* Punkte von P bilden Pa, wir wollen sie *Punkte* 0ter *Art von P* nennen; die *isolierten* Punkte von Pc bilden Pca, wir wollen sie *Punkte* 1ter *Art von P* nennen.

Allgemein wollen wir die Punkte der *isolierten* Menge $Pc^{\alpha'}a$ *Punkte* α'^{ter} *Art von P* nennen.

Die aus (13), (15) und (17) hervorgehende Formel

$$P = \sum_{\alpha'=0,1,\ldots<\alpha} Pc^{\alpha'}a + \sum_{\beta=1,2,\ldots} Pi_\beta \tag{21}$$

zeigt, daß ein beliebiger Punkt p von P entweder einem Bestandteil $Pc^{\alpha'}a$ von P angehört, dann ist p ein *Punkt* α'^{ter} *Art von P* und α' ist eine bestimmte Zahl der *ersten* oder *zweiten* Zahlenklasse, kleiner als α oder 0, oder es gehört p einem Bestandteil Pi_β von P an und ist alsdann ein *Punkt* β^{ter} *Ordnung von P.* Die *sämtlichen* Punkte α'^{ter} Art von P bilden daher, wenn überhaupt welche vorhanden sind, eine *isolierte* Menge, die sämtlichen Punkte β^{ter} *Ordnung* von P bilden dagegen, falls es deren überhaupt gibt, eine *homogene* Menge β^{ter} Ordnung.

Man kann die in Pr enthaltenen Punkte *Artpunkte* von P und die in Pi vorkommenden Punkte *Ordnungspunkte* von P nennen.

Aus der *Abwesenheit* von Punkten α'^{ter} Art von P folgt auch das *Nichtvorhandensein* von Punkten $(\alpha' + \lambda)^{\text{ter}}$ Art, wo λ eine beliebige Zahl der ersten oder zweiten Zahlenklasse ist; denn, wenn $Pc^{\alpha'}a = 0$, so ist $Pc^{\alpha'}$ entweder *Null* oder eine *insichdichte* Menge und es ist daher allgemein: $Pc^{\alpha'+\lambda} = Pc^{\alpha'}$ und $Pc^{\alpha'+\lambda}a = 0$. Daher zeigt *umgekehrt* das *Vorhandensein* von Punkten α'^{ter} Art auch *immer* das *Vorhandensein* von Punkten *jeder niedrigeren* Art an.

Dagegen hat die *Abwesenheit* oder das *Vorhandensein* von Punkten β^{ter} *Ordnung* keinerlei Einfluß auf das *Vorkommen* oder *Nichtvorkommen* von *Ordnungspunkten* mit *andrer* Ordnungszahl oder von *Artpunkten*.

Wenden wir die Relation (20) auf $Pc^{\alpha'}$ an Stelle von P an, so haben wir

$$\mathfrak{D}[Pc^{\alpha'}a,\ (Pc^{\alpha'})^{(1)}] = 0. \tag{22}$$

Nun ist aber sowohl $Pc^{\alpha'+\lambda}a$, wie auch Pi_β Bestandteil von $Pc^{\alpha'}$; wir haben also auch

$$\mathfrak{D}[Pc^{\alpha'}a,\ (Pc^{\alpha'+\lambda}a)^{(1)}] = 0 \tag{23}$$

$$\mathfrak{D}[Pc^{\alpha'}a,\ (Pi_\beta)^{(1)}] = 0. \tag{24}$$

So sehen wir, daß der Bestandteil $Pc^{\alpha'}a$ von P weder *Grenzpunkte* von $Pc^{\alpha'+\lambda}a$, noch *Grenzpunkte* von Pi_β zu *Punkten* hat.

Alle Punkte der rechten Seite von (21), *mit Ausnahme der im ersten Gliede Pa enthaltenen*, sind zugleich *Grenzpunkte* von P, und man ist daher berechtigt, wenn $\alpha' > 0$, einen *Punkt* α'^{ter} Art von P auch *Grenzpunkt* α'^{ter} Art von P und einen *Punkt* β^{ter} Ordnung von P auch *Grenzpunkt* β^{ter} Ordnung von P zu nennen; nur die Punkte 0ter *Art* von P können *nicht* zugleich *Grenzpunkte von* P heißen, weil sie *isolierte Punkte* von P sind.

$Pc^{\alpha'}$ können wir offenbar charakterisieren als den Inbegriff sowohl *aller Artpunkte von P, deren Artzahl* $\geqq \alpha'$, wie auch *aller Ordnungspunkte* von P; $Pi = V = Pc^{\Omega}$ ist der Inbegriff *aller Ordnungspunkte von* P.

Was nun das Verhältnis der *Inhärenzen* zueinander sowohl wie zu dem *Rest* von P anbetrifft, so können wir allgemein darüber folgendes behaupten:

$$\mathfrak{D}[Pr,\ (Pi)^{(1)}] = 0, \tag{25}$$

und daher ist auch

$$\mathfrak{D}[Pr,\ (Pi_\beta)^{(1)}] = 0. \tag{26}$$

Denn da Pi eine *insichdichte* Menge ist, so ist auch $Pi + Z$ eine *insichdichte* Menge, falls Z irgendein Bestandteil von $(Pi)^{(1)}$ ist; wäre also $\mathfrak{D}[Pr,\ (Pi)^{(1)}]$ von Null verschieden und bezeichnen wir diese Menge mit Z, so würde $Pi + Z$ ein *insichdichter* Bestandteil von P und daher auch von $Pi = Pc^{\Omega}$ sein, während doch Z als Bestandteil von Pr nicht in Pi enthalten sein kann.

Ferner können wir sagen, daß

$$\mathfrak{D}[Pi_\beta,\ (Pi_{\beta'})^{(1)}] = 0, \tag{27}$$

vorausgesetzt, daß $\beta' > \beta$.

Denn jeder *Grenzpunkt* von $Pi_{\beta'}$ ist, falls er *Punkt* von P ist, notwendig ein *Ordnungspunkt* von P von *mindestens* der β'^{ten} Ordnung, kann also nicht *Punkt* von Pi_β sein, da alle Punkte von Pi_β *Punkte* β^{ter} Ordnung von P sind und $\beta < \beta'$ angenommen ist.

Es ließen sich unsere Betrachtungen noch nach mancher Richtung vervollständigen, was für eine spätere Gelegenheit vorbehalten bleibt.

Ich will nun zeigen, wie unsere früheren Theoreme, die wir im Theorem H zusammengezogen haben, sich aus den neuen Resultaten ergeben, sobald man nur die Menge P als *abgeschlossen* voraussetzt.

Unter einer *abgeschlossenen* Menge verstanden wir nach (1) eine solche P, deren Ableitung $P^{(1)}$ *ganz* in ihr enthalten ist, so daß

$$\mathfrak{D}(P,\ P^{(1)}) = P^{(1)}.$$

Es fällt daher bei *abgeschlossenen* Mengen nach (4) die *erste Kohärenz* von P, die wir Pc nennen, mit der *ersten Ableitung* zusammen; wir haben

$$Pc = P^{(1)}, \tag{28}$$

vorausgesetzt, daß P *abgeschlossen* ist.

Nun wissen wir aber, daß auch *alle* Ableitungen $P^{(\gamma)}$ *abgeschlossene* Mengen sind, woraus folgt, daß *allgemein* in unserm Fall

$$Pc^\gamma = P^{(\gamma)}, \tag{29}$$

und daher

$$Pc^\gamma a = P^{(\gamma)} - P^{(\gamma+1)}, \tag{30}$$

wo für $\gamma = 0$ unter $P^{(0)}$ nichts anderes als P zu verstehen ist.

Endlich haben wir hier

$$Pi = Pc^\Omega = P^{(\Omega)}. \tag{31}$$

$P^{(\Omega)}$ ist daher, falls sie nicht Null ist, eine *insichdichte* Menge, und da sie außerdem als *Ableitung* von P eine *abgeschlossene* Menge ist, so folgt hieraus, daß $P^{(\Omega)}$, falls sie nicht verschwindet, eine *perfekte* Menge ist.

Man sieht also, daß im vorliegenden Falle der Bestandteil $U = Pi_1$ von Pi *stets verschwindet* und daß daher Pi sich auf V reduziert; denn, da Pi eine *perfekte* Menge ist, so ist nach Theorem A der Bestandteil von Pi, welcher in eine Vollkugel fällt, die einen Punkt von Pi umgibt, stets von *höherer* als der *ersten* Mächtigkeit; es kann also *kein* Punkt von Pi ein Punkt *erster* Ordnung sein.

Daher ist jede *abgeschlossene* Menge *erster* Mächtigkeit eine *separierte* Menge. Je nachdem nun die *abgeschlossene* Menge P von der *ersten* oder von *höherer* Mächtigkeit ist, ergeben sich aus den Theoremen J und L und den auf sie folgenden Resultaten die verschiedenen Behauptungen in Theorem H.

Die im Vorstehenden zu einer Art von Abschluß gelangten Untersuchungen über *Punktmengen* habe ich von Anfang an nicht bloß aus spekulativem Interesse, sondern zugleich im Hinblick auf Anwendungen unternommen, welche ich mir davon in der *mathematischen Physik* und in anderen Wissenschaften versprach.

Die *Hypothesen*, welche den meisten theoretischen Untersuchungen über *Naturerscheinungen* zugrunde gelegt werden, haben mich niemals sehr befriedigt, und ich glaubte dies dem Umstande zuschreiben zu müssen, daß die *Theoretiker* zumeist entweder über die *letzten* Elemente der *Materie* eine völlige Unbestimmtheit herrschen lassen oder daß sie dieselben als sogenannte *Atome* von zwar *sehr kleinem* aber doch *nicht gänzlich verschwindendem Rauminhalte* annehmen. Mir unterlag es keinem Zweifel, daß, um zu einer befriedigenderen *Naturerklärung* zu gelangen, die letzten oder eigentlichen *einfachen* Elemente der Materie in *aktual unendlicher Zahl* vorauszusetzen und in bezug auf das *Räumliche* als *völlig ausdehnungslos* und *streng punktuell* zu betrachten sind; ich wurde in dieser Ansicht bestärkt, indem ich bemerkte, daß in der neueren Zeit so hervorragende *Physiker* wie Faraday, Ampère, Wilh. Weber und von *Mathematikern* neben anderen Cauchy dieselbe Überzeugung vertreten haben.

Um aber diese *Grundanschauung* zur Durchführung bringen zu können, schienen mir allgemeine Untersuchungen über *Punktmengen*, wie ich sie angestellt habe, vorhergehen zu müssen. Ich nenne im Anschluß an Leibniz die *einfachen* Elemente der Natur, aus deren Zusammensetzung in gewissem Sinne die *Materie* hervorgeht, *Monaden* oder *Einheiten* (man vergleiche namentlich die beiden Leibnizschen Abhandlungen: „*La Monadologie*“, Edit. Erdmann, p. 705 oder Edit. Dutens, T. II, p. 20 und „*Principes de la nature et de la grâce, fondés en raison*“, Edit. Erdmann, p. 714 und Edit. Dutens, T. II, p. 32) und gehe von der Ansicht aus, mit welcher ich mich in Übereinstimmung mit der heutigen Physik zu befinden glaube, daß *zwei spezifisch verschiedene, aufeinander wirkende Materien* und demgemäß auch *zwei* verschiedene Klassen von *Monaden* nebeneinander zugrunde zu legen sind, die *Körpermaterie* und die *Äthermaterie*, die *Körpermonaden* und die *Äthermonaden*, indem diese beiden *Substrate* zur *Erklärung* der *bisher beobachteten sinnfälligen Erscheinungen* auszureichen scheinen.

Auf diesem Standpunkte ergibt sich als die *erste Frage*, woran aber weder Leibniz noch die Späteren gedacht haben, welche *Mächtigkeiten* jenen beiden Materien in Ansehung ihrer Elemente, sofern sie als *Mengen* von *Körper-* resp. *Äthermonaden* zu betrachten sind, zukommen; in dieser Beziehung habe ich mir schon vor Jahren die *Hypothese* gebildet, daß die *Mächtigkeit* der *Körpermaterie* diejenige ist, welche ich in meinen Untersuchungen die *erste* Mächtigkeit nenne, daß dagegen die *Mächtigkeit* der *Äthermaterie* die *zweite* ist.

Für diese Ansicht und Meinung lassen sich *sehr viele* Gründe ins Feld führen, wie ich bei einer späteren Gelegenheit auseinandersetzen will; nehmen wir sie vorläufig an, so müssen wir uns in jedem *Zeitmoment* die *Körpermaterie* (sei es im ganzen Weltraume G_3, sei es in irgend einem abgegrenzten Teil H_3 derselben) unter dem *Bilde* einer Punktmenge P von der ersten Mächtigkeit, die *Äthermaterie* in demselben Raume unter dem *Bilde* einer *daneben* bestehenden Punktmenge Q von der *zweiten* Mächtigkeit denken, und diese beiden Punktmengen P und Q wären gewissermaßen als Funktionen der *Zeit* zu betrachten. Aus den Untersuchungen des § 2 folgt aber, daß

$$P = Pr + Pi_1,$$

wo Pr die *separierte* Menge ist, welche wir den *Rest* von P nannten, und wo Pi_1, wenn sie nicht verschwindet, die *erste Inhärenz* von P, eine *homogene* Punktmenge *erster* Ordnung ist; die *übrigen Inhärenzen* fallen hier fort, weil P die *erste* Mächtigkeit hat. Ebenso haben wir

$$Q = Qr + Qi_1 + Qi_2,$$

da Q von der *zweiten* Mächtigkeit ist und somit *höhere Inhärenzen* als die *zweite* hier nicht vorkommen.

Es wird sich zunächst darum handeln, zu entscheiden, ob vielleicht den *fünf* wesentlich verschiedenen Bestandteilen, in welche hiernach die *Körper-* und *Äthermaterie* in jedem Zeitmoment getrennt erscheint, und etwa auch den verschiedenen Teilen, in welche Pr und Qr nach (13) zerfallen, auch wesentlich verschiedene *Erscheinungs-* und *Wirkungsweisen* der Materie, wie *Aggregatzustände, chemische Unterschiede, Licht* und *Wärme, Elektrizität* und *Magnetismus* entsprechen mögen.

Ich möchte jedoch die Vermutungen, welche ich in dieser Beziehung habe, nicht früher in bestimmter Form aussprechen, als bis eine genauere Prüfung derselben stattgefunden haben wird.

[Anmerkungen.]

Die vorstehende Abhandlung ist im wesentlichen eine Ergänzung und Fortsetzung der im Vorwort zitierten Annalenarbeit III 4 Nr. 6. Die Theoreme I, II, III, D, E, F, G sind genaue Wiederholungen der gleichbezeichneten Theoreme im § 15—16 der genannten Arbeit. Das „Theorem H" S. 264 faßt dann die gewonnenen Resultate, soweit sie sich auf „abgeschlossene" Mengen beziehen, zu einem einzigen Satze zusammen, demzufolge jede abgeschlossene Menge in einen abzählbaren „separierten" und einen „perfekten" Bestandteil von der Mächtigkeit des Kontinuums zerlegt werden kann. In § 2 (S. 264 ff.) wird dann versucht, durch Einführung neuer Begriffe („Kohärenz", „Adhärenz" und „Inhärenz") eine entsprechende allgemeingültige Zerlegung auch der nicht abgeschlossenen Mengen durchzuführen. Die hier gewonnenen Resultate, die in den Theoremen J, K, L zusammengefaßt werden, sind aber, wie es scheint, nicht von der gleichen Bedeutung und Fruchtbarkeit wie die grundlegenden Sätze über abgeschlossene Mengen. Cantors am Schluß der Arbeit geäußerte Hoffnung, sie auf eine Theorie der Körper- und Ätheratome anzuwenden, erscheint uns heute sehr problematisch.

[1] Zu S. 271. Hier wird von der (noch unbewiesenen) Annahme Gebrauch gemacht, daß jede Mächtigkeit ein Alef und daher unter jeder Menge von Mächtigkeiten eine kleinste enthalten sei. Vgl. den „Anhang" S. 443 ff.

8. Über eine elementare Frage der Mannigfaltigkeitslehre.

[Jahresbericht der Deutsch. Math. Vereing. Bd. I, S. 75—78 (1890—91).]

In dem Aufsatze, betitelt: Über eine Eigenschaft des Inbegriffs aller reellen algebraischen Zahlen (Journ. Math. Bd. 77, S. 258) [hier S. 115], findet sich wohl zum ersten Male ein Beweis für den Satz, daß es unendliche Mannigfaltigkeiten gibt, die sich nicht gegenseitig eindeutig auf die Gesamtheit aller endlichen ganzen Zahlen $1, 2, 3, \ldots, \nu, \ldots$ beziehen lassen, oder, wie ich mich auszudrücken pflege, die nicht die Mächtigkeit der Zahlenreihe $1, 2, 3, \ldots, \nu, \ldots$ haben. Aus dem in § 2 Bewiesenen folgt nämlich ohne weiteres, daß beispielsweise die Gesamtheit aller reellen Zahlen eines beliebigen Intervalles $(\alpha \ldots \beta)$ sich *nicht* in der Reihenform

$$\omega_1, \omega_2, \ldots, \omega_\nu, \ldots$$

darstellen läßt.

Es läßt sich aber von jenem Satze ein viel einfacherer Beweis liefern, der unabhängig von der Betrachtung der Irrationalzahlen ist.

Sind nämlich m und w irgend zwei einander ausschließende Charaktere, so betrachten wir einen Inbegriff M von Elementen

$$E = (x_1, x_2, \ldots, x_\nu, \ldots),$$

welche von unendlich vielen Koordinaten $x_1, x_2, \ldots, x_\nu, \ldots$ abhängen, wo jede dieser Koordinaten entweder m oder w ist. M sei die Gesamtheit aller Elemente E.

Zu den Elementen von M gehören beispielsweise die folgenden drei:

$$\begin{aligned} E^{\mathrm{I}} &= (m, m, m, m, \ldots), \\ E^{\mathrm{II}} &= (w, w, w, w, \ldots), \\ E^{\mathrm{III}} &= (m, w, m, w, \ldots). \end{aligned}$$

Ich behaupte nun, daß eine solche Mannigfaltigkeit M nicht die Mächtigkeit der Reihe $1, 2, \ldots, \nu, \ldots$ hat.

Dies geht aus folgendem Satze hervor:

„Ist $E_1, E_2, \ldots, E_\nu, \ldots$ irgendeine einfach unendliche Reihe von Elementen der Mannigfaltigkeit M, so gibt es stets ein Element E_0 von M, welches mit keinem E_ν übereinstimmt."

Zum Beweise sei

$$E_1 = (a_{1,1}, a_{1,2}, \ldots, a_{1,\nu}, \ldots),$$
$$E_2 = (a_{2,1}, a_{2,2}, \ldots, a_{2,\nu}, \ldots).$$
$$\cdots\cdots\cdots\cdots$$
$$E_\mu = (a_{\mu,1}, a_{\mu,2}, \ldots, a_{\mu,\nu}, \ldots).$$
$$\cdots\cdots\cdots\cdots$$

Hier sind die $a_{\mu,\nu}$ in bestimmter Weise m oder w. Es werde nun eine Reihe $b_1, b_2, \ldots, b_\nu, \ldots$, so definiert, daß b_ν auch nur gleich m oder w und von $a_{\nu,\nu}$ *verschieden* sei.

Ist also $a_{\nu,\nu} = m$, so ist $b_\nu = w$, und ist $a_{\nu,\nu} = w$, so ist $b_\nu = m$.

Betrachten wir alsdann das Element

$$E_0 = (b_1, b_2, b_3, \ldots)$$

von M, so sieht man ohne weiteres, daß die Gleichung

$$E_0 = E_\mu$$

für keinen positiven ganzzahligen Wert von μ erfüllt sein kann, da sonst für das betreffende μ und für alle ganzzahligen Werte von ν

$$b_\nu = a_{\mu,\nu},$$

also auch im besondern

$$b_\mu = a_{\mu,\mu}$$

wäre, was durch die Definition von b_ν ausgeschlossen ist. Aus diesem Satze folgt unmittelbar, daß die Gesamtheit aller Elemente von M sich nicht in die Reihenform: $E_1, E_2, \ldots, E_\nu, \ldots$ bringen läßt, da wir sonst vor dem Widerspruch stehen würden, daß ein Ding E_0 sowohl Element von M, wie auch nicht Element von M wäre.

Dieser Beweis erscheint nicht nur wegen seiner großen Einfachheit, sondern namentlich auch aus dem Grunde bemerkenswert, weil das darin befolgte Prinzip sich ohne weiteres auf den allgemeinen Satz ausdehnen läßt, daß die Mächtigkeiten wohldefinierter Mannigfaltigkeiten kein Maximum haben oder, was dasselbe ist, daß jeder gegebenen Mannigfaltigkeit L eine andere M an die Seite gestellt werden kann, welche von stärkerer Mächtigkeit ist als L.

Sei beispielsweise L ein Linearkontinuum, etwa der Inbegriff aller reellen Zahlgrößen z, die $\geqq 0$ und $\leqq 1$ sind.

Man verstehe unter M den Inbegriff aller eindeutigen Funktionen $f(x)$, welche nur die beiden Werte 0 oder 1 annehmen, während x alle reellen Werte, die $\geqq 0$ und $\leqq 1$ sind, durchläuft.

Daß M *keine kleinere* Mächtigkeit hat als L, folgt daraus, daß sich Teilmengen von M angeben lassen, welche dieselbe Mächtigkeit haben wie L,

z. B. die Teilmenge, welche aus allen Funktionen von x besteht, die für einen einzigen Wert x_0 von x den Wert 1, für alle andern Werte von x den Wert 0 haben.

Es hat aber auch M *nicht gleiche* Mächtigkeit mit L, da sich sonst die Mannigfaltigkeit M in gegenseitig eindeutige Beziehung zu der Veränderlichen z bringen ließe, und es könnte M in der Form einer eindeutigen Funktion der beiden Veränderlichen x und z

$$\varphi(x, z)$$

gedacht werden, so daß durch jede Spezialisierung von z ein Element $f(x) = \varphi(x, z)$ von M erhalten wird und auch umgekehrt jedes Element $f(x)$ von M aus $\varphi(x, z)$ durch eine einzige bestimmte Spezialisierung von z hervorgeht. Dies führt aber zu einem Widerspruch. Denn versteht man unter $g(x)$ diejenige eindeutige Funktion von x, welche nur die Werte 0 oder 1 annimmt und für jeden Wert von x von $\varphi(x, x)$ verschieden ist, so ist einerseits $g(x)$ ein Element von M, andererseits kann $g(x)$ durch keine Spezialisierung $z = z_0$ aus $\varphi(x, z)$ hervorgehen, weil $\varphi(z_0, z_0)$ von $g(z_0)$ verschieden ist.

Ist somit die Mächtigkeit von M weder kleiner noch gleich derjenigen von L, so folgt, daß sie größer ist als die Mächtigkeit von L. (Vgl. Crelles Journal Bd. 84, S. 242) [hier III 2, S. 119].

Ich habe bereits in den „Grundlagen einer allgemeinen Mannigfaltigkeitslehre" (Leipzig 1883; Math. Ann. Bd. 21) [hier III 4, Nr. 5, S. 165] durch ganz andere Hilfsmittel gezeigt, daß die Mächtigkeiten kein Maximum haben; dort wurde sogar bewiesen, daß der Inbegriff aller Mächtigkeiten, wenn wir letztere ihrer Größe nach geordnet denken, eine „wohlgeordnete Menge" bildet, so daß es in der Natur zu jeder Mächtigkeit eine nächst größere gibt, aber auch auf jede ohne Ende steigende Menge von Mächtigkeiten eine nächst größere folgt [1].

Die „Mächtigkeiten" repräsentieren die einzige und notwendige Verallgemeinerung der endlichen „Kardinalzahlen", sie sind nichts anderes als die aktual-unendlich-großen Kardinalzahlen, und es kommt ihnen dieselbe Realität und Bestimmtheit zu wie jenen; nur daß die gesetzmäßigen Beziehungen unter ihnen, die auf sie bezügliche „Zahlentheorie" zum Teil eine andersartige ist als im Gebiete des Endlichen.

Die weitere Erschließung dieses Feldes ist Aufgabe der Zukunft.

[Anmerkungen.]

Diese Arbeit bringt zum erstenmal den klassischen Beweis für die Tatsache $2^{\mathfrak{m}} > \mathfrak{m}$ (in der Schreibweise der Kardinalzahlen) vermittels des „Cantorschen Diagonalverfahrens". Um ihn für $\mathfrak{m} = \aleph_0 = \mathfrak{a}$ auf die Mächtigkeit $\mathfrak{c}$ des Kontinuums anzuwenden, braucht man noch den Nachweis, daß sich das Kontinuum eineindeutig auf die Menge der *formal verschiedenen* Dualbrüche abbilden läßt, obwohl doch jede dyadische Rationalzahl $\frac{p}{2^n}$ nicht eine, sondern *zwei* dyadische Darstellungen (mit lauter Nullen oder lauter Einsen am Ende) gestattet. Da aber diese Dualzahlen selbst eine *abzählbare* Menge bilden und das Kontinuum selbst abzählbare Teilmengen besitzt, so ergibt sich in derselben abgekürzten Schreibweise

$$\mathfrak{c} = \mathfrak{a} + \mathfrak{c}_1 = \mathfrak{a} + \mathfrak{a} + \mathfrak{c}_1 = \mathfrak{a} + \mathfrak{c} = 2^{\mathfrak{a}} > \mathfrak{a}.$$

Vgl. die hier folgende Abhandlung III 9, § 4, S. 288.

[1] Zu S. 280 dritter Absatz: Daß die Gesamtheit aller Mächtigkeiten ein wohlgeordnetes System (wenn auch nicht eine „Menge") bildet, wird an der zitierten Stelle keineswegs „bewiesen", da bei Cantor der Nachweis noch fehlt, daß jede Menge einer Wohlordnung fähig und daher jede Mächtigkeit ein Alef ist.

9. Beiträge zur Begründung der transfiniten Mengenlehre[1].

[Math. Annalen Bd. 46 S. 481—512 (1895); Bd. 49, S. 207—246 (1897).]

„Hypotheses non fingo." [Newton.]

„Neque enim leges intellectui aut rebus damus ad arbitrium nostrum, sed tanquam scribae fideles ab ipsius naturae voce latas et prolatas excipimus et describimus."

„Veniet tempus, quo ista quae nunc latent, in lucem dies extrahat et longioris aevi diligentia."

§ 1.

Der Mächtigkeitsbegriff oder die Kardinalzahl.

Unter einer „Menge" verstehen wir jede Zusammenfassung M von bestimmten wohlunterschiedenen Objekten m unsrer Anschauung oder unseres Denkens (welche die „Elemente" von M genannt werden) zu einem Ganzen. In Zeichen drücken wir dies so aus:

$$M = \{m\}. \tag{1}$$

Die Vereinigung mehrerer Mengen $M, N, P, \ldots$, die keine gemeinsamen Elemente haben, zu einer einzigen bezeichnen wir mit

$$(M, N, P, \ldots). \tag{2}$$

Die Elemente dieser Menge sind also die Elemente von M, von N, von P etc. zusammengenommen.

„Teil" oder „Teilmenge" einer Menge M nennen wir jede *andere* Menge M_1, deren Elemente zugleich Elemente von M sind [1].

Ist M_2 ein Teil von M_1, M_1 ein Teil von M, so ist auch M_2 ein Teil von M.

Jeder Menge M kommt eine bestimmte „Mächtigkeit" zu, welche wir auch ihre „Kardinalzahl" nennen.

„Mächtigkeit" oder „Kardinalzahl" von M nennen wir den Allgemeinbegriff, welcher mit Hilfe unseres aktiven Denkvermögens dadurch aus der Menge M hervorgeht, daß von der Beschaffenheit ihrer verschiedenen Elemente m und von der Ordnung ihres Gegebenseins abstrahiert wird.

Das Resultat dieses zweifachen Abstraktionsakts, die Kardinalzahl oder Mächtigkeit von M, bezeichnen wir mit

$$\overline{\overline{M}}. \tag{3}$$

[1] [Anmerkung des Herausgebers s. S. 351—356.]

Da aus jedem einzelnen Elemente m, wenn man von seiner Beschaffenheit absieht, eine „Eins" wird, so ist die Kardinalzahl $\overline{\overline{M}}$ selbst eine bestimmte aus lauter Einsen zusammengesetzte Menge, die als intellektuelles Abbild oder Projektion der gegebenen Menge M in unserm Geiste Existenz hat.

Zwei Mengen M und N nennen wir „äquivalent" und bezeichnen dies mit

$$M \sim N \quad \textit{oder} \quad N \sim M, \tag{4}$$

wenn es möglich ist, dieselben gesetzmäßig in eine derartige Beziehung zueinander zu setzen, daß jedem Element der einen von ihnen ein und nur ein Element der andern entspricht.

Jedem Teil M_1 von M entspricht alsdann ein bestimmter äquivalenter Teil N_1 von N und umgekehrt.

Hat man ein solches Zuordnungsgesetz zweier äquivalenten Mengen, so läßt sich dasselbe (abgesehen von dem Falle, daß jede von ihnen aus nur einem Elemente besteht) mannigfach modifizieren. Namentlich kann stets die Vorsorge getroffen werden, daß einem besonderen Elemente m_0 von M irgendein besonderes Element n_0 von N entspricht. Denn entsprechen bei dem anfänglichen Gesetze die Elemente m_0 und n_0 noch nicht einander, vielmehr dem Elemente m_0 von M das Element n_1 von N, dem Elemente n_0 von N das Element m_1 von M, so nehme man das modifizierte Gesetz, wonach m_0 und n_0 und ebenso m_1 und n_1 entsprechende Elemente beider Mengen werden, an den übrigen Elementen jedoch das erste Gesetz erhalten bleibt. Hierdurch ist jener Zweck erreicht.

Jede Menge ist sich selbst äquivalent:

$$M \sim M. \tag{5}$$

Sind zwei Mengen einer dritten äquivalent, so sind sie auch unter einander äquivalent:

$$\textit{aus} \quad M \sim P \quad \textit{und} \quad N \sim P \quad \textit{folgt} \quad M \sim N. \tag{6}$$

Von fundamentaler Bedeutung ist es, *daß zwei Mengen M und N dann und nur dann dieselbe Kardinalzahl haben, wenn sie äquivalent sind:*

$$\textit{aus} \quad M \sim N \quad \textit{folgt} \quad \overline{\overline{M}} = \overline{\overline{N}}, \tag{7}$$

und

$$\textit{aus} \quad \overline{\overline{M}} = \overline{\overline{N}} \quad \textit{folgt} \quad M \sim N. \tag{8}$$

Die Äquivalenz von Mengen bildet also das notwendige und untrügliche Kriterium für die Gleichheit ihrer Kardinalzahlen.

In der Tat bleibt nach der obigen Definition der Mächtigkeit die Kardinalzahl $\overline{\overline{M}}$ ungeändert, wenn an Stelle eines Elementes oder auch an Stelle mehrerer, selbst aller Elemente m von M je ein anderes Ding substituiert wird.

Ist nun $M \sim N$, so liegt ein Zuordnungsgesetz zugrunde, durch welches M und N gegenseitig eindeutig aufeinander bezogen sind; dabei entspreche dem Elemente m von M das Element n von N. Wir können uns alsdann an Stelle jedes Elementes m von M das entsprechende Element n von N substituiert denken, und es verwandelt sich dabei M in N ohne Änderung der Kardinalzahl; es ist folglich

$$\overline{\overline{M}} = \overline{\overline{N}}. \tag{8}$$

Die Umkehrung des Satzes ergibt sich aus der Bemerkung, daß zwischen den Elementen von M und den verschiedenen Einsen ihrer Kardinalzahl $\overline{\overline{M}}$ ein gegenseitig eindeutiges Zuordnungsverhältnis besteht. Denn es wächst gewissermaßen, wie wir sahen, $\overline{\overline{M}}$ so aus M heraus, daß dabei aus jedem Elemente m von M eine besondere Eins von $\overline{\overline{M}}$ wird. Wir können daher sagen, daß

$$M \sim \overline{\overline{M}}. \tag{9}$$

Ebenso ist $N \sim \overline{\overline{N}}$. Ist also $\overline{\overline{M}} = \overline{\overline{N}}$, so folgt nach (6) $M \sim N$.

Wir heben noch den aus dem Begriff der Äquivalenz unmittelbar folgenden Satz hervor:

Sind $M, N, P, \ldots$ *Mengen, die keine gemeinsamen Elemente haben,* $M', N', P', \ldots$ *ebensolche jenen entsprechende Mengen, und ist*

$$M \sim M', \quad N \sim N', \quad P \sim P', \ldots,$$

so ist auch immer

$$(M, N, P, \ldots) \sim (M', N', P', \ldots).$$

§ 2.

Das „Größer" und „Kleiner" bei Mächtigkeiten.

Sind bei zwei Mengen M und N mit den Kardinalzahlen $\mathfrak{a} = \overline{\overline{M}}$ und $\mathfrak{b} = \overline{\overline{N}}$ die *zwei* Bedingungen erfüllt:

1) *es gibt keinen Teil von* M, *der mit* N *äquivalent ist,*

2) *es gibt einen Teil* N_1 *von* N, *so daß* $N_1 \sim M$,

so ist zunächst ersichtlich, daß dieselben erfüllt bleiben, wenn in ihnen M und N durch zwei denselben äquivalente Mengen M' und N' ersetzt werden; *sie drücken daher eine bestimmte Beziehung der Kardinalzahlen* $\mathfrak{a}$ *und* $\mathfrak{b}$ *zueinander aus.*

Ferner *ist die Äquivalenz von* M *und* N, *also die Gleichheit von* $\mathfrak{a}$ *und* $\mathfrak{b}$ *ausgeschlossen*; denn wäre $M \sim N$, so hätte man, weil $N_1 \sim M$, auch $N_1 \sim N$ und es müßte wegen $M \sim N$ auch ein Teil M_1 von M existieren, so daß $M_1 \sim M$, also auch $M_1 \sim N$ wäre, was der Bedingung 1) widerspricht.

Drittens *ist die Beziehung von* $\mathfrak{a}$ *zu* $\mathfrak{b}$ *eine solche, daß sie dieselbe Beziehung von* $\mathfrak{b}$ *zu* $\mathfrak{a}$ *unmöglich macht;* denn wenn in 1) und 2) die Rollen von M und N vertauscht werden, so entstehen daraus zwei Bedingungen, die jenen kontradiktorisch entgegengesetzt sind.

Wir drücken die durch 1) *und* 2) *charakterisierte Beziehung von* $\mathfrak{a}$ *zu* $\mathfrak{b}$ *so aus, daß wir sagen:* $\mathfrak{a}$ *ist kleiner als* $\mathfrak{b}$, *oder auch:* $\mathfrak{b}$ *ist größer als* $\mathfrak{a}$, in Zeichen

$$\mathfrak{a} < \mathfrak{b} \quad \text{oder} \quad \mathfrak{b} > \mathfrak{a}. \tag{1}$$

Man beweist leicht, daß

$$\text{wenn} \quad \mathfrak{a} < \mathfrak{b}, \quad \mathfrak{b} < \mathfrak{c}, \quad \text{dann immer} \quad \mathfrak{a} < \mathfrak{c}. \tag{2}$$

Ebenso folgt ohne weiteres aus jener Definition, daß, *wenn* P_1 *Teil einer Menge* P *ist, aus* $\mathfrak{a} < \overline{\overline{P}}_1$ *immer auch* $\mathfrak{a} < \overline{\overline{P}}$ *und aus* $\overline{\overline{P}} < \mathfrak{b}$ *immer auch* $\overline{\overline{P}}_1 < \mathfrak{b}$ *sich ergibt.*

Wir haben gesehen, daß von den drei Beziehungen

$$\mathfrak{a} = \mathfrak{b}, \quad \mathfrak{a} < \mathfrak{b}, \quad \mathfrak{b} < \mathfrak{a}$$

jede einzelne die beiden anderen ausschließt.

Dagegen versteht es sich keineswegs von selbst und dürfte an dieser Stelle unseres Gedankenganges kaum zu beweisen sein, daß bei irgend zwei Kardinalzahlen $\mathfrak{a}$ *und* $\mathfrak{b}$ *eine von jenen drei Beziehungen notwendig realisiert sein müsse.*

Erst später, wenn wir einen Überblick über die aufsteigende Folge der transfiniten Kardinalzahlen und eine Einsicht in ihren Zusammenhang gewonnen haben werden, wird sich die Wahrheit des Satzes ergeben:

A. „*Sind* $\mathfrak{a}$ *und* $\mathfrak{b}$ *zwei beliebige Kardinalzahlen, so ist entweder* $\mathfrak{a} = \mathfrak{b}$ *oder* $\mathfrak{a} < \mathfrak{b}$ *oder* $\mathfrak{a} > \mathfrak{b}$."

Aufs einfachste lassen sich aus diesem Satze die folgenden ableiten, von denen wir aber vorläufig keinerlei Gebrauch machen dürfen:

B. „*Sind zwei Mengen* M *und* N *so beschaffen, daß* M *mit einem Teil* N_1 *von* N *und* N *mit einem Teil* M_1 *von* M *äquivalent ist, so sind auch* M *und* N *äquivalent*" [2].

C. „*Ist* M_1 *ein Teil einer Menge* M, M_2 *ein Teil der Menge* M_1, *und sind die Mengen* M *und* M_2 *äquivalent, so ist auch* M_1 *den Mengen* M *und* M_2 *äquivalent*".

D. „*Ist bei zwei Mengen* M *und* N *die Bedingung erfüllt, daß* N *weder mit* M *selbst, noch mit einem Teile von* M *äquivalent ist, so gibt es einen Teil* N_1 *von* N, *der mit* M *äquivalent ist.*"

E. „*Sind zwei Mengen* M *und* N *nicht äquivalent, und gibt es einen Teil* N_1 *von* N, *der mit* M *äquivalent ist, so ist kein Teil von* M *mit* N *äquivalent.*"

§ 3.

Die Addition und Multiplikation von Mächtigkeiten.

Die Vereinigung zweier Mengen M und N, die keine gemeinschaftlichen Elemente haben, wurde in § 1, (2) mit (M, N) bezeichnet. Wir nennen sie die „*Vereinigungsmenge von* M *und* N".

Sind M', N' zwei andere Mengen ohne gemeinschaftliche Elemente, und ist $M \sim M'$, $N \sim N'$, so sahen wir, daß auch

$$(M, N) \sim (M', N').$$

Daraus folgt, daß die Kardinalzahl von (M, N) nur von den Kardinalzahlen $\overline{\overline{M}} = \mathfrak{a}$ und $\overline{\overline{N}} = \mathfrak{b}$ abhängt.

Dies führt zur Definition der Summe von $\mathfrak{a}$ und $\mathfrak{b}$, indem wir setzen

$$\mathfrak{a} + \mathfrak{b} = \overline{\overline{(M, N)}}. \tag{1}$$

Da im Mächtigkeitsbegriff von der Ordnung der Elemente abstrahiert ist, so folgt ohne weiteres

$$\mathfrak{a} + \mathfrak{b} = \mathfrak{b} + \mathfrak{a} \tag{2}$$

und für je drei Kardinalzahlen $\mathfrak{a}, \mathfrak{b}, \mathfrak{c}$

$$\mathfrak{a} + (\mathfrak{b} + \mathfrak{c}) = (\mathfrak{a} + \mathfrak{b}) + \mathfrak{c}. \tag{3}$$

Wir kommen zur Multiplikation.

Jedes Element m einer Menge M läßt sich mit jedem Elemente n einer andern Menge N zu einem neuen Elemente (m, n) verbinden; für die Menge aller dieser Verbindungen (m, n) setzen wir die Bezeichnung $(M \cdot N)$ fest. Wir nennen sie die „*Verbindungsmenge von M und N*". Es ist also

$$(M \cdot N) = \{(m, n)\}. \tag{4}$$

Man überzeugt sich, daß auch die Mächtigkeit von $(M \cdot N)$ nur von den Mächtigkeiten $\overline{\overline{M}} = \mathfrak{a}$, $\overline{\overline{N}} = \mathfrak{b}$ abhängt; denn ersetzt man die Mengen M und N durch die ihnen äquivalenten Mengen

$$M' = \{m'\} \quad \text{und} \quad N' = \{n'\}$$

und betrachtet man m, m' sowie n, n' als zugeordnete Elemente, so wird die Menge

$$M' \cdot N' = \{(m', n')\}$$

dadurch in ein gegenseitig eindeutiges Zuordnungsverhältnis zu $(M \cdot N)$ gebracht, daß man (m, n) und (m', n') als einander entsprechende Elemente ansieht; es ist also

$$(M' \cdot N') \sim (M \cdot N). \tag{5}$$

Wir definieren nun das Produkt $\mathfrak{a} \cdot \mathfrak{b}$ durch die Gleichung

$$\mathfrak{a} \cdot \mathfrak{b} = \overline{\overline{(M \cdot N)}}. \tag{6}$$

Eine Menge mit der Kardinalzahl $\mathfrak{a} \cdot \mathfrak{b}$ lässt sich aus zwei Mengen M und N mit den Kardinalzahlen $\mathfrak{a}$ und $\mathfrak{b}$ auch nach folgender Regel herstellen: man gehe von der Menge N aus und ersetze in ihr jedes Element n durch eine Menge $M_n \sim M$; faßt man die Elemente aller dieser [unter sich elementefremder] Mengen M_n zu einem Ganzen S zusammen, so sieht man leicht, daß

$$S \sim (M \cdot N), \tag{7}$$

folglich

$$\overline{\overline{S}} = \mathfrak{a} \cdot \mathfrak{b}.$$

Denn wird bei irgendeinem zugrunde liegenden Zuordnungsgesetze der beiden äquivalenten Mengen M und M_n das dem Elemente m von M entsprechende Element von M_n mit m_n bezeichnet, so hat man

$$S = \{m_n\}, \tag{8}$$

und es lassen sich daher die Mengen S und $(M \cdot N)$ dadurch gegenseitig eindeutig aufeinander beziehen, daß m_n und (m, n) als entsprechende Elemente angesehen werden.

Aus unseren Definitionen folgen leicht die Sätze:

$$\mathfrak{a} \cdot \mathfrak{b} = \mathfrak{b} \cdot \mathfrak{a}, \tag{9}$$

$$\mathfrak{a} \cdot \mathfrak{b} \cdot \mathfrak{c} = (\mathfrak{a} \cdot \mathfrak{b}) \cdot \mathfrak{c}, \tag{10}$$

$$\mathfrak{a}(\mathfrak{b} + \mathfrak{c}) = \mathfrak{a}\mathfrak{b} + \mathfrak{a}\mathfrak{c}, \tag{11}$$

weil

$$(M \cdot N) \sim (N \cdot M),$$

$$(M \cdot (N \cdot P)) \sim ((M \cdot N) \cdot P),$$

$$(M \cdot (N, P)) \sim ((M \cdot N), (M \cdot P)).$$

Addition und Multiplikation von Mächtigkeiten unterliegen also allgemein dem kommutativen, assoziativen und distributiven Gesetze.

§ 4.

Die Potenzierung von Mächtigkeiten.

Unter einer „*Belegung der Menge N mit Elementen der Menge M*" oder einfacher ausgedrückt, unter einer „*Belegung von N mit M*" verstehen wir ein Gesetz, durch welches mit jedem Elemente n von N je ein bestimmtes Element von M verbunden ist, wobei ein und dasselbe Element von M wiederholt zur Anwendung kommen kann. Das mit n verbundene Element von M ist gewissermaßen eine eindeutige Funktion von n und kann etwa mit $f(n)$ bezeichnet werden; sie heiße „*Belegungsfunktion* von n"; die entsprechende Belegung von N werde $f(N)$ genannt [3].

Zwei Belegungen $f_1(N)$ und $f_2(N)$ heißen dann und nur dann gleich, wenn *für alle Elemente n von N* die Gleichung erfüllt ist

$$f_1(n) = f_2(n), \tag{1}$$

so daß, wenn auch nur für ein einziges besonderes Element $n = n_0$ diese Gleichung *nicht* besteht, $f_1(N)$ und $f_2(N)$ als *verschiedene* Belegungen von N charakterisiert sind.

Beispielsweise kann, wenn m_0 ein besonderes Element von M ist, festgesetzt sein, daß für alle n

$$f(n) = m_0$$

sei; dieses Gesetz konstituiert eine besondere Belegung von N mit M.

Eine andere Art von Belegungen ergibt sich, wenn m_0 und m_1 zwei verschiedene besondere Elemente von M sind, n_0 ein besonderes Element von N ist, durch die Festsetzung

$$f(n_0) = m_0,$$
$$f(n) = m_1$$

für alle n, die von n_0 verschieden sind.

Die Gesamtheit aller verschiedenen Belegungen von N mit M bildet eine bestimmte Menge mit den Elementen $f(N)$; wir nennen sie die „*Belegungsmenge von N mit M*" und bezeichnen sie durch $(N \mid M)$. Es ist also

$$(N \mid M) = \{f(N)\}. \tag{2}$$

Ist $M \sim M'$ und $N \sim N'$, so findet man leicht, daß auch

$$(N \mid M) \sim (N' \mid M'). \tag{3}$$

Die Kardinalzahl von $(N \mid M)$ hängt also nur von den Kardinalzahlen $\overline{\overline{M}} = \mathfrak{a}$ und $\overline{\overline{N}} = \mathfrak{b}$ ab; sie dient uns zur Definition der Potenz $\mathfrak{a}^{\mathfrak{b}}$:

$$\mathfrak{a}^{\mathfrak{b}} = \overline{\overline{(N \mid M)}}. \tag{4}$$

Für drei beliebige Mengen M, N und P beweist man leicht die Sätze:

$$((N \mid M) \cdot (P \mid M)) \sim ((N, P) \mid M), \tag{5}$$
$$((P \mid M) \cdot (P \mid N)) \sim (P \mid (M \cdot N)), \tag{6}$$
$$(P \mid (N \mid M)) \sim ((P \cdot N) \mid M), \tag{7}$$

aus denen, wenn $\overline{\overline{P}} = \mathfrak{c}$ gesetzt wird, auf grund von (4) und im Hinblick auf § 3 die für drei beliebige Kardinalzahlen $\mathfrak{a}$, $\mathfrak{b}$ und $\mathfrak{c}$ gültigen Sätze sich ergeben

$$\mathfrak{a}^{\mathfrak{b}} \cdot \mathfrak{a}^{\mathfrak{c}} = \mathfrak{a}^{\mathfrak{b}+\mathfrak{c}}, \tag{8}$$
$$\mathfrak{a}^{\mathfrak{c}} \cdot \mathfrak{b}^{\mathfrak{c}} = (\mathfrak{a} \cdot \mathfrak{b})^{\mathfrak{c}}, \tag{9}$$
$$(\mathfrak{a}^{\mathfrak{b}})^{\mathfrak{c}} = \mathfrak{a}^{\mathfrak{b} \cdot \mathfrak{c}}. \tag{10}$$

Wie inhaltreich und weittragend diese einfachen auf die Mächtigkeiten ausgedehnten Formeln sind, erkennt man an folgendem Beispiel:

Bezeichnen wir die Mächtigkeit des Linearkontinuums X (d. h. des Inbegriffs X aller reellen Zahlen x, die ≥ 0 und ≤ 1 sind) mit $\mathfrak{o}$, so überzeugt man sich leicht, daß sie sich unter anderm durch die Formel

$$\mathfrak{o} = 2^{\aleph_0} \tag{11}$$

darstellen läßt, wo über die Bedeutung von $\aleph_0$ der § 6 Aufschluss gibt.

In der Tat ist $2^{\aleph_0}$ nach (4) nichts anderes als die Mächtigkeit aller Darstellungen

$$x = \frac{f(1)}{2} + \frac{f(2)}{2^2} + \cdots + \frac{f(\nu)}{2^\nu} + \cdots \qquad (\text{wo } f(\nu) = 0 \text{ oder } 1) \tag{12}$$

der Zahlen x im Zweiersystem. Beachten wir hierbei, daß jede Zahl x nur einmal zur Darstellung kommt mit Ausnahme der Zahlen $x = \frac{2\nu + 1}{2^\mu} < 1$, die zweimal dargestellt werden, so haben wir, wenn wir die „abzählbare" Gesamtheit der letzteren mit $\{s_\nu\}$ bezeichnen, zunächst

$$2^{\aleph_0} = \overline{\overline{(\{s_\nu\}, X)}}.$$

Hebt man aus X irgendeine „abzählbare" Menge $\{t_\nu\}$ heraus und bezeichnet den Rest mit X_1, so ist

$$X = (\{t_\nu\}, X_1) = (\{t_{2\nu-1}\}, \{t_{2\nu}\}, X_1),$$
$$(\{s_\nu\}, X) = (\{s_\nu\}, \quad \{t_\nu\}, \quad X_1),$$
$$\{t_{2\nu-1}\} \sim \{s_\nu\}, \quad \{t_{2\nu}\} \sim \{t_\nu\}, \quad X_1 \sim X_1,$$

mithin

$$X \sim (\{s_\nu\}, X),$$

also (§ 1)

$$2^{\aleph_0} = \overline{\overline{X}} = \mathfrak{o}.$$

Aus (11) folgt durch Quadrieren nach (§ 6, (6))

$$\mathfrak{o} \cdot \mathfrak{o} = 2^{\aleph_0} \cdot 2^{\aleph_0} = 2^{\aleph_0 + \aleph_0} = 2^{\aleph_0} = \mathfrak{o}$$

und hieraus durch fortgesetzte Multiplikation mit $\mathfrak{o}$

$$\mathfrak{o}^\nu = \mathfrak{o}, \tag{13}$$

wo ν irgendeine endliche Kardinalzahl ist.

Erhebt man beide Seiten von (11) zur Potenz $\aleph_0$, so erhält man

$$\mathfrak{o}^{\aleph_0} = (2^{\aleph_0})^{\aleph_0} = 2^{\aleph_0 \cdot \aleph_0}.$$

Da aber nach § 6, (8) $\aleph_0 . \aleph_0 = \aleph_0$, so ist

$$\mathfrak{o}^{\aleph_0} = \mathfrak{o}. \tag{14}$$

Die Formeln (13) und (14) haben aber keine andere Bedeutung als diese: „Das ν-dimensionale sowohl, wie das $\aleph_0$-dimensionale Kontinuum haben die Mächtigkeit des eindimensionalen Kontinuums." Es wird also *der ganze Inhalt* der Arbeit im 84ten Bande des Crelle'schen Journals, S. 242 [III 2, S. 119] *mit diesen wenigen Strichen* aus den *Grundformeln des Rechnens mit Mächtigkeiten* rein algebraisch abgeleitet.

§ 5.

Die endlichen Kardinalzahlen. [4]

Es soll zunächst gezeigt werden, wie die dargelegten Prinzipien, auf welchen später die Lehre von den aktual unendlichen oder transfiniten Kardinalzahlen aufgebaut werden soll, auch die natürlichste, kürzeste und strengste Begründung der endlichen Zahlenlehre liefern.

Einem einzelnen Ding e_0, wenn wir es unter den Begriff einer Menge $E_0 = (e_0)$ subsumieren, entspricht als Kardinalzahl das, was wir „Eins" nennen und mit 1 bezeichnen; wir haben

$$1 = \overline{\overline{E}}_0. \tag{1}$$

Man vereinige nun mit E_0 ein anderes Ding e_1, die Vereinigungsmenge heiße E_1, so daß

$$E_1 = (E_0, e_1) = (e_0, e_1). \tag{2}$$

Die Kardinalzahl von E_1 heißt „Zwei" und wird mit 2 bezeichnet:

$$2 = \overline{\overline{E}}_1. \tag{3}$$

Durch Hinzufügung neuer Elemente erhalten wir die Reihe der Mengen

$$E_2 = (E_1, e_2), \quad E_3 = (E_2, e_3), \ldots,$$

welche in unbegrenzter Folge uns sukzessive die übrigen, mit 3, 4, 5, ... bezeichneten, sogenannten *endlichen Kardinalzahlen* liefern. Die hierbei vorkommende hilfsweise Verwendung derselben Zahlen als Indizes rechtfertigt sich daraus, daß eine Zahl erst dann in dieser Bedeutung gebraucht wird, nachdem sie als Kardinalzahl definiert worden ist. Wir haben, wenn unter $\nu - 1$ die der Zahl ν in jener Reihe nächstvorangehende verstanden wird,

$$\nu = \overline{\overline{E}}_{\nu-1}, \tag{4}$$

$$E_\nu = (E_{\nu-1}, e_\nu) = (e_0, e_1, \ldots e_\nu). \tag{5}$$

Aus der Summendefinition in § 3 folgt

$$\overline{\overline{E}}_\nu = \overline{\overline{E}}_{\nu-1} + 1, \tag{6}$$

d. h. jede endliche Kardinalzahl (außer 1) ist die Summe aus der nächst vorhergehenden und 1.

Bei unserm Gedankengange treten nun folgende drei Sätze in den Vordergrund:

A. „*Die Glieder der unbegrenzten Reihe endlicher Kardinalzahlen*

$$1, 2, 3, \ldots \nu, \ldots$$

sind alle untereinander verschieden (d. h. die in § 1 aufgestellte Äquivalenzbedingung ist an den entsprechenden Mengen nicht erfüllt)".

B. „*Jede dieser Zahlen ν ist größer als die ihr vorangehenden und kleiner als die auf sie folgenden* (§ 2)."

C. „*Es gibt keine Kardinalzahlen, welche ihrer Größe nach zwischen zwei benachbarten ν und $\nu + 1$ lägen* (§ 2)."

Die Beweise dieser Sätze stützen wir auf die zwei folgenden D und E, welche daher zunächst zu erhärten sind.

D. „*Ist M eine Menge von solcher Beschaffenheit, daß sie mit keiner von ihren Teilmengen gleiche Mächtigkeit hat, so hat auch die Menge (M, e), welche aus M durch Hinzufügung eines einzigen neuen Elementes e hervorgeht, dieselbe Beschaffenheit, mit keiner von ihren Teilmengen gleiche Mächtigkeit zu haben.*"

E. „*Ist N eine Menge mit der endlichen Kardinalzahl ν, N_1 irgendeine Teilmenge von N, so ist die Kardinalzahl von N_1 gleich einer der vorangehenden Zahlen* $1, 2, 3, \ldots \nu - 1$."

Beweis von D. Nehmen wir an, es hätte die Menge (M, e) mit einer ihrer Teilmengen, wir wollen sie N nennen, gleiche Mächtigkeit, so sind zwei Fälle zu unterscheiden, die beide auf einen Widerspruch führen:

1) Die Menge N enthält e als Element; es sei $N = (M_1, e)$; dann ist M_1 ein Teil von M, weil N ein Teil von (M, e) ist. Wie wir in § 1 sahen, läßt sich das Zuordnungsgesetz der beiden äquivalenten Mengen (M, e) und (M_1, e) so modifizieren, daß das Element e der einen demselben Element e der andern entspricht; alsdann sind von selbst auch M und M_1 gegenseitig eindeutig aufeinander bezogen. Dies streitet aber gegen die Voraussetzung, daß M mit seinem Teile M_1 nicht gleiche Mächtigkeit hat.

2) Die Teilmenge N von (M, e) enthält e nicht als Element, dann ist N entweder M oder ein Teil von M. Bei dem zugrunde liegenden Zuordnungsgesetze zwischen (M, e) und N möge das Element e der ersteren dem Elemente f der letzteren entsprechen. Sei $N = (M_1, f)$; dann wird gleichzeitig die Menge M in gegenseitig eindeutige Beziehung zu M_1 gesetzt sein; M_1 ist aber als Teil von N jedenfalls auch ein Teil von M. Es wäre auch hier M einem seiner Teile äquivalent, gegen die Voraussetzung.

Beweis von E. Es werde die Richtigkeit des Satzes bis zu einem gewissen ν vorausgesetzt und dann auf die Gültigkeit für das nächstfolgende $\nu + 1$ wie folgt geschlossen.

Als Menge mit der Kardinalzahl $\nu + 1$ werde $E_\nu = (e_0, e_1, \ldots e_\nu)$ zugrunde gelegt; ist der Satz für diese richtig, so folgt ohne weiteres (§ 1) auch seine Gültigkeit für jede andere Menge mit derselben Kardinalzahl $\nu + 1$. Sei E' irgendein Teil von E_ν; wir unterscheiden folgende Fälle:

1) E' enthält e_ν nicht als Element, dann ist E' entweder $E_{\nu-1}$ oder ein Teil von $E_{\nu-1}$, hat also zur Kardinalzahl entweder ν oder eine der Zahlen $1, 2, 3, \ldots \nu - 1$, weil wir ja unsern Satz als richtig für die Menge $E_{\nu-1}$ mit der Kardinalzahl ν voraussetzen.

2) E' besteht aus dem einzigen Element e_ν, dann ist $\overline{\overline{E'}} = 1$.

3) E' besteht aus e_ν und einer Menge E'', so daß $E' = (E'', e_\nu)$. E'' ist ein Teil von $E_{\nu-1}$, hat also vorausgesetztermaßen zur Kardinalzahl eine der Zahlen $1, 2, 3, \ldots \nu - 1$.

Nun ist aber $\overline{\overline{E'}} = \overline{\overline{E''}} + 1$, daher hat E' zur Kardinalzahl eine der Zahlen $2, 3, \ldots \nu$.

Beweis von A. Jede der von uns mit E_ν bezeichneten Mengen hat die Beschaffenheit, mit keiner ihrer Teilmengen äquivalent zu sein. Denn nimmt man an, daß dies für ein gewisses ν richtig sei, so folgt aus dem Satze D dasselbe für das nächstfolgende $\nu + 1$.

Für $\nu = 1$ erkennt man aber unmittelbar, daß die Menge $E_1 = (e_0, e_1)$ keiner ihrer Teilmengen, die hier (e_0) und (e_1) sind, äquivalent ist.

Betrachten wir nun irgend zwei Zahlen μ und ν der Reihe $1, 2, 3, \ldots$ und ist μ die frühere, ν die spätere, so ist $E_{\mu-1}$ eine Teilmenge von $E_{\nu-1}$; es sind daher $E_{\mu-1}$ und $E_{\nu-1}$ nicht äquivalent; die zugehörigen Kardinalzahlen $\mu = \overline{\overline{E}}_{\mu-1}$ und $\nu = \overline{\overline{E}}_{\nu-1}$ sind somit nicht gleich.

Beweis von B. Ist von den beiden endlichen Kardinalzahlen μ und ν die erste die frühere, die zweite die spätere, so ist $\mu < \nu$. Denn betrachten wir die beiden Mengen $M = E_{\mu-1}$ und $N = E_{\nu-1}$, so ist an ihnen jede der beiden Bedingungen in § 2 für $\overline{\overline{M}} < \overline{\overline{N}}$ erfüllt. Die Bedingung 1) ist erfüllt, weil nach Satz E eine Teilmenge von $M = E_{\mu-1}$ nur eine von den Kardinalzahlen $1, 2, 3, \ldots \mu - 1$ haben, also der Menge $N = E_{\nu-1}$ nach Satz A nicht äquivalent sein kann. Die Bedingung 2) ist erfüllt, weil hier M selbst ein Teil von N ist.

Beweis von C. Sei $\mathfrak{a}$ eine Kardinalzahl, die kleiner ist als $\nu + 1$. Wegen der Bedingung 2) des § 2 gibt es eine Teilmenge von E_ν mit der Kardinalzahl $\mathfrak{a}$. Nach Satz E kommt einer Teilmenge von E_ν nur eine der Kardinalzahlen $1, 2, 3, \ldots \nu$ zu.

Es ist also $\mathfrak{a}$ gleich einer von den Zahlen $1, 2, 3, \ldots \nu$.

Nach Satz B ist keine von diesen größer als ν.

Folglich gibt es keine Kardinalzahl $\mathfrak{a}$, die kleiner als $\nu + 1$ und größer als ν wäre.

Von Bedeutung für das Spätere ist folgender Satz:

F. „*Ist K irgendeine Menge von verschiedenen endlichen Kardinalzahlen, so gibt es unter ihnen eine* $\varkappa_1$, *die kleiner als die übrigen, also die kleinste von allen ist.*“

Beweis. Die Menge K enthält entweder die Zahl 1, dann ist diese die kleinste, $\varkappa_1 = 1$; oder nicht. Im letzteren Falle sei J der Inbegriff *aller* derjenigen Kardinalzahlen unsrer Reihe $1, 2, 3, \ldots$, welche kleiner sind als die in K vorkommenden. Gehört eine Zahl ν zu J, so gehören auch alle Zahlen $< \nu$ zu J. Es muß aber J ein Element ν_1 haben, so daß $\nu_1 + 1$ und folglich auch alle größeren Zahlen nicht zu J gehören, weil sonst J die Gesamtheit aller endlichen Zahlen umfassen würde, während doch die zu K gehörigen Zahlen nicht in J enthalten sind. J ist also nichts anderes als der Abschnitt $(1, 2, 3, \ldots \nu_1)$. Die Zahl $\nu_1 + 1 = \varkappa_1$ ist notwendig ein Element von K und kleiner als die übrigen.

Aus F schließt man auf:

G. „*Jede Menge* $K = \{\varkappa\}$ *von verschiedenen endlichen Kardinalzahlen läßt sich in die Reihenform*

$$K = (\varkappa_1, \varkappa_2, \varkappa_3, \ldots)$$

bringen, so daß

$$\varkappa_1 < \varkappa_2 < \varkappa_3 \ldots .\text{“}$$

§ 6.

Die kleinste transfinite Kardinalzahl Alef-null [5].

Die Mengen mit endlicher Kardinalzahl heißen „*endliche Mengen*“, alle anderen wollen wir „*transfinite Mengen*“ und die ihnen zukommenden Kardinalzahlen „*transfinite Kardinalzahlen*“ nennen.

Die Gesamtheit *aller endlichen Kardinalzahlen* ν bietet uns das nächstliegende Beispiel einer transfiniten Menge; wir nennen die ihr zukommende Kardinalzahl (§ 1) „*Alef-null*", in Zeichen $\aleph_0$, definieren also

$$\aleph_0 = \overline{\overline{\{\nu\}}}. \tag{1}$$

Daß $\aleph_0$ eine *transfinite* Zahl, d. h. *keiner endlichen* Zahl μ *gleich* ist, folgt aus der einfachen Tatsache, daß, wenn zu der Menge $\{\nu\}$ ein neues Element e_0 hinzugefügt wird, die Vereinigungsmenge $(\{\nu\}, e_0)$ der ursprünglichen $\{\nu\}$ äquivalent ist. Denn es läßt sich zwischen beiden die gegenseitig eindeutige Beziehung denken, wonach dem Elemente e_0 der ersten das Element 1 der zweiten, dem Element ν der ersten das Element $\nu + 1$ der andern entspricht. Nach § 3 haben wir daher

$$\aleph_0 + 1 = \aleph_0. \tag{2}$$

In § 5 wurde aber gezeigt, daß (für endliches μ) $\mu + 1$ stets von μ verschieden ist, daher ist $\aleph_0$ keiner endlichen Zahl μ gleich.

Die Zahl $\aleph_0$ ist größer als jede endliche Zahl μ:

$$\aleph_0 > \mu. \tag{3}$$

Dies folgt im Hinblick auf § 3 daraus, daß $\mu = \overline{\overline{(1, 2, 3, \ldots \mu)}}$, kein Teil der Menge $(1, 2, 3, \ldots \mu)$ äquivalent der Menge $\{\nu\}$ und daß $(1, 2, 3, \ldots \mu)$ selbst ein Teil von $\{\nu\}$ ist.

Andrerseits ist $\aleph_0$ *die kleinste transfinite Kardinalzahl.*

Ist $\mathfrak{a}$ irgendeine von $\aleph_0$ verschiedene transfinite Kardinalzahl, so ist immer

$$\aleph_0 < \mathfrak{a}. \tag{4}$$

Dies beruht auf folgenden Sätzen:

A. „*Jede transfinite Menge T hat Teilmengen mit der Kardinalzahl $\aleph_0$.*"

Beweis. [6] Hat man nach irgendeiner Regel eine endliche Zahl von Elementen $t_1, t_2, \ldots t_{\nu-1}$ aus T entfernt, so bleibt stets die Möglichkeit, ein ferneres Element t_ν herauszunehmen. Die Menge $\{t_\nu\}$, worin ν eine beliebige endliche Kardinalzahl bedeutet, ist eine Teilmenge von T mit der Kardinalzahl $\aleph_0$, weil $\{t_\nu\} \sim \{\nu\}$ (§ 1).

B. „*Ist S eine transfinite Menge mit der Kardinalzahl $\aleph_0$, S_1 irgendeine transfinite Teilmenge von S, so ist auch $\overline{\overline{S}}_1 = \aleph_0$.*"

Beweis. Vorausgesetzt ist, daß $S \sim \{\nu\}$; bezeichnen wir unter Zugrundelegung eines Zuordnungsgesetzes zwischen diesen beiden Mengen mit s_ν dasjenige Element von S, welches dem Elemente ν von $\{\nu\}$ entspricht, so ist

$$S = \{s_\nu\}.$$

Die Teilmenge S_1 von S besteht aus gewissen Elementen $s_\varkappa$ von S, und die Gesamtheit aller Zahlen $\varkappa$ bildet einen transfiniten Teil K der Menge $\{\nu\}$.

Nach Satz G, § 5 läßt sich die Menge K in die Reihenform bringen

$$K = \{\varkappa_\nu\},$$

wo

$$\varkappa_\nu < \varkappa_{\nu+1},$$

folglich ist auch

$$S_1 = \{s_{\varkappa_\nu}\}.$$

Daraus folgt, daß $S_1 \sim S$, mithin $\overline{\overline{S_1}} = \aleph_0$.

Aus A und B ergibt sich die Formel (4) im Hinblick auf § 2.

Aus (2) schließt man durch Hinzufügung von 1 auf beiden Seiten

$$\aleph_0 + 2 = \aleph_0 + 1 = \aleph_0,$$

und indem man diese Betrachtung wiederholt,

$$\aleph_0 + \nu = \aleph_0. \tag{5}$$

Wir haben aber auch

$$\aleph_0 + \aleph_0 = \aleph_0. \tag{6}$$

Denn nach (1) § 3 ist $\aleph_0 + \aleph_0$ die Kardinalzahl $\overline{\overline{(\{a_\nu\}, \{b_\nu\})}}$, weil

$$\overline{\overline{\{a_\nu\}}} = \overline{\overline{\{b_\nu\}}} = \aleph_0.$$

Nun hat man offenbar

$$\{\nu\} = (\{2\nu - 1\}, \{2\nu\}),$$
$$(\{2\nu - 1\}, \{2\nu\}) \sim (\{a_\nu\}, \{b_\nu\}),$$

also

$$\overline{\overline{(\{a_\nu\}, \{b_\nu\})}} = \overline{\overline{\{\nu\}}} = \aleph_0.$$

Die Gleichung (6) kann auch so geschrieben werden:

$$\aleph_0 \cdot 2 = \aleph_0,$$

und indem man zu beiden Seiten wiederholt $\aleph_0$ addiert, findet man, daß

$$\aleph_0 \cdot \nu = \nu \cdot \aleph_0 = \aleph_0. \tag{7}$$

Wir haben aber auch

$$\aleph_0 \cdot \aleph_0 = \aleph_0. \tag{8}$$

Beweis [7]. Nach (6) des § 3 ist $\aleph_0 \cdot \aleph_0$ die der Verbindungsmenge

$$\{(\mu, \nu)\}$$

zukommende Kardinalzahl, wo μ und ν unabhängig voneinander zwei beliebige endliche Kardinalzahlen sind. Ist auch λ Repräsentant einer beliebigen endlichen Kardinalzahl (so daß $\{\lambda\}$, $\{\mu\}$ und $\{\nu\}$ nur verschiedene Bezeichnungen für dieselbe Gesamtheit aller endlichen Kardinalzahlen sind), so haben wir zu zeigen, daß

$$\{(\mu, \nu)\} \sim \{\lambda\}.$$

Bezeichnen wir $\mu + \nu$ mit ϱ, so nimmt ϱ die sämtlichen Zahlenwerte $2, 3, 4, \ldots$ an, und es gibt im ganzen $\varrho - 1$ Elemente (μ, ν), für welche

$\mu + \nu = \varrho$, nämlich diese:

$$(1, \varrho - 1), \quad (2, \varrho - 2), \ldots (\varrho - 1, 1).$$

In dieser Reihenfolge denke man sich zuerst das eine Element (1, 1) gesetzt, für welches $\varrho = 2$, dann die beiden Elemente, für welche $\varrho = 3$, dann die drei Elemente, für welche $\varrho = 4$ usw., so erhält man sämtliche Elemente (μ, ν) in einfacher Reihenform:

$$(1, 1); \quad (1, 2), (2, 1); \quad (1, 3), (2, 2), (3, 1); \quad (1, 4), (2, 3), \ldots,$$

und zwar kommt hier, wie man leicht sieht, das Element (μ, ν) an die λ^{te} Stelle, wo

$$\lambda = \mu + \frac{(\mu + \nu - 1)(\mu + \nu - 2)}{2}. \tag{9}$$

λ nimmt jeden Zahlwert $1, 2, 3, \ldots$ einmal an; es besteht also vermöge (9) eine gegenseitig eindeutige Beziehung zwischen den beiden Mengen $\{\lambda\}$ und $\{(\mu, \nu)\}$.

Werden die beiden Seiten der Gleichung (8) mit $\aleph_0$ multipliziert, so erhält man $\aleph_0^3 = \aleph_0^2 = \aleph_0$ und durch wiederholte Multiplikation mit $\aleph_0$ die für jede endliche Kardinalzahl ν gültige Gleichung:

$$\aleph_0^\nu = \aleph_0. \tag{10}$$

Die Sätze E und A des § 5 führen zu dem Satze über *endliche* Mengen:

C. „*Jede endliche Menge E ist so beschaffen, daß sie mit keiner von ihren Teilmengen äquivalent ist.*"

Diesem Satz steht scharf der folgende für *transfinite* Mengen gegenüber:

D. „*Jede transfinite Menge T ist so beschaffen, daß sie Teilmengen T_1 hat, die ihr äquivalent sind* [8]."

Beweis. Nach Satz A dieses Paragraphen gibt es eine Teilmenge $S = \{t_\nu\}$ von T mit der Kardinalzahl $\aleph_0$. Sei $T = (S, U)$, so daß U aus denjenigen Elementen von T zusammengesetzt ist, welche von den Elementen t_ν verschieden sind. Setzen wir $S_1 = \{t_{\nu+1}\}$, $T_1 = (S_1, U)$, so ist T_1 eine Teilmenge von T, und zwar die durch Fortlassung des einzigen Elementes t_1 aus T hervorgehende. Da $S \sim S_1$ (Satz B dieses Paragraphen) und $U \sim U$, so ist auch (§ 1) $T \sim T_1$.

In diesen Sätzen C und D tritt die wesentliche Verschiedenheit von endlichen und transfiniten Mengen am deutlichsten zutage, auf welche bereits im Jahre 1877 im 84sten Bande des Crelle'schen Journals S. 242 [III 2, S. 119] hingewiesen wurde.

Nachdem wir die kleinste transfinite Kardinalzahl $\aleph_0$ eingeführt und ihre nächstliegenden Eigenschaften abgeleitet haben, entsteht die Frage nach den höheren Kardinalzahlen und ihrem Hervorgang aus $\aleph_0$.

Es soll gezeigt werden, daß die transfiniten Kardinalzahlen sich nach ihrer Größe ordnen lassen und in dieser Ordnung wie die endlichen, jedoch in einem erweiterten Sinne eine „*wohlgeordnete Menge*" bilden. [9]

Aus $\aleph_0$ geht nach einem bestimmten Gesetze die *nächstgrößere* Kardinalzahl $\aleph_1$, aus dieser nach demselben Gesetze die *nächstgrößere* $\aleph_2$ hervor, und so geht es weiter.

Aber auch die unbegrenzte Folge der Kardinalzahlen

$$\aleph_0, \aleph_1, \aleph_2, \ldots, \aleph_\nu, \ldots$$

erschöpft nicht den Begriff der transfiniten Kardinalzahl. Es wird die Existenz einer Kardinalzahl nachgewiesen werden, die wir mit $\aleph_\omega$ bezeichnen und welche sich als die zu *allen* $\aleph_\nu$ *nächstgrößere* ausweist; aus ihr geht in derselben Weise wie $\aleph_1$ aus $\aleph_0$ eine nächstgrößere $\aleph_{\omega+1}$ hervor, und so geht es ohne Ende fort.

Zu *jeder transfiniten Kardinalzahl* $\mathfrak{a}$ gibt es eine nach einheitlichem Gesetz aus ihr hervorgehende *nächstgrößere*; aber auch zu jeder unbegrenzt aufsteigenden wohlgeordneten Menge $\{\mathfrak{a}\}$ von transfiniten Kardinalzahlen $\mathfrak{a}$ gibt es eine *nächstgrößere*, einheitlich daraus hervorgehende.

Zur strengen Begründung dieses im Jahre 1882 gefundenen und in dem Schriftchen „Grundlagen einer allgemeinen Mannigfaltigkeitslehre“, sowie im 21. Bande der Math. Annalen [III 4, Nr. 5, § 11—13] ausgesprochenen Sachverhaltes bedienen wir uns der sogenannten „*Ordnungstypen*“, deren Theorie wir zunächst in den folgenden Paragraphen auseinanderzusetzen haben.

§ 7.

Die Ordnungstypen einfach geordneter Mengen. [10]

Eine Menge M nennen wir „*einfach geordnet*“, wenn unter ihren Elementen m eine bestimmte „*Rangordnung*“ herrscht, in welcher von je zwei beliebigen Elementen m_1 und m_2 das eine den „*niedrigeren*“, das andere den „*höheren*“ Rang einnimmt, und zwar so, daß wenn von drei Elementen m_1, m_2 und m_3 etwa m_1 dem Range nach niedriger ist als m_2, dieses niedriger als m_3, alsdann auch immer m_1 niedrigeren Rang hat als m_3.

Die Beziehung zweier Elemente m_1 und m_2, bei welcher m_1 den niedrigeren, m_2 den höheren Rang in der gegebenen Rangordnung hat, soll durch die Formeln ausgedrückt werden

$$m_1 \prec m_2, \quad m_2 \succ m_1. \tag{1}$$

So ist beispielsweise jede in einer unendlichen Geraden definierte Punktmenge P eine einfach geordnete Menge, wenn von zwei zu ihr gehörigen Punkten p_1 und p_2 demjenigen der niedrigere Rang zugewiesen wird, dessen Koordinate (unter Zugrundelegung eines Nullpunktes und einer positiven Richtung) die kleinere ist.

Es leuchtet ein, daß eine und dieselbe Menge nach den verschiedensten Gesetzen „einfach geordnet“ werden kann. Nehmen wir zum Beispiel die Menge R aller positiven rationalen Zahlen $\frac{p}{q}$ (wo p und q teilerfremd seien), die größer als 0 und kleiner als 1 sind, so hat man einmal ihre „natürliche" Rangordnung der Größe nach. Dann lassen sie sich aber auch etwa so ordnen (und in dieser Ordnung wollen wir die Menge mit R_0 bezeichnen), daß von zwei Zahlen $\frac{p_1}{q_1}$ und $\frac{p_2}{q_2}$, bei denen die Summen $p_1 + q_1$ und $p_2 + q_2$ verschiedene Werte haben, diejenige Zahl den niedrigeren Rang erhält, für welche die betreffende Summe die kleinere ist, und daß wenn $p_1 + q_1 = p_2 + q_2$, alsdann die kleinere der beiden rationalen Zahlen die niedrigere sei.

In dieser Rangordnung hat unsere Menge, da zu einem und demselben Wert von $p + q$ immer nur eine endliche Anzahl von verschiedenen rationalen Zahlen $\frac{p}{q}$ gehört, offenbar die Form

$$R_0 = (r_1, r_2, \ldots, r_\nu, \ldots) = \left(\frac{1}{2}, \frac{1}{3}, \frac{1}{4}, \frac{2}{3}, \frac{1}{5}, \frac{1}{6}, \frac{2}{5}, \frac{3}{4}, \ldots\right),$$

wo

$$r_\nu \prec r_{\nu+1}.$$

Stets also, wenn wir von einer *einfach geordneten* Menge M sprechen, denken wir uns eine *bestimmte Rangordnung* ihrer Elemente in dem erklärten Sinne zugrunde gelegt.

Es gibt zweifach, dreifach, ν-fach, α-fach geordnete Mengen, von diesen sehen wir aber vorläufig in unserer Untersuchung ab. Daher sei es uns auch erlaubt, im folgenden den kürzeren Ausdruck „geordnete Menge" zu gebrauchen, während wir die „einfach geordnete Menge" im Sinne haben.

Jeder geordneten Menge M kommt ein bestimmter „*Ordnungstypus*" oder kürzer ein bestimmter „*Typus*" zu, den wir mit

$$\overline{M} \tag{2}$$

bezeichnen wollen; hierunter verstehen wir *den Allgemeinbegriff, welcher sich aus M ergibt, wenn wir nur von der Beschaffenheit der Elemente m abstrahieren, die Rangordnung unter ihnen aber beibehalten.*

Darnach ist der Ordnungstypus $\overline{M}$ *selbst eine geordnete Menge,* deren Elemente *lauter Einsen* sind, die dieselbe Rangordnung untereinander haben wie die entsprechenden Elemente von M, aus denen sie durch Abstraktion hervorgegangen sind.

Zwei geordnete Mengen M und N nennen wir „*ähnlich*", wenn sie sich gegenseitig eindeutig einander so zuordnen lassen, daß wenn m_1 und m_2 irgend zwei Elemente von M, n_1 und n_2 die entsprechenden Elemente von N sind, alsdann immer die Rangbeziehung von m_1 *zu* m_2 innerhalb M dieselbe ist wie die von n_1 zu n_2 innerhalb N. Eine solche Zuordnung ähnlicher Mengen nennen wir eine „Abbildung" derselben aufeinander. Dabei entspricht jeder Teilmenge M_1 von M (die offenbar auch als geordnete Menge erscheint) eine ihr ähnliche Teilmenge N_1 von N.

Die Ähnlichkeit zweier geordneten Mengen M und N drücken wir durch die Formel aus

$$M \simeq N. \tag{3}$$

Jede geordnete Menge ist sich selbst ähnlich.

Sind zwei geordnete Mengen einer dritten ähnlich, so sind sie auch einander ähnlich.

Eine einfache Überlegung zeigt, daß *zwei geordnete Mengen dann und nur dann denselben Ordnungstypus haben, wenn sie ähnlich sind, so daß von den beiden Formeln*

$$\overline{M} = \overline{N}, \qquad M \simeq N \tag{4}$$

immer die eine eine Folge der andern ist.

Abstrahiert man an einem Ordnungstypus $\overline{M}$ auch noch von der Rangordnung der Elemente, so erhält man (§ 1) die Kardinalzahl $\overline{\overline{M}}$ der geordneten Menge M, welche zugleich Kardinalzahl des Ordnungstypus $\overline{M}$ ist.

Aus $\overline{M} = \overline{N}$ folgt immer $\overline{\overline{M}} = \overline{\overline{N}}$, d. h. geordnete Mengen von gleichem Typus haben immer dieselbe Mächtigkeit oder Kardinalzahl; die Ähnlichkeit geordneter Mengen begründet stets ihre Äquivalenz. Hingegen können zwei geordnete Mengen äquivalent sein, ohne ähnlich zu sein.

Wir werden zur Bezeichnung der Ordnungstypen die kleinen Buchstaben des griechischen Alphabets gebrauchen.

Ist α ein Ordnungstypus, so verstehen wir unter

$$\overline{\alpha} \tag{5}$$

die zugehörige Kardinalzahl.

Die Ordnungstypen endlicher einfach geordneter Mengen bieten kein besonderes Interesse. Denn man überzeugt sich leicht, daß für eine und dieselbe endliche Kardinalzahl ν alle einfach geordneten Mengen einander ähnlich sind, also einen und denselben Typus haben. Die endlichen einfachen Ordnungstypen sind daher denselben Gesetzen unterworfen wie die endlichen Kardinalzahlen, und es wird erlaubt sein, für sie dieselben Zeichen $1, 2, 3, \ldots \nu, \ldots$ zu gebrauchen, wenn sie auch begrifflich von den Kardinalzahlen verschieden sind.

Ganz anders verhält es sich mit den *transfiniten Ordnungstypen;* denn zu einer und derselben transfiniten Kardinalzahl gibt es unzählig viele verschiedene Typen einfach geordneter Mengen, die in ihrer Gesamtheit eine besondere „*Typenklasse*" konstituieren.

Jede dieser Typenklassen ist also bestimmt durch die transfinite Kardinalzahl $\mathfrak{a}$, welche allen einzelnen zur Klasse gehörigen Typen gemeinsam ist; wir nennen sie daher kurz Typenklasse $[\mathfrak{a}]$.

Diejenige von ihnen, welche sich uns naturgemäß zuerst darbietet, und deren vollständige Erforschung daher auch das nächste besondere Ziel der transfiniten Mengenlehre sein muß, ist die Typenklasse $[\aleph_0]$, welche alle Typen mit der kleinsten transfiniten Kardinalzahl $\aleph_0$ umfaßt.

Wir haben zu unterscheiden von der Kardinalzahl $\mathfrak{a}$, welche die Typenklasse $[\mathfrak{a}]$ *bestimmt*, diejenige Kardinalzahl $\mathfrak{a}'$, welche *ihrerseits durch die Typenklasse* $[\mathfrak{a}]$ *bestimmt ist;* es ist die Kardinalzahl, welche (§ 1) der Typenklasse $[\mathfrak{a}]$ zukommt, sofern sie eine *wohldefinierte Menge* darstellt, *deren Elemente die sämtlichen Typen* α *mit der Kardinalzahl* $\mathfrak{a}$ *sind.* Wir werden sehen, daß $\mathfrak{a}'$ von $\mathfrak{a}$ verschieden, und zwar immer größer als $\mathfrak{a}$ ist.

Werden in einer geordneten Menge M alle Rangbeziehungen ihrer Elemente umgekehrt, so daß überall aus dem „Niedriger" ein „Höher" und aus dem „Höher" ein „Niedriger" wird, so erhält man wieder eine geordnete Menge, die wir mit

$$^*M \tag{6}$$

bezeichnen und die „*inverse*" von M nennen wollen.

Den Ordnungstypus von $^*M$ bezeichnen wir, wenn $\alpha = \overline{M}$ ist, mit

$$^*\alpha. \tag{7}$$

Es kann vorkommen, daß $^*\alpha = \alpha$, wie z. B. bei den endlichen Typen oder bei dem Typus der Menge R aller rationalen Zahlen, die größer als 0 und kleiner als 1 sind, in ihrer natürlichen Rangordnung, den wir unter der Bezeichnung η untersuchen werden.

Wir bemerken ferner, daß zwei ähnliche geordnete Mengen entweder auf eine *einzige* Weise oder auf *mehrere* Weisen aufeinander abgebildet werden können; im ersten Falle ist der betreffende Typus sich selbst nur auf eine Weise ähnlich, im andern auf mehrere Weisen [11].

So sind nicht nur alle endlichen Typen, sondern die Typen der transfiniten, „wohlgeordneten Mengen", welche uns später beschäftigen werden und die wir „transfinite Ordnungszahlen" nennen, von der Art, nur eine einzige Abbildung auf sich selbst zuzulassen. Dagegen ist jener Typus η sich selbst auf unzählig viele Weisen ähnlich.

Wir wollen diesen Unterschied an zwei einfachen Beispielen verdeutlichen.

Unter ω verstehen wir den Typus einer wohlgeordneten Menge

$$(e_1, e_2, \ldots, e_\nu, \ldots),$$

in welcher

$$e_\nu \prec e_{\nu+1}$$

und wo ν Repräsentant aller endlichen Kardinalzahlen ist.

Eine andere wohlgeordnete Menge

$$(f_1, f_2, \ldots, f_\nu, \ldots)$$

mit der Bedingung

$$f_\nu \prec f_{\nu+1}$$

vom nämlichen Typus ω kann offenbar auf jene nur so „abgebildet" werden, daß e_ν und f_ν entsprechende Elemente sind. Denn das dem Range nach niedrigste Element e_1 der ersten muß bei der Abbildung dem niedrigsten Element f_1 der zweiten, das dem Range nach auf e_1 nächstfolgende e_2 dem auf f_1 nächstfolgenden f_2 usw. zugeordnet werden.

Jede andere gegenseitig eindeutige Zuordnung der beiden äquivalenten Mengen $\{e_\nu\}$ und $\{f_\nu\}$ ist keine „Abbildung" in dem Sinne, wie wir ihn oben für die Typentheorie fixiert haben.

Nehmen wir dagegen eine geordnete Menge von der Form

$$\{e_{\nu'}\},$$

wo ν' Repräsentant aller positiven und negativen endlichen ganzen Zahlen mit Einschluß der 0 ist und wo ebenfalls

$$e_{\nu'} \prec e_{\nu'+1}.$$

Diese Menge hat kein dem Range nach niedrigstes und kein höchstes Element. Ihr Typus ist nach der Summendefinition, die im § 8 gegeben werden wird, dieser:

$$^*\omega + \omega.$$

Er ist sich selbst auf unzählig viele Weisen ähnlich.

Denn betrachten wir eine Menge von demselben Typus

$$\{f_{\nu'}\},$$

wo

$$f_{\nu'} \prec f_{\nu'+1},$$

so können die beiden geordneten Mengen so aufeinander abgebildet werden, daß, unter ν'_0 eine bestimmte der Zahlen ν' verstanden, dem Elemente $e_{\nu'}$ der ersten das Element $f_{\nu'_0+\nu'}$ der zweiten entspricht. Bei der Willkürlichkeit von ν'_0 haben wir also hier unendlich viele Abbildungen.

Der hier entwickelte Begriff des „Ordnungstypus" umfaßt, wenn er in gleicher Weise auf „mehrfach geordnete Mengen" übertragen wird, neben dem in § 1 eingeführten Begriff der „Kardinalzahl oder Mächtigkeit" alles „Anzahlmäßige", das überhaupt denkbar ist, und läßt in diesem Sinne keine weitere Verallgemeinerung zu [12]. Er enthält nichts Willkürliches, sondern ist die naturgemäße Erweiterung des Anzahlbegriffs. *Es verdient besonders betont zu werden, daß das Gleichheitskriterium* (4) *mit absoluter Notwendigkeit aus dem Begriffe des Ordnungstypus folgt und daher keinerlei Abänderung zuläßt.* In dem Verkennen dieses Sachverhaltes ist die Hauptursache der schweren Irrtümer zu erblicken, welche sich in dem Werke des Herrn G. Veronese „Grundzüge der Geometrie" finden (Deutsch von A. Schepp, Leipzig 1894).

Auf S. 30 wird dort die „Anzahl oder Zahl einer geordneten Gruppe" ganz in Übereinstimmung mit dem, was wir „Ordnungstypus einer einfach geordneten Menge" genannt haben, erklärt. (Zur Lehre vom Transfiniten,

Halle 1890, pag. 68—75, Abdruck aus der Ztschr. f. Philos. u. philos. Kritik, vom Jahre 1887) [hier IV 4, S. 378].

Dem Kriterium der Gleichheit vermeint aber Herr V. einen Zusatz geben zu müssen. Er sagt pag. 31: „Zahlen, deren Einheiten sich eindeutig und in derselben Ordnung entsprechen *und von denen die eine nicht ein Teil der andern oder einem Teil der andern gleich ist*, sind gleich“[1].

Diese Definition der Gleichheit enthält einen *Zirkel* und wird daher zu einem *Nonsens*.

Was heißt denn in seinem Zusatz „*einem Teil der andern nicht gleich*“?

Um diese Frage zu beantworten, muß man vor allem wissen, wann zwei Zahlen gleich oder nicht gleich sind. *Es setzt also seine Definition der Gleichheit* (abgesehen von ihrer Willkürlichkeit) *eine Definition der Gleichheit voraus, die wiederum eine Definition der Gleichheit voraussetzt, bei welcher man von neuem wissen muß, was gleich und ungleich ist, usw., usw., in infinitum.*

Nachdem Herr V. auf solche Weise das unentbehrliche Fundament für die Vergleichung von Zahlen sozusagen *freiwillig preisgegeben* hat, darf man sich über die Regellosigkeit nicht wundern, in welcher er des weiteren mit seinen pseudotransfiniten Zahlen operiert und den letzteren Eigenschaften zuschreibt, die sie aus dem einfachen Grunde nicht besitzen können, weil sie, in der von ihm fingierten Form, selbst keinerlei Existenz, es sei denn auf dem Papiere, haben. Auch wird hiermit die auffallende Ähnlichkeit verständlich, welche seinen Zahlbildungen mit den höchst absurden „unendlichen Zahlen“ Fontenelle's in dessen „Géometrie de L'Infini, Paris 1727“ anhaftet.

Kürzlich hat auch Herr W. Killing in dem „Index lectionum“ der Akademie in Münster (für 1895—96) seinen Bedenken gegen die Grundlage des Veronese'schen Buches dankenswerten Ausdruck gegeben.

§ 8.

Addition und Multiplikation von Ordnungstypen.

Die Vereinigungsmenge (M, N) zweier Mengen M und N läßt sich, wenn die letzteren geordnet sind, selbst als eine geordnete Menge auffassen, in welcher die Rangbeziehungen der Elemente von M untereinander, ebenso die Rangbeziehungen der Elemente von N untereinander dieselben wie in M resp. N geblieben sind, dagegen alle Elemente von M niedrigeren Rang als alle Elemente von N haben. Sind M' und N' zwei andere geordnete Mengen [ohne gemeinsame Elemente], $M \simeq M'$, $N \simeq N'$, so ist auch $(M, N) \simeq (M', N')$; der Ordnungstypus von (M, N) hängt also nur von den Ordnungstypen

[1] In der italienischen Originalausgabe (S. 27) lautet diese Stelle wörtlich: „Numeri le unità dei quali si corrispondono univocamente e nel medesimo ordine, e di cui l'uno non è parte o uguale ad una parte dell' altro, sono uguali.“

$\overline{M} = \alpha$, $\overline{N} = \beta$ ab; wir definieren also

$$\alpha + \beta = \overline{(M, N)}. \tag{1}$$

In der Summe $\alpha + \beta$ heißt α der „*Augendus*“, β der „*Addendus*“.

Für drei beliebige Typen beweist man leicht das assoziative Gesetz

$$\alpha + (\beta + \gamma) = (\alpha + \beta) + \gamma. \tag{2}$$

Dagegen ist das kommutative Gesetz bei der Addition von Typen im allgemeinen nicht gültig. Wir sehen dies bereits am folgenden einfachen Beispiel.

Ist ω der im § 7 bereits erwähnte Typus der wohlgeordneten Menge

$$E = (e_1, e_2, \ldots, e_\nu, \ldots), \quad e_\nu \prec e_{\nu+1},$$

so ist $1 + \omega$ nicht gleich $\omega + 1$.

Denn ist f ein neues Element, so hat man nach (1)

$$1 + \omega = \overline{(f, E)},$$

$$\omega + 1 = \overline{(E, f)}.$$

Die Menge

$$(f, E) = (f, e_1, e_2, \ldots, e_\nu, \ldots)$$

ist aber der Menge E ähnlich, folglich

$$1 + \omega = \omega.$$

Dagegen sind die Mengen E und (E, f) nicht ähnlich, weil erstere kein dem Range nach höchstes Glied, letztere aber das höchste Glied f hat. $\omega + 1$ ist also von $\omega = 1 + \omega$ verschieden.

Aus zwei geordneten Mengen M und N mit den Typen α und β läßt sich eine geordnete Menge S dadurch herstellen, daß in N an Stelle jedes Elementes n eine geordnete Menge M_n substituiert wird, welche denselben Typus α wie M hat, also

$$\overline{M}_n = \alpha, \tag{3}$$

und daß über die Rangordnung in

$$S = \{M_n\} \tag{4}$$

folgende Bestimmungen getroffen werden:

1) je zwei Elemente von S, welche einer und derselben Menge M_n angehören, behalten in S dieselbe Rangbeziehung wie in M_n,

2) je zwei Elemente von S, welche zwei verschiedenen Mengen M_{n_1} und M_{n_2} angehören, erhalten in S die Rangbeziehung, welche n_1 und n_2 in N haben.

Der Ordnungstypus von S hängt, wie leicht zu sehen, nur von den Typen α und β ab; wir definieren:

$$\alpha \cdot \beta = \overline{S}. \tag{5}$$

In diesem Produkte heißt α der „*Multiplikandus*“ und β der „*Multiplikator*“.

Unter Zugrundelegung irgendeiner *Abbildung* von M auf M_n sei m_n das dem Elemente m von M entsprechende Element von M_n.

Wir können dann auch schreiben

$$S = \{m_n\}. \tag{6}$$

Nehmen wir eine dritte geordnete Menge $P = \{p\}$ mit dem Ordnungstypus $\overline{P} = \gamma$ hinzu, so ist nach (5)

$$\alpha \cdot \beta = \overline{\{m_n\}}, \quad \beta \cdot \gamma = \overline{\{n_p\}}, \quad (\alpha \cdot \beta) \cdot \gamma = \overline{\{(m_n)_p\}},$$
$$\alpha \cdot (\beta \cdot \gamma) = \overline{\{m_{(n_p)}\}}.$$

Die beiden geordneten Mengen $\{(m_n)_p\}$ und $\{m_{(n_p)}\}$ sind aber ähnlich und werden aufeinander abgebildet, indem man ihre Elemente $(m_n)_p$ und $m_{(n_p)}$ als entsprechende ansieht.

Es besteht folglich für drei Typen α, β und γ das *assoziative Gesetz*

$$(\alpha \cdot \beta) \cdot \gamma = \alpha \cdot (\beta \cdot \gamma). \tag{7}$$

Aus (1) und (5) folgt auch leicht das *distributive Gesetz*

$$\alpha \cdot (\beta + \gamma) = \alpha \cdot \beta + \alpha \cdot \gamma, \tag{8}$$

jedoch nur in dieser Form, wo *der zweigliedrige Faktor die Rolle des Multiplikators* hat.

Dagegen hat bei Typen das *kommutative Gesetz* ebensowenig bei der Multiplikation wie bei der Addition allgemeine Geltung.

Beispielsweise sind $2 \cdot \omega$ und $\omega \cdot 2$ verschiedene Typen; denn nach (5) ist

$$2 \cdot \omega = \overline{(e_1, f_1;\ e_2, f_2;\ \ldots;\ e_\nu, f_\nu; \ldots)} = \omega;$$

dagegen ist

$$\omega \cdot 2 = \overline{(e_1, e_2, \ldots, e_\nu, \ldots;\ f_1, f_2, \ldots, f_\nu, \ldots)}$$

offenbar von ω verschieden.

Vergleicht man die in § 3 gegebenen Definitionen der Elementaroperationen für Kardinalzahlen mit den hier aufgestellten für Ordnungstypen, so erkennt man leicht, daß die Kardinalzahl der Summe zweier Typen gleich ist der Summe der Kardinalzahlen der einzelnen Typen und daß die Kardinalzahl des Produkts zweier Typen gleich ist dem Produkt der Kardinalzahlen der einzelnen Typen.

Jede aus den beiden Elementaroperationen hervorgehende Gleichung zwischen Ordnungstypen bleibt also auch richtig, wenn man darin sämtliche Typen durch ihre Kardinalzahlen ersetzt.

§ 9.

Der Ordnungstypus η der Menge R aller rationalen Zahlen, die größer als 0 und kleiner als 1 sind, in ihrer natürlichen Rangordnung. [13]

Unter R verstehen wir, wie in § 7, das System aller rationalen Zahlen $\frac{p}{q}$ (p und q als teilerfremd gedacht), die > 0 und < 1, *in ihrer natürlichen Rangordnung*, wo die Größe der Zahl ihren Rang bestimmt. Den Ordnungstypus von R bezeichnen wir mit η:

$$\eta = \overline{R}. \tag{1}$$

Wir haben aber dort dieselbe Menge auch in eine andere Rangordnung gesetzt, in welcher wir sie R_0 nennen, wobei in erster Linie die Größe von $p+q$, in zweiter Linie, nämlich bei rationalen Zahlen, für welche $p+q$ denselben Wert hat, die Größe von $\frac{p}{q}$ selbst den Rang bestimmt. R_0 hat die Form einer wohlgeordneten Menge vom Typus ω:

$$R_0 = (r_1, r_2, \ldots, r_\nu, \ldots), \quad \text{wo} \quad r_\nu \prec r_{\nu+1}, \tag{2}$$

$$\overline{R}_0 = \omega. \tag{3}$$

R und R_0 haben, weil sie sich nur in der Rangordnung der Elemente unterscheiden, dieselbe Kardinalzahl, und da offenbar $\overline{\overline{R}}_0 = \aleph_0$, so ist auch

$$\overline{\overline{R}} = \overline{\eta} = \aleph_0. \tag{4}$$

Der Typus η gehört also in die Typenklasse $[\aleph_0]$.

Wir bemerken zweitens, daß in R weder ein dem Range nach niedrigstes, noch ein dem Range nach höchstes Element vorkommt.

Drittens hat R die Eigenschaft, dass *zwischen* je zweien seiner Elemente dem Range nach andere liegen; diese Beschaffenheit drücken wir mit den Worten aus: *R ist „überalldicht"*.

Es soll nun gezeigt werden, daß diese drei Merkmale den Typus η von R kennzeichnen, so daß folgender Satz besteht:

„Hat man eine einfach geordnete Menge M, welche die drei Bedingungen erfüllt:

1) $\overline{\overline{M}} = \aleph_0$,

2) M hat kein dem Range nach niedrigstes und kein höchstes Element,

3) M ist überalldicht,

so ist der Ordnungstypus von M gleich η:

$$\overline{M} = \eta.\text{"}$$

Beweis. Wegen der Bedingung 1) läßt sich M in die Form einer wohlgeordneten Menge vom Typus ω bringen; in einer solchen Form zugrunde gelegt, bezeichnen wir M mit M_0 und setzen

$$M_0 = (m_1, m_2, \ldots, m_\nu, \ldots). \tag{5}$$

Wir haben nun zu zeigen, daß

$$M \simeq R. \tag{6}$$

D. h. es muß bewiesen werden, daß sich M auf R *abbilden* läßt, so daß das Rangverhältnis je zweier Elemente in M dasselbe ist wie das Rangverhältnis der beiden entsprechenden Elemente in R.

Das Element r_1 in R möge dem Elemente m_1 in M zugeordnet werden.

r_2 hat eine bestimmte Rangbeziehung zu r_1 in R; wegen der Bedingung 2) gibt es unzählig viele Elemente m_ν von M, welche zu m_1 dieselbe Rangbeziehung in M haben wie r_2 zu r_1 in R; *von ihnen* wählen wir dasjenige, welches in M_0 den kleinsten Index hat, es sei m_{ι_2}, und ordnen es dem r_2 zu.

r_3 hat in R bestimmte Rangbeziehungen zu r_1 und r_2; wegen der Bedingungen 2) und 3) gibt es unzählig viele Elemente m_ν von M, welche in M zu m_1 und m_{ι_2} dieselben Rangbeziehungen haben, wie r_3 zu r_1 und r_2 in R; wir wählen dasjenige von ihnen, es sei m_{ι_3}, welches in M_0 den kleinsten Index hat, dieses ordnen wir dem r_3 zu.

Nach diesem Gesetze denken wir uns das Zuordnungsverfahren fortgesetzt; sind den ν Elementen

$$r_1, r_2, r_3, \ldots, r_\nu$$

von R bestimmte Elemente

$$m_1, m_{\iota_2}, m_{\iota_3}, \ldots, m_{\iota_\nu}$$

von M als Bilder zugewiesen, welche in M dieselben Rangbeziehungen untereinander haben wie die entsprechenden in R, so werde dem Elemente $r_{\nu+1}$ von R das in M_0 mit dem kleinsten Index versehene Element $m_{\iota_{\nu+1}}$ von M als Bild zugewiesen, welches zu

$$m_1, m_{\iota_2}, m_{\iota_3}, \ldots, m_{\iota_\nu}$$

dieselben Rangbeziehungen in M hat, wie $r_{\nu+1}$ zu $r_1, r_2, \ldots, r_\nu$ in R.

Wir haben auf diese Weise *allen* Elementen r_ν von R bestimmte Elemente m_{ι_ν} von M als Bilder zugewiesen, und die Elemente m_{ι_ν} haben in M dieselbe Rangordnung wie die entsprechenden Elemente r_ν in R.

Es muß aber noch gezeigt werden, daß die Elemente m_{ι_ν} *alle Elemente* m_ν *von* M umfassen oder, was dasselbe ist, daß die Reihe

$$1, \iota_2, \iota_3, \ldots, \iota_\nu, \ldots$$

nur eine *Permutation* der Reihe

$$1, 2, 3, \ldots, \nu, \ldots$$

ist.

Dies beweisen wir durch eine *vollständige Induktion*, indem wir zeigen, daß *wenn* die Elemente $m_1, m_2, \ldots, m_\nu$ bei der Abbildung zur Geltung kommen, *dasselbe auch bei dem folgenden Elemente* $m_{\nu+1}$ *der Fall ist.*

Sei λ so groß, daß unter den Elementen

$$m_1, m_{\iota_2}, m_{\iota_3}, \ldots, m_{\iota_\lambda}$$

die Elemente

$$m_1, m_2, \ldots, m_\nu,$$

(welche vorausgesetztermaßen zur Abbildung gelangen) vorkommen. Es kann sein, daß sich auch $m_{\nu+1}$ darunter vorfindet; dann kommt $m_{\nu+1}$ bei der Abbildung zur Geltung.

Findet sich aber $m_{\nu+1}$ *nicht* unter den Elementen

$$m_1,\ m_{\iota_2},\ m_{\iota_3},\ \ldots,\ m_{\iota_\lambda},$$

so hat $m_{\nu+1}$ zu diesen Elementen innerhalb M eine bestimmte Rangstellung; dieselbe Rangstellung zu $r_1, r_2, \ldots, r_\lambda$ in R haben unzählig viele Elemente von R, unter ihnen sei das in R_0 mit dem kleinsten Index versehene $r_{\lambda+\sigma}$.

Dann hat $m_{\nu+1}$, wie man sich leicht überzeugt, auch zu

$$m_1,\ m_{\iota_2},\ m_{\iota_3},\ \ldots,\ m_{\iota_{\lambda+\sigma-1}}$$

dieselbe Rangstellung in M, wie $r_{\lambda+\sigma}$ zu

$$r_1,\ r_2,\ \ldots,\ r_{\lambda+\sigma-1}$$

in R. Da $m_1, m_2, \ldots, m_\nu$ bereits zur Abbildung gelangt sind, so ist $m_{\nu+1}$ das mit dem kleinsten Index in M_0 versehene Element, welches diese Rangstellung zu

$$m_1,\ m_{\iota_2},\ \ldots,\ m_{\iota_{\lambda+\sigma-1}}$$

hat. Folglich ist nach unserm Zuordnungsgesetze

$$m_{\iota_{\lambda+\sigma}} = m_{\nu+1}.$$

Es kommt also auch in diesem Falle das Element $m_{\nu+1}$ bei der Abbildung zur Geltung, und zwar ist $r_{\lambda+\sigma}$ das ihm zugeordnete Element von R.

So sehen wir, daß durch unsern Zuordnungsmodus *die ganze Menge* M auf *die ganze Menge* R abgebildet wird; M und R sind ähnliche Mengen, w. z. b. w.

Aus dem soeben bewiesenen Satze ergeben sich beispielsweise die folgenden:

„η ist der Ordnungstypus der Menge aller negativen und positiven rationalen Zahlen mit Einschluß der Null in ihrer natürlichen Rangordnung."

„η ist der Ordnungstypus der Menge aller rationalen Zahlen, welche größer als a und kleiner als b sind, in ihrer natürlichen Rangordnung, wo a und b irgend zwei reelle Zahlen sind, $a < b$."

„η ist der Ordnungstypus der Menge aller reellen algebraischen Zahlen in ihrer natürlichen Rangordnung."

„η ist der Ordnungstypus der Menge aller reellen algebraischen Zahlen, welche größer als a und kleiner als b sind, in ihrer natürlichen Rangordnung, wo a und b irgend zwei reelle Zahlen sind, $a < b$."

Denn alle diese geordneten Mengen erfüllen die drei in unserm Satze für M geforderten Bedingungen (vgl. Crelle's Journal Bd. 77, S. 258) [III 1, S. 115].

Betrachten wir ferner nach den in § 8 gegebenen Definitionen Mengen mit den Typen $\eta+\eta$, $\eta\eta$, $(1+\eta)\eta$, $(\eta+1)\eta$, $(1+\eta+1)\eta$, so finden sich auch bei ihnen jene drei Bedingungen erfüllt. Wir haben somit die Sätze:

$$\eta + \eta = \eta, \tag{7}$$

$$\eta\eta = \eta, \tag{8}$$

$$(1 + \eta)\eta = \eta, \tag{9}$$

$$(\eta + 1)\eta = \eta, \tag{10}$$

$$(1 + \eta + 1)\eta = \eta. \tag{11}$$

Die wiederholte Anwendung von (7) und (8) gibt für jede endliche Zahl ν

$$\eta \cdot \nu = \eta, \tag{12}$$

und

$$\eta^{\nu} = \eta. \tag{13}$$

Dagegen sind, wie man leicht sieht, für $\nu > 1$, die Typen $1 + \eta$, $\eta + 1$, $\nu \cdot \eta$, $1 + \eta + 1$ sowohl unter sich wie auch von η verschieden. Andrerseits ist

$$\eta + 1 + \eta = \eta, \tag{14}$$

dagegen $\eta + \nu + \eta$ für $\nu > 1$ von η verschieden.

Endlich verdient hervorgehoben zu werden, daß

$$^{*}\eta = \eta. \tag{15}$$

§ 10.

Die in einer transfiniten geordneten Menge enthaltenen Fundamentalreihen.

Legen wir irgendeine einfach geordnete transfinite Menge M zugrunde. Jede Teilmenge von M ist selbst eine geordnete Menge. Für das Studium des Typus $\overline{M}$ scheinen diejenigen Teilmengen von M, denen die Typen ω und $^{*}\omega$ zukommen, besonders wertvoll zu sein; wir nennen sie *„in M enthaltene Fundamentalreihen erster Ordnung"*, und zwar die ersteren (vom Typus ω) *„steigende"*, die anderen (vom Typus $^{*}\omega$) *„fallende"*.

Da wir uns auf die Betrachtung von Fundamentalreihen *erster Ordnung* beschränken (in späteren Untersuchungen werden auch solche *höherer Ordnung* zur Geltung kommen), so wollen wir sie hier einfach *„Fundamentalreihen"* nennen.

Eine „steigende Fundamentalreihe" hat also die Form

$$\{a_\nu\}, \quad \text{wo} \quad a_\nu \prec a_{\nu+1}, \tag{1}$$

eine „fallende Fundamentalreihe" ist von der Form

$$\{b_\nu\}, \quad \text{wo} \quad b_\nu \succ b_{\nu+1}. \tag{2}$$

ν hat überall in unseren Betrachtungen (sowie auch $\varkappa, \lambda, \mu$) die Bedeutung einer beliebigen *endlichen* Kardinalzahl oder auch eines *endlichen* Typus resp. einer *endlichen* Ordnungszahl.

Zwei in M enthaltene steigende Fundamentalreihen $\{a_\nu\}$ und $\{a'_\nu\}$ nennen wir „*zusammengehörig*", in Zeichen

$$\{a_\nu\} \parallel \{a'_\nu\}, \tag{3}$$

wenn sowohl zu jedem Elemente a_ν Elemente a'_λ existieren, so daß

$$a_\nu \prec a'_\lambda,$$

wie auch zu jedem Elemente a'_ν Elemente a_μ vorhanden sind, so daß

$$a'_\nu \prec a_\mu.$$

Zwei in M enthaltene fallende Fundamentalreihen $\{b_\nu\}$ und $\{b'_\nu\}$ heißen „*zusammengehörig*", in Zeichen

$$\{b_\nu\} \parallel \{b'_\nu\}, \tag{4}$$

wenn zu jedem Elemente b_ν Elemente b'_λ vorhanden sind, so daß

$$b_\nu \succ b'_\lambda,$$

und zu jedem Elemente b'_ν Elemente b_μ existieren, so daß

$$b'_\nu \succ b_\mu.$$

Eine steigende Fundamentalreihe $\{a_\nu\}$ und eine fallende $\{b_\nu\}$ nennen wir dann „*zusammengehörig*", in Zeichen

$$\{a_\nu\} \parallel \{b_\nu\}, \tag{5}$$

wenn 1) für alle ν und μ

$$a_\nu \prec b_\mu$$

und 2) in M *höchstens ein* Element m_0 (also entweder nur eines oder gar kein solches) existiert, so daß für alle ν

$$a_\nu \prec m_0 \prec b_\nu.$$

Es bestehen dann die Sätze:

A. „*Sind zwei Fundamentalreihen zusammengehörig mit einer dritten, so sind sie auch unter einander zusammengehörig.*"

B. „*Zwei gleichgerichtete Fundamentalreihen, von denen die eine Teilmenge der andern ist, sind stets zusammengehörig.*"

Existiert in M ein Element m_0, welches zu der steigenden Fundamentalreihe $\{a_\nu\}$ eine solche Stellung hat, daß

1) für jedes ν

$$a_\nu \prec m_0,$$

2) für jedes Element m von M das $\prec m_0$, eine gewisse Zahl ν_0 existiert, so daß

$$a_\nu \succ m, \quad \text{für} \quad \nu \geqq \nu_0,$$

so wollen wir m_0 „*Grenzelement von* $\{a_\nu\}$ *in* M" und zugleich ein „*Hauptelement von* M" nennen.

Ebenso nennen wir auch m_0 ein „*Hauptelement von M*“ und zugleich „*Grenzelement von* $\{b_\nu\}$ *in M*“, wenn die Bedingungen erfüllt sind:

1) für jedes ν
$$b_\nu \succ m_0,$$

2) für jedes Element m von M, das $\succ m_0$, existiert eine gewisse Zahl ν_0, so daß
$$b_\nu \prec m, \quad \text{für} \quad \nu \geqq \nu_0.$$

Eine Fundamentalreihe kann *nie mehr als ein* Grenzelement in M haben; M aber hat im allgemeinen viele Hauptelemente.

Man überzeugt sich von der Wahrheit folgender Sätze:

C. „*Hat eine Fundamentalreihe ein Grenzelement in M, so haben alle mit ihr zusammengehörigen Fundamentalreihen dasselbe Grenzelement in M.*“

D. „*Haben zwei Fundamentalreihen (gleichgerichtete oder verschiedengerichtete) ein und dasselbe Grenzelement in M, so sind sie zusammengehörig.*“

Sind M und M' zwei ähnliche geordnete Mengen, so daß
$$\overline{\overline{M}} = \overline{\overline{M'}}, \tag{6}$$
und legt man *irgendeine Abbildung* der beiden Mengen zugrunde, so gelten, wie man leicht sieht, folgende Sätze:

E. „*Jeder Fundamentalreihe in M entspricht als Bild eine Fundamentalreihe in M' und umgekehrt; jeder steigenden eine steigende, jeder fallenden eine fallende; zusammengehörigen Fundamentalreihen in M entsprechen als Bilder zusammengehörige Fundamentalreihen in M' und umgekehrt.*“

F. „*Gehört zu einer Fundamentalreihe in M ein Grenzelement in M, so gehört auch zu der entsprechenden Fundamentalreihe in M' ein Grenzelement in M' und umgekehrt; und diese beiden Grenzelemente sind Bilder voneinander bei der Abbildung.*“

G. „*Den Hauptelementen von M entsprechen als Bilder Hauptelemente von M' und umgekehrt.*“

Besteht eine Menge M aus lauter Hauptelementen, so daß jedes ihrer Elemente ein Hauptelement ist, so nennen wir sie eine „*insichdichte Menge*“.

Gibt es zu jeder Fundamentalreihe in M ein Grenzelement in M, so nennen wir M eine „*abgeschlossene Menge*“.

Eine Menge, die sowohl „insichdicht“, wie auch „abgeschlossen“ ist, heiße eine „*perfekte Menge*“ [14].

Hat eine Menge eins von diesen drei Prädikaten, so kommt dasselbe Prädikat auch jeder ähnlichen Menge zu; es lassen sich dieselben Prädikate daher auch den entsprechenden Ordnungstypen zuschreiben, und es gibt somit „*insichdichte Typen*“, „*abgeschlossene Typen*“, „*perfekte Typen*“, desgleichen auch „*überalldichte Typen*“ (§ 9).

So ist z. B. η ein „insichdichter“ Typus; wie in § 9 gezeigt, ist er auch „überalldicht“, aber nicht „abgeschlossen“.

ω und $^*\omega$ haben keine Hauptelemente (Haupteinsen); dagegen haben $\omega + \nu$ und $\nu + {}^*\omega$ je ein Hauptelement und sind „abgeschlossene" Typen.

Der Typus $\omega \cdot 3$ hat zwei Hauptelemente, ist aber nicht „abgeschlossen"; der Typus $\omega \cdot 3 + \nu$ hat drei Hauptelemente und ist „abgeschlossen".

§ 11.

Der Ordnungstypus θ des Linearkontinuums X. [15]

Wir wenden uns zur Untersuchung des Ordnungstypus der Menge $X = \{x\}$ aller reellen Zahlen x, die $\geqq 0$ und $\leqq 1$ sind, in ihrer natürlichen Rangordnung, so daß bei zwei beliebigen Elementen x und x' derselben

$$x \prec x', \quad \text{falls} \quad x < x'. \tag{1}$$

Die Bezeichnung dieses Typus sei

$$\overline{X} = \theta. \tag{1}$$

Aus den Elementen der rationalen und irrationalen Zahlenlehre weiß man, daß jede Fundamentalreihe $\{x_\nu\}$ in X ein Grenzelement x_0 in X hat und daß auch umgekehrt jedes Element x von X Grenzelement von zusammengehörigen Fundamentalreihen in X ist. Somit ist X eine *„perfekte Menge"*, θ ein *„perfekter Typus"*.

Damit ist θ aber noch nicht ausreichend charakterisiert, wir haben vielmehr noch folgende Eigenschaft von X ins Auge zu fassen:

X enthält die in § 9 untersuchte Menge R vom Ordnungstypus η als Teilmenge, und zwar *im besondern so, daß zwischen je zwei beliebigen Elementen* x_0 und x_1 von X Elemente von R dem Range nach liegen.

Es soll nun gezeigt werden, daß *diese Merkmale zusammengenommen* in erschöpfender Weise den Ordnungstypus θ des Linearkontinuums X kennzeichnen, so daß der Satz gilt:

„Hat eine geordnete Menge M ein solches Gepräge, daß sie 1) *„perfekt" ist,* 2) *in ihr eine Menge S mit der Kardinalzahl $\overline{\overline{S}} = \aleph_0$ enthalten ist, welche zu M in der Beziehung steht, daß zwischen je zwei beliebigen Elementen m_0 und m_1 von M Elemente von S dem Range nach liegen, so ist $\overline{M} = \theta$."*

Beweis. Sollte S ein niedrigstes oder ein höchstes Element haben, so würden sie wegen 2) auch denselben Charakter als Elemente von M tragen; wir könnten sie alsdann von S entfernen, ohne daß diese Menge dadurch die in 2) ausgedrückte Beziehung zu M verliert.

Wir setzen daher S von vornherein ohne niedrigstes und höchstes Element voraus; S hat alsdann nach § 9 den Ordnungstypus η.

Denn da S ein Teil von M ist, so müssen nach 2) zwischen je zwei beliebigen Elementen s_0 und s_1 von S dem Range nach andere Elemente von S liegen. Außerdem haben wir nach 2) $\overline{\overline{S}} = \aleph_0$.

Die beiden Mengen S und R sind daher einander „*ähnlich*",

$$S \simeq R. \tag{2}$$

Wir denken uns irgendeine „*Abbildung*" von R auf S zugrunde gelegt und behaupten, daß dieselbe zugleich eine bestimmte „*Abbildung*" von X auf M ergibt, und zwar in folgender Weise:

Alle Elemente von X, die gleichzeitig der Menge R angehören, mögen als Bilder denjenigen Elementen von M entsprechen, welche zugleich Elemente von S sind und bei der vorausgesetzten Abbildung von R auf S jenen Elementen von R entsprechen.

Ist aber x_0 ein nicht zu R gehöriges Element von X, so läßt sich dasselbe als Grenzelement einer in X enthaltenen Fundamentalreihe $\{x_\nu\}$ ansehen, welche durch eine in R enthaltene mit ihr zusammengehörige Fundamentalreihe $\{r_{\varkappa_\nu}\}$ ersetzt werden kann. Der letzteren entspricht als Bild eine Fundamentalreihe $\{s_{\lambda_\nu}\}$ in S und M, welche wegen 1) von einem Elemente m_0 in M begrenzt wird, das nicht zu S gehört (F, § 10). Dieses Element m_0 in M (welches dasselbe bleibt, wenn an Stelle der Fundamentalreihen $\{x_\nu\}$ und $\{r_{\varkappa_\nu}\}$ andere von demselben Elemente x_0 in X begrenzte gedacht werden (E, C, D in § 10), gelte als Bild von x_0 in X. Umgekehrt gehört zu jedem Elemente m_0 von M, welches nicht in S vorkommt, ein ganz bestimmtes Element x_0 von X, welches nicht zu R gehört und von welchem m_0 das Bild ist.

Auf diese Weise ist zwischen X und M eine gegenseitig eindeutige Beziehung hergestellt, von der zu zeigen ist, daß sie eine „Abbildung" dieser Mengen begründet.

Dies steht von vornherein für diejenigen Elemente von X und M fest, welche gleichzeitig den Mengen R resp. S angehören.

Vergleichen wir ein Element r von R mit einem nicht zu R gehörigen Elemente x_0 von X; die zugehörigen Elemente von M seien s und m_0.

Ist $r < x_0$, so gibt es eine steigende Fundamentalreihe $\{r_{\varkappa_\nu}\}$, welche von x_0 begrenzt wird, und es ist von einem gewissen ν_0 an

$$r < r_{\varkappa_\nu} \quad \text{für} \quad \nu \gtreqless \nu_0.$$

Das Bild von $\{r_{\varkappa_\nu}\}$ in M ist eine steigende Fundamentalreihe $\{s_{\lambda_\nu}\}$, welche in M von m_0 begrenzt wird, und man hat (§ 10) erstens $s_{\lambda_\nu} \prec m_0$ für jedes ν und andrerseits $s \prec s_{\lambda_\nu}$ für $\nu \gtreqless \nu_0$, daher (§ 7) $s \prec m_0$.

Ist $r > x_0$, so schließt man ähnlich, daß $s \succ m_0$.

Betrachten wir endlich zwei nicht zu R gehörige Elemente x_0 und x_0' und die ihnen in M entsprechenden Elemente m_0 und m_0', so zeigt man durch eine analoge Betrachtung, daß wenn $x_0 < x_0'$, alsdann $m_0 \prec m_0'$.

Damit wäre der Beweis der Ähnlichkeit von X und M erbracht, und es ist daher

$$\overline{M} = \theta.$$

§ 12.

Die wohlgeordneten Mengen.

Unter den einfach geordneten Mengen gebührt den *wohlgeordneten Mengen* eine ausgezeichnete Stelle; ihre Ordnungstypen, die wir „*Ordnungszahlen*" nennen, bilden das natürliche Material für eine genaue Definition der höheren transfiniten Kardinalzahlen oder Mächtigkeiten, eine Definition, die durchaus konform ist derjenigen, welche uns für die kleinste transfinite Kardinalzahl *Alef-null* durch das System aller endlichen Zahlen ν geliefert worden ist (§ 6).

„*Wohlgeordnet*" nennen wir eine einfach geordnete Menge F (§ 7), wenn ihre Elemente f von einem niedersten f_1 an *in bestimmter Sukzession aufsteigen*, so daß folgende zwei Bedingungen erfüllt sind:

I. „*Es gibt in F ein dem Range nach niederstes Element f_1*".

II. „*Ist F' irgendeine Teilmenge von F und besitzt F ein oder mehrere Elemente höheren Ranges als alle Elemente von F', so existiert ein Element f' von F, welches auf die Gesamtheit F' zunächst folgt, so daß keine Elemente in F vorkommen, die ihrem Range nach zwischen F' und f' fallen*[1]" [16].

Im besondern folgt auf jedes einzelne Element f von F, *falls es nicht das höchste ist*, ein bestimmtes anderes Element f' dem Range nach als *nächsthöheres*; dies ergibt sich aus der Bedingung II, wenn man für F' das einzelne Element f setzt. Ist ferner beispielsweise in F eine unendliche Reihe aufeinander folgender Elemente

$$e' \prec e'' \prec e''' \ldots e^{(\nu)} \prec e^{(\nu+1)} \ldots$$

enthalten, doch so, daß es in F auch solche Elemente gibt, die höheren Rang haben *als alle* $e^{(\nu)}$, so muß nach der Bedingung II, wenn man darin für F' die Gesamtheit $\{e^{(\nu)}\}$ setzt, ein Element f' existieren, so daß nicht nur

$$f' \succ e^{(\nu)}$$

für alle Werte von ν, sondern daß es auch *kein Element* g in F gibt, welches den beiden Bedingungen genügt

$$g \prec f',$$
$$g \succ e^{(\nu)}$$

für alle Werte von ν.

So sind z. B. die drei Mengen

$$(a_1, a_2, \ldots a_\nu, \ldots),$$
$$(a_1, a_2, \ldots a_\nu, \ldots b_1, b_2, \ldots b_\mu, \ldots),$$
$$(a_1, a_2, \ldots a_\nu, \ldots b_1, b_2, \ldots b_\mu, \ldots c_1, c_2, c_3)$$

---

[1] Es stimmt diese Definition der „wohlgeordneten Menge", abgesehen vom Wortlaut, durchaus mit derjenigen überein, welche in Math. Ann. **21**, 548 (Grundlagen e. allg. Mannigfaltigkeitslehre, S. 4) [hier III 4, Nr. 5, S. 168] eingeführt wurde.

wo

$$a_\nu \prec a_{\nu+1} \prec b_\mu \prec b_{\mu+1} \prec c_1 \prec c_2 \prec c_3$$

wohlgeordnet. Die beiden ersten haben kein höchstes Element, die dritte hat das höchste Element c_3; in der zweiten und dritten folgt auf sämtliche Elemente a_ν zunächst b_1, in der dritten auf sämtliche Elemente a_ν und b_μ zunächst c_1.

Im folgenden wollen wir die in § 7 erklärten Zeichen $\prec$ und $\succ$, welche dort zum Ausdruck der Rangbeziehung je zweier Elemente gebraucht wurden, auf Gruppen von Elementen ausdehnen, so daß die Formeln

$$M \prec N,$$
$$M \succ N$$

der Ausdruck dafür seien, daß in einer vorliegenden Rangordnung alle Elemente der Menge M niederen resp. höheren Rang haben als alle Elemente der Menge N.

A. „*Jede Teilmenge F_1 einer wohlgeordneten Menge F hat ein niederstes Element.*"

Beweis. Gehört das niederste Element f_1 von F zu F_1, so ist es zugleich das niederste Element von F_1.

Andernfalls sei F' die Gesamtheit aller Elemente von F, welche niederen Rang haben als alle Elemente von F_1, so ist eben deshalb kein Element von F zwischen F' und F_1 gelegen.

Folgt also f' (nach II) zunächst auf F', so gehört es notwendig zu F_1 und nimmt hier den niedersten Rang ein.

B. „*Ist eine einfach geordnete Menge F so beschaffen, daß sowohl F wie auch jede ihrer Teilmengen ein niederstes Element haben, so ist F eine wohlgeordnete Menge.*"

Beweis. Da F ein niederstes Element hat, so ist die Bedingung I erfüllt. Sei F' eine Teilmenge von F derart, daß es in F ein oder mehrere Elemente $\succ F'$ gibt; F_1 sei die Gesamtheit aller dieser Elemente und f' das niederste Element von F_1, so ist offenbar f' das auf F' zunächst folgende Element von F. Somit ist auch die Bedingung II erfüllt und es ist daher F eine wohlgeordnete Menge.

C. „*Jede Teilmenge F' einer wohlgeordneten Menge F ist gleichfalls eine wohlgeordnete Menge.*"

Beweis. Nach Satz A hat F' sowohl wie jede Teilmenge F'' von F' (da sie zugleich Teilmenge von F ist) ein niederstes Element; daher ist nach Satz B F' eine wohlgeordnete Menge.

D. „*Jede einer wohlgeordneten Menge F ähnliche Menge G ist gleichfalls eine wohlgeordnete Menge.*"

Beweis. Ist M eine Menge, welche ein niederstes Element besitzt, so hat, wie aus dem Begriffe der Ähnlichkeit (§ 7) unmittelbar folgt, auch jede ihr ähnliche Menge N ein niederstes Element.

Da nun $G \simeq F$ sein soll und F als wohlgeordnete Menge ein niederstes Element hat, so gilt dasselbe von G.

Ebenso hat jede Teilmenge G' von G ein niederstes Element; denn bei einer Abbildung von G auf F entspricht der Menge G' als Bild eine Teilmenge F' von F, so daß

$$G' \simeq F'.$$

F' hat aber nach Satz A ein niederstes Element, daher auch G'. Es haben also sowohl G, wie auch jede Teilmenge G' von G ein niederstes Element; nach Satz B ist daher G eine wohlgeordnete Menge.

E. „*Werden in einer wohlgeordneten Menge G an Stelle ihrer Elemente g wohlgeordnete Mengen substituiert in dem Sinne, daß wenn F_g und $F_{g'}$ die an Stelle der beiden Elemente g und g' tretenden wohlgeordneten Mengen sind und $g \prec g'$, alsdann auch $F_g \prec F_{g'}$, so ist die auf diese Weise durch Zusammensetzung aus den Elementen sämtlicher Mengen F_g hervorgehende Menge H eine wohlgeordnete.*“

Beweis. Sowohl H, wie auch jede Teilmenge H_1 von H haben ein niederstes Element, was H nach Satz B als wohlgeordnete Menge kennzeichnet. Ist nämlich g_1 das niederste Element von G, so ist das niederste Element von F_{g_1} zugleich niederstes Element von H. Hat man ferner eine Teilmenge H_1 von H, so gehören ihre Elemente zu bestimmten Mengen F_g, die zusammengenommen eine Teilmenge der aus den Elementen F_g bestehenden, der Menge G ähnlichen wohlgeordneten Menge $\{F_g\}$ bilden; ist etwa F_{g_0} das niederste Element dieser Teilmenge, so ist das niederste Element der in F_{g_0} enthaltenen Teilmenge von H_1 zugleich niederstes Element von H_1.

§ 13.

Die Abschnitte wohlgeordneter Mengen.

Ist f irgendein *vom Anfangselement f_1 verschiedenes* Element der wohlgeordneten Menge F, so wollen wir die Menge A aller Elemente von F, welche $\prec f$, einen „*Abschnitt von F*“, und zwar den *durch das Element f bestimmten* Abschnitt von F nennen. Dagegen heiße die Menge R aller übrigen Elemente von F *mit Einschluß von f* ein „*Rest von F*“, und zwar der *durch das Element f bestimmte* Rest von F. Die Mengen A und R sind nach Satz C, § 12 *wohlgeordnet*, und wir können nach § 8 und § 12 schreiben:

$$F = (A, R), \tag{1}$$

$$R = (f, R'), \tag{2}$$

$$A \prec R. \tag{3}$$

R' ist der auf das Anfangselement f folgende Teil von R und reduziert sich auf 0, falls R außer f kein anderes Element hat.

Nehmen wir als Beispiel die wohlgeordnete Menge

$$F = (a_1, a_2, \ldots a_\nu, \ldots b_1, b_2, \ldots b_\mu, \ldots c_1, c_2, c_3),$$

so sind hier durch das Element a_3 der Abschnitt

$$(a_1, a_2)$$

und der zugehörige Rest

$$(a_3, a_4, \ldots a_{\nu+2}, \ldots b_1, b_2, \ldots b_\mu, \ldots c_1, c_2, c_3),$$

durch das Element b_1 der Abschnitt

$$(a_1, a_2, \ldots a_\nu, \ldots)$$

und der zugehörige Rest

$$(b_1, b_2, \ldots b_\mu, \ldots c_1, c_2, c_3),$$

durch das Element c_2 der Abschnitt

$$(a_1, a_2, \ldots a_\nu, \ldots b_1, b_2, \ldots b_\mu, \ldots c_1)$$

und der zugehörige Rest

$$(c_2, c_3)$$

bestimmt.

Sind A und A' zwei Abschnitte von F, f und f' die sie bestimmenden Elemente und ist

$$f' \prec f, \tag{4}$$

so ist A' auch Abschnitt von A.

Wir nennen dann A' den *kleineren*, A den *größeren* Abschnitt von F:

$$A' < A. \tag{5}$$

Dementsprechend können wir auch von jedem A von F sagen, daß er kleiner ist als F selbst:

$$A < F. \tag{6}$$

[17]. A. „*Sind zwei ähnliche wohlgeordnete Mengen F und G aufeinander abgebildet, so entspricht jedem Abschnitt A von F ein ähnlicher Abschnitt B von G und jedem Abschnitt B von G ein ähnlicher Abschnitt A von F, und die Elemente f und g von F und G, durch welche die einander zugeordneten Abschnitte A und B bestimmt sind, entsprechen einander ebenfalls bei der Abbildung.*“

Beweis. Hat man zwei ähnliche einfach geordnete Mengen M und N aufeinander abgebildet, sind m und n zwei zugeordnete Elemente und ist M' die Menge aller Elemente von M, welche $\prec m$, N' die Menge aller Elemente von N, welche $\prec n$, so entsprechen bei der Abbildung M' und N'

einander. Denn jedem Element m' von M, das $\prec m$, muß (§ 7) ein Element n' von N entsprechen, das $\prec n$ ist, und umgekehrt.

Wendet man diesen allgemeinen Satz auf die wohlgeordneten Mengen F und G an, so erhält man das zu Beweisende.

B. „*Eine wohlgeordnete Menge F ist keinem ihrer Abschnitte A ähnlich.*"

Beweis. Nehmen wir an, es sei $F \simeq A$, so denken wir uns eine Abbildung von F auf A hergestellt. Nach Satz A entspricht alsdann dem Abschnitt A von F als Bild ein Abschnitt A' von A, so dass $A' \simeq A$. Es wäre also auch $A' \simeq F$ und es ist $A' < A$. Aus A' würde sich in derselben Weise ein kleinerer Abschnitt A'' von F ergeben, so daß $A'' \simeq F$ und $A'' < A'$ usw.

Wir erhielten so eine *notwendig unendliche* Reihe

$$A > A' > A'' \dots A^{(\nu)} > A^{(\nu+1)}, \dots$$

von stets kleiner werdenden Abschnitten von F, die alle der Menge F ähnlich wären.

Bezeichnen wir mit $f, f', f'', \dots f^{(\nu)}, \dots$ die diese Abschnitte bestimmenden Elemente von F, so wäre

$$f \succ f' \succ f'' \dots f^{(\nu)} \succ f^{(\nu+1)}, \dots.$$

Wir würden also eine *unendliche* Teilmenge

$$(f, f', f'', \dots f^{(\nu)}, \dots)$$

von F haben, in welcher *kein Element den niedersten Rang* einnimmt.

Solche Teilmengen von F sind aber nach Satz A, § 12 *nicht möglich.* Die Annahme einer Abbildung von F auf einen ihrer Abschnitte führt also zu einem Widerspruch, und es ist daher die Menge F keinem ihrer Abschnitte ähnlich.

Ist auch nach Satz B eine wohlgeordnete Menge F keinem ihrer *Abschnitte* ähnlich, so gibt es doch immer, wenn F *unendlich* ist, *andere Teilmengen* von F, welchen F ähnlich ist. So ist z. B. die Menge

$$F = (a_1, a_2, \dots a_\nu, \dots)$$

jedem ihrer Reste

$$(a_{\varkappa+1}, a_{\varkappa+2}, \dots a_{\varkappa+\nu}, \dots)$$

ähnlich. Es ist daher von Bedeutung, daß wir dem Satz B auch noch folgenden an die Seite stellen können:

C. „*Eine wohlgeordnete Menge F ist keiner Teilmenge irgend eines ihrer Abschnitte A ähnlich.*"

Beweis. Nehmen wir an, es sei F' Teilmenge eines Abschnittes A von F und $F' \simeq F$. Wir denken uns eine Abbildung von F auf F' zugrunde gelegt; dabei wird nach Satz A dem Abschnitte A von F ein Abschnitt F''

der wohlgeordneten Menge F' als Bild entsprechen; dieser Abschnitt werde durch das Element f' von F' bestimmt. Es ist f' auch Element von A und bestimmt einen Abschnitt A' von A, von welchem F'' eine Teilmenge ist.

Die Annahme einer Teilmenge F' eines Abschnittes A von F, so daß $F' \simeq F$, führt uns daher zu einer Teilmenge F'' eines Abschnittes A' von A, so daß $F'' \simeq A$.

Dieselbe Schlußweise ergibt eine Teilmenge F''' eines Abschnittes A'' von A', so daß $F''' \simeq A'$. Und wir erhalten so fortgehend, wie im Beweise des Satzes B, eine *notwendig unendliche* Reihe immer kleiner werdender Abschnitte von F

$$A > A' > A'' \ldots A^{(\nu)} > A^{(\nu+1)} \ldots$$

und damit die *unendliche* Reihe der diese Abschnitte bestimmenden Elemente

$$f \succ f' \succ f'' \ldots f^{(\nu)} \succ f^{(\nu+1)} \ldots,$$

in welcher kein niederstes Element vorhanden wäre, was nach dem Satze A, § 12 unmöglich ist. Es gibt daher keine Teilmenge F' eines Abschnittes A von F, so daß $F' \simeq F$. —

D. „*Zwei verschiedene Abschnitte A und A' einer wohlgeordneten Menge F sind nicht einander ähnlich.*"

Beweis. Ist $A' < A$, so ist A' auch Abschnitt der wohlgeordneten Menge A, kann daher nach Satz B nicht A ähnlich sein.

E. „*Zwei ähnliche wohlgeordnete Mengen F und G lassen sich nur auf eine einzige Weise aufeinander abbilden.*"

Beweis. Setzen wir zwei verschiedene Abbildungen von F auf G voraus und sei f ein Element von F, dem bei den beiden Abbildungen verschiedene Bilder g und g' in G entsprächen. A sei der Abschnitt von F, der durch f bestimmt ist, B und B' seien die Abschnitte von G, die durch g und g' bestimmt sind. Nach Satz A ist sowohl $A \simeq B$, wie auch $A \simeq B'$, und es wäre daher auch $B \simeq B'$, was gegen den Satz D streitet.

F. „*Sind F und G zwei wohlgeordnete Mengen, so kann ein Abschnitt A von F höchstens einen ihm ähnlichen Abschnitt B in G haben.*"

Beweis. Würde der Abschnitt A von F zwei ihm ähnliche Abschnitte B und B' in G haben, so wären auch B und B' ähnlich, was nach Satz D unmöglich ist.

G. „*Sind A und B ähnliche Abschnitte zweier wohlgeordneter Mengen F und G, so gibt es auch zu jedem kleineren Abschnitt $A' < A$ von F einen ähnlichen Abschnitt $B' < B$ von G und zu jedem kleineren Abschnitt $B' < B$ von G einen ähnlichen Abschnitt $A' < A$ von F.*"

Beweis folgt aus Satz A, wenn derselbe auf die ähnlichen Mengen A und B angewandt wird.

H. „*Sind A und A' zwei Abschnitte einer wohlgeordneten Menge F, B und B' ihnen ähnliche Abschnitte einer wohlgeordneten Menge G, und ist $A' < A$, so ist $B' < B$.*

Beweis folgt aus den Sätzen F und G.

J. „*Ist ein Abschnitt B einer wohlgeordneten Menge G keinem Abschnitt einer wohlgeordneten Menge F ähnlich, so ist sowohl jeder Abschnitt $B' > B$ von G als auch G selbst weder einem Abschnitt von F noch F selbst ähnlich.*"

Beweis folgt aus Satz G.

K. „*Gibt es zu jedem Abschnitt A einer wohlgeordneten Menge F einen ihm ähnlichen Abschnitt B einer andern wohlgeordneten Menge G, aber auch umgekehrt zu jedem Abschnitt B von G einen ihm ähnlichen Abschnitt A von F, so ist $F \simeq G$.*"

Beweis. Wir können F und G nach folgendem Gesetz aufeinander abbilden:

Das niederste Element f_1 von F entspreche dem niedersten Element g_1 von G. Ist $f \succ f_1$ irgendein anderes Element von F, so bestimmt es einen Abschnitt A von F; zu diesem gehört der Voraussetzung nach ein bestimmter ähnlicher Abschnitt B von G; das den Abschnitt B bestimmende Element g von G sei das Bild von f. Und ist g irgendein Element von G, das $\succ g_1$, so bestimmt es einen Abschnitt B von G, zu dem voraussetzungsgemäß ein ähnlicher Abschnitt A von F gehört; das Element f, welches diesen Abschnitt A bestimmt, sei das Bild von g.

Daß die auf diese Weise definierte gegenseitig eindeutige Zuordnung von F und G eine *Abbildung* im Sinne von § 7 ist, folgt leicht.

Sind nämlich f und f' zwei beliebige Elemente von F, g und g' die ihnen entsprechenden Elemente von G, A und A' die durch f und f', B und B' die durch g und g' bestimmten Abschnitte, und ist etwa

$$f' \prec f,$$

so ist

$$A' < A;$$

nach Satz H ist daher auch

$$B' < B$$

und folglich

$$g' \prec g.$$

L. „*Gibt es zu jedem Abschnitt A einer wohlgeordneten Menge F einen ihm ähnlichen Abschnitt B einer andern wohlgeordneten Menge G, ist hingegen mindestens ein Abschnitt von G vorhanden, zu dem es keinen ähnlichen Abschnitt von F gibt, so existiert ein bestimmter Abschnitt B_1 von G, so daß $B_1 \simeq F$.*"

Beweis. Wir fassen die Gesamtheit aller Abschnitte von G ins Auge, zu denen es keine ähnlichen Abschnitte in F gibt; unter ihnen muß es einen *kleinsten* Abschnitt geben, den wir B_1 nennen. Dies folgt daraus, daß nach Satz A, § 12 die Menge der alle diese Abschnitte bestimmenden Elemente ein niederstes Element besitzt; der durch letzteres bestimmte Abschnitt B_1 von G ist der kleinste aus jener Gesamtheit. Nach Satz J ist *jeder* Abschnitt von G, der $> B_1$ ist, derartig, daß zu ihm kein ähnlicher Abschnitt in F vorhanden ist; es müssen daher die Abschnitte B von G, welchen ähnliche Abschnitte von F gegenüberstehen, alle $< B_1$ sein, und zwar gehört zu jedem Abschnitt $B < B_1$ ein ähnlicher Abschnitt A von F, weil eben B_1 der kleinste Abschnitt von G ist unter denen, welchen keine ähnlichen Abschnitte in F entsprechen.

Somit gibt es zu jedem Abschnitt A von F einen ähnlichen Abschnitt B von B_1 und zu jedem Abschnitt B von B_1 einen ähnlichen Abschnitt A von F; nach Satz K ist daher

$$F \simeq B_1 .$$

M. „*Hat die wohlgeordnete Menge G mindestens einen Abschnitt, zu dem kein ähnlicher Abschnitt in der wohlgeordneten Menge F vorhanden ist, so muß jeder Abschnitt A von F einen ihm ähnlichen Abschnitt B in G haben.*“

Beweis. Sei B_1 der kleinste Abschnitt in G von allen, zu denen keine ähnlichen in F vorhanden sind. (Vgl. den Beweis von L.) Würde es Abschnitte in F geben, denen keine ähnlichen Abschnitte in G gegenüberstehen, so würde auch unter diesen einer der kleinste sein, wir nennen ihn A_1. Zu jedem Abschnitt von A_1 würde alsdann ein ähnlicher Abschnitt von B_1 und zu jedem Abschnitt von B_1 ein ähnlicher Abschnitt von A_1 existieren. Nach Satz K wäre daher

$$B_1 \simeq A_1 .$$

Dies widerspricht aber dem, daß zu B_1 kein ähnlicher Abschnitt in F vorhanden ist. Es kann daher in F keinen Abschnitt geben, dem nicht ein ähnlicher in G gegenübersteht.

N. „*Sind F und G zwei beliebige wohlgeordnete Mengen, so sind entweder* 1) *F und G einander ähnlich, oder es gibt* 2) *einen bestimmten Abschnitt B_1 von G, welcher F ähnlich ist, oder es gibt* 3) *einen bestimmten Abschnitt A_1 von F, welcher G ähnlich ist; und jeder dieser drei Fälle schließt die Möglichkeit der beiden anderen aus.*“

Beweis. Das Verhalten von F zu G kann ein *dreifaches* sein.

1) Es gehört zu jedem Abschnitte A von F ein ähnlicher Abschnitt B von G und umgekehrt zu jedem Abschnitte B von G ein ähnlicher Abschnitt A von F.

2) es gehört zu jedem Abschnitt A von F ein ähnlicher Abschnitt B von G, dagegen gibt es mindestens einen Abschnitt von G, dem kein ähnlicher Abschnitt in F entspricht.

3) Es gehört zu jedem Abschnitt B von G ein ähnlicher Abschnitt A von F, dagegen gibt es mindestens einen Abschnitt von F, dem kein ähnlicher Abschnitt in G entspricht.

Der Fall, daß es sowohl einen Abschnitt von F, dem kein ähnlicher in G entspricht, wie auch einen Abschnitt von G gibt, dem kein ähnlicher in F entspricht, ist nicht möglich; er wird durch den Satz M ausgeschlossen.

Nach Satz K ist im *ersten* Falle

$$F \simeq G.$$

Nach Satz L gibt es im *zweiten* Falle einen bestimmten Abschnitt B_1 von B, so daß

$$B_1 \simeq F,$$

und im *dritten* Falle einen bestimmten Abschnitt A_1 von F, so daß

$$A_1 \simeq G.$$

Es kann aber nicht gleichzeitig $F \simeq G$ und $F \simeq B_1$ sein, da alsdann auch $G \simeq B_1$ wäre, gegen den Satz B, und aus demselben Grunde kann nicht gleichzeitig $F \simeq G$ und $G \simeq A_1$ sein.

Aber auch das Zusammenbestehen von $F \simeq B_1$ und $G \simeq A_1$ ist unmöglich; denn nach Satz A würde aus $F \simeq B_1$ die Existenz eines Abschnitts B_1' von B_1 folgen, so daß $A_1 \simeq B_1'$. Es wäre daher auch $G \simeq B_1'$ gegen den Satz B.

O. „*Ist eine Teilmenge F' einer wohlgeordneten Menge F keinem Abschnitt von F ähnlich, so ist sie F selbst ähnlich.*“

Beweis. F' ist eine wohlgeordnete Menge nach Satz C, § 12. Wäre F' weder einem Abschnitt von F noch F selbst ähnlich, so gäbe es nach Satz N einen Abschnitt F_1' von F', der F ähnlich wäre. F_1' ist aber eine Teilmenge desjenigen Abschnitts A von F, der durch dasselbe Element bestimmt ist wie der Abschnitt F_1' von F'. Es müßte also die Menge F einer Teilmenge eines ihrer Abschnitte ähnlich sein, was dem Satz C widerspricht.

§ 14.

Die Ordnungszahlen wohlgeordneter Mengen.

Nach § 7 hat jede einfach geordnete Menge M einen bestimmten *Ordnungstypus* $\overline{M}$; es ist dies der Allgemeinbegriff, welcher sich aus M ergibt, wenn unter Festhaltung der Rangordnung ihrer Elemente von der Beschaffenheit der letzteren abstrahiert wird, so daß aus ihnen lauter Einsen werden, die in einem bestimmten Rangverhältniss zueinander stehen. *Allen einander ähnlichen Mengen, und nur solchen, kommt ein und derselbe Ordnungstypus zu.*

Den Ordnungstypus einer wohlgeordneten Menge F nennen wir die ihr zukommende „*Ordnungszahl*".

Sind α und β zwei beliebige *Ordnungszahlen*, so können sie ein *dreifaches* Verhalten zueinander haben. Sind nämlich F und G zwei wohlgeordnete Mengen derart, daß

$$\overline{F} = \alpha\,, \quad \overline{G} = \beta\,,$$

so sind nach dem Satze N, § 13 *drei* sich gegenseitig ausschließende Fälle möglich:

1) $$F \simeq G\,.$$

2) Es gibt einen bestimmten Abschnitt B_1 von G, so daß

$$F \simeq B_1\,.$$

3) Es gibt einen bestimmten Abschnitt A_1 von F, so daß

$$G \simeq A_1\,.$$

Wie man leicht sieht, bleibt jeder dieser drei Fälle bestehen, wenn F und G durch ihnen ähnliche Mengen F' und G' ersetzt werden; demnach haben wir es auch mit drei sich gegenseitig ausschließenden Beziehungen der Typen α und β zueinander zu tun.

Im ersten Falle ist $\alpha = \beta$; im zweiten sagen wir, daß $\alpha < \beta$, im dritten, daß $\alpha > \beta$.

Wir haben also den Satz:

A. „*Sind α und β zwei beliebige Ordnungszahlen, so ist entweder $\alpha = \beta$, oder $\alpha < \beta$, oder $\alpha > \beta$.*"

Aus der Erklärung des Kleiner- und Größerseins folgt leicht:

B. „*Hat man drei Ordnungszahlen α, β, γ und ist $\alpha < \beta$, $\beta < \gamma$, so ist auch $\alpha < \gamma$.*"

Die Ordnungszahlen bilden also in ihrer *Größenordnung* eine einfach geordnete Menge; später wird sich zeigen, daß es eine *wohlgeordnete* Menge ist.

Die in § 8 definierten Operationen der *Addition* und *Multiplikation* von Ordnungstypen beliebiger einfach geordneter Mengen sind natürlich auch auf die Ordnungszahlen anwendbar.

Ist $\alpha = \overline{F}$, $\beta = \overline{G}$, wo F und G zwei wohlgeordnete Mengen sind, so ist [nach (1) S. 302]

$$\alpha + \beta = \overline{(F, G)}\,. \tag{1}$$

Die Vereinigungsmenge (F, G) ist offenbar auch eine wohlgeordnete Menge; wir haben also den Satz:

C. „*Die Summe zweier Ordnungszahlen ist ebenfalls eine Ordnungszahl.*"

In der Summe $\alpha + \beta$ heißt α der „*Augendus*“, β der „*Addendus*“.

Da F ein *Abschnitt* von (F, G), so hat man stets

$$\alpha < \alpha + \beta . \tag{2}$$

Hingegen ist G nicht ein *Abschnitt*, sondern ein *Rest* von (F, G), kann daher, wie wir in § 13 sahen, der Menge (F, G) ähnlich sein; trifft dies nicht ein, so ist G nach Satz O, § 13 [S. 320] einem Abschnitt von (F, G) ähnlich. Es ist also

$$\beta \leqq \alpha + \beta . \tag{3}$$

Sonach haben wir:

D. „*Die Summe zweier Ordnungszahlen ist stets größer als der Augendus, dagegen größer oder gleich dem Addendus. Hat man $\alpha + \beta = \alpha + \gamma$, so folgt hieraus immer, daß $\beta = \gamma$.*“

Im allgemeinen sind $\alpha + \beta$ und $\beta + \alpha$ nicht gleich. Dagegen hat man, wenn γ eine dritte Ordnungszahl ist,

$$(\alpha + \beta) + \gamma = \alpha + (\beta + \gamma) . \tag{4}$$

Also [vgl. § 8, S. 302]:

E. „*Bei der Addition von Ordnungszahlen ist das assoziative Gesetz gültig.*“

Substituiert man in der Menge G vom Typus β für *jedes* Element g je eine Menge F_g vom Typus α, so erhält man nach Satz E, § 12 eine *wohlgeordnete* Menge H, deren Typus durch die Typen α und β völlig bestimmt ist und das *Produkt* $\alpha \cdot \beta$ genannt wird:

$$\overline{F}_g = \alpha , \tag{5}$$

$$\alpha \cdot \beta = \overline{H} . \tag{6}$$

F. „*Das Produkt zweier Ordnungszahlen ist ebenfalls eine Ordnungszahl.*“

In dem Produkt $\alpha \cdot \beta$ heißt α der „*Multiplikandus*“, β der „*Multiplikator*“.

Im allgemeinen sind $\alpha \cdot \beta$ und $\beta \cdot \alpha$ nicht gleich. Man hat aber (§ 8)

$$(\alpha \cdot \beta) \cdot \gamma = \alpha \cdot (\beta \cdot \gamma) . \tag{7}$$

D. h.

G. „*Bei der Multiplikation von Ordnungszahlen gilt das assoziative Gesetz.*“

Das *distributive* Gesetz hat im allgemeinen (§ 8) nur in folgender Form hier Gültigkeit [vgl. S. 303]:

$$\alpha \cdot (\beta + \gamma) = \alpha \cdot \beta + \alpha \cdot \gamma . \tag{8}$$

In bezug auf die Größe des Produkts gilt, wie man leicht sieht, der Satz:

H. „*Ist der Multiplikator größer als* 1, *so ist das Produkt zweier Ordnungszahlen stets größer als der Multiplikandus, dagegen größer oder gleich dem Multiplikator. Hat man $\alpha\beta = \alpha\gamma$, so folgt hieraus immer, daß $\beta = \gamma$.*“

Andrerseits ist offenbar

$$\alpha \cdot 1 = 1 \cdot \alpha = \alpha . \tag{9}$$

Es kommt hier noch die Operation der *Subtraktion* hinzu. Sind α und β zwei Ordnungszahlen und $\alpha < \beta$, so existiert immer eine bestimmte Ordnungszahl, die wir $\beta - \alpha$ nennen, welche der Gleichung genügt

$$\alpha + (\beta - \alpha) = \beta. \tag{10}$$

Denn ist $\overline{G} = \beta$, so hat G einen Abschnitt B, so daß $\overline{B} = \alpha$; den zugehörigen Rest nennen wir S und haben

$$G = (B, S) \text{ und}$$

$$\beta = \alpha + \overline{S},$$

also

$$\beta - \alpha = \overline{S}. \tag{11}$$

Die Bestimmtheit von $\beta - \alpha$ erhellt daraus, daß der Abschnitt B von G ein völlig bestimmter [Satz F, S. 317], daher auch S eindeutig gegeben ist. Wir heben folgende, aus (4), (8) und (10) fließende Formeln hervor:

$$(\gamma + \beta) - (\gamma + \alpha) = \beta - \alpha, \tag{12}$$

$$\gamma(\beta - \alpha) = \gamma\beta - \gamma\alpha. \text{[18]} \tag{13}$$

Von Bedeutung ist es, daß die Ordnungszahlen stets auch in unendlicher Anzahl sich summieren lassen, so daß ihre Summe eine bestimmte, von der Reihenfolge ihrer Summanden abhängige Ordnungszahl ist.

Ist etwa

$$\beta_1, \beta_2, \ldots \beta_\nu, \ldots$$

eine beliebige einfach unendliche Reihe von Ordnungszahlen und hat man

$$\beta_\nu = \overline{G_\nu}, \tag{14}$$

so ist [Satz E, S. 314] auch

$$G = (G_1, G_2, \ldots G_\nu, \ldots) \tag{15}$$

eine wohlgeordnete Menge, deren Ordnungszahl β die Summe der β_ν darstellt. Wir haben also

$$\beta_1 + \beta_2 + \cdots + \beta_\nu + \cdots = \overline{G} = \beta, \tag{16}$$

und man hat, wie aus der Definition des Produktes leicht hervorgeht, stets

$$\gamma \cdot (\beta_1 + \beta_2 + \cdots + \beta_\nu + \cdots) = \gamma \cdot \beta_1 + \gamma \cdot \beta_2 + \cdots + \gamma \cdot \beta_\nu + \cdots \tag{17}$$

Setzen wir

$$\alpha_\nu = \beta_1 + \beta_2 + \cdots + \beta_\nu, \tag{18}$$

so ist

$$\alpha_\nu = \overline{(G_1, G_2, \ldots G_\nu)}. \tag{19}$$

Es ist

$$\alpha_{\nu+1} > \alpha_\nu, \tag{20}$$

und wir können nach (10) die Zahlen β_ν durch die Zahlen α_ν wie folgt ausdrücken:

$$\beta_1 = \alpha_1; \quad \beta_{\nu+1} = \alpha_{\nu+1} - \alpha_\nu. \tag{21}$$

Die Reihe

$$\alpha_1, \alpha_2, \ldots \alpha_\nu, \ldots$$

stellt daher eine *beliebige* unendliche Reihe von Ordnungszahlen dar, welche *die Bedingung* (20) erfüllen; wir nennen sie eine „*Fundamentalreihe*" von Ordnungzahlen (§ 10); zwischen ihr und β besteht eine Beziehung, die sich folgendermaßen aussprechen läßt:

1) β ist $> \alpha_\nu$ für jedes ν, weil die Menge $(G_1, G_2, \ldots G_\nu)$, deren Ordnungszahl α_ν ist, ein *Abschnitt* der Menge G ist, welche die Ordnungszahl β hat.

2) Ist β' *irgendeine* Ordnungszahl $< \beta$, so ist von einem gewissen ν an stets

$$\alpha_\nu > \beta'.$$

Denn da $\beta' < \beta$, so gibt es einen Abschnitt B' der Menge G vom Typus β'. Das diesen Abschnitt bestimmende Element von G muß einer von den Teilmengen G_ν, wir wollen sie G_{ν_0} nennen, angehören. Dann ist aber B' auch Abschnitt von $(G_1, G_2, \ldots G_{\nu_0})$ und folglich $\beta' < \alpha_{\nu_0}$, daher

$$\alpha_\nu > \beta'$$

für $\nu \geqq \nu_0$.

Somit ist β die auf alle α_ν der Größe nach nächstfolgende Ordnungszahl; wir wollen sie daher die „*Grenze*" der α_ν für wachsende ν nennen und mit $\operatorname{Lim}_\nu \alpha_\nu$ bezeichnen, so daß nach (16) und (21)

$$\operatorname{Lim}_\nu \alpha_\nu = \alpha_1 + (\alpha_2 - \alpha_1) + \cdots + (\alpha_{\nu+1} - \alpha_\nu) + \cdots \tag{22}$$

Wir können das Vorangehende in folgendem Satze aussprechen:

I. „*Zu jeder Fundamentalreihe $\{\alpha_\nu\}$ von Ordnungszahlen gehört eine Ordnungszahl $\operatorname{Lim}_\nu \alpha_\nu$, welche auf alle α_ν der Größe nach zunächst folgt; sie wird dargestellt in der Formel* (22)."

Wird unter γ irgendeine konstante Ordnungszahl verstanden, so beweist man leicht mit Hilfe der Formeln (12), (13), (17) die in folgenden Formeln enthaltenen Sätze:

$$\operatorname{Lim}_\nu (\gamma + \alpha_\nu) = \gamma + \operatorname{Lim}_\nu \alpha_\nu, \tag{23}$$

$$\operatorname{Lim}_\nu \gamma \cdot \alpha_\nu \quad = \gamma \cdot \operatorname{Lim}_\nu \alpha_\nu. \tag{24}$$

Wir haben in § 7 bereits erwähnt, daß alle einfach geordneten Mengen von gegebener *endlicher* Kardinalzahl ν einen und denselben Ordnungstypus haben. Dies läßt sich hier wie folgt beweisen [19]. Jede einfach geordnete

Menge von *endlicher* Kardinalzahl ist eine *wohlgeordnete* Menge; denn sie muß, ebenso wie jede ihrer Teilmengen ein niederstes Element haben, was sie nach Satz B, § 12 als eine wohlgeordnete Menge kennzeichnet.

Die Typen endlicher einfach geordneter Mengen sind daher nichts anderes als *endliche Ordnungszahlen*. Zwei verschiedenen Ordnungszahlen α und β kann aber nicht eine und dieselbe *endliche* Kardinalzahl ν zukommen. Ist nämlich etwa $\alpha < \beta$ und $\overline{G} = \beta$, so existiert, wie wir wissen, ein Abschnitt B von G, so daß $\overline{B} = \alpha$.

Es würde also der Menge G und ihrer Teilmenge B dieselbe endliche Kardinalzahl ν eignen. Dies ist nach Satz C, § 6 unmöglich.

Die *endlichen Ordnungszahlen* stimmen daher in ihren Eigenschaften mit den *endlichen Kardinalzahlen* überein.

Ganz anders verhält es sich mit den *transfiniten Ordnungszahlen*; zu einer und derselben transfiniten Kardinalzahl $\mathfrak{a}$ gibt es eine *unendliche* Anzahl von Ordnungszahlen, die ein einheitliches zusammenhängendes System bilden, welches wir die „Zahlenklasse $Z(\mathfrak{a})$“ nennen. Sie ist ein Teil der *Typenklasse* $[\mathfrak{a}]$ (§ 7).

Den nächsten Gegenstand unserer Betrachtung bildet die Zahlenklasse $Z(\aleph_0)$, welche wir die *zweite Zahlenklasse* nennen wollen.

In diesem Zusammenhange verstehen wir nämlich unter der *ersten Zahlenklasse* die Gesamtheit $\{\nu\}$ aller *endlichen* Ordnungszahlen.

§ 15.

Die Zahlen der zweiten Zahlenklasse $Z(\aleph_0)$.

Die zweite Zahlenklasse $Z(\aleph_0)$ ist die Gesamtheit $\{\alpha\}$ aller Ordnungstypen α wohlgeordneter Mengen von der Kardinalzahl $\aleph_0$ (§ 6).

A. „*Die zweite Zahlenklasse hat eine kleinste Zahl $\omega = \operatorname{Lim}_{\nu} \nu$.*“

Beweis. Unter ω verstehen wir den Typus der wohlgeordneten Menge

$$F_0 = (f_1, f_2, \ldots f_\nu, \ldots), \tag{1}$$

wo ν alle endlichen Ordnungszahlen durchläuft und

$$f_\nu \prec f_{\nu+1}. \tag{2}$$

Es ist also (§ 7)

$$\omega = \overline{F}_0 \tag{3}$$

und (§ 6)

$$\overline{\overline{\omega}} = \aleph_0. \tag{4}$$

ω ist daher eine Zahl der zweiten Zahlenklasse, und zwar die *kleinste*. Denn ist γ irgendeine Ordnungszahl $< \omega$, so muß sie (§ 14) Typus eines *Abschnitts* von F_0 sein. F_0 hat aber nur Abschnitte

$$A = (f_1, f_2, \ldots f_\nu)$$

mit *endlicher* Ordnungszahl ν. Es ist daher $\gamma = \nu$.

Es gibt also keine *transfiniten* Ordnungszahlen, welche kleiner wären als ω, die daher die kleinste von ihnen ist. Nach der in § 14 gegebenen Erklärung von $\operatorname*{Lim}_\nu \alpha_\nu$ ist offenbar $\omega = \operatorname*{Lim}_\nu \nu$.

B. „*Ist* α *irgendeine Zahl der zweiten Zahlenklasse, so folgt auf sie als nächstgrößere Zahl derselben Zahlenklasse die Zahl* $\alpha + 1$."

Beweis. Sei F eine wohlgeordnete Menge vom Typus α und von der Kardinalzahl $\aleph_0$, also

$$\overline{\overline{F}} = \alpha, \tag{5}$$

$$\overline{\alpha} = \aleph_0. \tag{6}$$

Wir haben, wenn unter g ein neu hinzutretendes Element verstanden wird,

$$\alpha + 1 = \overline{\overline{(F, g)}}. \tag{7}$$

Da F ein Abschnitt von (F, g) ist, so haben wir

$$\alpha + 1 > \alpha. \tag{8}$$

Es ist

$$\overline{\alpha + 1} = \overline{\alpha} + 1 = \aleph_0 + 1 = \aleph_0 \quad (\S\ 6).$$

Die Zahl $\alpha + 1$ gehört also zur zweiten Zahlenklasse. Zwischen α und $\alpha + 1$ gibt es aber keine Ordnungszahlen; denn jede Zahl γ, die $< \alpha + 1$, entspricht als Typus einem Abschnitte von (F, g); ein solcher kann nur entweder F oder ein Abschnitt von F sein. γ ist also entweder $=$ oder $< \alpha$.

C. „*Ist* $\alpha_1, \alpha_2, \ldots \alpha_\nu, \ldots$ *irgendeine Fundamentalreihe von Zahlen der ersten oder zweiten Zahlenklasse, so gehört auch die auf sie der Größe nach zunächst folgende Zahl* $\operatorname*{Lim}_\nu \alpha_\nu$ (§ 14) *der zweiten Zahlenklasse an.*"

Beweis. Nach § 14 ergiebt sich aus der Fundamentalreihe $\{\alpha_\nu\}$ die Zahl $\operatorname*{Lim}_\nu \alpha_\nu$, indem man eine andere Reihe $\beta_1, \beta_2, \ldots \beta_\nu, \ldots$ herstellt, so daß

$$\beta_1 = \alpha_1, \ \beta_2 = \alpha_2 - \alpha_1, \ldots \beta_{\nu+1} = \alpha_{\nu+1} - \alpha_\nu, \ldots$$

Sind dann $G_1, G_2, \ldots G_\nu, \ldots$ wohlgeordnete Mengen [ohne gemeinsame Elemente] derart, daß

$$\overline{\overline{G_\nu}} = \beta_\nu,$$

so ist auch

$$G = (G_1, G_2, \ldots G_\nu, \ldots)$$

eine wohlgeordnete Menge und

$$\operatorname*{Lim}_\nu \alpha_\nu = \overline{\overline{G}}.$$

Es handelt sich daher nur um den Nachweis, daß

$$\overline{\overline{G}} = \aleph_0 .$$

Da aber die Zahlen $\beta_1, \beta_2, \ldots \beta_\nu, \ldots$ der ersten oder zweiten Zahlenklasse angehören, so ist

$$\overline{\overline{G}}_\nu \leqq \aleph_0$$

und daher

$$\overline{\overline{G}} \leqq \aleph_0 \cdot \aleph_0 = \aleph_0 .$$

G ist aber jedenfalls eine transfinite Menge, also ist der Fall $\overline{\overline{G}} < \aleph_0$ ausgeschlossen [20].

Zwei *Fundamentalreihen* $\{\alpha_\nu\}$ und $\{\alpha'_\nu\}$ von Zahlen der ersten oder zweiten Zahlenklasse nennen wir (§ 10) [S. 308] „*zusammengehörig*", in Zeichen

$$\{\alpha_\nu\} \parallel \{\alpha'_\nu\}, \tag{9}$$

wenn zu *jedem* ν endliche Zahlen λ_0, μ_0 vorhanden sind, so daß

$$\alpha'_\lambda > \alpha_\nu , \quad \lambda \geqq \lambda_0 , \tag{10}$$

und

$$\alpha_\mu > \alpha'_\nu , \quad \mu \geqq \mu_0 . \tag{11}$$

D. „*Die zu zwei Fundamentalreihen* $\{\alpha_\nu\}$, $\{\alpha'_\nu\}$ *gehörigen Grenzzahlen* $\operatorname{Lim}_\nu \alpha_\nu$ *und* $\operatorname{Lim}_\nu \alpha'_\nu$ *sind dann und nur dann gleich, wenn* $\{\alpha_\nu\} \parallel \{\alpha'_\nu\}$."

Beweis. Der Kürze halber setzen wir $\operatorname{Lim} \alpha_\nu = \beta$, $\operatorname{Lim}_\nu \alpha'_\nu = \gamma$.

Nehmen wir zuerst an, es sei $\{\alpha_\nu\} \parallel \{\alpha'_\nu\}$, so behaupten wir, daß $\beta = \gamma$. Wäre nämlich β nicht gleich γ, so müßte eine von diesen beiden Zahlen die kleinere sein, etwa $\beta < \gamma$. Von einem gewissen ν an wäre $\alpha'_\nu > \beta$ [S. 324], daher auch wegen (11) von einem gewissen μ an $\alpha_\mu > \beta$. Dies ist aber unmöglich, weil $\beta = \operatorname{Lim}_\nu \alpha_\nu$, für alle μ also $\alpha_\mu < \beta$.

Wird umgekehrt vorausgesetzt, daß $\beta = \gamma$, so muß, weil $\alpha_\nu < \gamma$, von einem gewissen λ an $\alpha'_\lambda > \alpha_\nu$, und weil $\alpha'_\nu < \beta$, von einem gewissen μ an $\alpha_\mu > \alpha'_\nu$ sein; d. h. es ist $\{\alpha_\nu\} \parallel \{\alpha'_\nu\}$.

E. „*Ist* α *irgendeine Zahl der zweiten Zahlenklasse,* ν_0 *eine beliebige endliche Ordnungszahl, so ist* $\nu_0 + \alpha = \alpha$ *und daher auch* $\alpha - \nu_0 = \alpha$."

Beweis. Wir überzeugen uns zuerst von der Richtigkeit des Satzes wenn $\alpha = \omega$. Es ist

$$\omega = \overline{(f_1, f_2 \ldots f_\nu, \ldots)} ,$$

$$\nu_0 = \overline{(g_1, g_2, \ldots g_{\nu_0})} ,$$

daher

$$\nu_0 + \omega = \overline{(g_1, g_2, \ldots g_{\nu_0}, f_1, f_2, \ldots f_\nu \ldots)} = \omega .$$

Ist aber $\alpha > \omega$, so haben wir [S. 323]

$$\alpha = \omega + (\alpha - \omega),$$

$$\nu_0 + \alpha = (\nu_0 + \omega) + (\alpha - \omega) = \omega + (\alpha - \omega) = \alpha .$$

F. „*Ist* ν_0 *irgendeine endliche Ordnungszahl, so ist* $\nu_0 \cdot \omega = \omega$."

Beweis. Um eine Menge vom Typus $\nu_0 \cdot \omega$ zu erhalten, hat man für die einzelnen Elemente f_ν der Menge $(f_1, f_2, \ldots f_\nu, \ldots)$ Mengen $(g_{\nu,1}, g_{\nu,2}, \ldots g_{\nu,\nu_0})$ vom Typus ν_0 zu substituieren. Man erhält die Menge

$$(g_{1,1}, g_{1,2}, \ldots g_{1,\nu_0}, g_{2,1}, \ldots g_{2,\nu_0}, \ldots g_{\nu,1}, g_{\nu,2}, \ldots g_{\nu,\nu_0}, \ldots),$$

welche der Menge $\{f_\nu\}$ offenbar ähnlich ist; daher ist

$$\nu_0 \omega = \omega .$$

Kürzer ergibt sich dasselbe wie folgt: nach (24) § 14 ist, da $\omega = \operatorname{Lim}_\nu \nu$,

$$\nu_0 \omega = \operatorname{Lim}_\nu \nu_0 \nu .$$

Andrerseits ist

$$\{\nu_0 \nu\} \,\|\, \{\nu\},$$

mithin

$$\operatorname{Lim}_\nu \nu_0 \nu = \operatorname{Lim}_\nu \nu = \omega ,$$

also

$$\nu_0 \omega = \omega .$$

G. „*Man hat immer*

$$(\alpha + \nu_0)\,\omega = \alpha\omega ,$$

unter α *eine Zahl der zweiten, unter* ν_0 *eine solche der ersten Zahlenklasse verstanden.*"

Beweis. Wir haben

$$\operatorname{Lim}_\nu \nu = \omega .$$

Nach (24) § 14 ist daher

$$(\alpha + \nu_0)\,\omega = \operatorname{Lim}_\nu (\alpha + \nu_0)\nu .$$

Es ist aber

$$\begin{aligned}(\alpha + \nu_0)\,\nu &= \overbrace{(\alpha + \nu_0)}^{1} + \overbrace{(\alpha + \nu_0)}^{2} + \cdots + \overbrace{(\alpha + \nu_0)}^{\nu} \\ &= \alpha + \overbrace{(\nu_0 + \alpha)}^{1} + \overbrace{(\nu_0 + \alpha)}^{2} \cdots \overbrace{(\nu_0 + \alpha)}^{(\nu - 1)} + \nu_0 \\ &= \overbrace{\alpha}^{1} + \overbrace{\alpha}^{2} + \cdots + \overbrace{\alpha}^{\nu} + \nu_0 \\ &= \alpha\nu + \nu_0 .\end{aligned}$$

Man hat nun, wie leicht zu sehen [weil $\alpha(\nu+1) = \alpha\nu + \alpha > \alpha\nu + \nu_0$],

$$\{\alpha\nu + \nu_0\} \,||\, \{\alpha\nu\}$$

und folglich

$$\operatorname{Lim}_{\nu} (\alpha + \nu_0)\nu = \operatorname{Lim}_{\nu} (\alpha\nu + \nu_0) = \operatorname{Lim}_{\nu} \alpha\nu = \alpha\omega\,.$$

H. „*Ist α irgendeine Zahl der zweiten Zahlenklasse, so bildet die Gesamtheit $\{\alpha'\}$ aller Zahlen α' der ersten und zweiten Zahlenklasse, welche kleiner sind als α, in ihrer Größenordnung eine wohlgeordnete Menge vom Typus α.*“

Beweis. Sei F eine wohlgeordnete Menge derart, daß $\overline{F} = \alpha$; f_1 sei das niederste Element von F. Ist α' eine beliebige Ordnungszahl $< \alpha$, so gibt es (§ 14) einen bestimmten Abschnitt A' von F, so daß

$$\overline{A'} = \alpha',$$

und umgekehrt bestimmt jeder Abschnitt A' durch seinen Typus $\overline{A'} = \alpha'$ eine Zahl $\alpha' < \alpha$ der ersten oder zweiten Zahlenklasse; denn, da $\overline{\overline{F}} = \aleph_0$, so kann $\overline{\overline{A'}}$ nur eine endliche Kardinalzahl oder $\aleph_0$ sein.

Der Abschnitt A' wird durch ein Element $f' \succ f_1$ von F bestimmt, und umgekehrt bestimmt jedes Element $f' \succ f_1$ von F einen Abschnitt A' von F. Sind f' und f'' zwei Elemente $\succ f_1$ von F, A' und A'' die durch sie bestimmten Abschnitte von F, α' und α'' deren Ordnungstypen, und ist etwa $f' \prec f''$, so ist (§ 13) $A' < A''$ und daher $\alpha' < \alpha''$.

Setzen wir daher $F = (f_1, F')$, so wird, wenn man dem Element f' von F' das Element α' von $\{\alpha'\}$ zuordnet, eine Abbildung dieser beiden Mengen gewonnen. Es ist somit

$$\overline{\{\alpha'\}} = \overline{F'}.$$

Nun ist aber $\overline{F'} = \alpha - 1$ und (nach Satz E) $\alpha - 1 = \alpha$, daher

$$\overline{\{\alpha'\}} = \alpha\,.$$

Da $\overline{\overline{\alpha}} = \aleph_0$, so ist auch $\overline{\overline{\{\alpha'\}}} = \aleph_0$; es gilt daher:

J. „*Die Menge $\{\alpha'\}$ aller Zahlen α' der ersten und zweiten Zahlenklasse, welche kleiner sind als eine Zahl α der zweiten Zahlenklasse, hat die Kardinalzahl $\aleph_0$.*“

K. „*Jede Zahl α der zweiten Zahlenklasse ist entweder derart, daß sie aus einer nächst kleineren $\underline{\alpha}_1$ durch Hinzufügung der* 1 *hervorgeht:*

$$\alpha = \underline{\alpha}_1 + 1\,,$$

oder es läßt sich eine Fundamentalreihe $\{\alpha_\nu\}$ von Zahlen der ersten oder zweiten Zahlenklasse angeben, so daß

$$\alpha = \operatorname{Lim}_{\nu} \alpha_\nu\,.\text{“}$$

Beweis. Sei $\alpha = \overline{F}$. Hat F ein dem Range nach höchstes Element g, so ist $F = (A, g)$, wo A der durch g bestimmte Abschnitt von F ist. Wir haben dann den ersten Fall, nämlich

$$\alpha = \overline{A} + 1 = \underline{\alpha}_1 + 1 .$$

Es existiert also eine *nächst kleinere* Zahl, die eben $\underline{\alpha}_1$ genannt wird.

Besitzt aber F kein höchstes Element, so fassen wir den Inbegriff $\{\alpha'\}$ aller Zahlen der ersten und zweiten Zahlenklasse ins Auge, welche kleiner als α sind. Nach Satz H ist die Menge $\{\alpha'\}$ in ihrer Größenordnung ähnlich der Menge F; unter den *Zahlen* α' ist daher keine die größte. Nach Satz J läßt sich die Menge $\{\alpha'\}$ in die Form $\{\alpha'_\nu\}$ einer einfach unendlichen Reihe bringen. Gehen wir von α'_1 aus, so werden im allgemeinen in dieser von der Größenordnung abweichenden Rangordnung die nächstfolgenden $\alpha'_2, \alpha'_3 \ldots$ kleiner sein als α'_1; jedenfalls aber kommen im weiteren Verlaufe Glieder vor, die $> \alpha'_1$; denn α'_1 kann nicht größer sein als alle anderen Glieder, weil unter den Zahlen $\{\alpha'_\nu\}$ keine größte vorhanden ist. Die mit dem kleinsten Index versehene Zahl α'_ν, welche größer ist als α'_1, sei α'_{ϱ_2}. Ebenso sei α'_{ϱ_3} die mit dem kleinsten Index versehene Zahl der Reihe $\{\alpha'_\nu\}$, welche größer ist als α'_{ϱ_2}. Indem wir so fortfahren, erhalten wir eine unendliche Reihe wachsender Zahlen, eine Fundamentalreihe

$$\alpha'_1, \ \alpha'_{\varrho_2}, \ \alpha'_{\varrho_3}, \ldots \alpha'_{\varrho_\nu}, \ldots .$$

Es ist

$$1 < \varrho_2 < \varrho_3 < \cdots < \varrho_\nu < \varrho_{\nu+1}, \ \ldots,$$

$$\alpha'_1 < \alpha'_{\varrho_2} < \alpha'_{\varrho_3} < \cdots < \alpha'_{\varrho_\nu} < \alpha'_{\varrho_{\nu+1}} \ \ldots,$$

$$\alpha'_\mu < \alpha'_{\varrho_\nu} \quad \text{stets, wenn} \quad \mu < \varrho_\nu ,$$

und da offenbar $\nu \lesseqqgtr \varrho_\nu$, so haben wir immer

$$\alpha'_\nu \leqq \alpha'_{\varrho_\nu} .$$

Man sieht hieraus, daß jede Zahl α'_ν, daher auch jede Zahl $\alpha' < \alpha$ von Zahlen α'_{ϱ_ν} für hinreichend große Werte von ν übertroffen wird.

α ist aber die auf alle Zahlen α' der Größe nach zunächst folgende Zahl, mithin auch die nächstgrößere Zahl in bezug auf alle α'_{ϱ_ν}. Setzen wir daher $\alpha'_1 = \alpha_1$, $\alpha_{\varrho_{\nu+1}} = \alpha_{\nu+1}$, so ist

$$\alpha = \operatorname*{Lim}_\nu \alpha_\nu .$$

Aus den Sätzen B, C, ... K erhellt, daß die Zahlen der zweiten Zahlenklasse sich auf zwei Weisen aus kleineren Zahlen ergeben. Die einen, wir nennen sie *Zahlen erster Art*, erhält man aus einer nächstkleineren $\underline{\alpha}_1$ durch Hinzufügung der 1, nach der Formel

$$\alpha = \underline{\alpha}_1 + 1;$$

die anderen, wir nennen sie *Zahlen zweiter Art*, sind so beschaffen, daß es für sie *eine nächstkleinere* $\underline{\alpha}_1$ *gar nicht gibt*; diese gehen aber aus *Fundamentalreihen* $\{\alpha_\nu\}$ als deren *Grenzzahlen* hervor nach der Formel

$$\alpha = \operatorname{Lim}_\nu \alpha_\nu .$$

α ist hier die auf sämtliche Zahlen α_ν der Größe nach *nächstfolgende* Zahl.

Diese beiden Weisen des Hervorgehens größerer Zahlen aus kleineren nennen wir das *erste und das zweite Erzeugungsprinzip* der Zahlen der zweiten Zahlenklasse.

§ 16.

Die Mächtigkeit der zweiten Zahlenklasse ist gleich der zweitkleinsten transfiniten Kardinalzahl Alef-eins.

Bevor wir uns in den folgenden Paragraphen einer eingehenderen Betrachtung der Zahlen der zweiten Zahlenklasse und der sie beherrschenden Gesetzmäßigkeit zuwenden, wollen wir die Frage nach der Kardinalzahl beantworten, welche der Menge $Z(\aleph_0) = \{\alpha\}$ aller dieser Zahlen zukommt.

A. „*Die Gesamtheit* $\{\alpha\}$ *aller Zahlen* α *der zweiten Zahlenklasse bildet in ihrer Größenordnung eine wohlgeordnete Menge.*“

Beweis [21]. Verstehen wir unter A_α die Gesamtheit aller Zahlen der *zweiten* Zahlenklasse, die kleiner sind als eine gegebene Zahl α, in ihrer Größenordnung, so ist A_α eine wohlgeordnete Menge vom Typus $\alpha - \omega$. Dies geht aus Satz H, § 15 hervor. Die dort mit $\{\alpha'\}$ bezeichnete Menge aller Zahlen α' der *ersten* und *zweiten* Zahlenklasse ist aus $\{\nu\}$ und A_α zusammengesetzt, so daß

$$\{\alpha'\} = (\{\nu\}, A_\alpha).$$

Daher ist

$$\overline{\{\alpha'\}} = \overline{\{\nu\}} + \overline{A_\alpha}$$

und da

$$\overline{\{\alpha'\}} = \alpha, \quad \overline{\{\nu\}} = \omega,$$

so ist

$$\overline{A_\alpha} = \alpha - \omega .$$

Sei J irgendeine Teilmenge von $\{\alpha\}$ derart, daß es Zahlen in $\{\alpha\}$ gibt, die größer sind als alle Zahlen von J. Sei etwa α_0 eine dieser Zahlen. Dann ist auch J eine Teilmenge von A_{α_0+1}, und zwar eine solche, daß mindestens die Zahl α_0 von A_{α_0+1} größer ist als alle Zahlen von J. Da A_{α_0+1} eine wohlgeordnete Menge ist, so muß (§ 12) eine Zahl α' von A_{α_0+1}, die daher auch eine Zahl von $\{\alpha\}$ ist, auf alle Zahlen von J zunächst folgen. Es ist somit die Bedingung II, § 12 an $\{\alpha\}$ erfüllt; die Bedingung I, § 12 ist auch erfüllt, weil $\{\alpha\}$ die kleinste Zahl ω hat.

Wendet man nun auf die wohlgeordnete Menge $\{\alpha\}$ die Sätze A und C, § 12 an, so erhält man die folgenden Sätze:

B. „*Jeder Inbegriff von verschiedenen Zahlen der ersten und zweiten Zahlenklasse hat eine kleinste Zahl, ein Minimum.*"

C. „*Jeder Inbegriff von verschiedenen, in ihrer Größenordnung aufgefaßten Zahlen der ersten und zweiten Zahlenklasse bildet eine wohlgeordnete Menge.*"

Es soll nun zunächst gezeigt werden, daß die Mächtigkeit der zweiten Zahlenklasse von derjenigen der ersten, welche $\aleph_0$ ist, verschieden ist.

D. „*Die Mächtigkeit der Gesamtheit* $\{\alpha\}$ *aller Zahlen* α *der zweiten Zahlenklasse ist nicht gleich* $\aleph_0$."

Beweis [22]. Wäre $\overline{\overline{\{\alpha\}}} = \aleph_0$, so könnte man die Gesamtheit $\{\alpha\}$ in die Form einer einfach unendlichen Reihe

$$\gamma_1, \gamma_2, \ldots, \gamma_\nu, \ldots$$

bringen, so daß $\{\gamma_\nu\}$ die Gesamtheit *aller* Zahlen der zweiten Zahlenklasse in einer von der Größenordnung abweichenden Rangordnung darstellen würde, und es enthielte $\{\gamma_\nu\}$ ebensowenig wie $\{\alpha\}$ eine größte Zahl.

Von γ_1 ausgehend sei γ_{ϱ_2} das mit dem kleinsten Index versehene Glied jener Reihe $> \gamma_1$, γ_{ϱ_3} das mit dem kleinsten Index versehene Glied $> \gamma_{\varrho_2}$ u. s. w. Wir erhalten eine unendliche Reihe wachsender Zahlen

$$\gamma_1, \gamma_{\varrho_2}, \ldots \gamma_{\varrho_\nu}, \ldots,$$

so daß

$$1 < \varrho_2 < \varrho_3 \cdots \varrho_\nu < \varrho_{\nu+1}, \ldots,$$

$$\gamma_1 < \gamma_{\varrho_2} < \gamma_{\varrho_3} \cdots \gamma_{\varrho_\nu} < \gamma_{\varrho_{\nu+1}},$$

$$\gamma_\nu \leqq \gamma_{\varrho_\nu}.$$

Nach Satz C, § 15 [S. 326] würde es eine bestimmte Zahl δ der zweiten Zahlenklasse geben, nämlich

$$\delta = \operatorname*{Lim}_\nu \gamma_{\varrho_\nu},$$

welche größer wäre als alle γ_{ϱ_ν}; folglich wäre auch

$$\delta > \gamma_\nu$$

für jedes ν.

Nun enthält aber $\{\gamma_\nu\}$ *alle* Zahlen der zweiten Zahlenklasse, folglich auch die Zahl δ; es wäre also für ein bestimmtes ν_0

$$\delta = \gamma_{\nu_0},$$

welche Gleichung mit der Relation $\delta > \gamma_{\nu_0}$ unverträglich ist. Die Annahme $\overline{\overline{\{\alpha\}}} = \aleph_0$ führt also zu einem Widerspruch.

E. „*Ein beliebiger Inbegriff* $\{\beta\}$ *von verschiedenen Zahlen* β *der zweiten Zahlenklasse hat, wenn er unendlich ist, entweder die Kardinalzahl* $\aleph_0$ *oder die Kardinalzahl* $\overline{\overline{\{\alpha\}}}$ *der zweiten Zahlenklasse.*

Beweis. Die Menge $\{\beta\}$ in ihrer Größenordnung ist als Teilmenge der wohlgeordneten Menge $\{\alpha\}$ nach Satz O, § 13 entweder einem Abschnitte A_{α_0} der letzteren (d. h. dem Inbegriffe aller Zahlen der zweiten Zahlenklasse, welche $< \alpha_0$, in ihrer Größenordnung) oder der Gesamtheit $\{\alpha\}$ selbst ähnlich. Wie im Beweise von Satz A gezeigt wurde, ist $\overline{A_{\alpha_0}} = \alpha_0 - \omega$.

Wir haben also entweder $\overline{\{\beta\}} = \alpha_0 - \omega$ oder $\overline{\{\beta\}} = \overline{\{\alpha\}}$, daher auch $\overline{\overline{\{\beta\}}}$ entweder $= \overline{\overline{\alpha_0 - \omega}}$ oder $= \overline{\overline{\{\alpha\}}}$. Es ist aber $\overline{\overline{\alpha_0 - \omega}}$ entweder eine endliche Kardinalzahl oder $= \aleph_0$ (Satz I, § 15). Der erste Fall ist hier ausgeschlossen, weil $\{\beta\}$ als unendliche Menge vorausgesetzt ist. Somit ist die Kardinalzahl $\overline{\overline{\{\beta\}}}$ entweder $= \aleph_0$ oder $= \overline{\overline{\{\alpha\}}}$.

F. „*Die Mächtigkeit der zweiten Zahlenklasse* $\{\alpha\}$ *ist die zweitkleinste transfinite Kardinalzahl Alef-eins.*"

Beweis. Es gibt keine Kardinalzahl $\mathfrak{a}$, welche $> \aleph_0$ und $< \overline{\overline{\{\alpha\}}}$ wäre. Denn sonst müßte nach § 2 eine unendliche Teilmenge $\{\beta\}$ von $\{\alpha\}$ existieren, so daß $\overline{\overline{\{\beta\}}} = \mathfrak{a}$.

Dem soeben bewiesenen Satze E zufolge hat aber die Teilmenge $\{\beta\}$ entweder die Kardinalzahl $\aleph_0$ oder die Kardinalzahl $\overline{\overline{\{\alpha\}}}$. Es ist daher die Kardinalzahl $\overline{\overline{\{\alpha\}}}$ notwendig die auf $\aleph_0$ der Größe nach nächstfolgende Kardinalzahl, welche wir $\aleph_1$ nennen.

In der zweiten Zahlenklasse $Z(\aleph_0)$ besitzen wir daher den natürlichen *Repräsentanten* für die zweitkleinste transfinite Kardinalzahl *Alef-eins.*

§ 17.

Die Zahlen von der Form $\omega^\mu \nu_0 + \omega^{\mu-1} \nu_1 + \cdots + \nu_\mu$. [23]

Es ist zweckmäßig, sich zunächst mit denjenigen Zahlen von $Z(\aleph_0)$ vertraut zu machen, welche ganze (rationale) Funktionen endlichen Grades von ω sind. Jede derartige Zahl läßt sich, und dies nur auf eine Weise, in die Form bringen

$$\varphi = \omega^\mu \nu_0 + \omega^{\mu-1} \nu_1 + \cdots + \nu_\mu, \tag{1}$$

wo μ, ν_0 endlich und von Null verschieden sind, $\nu_1, \nu_2, \ldots \nu_\mu$ aber auch Null sein können. Dies beruht darauf, daß

$$\omega^{\mu'} \nu' + \omega^\mu \nu = \omega^\mu \nu, \tag{2}$$

falls $\mu' < \mu$ und $\nu > 0$.

Denn nach (8), § 14 [S. 322] ist

$$\omega^{\mu'}\nu' + \omega^{\mu}\nu = \omega^{\mu'}(\nu' + \omega^{\mu-\mu'}\nu),$$

und nach Satz E, § 15 [S. 327]

$$\nu' + \omega^{\mu-\mu'}\nu = \omega^{\mu-\mu'}\nu.$$

Es können daher in einem Aggregate von der Form

$$\cdots + \omega^{\mu'}\nu' + \omega^{\mu}\nu + \cdots$$

alle Glieder fortgelassen werden, denen nach rechts hin Glieder höheren Grades in ω folgen. Dies Verfahren kann so lange fortgesetzt werden, bis die in (1) gegebene Form erreicht ist. Wir heben noch hervor, daß

$$\omega^{\mu}\nu + \omega^{\mu}\nu' = \omega^{\mu}(\nu + \nu'). \tag{3}$$

Vergleichen wir nun die Zahl φ mit einer Zahl ψ derselben Art

$$\psi = \omega^{\lambda}\varrho_0 + \omega^{\lambda-1}\varrho_1 + \cdots + \varrho_{\lambda}. \tag{4}$$

Sind μ und λ verschieden und etwa $\mu < \lambda$, so haben wir nach (2)

$$\varphi + \psi = \psi,$$

daher

$$\varphi < \psi.$$

Sind $\mu = \lambda$, ν_0 und ϱ_0 verschieden, und etwa $\nu_0 < \varrho_0$, so ist nach (2)

$$\varphi + \left(\omega^{\lambda}(\varrho_0 - \nu_0) + \omega^{\lambda-1}\varrho_1 + \cdots + \varrho_{\mu}\right) = \psi,$$

daher auch

$$\varphi < \psi.$$

Ist endlich

$$\mu = \lambda, \quad \nu_0 = \varrho_0, \quad \nu_1 = \varrho_1, \ldots \nu_{\sigma-1} = \varrho_{\sigma-1}, \quad \sigma \gtreqless \mu,$$

dagegen ν_σ von ϱ_σ verschieden und etwa $\nu_\sigma < \varrho_\sigma$, so ist nach (2)

$$\varphi + \left(\omega^{\lambda-\sigma}(\varrho_\sigma - \nu_\sigma) + \omega^{\lambda-\sigma-1}\varrho_{\sigma+1} + \cdots + \varrho_{\mu}\right) = \psi,$$

daher wieder

$$\varphi < \psi.$$

Wir sehen also, daß nur bei völliger Identität der Ausdrücke φ und ψ die durch sie dargestellten Zahlen gleich sein können.

Die *Addition* von φ und ψ führt zu folgendem Resultat:

1) ist $\mu < \lambda$, so ist, wie schon oben bemerkt wurde,

$$\varphi + \psi = \psi.$$

2) Ist $\mu = \lambda$, so hat man

$$\varphi + \psi = \omega^{\lambda}(\nu_0 + \varrho_0) + \omega^{\lambda-1}\varrho_1 + \cdots + \varrho_{\lambda}.$$

3) Ist $\mu > \lambda$, so hat man

$$\varphi + \psi = \omega^{\mu}\nu_0 + \omega^{\mu-1}\nu_1 + \cdots + \omega^{\lambda+1}\nu_{\mu-\lambda-1} + \omega^{\lambda}(\nu_{\mu-\lambda} + \varrho_0) + \omega^{\lambda-1}\varrho_1 + \cdots + \varrho_\lambda .$$

Um die Multiplikation von φ und ψ auszuführen, bemerken wir, daß, wenn ϱ eine endliche von Null verschiedene Zahl ist, die Formel besteht

$$\varphi\varrho = \omega^{\mu}\nu_0\varrho + \omega^{\mu-1}\nu_1 + \cdots + \nu_\mu . \tag{5}$$

Sie ergibt sich leicht durch Ausführung der aus ϱ Gliedern bestehenden Summe $\varphi + \varphi + \cdots + \varphi$.

Durch wiederholte Anwendung des Satzes G, § 15 erhält man ferner, unter Berücksichtigung von F, § 15

$$\varphi\omega = \omega^{\mu+1}, \tag{6}$$

daher auch

$$\varphi\omega^{\lambda} = \omega^{\mu+\lambda}. \tag{7}$$

Nach dem distributiven Gesetze [(8), S. 322] ist

$$\varphi\psi = \varphi\omega^{\lambda}\varrho_0 + \varphi\omega^{\lambda-1}\varrho_1 + \cdots + \varphi\omega\varrho_{\lambda-1} + \varphi\varrho_\lambda .$$

Die Formeln (4), (5) und (7) liefern daher folgendes Resultat:

1) Ist $\varrho_\lambda = 0$, so hat man

$$\varphi\psi = \omega^{\mu+\lambda}\varrho_0 + \omega^{\mu+\lambda-1}\varrho_1 + \cdots + \omega^{\mu+1}\varrho_{\lambda-1} = \omega^{\mu}\psi .$$

2) Ist ϱ_λ nicht $= 0$, so ist

$$\varphi\psi = \omega^{\mu+\lambda}\varrho_0 + \omega^{\mu+\lambda-1}\varrho_1 + \cdots + \omega^{\mu+1}\varrho_{\lambda-1} + \omega^{\mu}\nu_0\varrho_\lambda + \omega^{\mu-1}\nu_1 + \cdots + \nu_\mu .$$

Zu einer bemerkenswerten Zerlegung der Zahlen φ kommen wir auf folgende Weise: Es sei

$$\varphi = \omega^{\mu}\varkappa_0 + \omega^{\mu_1}\varkappa_1 + \cdots + \omega^{\mu_\tau}\varkappa_\tau , \tag{8}$$

wo

$$\mu > \mu_1 > \mu_2 > \cdots > \mu_\tau \geqq 0$$

und $\varkappa_0, \varkappa_1, \ldots \varkappa_\tau$ von Null verschiedene endliche Zahlen sind. Wir haben dann

$$\varphi = (\omega^{\mu_1}\varkappa_1 + \omega^{\mu_2}\varkappa_2 + \cdots + \omega^{\mu_\tau}\varkappa_\tau)(\omega^{\mu-\mu_1}\varkappa_0 + 1).$$

Durch wiederholte Anwendung dieser Formel erhalten wir

$$\varphi = \omega^{\mu_\tau}\varkappa_\tau(\omega^{\mu_{\tau-1}-\mu_\tau}\varkappa_{\tau-1} + 1)(\omega^{\mu_{\tau-2}-\mu_{\tau-1}}\varkappa_{\tau-2} + 1)\ldots(\omega^{\mu-\mu_1}\varkappa_0 + 1).$$

Nun ist aber [nach (5)]

$$\omega^{\lambda}\varkappa + 1 = (\omega^{\lambda} + 1)\varkappa ,$$

falls $\varkappa$ eine von Null verschiedene endliche Zahl ist, daher

$$\varphi = \omega^{\mu_\tau}\varkappa_\tau(\omega^{\mu_{\tau-1}-\mu_\tau}+1)\varkappa_{\tau-1}(\omega^{\mu_{\tau-2}-\mu_{\tau-1}}+1)\varkappa_{\tau-2}\cdots \\ \cdots(\omega^{\mu-\mu_1}+1)\varkappa_0. \tag{9}$$

Die hier vorkommenden Faktoren $\omega^\lambda + 1$ sind sämtlich *unzerlegbar*, und es läßt sich eine Zahl φ in dieser Produktform nur *auf eine einzige Weise* darstellen. Ist $\mu_\tau = 0$, so ist φ von der *ersten* Art, in allen anderen Fällen von der *zweiten* Art.

Die scheinbare Abweichung der Formeln dieses Paragraphen von denjenigen, welche bereits in (III 4, Nr. 5, § 14, S. 203ff.) gegeben wurden, hängt nur mit der veränderten Schreibweise des Produktes zweier Zahlen zusammen, da wir nun den Multiplikandus links, den Multiplikator rechts setzen, damals jedoch die entgegengesetzte Regel befolgten.

§ 18.

Die Potenz γ^α im Gebiete der zweiten Zahlenklasse. [24]

Es sei ξ eine *Veränderliche*, deren Gebiet aus den Zahlen der ersten und zweiten Zahlenklasse mit Einschluß der 0 besteht. γ und δ seien zwei demselben Gebiete angehörige *Konstanten*, und zwar

$$\delta > 0, \quad \gamma > 1.$$

Wir können dann folgenden Satz begründen:

A. „*Es gibt eine einzige, völlig bestimmte eindeutige Funktion $f(\xi)$ der Veränderlichen ξ, welche folgende Bedingungen erfüllt:*

1) $f(0) = \delta$.

2) *Sind ξ' und ξ'' zwei beliebige Werte von ξ, und ist*

$$\xi' < \xi'',$$

so ist

$$f(\xi') < f(\xi'').$$

3) *Für jeden Wert von ξ ist*

$$f(\xi+1) = f(\xi)\gamma.$$

4) *Ist $\{\xi_\nu\}$ eine beliebige Fundamentalreihe, so ist auch $\{f(\xi_\nu)\}$ eine solche, und hat man*

$$\xi = \operatorname*{Lim}_\nu \xi_\nu,$$

so ist

$$f(\xi) = \operatorname*{Lim}_\nu f(\xi_\nu).\text{“}$$

Beweis. Nach 1) und 3) haben wir

$$f(1) = \delta\gamma, \quad f(2) = \delta\gamma\gamma, \quad f(3) = \delta\gamma\gamma\gamma, \ldots$$

und man hat wegen $\delta > 0$, $\gamma > 1$

$$f(1) < f(2) < f(3) < \cdots < f(\nu) < f(\nu + 1), \ldots.$$

Somit ist die Funktion $f(\xi)$ für das Gebiet $\xi < \omega$ völlig bestimmt.

Nehmen wir nun an, es stehe der Satz fest für alle Werte von ξ, die $< \alpha$ sind, wo α irgendeine Zahl der zweiten Zahlenklasse ist, so ist er auch gültig für $\xi \leqq \alpha$. Denn ist α von der *ersten* Art, so folgt aus 3)

$$f(\alpha) = f(\underline{\alpha}_1)\gamma > f(\underline{\alpha}_1);$$

es sind also auch die Bedingungen 2), 3), 4) für $\xi \leqq \alpha$ erfüllt. Ist aber α von der *zweiten* Art und $\{\alpha_\nu\}$ eine Fundamentalreihe derart, daß $\operatorname{Lim}_\nu \alpha_\nu = \alpha$, so folgt aus 2), daß auch $\{f(\alpha_\nu)\}$ eine Fundamentalreihe ist, und aus 4), daß $f(\alpha) = \operatorname{Lim}_\nu f(\alpha_\nu)$. Nimmt man eine andere Fundamentalreihe $\{\alpha'_\nu\}$ derart, daß $\operatorname{Lim}_\nu \alpha'_\nu = \alpha$, so sind wegen 2) die beiden Fundamentalreihen $\{f(\alpha_\nu)\}$ und $\{f(\alpha'_\nu)\}$ *zusammengehörig* [S. 327]; also ist $f(\alpha) = \operatorname{Lim}_\nu f(\alpha'_\nu)$. Der Wert $f(\alpha)$ ist also auch in diesem Falle *eindeutig* bestimmt.

Ist α' irgendeine Zahl $< \alpha$, so überzeugt man sich leicht, daß $f(\alpha') < f(\alpha)$. Es sind also die Bedingungen 2), 3), 4) auch für $\xi \lesseqgtr \alpha$ erfüllt. Daraus folgt die Gültigkeit des Satzes *für alle Werte* von ξ.

Denn gäbe es Ausnahmewerte von ξ, für welche er nicht bestände, so müßte nach Satz B, § 16 einer derselben, wir nennen ihn α, der *kleinste* sein. Es wäre dann der Satz gültig für $\xi < \alpha$, nicht aber für $\xi \leqq \alpha$, was mit dem soeben Bewiesenen in Widerspruch stehen würde.

Es gibt daher für das ganze Gebiet von ξ *eine* und nur eine Funktion $f(\xi)$, welche die Bedingungen 1) bis 4) erfüllt.

Legt man der Konstanten δ den Wert 1 bei, und wird alsdann die Funktion $f(\xi)$ mit

$$\gamma^\xi$$

bezeichnet, so können wir folgenden Satz formulieren:

B. „*Ist γ eine beliebige der ersten oder zweiten Zahlenklasse angehörige Konstante* > 1, *so gibt es eine ganz bestimmte Funktion γ^ξ von ξ, so daß*

1) $\gamma^0 = 1$.

2) *Wenn $\xi' < \xi''$, so ist $\gamma^{\xi'} < \gamma^{\xi''}$.*

3) *Für jeden Wert von ξ ist $\gamma^{\xi+1} = \gamma^\xi \gamma$.*

4) *Ist $\{\xi_\nu\}$ eine Fundamentalreihe, so ist auch $\{\gamma^{\xi_\nu}\}$ eine solche, und man hat, falls $\xi = \operatorname{Lim}_\nu \xi_\nu$, auch*

$$\gamma^\xi = \operatorname{Lim}_\nu \gamma^{\xi_\nu}.\text{“}$$

Wir können aber auch den Satz aussprechen:

C. „*Ist* $f(\xi)$ *die in Satz* A *charakterisierte Funktion von* ξ, *so ist*

$$f(\xi) = \delta\gamma^{\xi}.\text{“}$$

Beweis. Im Hinblick auf (24), § 14 überzeugt man sich leicht, daß die Funktion $\delta\gamma^{\xi}$ nicht nur den Bedingungen 1), 2), 3) des Satzes A, sondern auch der Bedingung 4) desselben genügt. Wegen der Einzigkeit der Funktion $f(\xi)$ muß sie daher mit $\delta\gamma^{\xi}$ identisch sein.

D. „*Sind* α *und* β *zwei beliebige Zahlen der ersten oder zweiten Zahlenklasse mit Einschluß der* 0, *so ist*

$$\gamma^{\alpha+\beta} = \gamma^{\alpha}\gamma^{\beta}.\text{“}$$

Beweis. Wir betrachten die Funktion $\varphi(\xi) = \gamma^{\alpha+\xi}$.

Im Hinblick darauf, daß nach Formel (23), § 14

$$\operatorname*{Lim}_{\nu}(\alpha + \xi_{\nu}) = \alpha + \operatorname*{Lim}_{\nu} \xi_{\nu},$$

erkennen wir, daß $\varphi(\xi)$ folgende vier Bedingungen erfüllt:

1) $\varphi(0) = \gamma^{\alpha}$.

2) Wenn $\xi' < \xi''$, so ist $\varphi(\xi') < \varphi(\xi'')$.

3) Für jeden Wert von ξ ist $\varphi(\xi + 1) = \varphi(\xi)\gamma$.

4) Ist $\{\xi_{\nu}\}$ eine Fundamentalreihe derart, daß $\operatorname*{Lim}_{\nu} \xi_{\nu} = \xi$, so ist

$$\varphi(\xi) = \operatorname*{Lim}_{\nu} \varphi(\xi_{\nu}).$$

Nach Satz C ist daher, $\delta = \gamma^{\alpha}$ gesetzt,

$$\varphi(\xi) = \gamma^{\alpha}\gamma^{\xi}.$$

Setzen wir hierin $\xi = \beta$, so folgt

$$\gamma^{\alpha+\beta} = \gamma^{\alpha}\gamma^{\beta}.$$

E. „*Sind* α *und* β *zwei beliebige Zahlen der ersten oder zweiten Zahlenklasse mit Einschluß der* 0, *so ist*

$$\gamma^{\alpha\beta} = (\gamma^{\alpha})^{\beta}.\text{“}$$

Beweis. Betrachten wir die Funktion $\psi(\xi) = \gamma^{\alpha\xi}$ und bemerken, daß nach (24), § 14 stets $\operatorname*{Lim}_{\nu} \alpha\xi_{\nu} = \alpha \operatorname*{Lim}_{\nu} \xi_{\nu}$, so können wir auf Grund des Satzes D folgendes behaupten:

1) $\psi(0) = 1$.

2) Wenn $\xi' < \xi''$, so ist $\psi(\xi') < \psi(\xi'')$.

3) Für jeden Wert von ξ ist $\psi(\xi + 1) = \psi(\xi)\gamma^{\alpha}$.

4) Ist $\{\xi_{\nu}\}$ eine Fundamentalreihe, so ist auch $\{\psi(\xi_{\nu})\}$ eine solche und man hat, falls $\xi = \operatorname*{Lim}_{\nu} \xi_{\nu}$, auch $\psi(\xi) = \operatorname*{Lim}_{\nu} \psi(\xi_{\nu})$.

Man hat daher nach Satz C, wenn darin $\delta = 1$ und γ^{α} für γ gesetzt wird,

$$\psi(\xi) = (\gamma^{\alpha})^{\xi}.$$

Über die *Größe* von γ^ξ im Vergleich mit ξ läßt sich der folgende Satz aussprechen:

F. *„Ist $\gamma > 1$, so hat man für jeden Wert von ξ*

$$\gamma^\xi \geqq \xi\,.\text{“}$$

Beweis. In den Fällen $\xi = 0$ und $\xi = 1$ leuchtet der Satz unmittelbar ein. Wir zeigen nun, daß, wenn er für alle Werte von ξ gilt, die kleiner sind als eine gegebene Zahl $\alpha > 1$, er auch für $\xi = \alpha$ richtig ist.

Ist α von der *ersten* Art, so ist vorausgesetztermaßen

$$\underline{\alpha}_1 \leqq \gamma^{\underline{\alpha}_1},$$

daher auch

$$\underline{\alpha}_1 \gamma \leqq \gamma^{\underline{\alpha}_1} \gamma = \gamma^\alpha,$$

mithin

$$\gamma^\alpha \geqq \underline{\alpha}_1 + \underline{\alpha}_1(\gamma - 1) = \underline{\alpha}_1 \gamma\,.$$

Da sowohl $\underline{\alpha}_1$ wie $\gamma - 1$ mindestens $= 1$ sind und $\underline{\alpha}_1 + 1 = \alpha$ ist, so folgt

$$\gamma^\alpha \geqq \alpha\,.$$

Ist dagegen α von der *zweiten* Art und zwar

$$\alpha = \operatorname*{Lim}_\nu \alpha_\nu\,,$$

so ist, wegen $\alpha_\nu < \alpha$, der Voraussetzung gemäß

$$\alpha_\nu \leqq \gamma^{\alpha_\nu},$$

daher auch

$$\operatorname*{Lim}_\nu \alpha_\nu \leqq \operatorname*{Lim}_\nu \gamma^{\alpha_\nu},$$

d. h.

$$\alpha \leqq \gamma^\alpha.$$

Würde es nun Werte von ξ geben, für welche

$$\xi > \gamma^\xi,$$

so müßte unter ihnen nach Satz B, § 16 einer der *kleinste* sein; wird dieser mit α bezeichnet, so hätte man für $\xi < \alpha$

$$\xi \leqq \gamma^\xi,$$

dagegen

$$\alpha > \gamma^\alpha,$$

was dem vorhin Bewiesenen widerspricht. Somit haben wir für alle Werte von ξ

$$\gamma^\xi \geqq \xi\,.$$

§ 19.

Die Normalform der Zahlen der zweiten Zahlenklasse.

Es sei α irgendeine Zahl der zweiten Zahlenklasse. Die Potenz ω^ξ wird für hinreichend große Werte von ξ größer als α. Dies ist nach Satz F, § 18 stets der Fall für $\xi > \alpha$, im allgemeinen wird es aber auch schon für kleinere Werte von ξ eintreten.

Nach Satz B, § 16 muß unter den Werten von ξ, für welche

$$\omega^\xi > \alpha \text{ ist,}$$

einer *der kleinste* sein; wir nennen ihn β und überzeugen uns leicht, daß er *nicht* eine Zahl der *zweiten* Art sein kann. Wäre nämlich

$$\beta = \operatorname*{Lim}_\nu \beta_\nu,$$

so hätte man, da $\beta_\nu < \beta$,

$$\omega^{\beta_\nu} \leqq \alpha,$$

daher auch

$$\operatorname*{Lim}_\nu \omega^{\beta_\nu} \leqq \alpha.$$

Es wäre also

$$\omega^\beta \leqq \alpha,$$

während doch

$$\omega^\beta > \alpha$$

sein sollte.

Also ist β von der *ersten* Art. Wir bezeichnen β_{-1} mit α_0, so daß $\beta = \alpha_0 + 1$, und können daher behaupten, *daß es eine völlig bestimmte Zahl α_0 der ersten oder zweiten Zahlenklasse gibt, welche die beiden Bedingungen erfüllt*

$$\omega^{\alpha_0} \leqq \alpha, \quad \omega^{\alpha_0}\omega > \alpha. \tag{1}$$

Aus der zweiten Bedingung schließen wir, daß *nicht für alle endlichen Zahlwerte von ν*

$$\omega^{\alpha_0}\nu \leqq \alpha$$

sein kann, da sonst auch $\operatorname*{Lim}_\nu \omega^{\alpha_0}\nu = \omega^{\alpha_0}\omega \leqq \alpha$ wäre.

Die *kleinste endliche Zahl ν*, für welche

$$\omega^{\alpha_0}\nu > \alpha,$$

bezeichnen wir mit $\varkappa_0 + 1$. Wegen (1) ist $\varkappa_0 > 0$.

Es gibt also auch eine völlig bestimmte Zahl $\varkappa_0$ der ersten Zahlenklasse, so daß

$$\omega^{\alpha_0}\varkappa_0 \leqq \alpha, \quad \omega^{\alpha_0}(\varkappa_0 + 1) > \alpha \tag{2}$$

ist. Setzen wir $\alpha - \omega^{\alpha_0}\varkappa_0 = \alpha'$, so haben wir

$$\alpha = \omega^{\alpha_0}\varkappa_0 + \alpha' \tag{3}$$

und $$0 \leqq \alpha' < \omega^{\alpha_0}, \quad 0 < \varkappa_0 < \omega. \tag{4}$$

Es läßt sich aber α nur auf *eine einzige* Weise unter den Bedingungen (4) in der Form (3) darstellen. Denn aus (3) und (4) folgen rückwärts zunächst die Bedingungen (2) und daraus die Bedingungen (1).

Den Bedingungen (1) genügt aber nur die Zahl $\alpha_0 = \beta_{-1}$, und durch die Bedingungen (2) ist die endliche Zahl $\varkappa_0$ eindeutig bestimmt. Aus (1) und (4) folgt noch mit Rücksicht auf Satz F, § 18, daß

$$\alpha' < \alpha, \quad \alpha_0 \leqq \alpha.$$

Wir können daher die Richtigkeit des folgenden Satzes behaupten:

A. „*Jede Zahl α der zweiten Zahlenklasse läßt sich, und zwar nur auf eine einzige Weise, auf die Form bringen*

$$\alpha = \omega^{\alpha_0}\varkappa_0 + \alpha',$$

so daß

$$0 \leqq \alpha' < \omega^{\alpha_0}, \quad 0 < \varkappa_0 < \omega;$$

α' ist immer kleiner als α, dagegen α_0 kleiner oder gleich α.“

Ist α' eine Zahl der *zweiten* Zahlenklasse, so läßt sich auch auf sie der Satz A anwenden und wir haben

$$\alpha' = \omega^{\alpha_1}\varkappa_1 + \alpha'', \tag{5}$$

$$0 \leqq \alpha'' < \omega^{\alpha_1}, \quad 0 < \varkappa_1 < \omega,$$

und es ist

$$\alpha_1 < \alpha_0, \quad \alpha'' < \alpha'.$$ [25]

Im allgemeinen erhalten wir eine weitere Folge analoger Gleichungen

$$\alpha'' = \omega^{\alpha_2}\varkappa_2 + \alpha''', \tag{6}$$

$$\alpha''' = \omega^{\alpha_3}\varkappa_3 + \alpha^{\text{IV}}. \tag{7}$$

. . . .

Diese Folge kann aber nicht unendlich sein, sie muß notwendig abbrechen. Denn die Zahlen $\alpha, \alpha', \alpha'', \ldots$ nehmen ihrer Größe nach ab, es ist

$$\alpha > \alpha' > \alpha'' > \alpha''' \ldots.$$

Wäre eine Reihe von abnehmenden transfiniten Zahlen unendlich, so würde kein Glied derselben das kleinste sein; dies ist nach Satz B, § 16 unmöglich. Es muß daher für einen gewissen *endlichen* Zahlwert τ

$$\alpha^{(\tau+1)} = 0$$

sein. Verbinden wir nun die Gleichungen (3), (5), (6), (7) miteinander, so erhalten wir den Satz:

B. „*Jede Zahl α der zweiten Zahlenklasse läßt sich, und zwar nur auf eine einzige Weise in der Form darstellen*

$$\alpha = \omega^{\alpha_0}\varkappa_0 + \omega^{\alpha_1}\varkappa_1 + \cdots + \omega^{\alpha_\tau}\varkappa_\tau,$$

wo $\alpha_0, \alpha_1, \ldots \alpha_\tau$ *Zahlen der ersten oder zweiten Zahlenklasse sind, welche den Bedingungen genügen*

$$\alpha_0 > \alpha_1 > \alpha_2 > \cdots > \alpha_\tau \geqq 0,$$

während $\varkappa_0, \varkappa_1, \ldots \varkappa_\tau, \tau + 1$ *von Null verschiedene Zahlen der ersten Zahlenklasse sind.*"

Die hier nachgewiesene Form der Zahlen der zweiten Zahlenklasse wollen wir ihre *Normalform* nennen; α_0 heiße der „*Grad*", α_τ der „*Exponent*" von α; für $\tau = 0$ sind Grad und Exponent einander gleich.

Je nachdem der Exponent α_τ *gleich oder größer als* 0, *ist* α *eine Zahl der ersten oder der zweiten Art.*

Nehmen wir eine andere Zahl β in der Normalform

$$\beta = \omega^{\beta_0}\lambda_0 + \omega^{\beta_1}\lambda_1 + \cdots + \omega^{\beta_\sigma}\lambda_\sigma. \tag{8}$$

Sowohl zum Vergleich von α mit β wie auch zur Ausführung ihrer Summe und Differenz dienen die Formeln

$$\omega^{\alpha'}\varkappa' + \omega^{\alpha'}\varkappa = \omega^{\alpha'}(\varkappa' + \varkappa), \tag{9}$$

$$\omega^{\alpha'}\varkappa' + \omega^{\alpha''}\varkappa'' = \omega^{\alpha''}\varkappa'' \quad \text{für } \alpha' < \alpha''. \tag{10}$$

$\varkappa, \varkappa', \varkappa''$ haben hier die Bedeutung endlicher Zahlen.

Es sind dies Verallgemeinerungen der Formeln (3) und (2), § 17.

Für die Bildung des Produkts $\alpha\beta$ kommen die folgenden Formeln in Betracht:

$$\alpha\lambda = \omega^{\alpha_0}\varkappa_0\lambda + \omega^{\alpha_1}\varkappa_1 + \cdots + \omega^{\alpha_\tau}\varkappa_\tau, \quad 0 < \lambda < \omega, \tag{11}$$

$$\alpha\omega = \omega^{\alpha_0+1}, \tag{12}$$

$$\alpha\omega^{\beta'} = \omega^{\alpha_0+\beta'}, \quad \beta' > 0. \tag{13}$$

Die Potenzierung α^β ist leicht ausführbar auf grund der folgenden Formeln:

$$\alpha^\lambda = \omega^{\alpha_0\lambda}\varkappa_0 + \cdots, \quad 0 < \lambda < \omega. \tag{14}$$

Die auf der Rechten hinzukommenden Glieder haben niederen Grad als das erste. Hieraus folgt leicht, daß die Fundamentalreihen $\{\alpha^\lambda\}$ und $\{\omega^{\alpha_0\lambda}\}$ zusammengehörig sind, so daß

$$\alpha^\omega = \omega^{\alpha_0\omega}, \quad \alpha_0 > 0. \tag{15}$$

Daher ist auch infolge des Satzes E, § 18:

$$\alpha^{\omega^{\beta'}} = \omega^{\alpha_0\omega^{\beta'}}, \quad \alpha_0 > 0, \quad \beta' > 0. \tag{16}$$

Mit Hilfe dieser Formeln lassen sich folgende Sätze beweisen:

C. „*Sind die ersten Glieder* $\omega^{\alpha_0}\varkappa_0$, $\omega^{\beta_0}\lambda_0$ *der Normalformen der beiden Zahlen* α *und* β *nicht gleich, so ist* α *kleiner oder größer als* β, *je nachdem* $\omega^{\alpha_0}\varkappa_0$ *kleiner oder größer als* $\omega^{\beta_0}\lambda_0$ *ist. Hat man aber*

$$\omega^{\alpha_0}\varkappa_0 = \omega^{\beta_0}\lambda_0, \quad \omega^{\alpha_1}\varkappa_1 = \omega^{\beta_1}\lambda_1, \ldots \omega^{\alpha_\varrho}\varkappa_\varrho = \omega^{\beta_\varrho}\lambda_\varrho,$$

und ist $\omega^{\alpha_{\varrho+1}}\varkappa_{\varrho+1}$ *kleiner oder grösser als* $\omega^{\beta_{\varrho+1}}\lambda_{\varrho+1}$, *so ist auch* α *entsprechend kleiner oder größer als* β."

D. „*Ist der Grad* α_0 *von* α *kleiner als der Grad* β_0 *von* β, *so ist*

$$\alpha + \beta = \beta.$$

Ist $\alpha_0 = \beta_0$, *so ist*

$$\alpha + \beta = \omega^{\beta_0}(\varkappa_0 + \lambda_0) + \omega^{\beta_1}\lambda_1 + \cdots + \omega^{\beta_\sigma}\lambda_\sigma.$$

Ist aber

$$\alpha_0 > \beta_0, \quad \alpha_1 > \beta_0, \ldots \alpha_\varrho \geqq \beta_0, \quad \alpha_{\varrho+1} < \beta_0,$$

so ist

$$\alpha + \beta = \omega^{\alpha_0}\varkappa_0 + \cdots + \omega^{\alpha_\varrho}\varkappa_\varrho + \omega^{\beta_0}\lambda_0 + \omega^{\beta_1}\lambda_1 + \cdots + \omega^{\beta_\sigma}\lambda_\sigma."$$

E. „*Ist* β *von der zweiten Art* ($\beta_\sigma > 0$), *so ist*

$$\alpha\beta = \omega^{\alpha_0+\beta_0}\lambda_0 + \omega^{\alpha_0+\beta_1}\lambda_1 + \cdots + \omega^{\alpha_0+\beta_\sigma}\lambda_\sigma = \omega^{\alpha_0}\beta;$$

ist aber β *von der ersten Art* ($\beta_\sigma = 0$), *so ist*

$$\alpha\beta = \omega^{\alpha_0+\beta_0}\lambda_0 + \omega^{\alpha_0+\beta_1}\lambda_1 + \cdots + \omega^{\alpha_0+\beta_{\sigma-1}}\lambda_{\sigma-1} + \omega^{\alpha_0}\varkappa_0\lambda_\sigma$$
$$+ \omega^{\alpha_1}\varkappa_1 + \cdots + \omega^{\alpha_\tau}\varkappa_\tau."$$

F. „*Ist* β *von der zweiten Art* ($\beta_\sigma > 0$), *so ist*

$$\alpha^\beta = \omega^{\alpha_0\beta};$$

ist aber β *von der ersten Art* ($\beta_\sigma = 0$) *und zwar* $\beta = \beta' + \lambda_\sigma$, *wo* β' *von der zweiten Art ist, so hat man*

$$\alpha^\beta = \omega^{\alpha_0\beta'}\alpha^{\lambda_\sigma}."$$

G. „*Jede Zahl* α *der zweiten Zahlenklasse läßt sich und zwar nur auf eine einzige Weise in der Produktform darstellen*

$$\alpha = \omega^{\gamma_0}\varkappa_\tau(\omega^{\gamma_1} + 1)\varkappa_{\tau-1}(\omega^{\gamma_2} + 1)\varkappa_{\tau-2}\ldots(\omega^{\gamma_\tau} + 1)\varkappa_0,$$

und es ist

$$\gamma_0 = \alpha_\tau, \quad \gamma_1 = \alpha_{\tau-1} - \alpha_\tau, \quad \gamma_2 = \alpha_{\tau-2} - \alpha_{\tau-1}, \ldots \gamma_\tau = \alpha_0 - \alpha_1,$$

während $\varkappa_0, \varkappa_1, \ldots \varkappa_\tau$ *dieselbe Bedeutung wie in der Normalform haben. Die Faktoren* $\omega^\gamma + 1$ *sind alle unzerlegbar.*"

H. „*Jede der zweiten Zahlenklasse angehörige Zahl* α *zweiter Art läßt sich und zwar nur auf eine Weise in der Form*

$$\alpha = \omega^{\gamma_0}\alpha'$$

darstellen, wo $\gamma_0 > 0$ *und* α' *eine der ersten oder zweiten Zahlenklasse angehörige Zahl erster Art ist.*"

J. „*Damit zwei Zahlen* α *und* β *der zweiten Zahlenklasse die Relation*

$$\alpha + \beta = \beta + \alpha$$

erfüllen, ist es notwendig und hinreichend, daß sie die Form haben

$$\alpha = \gamma\mu, \quad \beta = \gamma\nu,$$

wo μ und ν Zahlen der ersten Zahlenklasse sind."

K. „*Damit zwei Zahlen α und β der zweiten Zahlenklasse, welche beide von der ersten Art sind, die Relation*

$$\alpha\beta = \beta\alpha$$

erfüllen, ist es notwendig und hinreichend, daß sie die Form haben

$$\alpha = \gamma^{\mu}, \quad \beta = \gamma^{\nu},$$

wo μ und ν Zahlen der ersten Zahlenklasse sind."

Um die Tragweite der nachgewiesenen *Normalform* und der mit ihr unmittelbar zusammenhängenden *Produktform* der Zahlen der zweiten Zahlenklasse zu exemplifizieren, mögen die sich darauf gründenden Beweise der beiden letzten Sätze J und K hier folgen.

Aus der Annahme

$$\alpha + \beta = \beta + \alpha$$

schließen wir zunächst, daß der Grad α_0 von α dem Grade β_0 von β gleich sein muß. Denn wäre etwa $\alpha_0 < \beta_0$, so hätte man (nach Satz D)

$$\alpha + \beta = \beta,$$

daher auch

$$\beta + \alpha = \beta,$$

was nicht möglich ist, da nach (2) § 14

$$\beta + \alpha > \beta.$$

Wir können daher setzen

$$\alpha = \omega^{\alpha_0}\mu + \alpha', \quad \beta = \omega^{\alpha_0}\nu + \beta',$$

wo die Grade der Zahlen α' und β' kleiner sind als α_0, μ und ν endliche von 0 verschiedene Zahlen sind.

Nach Satz D ist nun

$$\alpha + \beta = \omega^{\alpha_0}(\mu + \nu) + \beta', \quad \beta + \alpha = \omega^{\alpha_0}(\mu + \nu) + \alpha',$$

also

$$\omega^{\alpha_0}(\mu + \nu) + \beta' = \omega^{\alpha_0}(\mu + \nu) + \alpha'.$$

Wegen Satz D, § 14 [S. 322] ist daher

$$\beta' = \alpha'.$$

Somit haben wir

$$\alpha = \omega^{\alpha_0}\mu + \alpha', \quad \beta = \omega^{\alpha_0}\nu + \alpha',$$

und wenn

$$\omega^{\alpha_0} + \alpha' = \gamma$$

gesetzt wird, nach (11)

$$\alpha = \gamma\mu, \quad \beta = \gamma\nu.$$

Setzen wir andrerseits [26] zwei der zweiten Zahlenklasse zugehörige Zahlen der *ersten Art* α und β voraus, welche die Bedingung

$$\alpha\beta = \beta\alpha$$

erfüllen, und nehmen an, daß

$$\alpha > \beta.$$

Wir denken uns nach Satz G beide Zahlen in ihrer Produktform und es sei

$$\alpha = \delta\alpha', \quad \beta = \delta\beta',$$

wo α' und β' ohne gemeinsamen linksseitigen Endfaktor (außer 1) seien.

Man hat alsdann

$$\alpha' > \beta'$$

und

$$\alpha'\delta\beta' = \beta'\delta\alpha'.$$

Alle hier und im weiteren vorkommenden Zahlen sind von der *ersten Art*, weil dies von α und β vorausgesetzt wurde.

Die letzte Gleichung läßt zunächst (im Hinblick auf Satz G) erkennen, daß α' und β' *nicht beide transfinit* sein können, weil ihnen in diesem Falle ein gemeinsamer linksseitiger Endfaktor anhaften würde. Auch können sie *nicht beide endlich* sein; denn es wäre alsdann δ transfinit und, wenn $\varkappa$ der endliche linksseitige Endfaktor von δ ist, so müßte

$$\alpha'\varkappa = \beta'\varkappa,$$

daher auch

$$\alpha' = \beta'$$

sein. Es bleibt also nur die Möglichkeit, daß

$$\alpha' > \omega, \quad \beta' < \omega.$$

Die endliche Zahl β' muß aber 1 sein:

$$\beta' = 1,$$

weil sie sonst in dem endlichen linksseitigen Endfaktor von α' als Teil enthalten wäre.

Wir kommen zu dem Resultat, daß $\beta = \delta$, folglich

$$\alpha = \beta\alpha',$$

wo α' eine der zweiten Zahlenklasse angehörige Zahl der ersten Art ist, die kleiner als α sein muß:

$$\alpha' < \alpha, \ [\text{weil } \beta\alpha = \alpha\beta > \alpha \ \text{ ist}].$$

Zwischen α' und β besteht die Relation

$$\alpha'\beta = \beta\alpha'.$$

Ist daher auch $\alpha' > \beta$, so schließt man in derselben Weise auf die Existenz einer transfiniten Zahl *erster Art* $\alpha'' < \alpha'$, so daß

$$\alpha' = \beta\alpha'', \quad \alpha''\beta = \beta\alpha''.$$

Falls auch α'' noch $> \beta$, existiert eine ebensolche Zahl $\alpha''' < \alpha''$, so daß

$$\alpha'' = \beta\alpha''', \quad \alpha'''\beta = \beta\alpha''',$$

u. s. w.

Die Reihe abnehmender Zahlen $\alpha, \alpha', \alpha'', \alpha''', \ldots$ muß nach Satz B, § 16 *abbrechen*. Es wird daher für einen bestimmten endlichen Index ϱ_0

$$\alpha^{(\varrho_0)} \leqq \beta$$

sein. Ist

$$\alpha^{(\varrho_0)} = \beta,$$

so hat man

$$\alpha = \beta^{\varrho_0+1}, \quad \beta = \beta;$$

der Satz K wäre dann bewiesen, und man hätte

$$\gamma = \beta, \quad \mu = \varrho_0 + 1, \quad \nu = 1.$$

Ist aber

$$\alpha^{(\varrho_0)} < \beta,$$

so setzen wir

$$\alpha^{(\varrho_0)} = \beta_1$$

und haben

$$\alpha = \beta^{\varrho_0}\beta_1, \quad \beta\beta_1 = \beta_1\beta, \quad \beta_1 < \beta.$$

Daher gibt es auch eine endliche Zahl ϱ_1, so daß

$$\beta = \beta_1^{\varrho_1}\beta_2, \quad \beta_1\beta_2 = \beta_2\beta_1, \quad \beta_2 < \beta_1.$$

Im allgemeinen hat man analog

$$\beta_1 = \beta_2^{\varrho_2}\beta_3, \quad \beta_2\beta_3 = \beta_3\beta_2, \quad \beta_3 < \beta_2$$

u. s. w.

Auch die Reihe abnehmender Zahlen $\beta_1, \beta_2, \beta_3, \ldots$ muß nach Satz B, § 16 *abbrechen*.

Es existiert daher eine endliche Zahl $\varkappa$, so daß

$$\beta_{\varkappa-1} = \beta_\varkappa^{\varrho_\varkappa}.$$

Setzen wir

$$\beta_\varkappa = \gamma,$$

so ist

$$\alpha = \gamma^\mu, \quad \beta = \gamma^\nu,$$

wo μ und ν Zähler und Nenner des Kettenbruchs

$$\frac{\mu}{\nu} = \varrho_0 + \frac{1}{\varrho_1 + \cdot_{\cdot_{\cdot}} + \frac{1}{\varrho_\varkappa}}$$

sind.

§ 20.

Die ε-Zahlen der zweiten Zahlenklasse. [27]

Der Grad α_0 einer Zahl α ist, wie aus der Normalform

$$\alpha = \omega^{\alpha_0}\varkappa_0 + \omega^{\alpha_1}\varkappa_1 + \cdots, \quad \alpha_0 > \alpha_1 > \cdots, \quad 0 < \varkappa_\nu < \omega \tag{1}$$

im Hinblick auf Satz F, § 18 sofort einleuchtet, niemals größer als α; es fragt sich aber, ob es nicht Zahlen α gibt, für welche $\alpha_0 = \alpha$ ist.

Jedenfalls müßte sich in einem solchen Falle die Normalform von α auf das erste Glied reduzieren und dieses $= \omega^\alpha$ sein [weil sonst $\alpha = \omega^\alpha\varkappa_0 + \omega^{\alpha_1}\varkappa_1 \cdots > \omega^\alpha$ wäre], d. h. es müßte α Wurzel der Gleichung

$$\omega^\xi = \xi \tag{2}$$

sein. Andrerseits würde jede Wurzel α dieser Gleichung zur Normalform ω^α haben; ihr Grad wäre ihr selbst gleich.

Die Zahlen der zweiten Zahlenklasse, die ihrem Grade gleich sind, stimmen also durchaus überein mit den Wurzeln der Gleichung (2). Es ist unsere Aufgabe, diese Wurzeln in ihrer Gesamtheit zu bestimmen. Um sie von allen übrigen Zahlen zu unterscheiden, nennen wir sie die „*ε-Zahlen der zweiten Zahlenklasse*".

Daß es aber solche ε-Zahlen gibt, geht aus folgendem Satze hervor:

A. „*Ist γ irgend eine der Gleichung* (2) *nicht genügende Zahl der ersten oder zweiten Zahlenklasse, so bestimmt sie eine Fundamentalreihe $\{\gamma_\nu\}$ durch die Gleichungen*

$$\gamma_1 = \omega^\gamma, \quad \gamma_2 = \omega^{\gamma_1}, \ldots \gamma_\nu = \omega^{\gamma_{\nu-1}}, \ldots.$$

Die Grenze $\operatorname{Lim}_\nu \gamma_\nu = E(\gamma)$ dieser Fundamentalreihe ist stets eine ε-Zahl."

Beweis. Da γ keine ε-Zahl ist, so ist $\omega^\gamma > \gamma$, d. h. $\gamma_1 > \gamma$. Nach Satz B, § 18 ist daher auch $\omega^{\gamma_1} > \omega^\gamma$, d. h. $\gamma_2 > \gamma_1$ und in derselben Weise folgt, daß $\gamma_3 > \gamma_2$ u. s. w. Die Reihe $\{\gamma_\nu\}$ ist somit eine Fundamentalreihe. Ihre Grenze, die eine Funktion von γ ist, nennen wir $E(\gamma)$ und haben

$$\omega^{E(\gamma)} = \operatorname{Lim}_\nu \omega^{\gamma_\nu} = \operatorname{Lim}_\nu \gamma_{\nu+1} = E(\gamma).$$

$E(\gamma)$ ist daher eine ε-Zahl.

B. „*Die Zahl $\varepsilon_0 = E(1) = \operatorname{Lim}_\nu \omega_\nu$, wo*

$$\omega_1 = \omega, \quad \omega_2 = \omega^{\omega_1}, \quad \omega_3 = \omega^{\omega_2}, \ldots \omega_\nu = \omega^{\omega_{\nu-1}}, \ldots$$

ist die kleinste von allen ε-Zahlen."

Beweis. Sei ε' irgendeine ε-Zahl, so daß

$$\omega^{\varepsilon'} = \varepsilon'.$$

Da $\varepsilon' > \omega$, so ist $\omega^{\varepsilon'} > \omega^{\omega}$, d. h. $\varepsilon' > \omega_2$. Hieraus folgt ebenso $\omega^{\varepsilon'} > \omega^{\omega_2}$, d. h. $\varepsilon' > \omega_3$ u. s. w.

Wir haben allgemein

$$\varepsilon' > \omega_\nu$$

und daher

$$\varepsilon' \geqq \operatorname{Lim}_\nu \omega_\nu,$$

d. h.

$$\varepsilon' \geqq \varepsilon_0.$$

Es ist also $\varepsilon_0 = E(1)$ die kleinste von allen ε-Zahlen.

C. „*Ist ε' irgendeine ε-Zahl, ε'' die nächstgrößere ε-Zahl und γ irgendeine zwischen beiden liegende Zahl*

$$\varepsilon' < \gamma < \varepsilon'',$$

so ist $E(\gamma) = \varepsilon''$."

Beweis. Aus

$$\varepsilon' < \gamma < \varepsilon''$$

folgt

$$\omega^{\varepsilon'} < \omega^{\gamma} < \omega^{\varepsilon''},$$

d. h.

$$\varepsilon' < \gamma_1 < \varepsilon''.$$

Hieraus schließen wir ebenso

$$\varepsilon' < \gamma_2 < \varepsilon''$$

u. s. w. Wir haben allgemein

$$\varepsilon' < \gamma_\nu < \varepsilon'',$$

daher

$$\varepsilon' < E(\gamma) \leqq \varepsilon''.$$

$E(\gamma)$ ist nach Satz A eine ε-Zahl. Da ε'' die auf ε' der Größe nach nächstfolgende ε-Zahl ist, so kann nicht $E(\gamma) < \varepsilon''$ sein, und es muß daher

$$E(\gamma) = \varepsilon''$$

sein.

Da $\varepsilon' + 1$ schon aus dem Grunde keine ε-Zahl ist, weil alle ε-Zahlen, wie aus der Definitionsgleichung $\xi = \omega^{\xi}$ folgt, von der *zweiten* Art sind, so ist $\varepsilon' + 1$ sicherlich kleiner als ε'', und wir haben daher folgenden Satz:

D. „*Ist ε' irgendeine ε-Zahl, so ist $E(\varepsilon' + 1)$ die nächstgrößere ε-Zahl.*"

Auf die kleinste ε-Zahl ε_0 folgt also die nächstgrößere, die wir ε_1 nennen,

$$\varepsilon_1 = E(\varepsilon_0 + 1),$$

auf diese die nächstgrößere

$$\varepsilon_2 = E(\varepsilon_1 + 1)$$

u. s. w.

Allgemein haben wir für die der Größe nach $(\nu + 1)^{\text{te}}$ ε-Zahl die Rekursionsformel

$$\varepsilon_\nu = E(\varepsilon_{\nu-1} + 1). \tag{3}$$

Daß aber die unendliche Reihe

$$\varepsilon_0, \varepsilon_1, \ldots \varepsilon_\nu, \ldots$$

keineswegs die Gesamtheit aller ε-Zahlen umfaßt, geht aus folgendem Satze hervor:

E. „*Ist $\varepsilon, \varepsilon', \varepsilon'', \ldots$ irgendeine unendliche Reihe von ε-Zahlen derart, daß*

$$\varepsilon < \varepsilon' < \varepsilon'' \ldots \varepsilon^{(\nu)} < \varepsilon^{(\nu+1)} \ldots,$$

so ist auch $\operatorname{Lim}_\nu \varepsilon^{(\nu)}$ eine ε-Zahl und zwar die auf alle $\varepsilon^{(\nu)}$ der Größe nach nächstfolgende ε-Zahl.“

Beweis.

$$\omega^{\operatorname{Lim}_\nu \varepsilon^{(\nu)}} = \operatorname{Lim}_\nu \omega^{\varepsilon^{(\nu)}} = \operatorname{Lim}_\nu \varepsilon^{(\nu)}.$$

Daß aber $\operatorname{Lim}_\nu \varepsilon^{(\nu)}$ die auf alle $\varepsilon^{(\nu)}$ der Größe nach *nächstfolgende ε-Zahl* ist, geht daraus hervor, daß $\operatorname{Lim}_\nu \varepsilon^{(\nu)}$ die auf alle $\varepsilon^{(\nu)}$ der Größe nach *nächstfolgende Zahl der zweiten Zahlenklasse* ist.

F. „*Die Gesamtheit aller ε-Zahlen der zweiten Zahlenklasse bildet in ihrer Größenordnung eine wohlgeordnete Menge vom Typus Ω der in ihrer Größenordnung aufgefaßten zweiten Zahlenklasse und hat daher die Mächtigkeit Alef-eins.*“

Beweis. Die Gesamtheit aller ε-Zahlen der zweiten Zahlenklasse bildet nach Satz C, § 16 in ihrer Größenordnung eine wohlgeordnete Menge

$$\varepsilon_0, \varepsilon_1, \ldots \varepsilon_\nu, \ldots \varepsilon_\omega, \varepsilon_{\omega+1}, \ldots \varepsilon_{\alpha'}, \ldots, \tag{4}$$

deren Bildungsgesetz in den Sätzen D und E ausgesprochen liegt.

Würde nun der Index α' nicht alle Zahlen der zweiten Zahlenklasse durchlaufen, so müßte es eine kleinste Zahl α geben, die er nicht erreicht. Dies widerspräche aber dem Satze D, wenn α von der ersten Art, und dem Satze E, wenn α von der zweiten Art wäre. Es nimmt daher α' alle Zahlwerte der zweiten Zahlenklasse an.

Bezeichnen wir den Typus der zweiten Zahlenklasse mit Ω, so ist der Typus von (4)

$$\omega + \Omega = \omega + \omega^2 + (\Omega - \omega^2);$$

da aber $\omega + \omega^2 = \omega^2$, so folgt hieraus

$$\omega + \Omega = \Omega.$$

Daher ist auch

$$\overline{\overline{\omega + \Omega}} = \overline{\overline{\Omega}} = \aleph_1 .$$

G. „*Ist ε irgendeine ε-Zahl und α eine beliebige Zahl der ersten oder zweiten Zahlenklasse, die kleiner ist als ε:*

$$\alpha < \varepsilon ,$$

so genügt ε den drei Gleichungen

$$\alpha + \varepsilon = \varepsilon , \quad \alpha\varepsilon = \varepsilon , \quad \alpha^\varepsilon = \varepsilon .\text{“}$$

Beweis. Ist α_0 der Grad von α, so ist $\alpha_0 \leqq \alpha$, daher ist wegen $\alpha < \varepsilon$ auch $\alpha_0 < \varepsilon$. Der Grad von $\varepsilon = \omega^\varepsilon$ ist aber ε; es hat also α einen kleineren Grad als ε, mithin ist nach Satz D, § 19

$$\alpha + \varepsilon = \varepsilon ,$$

daher auch

$$\alpha_0 + \varepsilon = \varepsilon .$$

Andrerseits haben wir nach Formel (13), § 19 [S. 342]

$$\alpha\varepsilon = \alpha\omega^\varepsilon = \omega^{\alpha_0 + \varepsilon} = \omega^\varepsilon = \varepsilon ,$$

und daher auch

$$\alpha_0\varepsilon = \varepsilon .$$

Endlich ist im Hinblick auf Formel (16), § 19

$$\alpha^\varepsilon = \alpha^{\omega^\varepsilon} = \omega^{\alpha_0 \omega^\varepsilon} = \omega^{\alpha_0 \varepsilon} = \omega^\varepsilon = \varepsilon .$$

H. „*Ist α irgendeine Zahl der zweiten Zahlenklasse, so hat die Gleichung*

$$\alpha^\xi = \xi$$

keine anderen Wurzeln als die ε-Zahlen, welche größer sind als α.“

Beweis. Sei β eine Wurzel der Gleichung

$$\alpha^\xi = \xi ,$$

also

$$\alpha^\beta = \beta ,$$

so folgt zunächst aus dieser Formel, daß

$$\beta > \alpha .$$

Andrerseits muß β von der zweiten Art sein, da sonst

$$[\alpha^\beta = \alpha^{\beta' + 1} = \alpha^{\beta'} \alpha > \alpha^{\beta'} 2 \geqq \beta' 2 \geqq \beta' + 1 = \beta \quad \text{d. h.}]$$

$$\alpha^\beta > \beta$$

wäre. Wir haben daher nach Satz F, § 19 [S. 343]

$$\alpha^\beta = \omega^{\alpha_0 \beta} ,$$

mithin

$$\omega^{\alpha_0 \beta} = \beta .$$

Es ist nach Satz F, § 18 [S. 339]

$$\omega^{\alpha_0 \beta} \geqq \alpha_0 \beta ,$$

daher

$$\beta \geqq \alpha_0 \beta .$$

Es kann aber nicht $\beta > \alpha_0 \beta$ sein; daher ist

$$\alpha_0 \beta = \beta ,$$

und mithin

$$\omega^\beta = \beta .$$

β ist also eine ε-Zahl, die größer ist als α.

[Anmerkungen.]

Die vorstehende, in zwei Abteilungen im Abstande von zwei Jahren erschienene Abhandlung, die letzte Veröffentlichung Cantors über die Mengenlehre, bildet den eigentlichen Abschluß seines Lebenswerkes. Hier erhalten die Grundbegriffe und Ideen, nachdem sie sich im Laufe von Jahrzehnten allmählich entwickelt haben, ihre endgültige Fassung, und viele Hauptsätze der „allgemeinen" Mengenlehre finden erst hier ihre klassische Begründung. Abgesehen von einigen Unvollkommenheiten und Unklarheiten in der Begründung, auf die im einzelnen hingewiesen wird, ist nur aufs lebhafteste zu bedauern, daß es Cantor infolge gesundheitlicher Störungen und sachlicher Schwierigkeiten nicht möglich gewesen ist, die Abhandlung in der beabsichtigten Weise fortzusetzen, so daß auch diese letzte Veröffentlichung ebenso wie die Abhandlung III 4 über Punktmannigfaltigkeiten in gewissem Sinne Torso geblieben ist. Wie dort das gewünschte Endziel, der Nachweis, daß das Kontinuum die zweite Mächtigkeit habe, unerreicht blieb, so fehlt auch hier noch der den eigentlichen Abschluß der Mächtigkeitslehre bildende Nachweis, daß jede Menge einer Wohlordnung fähig, also jede Mächtigkeit ein Alef ist.

[1] Zu S. 282. Unter „Teilmenge" versteht Cantor hier nur eine *echte* Teilmenge, die von der Menge selbst verschieden ist. Auch die Definition der „Vereinigungsmenge" wird hier (unnötigerweise) auf den Fall unter sich elementefremder (exklusiver) Mengen eingeschränkt im Gegensatz zu dem früher (S. 145) eingeführten „kleinsten gemeinsamen Multiplum".

Der Versuch, den zur „Kardinalzahl" führenden Abstraktionsprozeß dadurch scheinbar zu erläutern, daß die Kardinalzahl als eine „aus lauter Einsen zusammengesetzte Menge" aufgefaßt wird, war kein glücklicher. Denn wenn die „Einsen", wie es doch sein muß, alle untereinander *verschieden* sind, so sind sie eben weiter nichts als die Elemente einer neu eingeführten und mit der ersten äquivalenten Menge, und in der nun doch erforderlichen Abstraktion sind wir um keinen Schritt weiter gekommen.

[2] Zu S. 285 Satz B. Hier haben wir in klarster Formulierung den sogenannten „Äquivalenzsatz", der heute nach seinem Beweise durch F. Bernstein u. a. einen der wichtigsten und elementarsten Hauptsätze der allgemeinen Mengenlehre bildet. Vgl. F. Hausdorff, Grundz. d. Mengenl. Kap. III § 2. Hier erscheint dieser grundlegende Satz als Folgerung des allgemeineren Satzes A, der die „Vergleichbarkeit" beliebiger Mächtigkeiten behauptet, aber, wie wir heute wissen, weit weniger elementar, nur mit Hilfe der Wohlordnung bewiesen werden kann. Unter den übrigen hier angeführten „Folgerungen" ist der Satz C so gut wie gleichbedeutend mit B und wird vielfach *vor* diesem bewiesen, während D und E von der allgemeinen „Vergleichbarkeit" Gebrauch machen.

[3] Zu S. 287 § 4, Absatz 1. Unter „Belegung" einer Menge N mit Elementen von M versteht Cantor also eine Funktion $m = f(n)$, deren „Variabilitätsbereich" durch die Menge N und deren „Wertevorrat" durch die Menge M gebildet wird, oder anders ausgedrückt, eine eindeutige (wenn auch nicht umkehrbar eindeutige) Abbildung der Menge N auf einen (echten oder unechten) Teil von M.

[4] Zu § 5, S. 289. Die hier entwickelte Theorie der *endlichen* Kardinalzahlen (wie auch die im § 6 folgende Theorie der Kardinalzahl Alef-Null) ist, an modernem Maßstabe gemessen, wenig befriedigend, da die notwendige Grundlage einer solchen Theorie, eine scharfe begriffliche *Definition* der endlichen Mengen, noch fehlt und wohl überhaupt erst auf einer höheren Stufe der allgemeinen Theorie, z. B. mit Hilfe der Wohlordnung gewonnen werden kann. So wird z. B. auf S. 291 vom Gesetze der „vollständigen Induktion" Gebrauch gemacht, ohne daß die Gültigkeit dieses Gesetzes zuerst begründet wäre. Dieses Gesetz wird von anderen, wie z. B. von G. Peano, richtiger zur *Definition* der Zahlenreihe verwendet.

[5] Zu § 6, S. 292. Da die „kleinste transfinite Kardinalzahl" hier durch die „Gesamtheit aller endlichen Kardinalzahlen" definiert wird, ohne daß diese (im § 5) genügend definiert wären, so fehlt auch hier die eigentliche begriffliche Grundlage der Theorie. Und doch genügt es, die fragliche Kardinalzahl zu definieren durch den *kleinsten Abschnitt einer wohlgeordneten* (transfiniten) *Menge, welcher kein letztes Element besitzt.* Dazu hätte freilich eine *allgemeine Theorie der wohlgeordneten* Mengen vorausgehen müssen. Die Ausführungen dieses (wie des vorausgehenden) Paragraphen leiden sichtlich unter der gewählten Anordnung, nach welcher das (scheinbar) Elementarste auch zuerst behandelt werden sollte, während es doch gerade der *allgemeinen* Theorie zu seiner befriedigenden Begründung bedarf.

[6] Zu S. 293. Der „Beweis" des Satzes A, der rein anschaulich und logisch unbefriedigend ist, erinnert an den bekannten primitiven Versuch, durch sukzessive Herausnahme beliebiger Elemente zur *Wohlordnung* einer vorgelegten Menge zu gelangen. Zu einem korrekten Beweis gelangen wir erst, wenn wir von einer bereits *wohlgeordneten* Menge *ausgehen,* deren kleinster transfiniter Abschnitt dann in der Tat die verlangte Kardinalzahl $\aleph_0$ besitzt.

[7] Zu S. 294. Zum Beweise der Formel (8) vgl. die entsprechende Konstruktion zum Beweise des Satzes C′ in der Abhandlung III 2 auf S. 131—132 und die zugehörige Erläuterung des Herausgebers auf S. 133.

[8] Zu S. 295. Die Sätze C und D, die hier (auf rein anschaulicher und damit unsicherer) Grundlage „bewiesen" werden, dienen bei Dedekind („Was sind und was sollen die Zahlen?") und anderen Autoren einfach zur begrifflichen *Definition* der „endlichen" und der „unendlichen" Mengen.

[9] Zu S. 295—296. Das hier gegebene Versprechen, welches sich auf das *Gesamtsystem* aller transfiniten Kardinalzahlen in seinem natürlichen Aufbau bezieht, ist von Cantor nicht eingelöst worden: seine eigenen Untersuchungen (im zweiten Teile dieser Abhandlung) gehen nicht über die „zweite Zahlenklasse" hinaus, reichen also nur bis Alef-eins, wenn auch die von ihm verwendeten Methoden einer sehr viel weiteren Ausdehnung fähig sind. Der Grund dieser Unterlassung scheint einerseits auf dem noch fehlenden Nachweise zu beruhen, daß jede Mächtigkeit ein Alef ist, andererseits aber auch darin zu liegen, daß die ihm bereits bekannte „Burali-Fortische Antimonie" skeptische Bedenken gegen den Begriff „aller" Ordnungs- oder Kardinalzahlen bei Cantor erregt haben und ihn dadurch zu einer sachlich unberechtigten Einschränkung seiner Untersuchungen veranlaßt haben mag. Hierüber vgl. auch die briefliche Darlegung im „Anhang" S. 443 ff.

[10] Zu § 7, S. 296. Hier wird zuerst der fundamentale Begriff des „Ordnungstypus“ (einfach geordneter Mengen) in voller Klarheit entwickelt, wenn auch seine versuchte Veranschaulichung durch eine aus „lauter Einsen“ bestehende Menge ebenso verfehlt sein dürfte wie die entsprechende für die Kardinalzahl im § 1 dieser Abhandlung. Eine korrekte Definition müßte vom Begriffe der „ähnlichen Abbildung“ ausgehend den Ordnungstypus als die „Invariante“ dieser Abbildungsgruppe definieren, als dasjenige, was eine geordnete Menge mit allen „ähnlich“ geordneten gemein hat, ebenso wie die „Kardinalzahl“ das ist, was eine Menge mit allen „äquivalenten“ gemein hat. Frege, Russell u. a. wollen die Kardinalzahl, bzw. die Ordinatzahl definieren als die „Klasse“ oder den „Begriffsumfang“ aller einer gegebenen Menge äquivalenten, bzw. ähnlichen Mengen. Aber da eine solche „Klasse“ bekanntlich (vgl. den „Anhang“ S. 443 ff.) keine eigentliche, „konsistente“ *Menge* ist, so ergibt sich bei dieser Definition schon gleich im Anfang die (von Russell immer abgelehnte) Notwendigkeit, zwischen „Mengen“ und „Klassen“ zu unterscheiden.

[11] Zu S. 299 Abs. 4. Hier wird auf die Möglichkeit der „Automorphismen“ hingewiesen, d. h. ähnlicher Abbildungen einer geordneten Menge auf sich selbst, welche von der Identität verschieden sind.

[12] Zu S. 300 vorl. Abs. Daß der Ordnungstypus *alles* überhaupt „Anzahlmäßige“ umfassen und „keine weitere Verallgemeinerung“ zulassen soll, scheint doch eine etwas willkürliche Behauptung zu sein. Es kommt eben darauf an, was man unter „anzahlmäßig“ versteht — und das ist eine rein subjektive Auffassung. Cantor versteht eben den Ordnungstypus darunter, während man ebenso gut auch die Kardinalzahl oder etwas anderes darunter verstehen könnte.

[13] Zu § 9, S. 303. Dieser Paragraph bringt mit der eindeutigen Charakterisierung des Typus η ein sehr schönes und vielleicht überraschendes Resultat. Der Beweis ist durchsichtig und korrekt. Nur auf S. 306, Z. 6 v. o., wo es heißt „wie man sich *leicht* überzeugt“, findet der Leser eine gewisse Schwierigkeit. Hierzu sei folgendes bemerkt. Die Elemente $r_{\lambda+1}, r_{\lambda+2}, \ldots r_{\lambda+\sigma-1}$ liegen *außerhalb* des durch $r_1, r_2 \ldots r_\lambda$ bestimmten Teilintervalles, in welchem $r_{\lambda+\sigma}$ liegen soll, d. h. teils vor, teils hinter diesem Teilintervall. Entsprechend liegen dann aber auch die entsprechenden Elemente $m_{\iota_{\lambda+1}}$, $m_{\iota_{\lambda+2}}, \ldots m_{\iota_{\lambda+\sigma-1}}$ teils vor, teils hinter dem entsprechenden Teilintervall, das durch $m_{\iota_1}, m_{\iota_2}, \ldots m_{\iota_\lambda}$ bestimmt ist, in welchem $m_{\nu+1}$ gelegen ist, haben also zu diesem die gleiche Rangbeziehung wie $r_{\lambda+1}, \ldots r_{\lambda+\sigma-1}$ zu $r_{\lambda+\sigma}$.

[14] Zu S. 309. Die Begriffe „in sich dicht“, „abgeschlossen“ und „perfekt“ auf Ordnungstypen angewendet, stimmen nicht genau überein mit den entsprechenden Begriffen in der Theorie der *Punktmengen*, wo sie eine nur *relative* Bedeutung haben in bezug auf das als gegeben vorausgesetzte Kontinuum, in dem die betreffenden Punktmengen eingebettet sind. Eine Punktmenge heißt „abgeschlossen“, wenn sie alle Punkte dieses *Kontinuums* enthält, die „Grenzpunkte“ oder „Häufungspunkte“ der Punktmenge darstellen. Hier dagegen handelt es sich um eine *innere* Eigenschaft des Ordnungstypus: er heißt „abgeschlossen“, wenn jede in ihm gebildete „Fundamentalreihe“ in ihm ein „Grenzelement“ besitzt. Eine abgeschlossene Punktmenge in einem begrenzten (endlichen) Intervall des Linearkontinuums (einschließlich der Grenzpunkte) hat gewiß auch einen „abgeschlossenen“ Ordnungstypus, da jeder ihrer „Fundamentalreihen“ auch ein „Häufungspunkt“ im Kontinuum und damit auch ein „Grenzpunkt“ in ihr selbst entspricht. Aber umgekehrt braucht *nicht* notwendig eine solche Punktmenge M von „abgeschlossenem“ Ordnungstypus selbst „abgeschlossen“ zu sein, z. B. die Menge

der Punkte mit den Koordinaten $1 - \frac{1}{\nu}$ $(\nu = 1, 2 \ldots)$ zusammen mit dem Punkte 2 im Intervall (0,2), welche zwar für sich den „abgeschlossenen" Ordnungstypus $\omega + 1$ besitzt, aber ihren Häufungspunkt 1 nicht enthält. Vgl. hier S. 193, 226, 228.

[15] Zum § 11, S. 310ff. Von den beiden Eigenschaften, durch welche hier Cantor den Ordnungstypus des Linearkontinuums charakterisiert, ist von grundlegender Bedeutung und die eigentliche Cantorsche Entdeckung die von ihm als 2) bezeichnete Eigenschaft: die Existenz einer in M „überall dichten" abzählbaren Teilmenge S. Weniger glücklich erscheint uns heute seine Formulierung der Eigenschaft 1), durch welche die Menge als „perfekt" gekennzeichnet werden soll. Einmal nämlich würde bereits ihre „Abgeschlossenheit" genügen; denn „in sich dicht" ist sie so wie so schon vermöge ihrer Eigenschaft 2), da jedes Element von M zugleich auch „Grenzelement" von S und damit auch von M ist. Vor allem aber führt die Cantorsche Definition des „Grenzelementes" durch „Fundamentalreihen", die augenscheinlich durch seine Theorie der Irrationalzahlen (vgl. hier S. 186) mitbestimmt ist, hier auf unnötige Komplikationen. Am einfachsten wäre es wohl, nach Dedekind die Menge als „stetig" oder besser als „lückenlos" (F. Hausdorff, Grundzüge Kap. IV § 5) zu charakterisieren durch die folgende Eigenschaft: bei jedem „Schnitt", d. h. jeder Zerlegung der (einfach geordneten) Menge M in einen „Abschnitt" A und einen „Rest" B (vgl. § 13, S. 314) besitzt *entweder* der Abschnitt A ein höchstes *oder* der Rest B ein niederstes Element. Beides gleichzeitig ist im Falle des Linearkontinuums durch die Eigenschaft 2) ausgeschlossen. Durch diese Abänderung der Eigenschaft 1) vereinfacht sich auch der Nachweis der Eindeutigkeit. Nachdem mit Cantor zunächst die Teilmenge S auf die Menge R der Rationalzahlen vom Typus η abgebildet ist, wird jedes weitere Element m von M durch einen „Schnitt" der Menge S charakterisiert und so umkehrbar eindeutig auf das Element x von X abgebildet, das durch den entsprechenden „Schnitt" der Menge R bestimmt ist. Hier erweist sich also die Verwendung „zusammengehöriger Fundamentalreihen" als unnötig.

[16] Zu S. 312. Am einfachsten erscheint es, eine „wohlgeordnete" Menge als eine solche „einfach geordnete" zu charakterisieren, in welcher jeder „Rest" ein niederstes Element besitzt, während die (scheinbar noch einfachere) Eigenschaft A (S. 313), daß auch *jede Teilmenge* ein niederstes Element hat, wohl besser mit Cantor als *beweisbare* Folgerung nachgestellt wird, da sie die in der „einfachen Anordnung" bereits enthaltene „Transitivität" wiederholt.

[17] Zu S. 315. Die Sätze A—M dieses Paragraphen sind großenteils lediglich Hilfssätze zum Beweise des „Ähnlichkeitssatzes" N (S. 319), in welchem die elementare Theorie der wohlgeordneten Mengen gipfelt. Hier lassen sich aber die Sätze B—F einfacher als bei Cantor beweisen bzw. ersetzen durch Voranstellung des allgemeinen (vom Herausgeber herrührenden) *Hilfssatzes*: „Bei *keiner* ähnlichen Abbildung einer wohlgeordneten Menge auf einen ihrer Teile wird ein Element a auf ein *vorangehendes* $a' \prec a$ abgebildet". (Vgl. G. Hessenberg, Grundbegriffe d. Mngl. § 33, Satz XX, sowie Hausdorff a. a. O. Kap. V § 2.)

[18] Zu S. 323. Die Formeln (12) und (13) ergeben sich aus der Definition (10) der Differenz, weil in der Tat

$$(\gamma + \alpha) + (\beta - \alpha) = \gamma + (\alpha + \beta - \alpha) = \gamma + \beta$$

und

$$\gamma\alpha + \gamma(\beta - \alpha) = \gamma(\alpha + \beta - \alpha) = \gamma\beta$$

ist.

[19] Zu S. 324, letzter Absatz. Hier macht sich wieder geltend das Fehlen einer scharfen Definition für den Begriff einer „*endlichen*" Menge. In diesem Zusammenhange wäre die

„endliche" Menge zu *definieren* als eine wohlgeordnete, in welcher jeder Abschnitt wie auch die ganze Menge ein letztes Element hat, oder als eine *geordnete* Menge, in welcher jede Teilmenge *sowohl ein erstes wie ein letztes* Element enthält. Dann wäre zu zeigen, daß diese Eigenschaft von der gewählten Anordnung *unabhängig* ist und daß jede solche Menge nur nach einem *einzigen* Typus, der durch ihre Kardinalzahl bestimmt ist, geordnet werden kann. Vgl. hier § 5 (S. 289) und Anm. [4].

[20] Zu S. 327, Z. 1. Die Menge G ist abzählbar als Vereinigung von abzählbar vielen abzählbaren bzw. endlichen Mengen.

[21] Zu § 16, S. 331. Zum Beweise des Satzes A genügt es wegen B § 12 (S. 313) zu zeigen, daß jede Teilmenge J von $\{\alpha\}$ eine kleinste Zahl α' enthält. Es sei α_0 eine Zahl aus J, welche noch nicht die kleinste ist. Dann gehören alle Zahlen $\alpha < \alpha_0$ aus J dem durch α_0 bestimmten Abschnitte A_{α_0} an, der nach H § 15 eine wohlgeordnete Menge vom Typus α_0 ist, und bilden daher auch selbst eine wohlgeordnete Menge mit einem niedersten Element α', das wegen $\alpha' < \alpha_0 < \beta$ auch jedem etwa nicht zu A_{α_0} gehörenden Element β von J vorangeht, also jedenfalls das niederste Element von J überhaupt darstellt.

[22] Zu S. 332. Auch der Beweis des Satzes D könnte einfacher auf den Satz H § 15 zurückgeführt werden. Wäre die nach Satz A wohlgeordnete Menge $\{\alpha\}$ abzählbar, so wäre sie es auch nach Hinzufügung aller Zahlen der ersten Zahlenklasse, und die entstehende wohlgeordnete Menge S hätte als Ordnungstypus eine Zahl σ der zweiten Zahlenklasse, so daß der zugehörige Abschnitt A_σ nach H § 15 den gleichen Ordnungstypus σ hätte. Es wäre also die ganze Menge S einem ihrer Abschnitte ähnlich, entgegen B § 13.

[23] Zu § 17, S. 333ff. Es handelt sich in diesem Paragraphen um einen einfachen Spezialfall der später in § 19 entwickelten allgemeinen „Normalform" für die Zahlen der zweiten Zahlenklasse. Der Unterschied besteht nur darin, daß die Exponenten $\alpha_0, \alpha_1, \ldots$ in Satz B § 19 hier alle als *endlich* angenommen werden. Auch die Produktentwickelung (9) von § 17 geht aus der des Satzes G § 19 durch die entsprechende Spezialisierung hervor. Augenscheinlich ist für Cantor das Studium des Spezialfalles für die Auffindung der allgemeinen Darstellungsform maßgebend gewesen.

[24] Zu § 18, S. 336ff. Die Einführung eines neuen *Potenzbegriffes*, der von dem früher für die Kardinalzahlen gegebenen wesentlich verschieden ist, ermöglicht erst eine formal-arithmetische Theorie der transfiniten Ordnungszahlen, und zwar nicht nur in der zweiten Zahlenklasse. Die zu ihrer Einführung hier verwendete Methode der „Definition durch transfinite Induktion" (Hausdorff, a. a. O. Kap. V, § 3) ist seitdem vorbildlich geworden für alle solchen transfiniten Konstruktionen. Insbesondere hat die hier eingeführte Funktion $f(\xi)$ den Charakter einer „Normalfunktion" (Hausdorff, a. a. O., S. 114), ein Begriff, der sich später als einer der wichtigsten in der gesamten Theorie der transfiniten Ordnungszahlen erwiesen hat.

[25] Zu S. 341. Hier ist $\alpha_1 < \alpha_0$, weil sonst

$$\begin{aligned} \alpha &= \omega^{\alpha_0}\varkappa_0 + \omega^{\alpha_1}\varkappa_1 + \alpha'' \\ &\geqq \omega^{\alpha_0}(\varkappa_0 + \varkappa_1) + \alpha'' \geqq \omega^{\alpha_0}(\varkappa_0 + 1) \end{aligned}$$

wäre im Widerspruch mit der Annahme (2).

[26] Zu S. 345. Der Beweis des Satzes K stützt sich im wesentlichen auf die *Eindeutigkeit der Produktdarstellung G* und die aus ihr folgende Existenz eines (linksseitigen) „größten gemeinsamen Teilers" zweier transfiniten Zahlen α, β in der Form $\alpha = \delta\alpha'$, $\beta = \delta\beta'$. Soll für zwei solche Zahlen α, β von erster Art $\alpha\beta = \beta\alpha$ sein, so ergibt sich zunächst, daß die größere von ihnen durch die kleinere teilbar sein muß, $\alpha = \beta\alpha'$. Dann ist aber auch α' mit β „vertauschbar" und $\alpha' < \alpha$, weil wegen $\beta > 1$ hier $\beta\alpha = \alpha\beta > \alpha$ ist.

Jedem Zahlenpaare α, β von der betrachteten Eigenschaft entspricht also ein „kleineres" Paar α', β (in welchem die *größere* der beiden Zahlen kleiner ist als im ersten) von der gleichen Eigenschaft, und wenn das kleinere Paar die verlangte Darstellung γ^μ, γ^ν gestattet, so gilt das gleiche auch von α, β selbst. Gäbe es nun transfinite Zahlenpaare α, β von der genannten Eigenschaft, welche *nicht* so darstellbar wären, so gäbe es unter diesen auch ein *kleinstes* (eines mit kleinstem $\alpha > \beta$), und dies widerspräche dem eben Bewiesenen. Durch diese einfache Überlegung läßt sich also die Cantorsche Beweisführung wesentlich vereinfachen.

[27] Zu § 20, S. 347. Die Cantorschen ε-Zahlen sind in moderner Bezeichnungsweise nichts anderes als die „kritischen Zahlen" der speziellen „*Normalfunktion*" $f(\xi) = \omega^\xi$ (vgl. Hausdorff, Kap. V, § 3), und ihre Theorie ist damit wegweisend gewesen für die ganze moderne Theorie der Normalfunktionen, wodurch sie eine weit über ihre ursprüngliche Bedeutung hinausgehende Wichtigkeit gewinnen. Die ganze Gedankenentwickelung dieses Paragraphen bis zum Satz F inkl. läßt sich ohne weiteres auf die „kritischen Zahlen" jeder beliebigen Normalfunktion übertragen.

IV. Abhandlungen zur Geschichte der Mathematik und zur Philosophie des Unendlichen.

1. Historische Notizen über die Wahrscheinlichkeitsrechnung.

[Sitzungsberichte der Naturforschenden Gesellschaft zu Halle 1873, S. 34—42.]
[Anmerkungen hierzu S. 367.]

In den vier Jahren, welche ich die Ehre habe, der Naturforschenden Gesellschaft als Mitglied anzugehören, ist mir oft die Gelegenheit zuteil geworden, bei den hier gehaltenen Vorträgen Forschungen kennenzulernen, welche zu ihrer Entwickelung mehr oder weniger mathematischer Begriffe und Methoden sich bedienen.

Bei gewissen Gebieten der Naturwissenschaft ist der hilfreiche, fördernde, oft unerläßliche Anteil der Mathematik seit langen Zeiten zugestanden: Die Astronomie besteht in ihrer einen Hälfte aus analytischen Theorien, welche die sich ändernden Zustände des Weltraumes zu ihrem Gegenstande haben; in der Physik macht sich einerseits überall, wo man ein durch die Beobachtung gefundenes Gesetz in einen einfachen, durchsichtigen Ausdruck bringen will, das Bedürfnis nach der algebraischen Formel geltend, andrerseits wirkt aber die Mathematik, wenn man sie in ausgedehnterem Maße auf physikalische Daten anwendet, wahrhaft schöpferisch und läßt auf Tatsachen schließen, die teils der Beobachtung entgangen sind, teils aber auch ein so kompliziertes Gewebe haben, daß die Empirie, welche sie nachträglich zu bestätigen sucht, aus eigenem Antriebe schwerlich zu ihrer Entdeckung gelangt sein würde; die Chemie ist erst von der Zeit zu einer systematischen, sich mit ungewöhnlicher Schnelligkeit weiter entwickelnden Wissenschaft geworden, als man sich die Zusammensetzung der Naturkörper durch Auffindung der sogenannten Atomgewichte an bestimmten Zahlverhältnissen vergegenwärtigen konnte. Aber auch in den übrigen Zweigen der Naturwissenschaft macht sich, wie ich höre, teils der Einfluß der mathematischen Methode, teils das Bedürfnis nach ihrer Anwendung mehr und mehr geltend; ich glaubte daraus den Schluß ziehen zu dürfen, daß neben den in diesen Sitzungen über alle Teile der Naturforschung sich verbreitenden Vorträgen auch einmal ein solcher nicht ohne Interesse sein würde, in welchem ein für die Naturwissenschaft fruchtbringender Teil der Mathematik, die Wahrscheinlichkeitsrechnung, von historischen Gesichtspunkten aus betrachtet wird.

Die Wahrscheinlichkeitsrechnung bietet der historischen Untersuchung ein nach vielen Beziehungen angenehm zu behandelndes Feld; über das Jahrhundert, in welchem ihre Entstehung allein gesucht werden kann, braucht man nicht zu streiten, denn, darüber sind alle Gelehrten einig, es ist das siebenzehnte, welches an großen Denkern und an weittragenden Entdeckungen so reich erscheint, daß man geneigt wäre, es für das ruhmvollste von allen Jahrhunderten zu halten; die Nationen, welche einander den Besitz an geistigen Errungenschaften fortwährend streitig machen, erschweren uns die Betrachtung ebensowenig; denn sie können in diesem Falle nicht umhin, die Wiege der Wahrscheinlichkeitsrechnung in Frankreich zu erblicken, wo um die Mitte des siebenzehnten Jahrhunderts die beiden Gelehrten Fermat und Pascal im regen brieflichen Verkehr über mathematische Fragen auch auf solche Aufgaben verfielen, welche zu ihrer Lösung die Prinzipien der Wahrscheinlichkeitsrechnung nötig hatten, und es stellte sich zu beider Genugtuung heraus, daß sie unabhängig voneinander zu denselben gelangt waren; während die gleichzeitigen Erfinder der Differential- und Integralrechnung Isaac Newton und Gottfried Leibniz sich zu einem Prioritätsstreit haben hinreißen lassen, der, von ihren Schülern und Nachfolgern in erbitterter Weise fortgeführt, noch heutiges Tages in seinen Wirkungen bemerkbar ist und dem Historiker den Blick zu trüben sucht, — sehen wir die Begründer der Wahrscheinlichkeitsrechnung friedlich über ihren gemeinschaftlichen Fund sich freuen, um die Zukunft und um ihre Ansprüche an dieselbe wenig besorgt.

Pierre Fermat (geb. in Beaumont de Lomagne bei Toulouse 1601, gest. in Toulouse 1665) war Rat im Parlamente dieser Stadt und soll in dieser Eigenschaft sich als Jurist einen bedeutenden Namen erworben haben. In den beiden Hauptteilen der Mathematik, in der Geometrie und Arithmetik, werden ihm die wichtigsten Entdeckungen verdankt, von welchen ich nur die Tangentenmethode, welche in ihrer allgemeinen Ausbildung zur Differential- und Integralrechnung führen mußte, und die nach ihm benannten Sätze in der Zahlentheorie erwähnen möchte, deren Beweise später so fruchtbringende Mühe den Mathematikern gekostet haben.

Blaise Pascal (geb. in Clermont Ferrand 1623, gest. in Paris 1662) lebte ohne öffentliches Amt abwechselnd in Clermont, Rouen und Paris; seine gegen die sittenverderbende Lehre der Jesuiten gerichtete, noch bis auf den heutigen Tag wegen des vortrefflichen Stiles, der feinen Ironie und des witzigen, gewandten Vortrages vielgelesene Schrift, Lettres Provinciales, begründete eine neue Epoche in der Prosaliteratur; Pascals eigentliche Stärke darf aber wohl in seinen mathematischen und mechanischen Arbeiten angenommen werden, von denen leider eine Theorie der Kegelschnitte verloren gegangen ist; als Erinnerung an letztere sehen wir in fast allen Darstellungen dieses Gegenstandes den sogenannten *Pascal'schen Satz* den vornehmsten Platz einnehmen.

Pascal und Fermat sind also die Begründer der Wahrscheinlichkeitsrechnung; ihr Zusammengehen darin tritt besonders lebhaft an der folgenden Stelle in einem Briefe Pascals an Fermat hervor (d. 29. Juli 1654):

„Je ne doute plus maintenant que je ne sois dans la vérité, après la rencontre admirable ou je me trouve avec vous. Je vois bien que la vérité est la même à Toulouse et à Paris".

Wir erfahren nun einen Umstand, welcher als besonderer Anlaß dieser Besprechungen angesehen werden kann. Ein gewisser Chevalier de Meré, Mann von Ansehen und von Geist, will bei einer das Würfelspiel betreffenden Aufgabe die Autorität des Mathematikers durchaus nicht anerkennen; er hat sich eine andere Lösung in den Kopf gesetzt und in der Meinung, sie sei die richtige, klagt er die Mathematik öffentlich an, daß sie sich selbst widerspreche. Es handelte sich um folgendes. Wenn man mit *einem* Würfel viermal werfen darf, so kann man mit *Vorteil* darauf wetten, mindestens einmal die 6 zu werfen. Spielt man mit *zwei* Würfeln, so findet sich, daß man *nicht mit Vorteil* annehmen kann, eine doppelte 6 unter vier und zwanzig Würfen zu erhalten. Nichtsdestoweniger verhalten sich beim zweiten Spiele die Zahl 24 zu der Anzahl der möglichen Fälle 36, wie 4 zu 6, d. h. wie beim ersten Spiele die entsprechenden Zahlen; und dies wollte dem Chevalier nicht einleuchten [1]. Pascal in seiner lebhaften Weise berichtet an Fermat wie folgt:

„Je n'ai pas le temps de vous envoyer la démonstration d'une difficulté qui étonnait fort M. de Meré; car il est très bon esprit, mais il n'est pas géomètre. C'est comme vous savez un grand defaut, et même il ne comprend pas qu'une ligne mathematique soit divisible à l'infini et croit fort bien entendre qu'elle est composée de points en nombre infini, et jamais je n'ai pu l'en tirer; si vous le pouviez faire on le rendrait parfait" [2]; und nachdem er die Streitfrage gezeichnet, fährt er fort: „voila quel était son grand scandale, qui lui faisait dire hautement que les propositions n'étaient pas constantes et que l'Arithmetique se démentait."

Der Chevalier de Meré darf, wie ich glaube, allen Widersachern der exakten Forschung, und es gibt deren zu jeder Zeit und überall, als ein warnendes Beispiel hingestellt werden; denn es kann auch diesen leicht begegnen, daß genau an jener Stelle, wo sie der Wissenschaft die tödliche Wunde zu geben suchen, ein neuer Zweig derselben, schöner, wenn möglich, und zukunftreicher als alle früheren, rasch vor ihren Augen aufblüht — wie die Wahrscheinlichkeitsrechnung vor den Augen des Chevalier de Meré [3].

Sehen wir auf diese Weise Pascal und Fermat im brieflichen Verkehr das Fundament der nachherigen Wissenschaft legen und verschiedene, zum Teil komplizierte Aufgaben derselben stellen und lösen, so sprechen sie sich doch so gut wie gar nicht über die von ihnen befolgten Prinzipien aus, welche gewissermaßen nur zwischen den Zeilen zu erkennen sind, und es muß daher die erste systematische Zusammenstellung und Begründung derselben besonders hoch geachtet werden. Bereits nach 3 Jahren unternahm es Huygens diese Lücke auszufüllen. Als Anhang zu Schootens Exercitationum mathematicarum libri quinque erschien sein Tractatus de ratiociniis in ludo aleae. Hier werden die Grundsätze der Wahrscheinlichkeitsrechnung, freilich noch nicht in der einfachsten Weise, entwickelt; der Verfasser wendet sie hauptsächlich auf die mit Würfeln angestellten Spiele an; er bezieht sich auf die Arbeiten seiner Vorgänger, mußte jedoch fast ganz von vorn anfangen, weil sich jene über ihre Methoden nicht ausgesprochen hatten. In der Einleitung zum Huygens'schen Werke heißt es: „Sciendum vero, quod jam pridem inter praestantissimos tota Gallia geometras calculus hic agitatus fuerit, ne quis indebitam mihi primae inventionis gloriam hac in re tribuat. Caeterum illi, dificillimis quibusque quaestionibus se invicem exercere soliti, methodum suam quisque occultam retinuere, adeo ut a primis elementis universam hanc materiam evolvere mihi necesse fuerit."

Zu den frühesten Dokumenten der Wahrscheinlichkeitsrechnung gehört auch ein Brief des Amsterdamer Philosophen Benedictus de Spinoza (geb. in Amsterdam 1632, gest. im Haag 1677). Während seines einsamen Landlebens in Voorburg löst er eine ihm von einem Freunde gestellte arithmetische Aufgabe und teilt demselben seine Lösung mit. Der Brief (in der Bruderschen Ausgabe von Sp.'s Werken der 43.) ist datiert den 1. Oktober 1666; sehen wir uns seinen Inhalt genauer an, so finden wir darin gewisse Grundsätze der Wahrscheinlichkeitsrechnung mit der diesem Philosophen eigenen, fast unerreichbaren Strenge der Begriffskonstruktion kurz enthalten. Ich muß es den Kennern überlassen, zu entscheiden, ob Spinoza in den Briefwechsel zwischen Pascal und Fermat eingeweiht gewesen, ob er den Huygensschen Tractat gekannt hat, oder ob er unabhängig von allen Vorgängern zu seinen Resultaten gelangt ist. —

Wenn man das Wesen der Wahrscheinlichkeitsrechnung auf eine einfache und zugleich allgemeine Weise bezeichnen will, so muß man es in dem Grundsatze erblicken, daß die mathematische Wahrscheinlichkeit für den Eintritt eines erwarteten Ereignisses durch einen echten Bruch gemessen wird, dessen Nenner die Anzahl aller denkbaren, sowohl günstigen, wie ungünstigen Fälle, welche eintreten können, dessen Zähler aber nur die Anzahl der dem Ereignisse günstigen Fälle angibt, vorausgesetzt, daß ein jeder von den sämtlichen in Betracht zu ziehenden Fällen, mit Rücksicht auf unseren Wissenszustand, gleich möglich ist. — Man ist also bei der Bestimmung der Wahrscheinlichkeit eines Ereignisses auf die Berechnung vom Zähler und Nenner derselben angewiesen, was je nach der Natur der betreffenden Aufgabe verschiedene Hilfsmittel erfordert.

Jacob Bernoulli (geb. in Basel 1654, gest. in Basel 1705) hat in seinem Werke Ars conjectandi, welches nach seinem Tode von seinem Sohne Nikolaus 1713 herausgegeben worden ist, die Berechnung der Wahrscheinlichkeiten für die bei den Hazardspielen denkbaren Aufgaben allgemein durchzuführen gesucht; er bemerkte, daß sie auf die Aufgabe zurückkommt, aus gegebenen Elementen nach einem vorgeschriebenen Modus alle möglichen Zusammenstellungen zu bilden; von den verschiedenen Modis, welche dabei erdacht werden können, wurden die häufigst vorkommenden ins Auge gefaßt, die Permutationen, Kombinationen und Variationen genannt und in dem zweiten Teile seines Buches ausführlich behandelt werden; in den ersten Teil desselben nahm er den Huygensschen Tractat auf, dem er eigene Bemerkungen hinzufügte; der dritte Teil ist den Anwendungen auf das Hazardspiel gewidmet; der vierte Teil des unvollendet gebliebenen Werkes kann als der bedeutendste von allen betrachtet werden; wir sehen Bernoulli hier ganz neue Bahnen betreten, welche, für alle späteren Bearbeitungen maßgebend, der jungen Wissenschaft eine unvorhergesehene Tragweite und das unbestrittene Recht verschafften, in allen Gebieten des Lebens ein gewichtiges Wort mitreden zu dürfen.

Die Überschrift ist: „Pars quarta, tradens usum et applicationem praecedentis doctrinae in civilibus, moralibus et oeconomicis.“ Die Kapitel dieses Teiles sind folgendermaßen betitelt:

„Cap. I. Praeliminaria quaedam de certitudine, probabilitate, necessitate et contingentia rerum.“

„Cap. II. De scientia et conjectura. De arte conjectandi. De argumentis conjecturarum. Axiomata quaedam generalia huc pertinentia.“

„Cap. III. De variis argumentorum generibus, et quomodo eorum pondera aestimentur ad supputandas rerum probabilitates.“

„Cap. IV. De duplici modo investigandi numeros casuum. Quid sentiendum de illo, qui instituitur per experimenta, problema singulare eam in rem propositum.“

Wenn wir in der Gegenwart alle weisen Staatsverwaltungen der Wahrscheinlichkeitsrechnung als eines sicheren, zuverlässigen Instrumentes sich bedienen sehen, wenn wir bemerken, daß die modernen volkswirtschaftlichen Theorien durch sie umgestaltet und gefördert werden, so können wir nicht ohne eine gewisse Genugtuung auf das Buch des Baseler Universitätslehrers blicken, wo in den hier bezeichneten Kapiteln die praktische Seite der Wahrscheinlichkeitsrechnung zum ersten Male wissenschaftlich vorbereitet wird.

Nur an den mathematischen Teil dieser Arbeit möchte ich hier wenige Bemerkungen knüpfen; derselbe gipfelt in dem von Bernoulli gefundenen Satze, welcher das Verhältnis der sogenannten Wahrscheinlichkeit a priori zu der Wahrscheinlichkeit a posteriori bestimmt. Viele Ereignisse haben ein so zusammengesetztes Gefüge, daß es nicht möglich ist, ihre Wahrscheinlichkeit direkt, d. h. a priori anzugeben; Bernoulli lehrt uns, wie sie a posteriori, d. h. durch Beobachtungen gefunden werden kann. Dieser Satz wird uns leicht verständlich durch ein Beispiel. Man denke sich eine Urne, welche schwarze und weiße Kugeln enthält. Wenn man weiß, daß die Anzahl der schwarzen Kugeln p ist, die Anzahl sämtlicher Kugeln n, so ist die Wahrscheinlichkeit w des Ziehens einer schwarzen Kugel $w = \frac{p}{n}$, gleich der Anzahl der günstigen Fälle, dividiert durch die Anzahl aller Fälle.

Denken wir uns aber dieses Verhältnis der schwarzen zu allen in der Urne enthaltenen Kugeln unbekannt, so ziehen wir blind eine Anzahl von Malen, die ich n' nennen will, je eine Kugel, die jedesmal wieder in die Urne zurückgeworfen wird; hierbei möge p' die Anzahl angeben, wie oft eine schwarze Kugel gezogen worden ist; dann gibt uns der Bernoullische Satz eine bestimmte Beziehung zwischen der gesuchten Wahrscheinlichkeit $w = \frac{p}{n}$ und dem auf diese Weise durch Versuche auffindbaren Bruche $\frac{p'}{n'}$ an; der Satz lautet:

Man kann die Wahrscheinlichkeit, daß der Bruch $\frac{p'}{n'}$ von der Wahrscheinlichkeit w um weniger als eine beliebig vorgegebene Größe abweicht, der Gewißheit beliebig nahe bringen, wenn nur die Anzahl n' hinreichend vergrößert wird.

Hieraus folgt nun, daß man für die Wahrscheinlichkeit w eines Ereignisses annäherungsweise mit großer Glaubwürdigkeit den aus der Beobachtung sich ergebenden Bruch $\frac{p'}{n'}$ substituieren kann, wenn nur n' groß genug angenommen wird.

Bernoulli legte diesem Resultate mit Recht einen um so größeren Wert bei, als er zu dessen Begründung erhebliche Schwierigkeiten besiegen mußte. Sein Beweis enthält zwar einige Beschränkungen, kann aber, wie ich gefunden habe, ohne das dabei befolgte Prinzip zu ändern, vollkommen strenge gemacht werden; er hat vor dem später durch Laplace gelieferten den großen Vorzug, daß in ihm nur die elementarsten Mittel zur Anwendung kommen. Es wird erzählt, daß Bernoulli, obgleich er von der Bedeutung seiner Arbeit durchdrungen war, dieselbe 20 Jahre lang unter seinen Papieren habe liegen lassen. —

Bereits im Jahre 1708 erschien der Essai d'analyse sur les jeux de hazard von Pierre Rémond de Montmort (geb. in Paris 1678, gest. in Paris 1719).

Canonicus an Notredame und Mitglied der Académie zu Paris. Obgleich der Herausgabe nach älter als die Ars conjectandi, welche erst 1713 erschien, ist dieses Werk doch nicht unabhängig von dem Bernoullischen. Der Verfasser sagt, daß er die Anregung dazu dem verdanke, was er berichtweise über die Bernoullischen Forschungen erfahren habe, und wir können uns über den Inhalt der Montmortschen Arbeit dahin aussprechen, daß sie im wesentlichen mit den drei ersten Teilen der Ars conjectandi parallel geht.

Von Moivre erschien 1711 (Phil. Trans.) eine Abhandlung De mensura sortis, welcher im Jahre 1718 die Schrift folgte Doctrine of chances. Abraham de Moivre (geb. in Vitry in der Champagne 1667, gest. in London 1754) verließ nach Aufhebung des Ediktes von Nantes als Protestant sein Vaterland und lebte als Privatlehrer der Mathematik in London, wo er in die Royal Society aufgenommen wurde.

In den Moivreschen Arbeiten sehen wir mehr als in allen früheren über die Wahrscheinlichkeitsrechnung das Wesentliche von dem Unwesentlichen geschieden; dem Huygensschen Tractate gegenüber erscheinen seine Methoden als die mehr genuinen und im Vergleiche zu der Ars conjectandi macht sich eine zum Teil gewandtere Analyse geltend.

Im Jahre 1740 erschien in London von Thom. Simpson ein Treatise on the nature and laws of chance; es ist derselbe Simpson, welchem wir wertvolle Bereicherungen in der Geometrie verdanken; die sogenannten Simpsonschen Regeln haben die Lehre von der näherungsweisen Quadratur angebahnt.

Indem wir der Entwickelung der Wahrscheinlichkeitsrechnung weiter folgen, treten wir in die Epoche der französischen Revolution; die Gedankenrichtung, welche dieses Ereignis vorbereitete und durch eine schonungslose, auf den Umsturz des Bestehenden hinzielende Kritik der Zustände des staatlichen und des Familienlebens bezeichnet ist, konnte ein Instrument nicht ungenutzt lassen, welches, wie kein anderes, die Befähigung gibt, die verschiedensten Kulturelemente allgemeinen Gesichtspunkten unterzuordnen. Zu den Lieblingsideen dieser Aufklärungszeit gehörte dann auch, daß die Wahrscheinlichkeitsrechnung einer der wichtigsten Gegenstände des öffentlichen Unterrichts sei, denn sie sei die Rechnung des gesunden Menschenverstandes, durch deren Belehrungen allein der falsche Einfluß von Hoffnung, Furcht und allen Gemütsbewegungen auf unser Urteil vernichtet und somit Vorurteil und Aberglaube aus dem Urteil im bürgerlichen Leben verdrängt werden könne.

Vornehmlich begegnet uns hier der zu den Girondisten gezählte Marquis de Condorcet (geb. in Ribemont 1743, gest. in dem Gefängnis zu Bourg la Reine 1794), Mitglied und später Sekretär der Pariser Akademie. Sein Essai sur l'application de l'analyse à la probabilité des décisions rendues à la pluralité des voix (Paris 1784) zeichnet sich durch seinen philosophischen Gehalt sowohl, wie auch durch die Neuheit der darin behandelten Probleme aus. —

Durch Pierre Simon Marquis de Laplace (Beaumont en Auge 1749 — Paris 1827) erhält die Wahrscheinlichkeitsrechnung eine außerordentliche Vollendung in ihren analytischen Bestandteilen und in ihren Anwendungen auf das Leben.

Laplace war erst Lehrer der Mathematik an der Militärschule seiner Vaterstadt, dann in Paris Examinator beim k. Artilleriekorps und später Professor der Mathematik an der École Normale, daneben Mitglied der Académie und des Bureau des Longitudes, auch unter der Konsularregierung kurze Zeit Minister des Innern. Er hat zwei Werke über die Wahrscheinlichkeitsrechnung hinterlassen; das größere, die Théorie analytique des probabilités (Paris 1812) widmete er, wie schon früher seinen Traité de mécanique céleste dem ersten Napoleon; in der Widmung heißt es:

„Ce calcul délicat s'étend aux questions les plus importantes de la vie, qui ne sont, en effet, pour la plupart, que des problèmes de probabilité. Il doit, sous ce rapport, interesser votre Majesté dont le génie sait si bien apprécier et si dignement encourager tout ce qui peut contribuer au progrès des lumières, et de la prosperité publique."

Das zweite Werk ist sein: Essai philosophique sur les probabilités (Paris 1814); hier sehen wir, daß Laplace nicht nur Meister in der Behandlung der schwierigsten analytischen Fragen ist, sondern auch, daß es ihm, wie keinem andern gegeben war, dieselben Gegenstände gemeinfaßlich in der vollendetsten Form zu behandeln.

Deutschland erhält einen entschiedenen Anteil an der Ausbildung der Wahrscheinlichkeitsrechnung erst durch Gauß, welcher besonders eine Seite ihrer Anwendungen untersucht und begründet hat.

Stets, wenn in der Natur Größenmessungen vorgenommen werden, sind die Resultate derselben mit Fehlern behaftet, die teils vom Zufalle herbeigeführt, teils von störenden äußeren Umständen abhängig sind, teils aber auch in den Täuschungen ihre Ursache haben, welchen wir selbst, unserer Natur nach, beim Beobachten unterworfen sind.

Um nun diese Fehler, welche nach der einen oder andern Seite hin möglich sind, zu verkleinern, ist man schon frühe auf den Gedanken gekommen, eine und dieselbe Messung oder, allgemeiner gesprochen, ein und dasselbe System von Messungen öfter, als die Zahl der zu bestimmenden Größen fordert, und unter den verschiedensten Umständen vorzunehmen; die Resultate, welche man auf diese Weise erhält, sind nun zwar alle von dem richtigen aus den angeführten Gründen verschieden, aber es läßt sich annehmen, daß man durch eine verständige Kombination derselben ein solches aus ihnen herleiten kann, welchem man eine größere Glaubwürdigkeit beilegen muß als jeder der ursprünglichen Messungen für sich.

In der Astronomie, wo das hier berührte Problem besonders dringend auftrat, hat bereits de Laplace eine Methode entworfen, welche zu dem angegebenen Ziele führt.

Gauß wandte zum ersten Male auf diese Aufgabe die Prinzipien der Wahrscheinlichkeitsrechnung an und fand nicht nur eine einfachere Lösung derselben, sondern auch diejenige, welcher von allen möglichen die größte Glaubwürdigkeit zukommt. Die unter dem Namen „Methode der kleinsten Quadrate" von ihm begründete Näherungsmethode erschien zuerst als ein Bestandteil seines großen Werkes: Theoria motus corporum coelestium 1809, welches hauptsächlich der Bahnbestimmung der Planeten aus drei Bahnelementen gewidmet ist.

In den Jahren 1821, 1823 und 1826 widmete er dieser Theorie drei akademische Abhandlungen: Theoria combinationis observationum erroribus minimis obnoxiae. Pars I. und II. und Supplementum theoriae combinationis observationum erroribus minimis obnoxiae.

Es liegt in der Aufgabe, welche ich mir gestellt, nur dasjenige kurz zu berühren, was in der Entwicklung der Wahrscheinlichkeitsrechnung als maßgebend hervortritt; es sind aus diesem Grunde viele verdienstvolle Abhandlungen und Kompendien von dieser Besprechung ausgeschlossen, die zur Vertiefung sowohl, wie zur Verbreitung der Wissenschaft Ausgezeichnetes beigetragen haben. Ich darf jedoch ein Moment nicht unerwähnt lassen, welches wesentlich zu unserer Wissenschaft gehört, ich meine ihre philosophische Begründung — die Franzosen nennen es die Metaphysik der Wahrscheinlichkeitsrechnung.

Jede Wissenschaft, welche sich wie die unsrige auf Begriffe und Grundsätze stützt, die nicht bloß spontan gebildet und mathematisch verwertet werden, sondern auch eine gewisse reale Gültigkeit in Anspruch nehmen, so daß die Resultate der Rechnung eine Anwendung auf die Wirklichkeit erhalten sollen, jede derartige Wissenschaft erfordert nach Inhalt und Umfang eine philosophische Kritik. Die Mathematiker beschränken sich freilich in den meisten Fällen bei der Herleitung der Grundbegriffe, wie *mathematische Wahrscheinlichkeit, möglicher Fall, Gewißheit* und dergl., auf synthetische Begriffserklärungen, die Bedingungen ihrer Anwendbarkeit werden oft als etwas Selbstverständliches nicht weiter erörtert. Um die fundamentalen Sätze, wie z. B. den für die Wahrscheinlichkeit zusammengesetzter Ereignisse zu beweisen, wird ein konkreter Fall, wie etwa der einer Urne mit schwarzen und weißen Kugeln behandelt; und es wird manchmal stillschweigend die Richtigkeit derartiger Sätze auf Fälle übertragen, in welchen ihre Gültigkeit mindestens zweifelhaft ist.

Nirgends ist die Gelegenheit in dem Grade vorhanden wie hier, die Kunst der Analysis in glänzender Weise zu entfalten; aber auch nirgends tritt der Fall häufiger auf, daß die mit Scharfsinn durchgeführte Rechnung von gar keinem Werte ist, weil sie sich auf unrichtige Voraussetzungen stützt. Die Wahrscheinlichkeitsrechnung hat also stets und besonders, wenn ihr ein neues Feld der Anwendung gegeben wird, eine Erörterung nötig, worin die Gültigkeit ihrer Berechnungen genau festgestellt wird.

Diese Seite der Wissenschaft, nämlich ihre philosophische, finden wir denn auch von allen ihren Vertretern gewürdigt und gepflegt. Bernoulli hat, wie wir sahen, das vierte Buch seiner Ars conjectandi hauptsächlich der Kritik gewidmet; Condorcet geht in seinem Werke von philosophischen Gesichtspunkten aus; Laplace schrieb seinen Essai philosophique sur les probalilités; in Lacroix's „Traité élémentaire du calcul des probabilités" finden wir die philosophische Seite durchgehends vertreten. Hierbei bietet sich eine Bemerkung dar: die englischen und französischen Mathematiker gehen bei ihren philosophischen Betrachtungen zumeist von den Grundsätzen des Hume'schen Skeptizismus und des Locke'schen Sensualismus aus; darnach finden wir bei ihnen auch die Begründung der Wahrscheinlichkeitsrechnung von diesen Gesichtspunkten aus; seitdem aber in Deutschland Kant neue, die Erkenntnis betreffende Lehren angebahnt hat, wird auch die Wahrscheinlichkeitsrechnung im Kantischen Sinne kritisch untersucht, und es sei mir in dieser Beziehung gestattet, nur an die Schrift von Jac. Fr. Fries zu erinnern, betitelt: Versuch einer Kritik der Wahrscheinlichkeitsrechnung.

Obgleich ich nun mit *meinem* Versuche, aus den mir bekannt gewordenen Schriften und Überlieferungen ein flüchtiges Bild der Wissenschaft zu entwerfen, eigentlich zu Ende bin, kann ich der Versuchung doch nicht widerstehen, die Nützlichkeit und den Wert der Wahrscheinlichkeitsrechnung hervorzuheben, indem ich die Schlußworte aus dem Essai philosophique von Laplace in Übersetzung hier anführe:

„Man sieht", sagt er, „daß die Wahrscheinlichkeitsrechnung im Grunde nichts anderes ist als der in Rechnung gebrachte gesunde Menschenverstand; sie lehrt dasjenige mit Genauigkeit bestimmen, was ein richtiger Verstand durch eine Art von Instinkt fühlt, ohne sich immer Rechenschaft davon geben zu können. Sie läßt keine Willkür bei der Wahl von Ansichten zu, da sie zeigt, welche von ihnen die glaubwürdigste sei. So bildet sie einen Ersatz für die natürliche Unwissenheit und Schwäche des menschlichen Geistes. Betrachtet man die analytischen Methoden, welche erst durch diese Theorie entstanden sind, die Wahrheit der Grundsätze, auf denen sie beruht, die feine und genaue Logik, welche ihr Gebrauch bei der Auflösung von Aufgaben erfordert, den Nutzen der auf sie gegründeten öffentlichen Anstalten und die Ausdehnung, welche sie auf die wichtigsten Aufgaben der Naturwissenschaft und der moralischen Wissenschaften erhalten hat und noch mehr erhalten kann; und berücksichtigt man zugleich, daß sie selbst bei Gegenständen, die der Rechnung nicht unterworfen werden können, die richtigsten Ansichten verschafft, welche die Urteile darüber leiten können, und daß sie vor verwirrenden Täuschungen sich hüten lehrt, so wird man einsehen, daß keine Wissenschaft des Nachdenkens würdiger ist und keine mit mehr Nutzen in das System des öffentlichen Unterrichts aufgenommen werden kann."

[Anmerkungen.]

Es handelt sich hier um einen in der Naturforschenden Gesellschaft zu Halle gehaltenen populärwissenschaftlichen Vortrag, der augenscheinlich auf tiefergehende historische Studien des Verfassers gegründet ist. Wie Cantor dazu kam, sich gerade mit der Geschichte der Wahrscheinlichkeitsrechnung zu beschäftigen, ohne doch jemals selbst auf irgendeinem Gebiete der angewandten Mathematik forschend tätig gewesen zu sein, entzieht sich unserer heutigen Kenntnis. Eigentümlich an diesem Vortrag und uns Heutigen seltsam anmutend ist der durchgehende Zug eines fröhlichen Optimismus, jener „rationalistische" Glaube des achtzehnten Jahrhunderts an die Macht der menschlichen Vernunft und des mathematisch rechnenden Verstandes, der auch auf allen Gebieten des praktischen, ja des politischen Lebens zur Führung berufen sein soll.

[1] Zu S. 359 In der Tat sind die beiden von Chevalier de Meré irrtümlich identifizierten Wahrscheinlichkeiten w_1 und w_2 nach den Regeln der Wahrscheinlichkeitsrechnung voneinander verschieden. Es ist nämlich

$$w_1 = 1 - \left(\frac{5}{6}\right)^4 = 0{,}518 > \frac{1}{2}$$

und

$$w_2 = 1 - \left(\frac{35}{36}\right)^{24} = 0{,}492 < \frac{1}{2}.$$

[2] ibid. Immerhin kann man sich eine *Linie* ganz wohl als *Gesamtheit ihrer Punkte* denken, als eine „Menge" im Cantorschen Sinne; nur sind ihre „Teile" dann nicht diese Punkte selbst sondern wieder „Punktmengen", darunter freilich auch solche, die aus einzelnen Punkten bestehen. Erst die scharfe Unterscheidung zwischen einer aus einem einzigen Element bestehenden „Menge" und diesem Elemente selbst ermöglicht die Festhaltung des Grundsatzes, daß jeder „Teil" dem Ganzen „gleichartig" sein müsse.

[3] ibid. Die auf diesen Chevalier de Meré bezügliche Schlußbemerkung Cantors könnte mit fast noch größerem Rechte auf das Schicksal der *Mengenlehre* und ihrer Widersacher bezogen werden: eine merkwürdige Vorausschau zu einer Zeit, wo der künftige Bahnbrecher sein eigentliches Lebenswerk kaum noch begonnen hatte: seine erste mengentheoretische Arbeit III 1 erschien erst 1873. Die vorliegende Äußerung charakterisiert treffend das Schicksal jeder reaktionären Richtung in der Wissenschaft und wird immer wieder aktuell sein.

2. Ludwig Scheeffer (Nekrolog).

[Bibliotheca mathematica (herausg. v. Eneström) Bd. 1, S. 197—199 (1885).]

Die mathematische Wissenschaft hat in diesem Jahre den Verlust eines ihrer tüchtigsten jüngeren Arbeiter zu beklagen gehabt, den ein frühzeitiger Tod aus seiner vielversprechenden wissenschaftlichen Tätigkeit herausgerissen hat.

Karl Ludwig Scheeffer war geboren in Königsberg i. Pr. den 1. Juni 1859, hatte dort und zuletzt in Berlin die Gymnasialbildung erhalten und studierte seit Ostern 1876 in Heidelberg, Leipzig, Berlin Mathematik. Am 1. März 1880 promovierte er in Berlin mit einer Arbeit: *Über Bewegungen starrer Punktsysteme in einer ebenen n-fachen Mannigfaltigkeit*, hatte jedoch keine Neigung für die Universitätskarriere, da er die Einseitigkeit der Mathematik fürchtete, obgleich er andererseits sich aus vollster Überzeugung dieser Wissenschaft gewidmet hatte. Er machte daher im Laufe des folgenden Jahres das Examen *pro facultate docendi* (in Mathematik, Physik, philosophischer Propädeutik und beschreibenden Naturwissenschaften), und absolvierte von Ostern 1881 bis 1882 sein pädagogisches Probejahr am Friedrich-Wilhelms-Gymnasium zu Berlin (Schellbachsches Seminar). Während der Zeit keimte bei ihm das Bewußtsein, dennoch zum höheren [akademischen] Lehrfache berufen zu sein und er ging, nachdem er den Sommer 1882 seiner Gesundheit wegen in den Alpen zugebracht hatte, mit Mut ans Werk. Er wählte München, weil die Nähe der Gebirgsnatur, die er über alles liebte, ihn lockte, und habilitierte sich dort (gegen Ostern 1884). Nur noch ein weiteres Jahr vergönnte ihm das Schicksal für seine wissenschaftliche Tätigkeit, dann raffte ihn der Tod dahin. Von einer Ferienreise, die er nach Italien machte, zurückgekehrt, wurde er vom Typhus ergriffen, dem er am 11. Juni 1885 erlag, nach eben vollendetem 26ten Lebensjahre.

Es möge hier eine Aufzählung seiner mathematischen Publikationen, abgesehen von der bereits erwähnten Inauguralschrift, folgen:

1. Über einige bestimmte Integrale betrachtet als Funktionen eines komplexen Parameters. Berlin, Dreijer 1883.
4^0, 21 p. — Habilitationsschrift (München).

2. Beweis des Laurent'schen Satzes.
Acta Mathem. 4, 375—380 (1884).

3. Allgemeine Untersuchungen über Rektifikation der Kurven.
Acta Mathem. 5, 49—82 (1884).

4. Zur Theorie der stetigen Funktionen einer reellen Veränderlichen.

Acta Mathem. **5**, 1884, 183—194, 279—296.

5. Zur Theorie der Funktionen

$$\Gamma(z), \quad Q(z), \quad P(z).$$

Journ. für Mathem. **97**, 1884, 230—241.

6. Über die Bedeutung der Begriffe „Maximum und Minimum" in der Variationsrechnung.

Berichte d. Sächs. Gesellsch. d. Wissensch. (Math. Kl.) 1885, 92—105. Abgedruckt: Mathem. Ann. **26**, 1885, 197—208.

7. Die Maxima und Minima der einfachen Integrale zwischen festen Grenzen.

Mathem. Ann. **25**, 1885, 522—595.

Außer diesen zu Lebzeiten des Verfassers erschienenen Abhandlungen ist noch eine Arbeit desselben über Maxima und Minima von Funktionen zweier Veränderlicher vorhanden, welche demnächst, einem Wunsche des Verstorbenen gemäß, in dem *Journal für die reine und angewandte Mathematik* herausgegeben werden soll.

Aus diesen Anführungen geht bereits hervor, daß der Verfasser sich durch eine seltene Vielseitigkeit auszeichnete; das genauere Studium seiner Arbeiten läßt aber auch den Schluß auf eine eminente Beanlagung ihres Autors zu.

Eine gründliche Gelehrsamkeit, verbunden mit Reichtum an eigenen Gedanken, welche mit musterhafter Einfachheit, Klarheit und Eleganz der Sprache zur Darstellung kommen, bildet das wesentliche Merkmal seiner Produktionen. Von den schönen Resultaten, zu welchen ihn seine mit eisernem Fleiß gepflogenen Untersuchungen geführt haben, möge hier der in Nr. 4 gelieferte Beweis für den folgenden Satz hervorgehoben werden:

„Wenn man von einer stetigen Funktion einer Veränderlichen weiß, daß ihr Differentialquotient Null ist für alle Werte eines Intervalls, mit *Ausnahme derjenigen, welche irgendeiner gegebenen unendlichen Punktmenge erster Mächtigkeit entsprechen*, so folgt hieraus, daß die Funktion in dem gedachten Intervalle eine Konstante ist."

Schließlich sei es gestattet, auf die Nr. 6 und 7 seiner Arbeiten noch besonders aufmerksam zu machen, weil darin einige neue und entwicklungsfähige Ideen der Variationsrechnung zugeführt zu sein scheinen.

3. Über die verschiedenen Standpunkte in bezug auf das aktuelle Unendliche.

(Aus einem Schreiben des Verf. an Herrn G. Eneström in Stockholm vom 4. Nov. 1885.)

[Ztschr. f. Philos. u. philos. Kritik Bd. 88, S. 224—233; Gesammelte Abhandlungen zur Lehre vom Transfiniten. I. Abteilung, 92 S. Halle a. S.: C. E. M. Pfeffer 1890.]

[Anmerkungen hierzu S. 376.]

... Ihr heute in meine Hände gelangter Brief vom 31. Okt. d. J. enthält folgende Frage: „Avez vous vu et étudié l'écrit de l'Abbé Moigno intitulé: ‚Impossibilité du nombre actuellement infini; la science dans ses rapports avec la foi.' (Paris, Gauthier-Villars, 1884)?" Allerdings habe ich mir dieses Schriftchen vor einigen Wochen verschafft. Was Moigno hier über die angebliche Unmöglichkeit der aktual unendlichen Zahlen sagt, und die Nutzanwendung, welche er von diesem falschen Satze auf die Begründung gewisser Glaubenslehren macht, ist mir dem wesentlichen nach bereits aus Cauchy's: „Sept leçons de physique générale" (Paris, Gauthier-Villars, 1868) bekannt gewesen. Cauchy scheint zu dieser für einen Mathematiker höchst seltsamen Spekulation durch das Studium des P. Gerdil geführt worden zu sein. Letzterer (Hyacinth Sigmund, 1718—1802) war eine hochgestellte, sehr respektable Persönlichkeit und ein angesehener Philosoph, der als Professor eine Zeitlang in Turin wirkte, später Erzieher des nachmaligen Königs Karl Emanuel IV. von Piemont, dann vom Papst Pius VI. 1776 nach Rom berufen, zu mancherlei Geschäften des heil. Stuhles gebraucht und endlich zum Bischof von Ostia, wie auch zum Kardinal erhoben wurde. Ihnen wird er vielleicht als Verfasser einiger Arbeiten über Geometrie und über historische Gegenstände bekannt sein. Cauchy nimmt pag. 26 Bezug auf eine Abhandlung Gerdil's, welche den Titel führt: „Essai d'une démonstration mathématique contre l'existence éternelle de la matière et du mouvement, déduite de l'impossibilité démontrée d'une suite actuellement infinie de termes, soit permanents, soit successifs." (Opere edite ed inedite del cardinale Giacinto Sigismondo Gerdil, t. IV, p. 261, Rome 1806). Derselbe Gegenstand findet sich auch von ihm dargestellt im „Mémoire de l'infini absolu considéré dans la grandeur" (ibid. t. V. p. 1, Rome 1807).

Ich stehe durchaus nicht in prinzipiellem Gegensatz zu diesen Autoren, sofern sie eine Harmonie zwischen Glauben und Wissen erstreben, halte aber das Mittel, dessen sie sich hier dazu bedienen, für ein gänzlich verfehltes.

Wenn die Glaubenssätze zu ihrer Stütze eines so *grundfalschen* Satzes, wie derjenige von der Unmöglichkeit aktual unendlicher Zahlen (der in der bekannten Formulierung „numerus infinitus repugnat" uralt ist; neuerdings findet er sich z. B. bei Tongiorgi: „Instit. philos. t. II, l. 3, a. 4, pr. 10" in der Form: „Multitudo actu infinita repugnat"; auch u. a. bei Chr. Sigwart „Logik, Bd. II. S. 47, Tübingen 1878" und bei K. Fischer „System der Logik und Metaphysik oder Wissenschaftslehre S. 275, Heidelberg 1865 kann er gefunden werden) bedürften, so wäre es mit ihnen sehr schlecht bestellt und es scheint mir höchst bemerkenswert, daß der heil. Thomas von Aquino in I p, q. 2, a. 3 seiner „Summa theologica", wo er mit fünf Argumenten die Existenz Gottes beweist, von diesem fehlerhaften Satze *keinen* Gebrauch macht, obwohl er im übrigen kein Gegner desselben ist; jedenfalls erschien er ihm für diesen Zweck doch zu unsicher. (Vergl. Constantin Gutberlet: „Das Unendliche metaphysisch und mathematisch betrachtet", Mainz 1878, S. 9). So hoch ich Cauchy als Mathematiker und Physiker schätze, so sympathisch mir seine Frömmigkeit ist und so sehr mir im besondern auch jene „Sept Leçons de physique générale", abgesehen von dem in Rede stehenden Irrtum gefallen, muß ich doch entschieden gegen seine Autorität protestieren da, wo er gefehlt hat.

Es sind jetzt gerade zwei Jahre her, daß mich Herr Rudolf Lipschitz in Bonn auf eine gewisse Stelle im Briefwechsel zwischen Gauß und Schumacher aufmerksam machte, wo ersterer gegen *jede* Heranziehung des Aktual-Unendlichen in die Mathematik sich ausspricht (Brief v. 12. Juli 1831); ich habe ausführlich geantwortet und die Autorität von Gauß, welche ich in allen anderen Beziehungen so hoch halte, *in diesem Punkte* abgelehnt, sowie ich heute das Zeugnis Cauchy's und wie ich in meinem Schriftchen „Grundlagen einer allgemeinen Mannigfaltigkeitslehre, Leipzig 1883" [hier III 4, Nr. 5, S. 165 ff.] u. a. auch die Autorität Leibnizens, der in dieser Frage eine merkwürdige Inkonsequenz begangen hat, zurückweise.

Wenn Sie sich das soeben genannte Schriftchen (nicht die Übersetzung in den Acta mathematica t. II, wo nur ein Teil davon abgedruckt ist) genauer ansehen wollten, so würden Sie finden, daß ich in den §§ 4—8 im Grunde auf alle Einwürfe geantwortet habe, welche wider die Einführung aktual unendlicher Zahlen gemacht werden können. Sind mir auch damals die erwähnten Schriften von Gerdil, Cauchy und Moigno über unsern Gegenstand noch nicht bekannt gewesen, so werden doch die betreffenden Scheingründe dieser Autoren ebensowohl getroffen, wie die petitiones principii der von mir dort so reichlich angeführten Philosophen.

Alle sogenannten Beweise wider die Möglichkeit aktual unendlicher Zahlen sind, wie in jedem Falle besonders gezeigt und auch aus allgemeinen Gründen geschlossen werden kann, der Hauptsache nach dadurch fehlerhaft, und darin liegt ihr πρῶτον ψεῦδος, daß sie von vornherein den in Frage stehenden Zahlen alle Eigenschaften der endlichen Zahlen zumuten oder vielmehr aufdrängen, während die unendlichen Zahlen doch andrerseits, wenn sie überhaupt in irgendeiner Form denkbar sein sollen, durch ihren Gegensatz zu den endlichen Zahlen ein ganz neues Zahlengeschlecht konstituieren müssen, dessen Beschaffenheit von der Natur der Dinge durchaus abhängig und Gegenstand der Forschung, nicht aber unserer Willkür oder unserer Vorurteile ist.

Pascal hat, wie ich erst kürzlich gesehen, das Bedenkliche, wenn nicht Widersinnige solcher Deduktionen, wie sie uns bei den genannten Schriftstellern begegnen, wohl erkannt und er spricht sich deshalb auch, ebenso wie sein Freund Antoine Arnauld *für* die aktual-unendlichen Zahlen aus, nur daß er aus einem andern widerlegbaren Grunde, auf den ich hier nicht näher eingehen will, den menschlichen Geist in Hinsicht seiner Auffassungskraft des Aktual-Unendlichen zu gering schätzt. (Vgl. Pascal, Oeuvres complètes, t. I p. 302—303, Paris, Hachette & Co. 1877; ferner: Logique de Port-Royal, ed. par C. Jourdin, 4e partie, chap. 1, Paris, Hachette & Co. 1877).

Wenn man die verschiedenen Ansichten, welche sich in bezug auf unsern Gegenstand, das *Aktual-Unendliche* (im folgenden Kürze halber mit A.-U. bezeichnet), im Laufe der Geschichte geltend gemacht haben, übersichtlich gruppieren will, so bieten sich dazu mehrere Gesichtspunkte dar, von denen ich heute nur einen hervorheben möchte.

Man kann nämlich das A.-U. in *drei Hauptbeziehungen* in Frage stellen: *erstens, sofern es in Deo extramundano aeterno omnipotenti sive natura naturante*, wo es das *Absolute* heißt, *zweitens* sofern es *in concreto seu in natura naturata* vorkommt, wo ich es *Transfinitum* nenne und *drittens* kann das A.-U. *in abstracto* in Frage gezogen werden, d. h. sofern es von der menschlichen Erkenntnis in Form von *aktual-unendlichen*, oder wie ich sie genannt habe, von *transfiniten Zahlen* oder in der noch allgemeineren Form der *transfiniten Ordnungstypen* (*ἀριθμοὶ νοητοὶ* oder *εἰδητικοί*) aufgefaßt werden könne.

Sehen wir zunächst von dem *ersten* dieser drei Probleme ab und beschränken uns auf die beiden letzteren, so ergeben sich von selbst *vier verschiedene Standpunkte*, welche auch wirklich in Vergangenheit und Gegenwart sich vertreten finden.

Man kann *erstens* das A.-U. sowohl *in concreto*, wie auch *in abstracto* verwerfen, wie dies z. B. von Gerdil, Cauchy, Moigno in den angeführten Schriften, von Herrn Ch. Renouvier (vergl. dessen Esquisse d'une classification systématique des doctrines philosophiques, t. I. pag. 100, Paris, au Bureau de la Critique philosophique, 1885) und von allen sogenannten *Positivisten* und deren Verwandten geschieht.

Zweitens kann man das A.-U. *in concreto* bejahen, dagegen *in abstracto* verwerfen; dieser Standpunkt findet sich, wie ich in meinen „Grundlagen, pag. 16" [hier S. 175ff.] hervorhob, bei Descartes, Spinoza, Leibniz, Locke und vielen anderen. Soll ich auch hier einen neueren Autor nennen, so erwähne ich Hermann Lotze, der in einem Aufsatze betitelt: „L'Infini actuel est-il contradictoire? Réponse à Monsieur Renouvier" in der Revue philos. de Ribot, t. IX, 1880 das A.-U. in concreto verteidigt; die Replik Renouviers findet sich in demselben Bande dieser Zeitschrift.

Es kann *drittens* das A.-U. *in abstracto* bejaht, dagegen *in concreto* verneint werden; auf diesem Standpunkt befindet sich ein Teil der *Neuscholastiker*, während ein andrer, und vielleicht der größere Teil dieser, durch die Enzyklika Leo's XIII, vom 4. August 1879: „De philosophia Christiana ad mentem Sancti Thomae Aquinatis Doctoris Angelici in scholis catholicis instauranda" mächtig angespornten Schule den ersten dieser vier Standpunkte noch zu verteidigen sucht.

Endlich kann *viertens* das A.-U. sowohl *in concreto*, wie auch *in abstracto bejaht* werden; auf diesem Boden, den ich für den *einzig richtigen* halte, stehen nur wenige; vielleicht bin ich der zeitlich erste, der diesen Standpunkt mit voller Bestimmtheit und in allen seinen Konsequenzen vertritt, doch das weiß ich sicher, daß ich nicht der letzte sein werde, der ihn verteidigt!

Wird auch die Stellung der Philosophen zu dem Problem des A.-U. *in Deo* berücksichtigt, so erhält man eine Klassifikation der Schulen in *acht Standpunkte*, welche merkwürdigerweise sämtlich vertreten zu sein scheinen. Eine Schwierigkeit der Einordnung in diese *acht* Klassen könnte sich nur bei denjenigen Autoren ergeben, welche in bezug auf eine oder mehrere der *drei* das A.-U. betreffenden Fragen keine bestimmte Position genommen haben.

Daß das sogenannte *potentiale* oder *synkategorematische Unendliche* (Indefinitum) zu keiner derartigen Einteilung Veranlassung gibt, hat darin seinen Grund, daß es ausschließlich als *Beziehungsbegriff*, als *Hilfsvorstellung* unseres Denkens Bedeutung hat, für sich aber keine *Idee* bezeichnet; in jener Rolle hat es allerdings durch die von Leibniz und Newton erfundene Differential- und Integralrechnung seinen großen Wert als Erkenntnismittel und Instrument unseres Geistes bewiesen; eine weitergehende Bedeutung kann dasselbe nicht für sich in Anspruch nehmen.

Vielleicht sind Sie zu Ihrer Fragestellung durch eine Bemerkung in meinem Aufsatze „Über verschiedene Theoreme aus der Theorie der Punktmengen" in Acta mathematica, t. VII, p. 123 [hier III 7, S. 275] veranlaßt worden, wo ich unter anderen Cauchy als Gewährsmann für meine Ansicht in bezug auf die *Konstitution der Materie* genannt; ich habe hierbei besonders denjenigen Bestandteil meiner Hypothese im Auge gehabt, in welchem ich die *strenge räum-*

liche Punktualität oder *Ausdehnungslosigkeit der letzten Elemente,* wie sie nach dem Vorgange Leibnizens auch von dem Pater Boskovič, in dessen Schrift „Theoria philosophiae naturalis redacta ad unicam legem virium in natura existentium, Venetiis, 1763" gelehrt wurde, behaupte; und allerdings findet sich diese Ansicht von Cauchy in seinen „Sept leçons" und vor ihm von André Marie Ampère (Cours du collège de France 1835—1836), nach ihm von de Saint-Venant (Vergl. dessen „Mémoire sur la question de savoir s'il existe des masses continues, et sur la nature probable des dernières particules des corps". Bulletin de la Société philomatique de Paris, 20 Janvier 1844; ebenso dessen größere Arbeit in den Annales de la Société scientifique de Bruxelles, 2e année), bei uns in Deutschland vornehmlich von H. Lotze (vergl. dessen „Mikrokosmos", Bd. I) und von G. Th. Fechner (vergl. dessen: „Über die physikalische und philosophische Atomlehre", Leipzig, 1864) meisterhaft verteidigt. Dagegen kann ich nicht in Abrede stellen, daß Cauchy wenigstens in jenem Schriftchen (und wohl auch die übrigen zuletzt genannten Autoren, mit Ausnahme von Leibniz) gegen den zweiten Bestandteil meiner Hypothese, die *aktual-unendliche Zahl der letzten Elemente* polemisieren; mit welchem Rechte ist von mir oben gezeigt worden. Daß Cauchy jedoch *bei anderen Gelegenheiten* dieser das A.-U. betreffenden Meinung nicht treu geblieben ist, wie es ja auch nicht anders sein konnte, will ich später einmal nachweisen ...

Trotz wesentlicher Verschiedenheit der Begriffe des *potentialen* und *aktualen* Unendlichen, indem ersteres eine *veränderliche* endliche, über alle endliche Grenzen hinaus *wachsende* Größe, letzteres ein *in sich festes, konstantes,* jedoch jenseits aller endlichen Größen liegendes Quantum bedeutet, tritt doch leider nur zu oft der Fall ein, daß das eine mit dem andern verwechselt wird. So beruht z. B. die nicht selten vorkommende Auffassung der *Differentiale,* als wären sie *bestimmte* unendlich kleine Größen (während sie doch nur *veränderliche,* beliebig klein anzunehmende Hilfsgrößen sind, die aus den Endresultaten der Rechnungen gänzlich verschwinden und darum schon von Leibniz als bloße *Fiktionen* charakterisiert werden, z. B. in der Erdmannschen Ausgabe, S. 436), auf einer Verwechselung jener Begriffe. Wenn aber aus einer berechtigten Abneigung gegen solches *illegitime* A. U. sich in breiten Schichten der Wissenschaft, unter dem Einflusse der modernen epikureisch-materialistischen Zeitrichtung, ein gewisser *Horror Infiniti* ausgebildet hat, der in dem erwähnten Schreiben von Gauß seinen klassischen Ausdruck und Rückhalt gefunden, so scheint mir die damit verbundene unkritische Ablehnung des *legitimen* A. U. kein geringeres Vergehen wider die Natur der Dinge zu sein, die man zu nehmen hat, wie sie sind, und es läßt sich dieses Verhalten auch als eine Art *Kurzsichtigkeit* auffassen, welche die Möglichkeit raubt, das A. U. zu sehen, obwohl es in seinem höchsten, absoluten Träger uns geschaffen hat und erhält und in seinen sekundären, transfiniten Formen uns allüberall umgibt und sogar unserm Geiste selbst innewohnt.

Eine *andere* häufige *Verwechslung* geschieht mit den beiden Formen des *aktualen* Unendlichen, indem nämlich das *Transfinite* mit dem *Absoluten* vermengt wird, während doch diese Begriffe streng geschieden sind, insofern ersteres ein *zwar Unendliches*, aber doch *noch Vermehrbares*, das letztere aber wesentlich als *unvermehrbar* und daher mathematisch *undeterminierbar* zu denken ist; diesem Fehler begegnen wir z. B. im *Pantheismus*, und er bildet die *Achillesferse* der *Ethik Spinozas*, von welcher zwar F. H. Jacobi behauptet hat, daß sie mit Vernunftgründen nicht zu widerlegen sei. Auch bemerkt man, daß sich seit Kant die falsche Vorstellung unter den Philosophen einbürgert, als sei das *Absolute* die ideale Grenze des *Endlichen*, während in Wahrheit diese Grenze nur als ein *Transfinitum*, und zwar als das *Minimum alles Transfiniten* (entsprechend der von mir mit ω bezeichneten, *kleinsten* überendlichen Zahl) gedacht werden kann. Ohne ernste kritische Vorerörterung wird der Unendlichkeitsbegriff von Kant in dessen „Kritik der reinen Vernunft", in dem Kapitel über die „Antinomien der reinen Vernunft" an *vier* Fragen behandelt, um den Nachweis zu liefern, daß sie mit gleicher Strenge *bejaht* und *verneint* werden können. Es dürfte kaum jemals, selbst bei Mitberücksichtigung der Pyrrhonischen und Akademischen Skepsis, mit welcher Kant so viele Berührungspunkte hat, mehr zur Diskreditierung der menschlichen Vernunft und ihrer Fähigkeiten geschehen sein, als mit diesem Abschnitt der „kritischen Transzendentalphilosophie". Ich werde gelegentlich zeigen, daß es diesem Autor nur durch einen *vagen, distinktionslosen* Gebrauch des Unendlichkeitsbegriffs (wenn unter solchen Verhältnissen überhaupt noch von Begriffen die Rede sein kann) gelungen ist, seinen *Antinomien* Geltung zu verschaffen, und dies auch nur bei denen, die gleich ihm einer gründlichen mathematischen Behandlung solcher Fragen gern ausweichen. [1]

Hier möchte ich auch auf *zwei* Angriffe antworten, welche gegen meine Arbeiten unternommen worden sind.

Herbart faßt bekanntlich die Definition des Unendlichen so, daß unter sie nur das *potentiale Unendliche* fallen kann, um darauf einen sogenannten Beweis zu gründen, daß das A. U. in sich widersprechend sei. Er hätte mit *demselben Rechte* den Kegelschnitt als eine Kurve definieren können, deren Punkte von einem Zentrum alle gleich weit abstehen, um darauf fußend, gegen Apollonios von Perga den Satz zu vertreten: „Es gibt keine anderen Kegelschnitte als den *Kreis* und, was du da *Ellipse*, *Hyperbel* und *Parabel* nennst, sind widerspruchsvolle Begriffe." Von solcher Ware sind die Einwände, welche die Herren *Herbartianer* gegen meine „Grundlagen" vorgebracht haben. (Vergl. Zeitschr. f. exakte Philos. von Th. Allihn und A. Flügel, Bd. 12, S. 389.)

Herr W. Wundt nimmt in *zweien* seiner Schriften, in seiner „Logik, Bd. II", sowie in der Abhandlung „Kants kosmologische Antinomien und das Problem der Unendlichkeit, Philos. Studien, Bd. II", wenn auch in eigenartiger Weise, bezug auf meine Arbeiten, und es treten bei ihm die *von mir eingeführten* Worte „transfinit = überendlich" des öfteren hervor; doch kann ich nicht finden, daß er mich richtig verstanden habe.

In dem *ersteren* Werke stellt z. B. der ganze Satz, S. 127 unten, welcher anfängt mit den Worten: „Wenn wir eine ..." das genaue *Gegenteil vom Richtigen* dar. Auch werden die Begriffe des *potentialen* und *aktualen Unendlichen* (welche ich in meinen „Grundlagen" *Uneigentlich-Unendliches* und *Eigentlich-Unendliches* genannt habe) von ihm ganz falsch bestimmt. Die Zusammenstellung mit Hegel muß gleichfalls als unzutreffend abgelehnt werden. Der *pantheistische* Hegel kennt keine wesentlichen Unterschiede im A. U., während es doch gerade das *mir* Eigentümliche ist, solche Unterschiede, die ich fand, scharf hervorgehoben und durch Aufdeckung des *fundamentalen* Gegensatzes von „*Mächtigkeit*" und „*Ordnungszahl*" bei Mengen, den Herr Wundt ganz übersehen zu haben scheint, obgleich er fast auf jeder Seite meiner Arbeiten zur Geltung kommt, streng mathematisch ausgebildet zu haben. Ebensowenig Ähnlichkeit haben meine Untersuchungen mit den „mathematischen", mit denen sie gleichwohl von Herrn Wundt in eine Linie gestellt werden. Die Begriffsschwankungen und die damit zusammenhängende Verwirrung, welche seit ungefähr *hundert* Jahren zuerst vom fernen Osten Deutschlands her in die Philosophie hineingetragen wurden, zeigen sich nirgends deutlicher als in den das *Unendliche* betreffenden Fragen, wie aus unzählig vielen, sei es *kritizistisch* oder *positivistisch*, *psychologistisch* oder *philologistisch* gehaltenen Publikationen unsrer heutigen philosophischen Literatur hervorgeht. Nicht unerwähnt kann es daher bleiben, daß Herr Wundt das Wort „Infinitum" ausschließlich in der Bedeutung des potentialen Unendlichen gebrauchen will. Nun ist aber dieses Wort von altersher *ganz allgemein* auf den positivsten aller Begriffe, den Gottes, bezogen worden; man muß über den sonderlichen Einfall staunen, wonach das Wort „Infinitum" fortan nur in dem allereingeschränktesten, synkategorematischen Sinne verwandt werden solle.

[Anmerkungen.]

Mit dem vorstehenden Aufsatze beginnt die Reihe der Erörterungen, in denen Cantor den seinen *mathematischen* Untersuchungen zugrunde liegenden Unendlichkeitsbegriff gegenüber *philosophischen* und *theologischen* Einwänden verteidigt. Die polemisch-apologetische Absicht und die briefliche Form, in der diese (zuerst in der Fichteschen Zeitschrift erschienen und später in den „Gesammelten Abhandlungen“ wieder abgedruckten und zusammengefaßten) Aufsätze entstanden sind, sowie das (nicht immer erfolgreiche) Bestreben, auch Nicht-Mathematikern verständlich zu sein, bedingt einen gewissen Mangel an Systematik und mathematischer Schärfe. Dem mathematisch Vorgebildeten seiner mengentheoretischen Arbeiten werden sie kaum etwas Neues zu bieten haben, ohne doch andererseits den Wert und die Bedeutung einer spezifisch philosophischen Leistung beanspruchen zu können. Für die heutigen Leser dürften diese Aufsätze hauptsächlich von psychologisch-biographischem Interesse sein.

[1] Zu S. 375. Der Kantischen Lehre von den „Antinomien der reinen Vernunft“ scheint hier Cantor doch nicht gerecht zu werden. Nicht um eine Widerlegung oder Ablehnung des Unendlichkeits*begriffes* handelte es sich hier bei Kant, sondern um seine Anwendung auf das *Weltganze*, um die Tatsache, daß die menschliche Vernunft sich durch ihre innere Natur ebenso gedrängt findet, die Welt als begrenzt wie als unbegrenzt, als endlich wie als unendlich anzunehmen — eine Tatsache, die weder durch mathematische Theorien wie die Cantorsche Mengenlehre noch durch seine wohl nicht sehr tiefgreifende Polemik aus der Welt geschafft werden kann. Auch wer wie der Herausgeber die Kantische Theorie der Mathematik, wonach alle mathematischen Sätze auf „reine Anschauung“ gegründet sein sollen, grundsätzlich *ablehnt*, wird doch zugeben müssen, daß in dieser Lehre von den „Antinomien“ eine tiefere Einsicht, ein Einblick in die „dialektische“ Natur des menschlichen Denkens zum Ausdruck kommt. Und ein eigentümliches Schicksal fügte es, daß gerade die „Antinomien der Mengenlehre“, deren mindestens *formale* Analogie mit den Kantischen nicht wohl in Abrede gestellt werden kann, ein ganzes Menschenalter hindurch der Ausbreitung und Anerkennung der Cantorschen Leistungen im Wege gestanden haben.

4. Mitteilungen zur Lehre vom Transfiniten.

[Ztschr. f. Philos. u. philos. Kritik Bd. 91, S. 81—125 (1887); Bd. 92, S. 240—265 (1888); Gesammelte Abhandlungen zur Lehre vom Transfiniten 2. Teil.]
[Anmerkungen hierzu vgl. S. 439.]

In dem vorhergehenden Aufsatze habe ich, veranlaßt durch gewisse, gegen die Möglichkeit der unendlichen Zahlen geschriebene ältere und neuere Arbeiten, den Versuch gemacht, die sich an das aktuale Unendliche knüpfenden Fragen nach ihren obersten Scheidungen, von dem allgemeinsten Gesichtspunkte aus abzugrenzen, um auf diese Weise eine Übersicht der hauptsächlichsten Positionen zu gewinnen, welche in bezug auf diesen Gegenstand eingenommen werden können. Es wurde das A.-U. nach *drei* Beziehungen unterschieden: *erstens* sofern es in der höchsten Vollkommenheit, im völlig unabhängigen, außerweltlichen Sein, *in Deo* realisiert ist, wo ich es *Absolutunendliches* oder kurzweg *Absolutes* nenne; *zweitens* sofern es in der abhängigen, kreatürlichen Welt vertreten ist; *drittens* sofern es als mathematische Größe, Zahl oder Ordnungstypus vom Denken *in abstracto* aufgefaßt werden kann. In den *beiden* letzten Beziehungen, wo es offenbar als beschränktes, noch weiterer Vermehrung fähiges und *insofern dem Endlichen verwandtes* A.-U. sich darstellt, nenne ich es *Transfinitum* und setze es dem *Absoluten* strengstens entgegen.

In jeder von den drei Beziehungen kann die Möglichkeit des aktualen Unendlichen bejaht oder verneint werden; daraus folgen im ganzen *acht* verschiedene Standpunkte, die sämtlich in der Philosophie vertreten sind und von welchen ich denjenigen einnehme, der *unbedingt affirmativ* ist, *in bezug auf alle drei Rücksichten.*

Liegt es besonders der *spekulativen Theologie* ob, dem *Absolutunendlichen* nachzuforschen und dasjenige zu bestimmen, was menschlicherseits von ihm gesagt werden kann, so fallen andrerseits die auf das *Transfinite* hingerichteten Fragen hauptsächlich in die Gebiete der *Metaphysik* und der *Mathematik*; sie sind es vorzugsweise, mit denen ich mich seit Jahren beschäftige.

Da ich das Glück hatte, darüber mit mehreren Gelehrten, welche meinen Arbeiten ein freundliches Interesse gewidmet, zu korrespondieren und mir hierbei Gelegenheit geworden ist, das bisher Veröffentlichte in gemeinverständlicher Weise zu erläutern und aufzuklären, so meine ich in diesem, aus lebendigem Gedankenaustausch hervorgegangenen Material geeignete Anknüpfungspunkte für weitere, ein größeres Publikum interessierende Ausführungen zu besitzen. Ich möchte daher zunächst im folgenden mehrere dieser von mir geschriebenen Briefe veröffentlichen, ohne wesentliche Änderungen an ihnen vorzunehmen. Wo es jedoch mir nötig erscheinen wird, will ich in Noten unter dem Text Erklärungen dazu geben.

Zu den Briefen I, III, IV und VIII möchte ich folgendes als Einleitung vorausschicken.

Ad I und VIII. Hier findet sich die von mir seit etwa *vier* Jahren vertretene und in meinen Vorlesungen vielfach ausgebildete Auffassungsweise der *ganzen Zahlen* und *Ordnungstypen* als *Universalien*, die sich auf *Mengen* beziehen und aus ihnen sich ergeben, wenn von der *Beschaffenheit der Elemente abstrahiert* wird. Jede Menge wohlunterschiedener Dinge kann *als ein einheitliches Ding für sich* angesehen werden, in welchem jene Dinge Bestandteile oder konstitutive Elemente sind. Abstrahiert man *sowohl* von der Beschaffenheit der Elemente, *wie auch* von der Ordnung ihres Gegebenseins, so erhält man die *Kardinalzahl* oder *Mächtigkeit* der Menge, einen Allgemeinbegriff, in welchem die Elemente, als sogenannte Einsen, gewissermaßen organisch ineinander derartig zu einem einheitlichen Ganzen verwachsen sind, daß keine vor den anderen ein bevorzugtes Rangverhältnis hat. Daraus ergibt sich bei eingehender Erwägung, daß zweien verschiedenen Mengen dann und nur dann eine und dieselbe Kardinalzahl zukommt, wenn sie das zueinander sind, was ich *äquivalent* nenne, und *es liegt kein Widerspruch* vor, wenn, wie dies bei *unendlichen* Mengen häufig eintritt, zwei Mengen, von denen die eine ein *Teil* oder *Bestandteil* der andern ist, *völlig gleiche* Kardinalzahl haben. In dem *Verkennen dieser Tatsache* sehe ich das Haupthindernis, welches der Einführung unendlicher Zahlen von alters her entgegengebracht worden ist.

Wird jener Abstraktionsakt an einer gegebenen, nach einer oder mehreren Beziehungen (Dimensionen) geordneten Menge nur in bezug auf die *Beschaffenheit* der Elemente vorgenommen, so daß die *Rangordnung*, in welcher sie zueinander stehen, auch im Allgemeinbegriff beibehalten bleibt, der auf solche Weise gewissermaßen eine, aus verschiedenen Einsen, welche eine bestimmte Rangordnung, nach einer oder nach mehreren Richtungen, untereinander bewahren, hervorgehende einheitliche organische Bildung wird, so hat man damit ein solches *universale*, welches von mir im allgemeinen *Ordnungstypus* oder *Idealzahl*, in dem besonderen Falle wohlgeordneter Mengen aber *Ordnungszahl* genannt wird[1]; letztere stimmt überein mit dem, was ich früher (Grundl. e. allg. Mannigfaltigkeitslehre) [III 4, S. 168] „Anzahl einer wohlgeordneten Menge“ genannt habe. Zwei geordneten Mengen kommt dann und nur dann *ein und derselbe Ordnungstypus* zu, wenn sie zueinander im Verhältnis der *Ähnlichkeit* oder *Konformität* stehen, welches Verhältnis genau definiert werden wird.

[1] Vgl. Gutberlet: Das Problem des Unendlichen. Z. Philos. u. philos. Krit. 88, 183.

Hier sind die *Wurzeln* aufgedeckt, aus welchen sich der *Organismus* der transfiniten *Typentheorie* oder Theorie der *Idealzahlen* und im besondern der transfiniten *Ordnungszahlen* mit logischer Notwendigkeit herausentwickelt und den ich, in systematischer Gestalt, bald hoffe publizieren zu können.

In einer Rezension, die ich für die „Deutsche Literaturzeitung" [hier IV 5, S. 440] zu liefern hatte, habe ich die Bestimmungen über *Kardinal-* und *Ordnungszahl* wie folgt formuliert: „Ich nenne Mächtigkeit eines Inbegriffs oder einer Menge von Elementen (wobei letztere gleich- oder ungleichartig, einfach oder zusammengesetzt sein können) denjenigen Allgemeinbegriff, unter welchen alle Mengen, welche der gegebenen Menge äquivalent sind, und nur diese fallen. Zwei Mengen werden hierbei äquivalent genannt, wenn sie sich gegenseitig eindeutig, Element für Element, einander zuordnen lassen. Ein anderes ist, was ich ‚Anzahl oder Ordnungszahl' nenne; ich schreibe sie nur ‚wohlgeordneten Mengen' zu, und zwar verstehe ich unter der ‚Anzahl oder Ordnungszahl einer gegebenen wohlgeordneten Menge' denjenigen Allgemeinbegriff, unter welchen alle wohlgeordneten Mengen, welche der gegebenen ähnlich sind, und nur diese fallen. ‚Ähnlich' nenne ich zwei wohlgeordnete Mengen, wenn sie sich gegenseitig eindeutig und vollständig, unter Wahrung der gegebenen Elementenfolge auf beiden Seiten, aufeinander abbilden lassen. Bei *endlichen* Mengen fallen die beiden Momente ‚Mächtigkeit' und ‚Anzahl' gewissermaßen zusammen, weil eine endliche Menge in jeder Anordnung ihrer Elemente als ‚wohlgeordnete' Menge eine und dieselbe Ordnungszahl hat; dagegen tritt bei unendlichen Mengen der Unterschied von ‚Mächtigkeit' und ‚Ordnungszahl' aufs stärkste zutage, wie dies in meinem Schriftchen ‚Grundl. e. allgem. Mannigfaltigkeitslehre, Leipzig 1883' gezeigt worden ist."

Die Kardinalzahlen sowohl, wie die Ordnungstypen sind *einfache* Begriffsbildungen; jede von ihnen ist eine *wahre Einheit* (*μονάς*), weil in ihr eine Vielheit und Mannigfaltigkeit von *Einsen einheitlich* verbunden ist.

Die Elemente der uns gegenüberstehenden Menge M sind getrennt vorzustellen; in dem intellektualen Abbilde $\overline{\overline{M}}$ derselben (siehe Abschn. VIII, Nr. 9 dieses Aufsatzes [S. 420]), welches ich ihren Ordnungstypus nenne, sind dagegen die Einsen zu einem Organismus vereinigt. In gewissem Sinne läßt sich jeder Ordnungstypus als ein Kompositum aus *Materie* und *Form* ansehen; die darin enthaltenen, begrifflich unterschiedenen Einsen liefern die *Materie*, während die unter diesen bestehende Ordnung das der *Form* entsprechende ist.

Sehen wir uns die Definition bei Euklides für die endliche Kardinalzahl an, so muß zunächst *anerkannt* werden, daß er die Zahl, ebenso wie wir es tun, *ihrem wahren Ursprung gemäß*, auf die *Menge* bezieht und aus der Zahl nicht etwa ein bloßes „Zeichen" macht, das *Einzeldingen* beim subjektiven Zählprozeß beigelegt wird. Es heißt in seinen Elementen, lib. VII:

Μονάς ἐστιν, καθ' ἣν ἕκαστον τῶν ὄντων ἓν λέγεται und: *Ἀριθμὸς δὲ τὸ ἐκ μονάδων συγκείμενον πλῆθος.*

Dann scheint es mir aber, daß er die *Einsen* in der Zahl ebenso getrennt wähnt, wie die Elemente in der diskreten Menge, auf welche sie sich bezieht. Wenigstens fehlt in der Euklidischen Definition der ausdrückliche Hinweis auf den *einheitlichen Charakter* der Zahl, welcher ihr *durchaus wesentlich* ist[1].

Es ist nicht überflüssig, wenn ich hervorhebe, daß der Begriff der Ordnungszahl, wie er vorhin bestimmt worden ist, in dem Falle *endlicher* Ordnungszahlen durchaus nicht zusammenfällt mit dem, was man gewöhnlich „Ordinalzahlwörter" (erstes, zweites etc.) nennt; diese sind nichts als *Bezeichnungen* für den Ordnungsrang der Elemente einer wohlgeordneten Menge und ergeben sich *ohne weiteres* durch Anknüpfung an *unsere Ordnungszahlen*, indem das *letzte* Element einer endlichen wohlgeordneten Menge als das n te in der vorliegenden Reihenfolge bezeichnet wird, wenn n die derselben wohlgeordneten Menge zukommende Ordnungszahl vorstellt.

---

[1] Dem hier hervorgehobenen Bedürfnis, den organischen innerlich-einheitlichen Charakter der Zahl betont zu sehen, scheint Nikomachus mehr entgegenzukommen, wenn es bei ihm (Arith. intr. I, 7, 1) heißt: *Ἀριθμός ἐστι πλῆθος ὡρισμένον ἢ μονάδων σύστημα ἢ ποσότητος χύμα* (von *χέω*, gießen) *ἐκ μονάδων συγκείμενον.* Und Boetius, inst. arithm. I, 3 sagt: „numerus est unitatum collectio, vel quantitatis acervus ex unitatibus profusus." Leibniz drückt sich im Jahre 1666 in der Schrift: Dissertatio de arte combinatoria, im Prooemium, als er in seinem Entwicklungsgange der Philosophie der Vorzeit noch näher stand, über den Zahlbegriff wie folgt aus: „Omnis *relatio* aut est *unio* aut *convenientia.* In unione autem res, inter quas haec relatio est, dicuntur *partes,* sumtae cum unione, *totum.* Hoc contingit quoties plura simul tanquam *unum* supponimus. *Unum* autem esse intelligitur quicquid *uno actu intellectus,* s. simul, cogitamus, v. g. quemadmodum numerum aliquem quantumlibet magnum, saepe caeca quadam cogitatione simul aprehendimus, cyphras nempe in charta legendo, cui explicate intuendo ne Methusalae quidem aetas suffectura sit. Abstractum autem ab uno est unitas, *ipsumque totum abstractum ex unitatibus, seu totalitas dicitur numerus.*" *Schon nach drei* Jahren findet sich von demselben Autor in einem Brief an Thomasius (Edit. Erdmann p. 53) die *bedenkliche* Erklärung: „numerum definio unum, et unum, et unum etc., seu unitates." Die Addition von Einsen kann aber niemals zur Definition einer Zahl dienen, weil hier die Angabe der Hauptsache, nämlich *wie oft* die Einsen addiert werden sollen, nicht ohne die zu definierende Zahl selbst erfolgen kann. Dies beweist, daß die Zahl, durch einen einzigen Abstraktionsakt gewonnen, nur als organische Einheit von Einsen zu erklären ist. Daraus folgt ferner, wie grundfalsch es ist, den Zahlbegriff vom Zeitbegriff oder der sog. Zeitanschauung abhängig machen zu wollen. Es ist dies in der neueren Philosophie seit ihrer Fortbildung durch Kant vielfach geschehen; Sir William Rowan Hamilton hat beispielsweise die Arithmetik als „The science of pure time" erklärt, und viele andere tun dasselbe. Sie könnten *mit genau demselben Rechte jede andere Wissenschaft,* z. B. die Geometrie, als „the sc. of pure time" ausgeben, weil wir bei der Bildung geometrischer oder sonstiger Begriffe *subjektiv* nicht weniger auf die „Zeit" als die Existenzform des diesseitigen Lebens angewiesen sind wie bei der Aneignung der arithmetischen Begriffe.

Während so von meinem Standpunkte aus die „Ordinalzahlwörter" als das *Letzte* und *Unwesentlichste* in der wissenschaftlichen Theorie der Zahlen sich ergeben, werden sie in zwei kürzlich publizierten Arbeiten zum Ausgangspunkt für die Entwickelung des Zahlbegriffs genommen. Es geschieht dies in den zwei Abhandlungen, welche Herr H. v. Helmholtz und Herr L. Kronecker in der Sammlung „Philosophische Aufsätze. Eduard Zeller zu seinem fünfzigjährigen Doktor-Jubiläum gewidmet. Leipzig, bei Fues, 1887" haben drucken lassen[1]. Sie vertreten den extremen empiristisch-psychologischen Standpunkt mit einer Härte, die man nicht für möglich halten würde, wenn sie nicht, in Fleisch und Blut zweimal verkörpert, hier entgegen träte. Es wäre irrtümlich, wollte man glauben, der Gegensatz dieser Auffassungen und der meinigen wäre etwa der von *Nominalismus* oder *Konzeptualismus* einerseits, zum maßvollen *aristotelischen Realismus* andererseits, den ich vertrete; vielmehr ist es *höchst instruktiv*, sich zu überzeugen, daß bei diesen beiden Forschern die Zahlen in erster Linie *Zeichen*, aber nicht etwa Zeichen für Begriffe, die sich auf Mengen beziehen, sondern *Zeichen für die beim subjektiven Zählprozeß gezählten Einzeldinge* sein sollen. Es versteht sich daher von selbst, daß, meinem Standpunkte gegenüber, der Gedankengang dieser Arbeiten als ein vollendetes *Hysteron-Proteron* sich darstellt.

In eben solchem Gegensatz stehen sie aber auch zu den die Zahlen betreffenden Auffassungen, welche wir im griechischen Altertum, nicht nur bei Philosophen, sondern auch bei Mathematikern finden. Die oben angeführte Definition des Euklides ist ein Beleg hierfür, und in bezug auf Platon und Aristoteles bedarf es kaum einer Hervorhebung.

Welche Stellung man nun aber auch zu den Alten einnehmen mag, so dürfte es jedermann von vornherein höchst unwahrscheinlich vorkommen, daß die besten unter ihnen sich bei den einfachsten, bestimmtesten und allgemein bekanntesten Dingen von der Wahrheit sehr weit entfernt haben sollten und daß erst im 19. Jahrhundert nach Chr. die richtige Erkenntnis über diesen Gegenstand eingetreten wäre. Und allerdings hat ja auch in der grauen Vorzeit eine *Sekte* bestanden, an welche man durch die Arbeiten der Herren v. Helmholtz und Kronecker lebhaft erinnert wird; es ist die *antike Skepsis*, und ich verweise dazu, was im besonderen die Zahlen angeht, auf des Sextus Empiricus Pyrrhoniarum Hypotyposeon, Lib. 3, cap. 18. Doch auch aus dem „Jahrhundert der Aufklärung", welches auf den Geist der vornehmen und gelehrten Akademien einen so nachhaltigen, immer noch

[1] Beide Autoren nennen „Ordnungszahl" das, was ich „Ordinalzahlwort" nenne, während bei mir das Wort „Ordnungszahl" eine andere Bedeutung hat. Ich würde meine „Ordnungszahl" mit „numerus ordinarius", dagegen das „Ordinalzahlwort" mit „nota ordinalis" übersetzen. Diese notae ordinales sind es, welche nach den beiden genannten Autoren das Wesen der Zahlen bestimmen sollen.

fortbestehenden Einfluß geübt hat, ist ein vorzüglich gearbeitetes Werk zu verzeichnen, welches sogar von einem Mitgliede der *Berliner Akademie der Wissenschaften* geschrieben worden ist:

Louis Bertrand, Développement nouveau de la partie élémentaire des Mathématiques (Génève aux dépens de l'Auteur 1778).

Das Titelblatt dieser zweibändigen Schrift zeigt einen Kupferstich; im Vordergrunde ein Schäfer, der seine heimkehrende Herde mustert, im Hintergrunde ein Jäger, dessen Pfeil den ausgedehnten Raum durchfliegt; dazu das Motto: Tu Pastor numeros, extensi tu rationes Pandito Venator.

Gleich das erste Kapitel fängt so an: „Dans les commencemens, les hommes furent chasseurs ou bergers. *Ces derniers eurent d'abord occassion de compter:* il leur importait de ne pas perdre leurs bestiaux; et pour cela il fallait s'assurer le soir si tous étaient revenus du pâturage: celui qui n'en aurait que quatre ou cinq, aurait pu voir d'un coup d'œil si tous étaient rentrés; *mais un coup d'œil n'aurait pas suffi à celui qui en aurait eu vingt.* Considérant donc ces bestiaux revenant *les uns après les autres*, il aurait imaginé *une suite de mots* en pareil nombre, *et gardant ces mots dans sa mémoire* il les aurait répétées le lendemain à mesure que ses bestiaux seraient rentrés; afin d'être sûr, s'ils eussent cessé d'entrer avant qu'il eût achevé ses mots, *qu'autant qu'il lui restait de mots a prononcer, autant il lui manquait des bestiaux* etc."

Man sieht, es ist, mutatis mutandis, dasselbe Zahlenprinzip wie bei den Herren v. Helmholtz und Kronecker; es handelt sich also hier nicht um etwas Neues, sondern nur, wie so oft, wieder um „alte, verkannte Wahrheit" (Ben Akiba).

Übrigens tritt auch bei beiden Gelehrten das *gegnerische Motiv* wider das aktuale Unendliche offen zutage, und da anerkanntermaßen selbst die „*endlichen*" Irrationalzahlen ohne *entschiedene* Heranziehung aktual-unendlicher Mengen wissenschaftlich-streng *nicht* zu begründen sind[1], so sind die Bestrebungen bei beiden, namentlich bei Herrn Kronecker mit unerbittlicher Folgerichtigkeit und Strenge darauf gerichtet, die seit Pythagoras und Platon allgemein anerkannten Irrationalzahlen mit Hilfe ihnen geeignet scheinender, künstlich ausgedachter Subsidiärtheorien durchaus „unnötig" und überflüssig zu machen[2] — anstatt sie naturgemäß zu erforschen und zu erklären. So sehen wir die in Deutschland als Reaktion gegen den überspannten Kant-Fichte-Hegel-Schellingschen Idealismus eingetretene, jetzt herrschende und mächtige *akademisch-positivistische Skepsis* endlich auch bei der *Arithmetik* angelangt, wo sie, mit der äußersten, für sie

[1] Man vgl. meine „Grundlagen" S. 21 [hier III 4, S. 183ff.] und den letzten Abschnitt meiner Abhandlung in Bih. till K. Sv. Vet.-Akad. Hdl. **11**, Nr. 19.

[2] Man vgl. Kronecker: Crelles J. **99**, 336, und Molks Abhandlung in Acta math. **6**.

selbst vielleicht verhängnisvollsten Konsequenz, die letzten, ihr noch möglichen Folgerungen zu ziehen scheint. Denn was sollte ihr, nach Aufgebot *solchen* Scharfsinns und *solcher* Kräfte, zu ihrer Vollendung noch fehlen?

Eine eingehende Würdigung der beiden Arbeiten liegt nicht in meiner Absicht; es läßt sich annehmen, daß, entsprechend der Dignität ihrer Verfasser, auch *andere* sie berücksichtigen und prüfen werden. Nur wenige Bemerkungen mögen mir noch erlaubt sein.

Die Arbeit des Herrn Kronecker (Philos. Aufsätze, S. 263) beschränkt sich auf die Elemente der Zahlentheorie, steht aber in engem Zusammenhang mit seinen früheren algebraischen und zahlentheoretischen Untersuchungen und kann daher wohl auch nur in diesem Zusammenhang vollständig gewürdigt werden. Einige Andeutungen des Aufsatzes geben der Erwartung Raum, daß die Theorie später in extenso weitergeführt werden soll. Man wird erst dann ein abschließendes Urteil über sein System fällen können, wenn die Beziehung seiner Zahlen zu der Geometrie und Mechanik hergestellt erscheinen wird. Solange dies nicht der Fall ist, wird ein Zweifel an der Brauchbarkeit seiner Theorie jedermann erlaubt sein. Ich glaube sogar ohne jeden Zweifel vorhersagen zu können, daß es ihm nicht möglich sein wird, mit dem „ideellen Vorrat" (S. 266) seiner „Bezeichnungen" den *aktual unendlichen Punktvorrat* des räumlichen und zeitlichen Kontinuums „vollständig und auf die einfachste Weise zu beschreiben" (diese Ausdrucksweise bezieht sich auf G. Kirchhoff, Vorl. üb. math. Phys., 1. Vorl.; Kronecker, Crelles J., Bd. 92, S. 93), und zwar hängt diese meine Überzeugung damit zusammen, daß ich im Jahre 1873 den Satz bewiesen habe: die Mächtigkeit eines Kontinuums ist höher als die Mächtigkeit des Inbegriffs aller endlichen, ganzen Zahlen (vgl. Crelles J., Bd. 77, S. 258ff.) [hier III 1, S. 115].

In der Einleitung des Kroneckerschen Aufsatzes (Phil. Aufs. S. 264) kommt ein kleines parodiertes Gedicht von Schiller (Archimedes und der Jüngling) zum Abdruck, welches der „ewigen Zahl" gewidmet ist. Wenn, wie hier und in der v. Helmholtzschen Arbeit, die ursprüngliche Bedeutung der Zahlen auf bloße „Zahlzeichen" herabgedrückt werden soll, so will mir ihr Zusammenhang mit der „Ewigkeit" nicht recht einleuchten, weil ich bei diesem Worte stets die unübertroffene Definition des Boetius (De consolatione philosophiae, lib. 5, prosa 6) im Sinne habe.

Zum Schluß hebe ich hervor, daß mir der Beweis des Hauptsatzes (S. 268) in dem Kroneckerschen Gedankengange nicht stringent zu sein scheint; es soll dort gezeigt werden, daß die „Anzahl" von der beim Zählen befolgten Ordnung unabhängig ist. Wenn man den Beweis genau verfolgt, so findet sich, daß darin in andrer Form derselbe Satz vorausgesetzt und gebraucht wird, welcher bewiesen werden soll; es liegt also das Versehen einer petitio principii vor.

Bei dieser Gelegenheit möchte ich mir erlauben, ein andres Versehen zu berichtigen, welches Herr Kronecker gegenüber meinem verewigten Freunde und Kollegen Eduard Heine begangen hat. Letzterer wird in Crelles J., Bd. 99, S. 336, Jahrg. 1886 hauptsächlich verantwortlich gemacht für die von ihm in der Abhandlung „Elemente der Funktionentheorie", Crelles J., Bd. 74, Jahrg. 1872, auf Grund des Begriffs der „Fundamentalreihe" (welchen Herr Heine „Zahlenreihe" nennt) entwickelte Theorie der Irrationalzahlen, obgleich Herr Heine in der Einleitung seiner Arbeit ausdrücklich gesagt hat, daß er den Grundgedanken von mir „entlehnt" habe, und daß er mir für „mündliche Mitteilungen verpflichtet" sei, welche einen „bedeutenden Einfluß" auf die Gestaltung seiner Arbeit ausgeübt hätten. Gleichzeitig erschien von mir in Bd. 5 der „Mathematischen Annalen", [hier II 5, S. 92] in demselben Jahre 1872 eine Arbeit unter dem Titel: „Über die Ausdehnung eines Satzes aus der Theorie der trigonometrischen Reihen", darin ich die wesentlichen Punkte meiner Theorie der Irrationalzahlen kurz entwickelt habe; auch bin ich später noch einmal in den „Grundlagen", S. 23 [hier IV 4, S. 183ff.] auf diesen Gegenstand zurückgekommen. Ich muß also die Verantwortung für die, von Herrn Kronecker so schwer angegriffene Theorie *für mich* in Anspruch nehmen, indem ich den seligen Herrn Heine von der vermeintlichen, seitens des Herrn Kronecker ihm zugeschriebenen Hauptschuld hiermit entlaste.

Ad III und IV. Von *theologischer* Seite ist mir eingewendet worden, daß dasjenige, was ich Transfinitum in natura naturata nannte, (Vgl. diese Ztschr. Bd. 88, S. 227 [S. 372]) „sich nicht verteidigen ließe und in einem gewissen Sinne", den ich jedoch dem Begriffe „nicht zu geben schiene", „den Irrtum des Pantheismus enthalten würde." Auf dieses Bedenken antwortete ich mit dem Briefe III, auf welchen hin ich die Gunst eines ausführlichen an mich gerichteten Schreibens erfuhr, welches ich mir erlaube hier wörtlich, unter Weglassung einiger Epitheta höflich-verbindlichen Charakters, abzudrucken.

Es wurde mir auf den Brief III folgendes geantwortet:

„Aus Ihrem Aufsatze „Zum Problem des Aktual-Unendlichen" ersehe ich zu meiner Genugtuung, wie Sie das Absolut Unendliche und das, was Sie das *Aktual-Unendliche* im Geschaffenen nennen, sehr wohl unterscheiden. Da Sie das letztere für ein „*noch Vermehrbares*" (natürlich in indefinitum, d. h. ohne je ein nicht mehr Vermehrbares werden zu können) ausdrücklich erklären und dem Absoluten als „wesentlich Unvermehrbaren" entgegenstellen, was selbstverständlich ebenso von der Möglichkeit und Unmöglichkeit der Verkleinerung oder Abnahme gelten muß; so sind die beiden Begriffe des Absolut-Unendlichen und des Aktual-Unendlichen im Geschaffenen oder Transfinitum wesentlich verschieden, so daß man im Vergleiche beider nur das

Eine als *eigentlich Unendliches*, das andere als uneigentlich und aequivoce Unendliches bezeichnen muß. So aufgefaßt liegt, soweit ich bis jetzt sehe, in Ihrem Begriffe des Transfinitum keine Gefahr für religiöse Wahrheiten. Jedoch in einem gehen Sie ganz gewiß irre gegen die unzweifelhafte Wahrheit; dieser Irrtum folgt aber nicht aus Ihrem Begriffe des Transfinitum, sondern aus der mangelhaften Auffassung des Absoluten. In Ihrem werten Schreiben an mich sagen Sie nämlich erstens richtig (vorausgesetzt, daß Ihr Begriff des Transfinitum nicht bloß religiös unverfänglich, sondern auch *wahr* ist, worüber ich nicht urteile), ein Beweis geht vom Gottesbegriffe aus und schließt zunächst aus der höchsten Vollkommenheit Gottes Wesens auf die Möglichkeit der Schöpfung eines Transfinitum ordinatum. In der Voraussetzung, daß Ihr Transfinitum *actuale* in sich keinen Widerspruch enthält, ist Ihr Schluß auf die *Möglichkeit der Schöpfung* eines Transfinitum aus dem Begriffe von Gottes Allmacht ganz richtig. Allein zu meinem Bedauern gehen Sie weiter und schließen ‚aus seiner Allgüte und Herrlichkeit *auf die Notwendigkeit* einer tatsächlich erfolgten Schöpfung des Transfinitum'. Gerade weil Gott an sich das absolute unendliche Gut und die absolute Herrlichkeit ist, welchem Gute und welcher Herrlichkeit nichts zuwachsen und nichts abgehen kann, ist die *Notwendigkeit* einer Schöpfung, welche immer diese sein mag, ein Widerspruch, und die *Freiheit* der Schöpfung eine ebenso notwendige Vollkommenheit Gottes, wie alle seine anderen Vollkommenheiten, oder besser, Gottes unendliche Vollkommenheit ist (nach unseren notwendigen Unterscheidungen) ebenso *Freiheit*, als Allmacht, Weisheit, Gerechtigkeit etc. Nach Ihrem Schlusse auf die *Notwendigkeit* einer Schöpfung des Transfinitum müßten Sie noch viel weiter gehen. Ihr Transfinitum actuale ist ein Vermehrbares; nun wenn Gottes unendliche Güte und Herrlichkeit die Schöpfung des Transfinitum überhaupt mit Notwendigkeit fordert, so folgt, aus ganz demselben Grunde der Unendlichkeit seiner Güte und Herrlichkeit, die Notwendigkeit der Vermehrung, bis es nicht mehr vermehrbar wäre, was Ihrem eigenen Begriffe des Transfinitum widerspricht. Mit andern Worten: wer die Notwendigkeit einer Schöpfung aus der Unendlichkeit der Güte und Herrlichkeit Gottes erschließt, der muß behaupten, daß alles Erschaffbare wirklich von Ewigkeit erschaffen ist; und daß es vor Gottes Auge kein Mögliches gibt, das seine Allmacht ins Dasein rufen könnte. Diese Ihre unglückliche Meinung von der Notwendigkeit der Schöpfung wird Ihnen auch in Ihrer Bekämpfung der Pantheisten sehr hinderlich sein und wenigstens die Überzeugungskraft Ihrer Beweise abschwächen. Ich habe mich bei diesem Punkte so lange aufgehalten, weil ich innigst wünsche, daß Ihr Scharfsinn sich freimachte von einem so verhängnisvollen Irrtum, dem freilich manche andere, selbst solche, die sich für rechtgläubig halten, verfallen sind."

Mit allem, was in diesem Schreiben steht, stimme ich vollkommen überein, wie aus den wenigen Zeilen, welche unter V abgedruckt sind, hervorgeht. Denn da für mich die absolute Freiheit Gottes außer Frage stand, so war die „Notwendigkeit" an der betreffenden Stelle des Briefes IV meinerseits nicht so verstanden, wie es hier vorausgesetzt und mit Recht bekämpft wird. Macht man sich aber mit dem richtigen Sinn meiner Argumentation genauer vertraut, so scheint, wie ich bei einer späteren Gelegenheit erklären will, der in IV versuchsweise angedeutete apriorische Beweis für die tatsächlich *erfolgte* Schöpfung einer transfiniten Welt eine weitere Erwägung und Prüfung zu verdienen.

I.[1]

Unter *Mächtigkeit* oder *Kardinalzahl* einer Menge M (die aus wohlunterschiedenen, begrifflich getrennten Elementen $m, m', \ldots$ besteht und insofern bestimmt und abgegrenzt ist) verstehe ich den Allgemeinbegriff oder Gattungsbegriff (universale), welchen man erhält, indem man bei der Menge sowohl von der Beschaffenheit ihrer Elemente, wie auch von allen Beziehungen, welche die Elemente, sei es unter einander, sei es zu anderen Dingen haben, also im besondern auch von der Ordnung, welche unter den Elementen herrschen mag, abstrahiert und nur auf das reflektiert, was allen Mengen gemeinsam ist, die mit M *äquivalent* sind. Ich nenne aber zwei Mengen M und N *äquivalent*, wenn sie sich gegenseitig eindeutig Element für Element einander zuordnen lassen. (Vgl. Crelles Journal Bd. 84 pag. 242) [IV 2, S. 119]. Daher bediene ich mich auch des kürzeren Ausdrucks *Valenz* für Mächtigkeit oder Kardinalzahl. Von Mengen gleicher Valenz sage ich, sie gehören zu derselben Mächtigkeitsklasse. *Valenz* einer Menge M ist also der Allgemeinbegriff, unter dem alle Mengen derselben Klasse wie M und nur diese stehen.

Eine der wichtigsten Aufgaben der Mengenlehre, welche ich der Hauptsache nach in der Abhandlung „Grundlagen einer allgemeinen Mannigfaltigkeitslehre, Leipzig 1883" [III 4] gelöst zu haben glaube, besteht in der Forderung, die verschiedenen Valenzen oder Mächtigkeiten der in der Gesamtnatur, soweit sie sich unsrer Erkenntnis aufschließt, vorkommenden Mannigfaltigkeiten zu bestimmen; dazu bin ich durch die Ausbildung des allgemeinen

[1] Dieser Brief ist vor drei Jahren, am 15. Febr. 1884, an Herrn Prof. Dr. Kurd Laßwitz in Gotha geschrieben worden. Er gibt im wesentlichen den Inhalt eines Vortrags wieder, welchen ich im September 1883 in der mathematischen Sektion der Naturforscherversammlung in Freiburg (Baden) gehalten habe. Infolge dieses Vortrags erhielt ich bald darauf einen Brief von Herrn R. Lipschitz (welchen ich in Z. Philos. u. philos. Krit. 88, 225 [hier S. 371] erwähnt habe), worin mich dieser ausgezeichnete Mathematiker auf die Korrespondenz (vom 12. Juli 1831) zwischen Gauß und Schumacher aufmerksam macht, in welcher sich Gauß gegen jede Hereinziehung des aktualen Unendlichen in die Mathematik ausspricht.

Anzahlbegriffs wohlgeordneter Mengen oder, was dasselbe bedeutet, des *Ordnungszahlbegriffs*[1], gelangt.

Die Definition dessen, was ich unter einer *wohlgeordneten* Menge $\mathfrak{M}$ verstehe, findet sich in den „Grundlagen" S. 4 [hier III 4, S. 168].

Zwei *wohlgeordnete* Mengen $\mathfrak{M}$ und $\mathfrak{N}$ nenne ich von gleichem *Typus* oder auch *einander ähnlich*, wenn sie sich gegenseitig eindeutig *derart* auf einander beziehen lassen, daß wenn m und m' irgend zwei Elemente der ersten, n und n' die entsprechenden Elemente der anderen sind, *alsdann* immer das Rangverhältnis von m' zu m dasselbe ist wie das Rangverhältnis von n' zu n. Ich sage auch von zwei solchen *wohlgeordneten* Mengen $\mathfrak{M}$ und $\mathfrak{N}$, daß sie *auf einander abzählbar* sind.

So sind beispielsweise die wohlgeordneten Mengen

$$(a, a', a'') \text{ und } (b, b', b'')$$

ebenso aber auch die wohlgeordneten Mengen

$$(a, a', a'' \ldots a^{(\nu)} \ldots) \text{ und } (b, b', b'' \ldots b^{(\nu)} \ldots)$$

und auch

$$(a, a', a'' \ldots a^{(\nu)} \ldots c, c', c'') \text{ und } (b, b', b'' \ldots b^{(\nu)} \ldots d, d', d'')$$

von gleichem Typus oder, was dasselbe heißt, auf einander abzählbar.

Unter *Anzahl* oder *Ordnungszahl* einer wohlgeordneten Menge $\mathfrak{M}$ verstehe ich den *Allgemeinbegriff* (Gattungsbegriff, universale), welchen man erhält, indem man bei der wohlgeordneten Menge $\mathfrak{M}$ von der Beschaffenheit und Bezeichnung ihrer Elemente abstrahiert und nur auf die Rangordnung reflektiert, durch welche die Elemente in Beziehung zu einander stehen; die *Anzahl* oder *Ordnungszahl* von $\mathfrak{M}$ ist also sämtlichen wohlgeordneten Mengen *desselben Typus* gemeinsam, gewissermaßen dasjenige, was ihnen allen immanent ist. Hier tritt uns die Aufgabe entgegen, die in der Natur vorkommenden Ordnungszahlen oder Anzahlen wohlgeordneter Mengen zu bestimmen und sachgemäß mit Hilfe geeigneter Zeichen zu unterscheiden. Dazu führen folgende Definitionen und Sätze:

Seien $\mathfrak{M}$ und $\mathfrak{N}$ irgend zwei *wohlgeordnete Mengen*, α und β die zu ihnen gehörigen Ordnungszahlen; es ist immer

$$\mathfrak{M} \text{ vereinigt mit darauffolgendem } \mathfrak{N}$$

wieder eine *wohlgeordnete Menge von bestimmtem* Typus, die zugehörige

---

[1] Der Begriff *Ordnungszahl* ist ein besonderer Fall des Begriffes *Ordnungstypus*, welcher sich in derselben Weise auf jede *einfach* oder *mehrfach geordnete* Menge bezieht, wie die Ordnungszahl auf eine *wohlgeordnete* Menge. Herr C. Gutberlet hat auf meinen Wunsch hierauf Bezügliches nach einem Manuskript von mir in seinen Aufsatz (Z. Philos. u. philos. Krit. 88, 183) eingefügt.

Ordnungszahl sei γ. Wir definieren γ als die Summe von α und β, $\gamma = \alpha + \beta$, und nennen α den Augend, β den Addend dieser Summe. Sind α und β irgend zwei verschiedene, d. h. verschiedenen Typen entsprechende Ordnungszahlen, so kann bewiesen werden, daß *entweder* die Gleichung $\beta = \alpha + \xi$, *oder* die Gleichung $\alpha = \beta + \xi$ nach ξ (d. h. nach dem *Addenden*) und zwar nur auf eine Weise auflösbar ist; im ersten Falle nennen wir α kleiner als β, im zweiten α größer als β; ξ wird die Differenz beider Zahlen genannt; im ersteren Falle ist $\xi = \beta - \alpha$, im zweiten $\xi = \alpha - \beta$.

Man beweist leicht, daß wenn $\alpha < \beta$, $\beta < \gamma$ alsdann auch $\alpha < \gamma$. Ferner zeigt man, daß immer das Assoziationsgesetz besteht:

$$(\alpha + \beta) + \gamma = \alpha + (\beta + \gamma).$$

Ähnlich wird das Produkt zweier Ordnungszahlen definiert, wobei aber zwischen *Multiplikator* und *Multiplikandus* wohl zu unterscheiden ist, denn im allgemeinen ist $\alpha \cdot \beta$ von $\beta \cdot \alpha$ verschieden. Dagegen beweist man auch hier, ich möchte fast sagen, mit einem Blick, daß

$$(\alpha \cdot \beta) \cdot \gamma = \alpha \cdot (\beta \cdot \gamma) \text{ (Assoziations-Gesetz)},$$

sowie auch, daß

$$\alpha \cdot (\beta + \gamma) = \alpha\beta + \alpha\gamma \text{ (Distributions-Gesetz mit } \alpha \text{ als Multiplikandus)}.$$

Ich habe in den „Grundlagen“ den Multiplikator *links*, den Multiplikandus *rechts* geschrieben; es hat sich mir aber gezeigt, daß der entgegengesetzte Gebrauch, den *Multiplikandus links zuerst* und *dann rechts den Multiplikator* zu schreiben, für die weitere Entwickelung der transfiniten Ordnungszahlen lehre der zweckmäßigere, ja fast unentbehrliche ist; aus diesem Grunde kehre ich also die betreffende Schreibweise der „Grundlagen“, soweit sie sich auf *Produkte* bezieht, von jetzt ab *immer um.* Von der Wichtigkeit dieser Änderung überzeugt man sich, sobald man transfinite Ordnungszahlen der Form α^β in Betracht zieht, für welche nach *dieser* Schreibweise das allgemeine Gesetz gilt: $\alpha^\beta \cdot \alpha^\gamma = \alpha^{\beta+\gamma}$. Dieses selbe Gesetz würde aber nach dem Schreibmodus der „Grundlagen“ die abstoßende Form annehmen:

$$\alpha^\beta \cdot \alpha^\gamma = \alpha^{\gamma+\beta}.$$

Ich hebe noch folgendes hervor: wenn in einer wohlgeordneten Menge $\mathfrak{M}$ irgend zwei Elemente m und m' ihre Plätze in der gesamten Rangordnung wechseln, so wird dadurch der Typus nicht verändert, also auch nicht die „Anzahl“ oder „Ordnungszahl“. Daraus folgt, daß *solche Umformungen* einer wohlgeordneten Menge die *Anzahl* derselben ungeändert lassen, welche sich auf eine endliche oder unendliche Folge von *Transpositionen* von je zwei Elementen zurückführen lassen, d. h. alle solchen Änderungen, welche durch

Permutation der Elemente entstehen. Da nun bei einer *endlichen* Menge, wenn der Inbegriff ihrer Elemente derselbe bleibt, *jede* Umformung sich auf eine Folge von Transpositionen zurückführen läßt, so liegt hierin der Grund, warum bei *endlichen* Mengen Ordnungszahl und Kardinalzahl gewissermaßen zusammenfallen, indem hier Mengen derselben Valenz in jeder Form, als wohlgeordnete Mengen gedacht, immer eine und dieselbe Ordnungszahl haben. Bei unendlichen Mengen tritt jedoch der Unterschied von *Kardinalzahl* und *Ordnungszahl* auf das entschiedenste alsbald hervor. Ebenso hängen mit jenem Umstande bei *endlichen* Mengen die Kommutationsgesetze der Addition und Multiplikation zusammen, indem daraus sehr leicht bewiesen wird, daß, wenn μ und ν zwei endliche Ordnungszahlen sind, alsdann stets $\mu + \nu = \nu + \mu$ und $\mu \cdot \nu = \nu \cdot \mu$.

Für die kleinste transfinite Ordnungszahl, es ist diejenige, welche den wohlgeordneten Mengen vom Typus

$$(a, a', a'', \ldots, a^{(\nu)}, \ldots)$$

entspricht, muß ein *neues* Zeichen genommen werden; ich habe dazu den letzten Buchstaben des griechischen Alphabets ω gewählt.

Unter Ordnungszahlen der *zweiten* Zahlenklasse verstehe ich diejenigen Zahlen, welche zu wohlgeordneten Mengen von der Mächtigkeit der *ersten* Zahlenklasse $1, 2, 3, \ldots, \nu, \ldots$ gehören; dieser Inbegriff von Ordnungszahlen konstituiert eine *neue* Valenz und zwar die auf die vorhergehende Valenz *nächstfolgende*, wie ich streng gezeigt habe (Grundlagen p. 35—38). Und derselbe Gedankengang führt uns zu höheren Zahlenklassen und zu den ihnen zukommenden höheren Valenzen. — Das ist eine wunderbare, ins Große gehende Harmonie, deren genaue Durchführung das Thema der transfiniten Zahlenlehre ist.

Ich glaubte dies alles, in der gedrängten Kürze freilich, vorausschicken zu müssen, um auf einige Bemerkungen, die ich in Ihrem Schreiben finde, eingehen zu können. Zunächst mache ich auf die *Allgemeinheit*, *Schärfe* und *Bestimmtheit* meiner Zahldefinitionen aufmerksam; sie sind *gleichlautend*, gleichviel ob sie auf *endliche* oder auf *unendliche* Mengen bezogen werden. Jede transfinite Zahl der zweiten Zahlenklasse z. B. hat ihrer Definition nach *dieselbe Bestimmtheit, dieselbe Vollendung in sich wie jede endliche Zahl.*

Der Begriff ω beispielsweise enthält *nichts Schwankendes*, nichts *Unbestimmtes*, *nichts Veränderliches*, *nichts Potenzielles*, er ist kein ἄπειρον, sondern ein ἀφωρισμένον, und das gleiche gilt von allen andern transfiniten Zahlen. Er bildet ebenso wie jede endliche Zahl, z. B. 7 oder 3, einen *Gegensatz* zu den unbestimmten Zeichen x, a, b der Buchstabenrechnung, mit welchen *Sie* unzutreffenderweise die transfiniten Zahlen in Ihrem Schreiben vergleichen. Sie weichen hierbei von dem Sinn, welchen die transfiniten

Zahlen bei mir haben, ebenso ab, wie es Herr Wundt in der Auffassung getan hat, welche sich über diesen Gegenstand in seiner Methodenlehre, Logik, Bd. II, S. 126—129 findet. Wundt's Auseinandersetzung zeigt, daß er sich des fundamentalen Unterschieds von Uneigentlichunendlichem = veränderlichem Endlichem = synkategorematice infinitum (ἄπειρον) einerseits und Eigentlichunendlichem = Transfinitum = Vollendetunendlichem = *Unendlichseiendem* = kategorematice infinitum (ἀφωρισμένον) andrerseits nicht klar und deutlich bewußt ist; sonst würde er nicht *jenes* ebensowohl wie *dieses* als *Grenze* bezeichnen; Grenze ist immer an sich etwas *festes*, *unveränderliches*, daher kann von den beiden Unendlichkeitsbegriffen nur das *Transfinitum* als *seiend* und unter Umständen und in gewissem Sinne auch als *feste Grenze* gedacht werden. Daher irrt Wundt auch darin, wenn er glaubt, das Transfinitum habe keine physikalische Bedeutung, wohl aber das potentiale Unendliche; streng genommen ist das *Gegenteil* hiervon richtig, weil das potentiale Unendliche nur Hilfs- und Beziehungsbegriff ist und stets auf ein zugrunde liegendes *transfinitum* hinweist, ohne welches es weder sein noch gedacht werden kann. Der Unterschied von Uneigentlichunendlichem und Eigentlichunendlichem ist von den Philosophen sehr frühe, d. h. schon von den alten Griechen erkannt worden, freilich nicht überall mit gleicher Klarheit; ebenso findet man ihn bei den Neueren, mit Ausnahme vielleicht von Kant, Herbart und den Materialisten, Empiristen, Positivisten etc. deutlich ausgesprochen. Doch verdient hierbei Hegel nicht, wie Wundt zu meinen scheint, eine besondere Erwähnung, zumal bei Hegel alles widerspruchsvoll, dunkel und konfuse ist, ja sogar der *Widerspruch* als hervortretendes Element seiner Philosophie von ihm selbst zum charakteristischen Eigentum seiner Denkweise erhoben worden ist, um welches *ich* wenigstens ihn *nicht* beneide. Dazu kommt, daß, was Hegel etwa zutreffendes über den hier erörterten Unterschied gesagt haben mag, wie so manches andere bei ihm, dem Spinoza entlehnt ist. Bei allen Philosophen fehlt jedoch das *Prinzip des Unterschiedes* im Transfinitum, welches zu verschiedenen transfiniten Zahlen und zu verschiedenen Mächtigkeiten führt. Die meisten verwechseln sogar das Transfinitum mit dem seiner Natur nach *unterschiedslosen höchsten Einen*, mit dem Absoluten, dem absoluten Maximum, welches natürlich keiner Determination zugänglich und daher der Mathematik nicht unterworfen ist.

Ganz unzutreffend ist in der Wundt'schen Kritik auch die Zusammenstellung der neueren sogen. „metamathematischen“ Spekulationen mit meinen Arbeiten, sie haben nicht die geringste Ähnlichkeit und keine eigentliche Berührung, auch darf das Transfinitum *nicht* als „transzendent“ (d. h. doch wohl die menschlichen Verstandeskräfte übersteigend) bezeichnet werden.

In der Ballauf'schen Rezension[1], die namentlich in den Noten der Redaktion das Maximum des Unzutreffenden erreicht, ist *nicht einmal* die letzte,

[1] Ztschr. f. exakte Philos. **12**, 375. Ich habe von dieser Besprechung den Eindruck gewonnen, daß der Kritiker, welcher in mehreren Beziehungen meine Gedanken sehr gut verstanden hat, durch den Terrorismus der Schulführer zu einer viel schärferen Stellungnahme wider mich gezwungen worden ist, als mit seinen eigenen Überzeugungen verträglich scheint. Dies tritt in auffälligster Weise S. 389 hervor, wo die Redaktion (Theod. Allihn und Otto Flügel) seiner freien, unbefangenen Überlegung plötzlich in die Zügel fällt, um die ärmste in das dunkle, unterirdische Gefängnis der Herbartschen Dogmatik, wohin kein erlösender Lichtstrahl dringt, zurückzuführen. Dem in dieser Note unter dem Text von der Redaktion Gesagten können zwei Antworten nicht erspart bleiben. *Erstens* scheint sie meine Arbeit nicht gelesen zu haben, denn sie nimmt nicht Rücksicht darauf, daß ich in den „Grundlagen" das potentiale Unendliche, welches ich Uneigentlich-unendliches, von dem aktualen Unendlichen, welches ich Eigentlich-unendliches dort nannte, strengstens unterscheide. Herbart und seine Schüler erkennen nur das *erstere* an, geben ihm allein den Namen des Unendlichen und wissen nichts vom Transfiniten. Dagegen wäre formell nichts einzuwenden, non cuivis homini contingit adire Corinthum, und es wäre für ihren Sprachgebrauch allerdings eine contradictio in terminis, dem Unendlichen das Prädikat des Bestimmtseins zu erteilen. Wie läßt sich aber der *mir* gemachte Vorwurf formell rechtfertigen, wonach *ich* die Prädikate des Bestimmtseins und des Unbestimmtseins hätte vereinigen wollen, um daraus ein „Unbestimmtes Bestimmtes" zu machen, da ich doch gerade im Gegenteil das Potentialunendliche vom Transfiniten so streng getrennt habe, daß sie überall als toto genere Verschiedenes bei mir erscheinen? Die *andere* Antwort ist materieller Art und trifft mehr den Meister als dessen unglückliche Schüler. Nach Herbart IV, 88ff. soll der Begriff des Unendlichen „auf einer *wandelbaren Grenze,* welche in jedem Augenblick weiter fortgeschoben werden kann, bzw. muß" beruhen. „Von dieser *Wandelbarkeit* der Grenze absehen, heißt den Begriff des Unendlichen aufheben, heißt nichts Unendliches, sondern Endliches denken. Von dieser *Wandelbarkeit der Grenze* oder der beständigen Möglichkeit des Fortschreitens sieht man aber ab, sobald man das Unendliche als fertig oder als real vorhanden setzt, man setzt dann eben nicht mehr eine unendliche, sondern eine endliche Menge. Es handelt sich hierbei gar nicht um die subjektive Unfähigkeit, die außerstande ist, jemals mit dem Geschäft des Zählens oder Setzens zu Ende zu kommen, sondern um den Begriff des Unendlichen selbst, dessen wesentliches, nicht wegzudenkendes Merkmal eben jene *wandelbare Grenze ist, jenseits deren immer noch etwas zu finden ist.* In betreff des Zählens läßt sich das eben Gesagte auch dahin aussprechen: bei jeder endlichen Menge von Dingen, wie groß dieselbe auch sein mag, bietet sich sofort die Möglichkeit des objektiven Zählens dar (wenn die Menge etwa tausendmalmillionen Gegenstände umfaßt, so möchte ich bezweifeln, daß es den Herren Redakteuren *möglich* sein wird, die objektive Zählung *sofort* auszuführen; Anm. d. Verf.). Hingegen ist bei einer *unendlichen* Menge (also doch eine gewisse Anerkennung der unendlichen Menge!) die Möglichkeit des Zählens schlechthin ausgeschlossen (was in dem hier gemeinten Sinne von niemandem bezweifelt wird), weil eben das *wahrhaft Unendliche nur als ein Unbestimmtes, Unfertiges gefaßt werden kann.* (Also das „wahrhaft Unendliche" soll *schlechter* sein als das Endliche!?) Usw." Ist es den Herren gänzlich aus der Erinnerung gekommen, daß, von den Reisen abgesehen, die in der Phantasie oder im Traume ausgeführt zu werden pflegen, daß, sage ich, zum sichern Wandeln oder Wandern *fester Grund und Boden* sowie ein *geebneter Weg* unbedingt erforderlich

witzig sein sollende Wendung am Schlusse richtig, sondern beruht auf einem offenbaren Irrtum. Wenn wir eine von A anfangende unendliche Grade AO haben und wir setzen an ihren Anfang A die endliche Strecke BA, so erhalten wir wieder eine unendliche von B ausgehende Grade BO, in welcher das hinzukommende gerade Stück nicht die geringste Änderung in bezug auf die „Größe" hervorgebracht hat, was daraus erkannt wird, daß man die neue Grade zur völligen Kongruenz mit der alten bringen kann; der Gewinn, den sie durch das hinzugekommene Stück BA erhalten hat, ist zwar real vorhanden und unbestreitbar, *verschwindet* aber völlig, wenn man bloß auf das den beiden Linien AO und BO anhaftende *Akzidens* der Größe achtet. Wer hier wie überhaupt bei aktual-unendlichen Quantitäten einen Verstoß gegen das Widerspruchsprinzip findet, irrt durchaus, indem er den abstraktiven Charakter der „Größe" aus dem Auge verliert und sie fälschlich mit der substanziellen Entität des vorliegenden Quantums identifiziert[1]. In ein

(Fortsetzung des Textes auf S. 395.)

sind, ein Weg, der nirgends abbricht, sondern überall, wohin die Reise führt, gangbar sein und bleiben muß? Ist denn die Mahnung, welche Heinrich Hoffmann in seinem „Struwelpeter" (Frankfurt a. M.: Loening) mit dem „Hans Guck in die Luft" so deutlich uns allen zu Gemüte geführt hat, nur an den Herren Herbartianern ohne jeden Eindruck geblieben? Die weite Reise, welche Herbart seiner „*wandelbaren Grenze*" vorschreibt, ist *eingestandenermaßen nicht* auf einen endlichen Weg beschränkt; so muß denn ihr *Weg* ein *unendlicher*, und zwar, weil er *seinerseits nichts Wandelndes*, sondern überall fest ist, ein *aktualunendlicher Weg* sein. Es fordert also *jedes potentiale Unendliche* (die wandelnde Grenze) ein *Transfinitum* (den sichern Weg zum Wandeln) *und kann ohne letzteres nicht gedacht werden* (man vgl. hiermit Abschn. 5 V und VII 7 dieser Abhandlung). Da wir uns aber durch unsre Arbeiten der breiten Heerstraße des Transfiniten versichert, sie wohl fundiert und sorgsam gepflastert haben, so öffnen wir sie dem Verkehr und stellen sie als eiserne Grundlage, nutzbar allen Freunden des potentialen Unendlichen, im besondern aber der wanderlustigen Herbartschen „Grenze" bereitwilligst zur Verfügung; gern und ruhig überlassen wir die rastlose der Eintönigkeit ihres durchaus nicht beneidenswerten Geschicks; wandle sie nur immer weiter, es wird ihr von nun an nie mehr der Boden unter den Füßen schwinden. Glück auf die Reise!

[1] Auf diesen Irrtum gründen viele ihre sogenannten Beweise für die Unmöglichkeit aktual unendlicher Quantitäten oder Zahlen; man vergleiche beispielsweise: Renouvier, Ch.: Esquisse d'une classification systematique des doctrines philosophiques. 1, 100. Paris 1885. Tongiorgi, Salv.: Inst. philos. ed. X, 2 ontol., § 350, 3^{0}. Pesch, T.: Inst. phil. nat. § 412; 1^{0}, 2^{0}, 3^{0}, 4^{0}. Bei dieser Gelegenheit erlaube ich mir noch auf andere Versehen aufmerksam zu machen, welche sich bei letzteren beiden Autoren, sowie auch bei vielen anderen finden. Tongiorgi sagt in ontol. § 349, prop. 9: „Danturne in eadem linea puncta, quae ab X actu infinite distent, an non? *Si non dantur haec puncta, linea est finita.*" Ebenso behauptet Pesch, § 425, arg. 3, 1^{0}: „*Linea autem cujus omnia puncta inter se distantiam habent finitam, ipsa finita est.*" Während im Vordersatz das *Endlichsein* in *distributiver* Bedeutung *secundum partes* vorausgesetzt wird, schließt man im Nachsatz, ohne jede Berechtigung, auf das *Endlichsein* im *kollektiven* Sinne *quoad totum*; was sich, nach S. Th. Aq. Opusc. de fallaciis, cap. XI, als *fallacia secundum quid et simpliciter* zu erkennen gibt.

Betrachten wir ferner bei Tongiorgi § 350; 2⁰ (Pesch, § 412, 3⁰, 4⁰) folgende Argumentation: „Supponatur ex unitatum accumulatione multitudo infinita. Haec erit numerus infinitus, aequabitque *numerum qui ipsum immediate praecedit*, unitate adjecta. Iam *numerus praecedens* eratne infinitus, an vero non erat? Infinitum illum dicere non potes; nam crescere adhuc poterat, ac re ipsa crevit additione unitatis. Erat ergo finitus, et unitate addita, factus est infinitus. Nimirum ex duobus finitis infinitum emersit; id quod absurdum est."

Hier wird fälschlich vorausgesetzt, eine aktualunendliche Zahl müsse notwendig (weil man bei endlichen Zahlen daran gewöhnt ist) eine ihr zunächst vorhergehende ganze Zahl haben, aus welcher sie durch Hinzufügung einer Eins hervorginge. Diese Voraussetzung ist beispielsweise weder an der kleinsten Kardinalzahl ω, noch an der kleinsten Ordnungszahl ω erfüllt; ihnen gehen resp. die endlichen Kardinalzahlen, von denen keine die größte ist, und die endlichen Ordnungszahlen, welche auch kein Maximum haben, voran; es wäre also eine widersinnige Annahme, von einer der Kardinalzahl ω nächst vorhergehenden Kardinalzahl oder von einer der Ordnungszahl ω zunächst kleineren Ordnungszahl zu reden. Von falschen Prämissen kann aber keine wahre Folge erwartet werden. Die ganze Argumentation muß also für immer verworfen werden.

Herr Gutberlet sucht in seinem Werke (Das Unendliche metaph. und mathem. betrachtet, Mainz 1878, S. 18) dieselbe Beweisführung dadurch zu widerlegen, daß er, ähnlich wie es schon Leibniz getan, die *unendliche „Zahl"* preisgibt, dagegen die unendliche „Menge" zu retten sucht. Es kann aber m. E. den Gegnern des Transfiniten kein größerer Gefallen geschehen als mit dieser Wendung; denn unendliche Zahl und Menge sind unlösbar miteinander verknüpft; gibt man die eine auf, so hat man kein Recht mehr auf die andere. Ebensowenig kann ich mich damit einverstanden erklären, daß Gutberlet, verleitet durch zweideutige Erklärungen bei Leibniz und Newton und unter Berufung auf neuere „mathematische Autoritäten", wie Lübsen, Klügel, R. Hoppe, aus den „Differentialen" (welche nur als beliebig klein *werdende* Größen aufzufassen sind und die alle die Null zur gemeinschaftlichen Grenze haben; man vgl. die Abschn. VI und VII dieses Aufsatzes), indem er unzulässige Divisionen fingiert, Stützen für das A.-U. zu gewinnen sucht. Er wird in dieser Beziehung von dem R. P. T. Pesch (Inst. phil. nat. §§ 421, 422) mit den zutreffendsten Gründen widerlegt.

Um so mehr muß rühmend hervorgehoben werden, daß Herr Prof. Gutberlet mit Nachdruck und Erfolg (1. Abt., 1. Abschn. §§ 3, 5 und 6 seines Werkes) auf die Abhängigkeit des potentialen Unendlichen von einem zugrunde liegenden A.-U. hinweist; mit Recht wird von ihm betont, daß a parte rei eigentlich gar kein potentiales Unendliches existiert; was auch von Stöckl, der das P.-U. für ein ens rationis erklärt, anerkannt worden ist.

Dagegen finde ich aber an verschiedenen Stellen bei Gutberlet (z. B. S. 45 seines Werkes) die durchaus unhaltbare Thesis ausgesprochen, daß „im Begriffe der unendlich gedachten Größe der Ausschluß aller Möglichkeit der Vermehrung" liege. Dies kann nur in bezug auf das Absolutunendliche zugestanden werden, das Transfinite, obgleich als bestimmt und größer als jedes Endliche gefaßt, teilt mit dem Endlichen den Charakter unbeschränkter Vermehrbarkeit.

Das durch Gelehrsamkeit und Scharfsinn ausgezeichnete Werk des R. P. Tilm Pesch veranlaßt mich, was seinen dem Unendlichen gewidmeten Abschnitt betrifft, zu noch einer Bemerkung.

Der Verf. legt in § 403 seiner Untersuchung *zwei* verschiedene Definitionen des Unendlichen zugrunde, die er promiscue in seinen Beweisen benutzt, ohne den Nachweis ähnliches Versehen scheint aber auch Wundt pag. 128 geraten zu sein. Es bedarf also keiner weiteren Rechtfertigung, daß ich in den „Grundlagen" gleich im Anfang zwei toto genere von einander verschiedene Begriffe unterscheide, welche ich das Uneigentlich-unendliche und das Eigentlich-unendliche nenne; sie müssen als in *keiner* Weise vereinbar oder verwandt angesehen werden. Die so oft zu allen Zeiten zugelassene Vereinigung oder Vermengung dieser beiden völlig disparaten Begriffe enthält meiner festen Überzeugung nach die Ursache unzähliger Irrtümer; im besonderen sehe ich aber hier den Grund, warum man nicht schon früher die *transfiniten Zahlen* entdeckt hat.

Um diese Verwechselung von vornherein auszuschließen, bezeichne ich die kleinste transfinite Zahl mit einem von dem gewöhnlichen, dem Sinne des Uneigentlich-unendlichen entsprechenden Zeichen ∞ *verschiedenen* Zeichen, nämlich mit ω.

Allerdings kann ω gewissermaßen als die Grenze angesehen werden, welcher die veränderliche endliche ganze Zahl ν zustrebt, doch nur in dem Sinne, daß ω die *kleinste* transfinite Ordnungs-Zahl, d. h. die kleinste *festbestimmte* Zahl ist, welche größer ist als *alle* endlichen Zahlen ν; ganz ebenso wie $\sqrt{2}$ die Grenze von gewissen veränderlichen, wachsenden, rationalen Zahlen ist, nur daß hier noch dies hinzukommt, daß die Differenz von $\sqrt{2}$ und diesen Näherungsbrüchen beliebig klein wird, wogegen $\omega - \nu$ immer gleich ω ist; dieser Unterschied ändert aber *nichts* daran, daß ω als ebenso bestimmt und vollendet anzusehn ist, wie $\sqrt{2}$, und ändert auch nichts daran, daß ω ebensowenig Spuren der ihm zustrebenden Zahlen ν an sich hat, wie $\sqrt{2}$ irgend etwas von den rationalen Näherungsbrüchen.

Die transfiniten Zahlen sind in gewissem Sinne selbst *neue Irrationalitäten* und in der Tat ist die in meinen Augen beste Methode, die *endlichen* Irrationalzahlen zu definieren, ganz ähnlich, ja ich möchte sogar sagen im Prinzip dieselbe wie meine oben beschriebene Methode der Einführung transfiniter Zahlen. Man kann unbedingt sagen: die transfiniten Zahlen *stehen oder fallen* mit den endlichen Irrationalzahlen; sie gleichen einander ihrem

---

geführt zu haben, daß sie sich auf Wechselbegriffe bezögen. Dies ist sicherlich schon formell unzulässig; im vorliegenden Fall würde aber sogar der Versuch eines Beweises für die Korrelation der beiden Begriffe zur Überzeugung geführt haben, daß es sich dabei um zwei toto genere verschiedene Dinge handelt. Die *erste* Definition: „infinitum illud dicitur, cujus aliquid semper est extra" (Aristoteles phys. l. 3, c. 4, 203a 20) paßt eigentlich nur auf das ἄπειρον oder potentiale Unendliche; die *zweite* Definition: „infinitum id est, quo non sit majus, nec esse possit" (welche sich übrigens in dem von Pesch angeführten Arist. l. 1 de coelo c. 5 *nicht* findet) entspricht dagegen nur dem Absolutunendlichen. Das *Transfinitum* ist also in diesem Werke ganz unberücksichtigt geblieben.

innersten Wesen nach; denn jene wie diese sind bestimmt abgegrenzte Gestaltungen oder Modifikationen (*ἀφωρισμένα*)[1] des aktualen Unendlichen.

II.[2]

So wenig es meinen Neigungen entspricht, anderer Ansichten zu kritisieren, habe ich doch, in Anbetracht der Wichtigkeit des Gegenstandes und auf Ihren ausdrücklichen, wiederholt kundgegebenen Wunsch hin, mir die, in Ihrem Aufsatze[3] „Das Problem des Unendlichen" angegebenen Gründe gegen das „Infinitum actuale existens seu in concreto", welche Ihrer Meinung nach nicht gleichermaßen gegen das „Inf. act. possibile" anwendbar wären, genau angesehen und gefunden, daß auch hier wieder, wie in allen dasselbe Ziel verfolgenden Beweisen, ein versteckter Zirkelschluß zugrunde liegt. In meinem Briefe an Herrn G. Eneström habe ich gesagt, daß alle sogen. Beweise gegen die aktual-unendlichen Zahlen auf einem *πρῶτον ψεῦδος* beruhen, über das man sich nicht volle Rechenschaft gibt, welches aber in jedem mir vorliegenden Falle nachzuweisen ich mich anheischig mache; es besteht darin, daß man von vornherein der aktual-unendlichen Größe sämtliche Eigenschaften der endlichen Größe zumutet, woraus leicht ein Widerspruch mit ihrem Nichtendlichsein gefolgert wird. Damit glaubt man dann einen Beweis für ihre Unmöglichkeit fertig zu haben, während man sich doch in Wahrheit nur im Zirkel bewegt hat. Ganz die nämliche Überzeugung habe ich in bezug auf alle Beweisversuche, durch welche das A.-U. in concreto seu in natura creata bestritten werden soll; nur daß sich hier noch andere, weit gewichtigere Gründe hinzufügen lassen, die aus der absoluten Omnipotenz Gottes fließen und denen gegenüber jede Negation der Möglichkeit eines „Transfinitum seu Infinitum actuale creatum" wie eine Verletzung jenes Attributes der Gottheit erscheint. Ich will jedoch das letztere Argument heute nicht weiter ausführen, weil es genügen wird, an Ihrem Beweise dasjenige hervorzuheben, was, entsprechend meiner vorhin ausgesprochenen Überzeugung und meiner unmaßgeblichen Meinung nach, daran unrichtig ist.

---

[1] Man vgl. Conimbricenses Phys. Lib. III, cap. 8, quaest. 1, art. 1. Diese Stelle bezieht sich auf Aristoteles *Φγ* 8 208a 6, wo dem *ἄπειρον δυνάμει* ein *ἄπειρον ὡς ἀφωρισμένον* entgegengestellt und, wie ich gelegentlich in extenso beweisen werde, mit gänzlich unzureichenden Gründen bekämpft wird. Man vgl. auch S. Thomas: Phys. III, lectio 13. Die Gründe des Stagiriten beweisen nichts anderes, als daß die Argumente, welche die alten Naturphilosophen für die *notwendige* Existenz eines *ἄπειρον ἀφωρισμένον* vorgebracht haben, nicht zwingend sind; *er beweist aber nicht die Unmöglichkeit* eines existierenden *ἄπειρον ἀφωρισμένον*; mit anderen Worten, *er beweist nicht*, daß letzterer Begriff, wenn man ihn als *Transfinitum* faßt, ein widersprechender sei, und es würde ihm solches auch schwer oder richtiger gesagt unmöglich gewesen sein.

[2] Dieses Schreiben ist an Herrn Prof. Gutberlet in Fulda gerichtet worden und trägt das Datum vom 24. Januar 1886.

[3] Ztschr. f. Philos. u. philos. Kritik, 88, 199.

Ihre Überlegung lautet wörtlich wie folgt: „An dieser Stelle glaube ich aber den Nachweis führen zu sollen, daß eine aktual-unendliche Größe nicht existieren kann. Wenn eine unendliche Linie, ein unendlich langer Draht existierte, so könnte man an der Stelle, wo er mich streift, ein endliches Stück herausschneiden und sodann die beiden übrigbleibenden Stücke zusammenziehen und wieder miteinander verbinden. Nun ist aber keines der beiden Stücke mehr unendlich; denn beide sind aus der Unendlichkeit herausgerückt, beiden fehlt gerade so viel von der Unendlichkeit, als sie durch die Annäherung nach der Mitte hin verschoben worden sind. Beide sind also nach der Seite der Unendlichkeit hin begrenzt und ebenso begrenzt nach der Mitte. Eine Linie mag nun allerdings nach der einen Seite begrenzt und doch nach der andern unendlich sein, ist sie aber nach beiden Seiten begrenzt, dann ist sie ganz gewiß endlich. Sind aber die beiden Stücke endlich, dann auch die ganze Linie, und wenn sie jetzt, nach der Wegnahme eines endlichen Zwischenstückes, als endlich sich herausstellt, so war sie es auch mit diesem endlichen Zwischenstück, denn zwei Endliche machen kein Unendliches“.

In dieser Argumentation erkenne ich den Fehler, daß die Eigenschaften einer endlichen starren Linie ohne weiteres auf eine unendliche starre Linie übertragen werden, deren Eigenschaften von der Natur des Unendlichen abhängen.

Wenn Sie eine endliche Gerade AB in ihrer Richtung so verrücken, daß ihr Anfangspunkt A um das Stück $AA' = 1$

nach A' geschoben wird, so ist dies nur so möglich, daß *jeder andre ihrer Punkte*, z. B. M nach M' um ein gleiches Stück $MM' = 1$ und *im besonderen auch der Endpunkt* B um das Stück $BB' = 1$ nach B' verrückt wird.

Denken wir uns aber statt der endlichen Linie AB in derselben Richtung und mit demselben Anfangspunkte eine aktual-unendliche Linie AO, die ihren Zielpunkt O im Unendlichen hat, so gilt zwar auch, daß jeder im Endlichen liegende Punkt M um $MM' = 1$ nach M' gerückt wird, falls A nach A' kommt, *wer sagt Ihnen aber, daß hier auch das gleiche gilt vom unendlich fernen Zielpunkt* O?

Ganz im Gegenteil führt letztere Annahme, wie Sie selbst gezeigt haben, zu einem Widerspruch; dieser Widerspruch berechtigt aber nicht, wie Sie annehmen, zur Leugnung der Möglichkeit der Existenz einer aktual-unendlichen Geraden AO, sondern er führt zu der nichts Widersprechendes involvierenden Eigenschaft der aktual-unendlichen Geraden AO, daß, während *alle anderen* Punkte M, A, B der Geraden AO um ein gleiches Stück $MM' = AA' = BB' = 1$ nach links gezogen werden, *allein der unendlich ferne Punkt* O *fest an seinem Platze bleibt*, d. h. auf diesem Wege aus der unendlichen Entfernung gar nicht ins Endliche gebracht werden kann, *auch dann nicht*, wenn Sie zur Hypothese einer unendlichen Zugkraft greifen wollen.

Da die gedachte aktual-unendliche Gerade AO ihrer Größe nach der von mir mit ω bezeichneten *kleinsten* transfiniten Ordnungszahl entspricht, so läßt sich das soeben Behauptete auch in der bekannten, nicht den geringsten Widerspruch involvierenden Gleichung $1 + \omega = \omega$ wiederfinden, wo auf der linken Seite $1 = A'A$ die Bedeutung des *Augendus*, $\omega = AO$ die des *Addendus* hat. Dagegen ist allerdings $\omega + 1$, wo ω als *Augendus*, 1 als *Addendus* figurieren, wie aus den Prinzipien meiner „Grundlagen" geschlossen wird, eine von ω *verschiedene* transfinite Zahl, nämlich die auf die kleinste ω *nächstfolgende ganze transfinite* Ordnungszahl; letzteres hat aber auf Ihr Exempel keine Anwendung, da bei Ihnen der *Augendus* eine endliche und im Endlichen liegende Größe $A'A = 1$, der Addendus $AO = \omega$ eine aktual-unendliche ist.

Da ich denselben Gegenstand von anderen Gesichtspunkten aus in einem dieser Tage von mir geschriebenen Briefe besprochen habe, so möchte ich Ihnen beifolgende Abschrift eines Auszuges[1] davon verehren mit dem Wunsche, daß Sie mir sowohl über das Vorliegende, wie auch über das in dem soeben erwähnten Briefe Gesagte Ihre Meinung gefälligst schreiben mögen[2].

Es war meine Absicht, diesem heutigen Schreiben noch einige andere Erinnerungen und Bedenken sowohl mit Bezug auf die in Ihrem Aufsatz vorkommenden Schlüsse, wie auch über verschiedenes in Ihrer Schrift: „Das Unendliche mathem. und metaph. betrachtet" beizufügen; doch halten mich andere Obliegenheiten davon ab, so daß ich mir diese Aufgabe für das nächste Mal zurücklege ...

---

[1] Siehe unten III.

[2] In betreff vorstehender Ausführung läßt sich, wie es scheint, folgendes bemerken. Eben weil die zu verrückende Linie als *starr* vorausgesetzt ist, so muß mit Verschiebung von A nach A' *jeder* Punkt der Linie um ebensoviel verschoben werden, und somit auch der unendlich ferne Endpunkt O. Die Unendlichkeit könnte nur dann eine Unmöglichkeit des Verschiebens bedingen, wenn die ziehende Kraft wohl zur Verschiebung eines endlichen, nicht aber eines unendlichen Drahtes ausreichte. Aber darum können wir eine unendliche Zugkraft voraussetzen.

Nun kann man allerdings dagegen einwenden, daß wegen der *metaphysischen* Unmöglichkeit, eine unendliche Linie in die Endlichkeit hereinzuziehen, die Ausführung trotz der Erfüllung aller *physischen* Bedingungen, selbst unter Voraussetzung eines unendlich starken Einflusses, doch nicht möglich wird. Wir befinden uns hier in demselben Falle, den Suarez bei der Annahme einer ewigen (unveränderlichen) Welt voraussetzt. Feuer, so meint er, in Ewigkeit an Werg angelegt, würde dieses trotz seiner großen Verbrennbarkeit, nicht entzünden können. Denn der Verbrennungsprozeß von einigen Minuten müßte ein Stück von der Ewigkeit abschneiden und so dieselbe endlich machen.

Ich glaube aber kaum, daß jemand sich dazu verstehen wird, zu denken, daß das Feuer das Werg ewig unversehrt lasse. Darum muß eben die Annahme einer ewigen, mit Veränderungen verbundenen Welt als unstatthaft bezeichnet werden. Ähnliches scheint auch von dem unendlichen Draht zu gelten.

(Anm. des Herrn Prof. Gutberlet.)

III.[1]

Die Zeilen, welche Ew. ... am 25. Dezember 1885 an mich zu richten die Güte hatten, enthalten einige Zweifel in bezug auf die philosophische Grundlage meiner, Ihnen zur Prüfung übersandten Arbeiten; vermutlich sind es gewisse von mir gebrauchte Worte, deren Bedeutung ich nicht genauer erklärt habe, welche meine Meinung nicht ganz bestimmt erscheinen lassen, und ich möchte mir daher erlauben, mich in Kürze genauer auszusprechen.

Die in meinem kleinen Aufsatze: „Über die verschiedenen Standpunkte in bezug auf das aktuale Unendliche" vorkommenden Ausdrücke „Natura naturans" und „Natura naturata" gebrauche ich in derselben Bedeutung, welche ihnen die Thomisten gegeben haben, so daß der *erstere* Ausdruck Gott als den, außerhalb der aus nichts von ihm geschaffenen Substanzen stehenden Schöpfer und Erhalter derselben, der letztere aber die durch ihn geschaffene Welt bezeichnet. Dementsprechend unterscheide ich ein „Infinitum aeternum increatum sive Absolutum", das sich auf Gott und seine Attribute bezieht, und ein „Infinitum creatum sive Transfinitum", das überall dort ausgesagt wird, wo in der Natura creata ein Aktual-Unendliches konstatiert werden muß, wie beispielsweise in Beziehung auf die, meiner festen Überzeugung nach, aktual-unendliche Zahl der geschaffenen Einzelwesen sowohl im Weltall wie auch schon auf unserer Erde und, aller Wahrscheinlichkeit nach, selbst in jedem noch so kleinen, ausgedehnten Teil des Raumes, worin ich mit Leibniz ganz übereinstimme (Epistola ad Foucher, t. 2 operum ed. Dutens, p. I pag. 243).

Obwohl ich weiß, daß die Lehre vom „Infinitum creatum", zwar nicht von allen, doch von den meisten Kirchenlehrern bekämpft wird und im besonderen auch vom großen S. Thomas Aquinatus in seiner S. theol. p. 1. q 7. a. 4 gewisse Meinungen dagegen angeführt werden, so sind doch die Gründe, welche in dieser Frage im Verlauf zwanzigjähriger Forschung, ich kann sagen, wider Willen, weil im Gegensatz zu von mir stets hochgehaltener Tradition, von innen her sich mir aufgedrängt und mich gewissermaßen gefangen genommen haben, stärker als alles, was ich bisher dagegen gesagt fand, obgleich ich es in weitem Umfange geprüft habe. Auch glaube ich, daß die Worte der heil. Schrift, wie z. B. Sap. c. 11. v. 21: „Omnia in pondere, numero et mensura disposuisti.", in denen ein Widerspruch gegen die aktual-unendlichen Zahlen vermutet wurde, diesen Sinn nicht haben; denn, gesetzt den Fall, es gäbe, wie ich bewiesen zu haben glaube, aktual-unendliche „Mächtigkeiten", d. h. Kardinalzahlen und aktual-unendliche „Anzahlen wohl-

[1] Die folgenden zwei Briefe (III und IV) vom 22. und 29. Januar 1886 waren an einen großen Theologen [Kardinal Franzelin] gerichtet; derselbe ist, wie ich mit Schmerz erwähne, am 11. Dezember 1886 in die Ewigkeit abgerufen.

geordneter Mengen" d. h. Ordnungszahlen (welche zwei Begriffe, wie ich gefunden habe, bei aktual-unendlichen Mengen außerordentlich verschieden sind, während bei endlichen Mengen ihr Unterschied kaum bemerkbar ist), so würden ganz sicherlich auch diese transfiniten Zahlen in jenem heiligen Ausspruche mitgemeint sein und es darf daher, meines Erachtens, derselbe nicht als Argument gegen die aktual-unendlichen Zahlen genommen werden, wenn ein Zirkelschluß vermieden werden soll.

Daß aber ein „Infinitum creatum" als existent angenommen werden muß, läßt sich mehrfach beweisen. Um Ew. ... nicht zu lange aufzuhalten, möchte ich mich in dieser Sache auf zwei kurze Andeutungen beschränken.

Ein Beweis geht vom Gottesbegriff aus und schließt zunächst aus der höchsten Vollkommenheit Gottes Wesens auf die Möglichkeit der Schöpfung eines Transfinitum ordinatum, sodann aus seiner Allgüte und Herrlichkeit auf die Notwendigkeit der tatsächlich erfolgten Schöpfung eines Transfinitum. Ein anderer Beweis zeigt a posteriori, daß die Annahme eines Transfinitum in natura naturata eine bessere, weil vollkommenere Erklärung der Phänomene, im besondern der Organismen und der psychischen Erscheinungen ermöglicht als die entgegengesetzte Hypothese. ...

IV.

... Ew. ... sage ich meinen herzlichsten Dank für die Ausführungen des gütigen Schreibens vom 26. Januar 1886, denen ich mit voller Überzeugung zustimme; denn in der kurzen Andeutung meines Briefes vom 22. ds. war es an der betreffenden Stelle nicht meine Meinung, von einer objektiven, metaphysischen Notwendigkeit zum Schöpfungsakt, welcher Gott, der *absolut Freie* unterworfen gewesen wäre, zu sprechen, sondern ich wollte nur auf eine gewisse subjektive Notwendigkeit *für uns* hinweisen, aus Gottes Allgüte und Herrlichkeit auf die tatsächlich *erfolgte* (*nicht* a parte Dei *zu erfolgende*) Schöpfung, *nicht bloß* eines *Finitum ordinatum, sondern* eines *Transfinitum ordinatum* zu schließen. ...

V.[1]

Mit Vergnügen entnehme ich Ihrem Schreiben vom 23. ds., daß Sie dem Gegenstand meiner Untersuchungen ein Interesse zuwenden, für welches mein Dank um so größer ist, je seltener es mir von namhaften Naturforschern und Ärzten entgegengebracht wird; denn in diesen Kreisen ist das, was ich „horror infiniti" nenne, nach den verschiedensten Beziehungen und aus den mannigfaltigsten Ursachen, im allgemeinen ein tief eingewurzeltes Übel.

[1] Dieser Brief, datiert vom 28. Februar 1886, ist an Prof. Dr. med. A. Eulenburg in Berlin gerichtet.

Fassen wir die Definitionen des potentialen und aktualen Unendlichen scharf ins Auge, so dürften die Schwierigkeiten, von denen Sie mir schreiben, bald beseitigt sein.

I. Das P.-U.[1] wird vorzugsweise dort ausgesagt, wo eine unbestimmte, *veränderliche endliche* Größe vorkommt, die entweder über alle endlichen Grenzen hinaus wächst (unter diesem Bilde denken wir uns z. B. die sogenannte Zeit, von einem bestimmten Anfangsmomente an gezählt) oder unter jede endliche Grenze der Kleinheit abnimmt (was z. B. die legitime Vorstellung eines sogenannten Differentials ist); allgemeiner spreche ich von einem P.-U. überall da, wo eine *unbestimmte* Größe in Betracht kommt, die unzählig vieler Bestimmungen fähig ist.

II. Unter einem A.-U.[2] ist dagegen ein Quantum zu verstehen, das einerseits *nicht veränderlich*, sondern vielmehr in allen seinen Teilen fest und bestimmt, eine richtige *Konstante* ist, zugleich aber andrerseits *jede endliche Größe* derselben Art an Größe übertrifft. Als Beispiel führe ich die Gesamtheit, den Inbegriff *aller* endlichen ganzen positiven Zahlen an; diese Menge ist *ein Ding für sich* und bildet, ganz abgesehen von der natürlichen Folge der dazu gehörigen Zahlen, ein in allen Teilen festes, bestimmtes Quantum, ein *ἀφωρισμένον*, das offenbar größer zu nennen ist als jede endliche Anzahl[3]. Ein anderes Beispiel ist die Gesamtheit *aller* Punkte, die auf einem

(Fortsetzung des Textes auf S. 404.)

[1] D. h. das potentiale Unendliche (*ἄπειρον*).

[2] D. h. das aktuale Unendliche (*ἀφωρισμένον*).

[3] Man vgl. die hiermit übereinstimmende Auffassung der ganzen Zahlenreihe als aktual-unendliches Quantum bei S. Augustin (De civitate Dei. lib. XII, cap. 19): Contra eos, qui dicunt ea, quae infinita sunt, nec Dei posse scientia comprehendi. Wegen der großen Bedeutung, welche diese Stelle für meinen Standpunkt hat, will ich sie wörtlich hier aufnehmen und behalte mir vor, dieselbe bei einer späteren Gelegenheit ausführlich zu besprechen. Das Kapitel lautet: „Illud autem aliud quod dicunt, nec Dei scientia quae infinita sunt posse comprehendi: restat eis, ut dicere audeant atque huic se voragini profundae inpietatis inmergant, quod non omnes numeros Deus noverit. Eos quippe infinitos esse, certissimum est; quoniam in quocumque numero finem faciendum putaveris, idem ipse, non dico uno addito augeri, sed quamlibet sit magnus et quamlibet ingentem multitudinem continens, in ipsa ratione atque scientia numerorum non solum duplicari, verum etiam multiplicari potest. *Ita vero suis quisque numerus proprietatibus terminatur, ut nullus eorum par esse cuicumque alteri possit. Ergo et dispares inter se atque diversi sunt, et singuli quique finiti sunt, et omnes infiniti sunt.* Itane numeros propter infinitatem nescit omnes Deus, et usque ad quandam summam numerorum scientia Dei pervenit, ceteros ignorat? *Quis hoc etiam dementissimus dixerit?* Nec audebunt isti contemnere numeros et eos dicere ad Dei scientiam non pertinere, apud quos Plato Deum magna auctoritate commendat numeris mundum fabricantem. Et apud nos Deo dictum legitur: *Omnia in mensura et numero et pondere disposuisti* (Sap. 11, 21); de quo et propheta dicit: *Qui profert numerose saeculum* (Esai. 40, 26) et Salvator in evangelio: Capilli, inquit, *vestri omnes numerati sunt* (Mt. 10, 30). Absit itaque ut dubitemus, quod ei notus sit omnis numerus, *cujus intelligentiae* (absolutae), sicut in psalmo canitur, *non est numerus*

(Ps. 147, 5). Infinitas itaque numeri, quamvis infinitorum numerorum nullus sit numerus [finitus], non est tamen inconprehensibilis ei, cujus intelligentiae [absolutae] non est numerus. Quapropter si, quidquid scientia conprehenditur, scientis conprehensione finitur: profecto et *omnis infinitas* quodam ineffabili modo Deo [de] finita [ἀφωρισμένον] est, quia scientiae ipsius inconprehensibilis non est. Quare si infinitas numerorum scientiae Dei, qua conprehenditur, esse non potest in [de] finita: qui tandem nos sumus homunculi, qui ejus scientiae limites figere praesumamus, dicentes quod, nisi eisdem circuitibus temporum eadem temporalia repetantur, non potest Deus cuncta quae facit vel praescire ut faciat, vel scire cum fecerit? cujus sapientia *simpliciter multiplex et uniformiter multiformis* tam inconprehensibili conprehensione omnia inconprehensibilia conprehendit, ut, *quaecumque nova et dissimilia consequentia praecedentibus si semper facere vellet, inordinata et inprovisa habere non posset, nec ea provideret ex proximo tempore, sed aeterna praescientia contineret.*" An einzelnen Stellen habe ich (durch Klammern erkenntliche) Einschaltungen zu machen mir erlaubt, die den Sinn, welchen die betreffenden Worte an den betreffenden Stellen bei S. Augustin m. E. nach haben, deutlicher hervortreten lassen. Energischer, als dies hier von S. Augustin geschieht, kann das *Transfinitum* nicht verlangt, vollkommener nicht begründet und verteidigt werden. Denn, daß es sich bei der unendlichen Menge (ν) aller endlichen ganzen Zahlen ν nicht um das Absolut-Unendliche (IIb) handelt, wird wohl von niemandem in Zweifel gezogen werden.

Indem nun der h. Augustin die totale, intuitive Perzeption der Menge (ν), „quodam ineffabili modo", a parte Dei behauptet, erkennt er zugleich diese Menge *formaliter* als ein aktual-unendliches Ganzes, als ein *Transfinitum* an, und wir sind gezwungen, ihm darin zu folgen. An dieser Stelle wird nun aber möglicherweise der Einwand erhoben werden, daß, wenn wir auch genötigt sind, die Menge (ν) als ein kategorematisches Unendliches anzusehen, es uns andrerseits nicht erlaubt ist, die dieser Menge entsprechende Ordnungszahl ω oder die ihr zukommende Kardinalzahl ω in Betracht zu ziehen, und zwar sei uns dies aus dem Grunde nicht erlaubt, weil *wir* bei der Beschränktheit unsres Wesens nicht imstande sind, alle die unendlich vielen zur Menge (ν) gehörigen Zahlindividuen ν uno intuitu aktuell zu denken. Ich möchte nun aber denjenigen sehen, der etwa bei der *endlichen* Zahl „Tausendmal Million" oder selbst bei noch viel kleineren Zahlen alle darin vorkommenden Einheiten uno intuitu distinkt und präzise sich vorstellen kann. Ein solcher lebt heutigestages unter uns ganz sicherlich *nicht*. Und trotzdem haben wir das Recht, die endlichen Zahlen, auch wenn sie noch so groß sind, als Gegenstände der *diskursiven, menschlichen* Erkenntnis anzusehen und sie wissenschaftlich nach ihrer Beschaffenheit zu untersuchen; *dasselbe Recht steht uns auch in bezug auf die transfiniten Zahlen zu.* Jenem Einwand gegenüber gibt es also nur eine Antwort: die Bedingung, welche Ihr selbst, sogar an den *kleinen, endlichen* Zahlen, nicht zu erfüllen und zu leisten imstande seid, dieselbe mutet Ihr uns zu in bezug auf die *unendlichen* Zahlen! Ist ein unbilligeres Verlangen von Menschen an Menschen jemals gestellt worden? Nach unsrer Organisation sind wir nur selten im Besitz eines Begriffes, von dem wir sagen könnten, daß er ein „conceptus rei proprius ex propriis" wäre, indem wir durch ihn eine Sache adäquat, ohne Hilfe einer Negation, eines Symbols oder Beispiels, so auffassen und erkennen, wie sie an und für sich ist. Vielmehr sind wir beim Erkennen zumeist auf einen „conceptus proprius ex communibus" angewiesen, welcher uns befähigt, ein Ding aus allgemeinen Prädikaten und mit Hilfe von Vergleichungen, Ausschließungen, Symbolen oder Beispielen derartig zu bestimmen, daß es von jedem andern Ding wohlunterschieden ist. Man vergleiche z. B. die Methode, nach welcher ich in den „Grundlagen" (1883) und schon früher in den Math. Ann. 5 (1871), die *irratio-*

nalen Zahlgrößen definiert habe. Ich gehe nun *so weit, unbedingt zu behaupten*, daß diese *zweite* Art der Bestimmung und Abgrenzung von Dingen für die *kleineren transfiniten Zahlen* (z. B. für ω oder $\omega + 1$ oder ω^ν bei kleiner endlicher ganzer Zahl ν) eine *unvergleichlich einfachere, bequemere* und *leichtere* ist als für sehr große *endliche* Zahlen, bei denen wir gleichwohl auch nur auf dasselbe, unserer unvollkommenen Natur entsprechende Hilfsmittel angewiesen sind.

Im Gegensatz zu Augustin findet sich bei Origenes eine entschiedene Stellungnahme *gegen* das Aktual-Unendliche, und er geht hierin so weit, daß es fast scheinen möchte, er wolle selbst die Unendlichkeit Gottes nicht behauptet wissen. Denn er sagt, man dürfe nicht durch einen falschen Euphemismus (*εὐφημίας χάριν*) die Begrenzung (circumscriptio = *περιγραφή*) der göttlichen Kraft leugnen. Ich erinnere daran, daß *πέρας* im Griechischen Ziel, Grenze und Vollendung zugleich bedeutet: mit dem *ἄπειρον* verbindet sich daher eigentlich der Begriff des Unbestimmten, Unvollkommenen. Auch im Lateinischen kommt infinitum in dem Sinne „unbestimmt" bei Cicero und Quintilian vor (z. B. infinitior distributio partium, ein logischer Fehler in der Rede; infinitas quaestiones, ungenau bestimmte Fragen usw.). Auch finis bezeichnet, wie *πέρας*, die Vollendung, so in dem bekannten Titel des Ciceronischen Werkes de finibus bonorum, bei Tacitus finis aequi juris etc.

In Origenes de principiis (*περὶ ἀρχῶν*), ed. Redepenning (in den griechisch erhaltenen Fragmenten S. 10, in der Übersetzung des Rufinus S. 214) heißt es wörtlich: „— intueamur creaturae initium, quodcunque illud initium creantis Dei mens potuerit intueri. In illo ergo initio putandum est tantum numerum rationabilium creaturarum, vel intellectualium, vel quoquomodo appellandae sunt, quas mentes superius diximus, fecisse Deum quantum sufficere posse prospexit. Certum est quippe quod praefinito aliquo apud se numero eas fecit: *non enim, ut quidam volunt, finem putandum est non habere creaturas; quia ubi finis non est, nec conprehensio ulla nec circumscriptio esse potest.* (Es ist *höchst wahrscheinlich*, daß *jene* Auseinandersetzung bei Augustin im *durchaus bewußten* Gegensatz zu dieser Stelle bei Origines geschrieben worden ist.) *Quod si fuerit, utique nec contineri vel dispensari a Deo, quae facta sunt, poterunt.* Naturaliter nempe quidquid infinitum (Origines hat immer nur das *ἄπειρον* im Auge und sagt, wenn die göttliche Kraft *ἄπειρος* wäre, könnte Gott sich selbst nicht erkennen) fuerit, et incomprehensibile erit. Porro autem, sicut scriptura dicit: ‚In numero et mensura universa' (Sap. 11, 21) condidit Deus, et idcirco numerus quidem recte adaptabitur rationabilibus creaturis, vel mentibus, ut tantae sint, quantae a providentia Dei dispensari, regi et contineri possint. Mensura vero materiae corporali consequenter aptabitur: quam utique tantam a Deo esse creatam credendum est, quantum sibi sciret ad ornatum mundi posset sufficere (gr. *τοσαύτην ὕλην ὅσην ἠδύνατο κατακοσμῆσαι*)." Ich habe diese *tiefsinnige* Betrachtung des Origines vollständig reproduziert, weil ich in ihr den *Ursprung* für die, wie ich anerkennen muß, *bedeutendsten* und *inhaltvollsten* Argumente erblicke, welche gegen das Transfinitum zur Geltung gebracht worden sind. Man findet dieselben oft wiederholt; ich will sie in der vollendetsten Form, die ihnen gegeben worden ist, hier anführen. In der S. Thomasschen Summa theol. I, q. 7, a. 4 heißt es: „1) Multitudinem actu infinitam dari, impossibile est, quia omnem multitudinem oportet esse *in aliqua specie* multitudinis. *Species autem multitudinis sunt secundum species numerorum. Nulla autem species numeri est infinita*, quia quilibet numerus est multitudo mensurata per unum. Unde impossibile est esse multitudinem infinitam actu; sive per se, sive per accidens. 2) Item omnis multitudo in rerum natura existens est creata; et omne creatum *sub aliqua certa intentione* creantis comprehenditur, *non enim in vanum agens aliquod operatur.* Unde necesse est quod sub certo numero omnia creata gegebenen Kreise (oder irgendeiner andern bestimmten Kurve) liegen. Ein drittes Beispiel ist die Gesamtheit aller streng punktartig vorzustellenden Monaden, welche zum Phänomen eines vorliegenden Naturkörpers als konstitutive Bestandteile beitragen.

Aus der Definition I folgt, daß Sie vollkommen Recht haben, wenn Sie fragen: „wäre es nicht besser, für das P.-U. den Ausdruck *Unendliches* ganz fallen zu lassen?“

Allerdings ist das P.-U. eigentlich kein Unendliches, darum habe ich es in meinen „Grundlagen“ *uneigentliches* Unendliches genannt. Doch wird es schwer sein, den betreffenden Gebrauch zu beseitigen, um so schwerer, als das P.-U. der leichtere, angenehmere, oberflächlichere, unselbständigere Begriff und die schmeichlerische Illusion zumeist mit ihm verknüpft ist, als hätte man daran was Rechtes, was richtig Unendliches; während doch in Wahrheit das P.-U. nur eine geborgte Realität hat, indem es stets auf ein A.-U. hinweist, durch welches es erst möglich wird. Daher das dem P.-U. von den Scholastikern zutreffend gegebene Epitheton: *συνκατηγορηματικως*.

Sehen wir uns ferner die Definition II an, so folgt zunächst, daß daraus *mit nichten* geschlossen werden kann, daß das A.-U. seiner Größe nach *unvermehrbar sein müsse*; eine irrige Annahme, die nicht nur in der *alten* und in der sich an sie anschließenden *scholastischen*, sondern auch in der *neueren* und *neuesten* Philosophie, man kann fast sagen, allgemein ver-

---

comprehendantur. Impossibile est ergo esse multitudinem infinitam in actu, etiam per accidens.“

Dies sind die beiden gewichtigsten Gründe, welche im Laufe der Zeiten gegen das Transfinitum vorgeführt worden sind; alle anderen Argumente, die man ausgesprochen findet, lassen sich verhältnismäßig leicht *negativ* entkräften, indem man bemerkt, daß sie auf einem Fehler im Schließen beruhen. *Diese beiden Gründe* dagegen sind *sehr wohl* fundiert und konnten *nur positiv* gelöst und erledigt werden, *indem man bewies und zeigte, daß die transfiniten Zahlen und Ordnungstypen im Reiche des Möglichen ebensowohl existieren, wie die endlichen Zahlen und daß im Transfiniten sogar ein weitaus größerer Reichtum an Formen und an „species numerorum“ vorhanden und gewissermaßen aufgespeichert ist, als in dem verhältnismäßig kleinen Felde des unbeschränkten Endlichen. Daher standen die transfiniten Spezies den Intentionen des Schöpfers und seiner absolut unermeßlichen Willenskraft ganz ebenso verfügbar zu Gebote, wie die endlichen Zahlen.* Man möchte glauben, daß S. Thomas diesen Zusammenhang geahnt oder sogar gekannt und durchschaut und eben darum es verschmäht hat, die anderen, *federleichten* Argumente gegen die aktualunendlichen Größen und Zahlen, welche sich unter anderem auch in den Schriften seines Lehrers Albertus Magnus finden, zu reproduzieren. Er blieb und bestand *mit großem Recht* auf jenen *inhaltsvollen* und *gewichtigen zwei* Gründen, die *nur positiv* gelöst werden konnten; gab aber die übrigen Gründe durchaus gern auf in dem berühmten Ausruf gegen die Murmurantes: „*Praeterea adhuc non est demonstratum, quod Deus non possit facere ut sint infinita actu.*“ (Opusc. de aeternitate mundi.)

breitet ist[1]. Vielmehr sind wir hier genötigt, eine *fundamentale Distinktion* zu machen, indem wir unterscheiden:

II[a] Vermehrbares A.-U. oder *Transfinitum.*

II[b] Unvermehrbares A.-U. oder *Absolutum.*

Die vorhin für das A.-U. angeführten drei Beispiele gehören sämtlich in die Klasse II[a] des Transfiniten. Ebenso gehört hierher *die kleinste überendliche Ordnungszahl,* welche ich mit ω bezeichne; denn sie kann zur nächst größeren Ordnungszahl $\omega + 1$, diese wieder zu $\omega + 2$ usw. vergrößert resp. vermehrt werden. Aber auch die *kleinste aktual-unendliche Mächtigkeit oder Kardinalzahl* ist ein Transfinitum, und das gleiche gilt von der nächst größeren Kardinalzahl usw.

Das *Transfinite* mit seiner Fülle von Gestaltungen und Gestalten weist mit Notwendigkeit auf ein *Absolutes* hin, auf das „wahrhaft Unendliche", an dessen Größe keinerlei Hinzufügung oder Abnahme statthaben kann und welches daher quantitativ als *absolutes* Maximum anzusehen ist. Letzteres übersteigt gewissermaßen die menschliche Fassungskraft und entzieht sich namentlich mathematischer Determination; wogegen das *Transfinite* nicht nur das weite Gebiet des Möglichen in Gottes Erkenntnis erfüllt, sondern

---

[1] Da ich seit vier Jahren, nach Publikation der „Grundlagen", Zeit gefunden habe, mich in der Literatur der alten und der scholastischen Philosophie etwas genauer umzusehen, so weiß ich nun auch, daß das A.-U. in natura creata zu allen Zeiten seine Verteidiger innerhalb der christlichen Spekulation gehabt hat. Durch Bayles Dictionnaire bin ich vor etwa drei Jahren unter anderem auf den hervorragenden *Franziskanermönch* R. P. Emuanel Maignan* aus Toulouse (Cursus philosophicus, Lugduni, 1673) aufmerksam geworden, der dem kategorematischen Unendlichen eine sehr weite Sphäre zuweist. Darin schließt sich ihm an sein Schüler, der Franziskaner R. P. Joh. Saguens (vgl. dessen Werk: De perfectionibus divinis. Coloniae 1718). Von den Nominalisten (im Anschluß an Avicenna) soll der weitaus größte Teil die „unendliche Zahl" behauptet haben. Dasselbe wird den *Scotisten* nachgesagt. Der R. P. T. Pesch führt in seinen Inst. phil. nat. § 409 unter den Verteidigern der Möglichkeit der unendlichen Zahlen auch folgende Autoren an: Gabriel Vasquez (Comm. in Summ. p. 1, d. 26, c. 1), Hurtado (Phys. d. 13, § 16), Arriaga (Phys. d. 13. n. 32) und Oviedo (Phys. controv. 14, punct. 4, n. 6; punct. 5). Einen vermittelnden Standpunkt findet man bei den *Conimbricenses* (Phys. l. 3, c. 8, q. 2) und bei Amicus (Phys. tr. 18, q. 6, dub. 2).

---

* Die Bezeichnung Emanuel Maignans (er lebte von 1601 bis 1676) als eines *Franziskanermönches* ist nicht ganz zutreffend, da hierunter die dem Orden des S. Franciscus von Assisi angehörigen sogenannten *Minoriten* oder *Seraphischen Brüder* gewöhnlich verstanden werden. E. M. war aber (ebenso wie der als Freund des Cartesius bekannte Pater Mersenne) ein *Minime,* d. h. Angehöriger eines von Franciscus von Paula († 1507) im Jahre 1435 gestifteten, die Strenge des Franziskanerordens, an den er sich sonst anschloß, durch Enthaltung von allem Fleisch überbietenden Mönchsordens.

Ich verdanke diese Berichtigung der Güte des R. P. Ignatius Jeiler, O. S. Franz. Präfekten des Coll. S. Bonaventurae in Brozzi per Quaracchi, bei Florenz.

auch ein reiches, stets zunehmendes Feld idealer Forschung darbietet und meiner Überzeugung nach auch in der Welt des Geschaffenen bis zu einem gewissen Grade und in verschiedenen Beziehungen zur Wirklichkeit und Existenz gelangt, um die Herrlichkeit des Schöpfers, nach dessen absolut freiem Ratschluß, stärker zum Ausdrucke zu bringen, als es durch eine bloß „endliche Welt" hätte geschehen können. Dies wird aber auf allgemeine Anerkennung noch lange zu warten haben, zumal bei den *Theologen*, so wertvoll auch diese Erkenntnis als Hilfsmittel zur Förderung der von ihnen vertretenen Sache (der Religion) sich erweisen würde.

Endlich habe ich Ihnen noch zu erklären, in welchem Sinne ich das *Minimum* des Transfiniten als *Grenze des wachsenden Endlichen* auffasse. Dazu beachte man, daß der Begriff „Grenze" im Gebiete *endlicher* Zahlen *zwei* wesentliche Merkmale hat, welche hier reziprok auseinander folgen. Die Zahl 1 z. B. ist die Grenze der Zahlen $z_\nu = 1 - \frac{1}{\nu}$ (wo ν eine veränderliche endliche ganze, über alle endliche Grenzen hinaus wachsende Zahl bedeutet) und bietet *als Grenze* folgende zwei *auseinander ableitbare* Merkmale dar:

Erstens ist die Differenz $1 - z_\nu = \frac{1}{\nu}$ eine unendlich klein werdende Größe, d. h. die Zahlen z_ν *nähern* sich der Grenze 1 bis zu beliebiger Nähe.

Zweitens ist 1 die *kleinste von allen Zahlgrößen, welche größer sind als alle Größen* z_ν; denn nimmt man irgendeine Größe $1 - \varepsilon$, die kleiner ist als 1, so wird $1 - \varepsilon$ zwar größer sein als einige der z_ν; aber von einem gewissen ν an, nämlich für $\nu > \frac{1}{\varepsilon}$, wird immer $z_\nu > 1 - \varepsilon$ sein; es ist also 1 das *Minimum* aller Zahlgrößen, die größer sind als alle z_ν.

Von diesen zwei Merkmalen charakterisiert, wie gesagt, jedes für sich vollständig die *endliche* Zahl 1 als *Grenze* der veränderlichen Größe $z_\nu = 1 - \frac{1}{\nu}$.

Will man nun den Begriff der Grenze auch auf transfinite Grenzen ausdehnen, so dient dazu nur *das zweite* der soeben angeführten Merkmale, das erste muß hier fallen gelassen werden, weil es nur für endliche Grenzen Bedeutung, für transfinite aber keinen Sinn hat.

Darnach nenne ich beispielsweise ω die „*Grenze*" der endlichen wachsenden ganzen Zahlen ν, weil ω die *kleinste* von allen Zahlen ist, die größer sind als alle endlichen Zahlen ν; genau ebenso wie 1 als die kleinste von allen Zahlen gefunden wird, die größer sind als alle Größen $z_\nu = 1 - \frac{1}{\nu}$; jede kleinere Zahl als ω ist eine endliche Zahl und wird von anderen endlichen Zahlen ν der Größe nach übertroffen. Dagegen ist hier $\omega - \nu$ stets gleich ω, und man kann also nicht sagen, daß die wachsenden endlichen Zahlen ν ihrem Ziele ω beliebig nahe kommen; vielmehr bleibt jede noch so große Zahl ν von ω *ebensoweit* entfernt wie die kleinste endliche Zahl.

Es tritt hier besonders deutlich der überaus wichtige und entscheidende Umstand hervor, daß meine kleinste transfinite Ordnungszahl ω und folglich auch alle größeren Ordnungszahlen *gänzlich außerhalb der endlosen Zahlenreihe* 1, 2, 3, usw. liegen. Das ω ist *nicht* etwa *Maximum* der endlichen Zahlen (ein solches gibt es ja nicht), sondern ω ist das *Minimum aller unendlichen* Ordnungszahlen. Es war das unglückliche Versehen Fontenelles[1], das Transfinite *innerhalb* der Zahlenreihe $1, 2, 3, \ldots, \nu, \ldots$, wenn auch gewissermaßen am Schluß derselben (der ihr aber ja fehlt) zu suchen; indem er auf diese Weise seinen unendlichen Zahlen von vornherein einen unlöslichen Widerspruch mitgab, war das Schicksal seiner unfruchtbaren Theorie entschieden; sie mußte vor einer durchaus berechtigten Kritik[2] das Feld räumen. Wenn aber letztere durch die Totgeburt der Fontenelleschen unendlichen Zahlen sich außerdem verleiten ließ, über die aktual-unendlichen Zahlen ganz allgemein den Stab zu brechen, so weiß ich, daß sie ihrerseits durch die Tatsache meiner, von der Fontenelleschen total verschiedenen, vollständig widerspruchsfreien Theorie *widerlegt* ist.

VI[3].

Sie erwähnen in Ihrem Schreiben die Frage über die aktual *unendlich kleinen* Größen. An mehreren Stellen meiner Arbeiten werden Sie die Ansicht ausgesprochen finden, daß dies *unmögliche*, d. h. *in sich widersprechende* Gedankendinge sind, und ich habe schon in meinem Schriftchen „Grundlagen e. allg. Mannigfaltigkeitslehre" pag. 8 im § 4, wenn auch damals noch mit einer gewissen Reserve, angedeutet, daß die strenge Begründung dieser Position aus der Theorie der transfiniten Zahlen herzuleiten wäre. Erst in diesem Winter fand sich die Zeit dazu, meine diesen Gegenstand betreffenden Ideen in die Gestalt eines förmlichen Beweises zu bringen. Es handelt sich um den Satz:

„*Von Null verschiedene lineare Zahlgrößen* ζ *(d. h. kurz gesagt, solche Zahlgrößen, welche sich unter dem Bilde begrenzter geradliniger stetiger Strecken vorstellen lassen), welche kleiner wären als jede noch so kleine endliche Zahlgröße, gibt es nicht,* d. h. *sie widersprechen dem Begriff der linearen Zahlgröße.*" Der Gedankengang meines Beweises ist einfach folgender: ich gehe von der *Voraussetzung* einer linearen Größe ζ aus, die so klein sei, daß ihr n-faches

$$\zeta \cdot n$$

---

[1] Man vgl. Fontenelle: Éléments de la Géometrie de l'infini. Paris 1727.

[2] Man vgl. Maclaurin: Traité des Fluxions. Traduction du R. P. Pezenas, t. I introduction pag. XLI. Paris 1749; ferner Gerdil: Opere edite ed ined. t. IV, pag. 261; t. V, p. 1. Rome 1806.

[3] Das Folgende findet sich fast übereinstimmend in zwei Briefen; der eine vom 13. Mai 1887 ist an Herrn Gymnasiallehrer F. Goldscheider in Berlin, der andere vom 16. Mai 1887 an Herrn Professor Dr. K. Weierstraß von mir geschrieben worden.

für *jede noch so große endliche ganze Zahl n* kleiner ist als die Einheit, und beweise nun aus dem Begriff der linearen Größe und mit Hilfe gewisser Sätze der transfiniten Zahlenlehre, daß alsdann auch

$$\zeta \cdot \nu$$

kleiner ist als *jede noch so kleine endliche Größe*, wenn ν irgendeine noch so große *transfinite* Ordnungszahl (d. h. Anzahl oder Typus einer wohlgeordneten Menge) aus irgendeiner noch so hohen Zahlenklasse bedeutet. Dies heißt aber doch, daß ζ *auch durch keine noch so kräftige actual unendliche* Vervielfachung *endlich* gemacht werden, also sicherlich nicht *Element* endlicher Größen sein kann. Somit widerspricht die gemachte Voraussetzung dem Begriff linearer Größen, welcher derartig ist, daß nach ihm jede lineare Größe als integrierender Teil von anderen, im besonderen von endlichen linearen Größen gedacht werden muß. Es bleibt also nichts übrig, als die Voraussetzung fallen zu lassen, wonach es eine Größe ζ gäbe, die für jede endliche ganze Zahl n kleiner wäre als $\frac{1}{n}$, und hiermit ist unser Satz bewiesen. [[1]]

Es scheint mir dies eine wichtige Anwendung der transfiniten Zahlenlehre zu sein, ein Resultat, welches alte, weit verbreitete und tiefwurzelnde Vorurteile zu beseitigen geeignet ist.

Die Tatsache der aktual-unendlich großen Zahlen ist also so wenig ein Grund für die Existenz aktual-unendlich kleiner Größen, daß vielmehr gerade mit Hilfe der ersteren die Unmöglichkeit der letzteren bewiesen wird.

Ich glaube auch nicht, daß man dieses Resultat auf anderem Wege *voll* und *streng* zu erreichen imstande ist.

Das *Bedürfnis* unseres Satzes ist besonders einleuchtend gegenüber neueren Versuchen von O. Stolz und P. Dubois-Reymond, welche darauf ausgehen, die Berechtigung aktual-unendlich kleiner Größen aus dem sogenannten „Archimedischen Axiom" abzuleiten. (Vgl. O. Stolz, Math. Annalen Bd. 18, S. 269; ferner seine Aufsätze in den Berichten des naturw. medizin. Vereines in Innsbruck, Jahrgänge 1881—82 und 1884; sie sind betitelt: „Zur Geometrie der Alten, insbesondere über ein Axiom des Archimedes" und: „Die unendlich kleinen Größen"; endlich vergleiche man desselben Autors: „Vorlesungen über allgemeine Arithmetik", Leipzig 1885, I. Teil, S. 205.)

Archimedes scheint nämlich zuerst darauf aufmerksam geworden zu sein, daß der in Euklids Elementen gebrauchte Satz, wonach aus jeder noch so kleinen begrenzten geradlinigen Strecke durch *endliche, hinreichend große* Vervielfachung *beliebig große endliche* Strecken erzeugt werden können, eines Beweises bedürftig sei, und er glaubte darum diesen Satz als „Annahme" (λαμβανόμενον) bezeichnen zu sollen.

(Vgl. Eukl. *Elem.* lib. V, def. 4: *λόγον ἔχειν πρὸς ἄλληλα μεγέθη λέγεται, ἃ δύναται πολλαπλασιαζόμενα ἀλλήλων ὑπερέχειν*; ferner insbesondere Elem. lib. X, pr. 1. Archimedes: de sphaera et cylindro I, postul. 5 und die Vorrede zu seiner Schrift: de quadratura parabolae.)

Nun ist der Gedankengang jener Autoren (O. Stolz a. a. O.) der, daß wenn man dieses vermeintliche „Axiom" fallen ließe, daraus ein Recht auf aktual unendlich-kleine Größen, welche dort „Momente" genannt werden, hervorgehen würde. Aber aus dem oben von mir angeführten Satze folgt, wenn er auf geradlinige stetige Strecken angewandt wird, unmittelbar die *Notwendigkeit der Euklidischen Annahme.* Also ist das sogenannte „Archimedische Axiom" *gar kein Axiom, sondern ein, aus dem linearen Größenbegriff mit logischem Zwang folgender Satz.*

VII.[1]

Wenn man sich über den Ursprung des weitverbreiteten Vorurteils gegen das aktuale Unendliche, des horror infiniti in der Mathematik volle Rechenschaft geben will, so muß man vor allem den Gegensatz scharf ins Auge fassen, der zwischen dem aktualen und potentialen Unendlichen besteht. Während das potentiale Unendliche nichts anderes bedeutet als eine unbestimmte, stets endlich bleibende, veränderliche Größe, die Werte anzunehmen hat, welche entweder kleiner werden als jede noch so kleine, oder größer werden als jede noch so große endliche Grenze, bezieht sich das aktuale Unendliche auf ein in sich festes, konstantes Quantum, das größer ist als jede endliche Größe derselben Art. So stellt uns beispielsweise eine veränderliche Größe x, die nacheinander die verschiedenen endlichen ganzen Zahlwerte $1, 2, 3, \ldots, \nu, \ldots$ anzunehmen hat, ein potentiales Unendliches vor, wogegen die durch ein Gesetz begrifflich durchaus bestimmte Menge (ν) aller ganzen endlichen Zahlen ν das einfachste Beispiel eines aktual-unendlichen Quantums darbietet.

Die wesentliche Verschiedenheit, welche hiernach zwischen den Begriffen des potentialen und aktualen Unendlichen besteht, hat es merkwürdigerweise nicht verhindert, daß in der Entwickelung der neueren Mathematik mehrfach Verwechselungen beider Ideen vorgekommen sind, derart, daß in Fällen, wo nur ein potentiales Unendliches vorliegt, fälschlich ein Aktual-Unendliches angenommen wird, oder daß umgekehrt Begriffe, welche nur vom Gesichtspunkte des aktualen Unendlichen einen Sinn haben, für ein potentiales Unendliches gehalten werden.

---

[1] Dieser Brief ist im Mai 1886 an Herrn S. Giulio Vivanti in *Mantua* gerichtet worden. Sein Inhalt ist in den letzten Abschnitt des Aufsatzes: Über die verschiedenen Ansichten in bezug auf die aktual-unendlichen Zahlen in Bihang till. K. Svenska Vet. Akad. Hdl. 11, Nr 19 aufgenommen worden.

Beide Arten der Verwechselung müssen als Irrtümer betrachtet werden.

Die erste tritt unter anderem dort auf, wo man, wie es z. B. Poisson (Traité de Mécanique, 2. e édit. t. I, p. 14) getan hat, die sogenannten Differentiale als aktual-unendlich kleine Größen auffaßt, obgleich sie nur die Deutung veränderlicher, beliebig klein anzunehmender Hilfsgrößen zulassen, wie schon von beiden Entdeckern der Infinitesimalrechnung, Newton und Leibniz bestimmt ausgesprochen worden ist. Dieser Irrtum kann, dank Ausbildung der sogenannten Grenzmethode, an welcher die französischen Mathematiker unter Führung des großen Cauchy so ruhmvoll beteiligt sind, wohl als überwunden angesehen werden.

Um so mehr scheint mir aber in der Gegenwart die Gefahr des andern Fehlers zu drohen, welcher darin besteht, von dem Aktual-Unendlichen nichts wissen zu wollen und es auch dort zu verleugnen, wo keine Möglichkeit vorhanden ist, ohne einen richtigen Gebrauch desselben den Dingen auf den Grund zu kommen.

Hier ist in erster Linie die Theorie der irrationalen Zahlgrößen anzuführen, deren Begründung nicht durchführbar ist, ohne daß das A.-U. in irgendeiner Form herangezogen wird. Daß diese Heranziehung auf mehreren Wegen geschehen kann, findet sich in § 9 der „*Grundlagen einer allgemeinen Mannigfaltigkeitslehre*" kurz auseinander gesetzt. Ich habe mich dazu schon früher (Math. Ann. Bd. 5, S. 123) [II 5, S. 92] besonderer aktual-unendlicher Mengen rationaler Zahlen bedient, welche ich *Fundamentalreihen* nenne. Herr E. Heine ist mir darin gefolgt (Crelles Journ. Bd. 74, S. 172); seine Abweichungen beziehen sich nur auf die Ausdrucksweise, in der Sache stimmt er mit mir ganz überein. Ich erwähne hier den eigentümlichen, meines Erachtens rückschrittlichen Versuch des Herrn Molk (Acta math. t. VI), die irrationalen Zahlen gänzlich aus dem Gebiet der höheren Arithmetik zu vertreiben; Herr Kronecker geht sogar noch weiter und will diese Zahlen auch in der Funktionentheorie nicht dulden, aus welcher er sie *durch höchst künstliche Subsidiärtheorien zu* verdrängen sucht; es bleibt abzuwarten, welchen Erfolg und welche Dauer diese unnötigen Bemühungen haben werden. (Vgl. Crelle J. Bd. 99, S. 336.)

Man kann aber noch aus einem andern Gesichtspunkte das Vorkommen des Aktual-Unendlichen und seine Unentbehrlichkeit sowohl in der Analysis, wie auch in der Zahlentheorie und Algebra unwiderleglich dartun. Unterliegt es nämlich keinem Zweifel, daß wir die *veränderlichen* Größen im Sinne des potentialen Unendlichen nicht missen können, so läßt sich daraus auch die Notwendigkeit des Aktual-Unendlichen folgendermaßen beweisen: Damit eine solche veränderliche Größe in einer mathematischen Betrachtung verwertbar sei, muß strenggenommen das „Gebiet" ihrer Veränderlichkeit durch eine Definition vorher bekannt sein; dieses „Gebiet" kann aber nicht selbst wieder etwas Veränderliches sein, da sonst jede feste Unterlage der Betrachtung fehlen würde; also ist dieses „Gebiet" eine bestimmte aktual-unendliche Wertmenge.

So setzt jedes potentiale Unendliche, soll es streng mathematisch verwendbar sein, ein Aktual-Unendliches voraus.

Diese „Gebiete der Veränderlichkeit" sind die eigentlichen Grundlagen der Analysis sowohl wie der Arithmetik und sie verdienen es daher in hohem Grade, selbst zum Gegenstand von Untersuchungen genommen zu werden, wie dies von mir in der „Mengenlehre" (théorie des ensembles) geschehen ist.

Hat aber hiermit das Aktual-Unendliche in Form aktual-unendlicher *Mengen* sein Bürgerrecht in der Mathematik geltend gemacht, so ist die Forderung eine unabweisliche geworden, auch den aktual-unendlichen *Zahlbegriff* durch geeignete *naturgemäße Abstraktionen* auszubilden, ähnlich wie die endlichen Zahlbegriffe, das Material der bisherigen Arithmetik, durch Abstraktion aus endlichen Mengen gewonnen worden sind. Dieser Gedankengang hat mich auf die *transfinite Zahlenlehre* geführt, deren Anfänge sich in den „Grundlagen einer allgemeinen Mannigfaltigkeitslehre" vorfinden.

VIII.[1]

1. Abstrahieren wir bei einer gegebenen Menge M, welche aus bestimmten, wohlunterschiedenen konkreten Dingen oder abstrakten Begriffen, welche Elemente der Menge genannt werden, besteht und als ein Ding für sich gedacht wird, sowohl von der Beschaffenheit der Elemente wie auch von der Ordnung ihres Gegebenseins, so entsteht in uns ein bestimmter Allgemeinbegriff (universale, unum versus alia, in der Bedeutung: unum aptum inesse multis)[2], den ich die *Mächtigkeit* von M oder die der Menge M zukommende *Kardinalzahl* nenne. Ich setze fest, daß $\overline{\overline{M}}$ ein Zeichen für die Mächtigkeit von M sei. Die *zwei* Striche über dem M sollen andeuten, daß an M ein *zwei*-

---

[1] Dieser Abschnitt VIII gibt einen kurzen Abriß der Fundamente der *Theorie der Ordnungstypen*; er ist der Hauptsache nach vor bald drei Jahren verfaßt worden und schon damals zur Aufnahme in ein andres Journal bestimmt gewesen. Nachdem der erste Bogen bereits gesetzt war, machten sich zu meiner Überraschung Opportunitätsrücksichten geltend, die mich bestimmten, den Aufsatz zurückzuziehen. Habent sua fata libelli.

[2] Man vgl. P. Matth. Liberatore S. J.: Inst. philos., 2a ed. novae formae, vol. 1, Logica pars II, 104. Paris 1883. Allen, welche gern oder ungern sich ein getreues Bild von der thomistischen Philosophie verschaffen wollen, kann ich dieses billige Werk (2 vol. 8 Fr. 50 cent) als die m. E. vorzüglichste Einführung in dieses System empfehlen. Von demselben Autor existieren noch ein kürzeres einbändiges Handbuch: Comp. Logicae et Metaphysicae, 2a ed., Napoli 1869 (4 Fr. 30 Cent) und andere geistvolle, sorgfältigst gearbeitete Schriften, unter denen ich noch das Werk: Della conoscenza intellettuale, 3a ed., hervorhebe.

facher Abstraktionsakt vollzogen ist, sowohl in bezug auf die Beschaffenheit der Elemente, wie auch in bezug auf ihre Ordnung zueinander. In Nr. 9 wird uns die Bezeichnung $\overline{M}$ mit *nur einem* Strich für dasjenige universale begegnen, welches aus M hervorgeht, wenn daran nur die erstere Art der Abstraktion ausgeübt wird. Die Elemente behalten hierbei auch im Begriff diejenige Ordnung zueinander, mit welcher sie in concreto in M gedacht werden; so wird dasjenige gewonnen werden, was ich den *Ordnungstypus* von M nenne. Zunächst bleiben wir jedoch bei den *Kardinalzahlen.*

2. Zwei bestimmte Mengen M und M_1 nennen wir *äquivalent* (in Zeichen: $M \sim M_1$), wenn es möglich ist, dieselben gesetzmäßig, gegenseitig eindeutig und vollständig, Element für Element, einander zuzuordnen.

Ist $M \sim M_1$ und $M_1 \sim M_2$, so ist auch $M \sim M_2$.

Beispiele. a) Die Menge der *Regenbogenfarben* (Rot, Orange, Gelb, Grün, Blau, Indigo, Violett,) und die Menge der *Tonstufen* (C, D, E, F, G, A, H) sind äquivalente Mengen und stehen beide unter dem Allgemeinbegriff *Sieben.*

b) Die Menge der *Finger* meiner *beiden Hände* und die Menge der *Punkte* in dem sog. *arithmetischen Dreieck* .:.:. (M. v. Pascal, Oeuvres compl. Paris, 1877, Hachette & Cie., tom. III, pag. 243: Traité du triangle arithmetique) sind äquivalent; ihnen kommt die Kardinalzahl *Zehn* zu.

c) Die aktual-unendliche Menge (ν) aller positiven, endlichen ganzen Zahlen ν ist äquivalent der Menge $(\mu + \nu i)$ aller komplexen ganzen Zahlen von der Form $\mu + \nu i$, wo μ und ν unabhängig voneinander alle ganzzahligen positiven Werte erhalten; diese beiden Mengen sind äquivalent der Menge $\left(\frac{\mu}{\nu}\right)$ aller positiven rationalen Zahlen $\frac{\mu}{\nu}$, wo μ und ν relativ prim zueinander sind; letzteres erscheint um so merkwürdiger, als die den rationalen Zahlen entsprechenden sog. rationalen Punkte einer Geraden in dieser „überalldicht" liegen (vgl. Math. Ann. Bd. 15, S. 2) [hier S. 140], während die den ganzen Zahlen ν entsprechenden Punkte der Geraden in Abständen von der Größe der zugrunde gelegten Längeneinheit aufeinander folgen. Aber auch der Inbegriff aller sog. *algebraischen* Zahlen hat, wie ich bewiesen habe, *nur* die Mächtigkeit des Inbegriffs (ν), welches die *kleinste* Mächtigkeit ist von allen, die bei aktualunendlichen Mengen überhaupt vorkommen.

d) Dagegen ist die Menge *aller reellen* (d. h. der rationalen und irrationalen, der algebraischen und transzendenten) Zahlgrößen *nicht* äquivalent der Menge (ν), wie ich zuerst in Bd. 77 von Crelles J. [III 1, S. 115] und später noch einmal in Bd. 15 der Math. Ann. [III 4, S. 143] und in Acta math. Bd. 2 bewiesen habe. Wohl ist aber auch der nicht weniger merkwürdige Satz von mir bewiesen worden, daß sog. n-dimensionale stetige Gebilde hinsichtlich ihres Punktbestandes *äquivalent* sind dem Linearkontinuum, also mit diesem *gleiche*, von $(\overline{\overline{\nu}})$ verschiedene Mächtigkeit haben. [Vgl. hier III 2) S. 119.]

3. Aus Nr. 1 und 2 wird bewiesen, daß äquivalente Mengen immer eine und dieselbe Mächtigkeit oder Kardinalzahl haben und daß auch umgekehrt Mengen von derselben Kardinalzahl äquivalent sind. In Zeichen können wir diesen Doppelsatz so formulieren: Ist $M \sim M_1$, so ist auch $\overline{\overline{M}} = \overline{\overline{M}}_1$ und umgekehrt[1].

Die Kenntnis nur eines *Zuordnungsgesetzes* für zwei Mengen M und M_1 *genügt*, um die Äquivalenz derselben zu konstatieren; doch gibt es immer viele, im allgemeinen sogar unzählig viele Zuordnungsgesetze, durch welche zwei äquivalente Mengen in gegenseitig eindeutige und vollständige Beziehung zueinander gebracht werden können.

4. Steht es nach irgendeinem Beweise fest, daß zwei gegebene Mengen M und N *nicht* äquivalent sind, so tritt einer von folgenden zwei Fällen ein: *entweder* es läßt sich aus N ein Bestandteil N' absondern, so daß $M \sim N'$ oder es läßt sich aus M ein Bestandteil M' absondern, so daß $M' \sim N$. Im *ersten* Falle heißt $\overline{\overline{M}}$ kleiner als $\overline{\overline{N}}$, im *zweiten* nennen wir $\overline{\overline{M}}$ größer als $\overline{\overline{N}}$.

Hier kann nicht genug betont werden, daß das exklusive Verhalten der beiden Fälle, welches der Definition des Größer- und Kleinerseins bei *Kardinalzahlen* zugrunde liegt, wesentlich von der gemachten Voraussetzung abhängt, daß M und N *nicht* gleiche Mächtigkeit haben. Sind nämlich die beiden Mengen äquivalent, dann kann es sehr wohl vorkommen, daß Bestandteile M' und N' derselben existieren, für welche sowohl $\overline{\overline{M}} = \overline{\overline{N'}}$, wie auch $\overline{\overline{M'}} = \overline{\overline{N}}$. Man hat den Satz: sind M und N zwei solche Mengen, daß Bestandteile M' und N' von ihnen abgesondert werden können, von denen sich zeigen läßt, daß $\overline{\overline{M}} = \overline{\overline{N'}}$ und $\overline{\overline{M'}} = \overline{\overline{N}}$, so sind M und N äquivalente Mengen.

---

[1] Die Kardinalzahl $\overline{\overline{M}}$ einer Menge M bleibt nach 1. ungeändert dieselbe, wenn an Stelle der Elemente $m, m', m'', \ldots$ von M andere Dinge substituiert werden. Ist nun $M \sim M_1$, so existiert ein Zuordnungsgesetz, durch welches den Elementen $m, m', m'', \ldots$ von M die Elemente $m_1, m_1', m_1'', \ldots$ von M_1 entsprechen; man kann sich an die Stelle der Elemente $m, m', m'', \ldots$ in M mit einem Male die Elemente $m_1, m_1', m_1'', \ldots$ von M_1 substituiert denken; dadurch geht die Menge M in M_1 über, und da bei diesem Übergange an der Kardinalzahl nichts geändert wird, so ist $\overline{\overline{M}}_1 = \overline{\overline{M}}$.

Die Umkehrung dieses Satzes ergibt sich aus der Bemerkung, daß zwischen den Elementen einer Menge M und den Einsen ihrer Kardinalzahl $\overline{\overline{M}}$ ein gegenseitig eindeutiges und vollständiges Zuordnungsverhältnis besteht, so daß wir sagen können, es ist: $M \sim \overline{\overline{M}}$. Hat man daher zwei Mengen M und M_1 mit *gleicher* Kardinalzahl, so ist letztere sowohl der Menge M wie auch der Menge M_1 äquivalent; folglich sind auch M und M_1 äquivalent; denn es besteht der Satz: sind zwei Mengen einer dritten äquivalent, so sind sie auch untereinander äquivalent. [Vgl. III 9, S. 283—285 und die bezügliche Anmerkung S. 351.]

5. Die durch Vereinigung zweier Mengen M und N hervorgehende Menge werde mit $M + N$ bezeichnet, wo später das Nähere über die Ordnung der Elemente in dieser neuen Menge gesagt werden wird, auf welche Ordnung es ja hier bei den Kardinalzahlen nicht ankommt. Hat man zwei andere Mengen M' und N', so daß $M \sim M'$ und $N \sim N'$, so sieht man leicht, daß auch $M + N \sim M' + N'$, sofern die Summanden keine gemeinsamen Elemente haben.

Auf diesen Satz wird die Definition der *Summe* zweier und folglich auch mehrerer *Kardinalzahlen* oder *Mächtigkeiten* gegründet: ist $\mathfrak{a} = \overline{\overline{M}}$ und $\mathfrak{b} = \overline{\overline{N}}$, so versteht man unter $\mathfrak{a} + \mathfrak{b}$ diejenige Kardinalzahl, welche der Menge $M + N$ zukommt, d. h. man definiert:

$$\mathfrak{a} + \mathfrak{b} = \overline{\overline{M + N}}.$$

Das *kommutative* Gesetz ($\mathfrak{a} + \mathfrak{b} = \mathfrak{b} + \mathfrak{a}$) und das *assoziative* Gesetz ($\mathfrak{a} + (\mathfrak{b} + \mathfrak{c}) = (\mathfrak{a} + \mathfrak{b}) + \mathfrak{c}$) bedürfen, wie man sich leicht überzeugt, *hier bei den Kardinalzahlen keiner weitläufigen Beweise,* weil die Kardinalzahl durch den Abstraktionsakt, welcher sie liefert (m. v. Nr. 1), von vornherein von der Ordnung ihrer Elemente *unabhängig ist.*

6. Sind M und N zwei Mengen, so verstehe man unter $M \cdot N$ irgendeine dritte Menge, die dadurch aus N hervorgeht, daß man *an Stelle jedes* einzelnen Elementes von N je eine Menge setzt, die äquivalent ist der Menge M; über die Ordnung der Elemente dieser neuen Menge wird erst in Nr. 11 eine Bestimmung getroffen werden; hier kommt es darauf nicht an. Man beweist nun sehr leicht, daß *alle* nach dem bezeichneten Modus zu gewinnenden Mengen $M \cdot N$ untereinander äquivalent sind, und gründet hierauf die Definition des Produkts zweier Kardinalzahlen. Ist $\mathfrak{a}$ die Mächtigkeit von M, $\mathfrak{b}$ die von N, so definiert man:

$$\mathfrak{a} \cdot \mathfrak{b} = \overline{\overline{M \cdot N}}.$$

$\mathfrak{a}$ heißt der *Multiplikandus,* $\mathfrak{b}$ der *Multiplikator* in diesem Produkt.

Auch hier wird leicht bewiesen, daß das *kommutative* Gesetz: $\mathfrak{a} \cdot \mathfrak{b} = \mathfrak{b} \cdot \mathfrak{a}$ und das *assoziative* Gesetz: $\mathfrak{a} \cdot (\mathfrak{b} \cdot \mathfrak{c}) = (\mathfrak{a} \cdot \mathfrak{b}) \cdot \mathfrak{c}$ für *Mächtigkeiten* oder *Kardinalzahlen* allgemeine Gültigkeit haben. Ebenso besteht, wie man leicht zeigen kann, das *distributive* Gesetz: $\mathfrak{a}(\mathfrak{b} + \mathfrak{c}) = \mathfrak{a}\mathfrak{b} + \mathfrak{a}\mathfrak{c}$.

7. Alles Vorangehende bezieht sich gleichmäßig auf *endliche* sowohl, wie auch auf *aktual-unendliche* Mengen und Kardinalzahlen.

Für *endliche* Mengen läßt sich nun *weiter beweisen,* daß, wenn von drei *endlichen* Kardinalzahlen $\mathfrak{a}$, $\mathfrak{b}$ und $\mathfrak{c}$ die letztere gleich ist der Summe der beiden ersteren, $\mathfrak{a} + \mathfrak{b} = \mathfrak{c}$, alsdann niemals $\mathfrak{c}$ gleich einem der Summanden $\mathfrak{a}$ und $\mathfrak{b}$ sein kann[1].

[1] Der Beweis dieses Satzes muß sorgfältigst geführt werden; denn gerade wegen seiner fundamentalen Einfachheit und weil er für selbstverständlich gehalten wird, liegt hier die Gefahr einer Erschleichung besonders nahe. — Die Bedeutung des Satzes ist

Wenn aber von der Voraussetzung der *Endlichkeit* bei den drei Zahlen $\mathfrak{a}$, $\mathfrak{b}$, $\mathfrak{c}$ abgesehen wird, so hört dieser Satz auf richtig zu sein, und darin liegt der *tiefste* Grund der *wesentlichen Verschiedenheit* zwischen *endlichen* und *aktual-unendlichen* Zahlen und Mengen, einer Verschiedenheit, welche so groß ist, daß man die Berechtigung hat, die unendlichen Zahlen ein *ganz neues Zahlengeschlecht* zu nennen.

Hier liegt nun *der große Stein des Anstoßes*, den von altersher Philosophen und Mathematiker nicht haben wegräumen können, und der die

---

diese: Ist M eine *endliche* Menge, M' ein echter, von M verschiedener Bestandteil von M, so sind M und M' *nicht* äquivalent.

Unter einer *endlichen* Menge verstehen wir eine solche M, welche aus *einem* ursprünglichen Element durch sukzessive Hinzufügung neuer Elemente derartig hervorgeht, daß auch *rückwärts* aus M *durch sukzessive* Entfernung der Elemente *in umgekehrter Ordnung* das ursprüngliche Element gewonnen werden kann. [Hierzu vergleiche III 9, § 5, S. 289ff. und die zugehörige Anmerkung S. 352.]

Ich schicke folgenden allgemeinen, höchst einleuchtenden *Hilfssatz* voraus: sind irgend zwei Mengen M und N äquivalent, so können sie (im allgemeinen auf viele Weisen) so in gegenseitig eindeutige und vollständige Zuordnung gebracht werden, daß bei *dieser* Zuordnung einem beliebig vorgegebenen Elemente m von M ein ebenso beliebig gewähltes Element n von N entspricht.

Und nun wird zum Beweise des in Rede stehenden Satzes ein *vollständiges Induktionsverfahren* eingeleitet.

Man setze eine Menge M voraus, welche keinem ihrer Bestandteile äquivalent ist; ich will zeigen, daß alsdann auch die aus M durch Hinzufügung *eines* neuen Elementes l hervorgehende Menge $M + l$ *dieselbe Eigenschaft* hat, mit keinem *ihrer* Bestandteile äquivalent zu sein. Sei N irgendein Bestandteil von $M + l$, so kann er zwei Fälle darbieten. 1) Es gehört das Element l mit zu N, so daß $N = N' + l$. N' ist dann offenbar auch Bestandteil von M. Wäre nun $N \sim M + l$, so könnte nach obigem *Hilfssatze* zwischen den Mengen N und $M + l$ eine solche gegenseitig eindeutige und vollständige Korrespondenz hergestellt werden, daß das Element l von N dem Element l von $M + l$ entspricht; durch diese Zuordnung würde auch eine Zuordnung zwischen N' und M hergestellt sein und es wäre M seinem Bestandteil N' äquivalent, gegen unsere Voraussetzung. 2) Es gehört l nicht mit zu N; dann ist N nicht nur Bestandteil von $M + l$, sondern auch von M. Wäre in diesem Falle $N \sim M + l$, so nehme man *irgendeine* gegenseitig eindeutige und vollständige Zuordnung der beiden Mengen $M + l$ und N und es möge bei derselben dem Elemente l von $M + l$ das Element n von N entsprechen. Ist $N = N' + n$, so wäre durch diese Zuordnung auch eine gegenseitig eindeutige und vollständige Korrespondenz zwischen N' und M hergestellt, was, da auch hier N' Bestandteil von M ist, gegen die gemachte Voraussetzung streitet, wonach M keinem ihrer Bestandteile äquivalent ist.

Der in Rede stehende Satz ist unmittelbar einleuchtend für den Fall einer aus *zwei* Elementen bestehenden Menge. Vermöge des soeben Bewiesenen wird die Richtigkeit desselben auf *jede endliche* Menge übertragen.

Als *durchaus wesentliches* Merkmal *endlicher* Mengen muß es angesehen werden, daß eine solche *keinem ihrer Bestandteile* äquivalent ist. Denn eine aktual unendliche Menge ist *immer* so beschaffen, daß auf mehrfache Weise ein Bestandteil von ihr bezeichnet werden kann, der ihr äquivalent ist.

meisten von ihnen bestimmt hat, allen Versuchen, die Lehre vom Unendlichen einen weiteren Schritt vorwärts zu bringen, standhaft und hartnäckig, mit aller Zähigkeit eines uralten und, wenn auch falschen, doch darum nicht weniger fest eingewurzelten Prinzips entgegenzutreten. *Man täuschte sich mit der Annahme, es sei ein Widerspruch, wenn einer unendlichen Menge M dieselbe Zahl zukommt wie einem Bestandteil M' von M.* Daß diese Annahme auf einem Trugschluß beruht, kann wie folgt bewiesen werden. Ist etwa $M = M' + M''$, so ist die Behauptung, der Menge M komme dieselbe Kardinalzahl zu wie der Menge M', nach Nr. 1 *gleichbedeutend* mit dem Satze: die Mengen M und M' stehen unter einem und demselben Allgemeinbegriff, der durch Abstraktion von der Beschaffenheit und der Anordnung ihrer Elemente gewonnen wird; mit anderen Worten, es wird mit jener Behauptung gesagt, daß $\overline{\overline{M}} = \overline{\overline{M'}}$ ist. Seit wann wäre aber ein Widerspruch darin zu sehen, daß der Bestandteil eines Ganzen, nach irgendeiner Hinsicht, unter einem und demselben „universale" steht wie das Ganze? Man erwidert vielleicht hierauf, es sei wohl im allgemeinen zuzugeben, daß ein Ganzes und sein Bestandteil unter einem und demselben „universale" stehen können, allein hier handle es sich um eine besondere Art von Allgemeinbegriffen, um *Zahlen*, und bei *Zahlen* treffe dies nicht zu. Dann könnte meinerseits verlangt werden, daß für letztere Behauptung, wonach bei den Zahlen in der bezeichneten Richtung ein Ausnahmefall stattfände, der Beweis gebracht werde. Es mag ja sein, daß man ihn hier und da versuchen wird. *Gelingen* wird er aber *nur dann*, wenn stillschweigend die Voraussetzung hinzugenommen wird, daß es sich um *endliche* Mengen handle; und diese Voraussetzung ist es ja gerade, welche hier vermieden werden muß. Um aber nach meinen Kräften *unnützen* Bemühungen, die sich nur im Kreise bewegen würden, vorzubeugen, will ich die Sache noch stärker beleuchten und bemerke: die Behauptung, der Menge M komme dieselbe Kardinalzahl zu, wie ihrem Bestandteil M', *ist nicht gleichbedeutend* mit der Aussage, *daß den konkreten Mengen M und M' eine und dieselbe Realität zukomme*; denn wenn auch an den zugehörigen Allgemeinbegriffen $\overline{\overline{M}}$ und $\overline{\overline{M'}}$ die Bedingung des Gleichseins erfüllt ist, *so* ist *damit schlechterdings nicht der vorausgesetzten Tatsache widersprochen, daß die Menge M sowohl die Realität von M', wie auch diejenige von M'' umfaßt.* Sind nicht *eine Menge* und *die zu ihr gehörige Kardinalzahl* ganz verschiedene Dinge? Steht uns nicht *erstere* als Objekt *gegenüber*, wogegen letztere ein abstraktes Bild davon *in unserm* Geiste ist? Der alte, so oft wiederholte Satz: „Totum est majus sua parte" darf ohne Beweis nur in bezug auf die, dem Ganzen und dem Teile zugrunde liegenden *Entitäten* zugestanden werden; *dann* und *nur dann* ist er eine unmittelbare Folge aus den Begriffen „totum" und „pars". Leider ist jedoch dieses „Axiom" und „pars". Leider ist jedoch dieses „Axiom" unzählig oft[1], ohne jede Begründung und unter Vernachlässigung der notwendigen Distinktion zwischen „Realität" und „Größe" resp. „Zahl" einer Menge, gerade in derjenigen Bedeutung gebraucht worden, in welcher es im *allgemeinen falsch* wird, sobald es sich um *aktual-unendliche* Mengen handelt und in welcher es für *endliche* Mengen nur aus dem Grunde richtig ist, weil man hier imstande ist, es als richtig zu beweisen. Ein Beispiel möge alles erläutern.

Sei M die Gesamtheit (ν) aller endlichen Zahlen ν, M' die Gesamtheit (2ν) aller geraden Zahlen 2ν. Hier ist unbedingt richtig, daß M seiner Entität nach *reicher* ist, als M'; enthält doch M außer den geraden Zahlen, aus welchen M' besteht, noch außerdem alle ungeraden Zahlen M''. Andererseits ist ebenso unbedingt richtig, daß den beiden Mengen M und M' nach Nr. 2 und 3 *dieselbe* Kardinalzahl zukommt. Beides ist sicher und keines steht dem andern im Wege, wenn man nur auf die Distinktion von *Realität* und *Zahl* achtet. Man muß also sagen: *die Menge M hat mehr Realität wie M', weil sie M' und außerdem M'' als Bestandteile enthält*; *die den beiden Mengen M und M' zukommenden Kardinalzahlen sind aber gleich.* Wann endlich werden alle Denker diese so einfachen und einleuchtenden Wahrheiten (gewiß nicht zu ihrem Nachteile) anerkennen?

8. Nach den Auseinandersetzungen und Erklärungen der vorigen Nummer wird man an Sätzen, wie etwa die folgenden:

$$\mathfrak{a} + \bar{\nu} = \mathfrak{a}; \qquad \mathfrak{a} \cdot \bar{\nu} = \mathfrak{a}; \qquad \mathfrak{a}^{\bar{\nu}} = \mathfrak{a}$$

(wo $\bar{\nu}$ die Bedeutung irgendeiner *endlichen*, $\mathfrak{a}$ die Bedeutung irgendeiner

[1] Ich führe im folgenden eine im Verhältnis zum vorhandenen Material verschwindende Zahl von Autoren an, welche das hier charakterisierte Versehen begangen zu haben scheinen und infolgedessen als Gegner der aktual unendlichen Zahlen zu bezeichnen sind.

Fullerton: The conception of the infinite, chap. 2. Philadelphia 1887.

Renouvier: Esq. d'une classif. syst. d. doctr. philos. 1, 100. Paris 1885.

Moigno: Imposs. d. nombre act. inf. Paris 1884. Hier werden Galilei, Gerdil, Toricelli, Guldin, Cavalieri, Newton, Leibniz als solche angeführt, welche sogenannte Beweise gegen die Möglichkeit aktual unendlicher Zahlen geführt hätten.

Cauchy: Sept. leçons d. phys. gén. 23. Paris 1868.

Salv. Tongiorgi, S. J. Inst. phil. Paris, ed. 10a, t. 2, Ont. § 350ff.

Sanseverino: Él. d. l. phil. chrétienne 2e, Ontol. § 252. Avignon 1876.

Pesch, Tilm. S. J.: Inst. phil. nat. § 412. Freiburg 1880.

Zigliara, Card. Th. Maria: O. P. Summa phil. Ed. 5a, Vol. 1, Ont. Lib. 2, cap. 3, art. 5, II, III.

Gerdil, Card.: Op. ed. et ined. 4, 261; 5, 1. Rom 1806.

Leibniz: Ed. Erdmann S. 138, 244, 236.

Goudin: O. P. Phil. juxta D. Thomae dogm. 2, 189. Paris 1851.

Pererius, Bened. S. J.: De comm. omn. rer. nat. princ. et affect. lib. 10, cap. 9. Lugduni (1585).

transfiniten Kardinalzahl hat), ich sage, man wird an solchen Sätzen keinen Anstoß mehr nehmen können, falls man gegen sie nichts anderes vorzubringen findet, als daß sie mit den hergebrachten Sätzen für *nur endliche* Zahlen nicht übereinstimmen. Denn, wie schon gesagt, es handelt sich bei unsern *transfiniten* Zahlen um ein *neues Zahlengeschlecht*, dessen Beschaffenheit man zu erforschen, nicht aber nach dem Rezept von Vorurteilen eigenmächtig zu präparieren hat. Jene Sätze sowie alle anderen, die ich in diesem kurzen Abriß nicht anführen kann, haben ihren *festen Bestand durch die logische Kraft von Beweisen, die, von den vorher gegebenen, nicht willkürlichen oder gekünstelten, sondern aus dem Quell naturgemäßer Abstraktion entsprungenen Definitionen ausgehend, mit Hilfe von Syllogismen zum Ziele gelangen.* Es empfiehlt sich dabei namentlich, diejenigen Methoden weiter auszubilden, welche in Crelle J. Bd. 84, S. 253, Acta math. Bd. 4, S. 381, Bd. 7, S. 105, Math. Ann. Bd. 23, S. 453 [hier III 2, III 6, III 7, III 4] eingeführt worden sind[1].

(Fortsetzung des Textes auf S. 420.)

[1] In den Nummern 1 bis 8 dieses Aufsatzes sind die Fundamente der allgemeinen finiten sowohl wie transfiniten Kardinalzahlenlehre in möglichster Kürze gelegt. Zur Vervollständigung will ich noch einiges in bezug auf die *endlichen* Kardinalzahlen hinzufügen. Unter einer *endlichen* Kardinalzahl verstehe ich eine solche, welche einer *endlichen* Menge in der Weise entspricht, wie dies in den Nummern 1 bis 3 erklärt worden ist. Was hierbei unter einer *endlichen Menge* verstanden werden muß, findet sich in der Note zu Nr. 7, S. 61. Hiernach hebe ich zunächst hervor, daß jede endliche (ebenso wie jede transfinite) Kardinalzahl für sich eine *durchaus unabhängige* ideale Existenz und Stellung hat mit Bezug auf alle die anderen Kardinalzahlen. Zur Bildung des Allgemeinbegriffs „fünf" bedarf es *nur einer* Menge (z. B. der vollzähligen Finger meiner rechten Hand), welcher diese Kardinalzahl zukommt; der Abstraktionsakt mit Bezug auf die Beschaffenheit und Ordnung, in welcher diese wohlunterschiedenen Dinge mir entgegentreten, bewirkt oder vielmehr weckt in meinem Geiste den Begriff „fünf". Es ist also die „fünf" an und für sich unabhängig von der „vier" oder „drei" und von irgendwelcher anderen Zahl. Jede Zahl ist ihrem Wesen nach ein *einfacher* Begriff, in welchem eine Mannigfaltigkeit von Einsen organisch-einheitlich in *spezieller Weise* zusammengefaßt ist, so daß darin die verschiedenen Einsen sowie auch die aus ihrer teilweisen Zusammenfassung hervorgehenden Zahlen *virtuelle* Bestandteile sind. Der Umstand, daß nach der in Nr. 5 gegebenen Summendefinition die Gleichung

$$\bar{\bar{5}} = \bar{\bar{2}} + \bar{\bar{3}}$$

besteht, *darf uns nicht zu der Annahme verleiten,* als seien in dem Begriff $\bar{\bar{5}}$ die Begriffe $\bar{\bar{2}}$ und $\bar{\bar{3}}$ als *Teile real* enthalten; wäre dies der Fall, so würde nimmermehr $\bar{\bar{5}}$ auch $= \bar{\bar{1}} + \bar{\bar{4}}$ sein können. Wohl aber lassen sich $\bar{\bar{1}}$, $\bar{\bar{2}}$, $\bar{\bar{3}}$ und $\bar{\bar{4}}$ als *virtuelle Bestandteile* von $\bar{\bar{5}}$ bezeichnen, wenn hierunter nichts anderes verstanden wird, als daß in jeder *konkreten* Menge M von der Kardinalzahl $\bar{\bar{5}}$ sich Teilmengen M' vorfinden, denen die Kardinalzahlen $\bar{\bar{1}}$, $\bar{\bar{2}}$, $\bar{\bar{3}}$ oder $\bar{\bar{4}}$ entsprechen. Jene Gleichung hat also die Bedeutung einer bestimmten *idealen Beziehung* der drei für sich bestehenden Kardinalzahlen $\bar{\bar{2}}$, $\bar{\bar{3}}$ und $\bar{\bar{5}}$, und dieser idealen Beziehung entspricht als Korrelat die *Tatsache,* daß *jede konkrete*

Menge von der Kardinalzahl $\bar{5}$ aus zwei Teilmengen *real* zusammengesetzt werden kann, welchen die Kardinalzahlen $\bar{2}$ und $\bar{3}$ entsprechen.

Analog sind alle zwischen Kardinalzahlen bestehenden, auf Grund der Definitionen in Nr. 1 *bis* 6 *aufgebauten Gleichungen und Ungleichheiten zu deuten; sie stellen feste ideale Beziehungen und Gesetze unter Zahlbegriffen dar, die ihr Korrelat und in gewissem Sinne, nämlich für unsere menschliche Erkenntnisweise, ihr Fundament in bestimmten Beziehungen konkreter Mengen haben.*

Unter den gesetzmäßigen Beziehungen, welche in mannigfaltigst umschlungener Verkettung das Reich der endlichen Kardinalzahlen zu einem idealen, organischen Ganzen verbinden, verdient diejenige zunächst hervorgehoben werden, durch welche wir nach der in Nr. 4 gegebenen Definition (man berücksichtige hierbei auch die Note S. 414 zu Nr. 7), von *je zwei verschiedenen* Kardinalzahlen $\mathfrak{a}$ und $\mathfrak{b}$ die eine als die kleinere, die andere als die größere zu bezeichnen haben. Hat man noch eine dritte $\mathfrak{c}$, so beweist man leicht, daß, wenn $\mathfrak{a} < \mathfrak{b}$ und $\mathfrak{b} < \mathfrak{c}$, alsdann auch immer $\mathfrak{a} < \mathfrak{c}$ ist.

Die *Gesamtheit aller endlichen Kardinalzahlen* bildet also, wenn in ihr die kleineren Zahlen einen niedrigeren Rang erhalten als die größeren, *in dieser Rangordnung* das, was ich eine *einfach geordnete Menge* nenne. Doch noch mehr; sie stellt sich uns *in dieser Rangordnung* als eine *wohlgeordnete Menge* (vgl. Grundlagen e. allg. Mannigfaltigkeitslehre S. 4) [S. 168] vor. Denn wir haben hier ein *dem Rang nach niedrigstes Element*, die kleinste Kardinalzahl $\bar{1}$ und eine auf jede endliche Kardinalzahl $\bar{\nu}$ *dem Range*, d. h. hier der Größe nach nächstfolgende endliche Kardinalzahl $\bar{\nu} + \bar{1}$. So erhalten wir die *Gesamtheit aller endlichen Kardinalzahlen* in der sogenannten *natürlichen endlosen Folge*: $\bar{1}, \bar{2}, \bar{3}, \ldots, \bar{\nu}, \ldots$, in welcher Folge sie eine *wohlgeordnete Menge vom Ordnungstypus* ω darstellt.

Die Endlosigkeit dieser Folge gibt den Beweis, daß die *Gesamtheit aller endlichen Zahlen*, als *ein Ding für sich* betrachtet, eine *aktual unendliche Menge*, ein *Transfinitum* ist. *Denn für die Behauptung, daß eine Menge aktual unendlich sei, ist die Bestimmtheit aller ihrer Elemente sowie das Größersein der Anzahl derselben im Vergleich mit jeder endlichen Zahl das allein Wesentliche; nicht aber ist erforderlich, daß die Menge in irgendeiner Form durch ein letztes, zu ihr gehöriges Glied begrenzt sei. Abgegrenzt ist eine Menge vollkommen schon dadurch, daß alles zu ihr Gehörige in sich bestimmt und von allem nicht zu ihr Gehörigen wohl unterschieden ist.* Dies stimmt vollkommen mit demjenigen überein, was S. Augustin in dem pag. 32 abgedruckten Kapitel seiner Hauptschrift De Civitate Dei, lib. XII, cap. 19, sagt: „Ita vero suis quisque numerus proprietatibus terminatur, ut nullus eorum par esse cuicumque alteri possit. Ergo et dispares inter se atque diversi sunt, et *singuli quique finiti sunt, et omnes infiniti sunt.*"

Bietet sich solcherweise die Anordnung: $\bar{1}, \bar{2}, \bar{3}, \ldots, \bar{\nu}, \ldots$ der endlichen Kardinalzahlen *wie von selbst* dar und ist dies der Grund, warum sie allgemein die Benennung der „natürlichen Folge der ganzen Zahlen" erhalten hat, so darf darum nicht übersehen werden, daß diese gesetzmäßige Repräsentation der Menge $(\bar{\nu})$, bei der vorhin hervorgehobenen *idealen Unabhängigkeit jeder Zahl von allen anderen und wegen der Mannigfaltigkeit von Beziehungen der Zahlen untereinander, nur eine von unzählig vielen möglichen gesetzmäßigen Zusammenfassungen und Anordnungen aller endlichen Kardinalzahlen* ist, so daß es in gewissem Sinne wohl als willkürlich bezeichnet werden muß, wenn gerade diese, *auf die Größenbeziehung basierende* Rangordnung der endlichen Kardinalzahlen die „natürliche Folge" derselben genannt worden ist. Später werden wir sehen, daß auch die Gesamtheit *aller Kardinalzahlen oder Mächtigkeiten* (der endlichen und der überendlichen), wenn man sie sich nach ihrer Größe geordnet denkt, eine *wohlgeordnete* Menge bildet.

Um die *Kardinalzahlenlehre*, für welche in den acht ersten Nummern dieses Abschnitts VIII die obersten Begriffsbestimmungen gegeben worden sind, in das Gebiet des *Transfiniten* sicher hinüberzuführen und dort zu strenger Ausbildung zu bringen, ist man, wie ich im Abschnitt I angedeutet habe, auf die Heranziehung der transfiniten *Ordnungszahlen* angewiesen, welche selbst nur spezielle Formen der *Ordnungstypen* oder *Idealzahlen* (*ἀριϑμοὶ νοηϑοί* oder *εἰδητικοί*) sind. Die transfiniten *Ordnungszahlen* sind nämlich nichts anderes, als Typen derjenigen unendlichen einfach geordneten Mengen, welche von mir *wohlgeordnete Mengen* genannt worden sind. (Vgl. Grundlagen e. allg. Mannigfaltigkeitsl. § 2) [S. 168]. In den folgenden Nummern dieses Abschnittes VIII. entwickele ich daher zunächst die Prinzipien der allgemeinen Theorie der Ordnungstypen, und es sollen alsdann in einem spätern Aufsatze die Grundzüge der speziellen Theorie der Ordnungszahlen, nebst ihrer Anwendung auf die Kardinalzahlenlehre folgen.

9. Stellen wir uns, wie in Nr. 1 dieses Abschnitts, eine bestimmte Menge M vor, die aus gegebenen, wohlunterschiedenen Elementen $E, E', E'', \ldots$ besteht, welche konkrete Dinge oder abstrakte Begriffe (letztere aber, ebenso wie jene, im Sinne von uns gegenüberstehenden Objekten gedacht) sein können; sie mögen nach n voneinander unabhängigen Beziehungen[1], welche ich *Richtungen* (dieses Wort nicht bloß im geometrischen, sondern in allgemeinerem Sinne verstanden) nennen will, *geordnet* sein. Diese n Richtungen mögen als 1te., 2te., ..., ν^{te}., ..., n^{te}. Richtung unterschieden werden. Eine solche Menge M nennen wir eine *n-fach geordnete Menge.*

Zum genauen Verständnis dieses Begriffs heben wir die folgenden Eigenschaften und Bestimmungen desselben hervor.

Sind E und E' *irgend zwei* Elemente von M, so besteht unter ihnen *nach jeder der n Richtungen* ein bestimmtes Verhältnis des *niederen, gleichen* oder *höheren Ranges* (des *πρότερον καὶ ὕστερον κατὰ τάξιν*). Bedienen wir uns der gebräuchlichen Bezeichnungen $<$, $=$, $>$ für das Kleiner-, Gleich- und Größersein zur Andeutung dieser drei *Rangverhältnisse*, so wird also, wenn ν eine der Zahlen 1, 2, 3, ... n bedeutet, nach der ν^{ten} Richtung E entweder $<$, oder $=$, oder $>$ als E' sein. Für *verschiedene* Richtungen kann das Rangverhältnis von E zu E' übereinstimmen oder differieren.

Sind E, E' und E'' *irgendwelche* drei Elemente von M und bestehen nach der ν^{ten} Richtung die Beziehungen

$$E \leqq E' \quad \text{und} \quad E' \leqq E'',$$

so ist *nach derselben* ν^{ten} Richtung auch immer

$$E \leqq E'',$$

[1] Hier hat n die Bedeutung einer endlichen Kardinalzahl mit Einschluß von $n = 1$.

wobei hier das Zeichen $=$ *dann und nur dann* gültig ist, wenn es in den *beiden* vorangehenden Relationen Geltung hat.

Dies sind die Voraussetzungen, unter denen ich eine gegebene Menge M eine *n-fach geordnete Menge mit Bezug auf jene n Ordnungsrichtungen, letztere in einer bestimmten Reihenfolge als* 1te, 2te, ..., n^{te} *Richtung gedacht*, nenne.

Zur Erläuterung führe ich einige Beispiele von mehrfach geordneten Mengen an, bei denen die Rangordnung der Elemente nach mehreren Richtungen durch *Natur* oder *Kunst* gegeben ist.

Erstes Beispiel. Im *Raume* seien m bestimmte Punkte irgendwie gelegen. Bezieht man sie in der üblichen Weise auf ein dreiachsiges, orthogonales Koordinatensystem, setzt die x-Achse als erste, die y-Achse als zweite und die z-Achse als dritte Ordnungsrichtung fest und läßt demgemäß das Rangverhältnis von je zwei Punkten E und E' nach der 1ten, 2ten und 3ten Richtung durch die Größenbeziehung resp. ihrer Koordinaten x und x', y und y', z und z' bestimmt sein, so ist hiermit unser aus m Punkten bestehendes Punktsystem als eine *dreifach geordnete Menge* aufgefaßt. Auf die Entfernungen und sonstigen geometrischen Beziehungen der m Punkte kommt es bei dieser Auffassung gar nicht an; nur die gegenseitige Rangordnung der m Punkte nach den drei Ordnungsrichtungen ist hier wesentlich.

Zweites Beispiel. Ebenso lassen sich m Punkte in einer *Ebene*, unter Zugrundelegung eines zweiachsigen orthogonalen Koordinatensystems als eine *zweifach geordnete Menge* auffassen, wobei wiederum die Entfernungen und sonstigen geometrischen Beziehungen der m Punkte nicht in Betracht kommen.

Drittes Beispiel. Man nehme ein *Tonstück*, sei es eine einfache Melodie oder ein kompliziertes musikalisches Kunstwerk, etwa eine Symphonie oder ein Oratorium. Dasselbe setzt sich aus einer bestimmten Zahl m verschiedener Töne zusammen, die nach vier voneinander unabhängigen Richtungen geordnet sind.

Als *erste* Richtung nehme man die *Folge* der Töne in der *Zeit*; in dieser Beziehung erhalten die beiden Töne E und E' gleichen Rang, wenn sie gleichzeitig erfolgen oder, wie man sich ausdrückt, einem Akkord angehören, andernfalls E einen niederen oder höheren Rang als E' hat, je nachdem E früher oder später als E' eintritt.

Die *zweite* Richtung werde von der *Dauer*, welche jeder Ton für sich in der Zeit hat, bestimmt, so daß in dieser Beziehung zwei Töne E und E' gleichen Rang erhalten, wenn sie gleiche Dauer haben, wogegen der Rang von E hier niedriger oder höher ist als der von E', je nachdem die Dauer von E kleiner oder größer ist als die von E'.

Die *dritte* Richtung sei durch die *Höhe* der Töne gegeben, so daß hier E und E' gleichen Rang haben, wenn sie von gleicher Höhe sind, hingegen E niederen oder höheren Rang als E' erhält, je nachdem E tiefer oder höher ist als E'.

Endlich werde die *vierte* Ordnungsrichtung in analogem Sinne durch die *Intensität* der Töne bestimmt. So aufgefaßt stellt demnach jedes Tonstück eine *vierfach geordnete Menge* vor.

Viertes Beispiel. Betrachten wir ein Gemälde und fassen darin m bestimmte Punkte ins Auge, etwa so viele und solche, daß sie in der Entfernung, von welcher aus das Bild gesehen wird, den Eindruck des kontinuierlichen Ganzen hervorbringen. Beziehen wir das Bild auf eine horizontale und vertikale Richtung als auf ein zweiachsiges Koordinatensystem, so läßt es sich nach folgenden Gesichtspunkten als eine *vierfach geordnete Menge* auffassen.

Die x-Koordinaten mögen zur Bestimmung der *ersten*, die y-Koordinaten zur Bestimmung der *zweiten* Ordnungsrichtung dienen. Die *dritte* Richtung werde durch die *Farbe* der Punkte gegeben, so daß zwei Punkte E und E' in dieser Richtung gleichen Rang haben, wenn sie von gleicher Farbe sind, dagegen E niedrigeren oder höheren Rang als E' einnimmt, je nachdem der Farbe von E eine kleinere oder größere *Wellenlänge* entspricht als derjenigen von E'. Endlich bestimme die *Farbenintensität* der m Punkte die *vierte* Ordnungsrichtung.

In diesen vier Beispielen haben wir *endliche*, d. h. aus einer endlichen Zahl von Elementen zusammengesetzte mehrfach geordnete Mengen in Betracht gezogen. Unser Begriff bezieht sich aber auch auf Mengen mit einer *unendlichen Zahl* von Elementen; es handelt sich dann jedoch immer um nur *Aktualunendliches*, da nur solche Mengen ein Interesse für uns haben, die in sich bestimmt sind und von welchen daher sämtliche Elemente als fertig zusammen bestehend gedacht werden müssen. Das potentiale Unendliche kommt hier nicht zur Geltung, weil es seinem Begriffe nach nur auf unbestimmte, resp. veränderliche Dinge bezogen werden kann.

So können wir beispielsweise *alle* diejenigen Punkte des Raumes ins Auge fassen, bei denen, unter Zugrundelegung eines dreiachsigen, orthogonalen Koordinatensystems, alle drei Koordinaten rationales Verhältnis zur Längeneinheit haben; sie bilden, wenn, wie im ersten Beispiel, die Größe ihrer Koordinaten zur Bestimmung ihrer Rangordnung verwendet wird, eine bestimmte *dreifach geordnete aktual-unendliche Punktmenge.*

Nach diesen Erläuterungen gehe ich ohne weiteres zur Erklärung dessen über, was ich den *Ordnungstypus* oder die *Idealzahl* einer geordneten Menge nenne.

Sei M irgendeine bestimmte, aus einer endlichen oder aktual unendlichen Zahl von Elementen $E, E', E'', \ldots$ bestehende n-fach geordnete Menge. Abstrahieren wir an ihr von der Beschaffenheit der Elemente, unter Beibehaltung ihrer Rangordnung nach den n verschiedenen Richtungen, so wird in uns ein intellektuales Bild, ein Allgemeinbegriff (universale) erzeugt, welchen ich den der Menge M zukommenden n-fachen Ordnungstypus oder auch die der Menge M entsprechende Idealzahl nenne und mit $\overline{M}$ bezeichne.

Es entspricht also jedem Punktsystem im Raume (im Sinne des 1. Beispiels) ein dreifacher, jedem Punktsystem in der Ebene (im Sinne des 2. Beispiels) ein zweifacher, jeder Punktmenge in der geraden Linie ein einfacher *bestimmter* Ordnungstypus, während einem Tonstück (unserm 3. Beispiel gemäß) und einem Gemälde (in der Auffassung unseres 4. Beispiels) bestimmte vierfache Ordnungstypen zukommen. Ist es daher nicht undenkbar, daß einem Tonstück und einem Gemälde zufällig ein und derselbe Ordnungstypus zugrunde liege, so sieht man hieraus, wie unter Umständen die heterogensten Dinge durch das *gemeinsame Band der Idealzahlen* verbunden sein können.

10. Fassen wir den aus einer geordneten Menge M vermöge des beschriebenen Abstraktionsakts gewonnenen Ordnungstypus $\overline{M}$ genauer ins Auge.

Den einzelnen Elementen $E, E', E'', \ldots$ der Menge M entsprechen in ihrem Ordnungstypus $\overline{M}$ lauter *Einsen* $e = 1$, $e' = 1$, $e'' = 1, \ldots$, die als solche zwar alle gleich sind, sich aber durch ihre Stellung innerhalb des Ordnungstypus M voneinander unterscheiden; es herrscht unter ihnen dieselbe Rangordnung wie unter den Elementen der Menge M.

Wir haben uns daher unter einem n-fachen Ordnungstypus das *ideale Paradigma* einer n-fach geordneten Menge, gewissermaßen eine *n-dimensionale ganze reale Zahl*, d. h. eine begriffliche, organisch-einheitliche Zusammenfassung von *Einsen* $e = 1$, $e' = 1$, $e'' = 1, \ldots$ zu denken, die nach n verschiedenen und voneinander unabhängigen Beziehungen, welche auch hier Richtungen genannt werden sollen, geordnet sind. Nimmt man *irgend welche* zwei von diesen Einsen e und e', so hat nach der ν^{ten} Richtung (für $\nu = 1, 2, \ldots, n$) e entweder gleichen Rang mit e', oder es ist der Rang von e niedriger, oder er ist höher wie derjenige von e'. Das Rangverhältnis derselben zwei Einsen e und e' kann nach der ν^{ten} und nach einer andern μ^{ten} Richtung übereinstimmen oder differieren. Sind e, e', e'' *irgendwelche* drei jener Einsen und hat man nach der ν^{ten} Richtung:

$$e \leqq e' \quad \text{und} \quad e' \leqq e'',$$

so ist nach derselben ν^{ten} Richtung:

$$e \leqq e'',$$

wo das Zeichen $=$ dann und nur dann gilt, wenn in *beiden* vorangehenden Relationen das Zeichen $=$ Geltung hat[1].

Ich nenne den Ordnungstypus einen *reinen Ordnungstypus*, wenn *je zwei* seiner Einsen e und e' *zum wenigsten nach einer der n* Richtungen *verschiedenen Rang* haben.

---

[1] Ich erinnere daran, daß hier (vgl. Nr. 9) die Zeichen $<$, $=$ und $>$ zur Angabe von *Rangverhältnissen* verwandt werden.

Andernfalls nenne ich ihn einen *gemischten Ordnungstypus*; bei diesem vereinigen sich die Einsen zu bestimmten Gruppen, so daß die einer und derselben Gruppe angehörigen Einsen *nach allen n Richtungen* gleichen Rang haben und daher zu einer *bestimmten Kardinalzahl* zusammenfließen, während die, verschiedenen Gruppen angehörigen Einsen zum wenigsten nach einer der n Richtungen verschiedenen Rang haben.

Jeder gemischte Ordnungstypus geht folglich aus einem bestimmten reinen Ordnungstypus dadurch hervor, daß in letzteren an Stelle der Einsen gewisse Kardinalzahlen substituiert werden.

Es erhebt sich nun die Frage, *wann* zwei verschiedene n-fach geordnete Mengen M und N *einen und denselben Ordnungstypus* haben und *wann nicht*? Zur Beantwortung derselben bedienen wir uns des Beziehungsbegriffs der *Ähnlichkeit geordneter Mengen.*

Zwei n-fach geordnete Mengen M und N werden „ähnlich" genannt, wenn es möglich ist, sie gegenseitig eindeutig und vollständig, Element für Element, einander so zuzuordnen, daß, wenn E und E' irgend zwei Elemente von M, F und F' die beiden entsprechenden Elemente von N sind, alsdann für $\nu = 1, 2, \ldots, n$ das Rangverhältnis von E zu E' nach der ν^{ten} Richtung innerhalb der Menge M genau dasselbe ist wie das Rangverhältnis von F zu F' nach der ν^{ten} Richtung innerhalb der Menge N. Wir wollen eine derartige Zuordnung von zwei einander ähnlichen Mengen eine Abbildung der einen auf die andere nennen.

Die Ähnlichkeit zweier Mengen M und N werde durch folgende Formel ausgedrückt:

$$M \simeq N$$

Wir können nun die aufgeworfene Frage durch folgenden Satz beantworten:

Zwei n-fach geordnete Mengen M und N haben dann und nur dann einen und denselben Ordnungstypus, wenn sie ähnlich sind; in Zeichen: wenn $M \simeq N$, so ist $\overline{M} = \overline{N}$ und umgekehrt: wenn $\overline{M} = \overline{N}$, so ist $M \simeq N$.

Beide Teile dieses Doppelsatzes ergeben sich leicht durch Zurückgehen auf die Begriffe des Ordnungstypus und der Ähnlichkeit geordneter Mengen in analoger Weise, wie wir in Nr. 3 dieses Abschnitts VIII den Satz bewiesen haben, daß zwei Mengen dann und nur dann gleiche Kardinalzahl haben, wenn sie äquivalent sind.

Der Ordnungstypus einer gegebenen n-fach geordneten Menge M ist also derjenige Allgemeinbegriff, unter welchem die Menge M und alle ihr ähnlichen Mengen stehen, der aber sonst keine anderen Dinge unter sich begreift, so daß sein Umfang durch M und die M ähnlichen Mengen genau bestimmt ist.

Die Ähnlichkeit zweier Mengen M und N begründet, wie man unmittelbar sieht (Vgl. Nr. 2) auch ihre Äquivalenz, während umgekehrt äquivalente Mengen nicht ähnlich zu sein brauchen.

Wir können daher sagen:

Haben zwei geordnete Mengen M und N einen und denselben Ordnungstypus, so kommt ihnen auch immer eine und dieselbe Kardinalzahl zu; in Zeichen: ist $\overline{M} = \overline{N}$, so hat man auch $\overline{\overline{M}} = \overline{\overline{N}}$.

Die Kardinalzahl einer geordneten Menge M ist daher immer auch die Kardinalzahl ihres Ordnungstypus $\overline{M}$ und geht aus letzterem durch die Abstraktion von der eigentümlichen Rangordnung seiner Einsen hervor. Ist α ein Zeichen für den Ordnungstypus $\overline{M}$, so sei $\overline{\alpha}$ ein Zeichen für die Kardinalzahl $\overline{\overline{M}}$. In diesem Sinne haben wir in den Nummern 1—8 dieses Abschnitts die Zeichen $1, 2, 3, \ldots, \nu, \ldots$ für die endlichen *Ordnungszahlen*, dagegen die Zeichen $\overline{1}, \overline{2}, \overline{3}, \ldots, \overline{\nu}, \ldots$ für die endlichen *Kardinalzahlen* gebraucht.

Je nachdem die Kardinalzahl einer Menge endlich oder transfinit ist, nennen wir die Menge selbst und ihren Ordnungstypus endlich oder transfinit.

Bei zwei *transfiniten* n-fach geordneten Mengen kann es, wenn sie ähnlich sind, vorkommen, daß es nicht bloß *eine* Abbildung der einen auf die andere, sondern deren *mehrere*, ja sogar unendlich viele Abbildungen derselben zwei ähnlichen Mengen auf einander gibt; in diesen Fällen läßt jede Menge des entsprechenden Ordnungstypus sich in mehrfacher Weise auf sich selbst abbilden, und ebenso können wir von dem betreffenden Ordnungstypus sagen, daß er *sich selbst auf mehrfache Weise ähnlich* ist. Hat man es mit *endlichen* n-fach geordneten Mengen von *reinem* Ordnungstypus zu tun, so existiert für je zwei ähnliche Mengen immer nur *eine einzige Abbildung*. Diese Eigenschaft ist jedoch nicht auf endliche Mengen beschränkt; es gibt auch Klassen von transfiniten geordneten Mengen, die *nur eine* Abbildung von zwei ähnlichen Mengen zulassen und dazu gehören beispielsweise alle diejenigen *einfach geordneten* Mengen, welche ich *wohlgeordnete* Mengen[1] genannt habe.

11. Ein n-facher Typus α setzt sich, wie wir in Nr. 10 sahen, aus gewissen Einsen $e, e', e'', \ldots$ zusammen, die nach n Richtungen ein bestimmtes Rangverhältnis zu einander haben. Faßt man nicht alle, sondern nur einen gewissen Teil von diesen Einsen ins Auge, so bestimmt derselbe für sich in der vorliegenden Rangordnung ebenfalls einen Typus γ, den wir als Teil von α (allerdings nur im virtuellen Sinne verstanden) ansehen können. So enthält also jeder Typus α andere Typen $\gamma, \gamma', \gamma'', \ldots$ als virtuelle *Teile*, welche gewissermaßen teils auseinanderfallen, teils ineinander eindringen. Die Mannigfaltigkeit von Beziehungen zwischen dem Ganzen und den Teilen ist bei den Typen eine so große, daß es geraten scheint, sich zunächst auf die

---

[1] Man vgl. Grundlagen e. allg. Mannigfaltigkeitslehre S. 4 [S. 168].

Betrachtung der einfachsten Verhältnisse zu beschränken; sie hängen mit den Operationen des *Addierens* und *Multiplizierens* von zwei n-fachen Typen α und β zusammen, und diese will ich jetzt mit der unerläßlichen Ausführlichkeit erklären.

a) *Definitionen von* $\alpha + \beta$. Wir denken uns zwei Mengen M und N, denen die Typen $\overline{M} = \alpha$, $\overline{N} = \beta$ zukommen, und setzen aus ihnen eine neue geordnete Menge, die wir mit $M + N$ bezeichnen, zusammen, und zwar mit folgenden Bestimmungen über die Rangordnung der Elemente. Die Elemente von M mögen innerhalb $M + N$ *untereinander* dieselbe Rangordnung nach allen n Richtungen behalten, welche sie in M hatten; ebenso mögen die Elemente von N innerhalb $M + N$ *untereinander* dieselbe Rangordnung nach allen n Richtungen bewahren, welche ihnen in N zukam; endlich mögen in $M + N$ alle Elemente von N nach jeder der n Richtungen höheren Rang haben als alle Elemente von M.

Alle Mengen $M + N$, welche diesen Anforderungen genügen, sind offenbar untereinander ähnliche n-fach geordnete Mengen und bestimmen denjenigen Typus, den wir als die Summe $\alpha + \beta$ betrachten wollen. Wir haben also folgende Definitionsgleichung:

$$\alpha + \beta = \overline{M + N},$$

und es heißt hier α der *Augendus*, β der *Addendus*.

Darnach beweist man leicht die Gültigkeit des *assoziativen* Gesetzes:

$$\alpha + (\beta + \gamma) = (\alpha + \beta) + \gamma.$$

Das kommutative Gesetz hat dagegen hier *keine* allgemeine Herrschaft; abgesehen von Ausnahmen, sind $\alpha + \beta$ und $\beta + \alpha$ *verschiedene* Typen.

Man bemerke noch, daß die Kardinalzahl von $\alpha + \beta$ gleich ist der Summe der Kardinalzahlen von α und β (vgl. Nr. 5); in Zeichen:

$$\overline{\overline{\alpha + \beta}} = \overline{\alpha} + \overline{\beta}.$$

b) *Definition von* $\alpha \cdot \beta$. Man lege eine Menge N vom Typus β zugrunde, so daß $\overline{N} = \beta$, und bezeichne die Elemente, aus denen N besteht, mit $F_1, F_2, \ldots, F_\lambda, \ldots$

Ferner seien $M_1, M_2, \ldots, M_\lambda, \ldots$ lauter Mengen vom Typus α, so daß

$$\overline{M}_1 = \overline{M}_2 = \cdots = \overline{M}_\lambda = \cdots = \alpha.$$

Diese einander ähnlichen Mengen denken wir uns auf einander abgebildet; es seien:

$$\begin{array}{l}
E_{1,1},\ E_{1,2},\ \ldots,\ E_{1,\mu},\ \ldots \text{ die Elemente von } M_1 \\
E_{2,1},\ E_{2,2},\ \ldots,\ E_{2,\mu},\ \ldots \text{ die Elemente von } M_2 \\
\cdots\cdots\cdots\cdots\cdots\cdots\cdots\cdots \\
E_{\lambda,1},\ E_{\lambda,2},\ \ldots,\ E_{\lambda,\mu},\ \ldots \text{ die Elemente von } M_\lambda,\ \ldots
\end{array}$$

und zwar mögen

$$E_{1,\mu},\ E_{2,\mu},\ \ldots,\ E_{\lambda,\mu},\ldots$$

bei den zugrunde gelegten Abbildungen einander entsprechende Elemente von $M_1, M_2, \ldots, M_\lambda, \ldots$ sein.

Es werde nun eine neue Menge, die ich mit $M \cdot N$ bezeichne, aus N dadurch gebildet, daß darin an Stelle der *Elemente* $F_1, F_2, \ldots, F_\lambda, \ldots$ resp. die *Mengen* $M_1, M_2, \ldots, M_\lambda, \ldots$ substituiert werden, wobei die Rangordnung folgenden Bestimmungen unterworfen sei. Alle Elemente $E_{\lambda,\mu}$ $E_{\lambda,\mu'}$ *einer und derselben* Menge M_λ mögen innerhalb $M \cdot N$ *untereinander nach allen n Richtungen* dasselbe Rangverhältnis behalten, welches sie in M_λ hatten. Für zwei Elemente $E_{\varkappa,\mu}$ und $E_{\lambda,\mu'}$, welche zwei verschiedenen Mengen $M_\varkappa$ und M_λ angehören, muß dagegen eine Unterscheidung gemacht werden: 1) Haben $F_\varkappa$ und F_λ innerhalb N nach der ν^{ten} Richtung verschiedenen Rang, so sei die Rangbeziehung von $E_{\varkappa,\mu}$ zu $E_{\lambda,\mu'}$ innerhalb $M \cdot N$ in der ν^{ten} Richtung dieselbe, wie die von $F_\varkappa$ zu F_λ innerhalb N nach der ν^{ten} Richtung. 2) Haben $F_\varkappa$ und F_λ innerhalb N nach der ν^{ten} Richtung gleichen Rang, so sei das Rangverhältnis von $E_{\varkappa,\mu}$ zu $E_{\lambda,\mu'}$ innerhalb $M \cdot N$ in der ν^{ten} Richtung dasselbe, wie das von $E_{\varkappa,\mu}$ zu $E_{\varkappa,\mu'}$ innerhalb $M_\varkappa$ oder, was wegen der Abbildung von $M_\varkappa$ auf M_λ dasselbe bedeutet, wie das von $E_{\lambda,\mu}$ zu $E_{\lambda,\mu'}$ innerhalb M_λ nach der ν^{ten} Richtung.

Man überzeugt sich leicht, daß alle nach dieser Vorschrift gebildeten n-fach geordneten Mengen $M \cdot N$ untereinander *ähnlich* sind, und es gilt dies im besondern auch, wenn statt der zugrunde gelegten Abbildungen der Mengen $M_1, M_2, \ldots, M_\lambda, \ldots$ andere Abbildungen derselben vorausgesetzt werden, falls deren mehrere möglich sind.

Mit der Menge $M \cdot N$ ist also ein bestimmter Typus gegeben und dieser ist es, der das Produkt aus dem *Multiplikandus* α in den *Multiplikator* β genannt werden soll. Wir haben also folgende Definition:

$$\alpha \cdot \beta = \overline{M \cdot N}.$$

Man beweist auch hier das *assoziative* Gesetz:

$$\alpha \cdot (\beta \cdot \gamma) = (\alpha \cdot \beta) \cdot \gamma,$$

während $\alpha \cdot \beta$ im allgemeinen von $\beta \cdot \alpha$ verschieden ist.

Auch hat man das *distributive* Gesetz:

$$\alpha \cdot (\beta + \gamma) = \alpha \cdot \beta + \alpha \cdot \gamma$$

mit α als *Multiplikandus.*

Ferner sieht man, im Hinblick auf Nr. 6, daß die Kardinalzahl des Produkts zweier Typen gleich ist dem Produkt aus den Kardinalzahlen der beiden Faktoren; in Zeichen:

$$\overline{\alpha \cdot \beta} = \overline{\alpha} \cdot \overline{\beta}.$$

Ist ein Typus π nicht anders als Produkt zweier Typen α und β darstellbar, als daß der *Multiplikator* β dem Typus π selbst oder der Eins im n-fachen Ordnungssystem gleich ist, so nennen wir π einen *Primtypus.*

12. Mit einem gegebenen n-fachen Typus α hängen gewisse andere Typen eng zusammen, welche ich die mit α *konjugierten Typen* nenne.

Man kann die dem Typus α eigene Rangordnung so verändern, daß sämtliche Rangbeziehungen der Einsen $e, e', e'', \ldots$ mit Bezug auf die μ^{te} und ν^{te} Richtung miteinander vertauscht, nach allen anderen Richtungen aber erhalten bleiben.

Zwei Einsen e und e' haben demnach im transformierten Typus nach der μ^{ten} und ν^{ten} Richtung dieselben Rangbeziehungen, welche ihnen in α resp. nach der ν^{ten} und μ^{ten} Richtung zukommen, während nach den anderen $n-2$ Richtungen keine Änderung in der Rangordnung der Einsen eintritt. Diese Transformation nennen wir die *Vertauschungstransformation mit Bezug auf die μ^{te} und ν^{te} Richtung.*

Solcher Vertauschungstransformationen gibt es $n\,\frac{(n-1)}{2}$; ihre wiederholte Anwendung liefert, wenn der Typus α mitgezählt wird, im ganzen $n! = 1.\,2.\,3 \ldots n$ im allgemeinen verschiedene konjugierte Typen.

Es läßt sich aber auch aus α dadurch ein im allgemeinen neuer Typus herstellen, daß alle Rangverhältnisse mit Bezug auf die ν^{te} Richtung *umgekehrt,* mit Bezug auf die anderen Richtungen aber konserviert werden. Zwei Einsen e und e' haben hier im transformierten Typus mit Bezug auf die ν^{te} Richtung das entgegengesetzte Rangverhältnis von demjenigen, welches sie nach derselben ν^{ten} Richtung in α haben; kommt den Einsen e und e' in α gleicher Rang in der ν^{ten} Richtung zu, so bleibt er natürlich bei der Transformation erhalten; nach allen übrigen Richtungen sind die Rangbeziehungen von e und e' in beiden Typen dieselben. Diese Transformation nennen wir *Umkehrtransformation mit Bezug auf die ν^{te} Richtung.* Solcher Umkehrtransformationen gibt es n; ihre sukzessive Anwendung liefert, wenn α mitgezählt wird, im ganzen 2^n verschiedene konjugierte Typen.

Setzt man die Vertauschungstransformationen und die Umkehrtransformationen beliebig zusammen, so erhält man, mit Einschluß von α, im ganzen $2^n \cdot \Pi\, n$ im allgemeinen verschiedene konjugierte Typen. In besonderen Fällen reduzieren sich dieselben auf eine geringere Zahl, unter Umständen sind sie sogar alle gleich.

13. Beschränken wir unsere weiteren Betrachtungen zunächst auf *endliche* n-fache Typen, d. h. auf solche, bei denen die zugehörige Kardinalzahl m *endlich* ist.

Die *reinen* einfachen Typen ($n = 1$) fallen hier mit den *endlichen* Ordnungszahlen 1, 2, 3, 4, ... zusammen, weil die *endlichen einfach* geordneten Mengen von *reinem* Typus zugleich immer wohlgeordnete Mengen (vgl. über diesen Begriff; Grundl. e. allg. Mannigfaltigkeit. p. 4.) sind, deren Typen ich allgemein *Ordnungszahlen* nenne. Zu jeder endlichen Kardinalzahl m gibt es nur einen einzigen *reinen* einfachen Typus, d. h. *nur eine* Ordnungszahl; es hängt dies unmittelbar mit dem in Nr. 7 bewiesenen Satz zusammen, wonach eine *endliche Menge* niemals einem ihrer Bestandteile äquivalent ist.

Die Anzahl *aller* einfachen Typen ($n = 1$), d. h. der reinen und der gemischten, von gegebener Kardinalzahl m ist hingegen, wie man sich leicht überzeugt, gleich 2^{m-1}.

Fassen wir jetzt die *zweifachen* Typen ($n = 2$) von endlicher Kardinalzahl m näher ins Auge.

Ein solcher Typus α besteht (vgl. Nr. 10) aus m *Einsen*, die nach zwei voneinander unabhängigen Richtungen eine bestimmte Rangordnung haben.

Es mögen diese m Einsen im ganzen s verschiedene Rangstufen nach der *ersten* Richtung haben und t sei die Anzahl der verschiedenen Rangstufen nach der *zweiten* Richtung.

Die verschiedenen Rangstufen erster Richtung wollen wir als $1^{\text{te}}, 2^{\text{te}}, \ldots, s^{\text{te}}$ Rangstufe unterscheiden, und zwar so, daß die 1te Rangstufe alle Einsen von α umfaßt, welche den niedrigsten Rang nach der ersten Richtung haben, die zweite alle Einsen enthält, welche den nächst höheren Rang nach der ersten Richtung haben usw.; auch werde mit g_1 die Anzahl der verschiedenen Einsen bezeichnet, welche nach der ersten Richtung den ersten Rang haben, mit g_2 die Anzahl der Einsen zweiten Ranges usw., mit g_s die Anzahl der Einsen s^{ten} Ranges in bezug auf die erste Richtung.

Ganz analog unterscheiden wir $1^{\text{te}}, 2^{\text{te}}, \ldots, t^{\text{te}}$ Rangstufe zweiter Richtung und bezeichnen mit $h_1, h_2, \ldots, h_t$ die Anzahlen der Einsen, welche resp. den $1^{\text{ten}}, 2^{\text{ten}}, \ldots, t^{\text{ten}}$ Rang nach der zweiten Richtung haben.

So entsprechen jedem Typus α gewisse *positive* ganze Zahlen $s, t, g_1, g_2, \ldots, g_s, h_1, h_2, \ldots, h_t$. Ihrer Bedeutung nach sind sie alle $\leqq m$ und man hat immer

$$g_1 + g_2 + \cdots + g_s = h_1 + h_2 + \cdots + h_t = m. \tag{1}$$

Zur vollständigen Bestimmung des zweifachen Typus α führen wir ein System von $s \cdot t$ Größen $k_{\mu,\nu}$ ein, wo der Index μ die Werte $1, 2, 3, \ldots, s$, der Index ν die Werte $1, 2, 3, \ldots, t$ erhält, und zwar habe $k_{\mu,\nu}$ die Bedeutung der Anzahl derjenigen Einsen in α, welche den μ^{ten} Rang nach der ersten und den ν^{ten} Rang nach der zweiten Richtung haben; falls solche Einsen in α nicht vorhanden sind, habe $k_{\mu,\nu}$ den Wert Null.

Wir wollen das so bestimmte System:

$$\begin{matrix} k_{1,t}, & k_{2,t}, & \ldots, & k_{s,t} \\ k_{1,t-1}, & k_{2,t-1}, & \ldots, & k_{s,t-1} \\ \cdots & \cdots & \cdots & \cdots \\ \cdots & \cdots & \cdots & \cdots \\ k_{1,2}, & k_{2,2}, & \ldots, & k_{s,2} \\ k_{1,1}, & k_{2,1}, & \ldots, & k_{s,1} \end{matrix} \tag{2}$$

die *Charakteristik* von α nennen.

Ist α ein *reiner* Typus, so haben die Größen $k_{\mu,\nu}$ nur die Werte 0 und 1; bei *gemischten* Typen α kommt unter den Größen $k_{\mu,\nu}$ wenigstens eine vor, die größer ist als 1.

Es bestehen hier folgende Gleichungen, die sich unmittelbar aus der Bedeutung der darin vorkommenden Buchstaben ergeben:

$$\left.\begin{aligned} \sum_{\substack{\mu=1,2,\ldots,s \\ \nu=1,2,\ldots,t}} k_{\mu,\nu} &= m \\ \sum_{\nu=1,2,\ldots,t} k_{\mu,\nu} &= g_\mu \\ \sum_{\mu=1,2,\ldots,s} k_{\mu,\nu} &= h_\nu \end{aligned}\right\} \tag{3}$$

Es stellt daher das System (2) von *nicht negativen* ganzen Zahlen $k_{\mu,\nu}$ *dann und nur dann* die *Charakteristik* eines zweifachen Typus α vor, wenn die daraus nach (3) resultierenden Summen m, g_μ und h_ν *von Null verschiedene* positive ganze Zahlen sind, wie aus dem Sinn von m, g_μ und h_ν sich ergibt.

Unsere Aufgabe sei nun die Bestimmung der *Anzahl aller reinen zweifachen Ordnungstypen von gegebener Kardinalzahl* m; diese Anzahl, als Funktion von m gedacht, werde mit $\Phi(m)$ bezeichnet.

Bevor ich die Lösung entwickele, möchte ich in der nebenstehenden Tafel[1] die verschiedenen zweifachen *reinen* Typen für $m = 1$, 2 und 3 veranschaulichen, deren es für $m = 1$ *einen*: α_1, für $m = 2$ *vier*: $\beta_1, \beta_2, \beta_3, \beta_4$, für $m = 3$ *vierundzwanzig*: γ_1 bis γ_{24} gibt. Sie sind durch *Punktmengen* in der Ebene dargestellt, welche wir in dem Sinne als zweifach geordnete Mengen aufzufassen haben, daß die erste Ordnungsrichtung durch die horizontale Richtung von links nach rechts, die zweite Ordnungsrichtung durch die vertikale Richtung von unten nach oben bestimmt sind. Jeder *Punkt* repräsentiert eine *Eins* in dem betreffenden Ordnungstypus. Punkte, welche auf einer und derselben Vertikalen liegen, entsprechen im Typus Einsen, die

[1] Ich verdanke die zweckmäßige Herstellung derselben Herrn Dr. H. Wiener, Privatdozenten der Mathematik an der Universität in Halle.

nach der ersten Richtung gleichen Rang haben; liegen aber zwei Punkte nicht auf einer Vertikalen, so hat von den beiden durch sie dargestellten Einsen diejenige den niedrigeren Rang in der ersten Ordnungsrichtung,

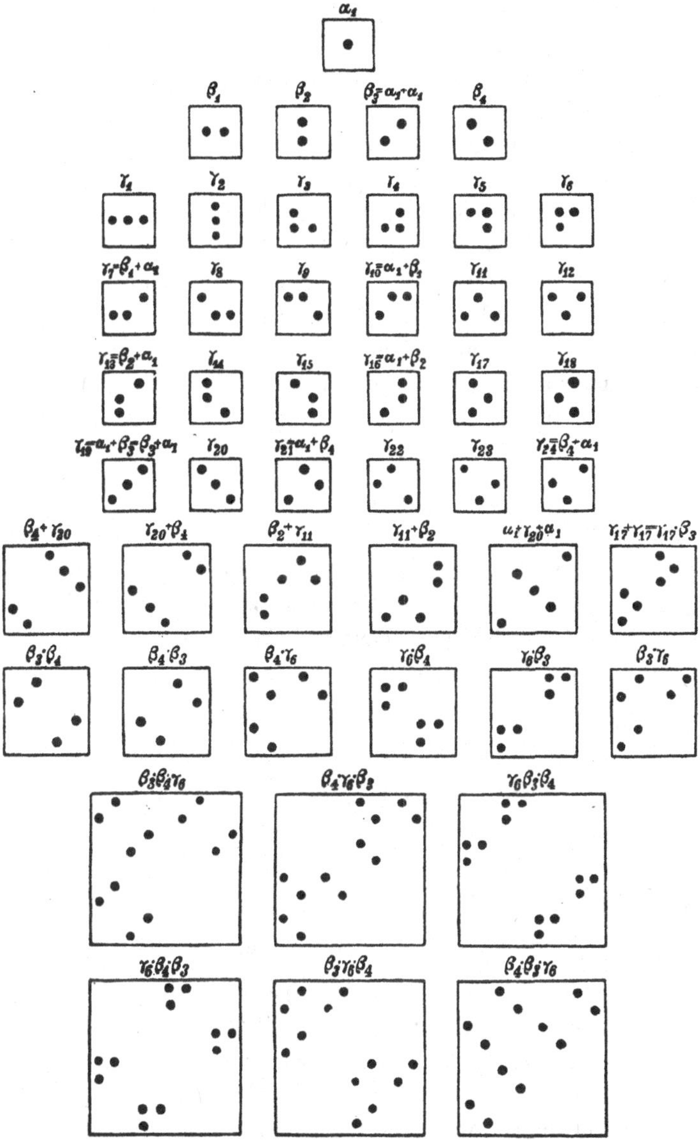

welche dem links vom andern gelegenen Punkte entspricht. Ebenso haben Einsen, denen Punkte auf einer und derselben Horizontalen entsprechen, im Typus gleichen Rang nach der zweiten Ordnungsrichtung, wogegen von zwei Einsen, deren entsprechende Punkte nicht auf einer und derselben

Horizontalen liegen, diejenige den niedrigeren Rang nach der zweiten Ordnungsrichtung hat, für welche der entsprechende Punkt der niedriger in der Ebene gelegene ist.

Zur Erläuterung der Zahlen s, t, g, h bemerke ich, daß in α_1: $s = 1$, $t = 1$, in β_1: $s = 2$, $t = 1$, in β_2: $s = 1$, $t = 2$, in β_3 und β_4: $s = 2$, $t = 2$, in γ_1: $s = 3$, $t = 1$, in γ_2: $s = 1$, $t = 3$, in γ_3 bis γ_6: $s = 2$, $t = 2$, in γ_7 bis γ_{12}: $s = 3$, $t = 2$, in γ_{13} bis γ_{18}: $s = 2$, $t = 3$, in γ_{19} bis γ_{24}: $s = 3$, $t = 3$ ist. Ferner hat man beispielsweise in γ_6: $g_1 = 2$, $g_2 = 1$, $h_1 = 1$, $h_2 = 2$, in γ_{19} bis γ_{24}: $g_1 = g_2 = g_3 = h_1 = h_2 = h_3 = 1$.

Die vier letzten Reihen in unsrer Tafel mögen die in Nr. 11 erklärten Operationen der *Addition* und *Multiplikation* von Typen veranschaulichen.

Es werde nun mit $\varphi'(g_1, g_2, \ldots, g_s, t)$ die Anzahl der *reinen* zweifachen Typen bezeichnet, in welchen s und t (beide $\leqq m$) sowohl wie auch $g_1, g_2, \ldots, g_s$ gegebene positive Werte haben, bei denen die Bedingungsgleichung (1) erfüllt sei. Dann setzt sich offenbar $\Phi(m)$ nach folgender Formel zusammen:

$$\Phi(m) = \sum_{\substack{g_1+g_2+\cdots+g_s=m \\ s=1,2,\ldots,m \\ t=1,2,\ldots,m}} \varphi'(g_1, g_2, \ldots, g_s, t). \tag{4}$$

Die Summation ist hier so zu verstehen, daß den Buchstaben s und t alle Werte von 1 bis m beizulegen sind und bei jedem Wertepaar s, t die Buchstaben $g_1, g_2, \ldots, g_s$ alle *positiven* Wertsysteme zu durchlaufen haben, die der Bedingungsgleichung (1) genügen.

$\varphi'(g_1, g_2, \ldots, g_s, t)$ ist nach (3) die Anzahl der Lösungssysteme $(k_{\mu,\nu})$, welche folgenden s Gleichungen:

$$\left.\begin{array}{l} k_{1,1} + k_{1,2} + \cdots + k_{1,t} = g_1 \\ k_{2,1} + k_{2,2} + \cdots + k_{2,t} = g_2 \\ \cdots\cdots\cdots\cdots\cdots\cdots \\ k_{s,1} + k_{s,2} + \cdots + k_{s,t} = g_s \end{array}\right\} \tag{5}$$

sowie auch den t *Nebenbedingungen*:

$$h_1 > 0,\ h_2 > 0,\ \ldots\ h_t > 0 \tag{6}$$

genügen, wobei die $s \cdot t$ Unbekannten $k_{\mu,\nu}$ *nur die Werte* 0 und 1 erhalten dürfen und wo die h_ν die Bedeutung der in (3) geschriebenen Summen haben.

Sei $\varphi(g_1, g_2, \ldots, g_s, t)$ die Anzahl der Lösungssysteme $(k_{\mu,\nu})$ für dasselbe Gleichungssystem (5), *wenn die Nebenbedingungen* (6) *fallen gelassen werden*; diese Anzahl ist, weil hier die Gleichungen (5) unabhängig voneinander aufzulösen sind, gleich dem *Produkt* aus den Anzahlen der Lösungen, welche die einzelnen Gleichungen (5), jede für sich, haben.

Die Anzahl der Lösungssysteme einer Gleichung von der Form:

$$k_1 + k_2 + \cdots + k_t = g$$

in ganzen Zahlen $k_1, k_2, \ldots, k_t$, welche nur die Werte 0 und 1 annehmen dürfen, ist gleich dem Binomialkoeffizienten

$$\binom{t}{g} = \frac{t(t-1)(t-2)\ldots(t-g+1)}{1.\ 2.\ 3.\ \ldots\ g}. \tag{7}$$

Man hat folglich:

$$\varphi(g_1, g_2, \ldots, g_s, t) = \binom{t}{g_1} \cdot \binom{t}{g_2} \cdots \binom{t}{g_s}. \tag{8}$$

Zwischen den Funktionen φ und φ' besteht aber folgende Beziehung:

$$\varphi(g_1, g_2, \ldots, g_s, t) = \sum_{\nu=0,1,2,\ldots,t-1} \binom{t}{\nu} \cdot \varphi'(g_1, g_2, \ldots, g_s, t-\nu). \tag{9}$$

Das allgemeine Glied dieser Summe ist nämlich gleich der Anzahl derjenigen Lösungssysteme von (5), für welche ν der Summen $h_1, h_2, \ldots, h_t$ den Wert Null, die übrigen $t-\nu$ dieser Summen aber von Null verschiedene Werte haben; summiert man daher von $\nu = 0$ bis $\nu = t-1$, so erhält man als Resultat die Anzahl $\varphi(g_1, g_2, \ldots, g_s, t)$.

Aus (9) ergibt sich leicht, wenn man darin $t = 1, 2, 3, \ldots, m$ setzt und diese m Gleichungen nach den Werten der Funktion φ' auflöst, folgende Umkehrung:

$$\varphi'(g_1, g_2, \ldots, g_s, t) = \sum_{\nu=0,1,\ldots,t-1} (-1)^\nu \binom{t}{\nu} \cdot \varphi(g_1, g_2, \ldots, g_s, t-\nu). \tag{10}$$

Wird dieser Wert von φ' in die Formel (4) eingesetzt, nachdem vorher der Buchstabe t in t' verwandelt worden ist, so erhält man:

$$\Phi(m) = \sum_{\substack{\nu=0,1,2,\ldots,t'-1 \\ g_1+g_2+\cdots+g_s=m \\ s=1,2,\ldots,m \\ t'=1,2,\ldots,m}} (-1)^\nu \binom{t'}{\nu} \cdot \varphi(g_1, g_2, \ldots, g_s, t'-\nu).$$

Fassen wir hier diejenigen Glieder zusammen, in denen $t'-\nu$ einen und denselben Wert t hat, so erhält der Koeffizient von $\varphi(g_1, g_2, \ldots, g_s, t)$ folgenden Wert:

$$\sum_{\nu=0,1,2,\ldots,m-t} (-1)^\nu \binom{t+\nu}{\nu} = (-1)^{m-t} C(m, t),$$

wo demnach wegen $\binom{t+\nu}{\nu} = \binom{t+\nu}{t}$ die hier eingeführte Funktion $C(m, t)$ durch folgende Gleichung definiert ist

$$C(m, t) = \binom{m}{t} - \binom{m-1}{t} + \binom{m-2}{t} - \cdots (-1)^{m-t} \binom{t}{t}. \tag{11}$$

Wir haben daher

$$\Phi(m) = \sum_{\substack{g_1+g_2+\cdots+g_s=m \\ s=1,2,\ldots,m \\ t=1,2,\ldots,m}} (-1)^{m-t} C(m, t) \cdot \varphi(g_1, g_2, \ldots, g_s, t).$$

Wird also folgende Funktion:

$$D(m, t) = \sum_{\substack{g_1+g_2+\cdots+g_s=m \\ s=1,2,\ldots,m}} \varphi(g_1, g_2, \ldots, g_s, t) \tag{12}$$

in die Betrachtung eingeführt, so haben wir:

$$\Phi(m) = \sum_{t=1,2,\ldots,m} (-1)^{m-t} C(m, t) \cdot D(m, t). \tag{13}$$

Hiermit ist die gesuchte Funktion $\Phi(m)$ auf die beiden Funktionen $C(m, t)$ und $D(m, t)$, welche durch die Formeln (11) und (12) definiert sind, zurückgeführt.

Zur praktischen Berechnung bieten sich Rekursionsformeln dar.

Für $C(m, t)$ beweist man leicht die Funktionalgleichung:

$$C(m+1, t+1) = C(m, t+1) + C(m, t). \tag{14}$$

Man hat außerdem für diese Funktion die Werte:

$$\left.\begin{array}{l} C(2m, 1) = m;\ C(2m+1, 1) = m+1; \\ C(m, m) = 1;\ C(m, t) = 0, \text{ wenn } t > m. \end{array}\right\} \tag{15}$$

Daraus ergibt sich nebenstehende Tabelle für $C(m, t)$, die leicht zu vervollständigen ist. Andererseits haben wir nach (12):

$m=$ \ $t=$	1	2	3	4	5	6
1	1					
2	1	1				
3	2	2	1			
4	2	4	3	1		
5	3	6	7	4	1	
6	3	9	13	11	5	1

$$D(m+1, t) = \sum_{\substack{g_0+g_1+\cdots+g_s=m+1 \\ s=0,1,2,\ldots,m}} \varphi(g_0, g_1, \ldots, g_s, t).$$

Für $s = 0$, $g_0 = m + 1$ nimmt das allgemeine Glied der letzten Summe den Wert $\binom{t}{m+1}$ an; man kann daher, unter Berücksichtigung des Umstandes, daß $g_1, g_2, \ldots, g_s$ positiv sind und daher $s \leq m + 1 - g_0$ sein muß, schreiben:

$$D(m+1, t) = \binom{t}{m+1} + \sum_{\substack{g_1+g_2+\cdots+g_s=m+1-g_0 \\ s=1,2,3,\ldots,m+1-g_0 \\ g_0=1,2,3,\ldots,m}} \binom{t}{g_0} \varphi(g_1, g_2, \ldots, g_s, t).$$

Also ist

$$D(m+1, t) = \binom{t}{m+1} + \binom{t}{m} D(1, t)$$
$$+ \binom{t}{m+1} D(2, t) + \cdots + \binom{t}{1} D(m, t).$$

Setzt man daher fest, daß

$$D(0, t) = 1 \tag{16}$$

sei, so hat man folgende Rekursionsformel:

$$D(m+1,t) = \binom{t}{1} D(m,t) + \binom{t}{2} D(m-1,t) + \cdots + \binom{t}{m+1} D(0,t). \quad (17)$$

Man bemerke noch, daß stets

$$D(m,1) = 1 \quad (18)$$

ist.

Um hieraus $D(m,t)$ zu berechnen, bedürfen wir der nebenstehenden Tafel für den Binomialkoeffizienten $\binom{t}{m}$.

$m =$ \ $t =$	1	2	3	4	5	6
0	1	1	1	1	1	1
1	1	2	3	4	5	6
2		1	3	6	10	15
3			1	4	10	20
4				1	5	15
5					1	6
6						1

So gewinnt man folgende zu vervollständigende Tafel für $D(m,t)$:

$m =$ \ $t =$	1	2	3	4	5	6
0	1	1	1	1	1	1
1	1	2	3	4	5	6
2	1	5	12	22	35	51
3	1	12	46	116	235	416
4	1	29	177	613	1580	3396
5	1	70	681	3240	10626	27732
6	1	169	2620	17124	71460	226454

Mit Hilfe dieser Tabellen ergeben sich aus (13) folgende Werte der Funktion $\Phi(m)$:

$$\Phi(1) = 1; \quad \Phi(2) = 4; \quad \Phi(3) = 24; \quad \Phi(4) = 196;$$
$$\Phi(5) = 2016; \quad \Phi(6) = 24976.$$

Dies sind für $m = 1$ bis 6 die Anzahlen der *reinen* zweifachen Ordnungstypen. Handelt es sich aber um die Anzahl *aller* zweifachen Ordnungstypen (der reinen und der gemischten) bei gegebener Kardinalzahl m, welche wir mit $\Psi(m)$ bezeichnen wollen, so kann derselbe Weg eingeschlagen werden wie für die Berechnung von $\Phi(m)$.

Das Gleichungssystem (5) wird jetzt so aufzulösen sein, daß die Unbekannten $k_{\mu,\nu}$ nicht bloß die Werte 0 und 1, sondern beliebige nicht negative ganzzahlige Werte annehmen dürfen.

An die Stelle der Funktion $\varphi(g_1, g_2, \ldots, g_s, t)$ tritt hier eine andere, die wir $\psi(g_1, g_2, \ldots, g_s, t)$ nennen wollen und welche durch die Gleichung definiert ist:

$$\psi(g_1, g_2, \ldots, g_s, t) = \binom{t+g_1-1}{g_1} \cdot \binom{t+g_2-1}{g_2} \cdots \binom{t+g_s-1}{g_s}. \tag{19}$$

Versteht man daher unter $E(m, t)$ folgende Funktion:

$$E(m, t) = \sum_{\substack{g_1+g_2+\cdots+g_s=m \\ s=1,2,\ldots,m}} \psi(g_1, g_2, \ldots g_s, t). \tag{20}$$

so hat man:

$$\Psi(m) = \sum_{t=1,2,\ldots,m} (-1)^{m-t} C(m, t) E(m, t). \tag{21}$$

Es besteht aber auch ein einfacher Zusammenhang zwischen $\Phi(m)$ und $\Psi(m)$, der durch Zurückgehen auf die Bedeutung dieser Anzahlen direkt geschlossen wird, in Gestalt folgender Gleichungen:

$$\Psi(m) = \Phi(m) + \binom{m-1}{1}\Phi(m-1) + \binom{m-1}{2}\Phi(m-2) + \cdots + \binom{m-1}{m-2}\Phi(2) + \Phi(1), \tag{22}$$

$$\Phi(m) = \Psi(m) - \binom{m-1}{1}\Psi(m-1) + \binom{m-1}{2}\Psi(m-2) + \cdots + (-1)^{m-2}\binom{m-1}{m-2}\Psi(2) + (-1)^{m-1}\Psi(1). \tag{23}$$

Aus (22) erhält man mit Hilfe der gefundenen Werte von $\Phi(m)$:

$$\Psi(1) = 1; \quad \Psi(2) = 5; \quad \Psi(3) = 33; \quad \Psi(4) = 281;$$
$$\Psi(5) = 2961; \quad \Psi(6) = 37277.$$

14. Das Verfahren, durch welches wir die Anzahlen $\Phi(m)$ und $\Psi(m)$ der *zweifachen* Ordnungstypen in Nr. 13 bestimmt haben, läßt sich auch auf ein beliebiges n übertragen.

Es werde mit $\Phi(m, n)$ die Anzahl der *reinen*, mit $\Psi(m, n)$ die Anzahl der *reinen und gemischten* n-fachen Ordnungstypen von der Kardinalzahl m bezeichnet.

In einem n-fachen Typus α sind die Einsen nach n verschiedenen voneinander unabhängigen Richtungen, welche von uns als $1^{\text{te}}, 2^{\text{te}}, \ldots, \nu^{\text{te}}, \ldots, n^{\text{te}}$ Richtung unterschieden werden, geordnet.

Wir bezeichnen mit s_ν die Anzahl der verschiedenen in α vorkommenden *Rangstufen* nach der ν^{ten} Richtung.

$g_{\nu,\mu}$ sei die Anzahl der verschiedenen Einsen in α, welche den μ^{ten} Rang nach der ν^{ten} Richtung einnehmen; es erhält daher der Index μ die Werte $1, 2, 3, \ldots, s_\nu$.

Alle s_ν und $g_{\nu,\mu}$ sind *positive* ganze Zahlen $\leqq m$ und man hat für *jedes bestimmte* $\nu = 1, 2, 3, \ldots, n$

$$\sum_{\mu=1,2,\ldots,s_\nu} g_{\nu,\mu} = m. \tag{24}$$

Unter der *Charakteristik* des Typus α verstehen wir ein System von $s_1, s_2, \ldots, s_n$ Zahlen

$$(k_{\lambda_1,\lambda_2,\ldots,\lambda_n}), \tag{25}$$

wo der Index λ_ν die Werte $1, 2, 3, \ldots, s_\nu$ anzunehmen hat, und zwar hat $k_{\lambda_1,\lambda_2,\ldots,\lambda_n}$ die Bedeutung der Anzahl aller in α vorkommenden Einsen, welche nach der ersten Richtung den λ_1^{ten}, nach der zweiten Richtung den λ_2^{ten}, u. s. w., nach der n^{ten} Richtung den λ_n^{ten} Rang einnehmen; falls solche Einsen in α nicht existieren, soll $k_{\lambda_1,\lambda_2,\ldots,\lambda_n}$ den Wert Null haben. Ist α ein *reiner* Typus, so kommen den Größen k nur die Werte 0 und 1 zu.

Aus der Bedeutung der Größen k und g folgen unmittelbar die Gleichungen:

$$\sum_{\substack{\lambda_1=1,2,\ldots,s_1\\ \lambda_2=1,2,\ldots,s_2\\ \cdots\cdots\cdots\\ \lambda_n=1,2,\ldots,s_n}} k_{\lambda_1,\lambda_2,\ldots,\lambda_n} = m \tag{26}$$

und

$$\sum k_{\lambda_1,\lambda_2,\ldots,\lambda_\nu,\ldots,\lambda_n} = g_{\nu,\lambda_\nu}, \tag{27}$$

wo die Summierung sich über alle Werte der Indizes $\lambda_1, \ldots, \lambda_n$ zu erstrecken hat, *mit Ausnahme* des Index λ_ν, der bei der Summation einen *konstanten Wert* der Reihe $1, 2, 3, \ldots, s_\nu$ behält.

Das System (25) von *nicht negativen* ganzen Zahlen $k_{\lambda_1,\lambda_2,\ldots,\lambda_n}$ bildet *dann und nur dann* die Charakteristik eines bestimmten n-fachen Typus α, wenn die aus ihnen nach (26) und (27) resultierenden Summen $m, g_{\nu,\mu}$ *von Null verschiedene positive* ganze Zahlen sind.

In der nun folgenden Betrachtung spielt die *erste* der n Ordnungsrichtungen eine bevorzugte Rolle, und wir wollen daher für die sich auf sie beziehenden Größen einfachere Bezeichnungen einführen. Wir setzen:

$$s_1 = s,\ g_{1,1} = g_1,\ g_{1,2} = g_2, \ldots, g_{1,s} = g_s.$$

Es sei $\varphi'(g_1, g_2, \ldots, g_s, s_2, s_3, \ldots, s_n)$ die Anzahl der *reinen* n-fachen Typen, für welche die Größen $s, s_2, \ldots, s_n$ bestimmte positive ganzzahlige Werte $\leqq m$ und ebenso $g_1, g_2, \ldots, g_s$ bestimmte der Gleichung

$$g_1 + g_2 + \cdots + g_s = m$$

genügende positive ganzzahlige Werte haben.

Man hat alsdann:

$$\Phi(m, n) = \sum_{\substack{g_1+g_2+\cdots+g_s=m\\ s=1,2,\ldots,m\\ s_2=1,2,\ldots,m\\ \cdots\cdots\cdots\\ s_n=1,2,\ldots,m}} \varphi'(g_1, g_2, \ldots, g_s, s_2, s_3, \ldots, s_n). \tag{28}$$

Die Funktion φ' läßt sich nun, wie die in Nr. 13 mit demselben Zeichen vorkommende, auf die durch Formel (8) definierte Funktion $\varphi(g_1, g_2, \ldots, g_s, t)$ zurückführen; setzen wir die Bezeichnungen

$$s_2 = t_1, \; s_3 = t_2, \ldots, s_n = t_{n-1}$$

fest, so besteht die Gleichung:

$$\varphi'(g_1, g_2, \ldots, g_s, t_1, t_2, \ldots, t_{n-1})$$
$$= \sum_{\substack{\mu_1=0,1,\ldots,t_1\\ \mu_2=0,1,\ldots,t_2\\ \mu_{n-1}=0,1,\ldots,t_{n-1}}} (-1)^{\mu_1+\mu_2+\cdots+\mu_{n-1}} \binom{t_1}{\mu_1}\cdot\binom{t_2}{\mu_2}\cdots\binom{t_{n-1}}{\mu_{n-1}}\varphi(g_1, g_2, \ldots, g_s, t). \quad (29)$$

In dieser Summe hat der Buchstabe t die Bedeutung

$$t = (t_1 - \mu_1)(t_2 - \mu_2)\ldots(t_{n-1} - \mu_{n-1}).$$

Wird dieser Wert in (28) eingesetzt, so erhält man, wenn $t_1', t_2', \ldots, t_{n-1}'$ an Stelle von $t_1, t_2, \ldots, t_{n-1}, t'$ an Stelle von t gesetzt werden:

$$\Phi(m, n) = \sum_{\substack{\mu_1=0,1,\ldots,t_1'\\ \mu_2=0,1,\ldots,t_2'\\ \cdots\cdots\cdots\\ \mu_{n-1}=0,1,\ldots,t_{n-1}'}} (-1)^{\mu_1+\mu_2+\cdots+\mu_{n-1}} \sum_{\substack{g_1+g_2+\cdots+g_s=m\\ s=1,2,\ldots,m\\ t_1'=1,2,\ldots,m\\ t_{n-1}'=1,2,\ldots,m}} \binom{t_1'}{\mu_1}\binom{t_2'}{\mu_2}\cdots\binom{t_{n-1}'}{\mu_{n-1}}\varphi(g_1, g_2, \ldots, g_s, t').$$

Es ist hier

$$t' = (t_1' - \mu_1)(t_2' - \mu_2)\ldots(t_{n-1}' - \mu_{n-1}).$$

Fassen wir diejenigen Glieder zusammen, in welchen $t_1' - \mu_1, t_2' - \mu_2, \ldots, t_{n-1}' - \mu_{n-1}$ entsprechend die bestimmten Werte $t_1, t_2, \ldots, t_{n-1}$ haben, so erhält der Koeffizient von $\varphi(g_1, g_2, \ldots, g_s, (t_1 \cdot t_2 \cdot \ldots \cdot t_{n-1}))$ den Wert

$$(-1)^{m(n-1)-t_1-t_2-\cdots-t_{n-1}} C(m, t_1)\, C(m, t_2)\ldots C(m, t_{n-1}).$$

Führen wir daher die folgende Funktion ein:

$$C(m, n, t)$$
$$= \sum_{t_1, t_2, \ldots, t_{n-1}=1} (-1)^{m(n-1)-t_1-t_2-\cdots-t_{n-1}} C(m, t_1)\, C(m, t_2)\ldots C(m, t_{n-1}), \quad (30)$$

wo $t_1, t_2, \ldots, t_{n-1}$ alle positiven ganzzahligen Wertsysteme anzunehmen haben, bei denen die Gleichung

$$t_1 \cdot t_2 \cdot \ldots, t_{n-1} = t \quad (31)$$

mit den Nebenbedingungen

$$t_1 \leqq m, \; t_2 \leqq m, \ldots, t_{n-1} \leqq m \quad (32)$$

erfüllt ist, so ergibt sich ohne weiteres die Formel:

$$\Phi(m, n) = \sum_{t=1,2,3,\ldots,m^{n-1}} C(m, n, t) \cdot D(m, t). \quad (33)$$

Für den Fall $n = 2$ ist $C(m, 2, t) = (-1)^{m-t}\, C(m, t)$ und es geht die Formel (32) in die Formel (13) für $\Phi(m)$ über.

Ebenso findet man:

$$\Psi(m, n) = \sum_{t=1,2,3,\ldots,m^{n-1}} C(m, n, t) \cdot E(m, t). \tag{34}$$

Auch bestehen zwischen $\Phi(m, n)$ und $\Psi(m, n)$ die Gleichungen:

$$\Psi(m, n) = \Phi(m, n) + \binom{m-1}{1}\Phi(m-1, n) + \binom{m-1}{2}\Phi(m-2, n) + \cdots + \binom{m-1}{m-2}\Phi(2, n) + \Phi(1, n), \tag{35}$$

$$\Phi(m, n) = \Psi(m, n) - \binom{m-1}{1}\Psi(m-1, n) + \binom{m-1}{2}\Psi(m-2, n) - \cdots - (-1)^{m-2}\binom{m-1}{m-2}\Psi(2, n) + (-1)^{m-1}\Psi(1, n). \tag{36}$$

[Anmerkungen.]

Dieser Aufsatz ist in seiner ersten Hälfte eine Fortsetzung des vorangehenden IV 3 und bestimmt, die Cantorsche Auffassung des Aktual-Unendlichen gegen philosophische und theologische Einwände zu verteidigen. Die zweite Hälfte dagegen (S. 420ff.) bringt eine ausführliche, rein mathematische Theorie der Ordnungstypen „mehrfach geordneter Mengen", insbesondere der endlichen. Augenscheinlich hat Cantor eine Anwendung dieser Ordnungstypen, vielleicht auf physikalische Theorien der Materie und des Äthers vorgeschwebt. Ob sich diese speziellen Untersuchungen später noch einmal als fruchtbar erweisen werden, steht dahin.

[1] zu S. 408. Die Nicht-Existenz „aktual-unendlichkleiner Größen" läßt sich ebensowenig beweisen, wie die Nicht-Existenz der Cantorschen Transfiniten, und der Fehlschluß ist in beiden Fällen ganz der nämliche, indem den neuen Größen gewisse Eigenschaften der gewöhnlichen „endlichen" zugeschrieben werden, die ihnen nicht zukommen können. Es handelt sich hier um die sogenannten „*nicht-archimedischen*" Zahlensysteme bzw. Körper, deren Existenz heute als einwandfrei nachgewiesen betrachtet werden kann. Vgl. Van der Waerden, Moderne Algebra, Kap. X. In einem nicht-archimedisch geordneten Körper, in welchem z. B. $n\zeta < 1$ ist für jedes endliche ganzzahlige n, existiert auch keine „obere Grenze" γ dieser Größen $n\zeta$, die mit $\omega\zeta$ bezeichnet werden könnte, weil das Intervall $(\gamma - \zeta, \gamma)$ höchstens *eine* Größe $n\zeta$ enthalten könnte, und die Multiplikation mit weiteren Transfiniten $\alpha > \omega$ wird gegenstandslos. Mit dem „Archimedischen Axiom" fällt eben gleichzeitig auch das „Stetigkeitsaxiom", wie z. B. in D. Hilberts „Grundlagen der Geometrie" hervorgehoben wird. Ob ein Satz ein „Axiom" ist oder nicht, hängt nicht von seinem Inhalte ab, sondern vom Aufbau des ganzen Systems, von den das System definierenden Grundeigenschaften oder Axiomen. Indem Cantor das *Stetigkeitsaxiom* als gültig voraussetzt, schließt er in der Tat alle nicht-archimedischen Zahlensysteme aus, beweist aber nichts gegen die Existenz solcher „geordneten Körper", in welchen *weder* das archimedische *noch* das Stetigkeitsaxiom gilt.

5. Die Grundlagen der Arithmetik.

(Rezension der Schrift von G. Frege, „Die Grundlagen der Arithmetik“, Breslau 1884.)

[Deutsche Literaturzeitung, VI. Jahrg. S. 728—729. Berlin 1885.]

Der Zweck dieses Schriftchens, die Grundlagen der Arithmetik einer erneuten Untersuchung zu unterwerfen, ist ein löblicher, denn es unterliegt keinem Zweifel, daß dieser Zweig der Mathematik, welcher allen anderen mathematischen Disziplinen zur Basis dient, eine weit tiefere Erforschung seiner Grundbegriffe und Methoden verlangt, als sie ihm bisher im allgemeinen zu Teil geworden ist. Auch muß anerkannt werden, daß der Verf. den richtigen Gesichtspunkt erfaßt hat, indem er die Forderung aufstellt, daß sowohl die räumliche wie die zeitliche Anschauung und ebenso alle psychologischen Momente von den arithmetischen Begriffen und Grundsätzen ferngehalten werden müssen, weil nur auf diesem Wege ihre streng logische Reinheit und damit die Berechtigung gewonnen werden kann, das Hilfsmittel der Arithmetik auf die anschaulichen Erkenntnisobjekte anzuwenden. Den weitaus größten Raum widmet der Verf. einer von diesem Gesichtspunkt aus unternommenen kritischen Beleuchtung von bisherigen, auf die Begründung der Arithmetik hinzielenden Versuchen; die Ausstellungen, welche er den bezüglichen Lehren Kants, Stuart Mills und anderer entgegensetzt, sind meist zutreffend und können der Beachtung empfohlen werden. Weniger erfolgreich dagegen scheint mir sein eigener Versuch zu sein, den Zahlbegriff streng zu begründen. Der Verf. kommt nämlich auf den unglücklichen Gedanken — und es scheint, daß er dabei einer Andeutung Ueberwegs in dessen „System der Logik“ § 53 gefolgt ist — dasjenige, was in der Schullogik der „Umfang eines Begriffes“ genannt wird, zur Grundlage des Zahlbegriffs zu nehmen; er übersieht ganz, daß der „Umfang eines Begriffs“ quantitativ im allgemeinen etwas völlig Unbestimmtes ist; nur in gewissen Fällen ist der „Umfang eines Begriffs“ quantitativ bestimmt, dann kommt ihm allerdings, wenn er endlich ist, eine bestimmte Zahl und, falls er unendlich ist, eine bestimmte Mächtigkeit zu. Für eine derartige quantitative Bestimmung des „Umfangs eines Begriffs“ müssen aber die Begriffe „Zahl“ und „Mächtigkeit“ vorher von anderer Seite her bereits gegeben sein, und es ist eine *Verkehrung des Richtigen*, wenn man unternimmt, die letzteren Begriffe auf den Begriff „Umfang eines Begriffs“ zu gründen. Wenn dem Verf. diese Sachlage entgangen ist, so muß dies wohl dem Umstand zugeschrieben werden, daß sein prinzipieller Irrtum allerdings ziemlich versteckt in der Umhüllung seiner äußerst subtilen Distinktionen verborgen liegt. Ich halte es daher auch nicht für zutreffend, wenn der Verf. in § 85 die Meinung ausspricht, dasjenige, was ich „Mächtigkeit“ nenne, stimme mit dem überein, was er „Anzahl“ nennt. Ich nenne „Mächtigkeit eines Inbegriffs oder einer Menge von Elementen“ (wobei letztere gleich- oder ungleichartig, einfach oder zusammengesetzt sein können) denjenigen Allgemeinbegriff, unter welchen alle Mengen, welche der gegebenen Menge äquivalent sind, und nur diese fallen. Zwei Mengen werden hierbei „äquivalent“ genannt, wenn sie sich gegenseitig eindeutig, Element für Element, einander zuordnen lassen. Ein anderes ist es, was ich „Anzahl“ oder „Ordnungszahl“ nenne; ich schreibe sie nur „wohlgeordneten Mengen“ zu, und zwar verstehe ich unter der „Anzahl oder Ordnungszahl einer wohlgeordneten Menge“ denjenigen Allgemeinbegriff, unter welchen alle wohlgeordneten Mengen, welche der gegebenen *ähnlich* sind, und nur diese fallen. „Ähnlich“ nenne ich zwei wohlgeordnete Mengen, wenn sie sich gegenseitig eindeutig, Element für Element, unter Wahrung der gegebenen Elementenfolge auf beiden Seiten, aufeinander abbilden lassen. Bei *endlichen* Mengen fallen die beiden Momente „Mächtigkeit“ und „Anzahl“ gewissermaßen zusammen, weil eine endliche Menge in jeder Anordnung ihrer Elemente als „wohlgeordnete Menge“ eine und dieselbe Ordnungszahl hat; dagegen tritt bei *unendlichen* Mengen der Unterschied von „Mächtigkeit“ und „Ordnungszahl“ aufs stärkste zutage, wie dies in meinem Schriftchen „Grundlagen einer allgemeinen Mannigfaltigkeitslehre“, Leipzig 1883, deutlich gezeigt worden ist.

Was der Verf. gegen meinen Gebrauch des Wortes „Anzahl“ sagt, erscheint wenig begründet: er beruft sich auf den populären Sprachgebrauch, der bei Fixierung wissenschaftlicher Begriffe überhaupt nicht maßgebend sein darf, im vorliegenden Falle aber, wo er sich doch wohl nur auf *endliche* Mengen bezieht, durch die bei mir vollzogene Verschärfung des Anzahlbegriffs kaum verletzt sein dürfte.

[Anmerkung.]

Der Fregeschen Schrift, die heute immer mehr anerkannt wird und wenigstens nach der Meinung des Herausgebers vielleicht das beste und klarste darstellt, was über ihren Gegenstand, den Anzahlbegriff, bisher überhaupt erschienen ist, wird Cantor in seiner Rezension doch nur teilweise gerecht. In der Tat versteht Frege unter „Anzahl“ genau das gleiche, was Cantor mit „Kardinalzahl“ bezeichnet, nämlich die Invariante, das, was allen unter sich äquivalenten (Frege sagt „gleichzahligen“) Mengen (Frege sagt „Begriffen“) gemeinsam ist. Nur identifiziert Frege diese Klasseninvariante mit dem „Umfange des Begriffes: gleichzahlig mit dem Begriff F“. Dieser Begriffsumfang ist aber nichts anderes als eine logische „Klasse“, eben die Klasse der zu F äquivalenten „Mengen“ oder „Begriffe“ F. Er braucht also keineswegs „quantitativ bestimmbar“ zu sein, denn nicht ihm, sondern dem Begriffe F selbst soll das Prädikat der „Anzahl“

zukommen. Die Einführung des „Begriffsumfanges“ mag gewiß, wie Frege selbst zugibt, seine Nachteile und Bedenken haben, aber sie ist im Grunde unwesentlich, und Cantors Kritik scheint hier auf einem Mißverständnis zu beruhen. Andererseits war Cantor gewiß berechtigt, für *transfinite* Mengen, die Frege gar nicht in Betracht zieht, *seinen* Begriff der „Anzahl“ als eines Ordnungstypus einzuführen. Uns Heutigen kann es nur auffallend und bedauerlich erscheinen, daß die beiden Zeitgenossen, der große Mathematiker und der verdienstvolle Logiker, wie diese Rezension beweist, sich untereinander so wenig verstanden haben.

Anhang.

Aus dem Briefwechsel zwischen Cantor und Dedekind.

1. Cantor an Dedekind.

Halle, 28. Juli 1899.

... Sie wissen, daß ich schon vor vielen Jahren zu einer wohlgeordneten Folge von Mächtigkeiten oder transfiniten Kardinalzahlen gelangt bin, die ich die „Alefs" nenne:

$$\aleph_0, \aleph_1, \aleph_2 \ldots \aleph_{\omega_0}, \ldots .$$

$\aleph_0$ bedeutet die Mächtigkeit der im gebräuchlichen Sinne „abzählbaren" Mengen, $\aleph_1$ ist die nächstgrößere Kardinalzahl,

$\aleph_2$ die dann nächstgrößere usf.; $\aleph_{\omega_0}$ ist die auf alle $\aleph_\nu$ nächstfolgende (d. h. nächstgrößere) und gleich

$$\lim_{\nu \to \omega_0} \aleph_\nu,$$

usw.

Die große Frage war, ob es außer den Alefs noch andere Mächtigkeiten von Mengen gibt; schon seit zwei Jahren bin ich im Besitz eines Beweises dafür, daß es keine anderen gibt, so daß z. B. dem arithmetischen Linearkontinuum (der Gesamtheit aller reeller Zahlen) ein bestimmtes Alef als Kardinalzahl zukommt.

Gehen wir von dem Begriff einer bestimmten Vielheit (eines Systems, eines Inbegriffs) von Dingen aus, so hat sich mir die Notwendigkeit herausgestellt, zweierlei Vielheiten (ich meine immer *bestimmte* Vielheiten) zu unterscheiden.

Eine Vielheit kann nämlich so beschaffen sein, daß die Annahme eines „Zusammenseins" *aller* ihrer Elemente auf einen Widerspruch führt, so daß es unmöglich ist, die Vielheit als eine Einheit, als „ein fertiges Ding" aufzufassen. Solche Vielheiten nenne ich *absolut unendliche* oder *inkonsistente Vielheiten.*

Wie man sich leicht überzeugt, ist z. B. der „Inbegriff alles Denkbaren" eine solche Vielheit; später werden sich noch andere Beispiele darbieten.

Wenn hingegen die Gesamtheit der Elemente einer Vielheit ohne Widerspruch als „zusammenseiend" gedacht werden kann, so daß ihr Zusammengefaßtwerden zu „*einem* Ding" möglich ist, nenne ich sie eine *konsistente Vielheit* oder eine „Menge". (Im Französischen u. Italienischen wird dieser

Begriff durch die Worte „ensemble“ und „insieme“ treffend zum Ausdruck gebracht).

Zwei äquivalente Vielheiten sind entweder beide „Mengen‘, oder beide inkonsistent.

Jede Teilvielheit einer Menge ist eine Menge.

Jede Menge von Mengen ist, wenn man die letzteren in ihre Elemente auflöst, auch eine Menge.

Liegt eine Menge M vor, so nenne ich den Allgemeinbegriff, welcher ihr und nur noch allen ihr äquivalenten Mengen zukommt, ihre *Kardinalzahl* oder auch ihre *Mächtigkeit* und bezeichne sie mit $\mathfrak{m}$. Zu dem System aller Mächtigkeiten, von dem sich später herausstellen wird, daß es eine *inkonsistente* Vielheit ist, komme ich nun auf folgendem Wege.

Eine Vielheit heißt „einfach geordnet“, wenn zwischen ihren Elementen eine Rangordnung derart besteht, daß von je zweien ihrer Elemente eins das frühere, das andre das spätere ist, und daß von je dreien ihrer Elemente eines das frühste, ein anderes das mittlere und das übrig bleibende das dem Range nach letzte unter ihnen ist.

Ist die einfach geordnete Vielheit eine *Menge*, so verstehe ich unter ihrem *Typus* μ den Allgemeinbegriff, unter welchem sie sowohl, wie auch nur noch alle ihr *ähnlichen* geordneten Mengen stehen. (Der Begriff *Ähnlichkeit* ist in einem eingeschränkteren Sinne von mir gebraucht, als es bei Ihnen geschieht; ich nenne zwei einfach geordnete Vielheiten *ähnlich*, wenn sie eineindeutig so aufeinander bezogen werden können, daß das Rangverhältnis entsprechender Elemente bei beiden dasselbe ist.)

Eine Vielheit heißt *wohlgeordnet*, wenn sie die Bedingung erfüllt, daß jede *Teilvielheit* ein *erstes* Element hat; eine solche Vielheit nenne ich kurz eine „Folge“.

Jeder Teil einer „Folge“ ist eine „Folge“.

Hat nun eine Folge F den Mengencharakter, so nenne ich den Typus von F ihre „*Ordnungszahl*“ oder kürzer ihre „*Zahl*“; so daß, wenn ich im folgenden von Zahlen schlechthin spreche, ich nur Ordnungszahlen, d. h. Typen wohlgeordneter Mengen im Sinne haben werde.

Ich fasse nun das System *aller Zahlen* ins Auge und bezeichne es mit Ω.

In den Math. Annalen Bd. 49 S. 216 [hier III 9, S. 320] ist bewiesen, daß von zwei verschiedenen Zahlen α und β immer die eine die kleinere, die andere die größere ist und daß, wenn von drei Zahlen $\alpha < \beta$, $\beta < \gamma$, dann auch $\alpha < \gamma$.

Ω ist also ein einfach geordnetes System.

Aber aus den im § 13 über wohlgeordnete Mengen bewiesenen Sätzen folgt auch leicht, daß jede Vielheit von Zahlen, d. h. jeder Teil von Ω eine *kleinste* Zahl enthält.

Das System Ω bildet daher in seiner natürlichen Größenordnung eine „Folge".

Fügen wir zu dieser Folge noch als Element die 0, und zwar setzen wir sie an die erste Stelle, so erhalten wir eine Folge Ω':

$$0, 1, 2, 3, \ldots \omega_0, \quad \omega_0 + 1, \ldots, \quad \gamma, \ldots,$$

von welcher man sich leicht überzeugt, daß *jede* in ihr vorkommende Zahl γ *Typus* der *Folge aller ihr vorangehenden Elemente* (mit Einschluß der 0) ist. (Die Folge Ω hat diese Eigenschaft erst für $\omega_0 + 1$).

Es kann Ω' (und daher auch Ω) *keine konsistente* Vielheit sein; wäre Ω' konsistent, so würde ihr als einer wohlgeordneten Menge eine Zahl δ zukommen, die größer wäre als alle Zahlen des Systems Ω; im System Ω kommt aber, weil es *alle* Zahlen umfaßt, auch die Zahl δ vor; es wäre also δ größer als δ, was ein Widerspruch ist. Also:

A. *Das System Ω aller Zahlen ist eine inkonsistente, eine absolut unendliche Vielheit.*

Da die *Ähnlichkeit* wohlgeordneter Mengen zugleich ihre *Äquivalenz* begründet, so gehört zu jeder Zahl γ eine bestimmte Kardinalzahl $\aleph(\gamma) = \bar{\gamma}$, nämlich die Kardinalzahl der wohlgeordneten Mengen, deren Typus γ ist.

Die Kardinalzahlen, welche den *transfiniten* Zahlen des Systems Ω in diesem Sinne zukommen, nenne ich „Alefs", und das *System aller Alefs* heiße ת (*Taw*, letzter Buchstabe des hebräischen Alphabets).

Das System aller Zahlen γ, welche zu einer und derselben Kardinalzahl $\mathfrak{c}$ gehören, nenne ich eine „*Zahlenklasse*", und zwar die Zahlenklasse $Z(\mathfrak{c})$. Man sieht leicht, daß in jeder Zahlenklasse eine kleinste Zahl γ_0 vorhanden ist, und daß es eine außerhalb von $Z(\mathfrak{c})$ fallende Zahl γ_1 gibt, so daß die Bedingung

$$\gamma_0 \leqq \gamma < \gamma_1$$

gleichbedeutend ist mit der Zugehörigkeit der Zahl γ zur Zahlenklasse $Z(\mathfrak{c})$. Jede Zahlenklasse ist also ein bestimmter „Ausschnitt" der Folge Ω*.

Gewisse Zahlen des Systems Ω bilden jede *einzeln für sich* eine Zahlenklasse, es sind die „*endlichen*" Zahlen $1, 2, 3, \ldots, \nu, \ldots$, denen die verschiedenen „endlichen" Kardinalzahlen $\bar{1}, \bar{2}, \bar{3}, \ldots, \bar{\nu}, \ldots$ zukommen.

ω_0 sei die kleinste transfinite Zahl, das ihr zukommende Alef nenne ich $\aleph_0$, so daß

$$\aleph_0 = \bar{\omega}_0;$$

$\aleph_0$ ist das *kleinste* Alef und bestimmt die Zahlenklasse

$$Z(\aleph_0) = \Omega_0.$$

---

* Hier wird immerzu der schon [S. 444] erwähnte Satz gebraucht, daß *jeder* Inbegriff von Zahlen, also *jede* Teilvielheit von Ω ein *Minimum*, eine *kleinste Zahl* hat.

Die Zahlen α von $Z(\aleph_0)$ erfüllen die Bedingung

$$\omega_0 \leq \alpha < \omega_1$$

und sind dadurch charakterisiert; hier ist ω_1 die kleinste transfinite Zahl, deren Kardinalzahl nicht gleich $\aleph_0$ ist. Wird

$$\overline{\overline{\omega}}_1 = \aleph_1$$

gesetzt, so ist nicht nur $\aleph_1$ von $\aleph_0$ verschieden, sondern es ist das nächstgrößere Alef, denn man kann beweisen, daß es überhaupt keine Kardinalzahl gibt, die zwischen $\aleph_0$ und $\aleph_1$ wäre. So erhält man die sich unmittelbar an Ω_0 anschließende Zahlenklasse $\Omega_1 = Z(\aleph_1)$. Sie umfaßt alle Zahlen β, welche die Bedingung erfüllen

$$\omega_1 \leq \beta < \omega_2;$$

hier ist ω_2 die kleinste transfinite Zahl, deren Kardinalzahl verschieden ist von $\aleph_0$ und $\aleph_1$.

$\aleph_2$ ist das dem $\aleph_1$ nächstgrößere Alef und bestimmt die auf Ω_1 unmittelbar folgende Zahlenklasse $\Omega_2 = Z(\aleph_2)$, bestehend aus allen Zahlen γ, die $\geq \omega_2$ und $< \omega_3$, wo ω_3 die kleinste transfinite Zahl ist, deren Kardinalzahl verschieden ist von $\aleph_0$, $\aleph_1$ und $\aleph_2$ usw. Ich hebe noch hervor:

$$\overline{\overline{\Omega}}_0 = \aleph_1, \qquad \overline{\overline{\Omega}}_1 = \aleph_2 \ldots \overline{\overline{\Omega}}_\nu = \aleph_{\nu+1},$$

$$\sum_{\nu' = 0,\,1,\,2 \ldots \nu} \aleph_{\nu'} = \aleph_\nu,$$

was alles leicht zu beweisen ist.

Von den transfiniten Zahlen des Systems Ω, denen keines der $\aleph_\nu$ [mit endlichem ν] als Kardinalzahl zukommt, ist wieder eine kleinste vorhanden, die wir ω_{ω_0} nennen, und wir erhalten mit ihr ein neues Alef

$$\aleph_{\omega_0} = \overline{\overline{\omega}}_{\omega_0},$$

welches auch durch die Gleichung

$$\aleph_{\omega_0} = \sum_{\nu = 0,\,1,\,2 \ldots} \aleph_\nu$$

definierbar ist und das man als die den sämtlichen $\aleph_\nu$ *nächstgrößere* Kardinalzahl erkennt.

Man überzeugt sich, daß dieser Bildungsprozeß der Alefs und der ihnen entsprechenden Zahlenklassen des Systems Ω *absolut* grenzenlos ist.

B. *Das System* ת *aller Alefs*

$$\aleph_0, \aleph_1, \ldots \aleph_{\omega_0}, \aleph_{\omega_0+1}, \ldots \aleph_{\omega_1}, \ldots$$

bildet in ihrer Größenordnung eine dem System Ω ähnliche und daher ebenfalls inkonsistente absolut unendliche Folge.

Es erhebt sich nun die Frage, ob in diesem System ת *alle transfiniten Kardinalzahlen* enthalten sind. Gibt es, mit anderen Worten, eine *Menge*, deren Mächtigkeit *kein Alef* ist?

Diese Frage ist zu *verneinen* und der Grund dafür liegt in der von uns erkannten *Inkonsistenz* der Systeme Ω und ת.

Beweis. Nehmen wir eine bestimmte Vielheit V und setzen voraus, daß ihr *kein Alef als Kardinalzahl* zukommt, so schließen wir, daß V *inkonsistent* sein muß.

Denn man erkennt leicht [1], daß unter der gemachten Voraussetzung das ganze System Ω in die Vielheit V hineinprojizierbar ist, d. h. daß eine Teilvielheit V' von V existieren muß, die dem System Ω äquivalent ist.

V' ist *inkonsistent*, weil Ω es ist, es muß also auch dasselbe von V behauptet werden. [Vgl. S. 444 oben.]

Mithin muß jede transfinite *konsistente Vielheit*, jede transfinite Menge ein *bestimmtes Alef* als Kardinalzahl haben. Also

C. *Das System* ת *aller Alefs ist nichts anderes als das System aller transfiniten Kardinalzahlen.*

Alle Mengen sind daher in einem *erweiterten Sinne* „*abzählbar*", im besonderen alle „*Kontinua*".

Wir erkennen ferner aus C die Richtigkeit des Math. Annalen Bd. 46 [hier III 9, § 2, S. 285] ausgesprochenen Satzes:

„Sind $\mathfrak{a}$ und $\mathfrak{b}$ beliebige Kardinalzahlen, so ist entweder $\mathfrak{a} = \mathfrak{b}$ oder $\mathfrak{a} < \mathfrak{b}$ oder $\mathfrak{a} > \mathfrak{b}$."

Denn die *Alefs* haben, wie wir gesehen, diesen Größencharakter.

2. Cantor an Dedekind.

Hahnenklee, 28. Aug. 1899.

... Man muß die Frage aufwerfen, woher ich denn wisse, daß die wohlgeordneten Vielheiten oder Folgen, denen ich die Kardinalzahlen

$$\aleph_0, \aleph_1, \ldots, \aleph_{\omega_0}, \ldots \aleph_{\omega_1}, \ldots$$

zuschreibe, auch wirklich „Mengen" in dem erklärten Sinne des Wortes, d. h. „konsistente Vielheiten" seien. Wäre es nicht denkbar, daß schon *diese* Vielheiten „inkonsistent" seien, und daß der Widerspruch der Annahme eines „Zusammenseins aller ihrer Elemente" sich *nur noch nicht bemerkbar* gemacht hätte? Meine Antwort hierauf ist, daß diese Frage auf *endliche Vielheiten ebenfalls auszudehnen* ist und daß eine genaue Erwägung zu dem Resultate führt: sogar für endliche Vielheiten ist ein „Beweis" für ihre „Konsistenz" *nicht* zu führen. Mit anderen Worten: Die Tatsache der „Konsistenz" endlicher Vielheiten ist eine einfache, unbeweisbare Wahrheit, es ist „*Das Axiom* der Arithmetik" (im alten Sinne des Wortes). Und ebenso ist die „Konsistenz" der Vielheiten, denen ich die Alefs als Kardinalzahlen zuspreche „das Axiom der erweiterten transfiniten Arithmetik".

3. Cantor an Dedekind.

Hahnenklee, 31. Aug. 1899.

... Äquivalente „Mengen" wollen wir einer und derselben Mächtigkeits*klasse* zuweisen, nichtäquivalente Mengen verschiedenen Klassen, und wir betrachten das System

S aller denkbaren Klassen.

Unter $\mathfrak{a}$ verstehe ich gleichzeitig die Kardinalzahl oder Mächtigkeit der Mengen der betreffenden Klasse, welche ja für alle diese Mengen eine und dieselbe ist.

$M_{\mathfrak{a}}$ sei irgendeine bestimmte Menge der Klasse $\mathfrak{a}$.

Ich behaupte, daß das völlig bestimmte wohldefinierte System S *keine* „*Menge*" ist.

Beweis. Wäre S eine Menge, so würde auch

$$T = \sum M_{\mathfrak{a}},$$

diese Summe ausgeführt über alle Klassen $\mathfrak{a}$, eine *Menge* sein; es würde also T zu einer bestimmten Klasse, wir wollen sagen zu der Klasse $\mathfrak{a}_0$ gehören.

Nun aber besteht folgender Satz:

„Ist M irgendeine Menge von der Kardinalzahl $\mathfrak{a}$, so läßt sich aus ihr stets eine andere Menge M' ableiten, deren Kardinalzahl $\mathfrak{a}'$ größer ist als $\mathfrak{a}$."

Ich habe diesen Satz für die uns am nächsten liegenden Fälle, daß $\mathfrak{a}$ gleich $\aleph_0$ (Abzählbarkeit im gewöhnlichen Sinne des Wortes) und gleich $\mathfrak{c}$ ist, wo $\mathfrak{c}$ die Mächtigkeit des arithmetischen Kontinuums bedeutet, durch ein *gleichmäßiges Verfahren* in dem *ersten* Bande der Berichte der „Deutschen Mathematikervereinigung" [hier III 8, S. 278] bewiesen. Dieses Verfahren läßt sich *ohne jegliche Schwierigkeit* auf ein beliebiges $\mathfrak{a}$ übertragen. Die Bedeutung dieser Methode läßt sich einfach durch die Formel

$$2^{\mathfrak{a}} > \mathfrak{a}$$

aussprechen.

Sei daher $\mathfrak{a}_0'$ irgendeine Kardinalzahl, die größer ist als $\mathfrak{a}_0$. Es enthält alsdann T mit der Mächtigkeit $\mathfrak{a}_0$ als Teil die Menge $M_{\mathfrak{a}_0'}$ von der größeren Mächtigkeit $\mathfrak{a}_0'$, was ein Widerspruch ist.

Das System T, mithin auch das System S sind daher *keine Mengen. Es gibt also* bestimmte Vielheiten, die *nicht zugleich Einheiten* sind, d. h. solche Vielheiten, bei denen ein reales „Zusammensein aller ihrer Elemente" *unmöglich* ist. Diese sind es, welche ich „inkonsistente Systeme", die anderen aber „Mengen" nenne.

4. Dedekind an Cantor.

29. August 1899.

Satz der Systemlehre.

Ist das System U ein Teil des Systems T, dieses ein Teil des Systems S, und ist S ähnlich dem U, so ist S auch ähnlich dem T.

Beweis[2]: Der Satz ist evident trivial, wenn T mit S oder mit U identisch ist. Im entgegengesetzten Falle, wo T echter Teil von S ist, sei A das System aller derjenigen Elemente von S, welche nicht in T enthalten sind, also (nach der Bezeichnung von Dedekind, Cantor, Schröder)

$$S = \mathfrak{M}(A, T) = (A, T) = A + T.$$

Nach Annahme ist S ähnlich dem (echten) Teile U von T, es gibt also eine ähnliche Abbildung φ von S in sich selbst, durch welche S in $S' = \varphi(S) = U$ übergeht; es sei A_0 die „Kette von A“[3] (§ 4 meiner Schrift: „Was sind und was sollen die Zahlen?“), also

$$A_0 = A + A_0';$$

da A_0 Teil von S, also $A_0' = \varphi(A_0)$ Teil von $S' = \varphi(S) = U$, mithin A_0' auch echter Teil von T ist, so haben A und A_0' kein gemeinsames Element, und A_0 ist auch echter Teil von S. Es sei B das System aller derjenigen Elemente von S, welche nicht in A_0 enthalten sind, also

$$S = A + T = A_0 + B, T = A_0' + B,$$

wo A_0' als Teil von A_0 kein Element mit B gemeinsam hat. Jetzt definieren wir eine Abbildung ψ von S, indem wir

$$\psi(s) = \varphi(s) \quad \text{oder} \quad \psi(s) = s$$

setzen, je nachdem das Element s von S in A_0 oder in B enthalten ist. Diese Abbildung ψ von S ist ähnlich; denn wenn s_1, s_2 verschiedene Elemente von S bedeuten, so sind sie *entweder* in A_0 enthalten; dann ist $\psi(s_1) = \varphi(s_1)$ verschieden von $\psi(s_2) = \varphi(s_2)$, weil φ eine ähnliche Abbildung von S ist (was hier zuerst und nur hier zur Geltung kommt); *oder* sie sind in B enthalten; dann ist $\psi(s_1) = s_1$ verschieden von $\psi(s_2) = s_2$;

oder das eine Element s_1 ist in A_0, das andere s_2 in B enthalten, dann ist $\psi(s_1) = \varphi(s_1)$ verschieden von $\psi(s_2) = s_2$, weil $\psi(s_1)$ in A_0', aber s_2 in B enthalten ist.

Durch diese ähnliche Abbildung ψ geht $S = A_0 + B$ in

$$\psi(S) = \psi(B) + \psi(A_0) = \varphi(A_0) + B = T$$

über, weil $\psi(A_0) = \varphi(A_0) = A_0'$ und $\psi(B) = B$ ist. W. z. b. w.

5. Cantor an Dedekind.

Hahnenklee, 30. Aug. 1899.

Vielen Dank für Ihr freundl. Schreiben, das ich noch gestern abend erhielt, im besonderen auch für die Aufzeichnung des einfachen Beweises, welchen Sie für den Satz C (und damit zugleich für den Satz B) meiner Abhandlung mit den Hilfsmitteln Ihrer Schrift: „Was sind und was sollen die Zahlen" geführt haben. Abgesehen von der Form stimmt derselbe (wenn ich nicht irre) überein mit dem zuerst von Schröder im Herbst 1896 auf der Naturforscherversammlung in Frankfurt a. M. mitgeteilten und 1½ Jahre später in einer Abhandlung der Leopoldina veröffentlichten Beweise, den um Ostern 1897 herum der junge Herr Felix Bernstein im Hallischen Seminar selbständig wiedergegeben hat. Es wäre doch *sehr wertvoll*, wenn Sie mit denselben Hilfsmitteln auch den Hauptsatz A (aus dem die übrigen B, C, D, E als Korrolare leicht folgen) beweisen würden.

Machen wir uns klar, was zu diesem Ziele außer dem bereits geleisteten Beweise von B gehören würde!

Zwei beliebige Mengen M und N bieten vom rein logischen Standpunkte aus *vier* sich gegenseitig ausschließende Fälle dar:

I. Es gibt einen Teil von N, der äquivalent (nach Ihrer Ausdrucksweise „ähnlich") ist M, dagegen ist kein Teil von M vorhanden, der äquivalent wäre N.

II. Es gibt keinen Teil von N, der äquivalent M wäre, dafür existiert aber ein Teil M_1 von M, der äquivalent ist N.

III. Es gibt einen Teil N_1 von N, der äquivalent ist M, und es gibt auch einen Teil M_1 von M, der äquivalent ist N.*

IV. Es gibt weder einen Teil von N, der äquivalent M, noch einen Teil von M, der äquivalent N wäre.

Bezeichnet man mit $\mathfrak{a}$ und $\mathfrak{b}$ die Kardinalzahlen M und N, so ist nach der von mir aufgestellten Definition des „Kleiner" und „Größer"

In Fall I: $\qquad \mathfrak{a} < \mathfrak{b}$

In Fall II: $\qquad \mathfrak{a} > \mathfrak{b}$.

Zu beweisen ist daher, daß *sowohl* im Fall III, *wie auch* im Fall IV die Mengen M und N äquivalent sind, also $\mathfrak{a} = \mathfrak{b}$ ist. Für den Fall III ist dies von Ihnen, den Herren Schröder und F. Bernstein durch den direkten Beweis des Satzes C geschehen. *Es bleibt also der Beweis des folgenden Satzes zu tun übrig*: „Sind zwei Mengen M und N so beschaffen, daß weder M einem Teil (nach Ihrer Sprache „echten Teil") von N, noch N einem Teil von M äquivalent ist, so sind M und N äquivalent (und daher beide endliche Mengen)."

Schröder erklärt ausdrücklich, diesen Satz nicht beweisen zu können, mir ist der Beweis *ebensowenig mit den einfachen Mitteln* geglückt, die Sie zum Beweise von C resp. B geführt haben; ich kann ihn *nur indirekt* beweisen aus A, wofür ich den Beweis in meinem Briefe vom 3ten Aug. skizziert habe.

* N. B. Wenn ich von „Teil" spreche, meine ich immer „echten Teil".

[Anmerkungen.]

Der hier abgedruckte Teil aus dem (bisher unveröffentlichten) Briefwechsel der beiden Forscher bildet vor allem dadurch eine wesentliche und unentbehrliche Ergänzung der Abhandlungen, daß er Cantors letzte Gedanken über das System *aller* Ordnungszahlen und *aller* Alefs sowie über „konsistente" und „inkonsistente" Gesamtheiten überhaupt zum Ausdrucke bringt. Auch die Erörterungen über den „Äquivalenzsatz" und die Frage der „Vergleichbarkeit" beliebiger Mengen dürften für den modernen Leser von Interesse sein, vor allem aber der versuchte Beweis für den Satz, daß jede Mächtigkeit ein Alef sei. Der Dedekindsche (bis vor kurzem noch unbekannte und hier zuerst abgedruckte) Beweis des Äquivalenzsatzes [S. 449] kann noch heute als klassisch gelten, während der Cantorsche Versuch [S. 447], jede Mächtigkeit als Alef zu erweisen, augenscheinlich vom Autor selbst später als unzureichend erkannt wurde.

[1] Zu S. 447. Gerade hier liegt die Schwäche des skizzierten Beweises. Daß die ganze Zahlenreihe Ω in jede Vielheit V, die kein Alef zur Kardinalzahl hat, „hineinprojizierbar" sein müßte, wird *nicht* bewiesen, sondern einer etwas vagen „Anschauung" entnommen. Augenscheinlich denkt sich Cantor den Zahlen von Ω sukzessive und willkürlich Elemente von V zugeordnet in der Weise, daß jedes Element von V nur *einmal* zur Verwendung kommt. Dieses Verfahren müßte *entweder* einmal zum Abschlusse kommen, indem alle Elemente von V erschöpft wären, und dann wäre V einem *Abschnitte* der Zahlenreihe zugeordnet und seine Mächtigkeit wäre ein Alef gegen die Annahme. *Oder* aber V bliebe unerschöpflich und enthielte dann einen dem ganzen Ω äquivalenten, also inkonsistenten Bestandteil. Hier wird also die Zeitanschauung angewendet auf einen über alle Anschauung hinausgehenden Prozeß und ein Wesen fingiert, daß *sukzessive* willkürliche Auswahlen treffen könne und dadurch eine Teilmenge V' von V definieren, die durch die gestellten Bedingungen eben *nicht* definierbar ist. Erst durch Anwendung des „Auswahl-Axioms", das die Möglichkeit einer *simultanen* Auswahl postuliert und das Cantor unbewußt und instinktiv überall anwendet, aber nirgends ausdrücklich formuliert, könnte V' als Teilmenge von V definiert werden. Aber auch dann bliebe immer noch das Bedenken bestehen, daß der Beweis mit „inkonsistenten" Vielheiten, ja möglicherweise mit widerspruchsvollen Begriffen operiert und schon deswegen logisch unzulässig wäre. Bedenken dieser Art haben denn auch wenige Jahre später den Herausgeber bestimmt, seinen eigenen Beweis des Wohlordnungssatzes (Math. Ann. 59, S. 514; 1904) rein auf das Auswahlaxiom *ohne* Verwendung inkonsistenter Vielheiten zu begründen.

[2] Zu S. 449. Der vorliegende Beweis des hier formulierten, sachlich mit dem Schröder-Bernsteinschen „Äquivalenzsatze" gleichbedeutenden Theorems arbeitet rein logisch mit den Begriffen der Dedekindschen „Ketten"-Theorie und ist nur unwesentlich verschieden von dem Beweise, den der Herausgeber 1908 ohne Kenntnis des Dedekindschen in den Math. Annalen Bd. 65, S. 271—272 veröffentlichte. Warum weder Dedekind noch Cantor sich damals zu einer Publikation dieses immerhin nicht unwichtigen Beweises entschlossen haben, ist heute nicht recht verständlich.

[3] ibid. Ist ein System (= Menge) S auf einen Teil S' von sich eineindeutig („ähnlich") abgebildet und A ein beliebiger Bestandteil von S, so versteht Dedekind unter der „Kette von A" den Durchschnitt aller solchen Bestandteile A_1 von S, welche 1. A selbst umfassen und 2. mit jedem ihrer Elemente s auch immer das zugehörige Bildelement s' enthalten. Diese „Kette" A_0 ist dann nichts anderes als die Vereinigung der Mengen $A, A', A'', \ldots,$ welche aus A durch fortgesetzte Anwendung der Abbildung φ von S auf S' hervorgehen.

Das Leben Georg Cantors.

Von Professor Dr. Adolf Fraenkel, Kiel.

1. Periode der Entwicklung (1845—1871).

Georg Ferdinand Ludwig Philipp Cantor, der Schöpfer der Mengenlehre, einer der ganz großen Neugestalter im Reiche der Wissenschaft, wurde am 19. Februar alten Stils (3. März n. St.) 1845 in Petersburg geboren. Sein Vater Georg Woldemar Cantor war aus Kopenhagen gebürtig; er hatte in Petersburg, wohin er in jungen Jahren gekommen war, ein Maklergeschäft inne, das er unter seinem eigenen Namen, zeitweise auch unter der Firma „Cantor & Co." betrieb. Ein tüchtiger und erfolgreicher Kaufmann, brachte er es zu bedeutendem Wohlstand und hinterließ bei seinem Tode (1863) ein recht beträchtliches Vermögen; er scheint sowohl in Petersburg wie später in Deutschland sich hohen Ansehens erfreut zu haben. Eines Lungenleidens wegen siedelte er mit seiner Familie 1856 nach Deutschland über und nahm bald seinen Wohnsitz in Frankfurt a. M., wo er als Rentner lebte. Die Mutter, Maria geb. Böhm, entstammte einer kunstbegabten Familie, deren Einschlag sich offenbar im Phantasiereichtum des Sohnes fühlbar machte. Der Großvater Ludwig Böhm war Kapellmeister, dessen in Wien lebender Bruder Joseph war Lehrer des berühmten Violinvirtuosen Joachim; auch Maria Cantors Bruder war Musiker, ihre Schwester Annette hatte eine Tochter, die Malerin und Lehrerin an der Münchener Kunstgewerbeschule war. Bei den Geschwistern Georg Cantors selbst ist die künstlerische Ader gleichfalls merkbar: sein Bruder Constantin war ein talentvoller Klavierspieler, seine Schwester Sophie ist zeichnerisch besonders veranlagt.

Der begabte Knabe, der in Petersburg die Elementarschule besucht hatte, zeigte schon frühzeitig den brennenden Wunsch, das Studium der Mathematik zu ergreifen. Sein Vater war aber hiermit nicht einverstanden, sondern hielt das Brotstudium des Ingenieurfaches für geeigneter; der Sohn fügte sich zunächst und bezog, nachdem er vorübergehend das Gymnasium in Wiesbaden sowie Privatschulen in Frankfurt a. M. besucht hatte, Ostern 1859 die Großherzoglich-Hessische Provinzialrealschule in Darmstadt, an der auch Latein Lehrgegenstand war; von ihr trat er 1860 in den allgemeinen Kursus der Höheren Gewerbeschule (späteren Technischen Hochschule) über. Der Vater leitete die Erziehung von ungewöhnlich hohen Gesichtspunkten aus; Energie und Charakterfestigkeit sowie eine das ganze

Leben durchdringende Religiosität schwebten ihm als besonders wesentlich vor, im einzelnen betonte er dem Sohne gegenüber namentlich die Wichtigkeit völliger Beherrschung der hauptsächlichen modernen Sprachen. Der anläßlich der Konfirmation (in einem Brief aus dem Jahre 1860) zum Ausdruck kommenden väterlichen Mahnung, sich aller Gegnerschaft zum Trotz stets aufrecht zu erhalten und durchzusetzen, wird sich der Sohn später in gar manchen schweren Stürmen erinnert haben; vielleicht ist es dieser väterlichen Erziehung mit zu danken, wenn der schöpferische Geist nicht vorzeitig gebrochen und die Nachwelt nicht um seine Früchte betrogen worden ist.

Die tiefe Neigung des Sohnes zur Mathematik blieb auf die Dauer nicht ohne Eindruck und Wirkung auf seinen Vater, dessen Verehrung gegenüber der Wissenschaft auch aus seinen Briefen ersichtlich wird. Der Sohn konnte sich für die Einwilligung des Vaters zu seinen Plänen durch folgenden Brief an ihn bedanken, der vom 25. Mai 1862 aus Darmstadt datiert ist und der den ältesten erhaltenen Brief Cantors darstellt: „Mein lieber Papa! Wie sehr Dein Brief mich freute, kannst Du Dir denken; er bestimmt meine Zukunft. Die letzten Tage vergingen mir im Zweifel und der Unentschiedenheit; ich konnte zu keinem Entschluß kommen. Pflicht und Neigung bewegten sich im steten Kampfe. Jetzt bin ich glücklich, wenn ich sehe, daß es Dich nicht mehr betrüben wird, wenn ich in meiner Wahl dem Gefühle folge. Ich hoffe, Du wirst noch Freude an mir erleben, teurer Vater, denn meine Seele, mein ganzes Ich lebt in meinem Berufe; was der Mensch will und kann, und wozu ihn eine unbekannte, geheimnisvolle Stimme treibt, das führt er durch! ..."

Im Herbst 1862 nahm Cantor sein Studium in Zürich auf, von wo er indes schon nach dem ersten Semester infolge des Todes seines Vaters wieder wegging. Vom Herbst 1863 an studierte er Mathematik, Physik und Philosophie in Berlin, wo das Dreigestirn Kummer, Weierstraß, Kronecker die besten Begabungen anzog und auf den (damals noch recht kleinen) Hörerkreis Anregungen nach den verschiedensten Richtungen ausstrahlte. Nur das Sommersemester 1866 verbrachte er in Göttingen. Den weitaus größten Einfluß auf seine wissenschaftliche Entwicklung hat Weierstraß ausgeübt. Es ist bemerkenswert und gleicherweise für die Weite des Gesichtskreises von Weierstraß wie für sein vorurteilsfreies und vorausblickendes Urteil bezeichnend, daß er die tiefe Verehrung, die sein Schüler ihm entgegenbrachte und unbeschadet vorübergehender Trübungen zeitlebens bewahrt hat, mit einem frühzeitigen verständnisvollen Eingehen auf dessen neuartige Ideen erwiderte. In seiner Berliner Zeit hat Cantor außer dem Mathematischen Verein noch einem engeren Kreise junger Fachgenossen angehört, die sich allwöchentlich in der Rähmelschen Weinstube trafen; neben gelegentlichen Gästen umfaßte dieser Kreis namentlich noch Henoch (den nachmaligen Herausgeber der „Fortschritte"), Lampe, Mertens, Max Simon,

Thomé, unter denen sich der letztgenannte besonders eng an Cantor anschloß. Ferner gehörte zu seinen Berliner Studiengenossen der um zwei Jahre ältere H. A. Schwarz, der freilich später entgegen dem Beispiel seines Lehrers Weierstraß den Ideen Cantors äußerstes Mißtrauen entgegenbrachte und sogar gleich Kronecker die Studenten ausdrücklich und bis in die letzte Zeit vor ihnen warnte.

Am 14. Dezember 1867 promovierte der 22jährige Student auf Grund tiefergehenden Studiums der *Disquisitiones arithmeticae* sowie der Zahlentheorie Legendres an der Berliner Universität mit der von der Fakultät als „dissertatio docta et ingeniosa“ bezeichneten Arbeit [I 1][1]; sie ist seinen und seiner Geschwister Vormündern gewidmet. Im mündlichen Examen erhielt er „magna cum laude“. Von den bei der Promotion verteidigten Thesen ist besonders charakteristisch die dritte: „In re mathematica ars proponendi quaestionem pluris facienda est quam solvendi.“ Vielleicht sind auch auf dem Gebiete der Mengenlehre die von ihm erreichten *Resultate* nicht ganz so wesentlich wie die revolutionären *Problemstellungen*, die noch so weit über sein eigenes Werk hinaus fortwirken.

Es scheint, daß Cantor in Berlin kurze Zeit an einer Mädchenschule unterrichtet hat; jedenfalls war er 1868, nach bestandener Staatsprüfung, Mitglied des bekannten Schellbachschen Seminars für Lehrer der Mathematik.

Die Habilitationsschrift [I 5], auf Grund deren er sich im Frühjahr 1869 als Privatdozent in Halle niederließ, gehörte ebenso wie einige kleinere in den Jahren 1868—72 veröffentlichte Noten noch diesem seinem ersten, arithmetischen Arbeitsgebiete an, auf das er später nur mehr selten zurückgekommen ist[2]. Diese wohl vornehmlich von Kronecker angeregte Beschäftigung mit der Zahlentheorie ist ihm indes nicht nur eine zufällige Angelegenheit gewesen; vielmehr hat sich ihm die besondere Reinheit und Schönheit dieser Disziplin tiefinnerlich geoffenbart, wie das außer der ersten Doktorthese auch die dritte der bei seiner Habilitation verteidigten Thesen zeigt: „Numeros integros simili modo atque corpora coelestia totum quoddam

---

[1] Sie knüpft an die Gaußschen Formeln zur Lösung der diophantischen Gleichung $ax^2 + a'x'^2 + a''x''^2 = 0$ an, um eine dort nicht auf explizite Form gebrachte Abhängigkeit zu ermitteln. — Die Abhandlungen Cantors werden nachstehend mit den in eckige Klammern gesetzten Nummern (der Abteilungen und Aufsätze innerhalb einer Abteilung) zitiert, unter denen sie in diesem Buch erscheinen. Eine eingehende Erörterung des Inhalts der Cantorschen Abhandlungen findet man in meiner ausführlichen Cantor-Biographie, die im *Jahresbericht der Deutschen Mathematikervereinigung*, Bd. 39 (1930), S. 189—266, sowie auch in selbständiger Form erschienen ist: Georg Cantor. Leipzig und Berlin 1930.

[2] Das Ziel von [I 5] ist die Bestimmung aller Transformationen, die eine ternäre quadratische Form in sich selbst überführen; Cantor schlägt hierzu einen Weg ein, der verschieden ist von demjenigen, den schon 1854 Hermite beschritten hatte.

legibus et relationibus compositum efficere." Aus früher Zeit, vielleicht schon aus dieser Periode, stammt auch die Aufstellung von Zusammenhängen zwischen verschiedenen zahlentheoretischen Funktionen und der Riemannschen Zetafunktion (im Anschluß an Riemanns Primzahlenarbeit), die Cantor erst 1880 in [I 7] unter dem Eindruck einer Pariser Comptes-Rendus-Note von Lipschitz veröffentlicht. Von weiteren zahlentheoretischen Interessen Cantors kennen wir außer einer Zahlentabelle[1] nur noch den 1884 bestehenden, aber nicht zur Ausführung gelangten Plan, in den *Acta Mathematica* eine Arbeit über quadratische Formen zu veröffentlichen[2].

E. Heine, der Ordinarius in Halle war, als sich Cantor dort habilitierte, erkannte sogleich, in wie glücklicher Weise der junge Kollege mit ungewöhnlichem Scharfsinn eine außerordentliche Phantasie verband. Es wurde von entscheidender Bedeutung, daß er Cantor alsbald nach seiner Niederlassung in Halle anregte, sich mit der Theorie der trigonometrischen Reihen zu beschäftigen. Der Eifer, mit dem dieser sich auf den Gegenstand stürzte, zeitigte nicht nur an und für sich eine Reihe wesentlicher Erfolge, sondern führte ihn auch auf den Weg zur Theorie der Punktmengen und gleichzeitig zu den transfiniten Ordnungszahlen. Während nämlich die Arbeiten [II 1], [II 4], [II 6] und [II 7] eine Behauptung Riemanns über trigonometrische Reihen präzisieren (und nebenbei in einer Polemik gegen Appell auf den Begriff der gleichmäßigen Konvergenz näher eingehen), beweist Cantor in [II 2] den Eindeutigkeitssatz der trigonometrischen Darstellung[3]. Das Bestreben, dieses Ergebnis in dem Sinne zu erweitern, daß über das Verhalten der Reihe in gewissen Ausnahmemengen nichts vorausgesetzt werde, nötigt ihn nun in [II 5] zur andeutungsweisen Entwicklung von Ideen, „welche dazu dienen mögen, Verhältnisse in ein Licht zu stellen, die stets auftreten, sobald Zahlengrößen in endlicher oder unendlicher Anzahl gegeben sind"; es handelt sich um die Einführung der Grenzpunkte und Ableitungen (endlicher Ordnung) von Punktmengen. Zu diesem Zwecke entwickelt er einerseits seine Theorie der Irrationalzahlen[4] als Fundamentalreihen, die seinen Namen nächst der Mengenlehre in zweiter

---

[1] Zur empirischen Verifikation des Goldbachschen Theorems bis zur Zahl 1000. Cantor hatte die Tabelle um 1884 herstellen lassen, veröffentlichte sie aber erst 1895 in den C. R. der *Association Française pour l'Avancement des Sciences*, 23me Session (Caen 1894).

[2] Vgl. Acta Math. **50**, 20.

[3] Es ist bemerkenswert, daß Kronecker, der (vgl. [II 3]) zu Cantors Eindeutigkeitssatz positiv Stellung nimmt, später das Ergebnis völlig ignoriert, indem er z. B. in den „Vorlesungen über die Theorie der einfachen und der vielfachen Integrale" (1894) die Eindeutigkeitsfrage als noch offen hinstellt (S. 94f.)!

[4] Die von Heine in seinen *Elementen der Funktionenlehre* (J. Math. 74, 172—188 [1872]) entwickelte Einführung der Irrationalzahlen geht ganz und gar auf Cantors Ideen zurück; vgl. die Einleitung zu Heines Aufsatz sowie [IV 4] (oben S. 385).

Linie unsterblich gemacht hat, und vollzieht andererseits den Übergang zur Geometrie durch die Aufstellung eines besonderen Axioms (Axiom von Cantor), das in etwas anderer Form und Tragweite gleichzeitig und unabhängig auch in Dedekinds Schrift „Stetigkeit und irrationale Zahlen“ erscheint.

2. Zeit der schöpferischen Höchstleistung (1871—1884).

Mit der ebengenannten Abhandlung [II 5] beginnt das Leben Cantors aus der bisherigen normalen Entwicklung eines begabten Gelehrten herauszutreten; in eine zweite Periode, die die Jahre von etwa 1871—1884 umfaßt, fällt die äußerste und von Erfolg gekrönte Kraftanstrengung des genialen Forschers.

Die Jahre 1872—74 bringen zunächst zwei bedeutsame Ereignisse in Cantors persönlichem Leben. Auf einer der Reisen nach der Schweiz, die in seinen jüngeren Jahren nicht selten gewesen sind, macht er 1872 in Gersau ganz zufällig die Bekanntschaft Dedekinds. Sie führt neben öfteren persönlichen Zusammenkünften, die späterhin meist in Harzburg erfolgten, auch zu einem Briefwechsel, von dem uns aus den Jahren 1873—79 sowie aus dem Jahre 1899 38 Briefe erhalten sind. Wenn auch der mathematische Ertrag dieser Korrespondenz beschränkt ist, so geben sie doch einen wertvollen Einblick in die Arbeitsweise und Stimmung Cantors zu den betreffenden Zeiten und in die Gegensätzlichkeit der beiden Naturen, die gleichwohl durch dauerhafte Freundschaft und gegenseitige Wertschätzung verbunden blieben. Dabei erscheint, um die Ostwaldschen Termini zu benutzen, Cantor als der „Romantiker“ gegenüber dem „Klassiker“ Dedekind; dieser Unterschied, den auch das Tempo der Briefe Cantors, die sich in wissenschaftlichen Sturm- und Drangzeiten förmlich überstürzen, im Gegensatz zu dem mit stets gleichbleibender Pünktlichkeit antwortenden Dedekind zeigt, sowie die namentlich im Anfang des Briefwechsels recht fühlbare Altersdifferenz (Dedekind war 14 Jahre älter) lassen im großen und ganzen Cantor als den Fragenden und Nehmenden in diesem Briefwechsel erscheinen. Wie er in einem der ersten Briefe sein Bedürfnis äußert, sich über wissenschaftliche Gegenstände mit Dedekind auszusprechen und ihm im persönlichen Verkehr näherzutreten, so sehen wir ihn dauernd eine verehrungsvolle Dankbarkeit bewahren für das, was diese Verbindung ihm gibt, sowie für die „vielfache Anregung und reichliche Belehrung“, die er von Dedekinds „klassischen Schriften empfangen“ habe (Brief vom 31. August 1899). Weit mehr allerdings, als es aus den Briefen ersichtlich wird, zeigen mittelbar die Verschiedenheiten in der Anlage der frühen und der späteren mengentheoretischen Veröffentlichungen Cantors den tiefgreifenden Einfluß der abstrakteren, mit Vorliebe analytisch vorgehenden Art Dedekinds, die nach abgerundeter Systematik drängt, gegenüber dem mehr konstruktiven Stil des jüngeren Cantor, der gerne zum Einzelstoß vorwärtsstürmt — eine Verschiebung, die in manchen Zügen gewissen heutzutage sehr ausgeprägten Tendenzgegensätzen in der Grundlagenforschung entspricht.

Um die nämliche Zeit lernte Cantor seine künftige Gattin Vally Guttmann kennen. Nachdem er 1872 in Halle Extraordinarius geworden war, fand im Frühjahr 1874 die Verlobung, im Sommer die Hochzeit statt. Auf der Hochzeitsreise traf das junge Paar in Interlaken mit Dedekind zusammen. Aus der Ehe gingen vier Töchter und zwei Söhne hervor; spezifisch-mathematische Begabung ist bei keinem der Kinder hervorgetreten.

Die siebziger Jahre schenkten Cantor verschiedene äußere Erfolge: neben der ihm schon 1869 übertragenen ordentlichen Mitgliedschaft der Naturforschenden Gesellschaft zu Halle vor allem die Wahl zum Korrespondierenden Mitglied der Gesellschaft der Wissenschaften zu Göttingen 1878 — anscheinend der einzigen deutschen Akademie oder Universität außer Halle, die Cantors Verdienst überhaupt öffentlich geehrt hat —, ferner eine von ihm abgelehnte Berufung an die Akademie in Münster 1878 und die Beförderung zum Ordinarius in Halle 1879.

Die 1874 erschienene Abhandlung [III 1], neben dem Mittelstück von [II 5] die erste in die Mengenlehre einschlagende Veröffentlichung Cantors, tut gleich den entscheidenden Schritt klarer Abgrenzungen im Transfiniten, und zwar hinsichtlich des Mächtigkeitsbegriffes; während beim naiven „Unendlich" alle Unterschiede verschwimmen und auch Cantor selbst zuerst noch das Kontinuum als abzählbar vermutet hatte, folgt hier auf den Satz von der Abzählbarkeit der Menge der algebraischen Zahlen der Beweis, daß die Menge aller reellen Zahlen nicht mehr abzählbar ist; Cantor konstruiert nämlich zu jeder Folge reeller Zahlen eine darin nicht enthaltene Zahl auf Grund der Methode des Schachtelungsprinzips. Aus der Gegenüberstellung beider Resultate folgt ein Existenzbeweis für unendlich viele transzendente Zahlen in jedem Intervall.

Der Versuch lag nahe, über die beiden so gefundenen transfiniten Mächtigkeiten zu höheren dadurch aufzusteigen, daß man vom eindimensionalen zu mehrdimensionalen Kontinuen übergeht. Dieser Gedanke beschäftigte unseren Forscher schon im Sommer 1874, wie seine Korrespondenz mit Dedekind zeigt. Welch neue Einstellung es erforderte, hier überhaupt ein Problem zu sehen, zeigt eine briefliche Bemerkung Cantors, wonach ihm in Berlin von einem Freunde die Idee einer Abbildbarkeit des linearen Kontinuums auf das ebene „gewissermaßen als absurd erklärt wurde, da es sich von selbst verstünde, daß zwei unabhängige Veränderliche sich nicht auf eine zurückführen lassen"; einen ähnlichen Bescheid erhielt er später bei einem Besuch in Göttingen gelegentlich des Gauß-Jubiläums 1877.

In einem Brief vom 20. Juni 1877 aber teilt er nach jahrelangen Bemühungen einen Versuch der Abbildung eines eindimensionalen Kontinuums auf ein mehrdimensionales an Dedekind mit, indem er den Freund um Prüfung des Beweises bittet; das Resultat kam ihm selbst höchst überraschend („je le vois, mais je ne le crois pas“) und schien ihm den Dimensionsbegriff bzw. die Charakterisierbarkeit der Dimension durch die Anzahl der unabhängigen Koordinaten zu erschüttern. Die Antwort Dedekinds weist auf eine (später von Julius König durch einen einfachen Kunstgriff beseitigte) Lücke im Beweis hin, was Cantor veranlaßt, von den zuerst benutzten Dezimalbruchentwicklungen zu Kettenbruchdarstellungen überzugehen; weiter hebt Dedekind hinsichtlich des von ihm verteidigten Dimensionsbegriffes die Bedeutung hervor, die der *Stetigkeit* bei der Zuordnung zukommt.

Im wesentlichen ist es der darauf brieflich an Dedekind mitgeteilte verbesserte Beweis, mit dem Cantor in [III 2] die Unabhängigkeit der Mächtigkeit eines Kontinuums von seiner Dimensionenzahl nachweist. In dieser Arbeit finden sich u. a. bereits der Äquivalenzbegriff, eine Einführung der Mächtigkeit und die Kontinuumshypothese; wenn Cantor hier ohne Beweis auch die Vergleichbarkeit der Mächtigkeiten behauptet, so sieht er offenbar zu dieser Zeit (und noch lange danach) diese Eigenschaft als selbstverständlich an.

Allerdings war das Erscheinen dieser Arbeit im Crelleschen Journal nicht ohne Schwierigkeit vor sich gegangen; sie blieb bei der Redaktion, der sie am 12. Juli 1877 eingereicht war, zunächst etwas über das damals übliche Maß und weit über Cantors Ungeduld liegen, obgleich sich Weierstraß für sie einsetzte. Im November beklagte sich der Autor gegenüber Dedekind bitter darüber, daß sich der Druck trotz des gegenteiligen Versprechens der Redaktion „in einer für mich auffallenden unerklärlichen Weise“ verzögere und zugunsten später eingelaufener Arbeiten aufgeschoben werden solle; der Grund lag vielleicht in der Paradoxie des Resultates für die damalige Zeit. Glücklicherweise gelang es Dedekind, den Freund unter Hinweis auf eigene Erfahrung von der überstürzten Absicht, das Manuskript zurückzuziehen und als gesonderte Schrift zu publizieren, noch zurückzuhalten; auch bei Crelle lösten sich die eingetretenen Schwierigkeiten bald auf, und die Arbeit konnte rechtzeitig erscheinen. Doch ist dies die letzte Veröffentlichung Cantors im Crelleschen Journal; der Verzögerung scheint, wenn sie auch vielleicht von Cantor zunächst zu schwer genommen wurde, schon der ablehnende Standpunkt Kroneckers zu den Ideen seines vormaligen Schülers zugrundezuliegen, aus dem sich dann die Krisis des Jahres 1884 entwickeln sollte.

Fühlte sich Cantor durch diese Dinge ungemein deprimiert, so hatte ihn andererseits die Ernennung zum ordentlichen Professor in Halle nur in beschränktem Maße befriedigt, da er sich nach einem anderen Ort und einem größeren Wirkungskreise sehnte. Schon 1874 äußert er sich zu Dedekind: „In den Ferien habe ich bis jetzt nie lange hierselbst ausgehalten, denn das einzige, was mich an Halle seit fünf Jahren gewissermaßen bindet, ist der einmal gewählte Universitätsberuf.“ Seine Annahme, daß die Nichtberufung nach auswärts sich auf eine kritische Beurteilung seiner Arbeiten durch einflußreiche Fachgenossen gründe, wird bei dem Ansehen, das Kronecker damals fast unbestritten genoß, durchaus berechtigt gewesen sein. So ist auch 1883 eine Bewerbung Cantors beim Minister um eine Stelle in Berlin, mit der er nicht sowohl unmittelbaren Erfolg zu erzielen als vielmehr künftigen Gegenschritten von Schwarz und Kronecker im voraus zu begegnen hoffte, ohne Erfolg geblieben; vielmehr rief sie eine kräftige Gegenwirkung bei Kronecker hervor.

Eine überraschende und kaum bekanntgewordene Bemerkung Cantors scheint zu beweisen, daß er schon zu Anfang der siebziger Jahre die Tragweite der ihm vorschwebenden Gedanken wie auch den ihnen erwachsenden Widerstand klar vor Augen gehabt hat; also zu einer Zeit, da er eben erst durch die Untersuchungen über trigonometrische Reihen auf das Aktual-Unendliche geführt worden war und als seine erste im engeren Sinne mengentheoretische Arbeit [III 1] noch nicht die Öffentlichkeit erreicht hatte. Die Absicht, in der Naturforschenden Gesellschaft zu Halle einmal einen Vortrag zu halten, dessen Thema naturgemäß allgemeinverständlich sein mußte, lenkte ihn auf die Wahrscheinlichkeitsrechnung, mit der er sich schon seit einigen Jahren beschäftigt hatte. In dem dann am 6. Dezember 1873 gehaltenen Vortrag [IV 1] bemerkt er in bezug auf den Franzosen de Meré (17. Jahrh.), der gegenüber Blaise Pascal die Autorität des Mathematikers in einer Frage der Wahrscheinlichkeitsrechnung bestritt: „Der Chevalier de Meré darf, wie ich glaube, allen Widersachern der exakten Forschung, und es gibt deren zu jeder Zeit und überall, als ein warnendes Beispiel hingestellt werden; denn es kann auch diesen leicht begegnen, daß genau an jener Stelle, wo sie der Wissenschaft die tödliche Wunde zu geben suchen, ein neuer Zweig derselben, schöner, wenn möglich, und zukunftsreicher als alle früheren, rasch vor ihren Augen aufblüht — wie die Wahrscheinlichkeitsrechnung vor den Augen des Chevalier de Meré.“ — Hierzu sei nur noch vermerkt, daß Cantor in seinen späteren Briefen an Mittag-Leffler von Kronecker regelmäßig unter dem Spitznamen „Herr von Meré“ spricht.

Im Gegensatz zu Kronecker bewies Weierstraß schon um jene Zeit volles Verständnis für die neuen Ideen seines früheren Schülers. Wie er bereits für dessen Seminarvortrag, worin er schon als Student die rationalen Zahlen zu einer einfachen Folge anordnete, Interesse gezeigt hatte, so verstand er es nach kurzem anfänglichem Stutzen auch sehr rasch, den ihm Ende 1873 mitgeteilten Begriff der Abzählbarkeit im allgemeinen zu würdigen, und machte alsbald eine Anwendung von der Abzählbarkeit der algebraischen Zahlen auf eine Frage der reellen Funktionen[1]. Ebenso war es eine Anregung von Weierstraß, auf die hin Cantor selbst zum erstenmal (in [II 8]) den Begriff der Abzählbarkeit in der Analysis anwandte, während umgekehrt Weierstraß 1885 durch Cantors Inhaltstheorie in [III 6] zur Beschäftigung mit der Theorie der reellen Funktionen angeregt wurde[2].

In engem Zusammenhang mit [III 2], gewissermaßen als Gegenstück, steht die Arbeit [III 3], die die Bedeutung der Stetigkeit für den Dimensionsbegriff zu erweisen sucht; dieser Gedanke ist wesentlich aus der Korrespondenz mit Dedekind erwachsen. Bekanntlich ist die in dem (unzureichenden) Beweise enthaltene Invarianz der Dimensionenzahl erst viele Jahrzehnte später durch L. E. J. Brouwer auf feste Grundlagen gestellt worden.

Der Beginn der achtziger Jahre bringt das intensivste Schaffen Cantors, die gewaltigste, alle scheinbar festgefügten Grenzen überflutende Entfaltung seiner genialen Ideen, aber auch die schwere und bis zum Schluß fortwirkende Krisis in seinem Leben.

Die in den Jahren 1879—84 in sechs Teilen erschienene Abhandlung [III 4] gehört zu den Erscheinungen in der Geschichte, wo sich ein durchaus neuer, mit den Anschauungen der Vergangenheit und Gegenwart in völligem Widerspruch stehender Gedanke von epochemachender Bedeutung durchringt und mit wachsender Deutlichkeit herauskristallisiert, in seiner Kühnheit und Neuartigkeit auch dem Schöpfer selbst nur allmählich bewußt werdend. 1870 taucht in ihm zum erstenmal der Gedanke der transfiniten Zahlen auf; 1873 erkennt er die Bedeutung der *Abzählbarkeit* und die zwischen ihr und dem *Kontinuum* gähnende Kluft; erst jetzt aber entschließt er sich, seine Ideen in weitem Rahmen der Mitwelt vorzulegen, und zwar im vollen Bewußtsein ihrer Auswirkungsmöglichkeit: so spricht er hier z. B. „von den Gebieten, welche unter der Mannichfaltigkeitslehre stehen oder mit ihr die innigste Berührung haben, wie beispielsweise von der modernen Funktionentheorie einerseits und von der Logik und Erkenntnislehre andererseits“. Zum mindesten im fünften Teil, der auch selbständig mit besonderem Vorwort erschienen ist[3], hat diese Abhandlung [III 4] nicht bloß für Mathematik und Philosophie, sondern für die Geschichte der Wissenschaft und des menschlichen Denkens überhaupt Bedeutung; sie wird sich zweifellos noch von so manchem zunächst fernerliegenden Gesichtspunkt aus als aufschluß-

---

[1] Siehe den Brief von Weierstraß an P. du Bois-Reymond vom 15. Dez. 1874 (Acta Mathematica **39**, 206 [1924]).

[2] Siehe den Brief von Weierstraß an Sonja Kowalewsky vom 16. Mai 1885 (ebenda, S. 195f.).

[3] Grundlagen einer allgemeinen Mannichfaltigkeitslehre. Ein mathematisch-philosophischer Versuch in der Lehre des Unendlichen. Leipzig 1883.

reich und wertvoll erweisen. Die Redaktion der *Mathematischen Annalen* hat sich ein hohes Verdienst erworben, indem sie die Spalten ihrer Zeitschrift diesen Ideen öffnete, die damals die mathematische und philosophische Welt vor den Kopf stießen und noch über ein Jahrzehnt lang einen bitteren Kampf um ihre Anerkennung zu führen hatten.

Auf die Aufsatzfolge [III 4] geht in erster Linie die Theorie der Punktmengen zurück[1]; sie enthält in Verbindung mit den sie ergänzenden Arbeiten [III 5—7] vor allem die Theorie der Ableitungen, die Untersuchung der Struktur der Punktmengen und die Inhaltstheorie sowie die Theorie der Ordnungszahlen, insbesondere die der zweiten Zahlklasse. Von Einzelheiten, die sich nicht unmittelbar auf diese Hauptthemen beziehen und von allgemeinerer Bedeutung sind, seien die folgenden genannt: die Erhaltung der Zusammenhangseigenschaft des R_n, falls man aus ihm eine dichte abzählbare Menge entfernt, wonach sich auch in einem solchermaßen unstetigen Raume eine stetige Bewegung als möglich erweist; das Bekenntnis zu Beginn von [III 4_5], daß ohne eine Erweiterung der Zahlenreihe in das Transfinite eine gedeihliche Fortführung seiner Untersuchungen nicht möglich sei, doch werde sich eine solche Erweiterung, so anstößig sie der mathematischen Welt auch zunächst erscheinen möge, schließlich durchsetzen; die Ablehnung der unendlich kleinen Größen sowie der finitistischen Auffassung Kroneckers und die Auseinandersetzung mit den finitistisch orientierten Philosophen des Altertums und Mittelalters bis zu Spinoza, Leibniz und Kant; die historisch-kritische und logisch-mathematische Analyse des Wesens des Kontinuums; die allgemeine Methode der Intervall-Schachtelung.

Zwischen diese Aufsatzfolge schiebt sich die Abhandlung [II 8] ein, in der Cantor den Begriff der Abzählbarkeit auf Anregung von Weierstraß zu einer Methode der Kondensation von Singularitäten benutzt.

In der ungeheuren geistigen Anspannung, die mit der Konzeption der umwälzenden Ideen von [III 4] — namentlich der Theorie der transfiniten Ordnungszahlen — und deren Behauptung gegenüber dem Widerstreben der zeitgenössischen Forscher verbunden war, treten als verschärfende Momente zwei spezielle Schwierigkeiten hervor: das Ringen mit dem *Kontinuumproblem* und die Zuspitzung des Gegensatzes zu Kronecker. Über beide sind wir durch die von A. Schoenflies herausgegebenen Briefe Cantors an Mittag-Leffler[2] aus dem Jahre 1884, das eine entscheidende Wendung in seinem Leben bedeutet, gut unterrichtet.

---

[1] Ein noch geplant gewesener siebenter Artikel ist (jedenfalls infolge der Erkrankung Cantors) nicht mehr zustande gekommen.

[2] A. Schoenflies, Die Krisis in Cantors mathematischem Schaffen. Acta Math. **50**, 1—23 (1928). Vgl. auch Mittag-Leffler, ebenda S. 25f.

Als zu Beginn des Jahres 1884 die grundlegende Abhandlung [III 4] fertig vorlag, hatte Cantor die bereits in [III 1] aufgefundene und in [III 2] unterstrichene Zweiteilung der unendlichen Punktmengen — in abzählbare und dem Linearkontinuum äquivalente — weitgehend durchgeführt, wobei vor allem die „perfekten" Mengen sich als zur zweiten Kategorie gehörig erwiesen. Auf der anderen Seite hatte er, gleichfalls ausgehend von den Punktmengen, die transfiniten Ordnungszahlen der zweiten Zahlklasse (als Symbole der Vielfachheit der Ableitungen) eingeführt, indem er sie durch analoge Grenzprozesse konstruierte, wie solche als Fundamentalreihen die irrationalen Zahlen hervorbringen. So lag die Vermutung, die er in der Tat am Schluß von [III 4_6] behauptet mittels seiner bisherigen Sätze beweisen zu können, außerordentlich nahe, daß die zweite Zahlklasse selbst von der Mächtigkeit des Kontinuums sei; der Beweis dieser Vermutung hätte einen krönenden Abschluß seiner bisherigen Resultate bedeutet. Indes bleiben die Versuche, den Beweis durchzuführen, sowohl damals wie auch im Sommer und Herbst des Jahres 1884, wo er mit immer neuen Methoden an das Problem herangeht, erfolglos[1]; ja im November nimmt er seine Vermutung sogar einmal zurück zugunsten eines vermeintlich gefundenen Beweises dafür, daß dem Kontinuum überhaupt kein Alef als Mächtigkeit zukomme — um dieser Meinung freilich schon tags darauf zu widersprechen. So folgt den immer wieder vergeblichen Bemühungen die Abspannung, die Mutlosigkeit, die Resignation; im Herbst 1884, also nach der bald zu erwähnenden gesundheitlichen Krisis, kommt eine Stimmung der Abkehr von der Mathematik überhaupt zum Durchbruch. Er will sich von ihr ganz und gar abwenden und erwägt eine Bitte an das Ministerium, man möge ihn in der Vorlesungstätigkeit von der Mathematik zur Philosophie übergehen lassen[2]. Vor allem ergibt er sich aber um jene Zeit, offenbar im Zusammenhang mit der gesundheitlichen Störung, mit größter Energie der Aufgabe, nachzuweisen, daß Francis Bacon der Autor der Shakespeareschen Dramen sei[3]; wie er seine Bemühungen auch nach dieser Richtung mit der ihm eigenen Hin-

[1] Ein gleichfalls aus dem Sommer 1884 stammender Versuch P. Tannerys, die Vermutung Cantors zu beweisen, beruht auf einem Fehlschluß (Bull. Soc. Math. France **12**, 90—96 [1884]).

[2] In der Tat hat Cantor gelegentlich Übungen philosophischer Richtung gehalten, so z. B. über Leibniz, um durch Vergleich mit dessen Gedanken seine eigene Theorie des Aktual-Unendlichen zu erläutern. Er betonte dabei gern, daß er als Ordinarius der Philosophischen Fakultät selbst über Sanskrit zu lesen das Recht habe.

[3] „Francis Bacon, er und nur er allein kann der Autor dieser Meisterwerke gewesen sein; denn es ist ein und derselbe Feuergeist, der uns in den Dramen einerseits und in den ‚Moral essays' sowie den übrigen Werken Bacons andererseits entgegentritt..." heißt es in Cantors Brief an Mittag-Leffler vom 17. Dez. 1884, in dem anscheinend zum erstenmal von diesem Gegenstande die Rede ist.

gabe und Hartnäckigkeit verfolgt, das bezeugen u. a. die von ihm zu diesem Gegenstand herausgegebenen Schriften[1]; nach seinem Brief an Dedekind vom 28. Juli 1899 ist diese Frage, der er in Depressionszeiten sogar in den Vorlesungen und Übungen nachging, nur aus Mangel an Zeit und Geld schließlich zur äußeren Ruhe bei ihm gekommen, das lebhafteste Interesse dafür aber hat ihn durchs ganze Leben begleitet. Mit aus dieser Stimmung der mathematischen Resignation heraus und wohl nur zum Teil vermöge des wirklichen Sachverhaltes wird es sich erklären, wenn er sich zu jener Zeit dahin äußert, er habe „das mühsame und wenig Dank verheißende Geschäft der Untersuchung von Punktmengen" hauptsächlich deshalb unternommen, um die Resultate „auf die Naturlehre der Organismen" anzuwenden, für die die bisherigen mechanischen Prinzipien nicht hinreichend seien und mit der er sich schon seit 14 Jahren beschäftige.

Bei diesem Entschluß zur Abkehr von der Mathematik, dem er freilich schon im Laufe des Jahres 1885 wiederholt durch rein mathematisches Forschen entgegenhandelt, ist indes noch stärker als der Mißerfolg mit dem Kontinuumproblem wahrscheinlich die Enttäuschung wirksam gewesen, die Cantor damals über die Aufnahme seines bisherigen Werkes in der mathematischen und philosophischen Welt empfand. Der im 40. Lebensjahr stehende Forscher, der seit nunmehr zehn Jahren in der Öffentlichkeit mit seinen neuen Ideen hervorgetreten war, hegte den begreiflichen Wunsch nach Anerkennung seines Werkes durch die Fachgenossen und nach wissenschaftlichem Einfluß auf die angehenden Forscher. Im ganzen war ihm dies versagt geblieben. Nur zu einer recht beschränkten Erfüllung seiner Wünsche verhalf ihm die Freundschaft mit Mittag-Leffler, die bis zum Ende fortgedauert hat und so fest gegründet war, daß sie auch gewissen (teils wirklichen, teils nur befürchteten) sachlichen Differenzen der Jahre 1884—85 Trotz bieten konnte. Als Mittag-Leffler, 1881 an die neugeschaffene Stockholmer Universität gekommen, sogleich an die Gründung der *Acta Mathematica* schritt, forderte er Cantor nicht bloß auf, sich des neuen Journals für seine Veröffentlichungen zu bedienen, sondern veranlaßte überdies die Übersetzung der Arbeiten [II 4], [II 5], [III 1], [III 2] und vor allem des größten Teiles von [III 4_{1-5}] ins Französische

[1] Resurrectio Divi Quirini Francisci Baconi Baronis de Verulam Vicecomitis Sancti Albani CCLXX annis post obitum eius IX die aprilis anni MDCXXVI. (Pro manuscripto.) Cura et impensis G[eorgii] C[antoris]. Halis Saxonum MDCCCXCVI. [Mit englischer Vorrede von „Dr. phil. George Cantor, Mathematicus".]

Confessio fidei Francisci Baconi Baronis de Verulam ... cum versione Latina a G. Rawley..., nunc denuo typis excusa cura et impensis G. C. Halis Saxonum MDCCCXCVI. [Mit lateinischer Vorrede (5 S.) von G. C.]

Die Rawleysche Sammlung von 32 Trauergedichten auf Francis Bacon. Ein Zeugnis zugunsten der Bacon-Shakespeare-Theorie. Mit einem Vorwort herausgegeben von Georg Cantor. Halle 1897.

und publizierte sie so im 2. Band der *Acta*. Schon an sich bedeutete diese Unterstützung seitens des angesehenen Forschers, der vermöge seiner Beziehungen zu Weierstraß und zu den Pariser Mathematikerkreisen sich eines erheblichen Einflusses erfreute, moralisch viel für Cantor zu einer Zeit, als ihm das Crellesche Journal verschlossen war und sich der beherrschende Einfluß der Berliner (anscheinend auch der Göttinger) Mathematiker in offener Gegnerschaft zu ihm betätigte. Nicht minder aber ist auch eine eigentlich wissenschaftliche Auswirkung des Bundes mit Mittag-Leffler unverkennbar; außer den 1883 beginnenden, sozusagen parallel zu Cantors Schaffen gerichteten Arbeiten Bendixsons und Phragméns über Punktmengen erschienen in den 1883—84 herauskommenden Bänden der *Acta* eine ganze Reihe gewichtiger Anwendungen der mengentheoretischen Begriffe und Ergebnisse auf funktionentheoretische und geometrische Probleme, die Mittag-Leffler selbst sowie die eben aufgehenden Sterne Poincaré und Scheeffer zu Verfassern hatten. Poincarés Arbeit, die zur Untersuchung der Struktur des Existenzgebietes automorpher Funktionen die Lehre von den Punktmengen heranzog, war von Cantor zunächst übersehen worden; er überzeugte sich aber gelegentlich einer Pariser Reise im Frühjahr 1884 davon, daß Poincaré seine Arbeiten kannte und würdigte[1]. Größere Hoffnungen setzte er auf die Wirkung der Mittag-Lefflerschen Abhandlung, die auf einem im Mittelpunkt des damaligen Interesses stehenden Feld der Weierstraßschen Funktionentheorie — in der Frage der Erzeugungsmöglichkeit analytischer Funktionen aus geeignet vorgegebenen singulären Stellen — die Kraft und Bedeutung der Ideen Cantors dartat. Um so tiefer ist seine Betrübnis, daß vielmehr gerade umgekehrt die Bezugnahme auf Cantor der Aufnahme der Arbeit zunächst vielfach zum Schaden gereicht, namentlich auf Grund der auch in Paris stark wirkenden Haltung Kroneckers.

Nicht minder zögernd als die Mathematiker nahmen die Philosophen von Cantors Errungenschaften Kenntnis; die erste ausführliche und verständnisvolle Darstellung, in der man auch Hinweise auf die vorangegangenen unzureichenden Berücksichtigungen Cantors von philosophischer Seite (Ballauf, Wundt[2], Laas, H. Cohen) findet, stammt von B. Kerry[3]. Sie schließt mit der bezeichnenden Mahnung, die Philosophie, die „vordem die Lehre vom Stetigen in seinem Verhältnisse zu einem dasselbe eventuell kon-

[1] Nach dem Zeugnis Mittag-Lefflers (Acta Math. **50**, 26 [1928]) hat Poincaré die grundlegenden Abhandlungen [III 4] für die Acta ins Französische übersetzt.

[2] Auf dessen Einwände sowie die der Herbartschen Schule (vgl. Ztschr. exakte Philos. **12**) kommt auch Cantor selbst am Schluß von [IV 3] sowie in [IV 4] zu sprechen; an der letzteren Stelle (s. o. S. 392ff.) auch auf die Rezension Ballaufs.

[3] „Über Georg Cantors Mannigfaltigkeitsuntersuchungen". Vierteljahrsschr. f. wiss. Philos. **9**, 191—232 (1885).

stituierenden Diskreten als ihr Eigenstes betrachten durfte", scheine in den Mannigfaltigkeitsuntersuchungen wieder „eine neue Disziplin aus sich herausgeboren zu haben", mit der die Mutterwissenschaft zwar vertraut bleiben solle, der sie aber ihr selbständiges Dasein nicht verkümmern dürfe. Zur gleichen Zeit gab auch der — selbst aktiv mit Cantors Ideen beschäftigte — Mathematiker P. Tannery eine für Philosophen bestimmte und an den philosophischen Problemen orientierte Einführung in Gedankengänge der Mengenlehre[1], von der Cantor anscheinend keine Notiz genommen hat.

In erster Linie hat freilich der ablehnende Standpunkt nicht etwa der Philosophen, sondern der großen Mehrheit seiner engeren Fachgenossen Cantor betroffen, und zwar speziell die Haltung Kroneckers. Hier liegt offenbar der Angelpunkt der Krisis von 1884. Bis gegen 1880 scheint das Verhältnis zwischen Kronecker und Cantor trotz der ablehnenden Haltung, die jener gegenüber den mengentheoretischen Interessen seines vormaligen Schülers von Anfang an einnahm, äußerlich gut gewesen zu sein; so z. B. noch bei einem Besuch Cantors bei Kronecker im Herbst 1879. Doch schon zwei bemerkenswerte Stellen aus der 1882 geschriebenen Arbeit [III 4_5], die sich gegen die Alleinherrschaft der natürlichen Zahl und für die unbevormundete Freiheit der mathematischen Schöpfung einsetzen, sind in nicht mißzuverstehender Weise gegen Kronecker gerichtet. Die ganze Bitterkeit seines Grolls gegen Kronecker, dessen Einfluß weit über Deutschlands Grenzen hinausreichte, sehen wir dann in den (im ganzen 52!) Briefen an Mittag-Leffler vom Jahre 1884 sich in ungebändigter Heftigkeit entladen. In den Zorn mischt sich auch die Besorgnis, eine zur Veröffentlichung in den *Acta Mathematica* in Aussicht genommene (tatsächlich aber dort nicht erschienene) Abhandlung Kroneckers möchte ihm nicht nur in der Öffentlichkeit weiteren Schaden zufügen, sondern auch noch den treu ergebenen Freund entfremden; sollte doch diese Darlegung der wissenschaftlichen Auffassung Kroneckers insbesondere zeigen, „daß die Ergebnisse der modernen Funktionentheorie und Mengenlehre von keiner realen Bedeutung sind". Auf Hermite und, wie es scheint, auch auf Weierstraß, die neben Kronecker damals in der mathematischen Welt führend waren, ist zeitweise in der Tat der Einfluß Kroneckers erfolgreich gegen Cantor gewesen. Freilich nicht lange; vielmehr sind beide — entgegen den auf Hermite bezüglichen Äußerungen Poincarés auf dem Internationalen Mathematikerkongreß zu Rom 1908 — bald warme Freunde Cantors und ehrliche Bewunderer seines

[1] „Le concept scientifique du continu: Zenon d'Élee et Georg Cantor". Rev. Philos. de la France et de l'Étranger 20, 385—410 (1885).

Werkes geworden[1]. Indessen kommt es zunächst — sicherlich nicht ausschließlich infolge jenes Zwistes, aber zum mindesten durch ihn verschärft und vielleicht ausgelöst — zu einem geistigen Zusammenbruch bei Cantor im Frühjahr 1884, einer psychischen Erkrankung, deren Erscheinungen sich von nun an bis zu seinem Tode zeitweise wiederholten und ihn mehrmals zwangen, eine Nervenklinik aufzusuchen. Die nächste Folge war eine Depression, die in den eigenen Augen den Wert seiner Arbeiten herabsetzte, den Anteil seiner Schuld an den eingetretenen Verstimmungen erhöhte und ihn veranlaßte, sich bei Kronecker zu entschuldigen. Diese schriftlich und mündlich durchgeführte Aussöhnungsaktion hat zwar ein äußerlich befriedigendes Verhältnis zwischen beiden Forschern hergestellt, doch weder an der diametralen Verschiedenheit der Auffassungen noch an der Beharrlichkeit etwas geändert, mit der Kronecker bis zu seinem Tode aktiv gegen Cantors Ideen Stellung nahm.

3. Zeit verminderter Produktivität (1884—1897).

Sichtlich endet mit dem Jahre 1884 die zweite, wichtigste und fruchtbarste Periode in Cantors Schaffen; es beginnt ein weiterer, gleich dem vorigen etwa dreizehnjähriger Abschnitt, während dessen der schöpferische Wille zwar nicht erlahmt, aber unter dem Einfluß der erwähnten Momente und einer dadurch mitbedingten Veränderung seiner Interessen doch nur mehr Früchte heranreifen läßt, die an Originalität denen der zweiten Periode nachstehen. Auf der anderen Seite fangen die neuen Ideen in dieser Zeit an, sich allmählich in der Öffentlichkeit durchzusetzen.

Zu Beginn des Jahres 1885 ist die seelische Krise bei Cantor im wesentlichen überwunden, sein Vertrauen zur Bedeutung der eigenen Leistung wieder hergestellt. Nunmehr knüpfen an seine Ideen in steigendem Maße auch andere an (1885 zunächst Harnack, Lerch, Phragmén). Sogar für Zwecke des Schulunterrichts wird der mengentheoretische Gesichtspunkt bereits dargeboten: der Oberlehrer am Stadtgymnasium zu Halle, Fr. Meyer, der mit Cantor in regem persönlichem Verkehr stand, veröffentlicht 1885 die zweite Auflage seiner „Elemente der Arithmetik und Algebra", die durch Cantors Forschungen über das Transfinite entscheidend beeinflußt sind und speziell den Zahlbegriff auf mengentheoretische Art einführen. Ob dieses für den Schulgebrauch geschriebene, wissenschaftlich hochstehende Buch auch zu entsprechender Wirkung gelangt ist, muß freilich

[1] Vgl. Briefe Cantors an W. H. Young aus dem Jahre 1908 (s. Proc. Lond. Math. Soc. (2) **24**, 422f. [1926]) und an Jourdain aus dem Jahre 1905 (siehe G. Cantor, Contributions to the founding of the theory of transfinite numbers. Translated, and provided with an introduction and notes, by Philip E. B. Jourdain [Chicago and London 1915], S. 48).

bezweifelt werden. — Auch von Cantor selbst erscheint in den nächsten Jahren eine Reihe weiterer Arbeiten, wobei die Darlegung und Verteidigung des bisher Gewonnenen, namentlich die Auseinandersetzung auf philosophischem Felde, gegenüber neuen Schöpfungen überwiegt; in mathematischer Hinsicht tritt mehr und mehr Cantors Interesse für die *Punktmengen* zurück hinter dem für die Erweiterung des *Zahlbegriffs*. In die nämliche Zeit fällt eine ausgedehnte Korrespondenz mit Mathematikern, Philosophen, Theologen und anderen Gelehrten, in der er seine Anschauungen über das Aktual-Unendliche genauer darlegt und Mißverständnissen gegenüber in Schutz nimmt. Auch zur Erweiterung seiner schon vorher erstaunlichen Kenntnis der älteren philosophischen und theologischen Literatur über das Problem des Unendlichen findet er in diesen Jahren noch Muße. Außer derartigen, weitgehend philosophisch orientierten und zum Teil polemischen Darlegungen, denen die Arbeiten [IV 3, 4] vornehmlich gewidmet sind, enthält der Schluß der letzten Arbeit noch eine eigentümliche Theorie der mehrfachen Ordnungstypen, über die von seinem Schüler, dem nachmaligen Philosophen Hermann Schwarz, eine Dissertation „Ein Beitrag zur Theorie der Ordnungstypen" (1888) erschienen ist, welche durch eine Vorlesung Cantors aus dem Jahre 1887 angeregt worden war.

Aus der nämlichen Zeit stammt eine briefliche Äußerung Cantors an Vivanti, worin er diesen auf die Tatsache hinweist (und zu deren Beweis anregt), daß eine mehrdeutige analytische Funktion an einer gegebenen Stelle höchstens *abzählbar unendlich vieler* verschiedener Werte fähig ist[1].

Neben anderen Erwägungen hatte ihn vor allem sein Konflikt mit Kronecker zur Überzeugung gebracht, daß es zur Wahrung der Freiheit und wissenschaftlichen Unabhängigkeit des einzelnen, namentlich des aufstrebenden jungen Forschers, innerhalb der mathematischen Gesamtheit und zum Schutz gegen übermächtige Einflüsse einzelner Gelehrten zweckmäßig sei, einen Zusammenschluß der deutschen Mathematiker herbeizuführen. So geht auf ihn der erste Schritt zur Begründung der *Deutschen Mathematikervereinigung* zurück, der er von Anfang an mit Herz und Seele anhängt, deren Notwendigkeit im Namen der wissenschaftlichen Freiheit er nie müde geworden ist zu betonen. Im „Heidelberger Aufruf" von 1889, der anläßlich der 62. Versammlung Deutscher Naturforscher und Ärzte den ersten öffentlichen Appell an die Fachgenossen aussandte, wie auch in den nächstjährigen „Bremer Beschlüssen" der mathematisch-astronomischen Abteilung der Naturforscherversammlung, durch welche die Vereinigung konstituiert wurde, finden wir Cantor in der Reihe der Unterzeichner; von der Gründung an (18. September

[1] Beweise haben gleichzeitig (1888) Poincaré, Vivanti, Volterra gegeben: Palermo Rendiconti **2**, 150f. und 197ff.; Atti Lincei (4) **4**, II, 355ff.

1890) war er Vorsitzender, ebenso Mitherausgeber der ersten zwei Bände des „Jahresberichtes", und als er im Herbst 1893 aus Gesundheitsrücksichten den Vorsitz niederlegen mußte, wurde in dem Dank der Vereinigung betont, daß er es gewesen sei, der „den ersten Anstoß zur Gründung der Vereinigung gegeben und durch sein lebhaftes und tatkräftiges Eingreifen für diesen Plan die Verwirklichung desselben herbeigeführt hat"[1]. Persönliche Verstimmung zurückstellend, hatte er Kronecker aufgefordert, auf der ersten Tagung der Vereinigung in Halle (Herbst 1891) den Eröffnungsvortrag zu halten[2]; der Brief, den Kronecker, durch den Tod seiner Frau an der Einlösung seiner Zusage verhindert, an Cantor richtete und in dem er sich namentlich über das Für und Wider eines solchen Zusammenschlusses aussprach, ist im ersten Band des *Jahresberichtes* im wesentlichen abgedruckt. Gelegentlich dieser ersten Versammlung der Vereinigung hielt Cantor auch den berühmten Vortrag [III 8], der die Ableitung seines frühesten mengentheoretischen Ergebnisses derart vereinfacht, daß sich damit nicht bloß zwei, sondern beliebig viele verschiedene transfinite Mächtigkeiten auf Grund des Diagonalverfahrens unschwer nachweisen lassen. So tritt dem schon in [III 4_5] mittels der Zahlklassen geführte Beweis dafür, daß es unendlich viele Mächtigkeiten gibt, hier eine weit einfachere Ableitung zur Seite, die überdies den Umweg über die Ordnungszahlen vermeidet.

Ist auch Cantors umfassenderer Plan eines internationalen Zusammenschlusses der Mathematiker zu einer Weltorganisation nicht zur Verwirklichung gediehen, so hat er doch entschieden und erfolgreich daran gearbeitet, die Einrichtung der *Internationalen Mathematikerkongresse* ins Leben zu rufen.

Die nächsten Jahre bringen einen Abschluß der mathematischen Veröffentlichungen Cantors mit der 1895—97 erschienenen Doppelabhandlung [III 9]. Sie gibt den Hauptteil seiner Resultate aus der allgemeinen Mengenlehre in systematischem Zusammenhang wieder und ist in einem wesentlich anderen — man mag sagen: in klassisch-abgeklärtem — Geiste geschrieben als die älteren Arbeiten. Offenbar stellt sie die für ein mathematisches Publikum bestimmte, von kritischem und philosophischem Beiwerk entlastete Ausführung von [IV 4] dar; dabei kommt die dort noch fehlende Theorie der wohlgeordneten Mengen und der Ordnungszahlen zu einer sogar sehr ausführlichen Darstellung, während begreiflicherweise — infolge des Fehlens des Wohlordnungssatzes — die ursprünglich geplante Anwendung auf die Lehre von den Kardinalzahlen unterbleiben mußte. Von den „klassischen" Sätzen der abstrakten Mengenlehre vermißt man in [III 9] nur mehr den

[1] Jahresber. d. D. Mathematikervereinigung **1**, 3—7 (1892) und **3**, 8 (1894).

[2] Weder diese Aufforderung noch die Art der Anrede in dem sogleich zu erwähnenden Briefe Kroneckers dürfen darüber hinwegtäuschen, daß das Verhältnis zwischen den beiden Männern das alte war; vgl. Cantors Brief an Mittag-Leffler vom 5. Sept. 1891.

Äquivalenzsatz, der zu eben jener Zeit die ersten Beweise findet (vgl. nachstehend S. 471).

Vergleicht man [III 9], die eine der zwei ganz großen und unsterblichen Arbeiten Cantors, mit der anderen [III 4], so sieht man zunächst den Schwerpunkt sich merklich von der Betrachtung der *Mengen* auf die der *Zahlen* verlagern, ferner einen Fortschritt in Richtung der Abklärung und Systematisierung, der diese Abhandlung auch heute noch didaktisch wertvoll macht. Bei dieser Entwicklung ist ein — ungewollter und wohl auch beiderseits unbewußter — Einfluß Dedekindscher Denkungsart fühlbar. Doch bleibt auch bei dieser späten Arbeit ein merklicher Abstand von den Auffassungen Dedekinds und Freges unverkennbar, sowohl was den Mengenbegriff betrifft wie auch in der Art des sukzessiven Aufsteigens von den endlichen Mengen aus und in der (sachlich nicht notwendigen) Beschränkung auf die zweite Zahlklasse.

Hervorhebenswert ist namentlich der Anfang der Abhandlung [III 9]. Sie beginnt mit der bekannten, von der früheren merklich unterschiedenen Mengendefinition (vgl. auch schon [IV 4_1], oben S. 387 und 411), um dann die Mächtigkeit im Sinne von [IV 4] einzuführen, nämlich als den Allgemeinbegriff, der aus der Menge durch die zweifache Abstraktion von der Beschaffenheit der Elemente und von der Ordnung ihres Gegebenseins hervorgeht — also nicht mehr wie in [III 4] durch Zurückführung auf die Äquivalenz. Auf die zweckmäßig modifizierte Definition der Größenordnung und der Mächtigkeiten folgt nunmehr die ausdrückliche Bemerkung, daß die „Vergleichbarkeit" sich weder von selbst verstehe noch an dieser Stelle des Aufbaues beweisbar sein dürfte; er kündigt den Beweis für später an und stellt den „Äquivalenzsatz" als Folgerung aus dem Vergleichbarkeitssatz in Aussicht.

4. Die Altersperiode und die Zeit der Anerkennung.

Mit dem Jahre 1897 schließen die Veröffentlichungen des erst 52jährigen Forschers. Um die gleiche Zeit setzt, allmählich immer rascher wachsend, die allgemeine Anerkennung seines Werkes durch die mathematische Welt ein.

Das Aufhören der eigentlichen Produktion bedeutet keineswegs, daß er sich mit den Problemen der Mengenlehre nicht mehr intensiv beschäftigt hätte. Zwar schenkte er den Anwendungen in der reellen Funktionentheorie wenig Aufmerksamkeit, da er vielmehr ein wesentliches Eingreifen der Mengenlehre in die klassische Analysis und in die Zahlentheorie erwartete. Dagegen stand auch weiterhin im Vordergrund seiner Aufmerksamkeit das *Kontinuumproblem*. Über seine Bemühungen um dieses liegt neben der aufregenden Episode vom Jahre 1904 (s. u. S. 473) noch Material aus dem Sommer 1899 im Briefwechsel mit Dedekind vor. Diese letzten uns erhaltenen Stücke aus dem Briefwechsel (siehe oben S. 443ff.), die von den vorangehenden durch einen fast zwanzigjährigen Abstand getrennt sind, beginnen mit der Behauptung Cantors, er besitze seit 1897 den Beweis, daß *alle Mächtigkeiten Alefs seien.* Damit hat es folgende Bewandtnis:

Spätestens 1895, also zwei Jahre vor Burali-Fortis Veröffentlichung, war Cantor selbst auf die sogenannte Burali-Fortische Antinomie von der Menge aller Ordnungszahlen gestoßen und hatte sie u. a. 1896 an Hilbert mitgeteilt[1]. Er spricht nunmehr (1899) zu Dedekind auch von anderen widerspruchsvollen Systemen, z. B. von der Gesamtheit aller Mächtigkeiten oder alles Denkbaren, und nennt sie „inkonsistente" (auch „absolut unendliche") Systeme; der Gegenfall, in dem das System als Menge betrachtet werden dürfe, liege vor, „wenn die Gesamtheit der Elemente einer Vielheit ohne Widerspruch als zusammenseiend gedacht werden kann"[2]. Die aus der Menge aller Ordnungszahlen sich ergebende Antinomie zeige gerade, daß es „bestimmte Vielheiten gibt, die nicht zugleich Einheiten sind". Auf diese freilich nicht hinreichend scharfen Begriffe gestützt, entwickelt er weiterhin, daß äquivalente Vielheiten zugleich entweder Mengen oder inkonsistent sind und daß eine Teilvielheit einer Menge wiederum eine Menge ist. Von hier aus schließt er folgendermaßen: Ist W das System aller Ordnungszahlen, V eine Vielheit, die kein Alef als Mächtigkeit besitzt, so erkenne man leicht, daß „das ganze System W in die Vielheit V hineinprojizierbar ist", d. h. daß V eine zu W äquivalente Teilvielheit umfassen muß; hat also V überhaupt eine bestimmte Mächtigkeit, so muß diese ein Alef sein. Wie wenig dieser „Beweis" ihn selbst befriedigt, zeigt seine kurz darnach an Dedekind ausgesprochene Bitte, er möge mittels seiner Kettentheorie einen „direkten" Beweis der Vergleichbarkeit geben. So hat auf Cantor von 1884 bis zu seinem Tode das Offenbleiben des Kontinuumproblems nachhaltig eingewirkt und in ihm sogar zeitweise einen Zweifel entstehen lassen, ob die Mengenlehre in ihrer jetzigen Gestalt als wissenschaftliches Gebäude haltbar sei.

Auch sonst findet sich in diesen sich überstürzenden Briefen aus einer gesteigerten Tätigkeitsperiode Cantors (1899) noch einiges Erwähnenswerte. So teilt Dedekind am 29. August dem Freunde einen auf seine Kettentheorie

---

[1] In einem Brief an Young vom 9. März 1907 greift Cantor die bekannten Aufsätze Burali-Fortis in dem Rendiconti Palermo scharf an und kritisiert, B.-F. habe schon den Begriff der wohlgeordneten Menge nicht richtig verstanden (siehe Mathem. Gazette **14**, 101 [1929]).

[2] Den Gebrauch des Wortes „Vielheit" in diesem Zusammenhang präzisiert Cantor bald darauf dahin, daß er „Vielheiten *unverbundener Dinge*" im Auge habe, „d. h. solche Vielheiten, bei denen die Entfernung irgendeines oder mehrerer Elemente von keinem Einfluß auf das Bestehenbleiben der übrigen Elemente ist". (Man bemerkt, wie nahe Cantor hier an das Verbot der sog. nichtprädikativen Definitionen streift und somit auch die für seinen Aufbau der Mengenlehre grundlegende *Potenzmenge* unbewußt der Kritik aussetzt.)

gegründeten Beweis des Äquivalenzsatzes mit, auf dessen Möglichkeit er schon Pfingsten 1897 Bernstein aufmerksam gemacht habe[1]. Cantor formuliert ferner (s. o. S. 450) die bekannte zwiefache Disjunktion hinsichtlich der möglichen Äquivalenzrelationen zwischen zwei Mengen M und N: für jede von beiden besteht die Alternative, daß sie *irgendeiner* oder *keiner* Teilmenge der anderen äquivalent ist, und so erhält man vier an sich denkbare Kombinationen (von denen eine, die der „Unvergleichbarkeit", sich später auf Grund des Wohlordnungssatzes ausschließen ließ). Diese uns heute fast selbstverständlich gewordene Methode findet sich in Cantors Veröffentlichungen noch nicht; wie Schoenflies berichtet hat[2], wirkte ein Brief, in dem Cantor sie nach Göttingen mitteilte, dort wie eine Offenbarung und wanderte von Hand zu Hand. Im Verlauf der Briefe an Dedekind aus dem Jahre 1899 erklärt Cantor ferner die Existenz von Mengen (d. h. konsistenten Vielheiten) mit den Kardinalzahlen 1, 2, 3, ... $\aleph_0$, $\aleph_1$, ... $\aleph_\omega$, ... als *Axiome* der elementaren bzw. erweiterten Arithmetik; dies offenbar durchaus im Sinne der späteren Lehre Russells von den „individuals".

In dem nämlichen Jahr 1897, in dem Cantors letzte Arbeit erschien, fand in Zürich der erste „Internationale Mathematikerkongreß" statt. Die Anerkennung, die man ihm dort entgegenbrachte, war allgemein; neben einer Sektionsmitteilung von Hadamard, die die Begriffe der Mengenlehre schon als bekannte und unentbehrliche Werkzeuge heranzog, wies vor allem der in der ersten Hauptversammlung gehaltene Vortrag von Hurwitz „Über die Entwicklung der allgemeinen Theorie der analytischen Funktionen in neuerer Zeit" darauf hin, wie Cantors Ideen (einschließlich der am stärksten umstrittenen transfiniten Zahlen) zu einer neuen Befruchtung der Funktionentheorie geführt hätten. Überhaupt waren die drei miteinander befreundeten, schon damals führenden Forscher Hilbert, Hurwitz, Minkowski wohl die ersten im deutschen Sprachgebiet, die die Originalität Cantors und die Bedeutung seiner Mengenlehre erkannten und zur Geltung zu bringen suchten, „zu einer Zeit, als in damals maßgebenden mathematischen Kreisen der Name Cantor geradezu verpönt war und man in seinen transfiniten Zahlen lediglich schädliche Hirngespinste erblickte"[3]; nicht nur die Bedeutung dieser

---

[1] Der (lückenhafte) Schrödersche Beweis ist im Herbst 1896 auf der Frankfurter Naturforscherversammlung vorgetragen worden, während Bernstein den seinen im Winter 1896/97 fand und 1897 in einem Seminar Cantors vortrug. Der (unveröffentlichte) Dedekindsche Beweis ist im wesentlichen identisch mit dem späteren von Zermelo (Math. Ann. **65**, 271 [1908]).

[2] Jahresber. d. D. Mathematikervereinigung **31**, 101f. (1922).

[3] Vgl. Hilberts Gedächtnisrede auf Minkowski (Göttinger Nachrichten 1909; Minkowskis Gesammelte Abhandlungen, Bd. I), wo man auch eine einschlägige Bemerkung aus einem Vortrag Minkowskis über das Aktual-Unendliche in der Natur zitiert findet. In beiden Vorträgen wird der Opposition Kroneckers gegen Cantors Ideen gedacht.

Männer, sondern auch ihre besondere Verbindung mit den strengen Schlußmethoden der Zahlentheorie hat wohl dazu beigetragen, manche Vorurteile gegen die mengentheoretischen Gedankengänge zu zerstreuen.

Cantor, der sich über die ihm in Zürich gewordene Anerkennung außerordentlich freute, berichtete im nämlichen Jahre einem engeren Kreise deutscher Mathematiker gelegentlich der Braunschweiger Tagung der Deutschen Mathematikervereinigung in nichtöffentlicher Form über Entstehung und Hauptresultate seiner Theorie; hierüber existieren nur ungedruckte Aufzeichnungen von P. Stäckel. Die ersten von anderer Hand stammenden zusammenhängenden Veröffentlichungen über Mengenlehre erfolgten in Frankreich; neben anderen vor allem Borels „Leçons sur la théorie des fonctions"[1], die zum großen Teil bereits ein Lehrbuch der Mengenlehre darstellten und u. a. den von Cantors Schüler Felix Bernstein gefundenen (ersten einwandfreien) Beweis des Äquivalenzsatzes zum erstenmal veröffentlichten. Mit diesem vielbenutzten Werk und dem 1899—1900 im Rahmen des *Jahresberichts der Deutschen Math.-Ver.* erschienenen ersten Schoenfliesschen Bericht über die „Entwickelung der Lehre von den Punktmannigfaltigkeiten" gelangte der Siegeszug der Mengenlehre zu einem gewissen Abschluß; sie war zu einer Disziplin geworden, die den übrigen Zweigen der Mathematik gleichberechtigt galt und die sogar rasch zu einer Vorzugsstellung gelangte. Wenn auch das erste wirkliche *Lehrbuch* der Mengenlehre in England (durch das Ehepaar Young 1906) veröffentlicht wurde und ein solches in Deutschland (die „Grundzüge" Hausdorffs) erst 1914 erschien, so erweisen sich doch dem rückblickenden Beschauer die bitteren Worte als unberechtigt[2] oder doch höchstens hinsichtlich äußerer Ehrungen zutreffend, mit denen sich Cantor 1908 gegenüber W. H. Young (s. o. S. 466 Fußnote) darüber beklagt, daß man in Deutschland (im Gegensatz zu England) ihn nicht kenne. In Wirklichkeit sah z. B. schon mehrere Jahre vor der Jahrhundertwende der Plan der *Enzyklopädie der Mathematischen Wissenschaften* einen (1898 erschienenen) Artikel über Mengenlehre vor, und zwar nicht etwa im Sinne einer geometri-

[1] Vgl. auch dessen Aufsätze in der Revue philosophique 1899 und 1900, die in der 2. (und 3.) Auflage des genannten Buches 1914 (1928) wieder abgedruckt sind. Wenn in Borels Lehrbuch Cantors Person nur flüchtig erwähnt ist und seine Ergebnisse auf völlig anderem als dem ursprünglichen Weg begründet werden, so verwahrt sich Borel in der Einleitung zu den genannten Aufsätzen ausdrücklich gegen den Verdacht, als sei darin eine Minderbewertung Cantors gelegen.

[2] Immerhin berührt uns heute seltsam, daß im Jahrbuch über die Fortschritte der Mathematik, das ab 1892 in Vivanti einen sachkundigen Referenten für Mengenlehre gewonnen hatte, die mengentheoretischen Arbeiten bis 1904 — soweit nicht der Geometrie eingeordnet — unter der Rubrik „Philosophie" besprochen wurden, um dann in den darauffolgenden Unterabschnitt, zwischen Philosophie und Pädagogik, überzusiedeln (und erst unter der Redaktion Lichtensteins selbständig zu werden).

schen Sonderdisziplin in Band III, sondern unter den ersten Artikeln des I. Bandes, bei den grundlegenden Gebieten der Arithmetik.

Das Jahr 1899, in dem das Ehepaar Cantor im Harz die silberne Hochzeit feiert, zeigt uns den 54jährigen noch einmal mit aller Energie am mathematischen Schaffen (siehe oben S. 470f.). Zu wesentlichen Erfolgen oder einer Veröffentlichung kommt es jedoch nicht. Auch in der Folge hat er nicht etwa bewußt der mathematischen Produktion entsagt. So trägt er 1903 auf der Kasseler Naturforscherversammlung „Bemerkungen zur Mengenlehre" vor, die nicht veröffentlicht worden sind und sich vor allem wohl mit gewissen Einwänden französischer Philosophen auseinandersetzten; mit Philipp E. B. Jourdain steht er um 1905 in einem höchst regen wissenschaftlichen Briefwechsel; 1908 verspricht er sogar Young, seine nächste Abhandlung der *London Mathematical Society* vorzulegen. Namentlich das Kontinuumproblem, das Hilbert in seinem Festvortrag auf dem Pariser Internationalen Mathematikerkongreß (1900) als erstes der „Mathematischen Probleme" hervorgehoben hatte, beschäftigte ihn auch weiterhin. Wie Schoenflies berichtet[1], war ein besonders aufregendes Erlebnis für ihn der auf dem Heidelberger Internationalen Mathematikerkongreß (1904) gehaltene Vortrag von Julius König, der mittels einer von F. Bernstein herrührenden Alefrelation zeigen wollte, daß die Mächtigkeit des Kontinuums kein Alef sein könne. Nicht nur auf Cantor, der von der Wohlordnungsfähigkeit jeder Menge und sogar von der Gleichung $2^{\aleph_0} = \aleph_1$ überzeugt war, sondern auf die ganze mathematische Welt, für die damals die Mengenlehre im Vordergrund des Interesses stand, machte der Vortrag tiefen Eindruck. Cantor war in der Folge fieberhaft bemüht, die Unhaltbarkeit des Resultates darzutun, und hatte auch bald die Genugtuung, bestätigt zu sehen, daß der Bernsteinsche Hilfssatz nur unter Einschränkungen richtig ist, so daß die von König aus ihm gezogene Folgerung sich erledigte.

In diesen Jahren verspäteter, aber um so willkommenerer wissenschaftlicher Anerkennung kamen dann auch äußere Ehrungen[2], über die er sich von Herzen freute: die Wahl zum Ehrenmitglied der London Mathematical Society (1901) und der Mathematischen Gesellschaft zu Charkow sowie zum korrespondierenden Mitglied des R. Istituto Veneto di Scienze, Lettere ed Arti (Venezia), die Verleihung des Dr. math. honoris causa durch die Universität Christiania (1902), der Sylvester-Medaille durch die Royal Society (1904), des Ehrendoktors der Universität St. Andrews (1911). Indes zwangen ihn seine nervösen Zustände in diesen Jahren wiederholt, seine Vorlesungs-

[1] Jahresber. d. Deutschen Math.-Verein. **31**, 100f. (1922).

[2] Schon aus dem Jahre 1896 datiert seine Wahl zum Vorstandsmitglied der Fachsektion für Mathematik und Astronomie der Leopoldinisch-Carolinischen Deutschen Naturforscher-Akademie in Halle, deren Mitglied er seit 1889 gewesen war.

tätigkeit zu unterbrechen; 1905 wurde er von den amtlichen Verpflichtungen entbunden, 1913 entsagte er endgültig dem Lehramt. Zu seinem 70. Geburtstag, der 1915 in internationalem Rahmen gefeiert werden sollte, kamen trotz des Krieges wenigstens deutsche Mathematiker von weither nach Halle, um ihm zu huldigen[1]; seine Büste in Marmor wurde damals gestiftet, sie steht seit 1928 im Treppenhaus der Universität Halle. Das goldene Doktorjubiläum konnte seines Befindens wegen nicht mehr öffentlich gefeiert werden; am 6. Januar 1918 ist er in der psychiatrischen Klinik in Halle gestorben.

5. Cantor als Lehrer und Persönlichkeit.

Die über vierzigjährige *Lehrtätigkeit* Cantors an der Universität Halle war in vorzüglichem Maße durch Strenge und durch Schärfe der Begriffserklärung ausgezeichnet. Sein Vortrag war nach den Berichten seiner Schüler klar und geordnet, lebhaft und anregend (wenigstens in den Zeiten seines Wohlbefindens, deren Unterbrechungen späterhin öfters ein längeres oder kürzeres Aussetzen der Vorlesungen erzwangen). Der Vorbereitung der Vorlesungen hat er nicht viel Zeit gewidmet. So kam es, daß die Darstellung der ihn interessierenden Gebiete, von der gar manche Schüler als von einem hohen ästhetischen Genuß berichten, sich merklich auszeichnete vor der Wiedergabe anderer Disziplinen; zu den letzteren gehörte u. a. auch die Funktionentheorie, die in Halle offenbar damals sehr im Hintergrund gestanden hat. Dagegen hat er z. B. für die Gruppentheorie entschiedenes Interesse gezeigt. Über seine mengentheoretischen Entdeckungen hat er gelegentlich im Seminar vorgetragen. Wenn die Anzahl seiner Schüler vielfach sehr klein war, nicht selten bei 1—3 verblieb, so lag das an der geringen mathematischen Frequenz von Halle überhaupt, die erst zu Beginn dieses Jahrhunderts wesentlich anstieg; das macht seinen Wunsch, nach einer anderen Universität überzusiedeln, nur allzu verständlich. Insgesamt hat er zwar naturgemäß eine große Anzahl von Lehramtskandidaten herangebildet, aber nur sehr wenige Dissertationen veranlaßt[2], nur selten Forschertalente in unmittelbarem Verkehr angeregt und großgezogen. Das hängt z. T. damit zusammen, daß Cantor seine Ideen in der Regel sofort selbst durchführte und so keinen großen Überschuß an lohnenden Problemen zur Verfügung hatte, wie sich denn auch kein wissenschaftlich wertvoller Nachlaß bei ihm gefunden hat. Ebenso war die Ausschließlichkeit seiner Hingabe an die ihn jeweils beschäftigenden Ideen dem mühsamen Heranziehen junger erst reifender Talente wenig günstig.

[1] Vgl. den Bericht Loreys in der Ztschr. f. math. u. naturw. Unterricht **46**, 269—274 (1915).

[2] Die (nicht wenigen) mathematischen Doktoranden jener Zeit in Halle kamen meistens, namentlich von Berlin, mit der fertigen Dissertation zu ganz kurzem Aufenthalt nach Halle.

Menschlich ist er seinen Schülern ein warmer und treuer Freund gewesen; sein Haus bot ihnen wie auch so manchen Studenten anderer Fächer eine behagliche, von Musik belebte Atmosphäre und reizende, jugendlich frische Geselligkeit, woran seine liebenswürdige Gattin wesentlichen Anteil hatte. Um seinen Schülern einen Dienst zu erweisen oder auch nur eine Freude zu bereiten, war ihm selbst noch in höherem Alter keine Anstrengung zu viel; besonders auch den jungen Privatdozenten gegenüber war er außerordentlich wohlwollend, und es war in ihrem Kreise bekannt, daß ein jeder für seine kleineren oder größeren Anliegen bei Cantor stets ein williges Ohr und freundlichen Rat finden konnte.

Was die *Persönlichkeit* Cantors im allgemeinen betrifft, so berichten alle, die ihn kannten, von seinem sprühenden, witzigen, originellen Naturell, das leicht zu Explosionen neigte und stets voll heller Freude über die eigenen Einfälle war; von dem niemals ermüdenden Temperament, das die Teilnahme seiner auch äußerlich imponierenden, großen Gestalt an einer Mathematikerversammlung zu einem ihrer lockendsten Reize machte, das bis in die späte Nacht wie auch in früher Morgenstunde seine Gedanken (zu seinen mathematischen und den vielseitigen außermathematischen Interessengebieten) förmlich überquellen ließ; von seinem lauteren Charakter, treu seinen Freunden, hilfreich, wo es nötig war, liebenswürdig im Verkehr; daneben auch von typischer Gelehrtenzerstreutheit. Im mündlichen wissenschaftlichen Gedankenaustausch war er mehr der Gebende; es lag ihm nicht, unmittelbar vorgetragene fremde Ideen sogleich aufzufassen. All seinen Gedanken war er mit der gleichen Liebe und Intensität hingegeben; in stärkerem Maße vielleicht noch als der aufgewandte Scharfsinn und selbst als die mit begrifflicher Gestaltungskraft gepaarte geniale Intuition ist die ungeheure Energie, mit der er seine Gedanken über alle Hindernisse und Hemmungen hinweg verfolgte und an ihnen festhielt, das Instrument gewesen, dem wir die Entstehung seines Lebenswerks zu danken haben. Solch unerschütterliche Zähigkeit entsprang seiner tiefen Überzeugung von der Wahrheit, ja Wirklichkeit seiner Ideen; „mögen *seine* Machwerke", so schreibt er am 26. Jan. 1884 an Mittag-Leffler mit Bezug auf den Wunsch Kroneckers, der seine Arbeiten mit derselben Unparteilichkeit in die *Acta Mathematica* aufgenommen wissen wollte wie die Cantors, „der *Unparteilichkeit* und großer Nachsicht und Rücksichtnahme bedürfen, für *meine* Arbeiten *beanspruche* ich *Parteilichkeit*, aber nicht Parteilichkeit für meine vergängliche Person, sondern Parteilichkeit für die *Wahrheit*, welche *ewig* ist und mit der souveränen Verachtung auf die Wühler herabsieht, die sich einzubilden wagen, mit ihrem elenden Geschreibsel gegen sie auf die Dauer etwas ausrichten zu können." Und einige Monate später: „... es handelt sich hier *gewissermaßen* um eine *Machtfrage, und die kann niemals durch Überredung entschieden werden*; es wird sich fragen, *welche*

Ideen mächtiger, umfassender und fruchtbarer sind, die Kroneckers oder die meinigen; nur der Erfolg wird nach einiger Zeit unsern Kampf entscheiden!!"[1] Freilich ist es eben dieselbe zähe und energische Verbissenheit in seine Ideen, die ihn durch die Jahrzehnte an das *Bacon*problem fesselte, trotz aller Versuche seiner mathematischen Freunde, ihn hiervon abzulenken.

Die Überzeugung von der Größe und Wichtigkeit des eigenen Werkes hat indes Cantor nicht, wie manchen anderen hervorragenden Forscher, überheblich werden lassen. Das zeigen neben der Gestaltung seiner Freundschaftsverhältnisse mit Dedekind und Mittag-Leffler auch viele Einzelzüge. So fügt er noch 1905 seinem Bild, das er auf Wunsch von Mittag-Leffler diesem für die *Acta* einsendet, die Worte bei: „Lieber wäre es mir, wenn Sie mein Bild nicht publizieren, denn ich finde, es wäre eine viel zu große Ehre für mich." Charakteristisch in dieser Beziehung ist auch das Vorwort zur Sonderausgabe seiner wichtigsten Arbeit [III 4_5].

Wenn Cantor den Sinn für Freiheit und Unabhängigkeit unter den Mathematikern lobt und zu fördern bestrebt ist, so geschieht das keineswegs nur pro domo; daß er vielmehr auch an sich selbst die aus seiner Forderung fließenden Ansprüche stellt, zeigt z. B. sein Eintreten für Bendixson, dessen an ihn gerichteter Brief vom Mai 1883 auf Cantors Veranlassung ausgearbeitet und in Bd. 2 der *Acta* publiziert wurde, so daß ihm dann Mittag-Leffler für sein „edles und wahrhaft wissenschaftliches Benehmen gegen Herrn Bendixson" danken konnte[2]. Nicht minder bezeichnend ist seine Stellungnahme zu seinem größten Vorgänger hinsichtlich der Erfassung des Aktual-Unendlichen, zu Bernard Bolzano: er erkennt das Verdienst des „höchst scharfsinnigen Philosophen und Mathematikers", in dem er „den entschiedensten Verteidiger" des Eigentlich-Unendlichen erblickt, unumwunden an, wenn auch nicht ohne Kritik seiner Schwächen. Die vornehm zurückhaltende, den Angegriffenen in seinem Rechte nicht verkürzende Art der Polemik, wie sie auch sonst in Cantors Veröffentlichungen meistens zu finden ist[3], darf bei dem Maß von Selbstsicherheit, das ihn in den 80er Jahren bereits beseelte, keinesfalls als ein Symptom der Ängstlichkeit gedeutet werden, vielmehr als Ausfluß einer wahrhaft lauteren, innerlich bescheidenen Gesinnung. Nur wo Einseitigkeit oder Autoritätsglaube der Wahrheit in den Weg

[1] Vgl. auch in [IV 3]: „Vielleicht bin ich der zeitlich erste, der diesen Standpunkt [Bejahung des Aktual-Unendlichen in concreto und in abstracto] mit voller Bestimmtheit und in allen seinen Konsequenzen vertritt, doch das weiß ich sicher, daß ich nicht der letzte sein werde, der ihn verteidigt!" (Siehe oben S. 373.)

[2] Vgl. auch Mittag-Lefflers Fußnote zu Beginn von Cantors Arbeit [III 6], sowie die Art, in der Cantor in [III 4_6] Bendixsons Verdienst würdigt.

[3] Besonders charakteristisch in dieser Beziehung ist Cantors Rezension von Hermann Cohens „Prinzip der Infinitesimalmethode und seine Geschichte" in der Deutschen Literaturzeitung 5, Sp. 266—268 (1884).

zu treten scheinen, schießt seine Erbitterung ungezügelt empor, gelegentlich dann wohl die sachlichen Grenzen überschreitend.

Gerade bei einem Forscher, der so sehr fast wider Willen sich durch die Kraft seiner Ideen vorwärts getrieben fühlt, ist es bemerkenswert, daß er von den Notwendigkeiten der Darstellung und der Terminologie keineswegs gering denkt. So schreibt er am 31. Jan. 1884 an Mittag-Leffler: „... namentlich freue ich mich stets darüber, wenn Sie die Kunst der Stilistik und die Ökonomie der Darstellung loben, denn darauf verwende ich allerdings einige Mühe, und wenn es gut gelingt, so ist dies mein eigenes Werk ...“. Und im Brief vom 20. Oktober 1884, der schon im wesentlichen die Arbeit [III 7] enthält, erwähnt Cantor, daß er sich zuvor mit Scheeffer über die neu einzuführenden Bezeichnungen beraten habe, „mit deren Wahl ich außerordentlich vorsichtig bin, da ich von der Ansicht ausgehe, daß es für die Entwicklung und Ausbreitung einer Theorie gar nicht wenig auf eine glückliche, möglichst zutreffende Namengebung ankommt“. An der meist besonders glücklichen Wahl der Terminologie sowie an der lebhaften, undogmatischen, jede unnötige Komplizierung vermeidenden Art der Gedankenführung liegt es wesentlich, daß auch heute noch Cantors Originalabhandlungen sogar dem Anfänger zur Einführung empfohlen werden können — eine in der Mathematik nicht eben häufige Erscheinung.

Eine nähere Schilderung verdient noch das philosophische Interesse Cantors, seine damit zum Teil zusammenhängende mathematische Weltanschauung und seine Beziehung zur Religion.

Namentlich in den aus den 80er Jahren stammenden Aufsätzen [III 4_5] und [IV 3, 4] kommt eine ganz erstaunliche Vertrautheit Cantors mit der *philosophischen Literatur* zutage, und zwar nicht nur mit weiten Teilen der zeitgenössischen und etwas älteren Schriften, sondern auch mit den philosophischen Klassikern der früheren Jahrhunderte und bemerkenswerterweise speziell mit den wichtigeren philosophisch-theologischen Autoren der Scholastik sowie mit Aristoteles. Ein so tiefgehendes, fast überall auf die Quellen zurückgreifendes, aber auch die Literatur zweiter Hand in reichem Maße heranziehendes Studium von Vertretern der älteren griechischen Atomistik und ihren Gegnern, von Plato und Aristoteles, von Augustin und anderen Kirchenvätern, von Boëthius, Thomas von Aquino und vielen anderen Scholastikern, von Nicolaus Cusanus und Giordano Bruno, von Descartes, Spinoza, Locke, Leibniz, Kant und Fries wird auch vor einem halben Jahrhundert eine seltene Ausnahme gewesen sein bei einem Forscher, dessen Fachgebiet nicht die Philosophie selbst ist. So trat Cantor auch mit den in Halle sich für Philosophie habilitierenden jüngeren Kollegen Edmund Husserl und Hermann Schwarz in rege wissenschaftliche wie auch persönlich freundschaftliche Verbindung. Dagegen stand er den Bestrebungen der „mathematischen Logik" (Schröder, Frege usw.) ablehnend gegenüber. Wie Felix Klein treffend bemerkt hat[1], ist es kein bloßer Zufall, daß Cantor gerade auch bei den Scholastikern in die Schule gegangen ist; mehr als in anderen mathematischen Disziplinen, wo das Synthetisch-Konstruktive und vielfach speziell das Rechnerische mehr hervortritt, sind die Gedankengänge wenigstens der abstrakten Mengenlehre ähnlich allgemein, aber auch gleichzeitig ähnlich subtil und analytisch-zergliedernd wie vielfach die scholastische Logik und Theologie; dieser ist die mathematische Lehre vom Aktual-Unendlichen auch manchmal an Kühnheit verwandt, wie andererseits der Scholastik gleich der Mathematik ein Ideal der Strenge in den Schlüssen vorschwebt. Überhaupt war für Cantor die Philosophie nicht etwa eine äußere Region, mit der er sich für seine mathematischen Zwecke auseinanderzusetzen hatte, sondern für ihn bestand ein innerliches Band zwischen beiden Gebieten. Wie wesentlich ihm auch bei seinen Lesern das Vorhandensein mathematischer *und* philosophischer Kenntnisse war, zeigt die Bemerkung im Vorwort zur Sonderausgabe von [III 4_5], er habe wesentlich für zwei Leserkreise geschrieben, „für Philosophen, welche der Entwicklung der Mathematik bis in die neueste Zeit gefolgt, und für Mathematiker, die mit den wichtigsten älteren und neueren Erscheinungen der Philosophie vertraut sind".

An Einzelheiten von philosophischer Bedeutung sei etwa die Bemerkung über *Begriffsbildung* in [III 4_5][2] erwähnt; hier liegt, im Gegensatz zur „substantiellen" Auffassung des Aristoteles, ein funktionaler Prozeß vor in dem Sinne, wie er sich in der modernen Lehre von der Begriffsbildung durch Rickert, Cassirer u. a. eingebürgert hat. Ferner ist hervorzuheben, wie lebhaft und wiederholt Cantor (gegenüber Hamilton, Cohen u. a.) die auch heute wieder vertretene Ansicht bekämpft, daß die Zahl oder der Größenbegriff sich auf den Zeitbegriff gründe; in [III 4_5] wendet er sich namentlich auch gegen Kants Lehre von der Zeit.

Was Cantors *Auffassung von der Mathematik überhaupt* betrifft, so ist hier wesentlich der Begriff der *Realität* wissenschaftlicher Ideen (z. B. der ganzen — endlichen wie auch unendlichen — Zahlen), der ihm in zwiefacher Bedeutung erscheint: als intrasubjektive oder immanente Realität, gesichert durch Definitionen, welche dem betreffenden Begriff im menschlichen Denken einen wohlbestimmten und von anderen Begriffen unterschiedenen Platz

[1] Vorlesungen über die Entwicklung der Mathematik im 19. Jahrhundert, Teil I (Berlin 1926), S. 52. Folgender Satz sei hieraus zitiert: „Entkleidet man die scholastischen Spekulationen dieses [mystisch-metaphysisch gefärbten] Gewandes, das sie dem oberflächlichen Blick als rein theologische Spitzfindigkeiten erscheinen läßt, so erweisen sie sich häufig als die korrektesten Ansätze dessen, was wir heute als Mengenlehre bezeichnen." Übrigens hat für Bolzanos Beschäftigung mit dem Unendlichen die Scholastik offenbar sogar den direkten Ausgangspunkt gebildet.

[2] S. 207 der vorliegenden Ausgabe.

anweisen, womit der Begriff „die Substanz unseres Geistes in bestimmter Weise modifiziert"; dann als transsubjektive oder transiente Realität, indem der Begriff als „Abbild von Vorgängen und Beziehungen in der dem Intellekt gegenüberstehenden Außenwelt" erscheint (siehe [III 4_5]). Während Cantors Überzeugung allgemein dahin geht, daß jedem im ersten Sinne realen Begriff vermöge der Einheit des uns selbst mitumfassenden Alls auch eine transiente Realität zukomme, die festzustellen die oft höchst schwierige Aufgabe der Metaphysik bilde, erblickt er den charakteristischen Vorzug der Mathematik darin, daß sie „bei der Ausbildung ihres Ideenmaterials *einzig* und *allein* auf die *immanente* Realität ihrer Begriffe Rücksicht zu nehmen und daher *keinerlei* Verbindlichkeit hat, sie auch nach ihrer *transienten* Realität zu prüfen"[1]. Auf diese Charakterisierung, die ihm „die verhältnismäßig leichte und zwanglose Art der Beschäftigung" mit der Mathematik zu erklären scheint, gründet er sein Eintreten für den Ehrennamen „Freie Mathematik".

Wenn Cantor hier Eigenart und Bedeutung der Mathematik (und damit, darf man wohl hinzufügen, auch der theoretischen Logik) rein verstandesmäßig zeichnet, nämlich kurz: als *die* nicht-metaphysische Wissenschaft, so ist doch sein Verhältnis zu ihr keineswegs einseitig gewesen. Wie er sie vielmehr seit seiner Jugend auch in ästhetischer und in ethischer Hinsicht wertet, zeigen schon die beiden ersten Thesen seiner Habilitationsschrift [I 5]: „Eodem modo literis atque arte animos delectari posse" und „Jure Spinoza mathesi eam vim tribuit, ut hominibus norma et regula veri in omnibus rebus indagandi sit".

Gegenüber dem Nachdruck, mit dem Cantor das Wesen der Mathematik als in ihrer Freiheit liegend hervorhebt, sei noch ausdrücklich bemerkt, daß er gefühlsmäßig keineswegs geneigt war, als einziges Kriterium der mathematischen Existenz die Widerspruchsfreiheit anzusehen. Ist er doch zu den transfiniten Ordnungszahlen nicht etwa auf dem „freien" Weg von [III 4_5], sondern gewissermaßen gezwungen durch die Iteration des Ableitungsprozesses, nämlich im Streben nach dessen allgemeiner Symbolisierung gelangt. Auch seine übertrieben scharfe Ablehnung des „Unendlichkleinen" ist zweifellos aus dem Gefühl des Vorzugs zu erklären, der den transfiniten Zahlen — als von den „gegebenen" Mengen[2] hergeleitet — im Vergleich zu allgemeinen nichtarchimedischen Größensystemen zukommt.

---

[1] Es fragt sich, ob Cantor hiermit etwa bewußt oder unbewußt an H. Hankel anknüpft, der in seiner schon 1867 erschienenen „Theorie der komplexen Zahlensysteme" (S. 10) als Gegenstand der Mathematik „intellektuelle Objekte" bezeichnet, „denen aktuelle Objekte oder Relationen solcher entsprechen *können*, aber nicht *müssen*".

[2] Vgl. die Stelle in [IV 3]: „Steht uns nicht erstere (die Menge) als Objekt *gegenüber*, wogegen letztere (die zugehörige Kardinalzahl) ein abstraktes Bild davon in *unserm* Geiste ist?"

Im engsten Zusammenhang mit der oben erwähnten Auffassung Cantors, daß den mathematischen Begriffen neben der den Mathematiker allein angehenden *immanenten* Realität von selbst auch eine *transsubjektive* Realität zukomme, steht offenbar Cantors Meinung, die sich zugespitzt so ausdrücken läßt: der Mathematiker *erfindet* nicht die Gegenstände seiner Wissenschaft, sondern er *entdeckt* sie. Schon in der dritten These seiner Habilitationsschrift (siehe oben S. 62) zum Ausdruck kommend, findet sich diese Anschauung am Schlusse seines Schaffens wieder betont, wenn er der abschließenden Darstellung [III 9] die Mottosätze voranstellt: „Hypotheses non fingo“ und „Neque enim leges intellectui aut rebus damus ad arbitrium nostrum, sed tanquam scribae fideles ab ipsius naturae voce latas et prolatas excipimus et describimus.“ Während es im allgemeinen für das Werk des schaffenden Mathematikers gleichgültig sein wird, ob er seine Begriffe als Platonische Ideen, als willkürliche Schöpfungen des Verstandes oder vermittelnd (Hessenberg) als selbsttätige Schöpfungen der Vernunft ansieht, so werden solche Verschiedenheiten in der Weltanschauung merkwürdigerweise gerade für die das Überabzählbare betreffenden Problemstellungen der Mengenlehre zuweilen von erheblicher Bedeutung[1]. Gerade der Umstand, daß die Begriffe der Mathematik für Cantor (wie ausgesprochenermaßen auch z. B. für Bolzano) eine Existenz besitzen, die von ihrer Entdeckung und von unserem Denken überhaupt unabhängig ist und ihm gewissermaßen vorangeht, ist von offensichtlicher Bedeutung für die Art gewesen, in der Cantor an die Probleme (z. B. an das Kontinuumproblem) heranging. Auch für die Hartnäckigkeit, mit der er zwei Jahrzehnte hindurch als beinahe Vereinsamter zu seinen Ideen stand, ist jene Überzeugung eine feste Stütze gewesen. So ist es denn nicht nur Bescheidenheit, sondern vornehmlich der Ausfluß der erwähnten metaphysischen Auffassung, wenn er in einem Brief an Mittag-Leffler von Anfang 1884 schreibt: „. . . was das übrige [nämlich außer Stil und Ökonomie der Darstellung] betrifft, so ist dies nicht mein Verdienst, ich bin in bezug auf den Inhalt meiner Arbeiten nur Berichterstatter und Beamter.“ Allerdings läßt sich kaum verkennen, daß bei Cantor eine gewisse Unausgeglichenheit besteht zwischen den Thesen von der „Freiheit“ der Mathematik einerseits und von der Gegebenheit der mathematischen Objekte andererseits.

Von den Anschauungen und Interessen Cantors hinsichtlich der Naturwissenschaften, namentlich der *Physik*, haben wir keine so genaue Kenntnis. Im Gegensatz zur „freien Mathematik“ betrachtet er die mathematische Physik als eine „metaphysische Wissenschaft“[2], für die er gerade solche

[1] Vgl. meine „Einleitung in die Mengenlehre“ (3. Aufl., Berlin 1928), S. 325—332.

[2] Das Wort „Metaphysik“ hat übrigens für Cantor (ähnlich wie für Gauß) oft nicht die heute übliche Bedeutung, sondern in Anlehnung an den französischen Sprachgebrauch etwa den Sinn „philosophische Kritik“ (einer Wissenschaft); vgl. den Schluß von [IV 1].

Fesseln, wie er sie für die Mathematik entschieden ablehnt, als berechtigt und notwendig erkennt im Hinblick auf die für die Naturwissenschaft zu fordernde transiente Realität. In einem wohl nicht ganz zwingenden Zusammenhang hiermit wendet er sich in [III 4_5] gegen die Auffassung eines „berühmten Physikers" (offenbar Kirchhoffs, dessen „Mechanik" 1874 erschienen war) von der Physik als einer „Naturbeschreibung", eine Auffassung, „welcher der frische Hauch des freien mathematischen Gedankens ebensowohl wie die Macht der *Erklärung* und *Ergründung* von Naturerscheinungen fehlen muß". Erwähnenswert von Cantors Ideen zur Naturwissenschaft ist auch die am Schluß von [III 7] geäußerte, einer uns heute ganz fernliegenden Atomistik entsprechende Auffassung[1], daß die materiellen Atome in der ersten, die Ätheratome in der zweiten Mächtigkeit vorhanden seien[2], sowie seine Beschäftigung mit der „Naturlehre der Organismen . . ., auf welche sich die bisherigen mechanischen Prinzipien nicht anwenden lassen . . ." und zu deren Bewältigung er neue, insbesondere mengentheoretische Hilfsmittel fordert (Brief an Mittag-Leffler vom 22. Sept. 1884; vgl. auch [III 4_5]); wenn auch die ihm hierbei vorschwebenden Methoden und Ziele schwerlich ganz zu klären sind, so darf doch angenommen werden, daß die (bis heute kaum in Angriff genommene) Theorie der mehrfach geordneten Mengen eine Hauptrolle dabei spielen sollte. Schließlich verdient noch Hervorhebung die in [III 4_3] sich findende Erörterung der Beziehungen zwischen dem arithmetischen Raum und dem von uns den Erscheinungen der realen Welt zugrundegelegten Raum, zwei Begriffen, deren gewöhnlich postulierte Korrespondenz „an sich willkürlich" und nur durch die Forderung der Abbildbarkeit, also nicht etwa schon durch die der stetigen Bewegung gewährleistet sei.

Das *religiöse Interesse* Cantors tritt vielfach in den Abhandlungen philosophischen Einschlags (wie auch in der Vorrede zu Bacons *Confessio fidei*) hervor; die Arbeit [IV 3] ist charakteristischerweise auch in der Zeitschrift „Natur und Offenbarung" erschienen. Von Vaters Seite her jüdischer Abstammung, selbst in der evangelischen Konfession erzogen, welcher der Vater schon vor der Geburt des Sohnes angehörte, schließlich durch die katholische Atmosphäre der mütterlichen Familie stark beeinflußt, teilte er keineswegs das

---

[1] Vgl. auch die auf Mitteilungen Cantors zurückgehenden Angaben in der Ztschr f. Phil. u. philos. Kritik, N. F. 88, 192f. (1886); ferner ebenda S. 229. Zu diesen physikalischen Anschauungen vgl. man neben Cauchy, auf den Cantor in [IV 3] und [IV 4] sich beruft, auch die Naturerklärung in R. Graßmanns Buch „Die Lebenslehre oder Biologie" (Stettin 1882/83).

[2] Die a. a. O. Cantor vorschwebenden und ihm offenbar sehr am Herzen liegenden Anwendungen der Punktmengentheorie auf die mathematische Physik erscheinen zwar im heutigen Entwicklungsstadium der Physik aussichtslos; physikalische Anwendungen anderer Art sind aber in der Tat erfolgt. Seine Gegnerschaft gegen die gewöhnliche Atomistik betont Cantor in [III 4_5] ausdrücklich.

Los vieler, für die solche Überschneidungen sich zu weitgehender Gleichgültigkeit in der religiösen Sphäre auswirken; vielmehr hat die schon zu Anfang erwähnte religiöse Seite seiner Erziehung offenbar nachhaltig fortgewirkt. Wenn er sich besonders eingehend mit der Stellung der Kirchenväter und der scholastischen Philosophie zum Aktual-Unendlichen[1] wie überhaupt mit dessen Beziehung zum Gottesbegriff beschäftigt und auseinandersetzt, so ist dabei neben dem Wunsch nach Verteidigung gegen die Einwände, die mit Argumenten theologischer Natur gegen seine Begriffsbildungen erhoben wurden, offenbar auch ein eigener innerer Antrieb mit im Spiel. Für seine religiöse Einstellung sind charakteristisch zunächst die in [IV 4] abgedruckten Briefe (deren ungenannter Adressat der Kardinal Franzelin war, siehe unten), in denen er die Existenz eines aktualen „Infinitum creatum" geradezu vom Gottesbegriff her beweisen will; ferner u. a. die in [IV 3] abgedruckte Stelle aus einem Brief Cantors an G. Eneström.

Im Verfolg seines Interesses für die theologische Behandlung des Problems des Unendlichen korrespondierte Cantor mit mehreren Jesuiten[2], so u. a. mit dem verbannten P. Tilman Pesch, dem Verfasser der von Cantor hochgeschätzten „Institutiones philosophiae naturalis", den er persönlich in Blyenbeck (Holland) aufsuchte, sowie mit dem Kardinal Franzelin, der im Anschluß an die Lehre Augustins die aktual-unendliche Mannigfaltigkeit verteidigte und von dem sich ein längerer Brief in [IV 4] findet; ganz besonders aber mit C. Gutberlet, Professor für Philosophie und Mathematik am Priesterseminar in Fulda und jahrzehntelangem Herausgeber des *Philosophischen Jahrbuchs der Görres-Gesellschaft.* Dieser hatte 1878 eine Schrift „Das Unendliche, metaphysisch und mathematisch betrachtet" veröffentlicht, in der er die in Theologie und Philosophie herkömmlichen Ansichten von der Unmöglichkeit einer unendlichen Größe bekämpfte, um allerdings nicht wie Cantor die *Existenz*, aber doch die *Möglichkeit* des Aktual-Unendlichen zu behaupten. Cantor erblickte daher in Gutberlet, dem seine Schrift viel Widerspruch und selbst Spott einbrachte, einen Bundesgenossen; er besuchte ihn in Fulda und verwies dabei für das von ihm bezeigte Interesse neben den sachlichen Gründen auch auf seine Beziehungen zum Katholizismus von der Mutterseite her[3]. Mit Unterstützung Gutberlets hat Cantor

[1] Man vgl. zu diesen Beziehungen zwischen Theologie und Aktual-Unendlichem an neuerer Literatur etwa A. Dempfs Schrift „Das Unendliche in der mittelalterlichen Metaphysik und in der Kantischen Dialektik" (Münster i. W. 1926) und einen Aufsatz von J. Ternus S. J. „Zur Philosophie der Mathematik" (Philos. Jahrb. der Görresgesellschaft **39**, 217—231 [1926]).

[2] Wie Ternus (a. a. O., S. 221) berichtet, bewahrt die Bibliothek der niederdeutschen Jesuitenprovinz noch manche „Hommages respectueux de l'auteur George Cantor" aus den 80er Jahren.

[3] Vgl. Philos. Jahrb. der Görres-Gesellschaft **32**, 366 (1919) und **41**, 262 (1928).

den tiefgehenden Einblick in die Auffassungen der mittelalterlichen Denker von dem Unendlichen gewonnen, von dem seine Arbeiten zeugen, wie auch umgekehrt Gutberlet einen weiteren Kreis philosophisch interessierter Leser mit den Gedankengängen der Mengenlehre Cantors vertraut gemacht und diese u. a. gegen die Einwände der Herbartschen Schule verteidigt hat[1].

Daß Cantor gleichwohl theologischen Vorurteilen auch ohne Umschweife und sogar mit Ironie entgegentreten konnte, wenn es darauf ankam, ersieht man beispielsweise aus den Bemerkungen zum Wesen des Kontinuums in [III 4_5], § 10.

Ein großer Bahnbrecher der Wissenschaft ist der mathematischen Welt in Georg Cantor geschenkt worden. Die allgemeine Verbreitung der Erkenntnis, daß durch sein Werk der *Analysis* neue Bahnen gewiesen und ganz neuartige Problemstellungen eröffnet wurden, hat er noch selbst zum großen Teile erlebt. Daß seine Ideen aber auch der *Geometrie* einen geradezu revolutionären Fortschritt auf Bahnen von unantastbarer Strenge ermöglicht haben, wird so recht erst in der Gegenwart, besonders dank den Arbeiten der jüngeren topologischen Schule, mehr und mehr deutlich und anerkannt. Ja selbst für physikalische Anwendungen haben sich die feinsten Ideen der Punktmengenlehre als wertvoll erwiesen. Hinsichtlich der *abstrakten* Mengenlehre, zu der neben den allgemeinen Theorien der Äquivalenz und der Ähnlichkeit namentlich auch das Reich der transfiniten Ordnungszahlen sowie die philosophische Deutung der Mengenlehre zu rechnen ist, sind freilich die Geister heute erneut in Unruhe und in Unsicherheit verstrickt. Doch auch hier wird sich im Laufe der Entwicklung früher oder später Hilberts Wort erfüllen von dem Paradiese, das Cantor uns geschaffen habe und aus dem uns niemand solle vertreiben können. Mögen da auch manche grundsätzlich neue Gedanken erforderlich sein und in Richtungen weisen, die uns heute noch fremd sind: die Eroberung des Aktual-Unendlichen für die Wissenschaft überhaupt ist eine historische Tatsache, und auf ihrem Boden, auf Cantors Ideen aufbauend, wird sich die Weiterentwicklung vollziehen im Sinne der Zuversicht, die Cantor seiner abschließenden Darstellung [III 9] als letztes Mottowort vorangestellt hat: „Veniet tempus, quo ista, quae nunc latent, in lucem dies extrahat et longioris aevi diligentia."

[1] „Das Problem des Unendlichen". Ztschr. f. Philos. u. philos. Kritik, N. F. 88, 179 bis 223 (1886), Teil I. Vgl. auch Cantor, ebenda S. 232 und die Fußnote in [IV 4] (oben S. 388), nach der Gutberlet in seinen Aufsatz Stellen aus einem Manuskript Cantors (auf dessen Wunsch) eingefügt hat, sowie Cantors Einwände in [IV 4] (oben S. 394).

Index der mengentheoretischen Grundbegriffe.

(Die Zahlen bedeuten Seitenzahlen.)

Weitere Arbeiten von Georg Cantor[1]

Zusammengestellt von Joseph W. Dauben,
City University of New York

Über die verschiedenen Ansichten in bezug auf die actual-unendlichen Zahlen, *Bihang till Kongl. Svenska Vetenskaps-Akademiens Handlingar* **11** (1885) No. 19. Das in dieser Arbeit enthaltene Material ist in etwas geänderter Form in den von Georg Cantor in den Jahren 1886, 1887 und 1890 veröffentlichten Artikeln enthalten.

Vérification jusqu'à 1000 du théorème empirique de Goldbach, Congrès de Caen, Séance du 10 Août 1894. *Association Française por L'Avancement des Sciences.* Paris: Chaix 1894

Sui numeri transfinite. Estratto d'una lettera di Georg Cantor a G. Vivanti, 13. Dezember, 1893, *Rivista di Matematica* **5** (1895) 104–108

Lettera di Georg Cantor a G. Peano, *Rivista di Matematica* **5** (1895) 108–109

Resurrectio Divi Quinini Francisci Baconi Baronis de Verulam Vicecomitis Sancti Albani CCLXX annis post obitum eius IX die aprilis anni MDCXXVI. (Pro manuscripto.). Cura et impensis G (eorgii) C(antoris). Halis Saconum MDCCCXCVI. Mit einem englischen Vorwort von Dr. Phil. George Cantor, Mathematicus. – (1896)

Confessio fidei Francisci Baconi Baronis de Verulam ... cum versione Latina a G. Rawley ..., nunc denuo typis excusa cura et impensis G.C. Halis Saconum MDCCCXCVI. (Mit einem fünfseitigen lateinischen Vorwort von G.C.) – (1896)

Ex Oriente Lux, Gespräche eines Meisters mit seinem Schüler über wesentliche Puncte des urkundlichen Christenthums. Berichtet vom Schüler selbst. Halle: C.E.M. Pfeffer 1905

Ein Brief von Carl Weierstrass über das Dreikörperproblem, *Rendiconti del Circolo Matematico di Palermo* **19** (1905) 305–308

Prinzipien einer Theorie der Ordnungstypen, (Erste Mittheilung), ed. I. Grattan-Guinness, *Acta mathematica* **124** (1970) 65–107 (ursprüngliches Datum: 6. November 1884)

---

[1] in der Originalausgabe der *Gesammelten Abhandlungen* nicht enthalten

Obwohl Cantors Besprechung von Freges *Die Grundlagen der Arithmetik* in den *Gesammelten Abhandlungen* (S. 440–441) erscheint, wurden die folgenden Buchbesprechungen nicht aufgenommen:

Hankel, H.: Untersuchungen über die unendlich oft oszillierenden und unstetigen Funktionen (Tübingen: Universitätsprogramm, F. Fues, 1870). *Literarisches Centralblatt* Nr. 7 (18. Februar 1871) 150–151

Briefwechsel zwischen Gauss und Bessel. Herausgegeben auf Veranlassung der Königl. preussischen Akademie der Wissenschaften (Leipzig: Engelmann 1880). XXVI, 597 S., *Deutsche Literaturzeitung* **2**, Nr. 27 (2. Juli 1881) 1082

Cohen„ H.: Das Princip der Infinitesimalmethode und seine Geschichte (Berlin: F. Dümmlers Verlag 1883). *Deutsche Literaturzeitung* **4** Nr. 8 (23. Februar 1884) S. 266–268

Veröffentlichungen, die Briefe von Georg Cantor enthalten:

Bendiek, J.: Ein Brief Georg Cantors an P. Ignatius Jeiler, O.F.M., *Franziskanische Studien* **47** (1965) 65–73

Cavailles, J., Noether, E., eds.: Briefwechsel Cantor-Dedekind. Paris: Hermann 1937

Dauben, J.: Georg Cantor and Pope Leo XIII. Mathematics, Theology and the Infinite. *Journal of the History of Ideas* **38** (1977) 85–108

Dauben, J.: Georg Cantor. The Personal Matrix of His Mathematics. *ISIS* **69** (1978) 534–550

Dauben, J.: Georg Cantor. His Mathematics and Philosophy of the Infinite. Cambridge: University Press 1979

Dugac, P.: Richard Dedekind et les fondements des mathematiques. Paris: Vrin 1976

Fraenkel, A.: Georg Cantor. *Jahresbericht der Deutschen Mathematiker-Vereinigung* **39** (1930) 189–266

Grattan-Guinness, I.: An Unpublished Paper by Georg Cantor 'Principien einer Theorie der Ordnungstypen. Erste Mittheilung'. *Acta mathematica* **124** (1970) 65–107

Grattan-Guinness, I.: Towards a Biography of Georg Cantor. *Annals of Science* 27 (1971) 345–391, and plates XXV–XXVIII

Grattan-Guinness, I.: The Correspondance between Georg Cantor and Philip Jourdain. *Jahresbericht der Deutschen Mathematiker-Vereinigung* 73 (1971) 111–130

Grattan-Guinness, I.: The Rediscovery of the Cantor-Dedekind Correspondance. *Jahresbericht der Deutschen Mathematiker-Vereinigung* 76 (1974) 104–139

Jentsch, W.: Über ein Hallenser Manuskript der Dissertation Georg Cantors. *Historia Mathematica* 3 (1976) 449–462

Juskevic, A.: Georg Cantor und Sof'ja Kovalevskaja. *Ost und West in der Geschichte des Denkens und der kulturellen Beziehungen.* Festschrift für Eduard Winter zum 70. Geburtstag. Hrsg.: H. Mohr und C. Grau. Berlin: Akademie-Verlag 1966

Kreiser, L.: W. Wundts Auffassung der Mathematik. Briefe von G. Cantor an W. Wundt. *Wiss. Z. Karl-Marx-Univ. Leipzig, Ges.- u. Sprachwiss. R.*, 28 (1979) 197–206

Meschkowski, H.: Aus den Briefbüchern Georg Cantors. *Archive for History of Exact Sciences* 2 (1965) 503–519

Meschkowski, H.: Probleme des Unendlichen. Werk und Leben Georg Cantors. Braunschweig: Vieweg 1967

Meschkowski, H.: Zwei unveröffentlichte Briefe Georg Cantors. *Der Mathematikunterricht* 4 (1971) 30–34

Russell, B.: The Autobiography of Bertrand Russell. London: 1967–69

Schoenflies, A.: Die Krisis in Cantors mathematischem Schaffen. *Acta mathematica* **50** (1927) 1–23

Tannery, P.: Memoires scientifiques **13** (Correspondance). Paris: Gauthier-Villars 1934

Ternus, J.: Ein Brief Georg Cantors an P. Joseph Hontheim, S.J. *Scholastik* 4 (1929) 561–571